椰乡凌云志 热土铸伟业

——中国热带农业科学院椰子研究所志

（1979—2019）

中国热带农业科学院椰子研究所 编

中国农业科学技术出版社

图书在版编目（CIP）数据

椰乡凌云志　热土铸伟业：中国热带农业科学院椰子研究所志．1979—2019/ 中国热带农业科学院椰子研究所编. — 北京：中国农业科学技术出版社，2019.11

ISBN 978-7-5116-4489-3

Ⅰ.①椰… Ⅱ.①中… Ⅲ.①热带作物—农业科学院—概况—中国—1979-2019 Ⅳ.① S59-242

中国版本图书馆 CIP 数据核字（2019）第 237445 号

责任编辑　姚　欢

责任校对　贾海霞

出 版 者	中国农业科学技术出版社 北京市中关村南大街 12 号　邮编：100081
电　　话	（010）82106636（编辑室）（010）82109704（发行部） （010）82109702（读者服务部）
传　　真	（010）82106631
网　　址	http://www.castp.cn
经 销 者	各地新华书店
印 刷 者	北京建宏印刷有限公司
开　　本	889 毫米 ×1 194 毫米 1/16
印　　张	25.25　彩插　32 面
字　　数	780 千字
版　　次	2019 年 11 月第 1 版　2019 年 11 月第 1 次印刷
定　　价	268.00 元

版权所有・侵权必究

建所历程

1979年农垦部印发《关于建立椰子试验站问题的批复》，正式开启了椰子试验站的建设工作

1993年7月17日，成功举办椰子研究所成立庆祝大会（撤站建所）

时任椰子研究所所长王文壮致辞

中国工程院院士、时任海南省科协主席、"热作两院"老院长黄宗道（左二）为椰子研究所揭牌

椰子试验站办公楼（文昌市文城镇，1979年8月—2002年7月）

椰子研究所老办公楼（文昌市清澜镇，2002年7月—2012年10月）

椰子研究所新办公楼（文昌市文清大道，2012年10月至今）

领导关怀

2004年9月12日，原农业部部长、"热作两院"首任院长何康（右三）考察椰子研究所，指出："中国椰子小、世界椰子大，我们一定要站在国家需要的战略高度，加强国际合作，提升椰子发展水平"

2017年3月26日，农业部部长韩长赋（前排右二）在海南省副省长何西庆（第二排左三）的陪同下，到椰子研究所调研热带油料产业发展和热带农业"走出去"等情况，要求椰子研究所进一步聚焦方向、凝聚力量，大力发展椰子、油棕等热带油料作物，科技支撑我国食用油自给率提升，努力建设世界一流的热带油料科技创新中心

注：2018年3月，根据第十三届全国人民代表大会第一次会议批准的国务院机构改革方案设立农业农村部，不再保留农业部

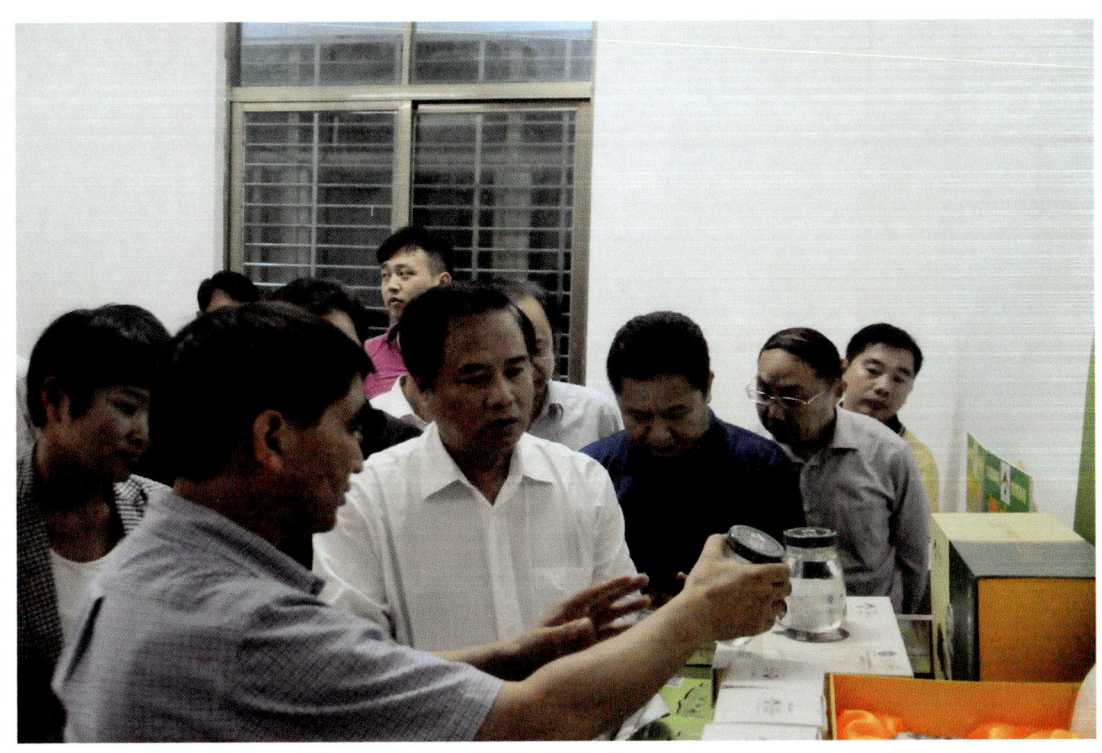

2015年4月22日，海南省委副书记、省长（现海南省省委书记）刘赐贵（左三）一行，到椰子研究所调研椰子产品加工产业发展

2018年12月1日，海南省省长沈晓明（右三）在参观院展览馆时，听取椰子研究所所长王富有（左一）关于椰子新品种和槟榔黄化病课题攻关等情况的介绍，亲自品尝了文椰4号"香水椰子"

2007年3月14日，时任农业部副部长危朝安（前排左一）在中国热带农业科学院（以下简称热科院）院长王庆煌（前排右一）、副院长邱小强（第二排中）的陪同下到椰子研究所检查指导

2017年2月6日，农业部副部长余欣荣（左二）一行到广州实验站调研，对椰子研究所专利产品"娜古香椰子油"和"椰花汁酒"等科技产品给予充分肯定

2009年2月11日,农业部副部长张桃林(左二)到椰子研究所调研指导工作

2016年12月23日,时任中央纪委驻农业部纪检组组长宋建朝(右二)一行到椰子研究所调研

2019年3月29日，海南省副省长刘平治（前排左四）到椰子研究所调研，实地考察了国家热带棕榈种质资源圃，并以加快海南椰子产业发展为主题召开了座谈部署会

2006年11月29日，中国工程院卢良恕院士（左三）到椰子研究所指导科研工作

科技创新

2018年11月,以椰子研究所为主要完成单位的海南省槟榔病虫害重大科技项目"槟榔黄化灾害防控及生态高效栽培关键技术研究与示范"获批复,财政总经费2 993万元,是近年海南省农业领域最大的科技项目,也是建所以来获批最大的科研项目

2018年8月,椰子研究所专家申请的2019年国家自然科学基金面上项目"转录因子$EgWRI1S$在油棕脂肪酸组分差异形成中调控机理研究"获立项资助

文椰 78F₁（椰子）　　　　　　文椰 2 号（椰子）

文椰 3 号（椰子）　　　　　　文椰 4 号（椰子）

文椰 5 号（椰子）　　　　　　文椰 6 号（椰子）

热研 1 号（槟榔）　　　　热研 1 号、热研 2 号（油茶）

审定的新品种

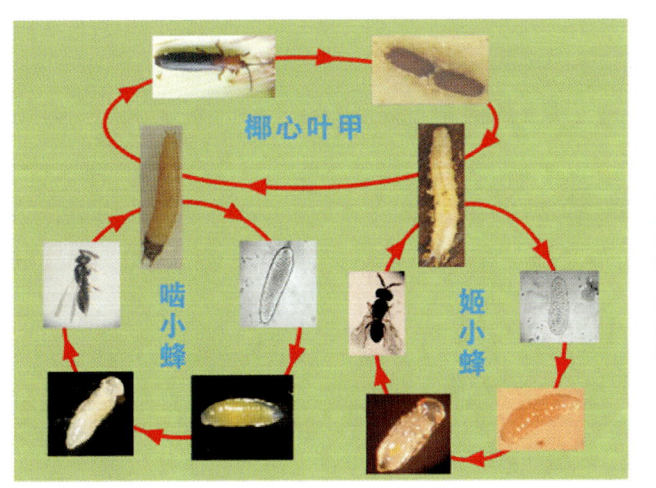

椰子研究所实现"椰心叶甲"有效防治,并工厂化繁育天敌"啮小蜂""姬小蜂"

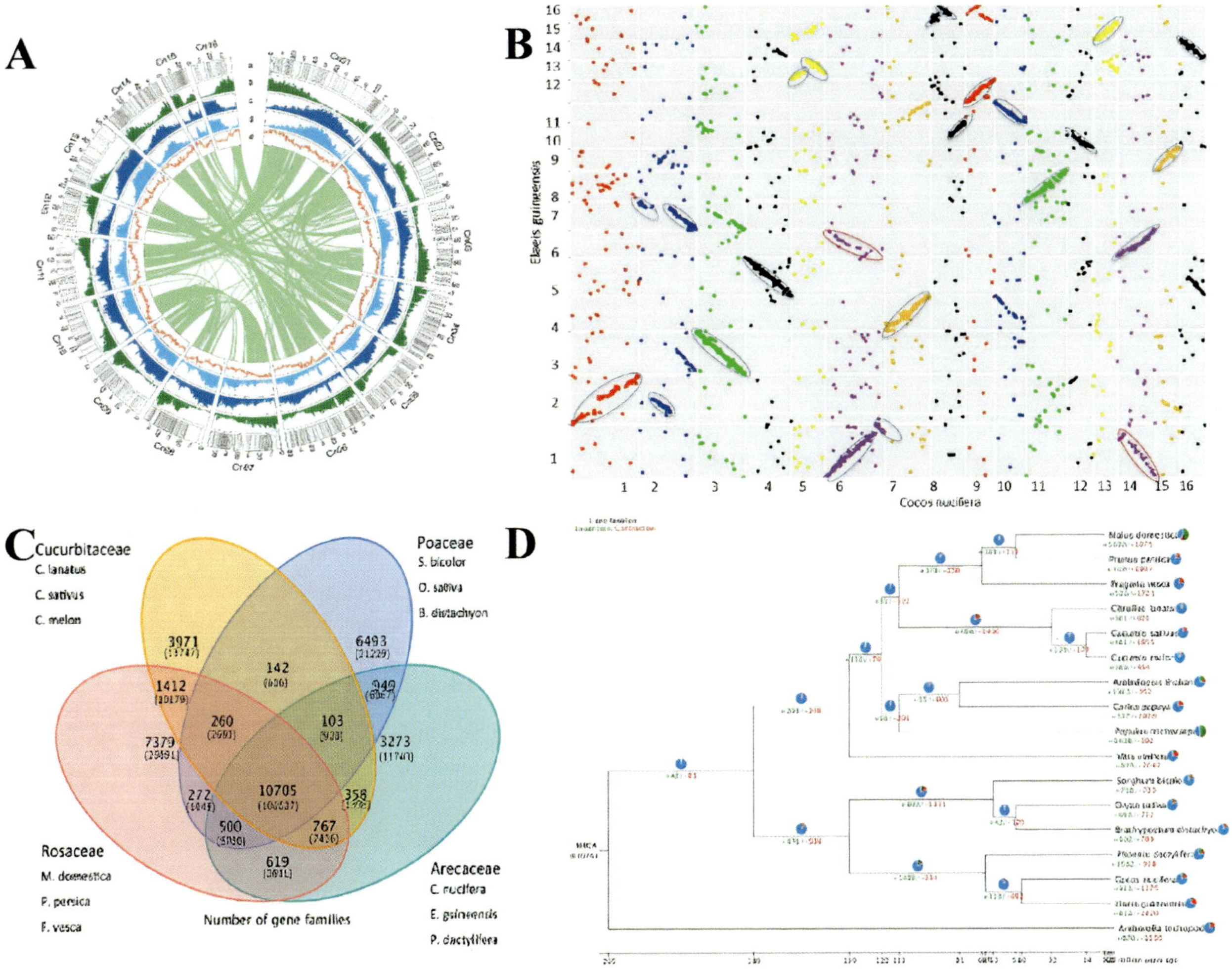

海南高种椰子全基因组测序及分析
A. 椰子基因组特征;B. 椰子与油棕的基因组比较;
C. 基因家族的比较;D. 基因家族扩张收缩

2017年,完成海南高种椰子全基因组测序,开展了功能基因挖掘与应用研究,为椰子种质的创新和育种事业的跨越式发展提供了技术支持

建所以来，获得包括国家科学技术进步奖二等奖、海南省科学技术进步奖特等奖、全国农牧渔业丰收奖一等奖在内的省部级以上奖励 25 项

建所以来，研发天然椰子油精深加工产品、椰花汁产品、槟榔专用肥等科技产品 27 个，注册了"椰科"品牌，实现科技成果转化收益数亿元

2017 年 9 月 1 日，农业部第 2578 号公告了"文昌椰子"（编号：AGI2017-03-2136）农产品地理标志信息获批认证；12 月 11 日被评选为"2017 年海南农产品十佳区域公用品牌"之一；2018 年 10 月 28 日，"文昌椰子"商标获得批准

服务三农

2017年5月8日，海南省第十三届科技活动月开幕式在椰子研究所椰子大观园举行，海南省政协副主席、科技厅厅长史贻云和热科院院长王庆煌出席开幕式并致辞

科技服务下乡

科技活动月

服务在田间地头

中小学生科普教育

国际合作与交流

1993年，时任椰子研究所所长王文壮（左一）会见法国科学家一行

2000年7月10—15日，椰子研究所派出椰子专家代表中国参加在菲律宾举办的椰子国际学术会议

2015年9月11日，中国—阿拉伯国家技术转移暨创新合作大会在银川举行。会上，椰子研究所与宁夏中阿技术转移开发有限公司、中阿（迪拜）技术转移中心签署合作协议，共同建设中阿椰枣研究中心，为阿拉伯国家防治红棕象甲、发展椰枣产业提供强有力的技术支撑

2018年11月6日海南省、密联邦波纳佩州、热科院顺利签署了农业合作备忘录，并在波纳佩州椰子标准化示范园选址地举行了剪彩启动仪式。海南省副省长苻彩香（左四）、波纳佩州州长Peterson（左五）、中国驻密克罗尼西亚大使黄峥（左三）和热科院副院长刘国道（左二）等参加了剪彩仪式并讲话。"密联邦波纳佩州椰子标准化示范园"是椰子研究所"走出去"承建的第一个国外椰子示范基地

2018年8月24日，由商务部主办，热科院承办，宁夏中阿技术转移中心协助，椰子研究所和热科院培训中心具体负责实施的"阿拉伯国家椰枣生产技术培训班"在海口顺利结业

土地管理与基地建设

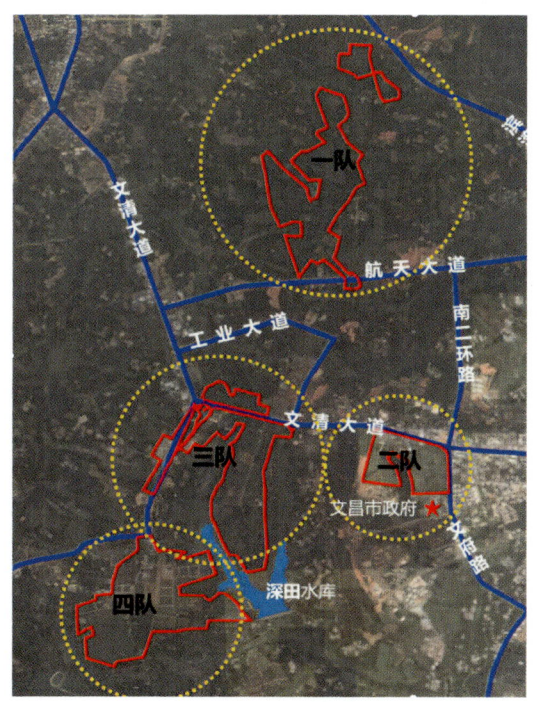

土地现状及规划

试验一队椰子高产示范基地

试验三队槟榔和椰子良种良苗繁育基地

试验三队科研基地规划效果图

试验四队科研基地规划效果图

经过40年的建设，椰子研究所已建成建有3 000多亩良种良苗繁育和标准化试验示范基地；1 500多亩种质资源保存基地和种质保存库，保存着来自世界60多个国家的500多份热带油料和热带棕榈的种质资源。

仪器设备

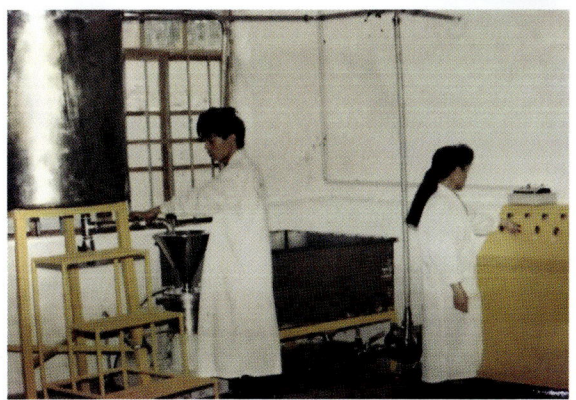

建所初期艰苦、简陋的条件

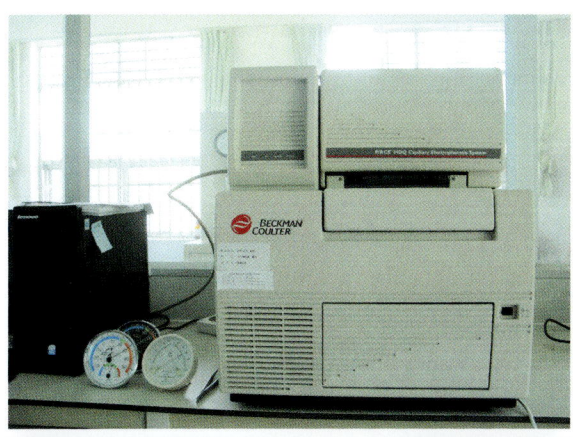
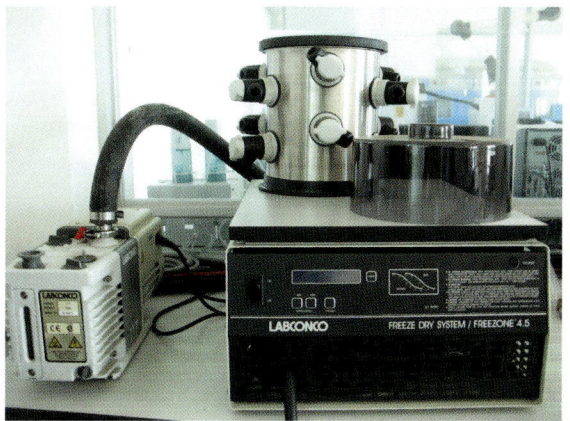
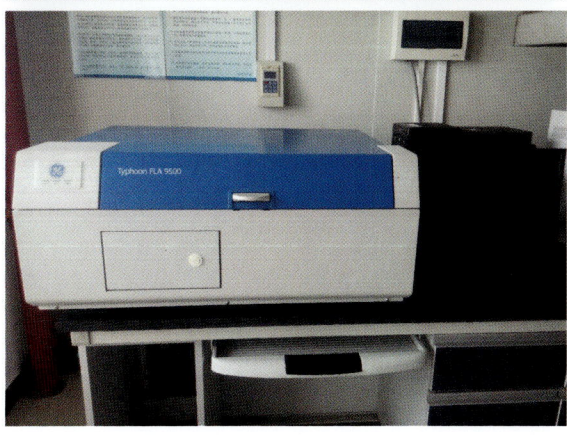
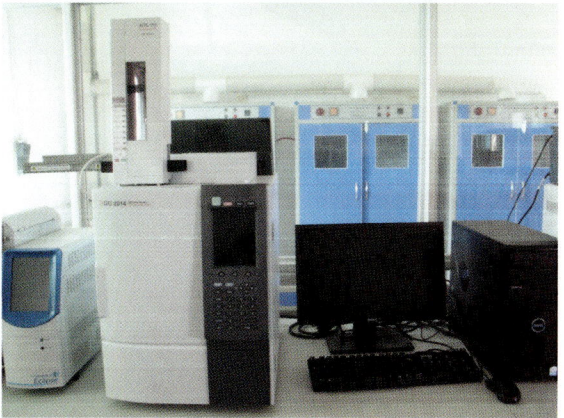

截至2019年,椰子研究所拥有产权土地面积6 737.59亩,科研及辅助用房23 481.51平方米,科研设备500多台/套

人事人才

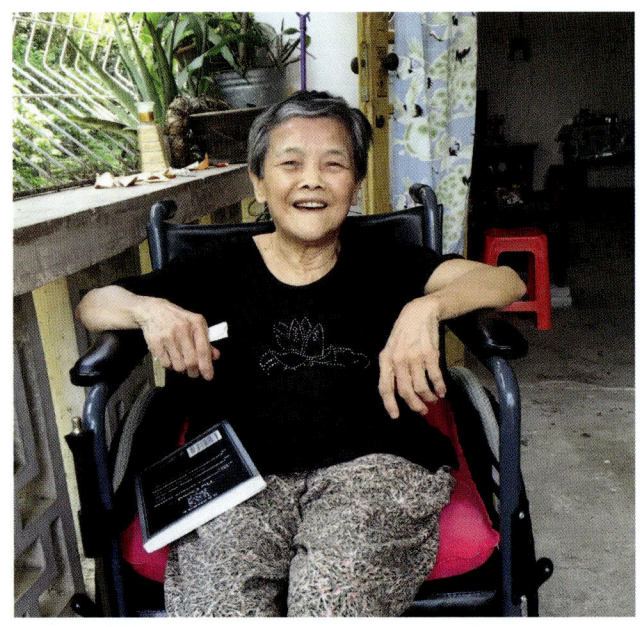

前期椰子科学研究组组长张诒仙。26 岁时为观察椰花授粉过程，不慎从树上摔下，造成三处胸椎压缩性骨折，最终造成了高位截瘫。瘫痪并没有阻碍她活下去的勇气，反之，她在轮椅上开启了她的新生活，利用自学翻译了 20 多万字的《椰子》一书，给海南甚至于国内的椰子研究带来了深刻影响

往来西沙群岛的"椰子大使"毛祖舜（右一）。1982—1992 年每年到西沙群岛种植椰子树，永兴岛、东岛、中建岛、琛航岛、金银岛、珊瑚岛等 8 个小岛，都留下了他的足迹，都生长着其带领课题组成员种下的椰子树

2018年12月3日，椰子研究所王富有所长（左）赴福建农林大学植保学院与谢联辉院士（右）签署柔性引进人才协议书，谢院士将指导椰子研究所槟榔黄化病研究

2018年，椰子研究所成功举办"高效团队建设年"活动，收到读书心得体会99篇，开展了"打造高效团队"主题演讲比赛等系列活动，取得良好的效果

精神文明

2017年1月19日,椰子研究所隆重召开2017年度工作会议,大会以"众志成城,攻坚克难,全面推进热带油料和槟榔科技工程建设"为主题,总结了2016年工作成绩、部署了2017年重点工作,表彰了优秀部门和优秀个人

2017年9月27日,在"迎中秋 庆国庆"庆祝晚会上,全体管理人员合唱《椰子所之歌》

2019年7月3日,椰子研究所党委组织60多名党员前往定安县母瑞山革命根据地纪念园,开展"不忘初心、牢记使命"主题党日活动,并在革命先烈雕像前、面向党旗宣誓

2018年12月27日,椰子研究所党委和工会联合举办了高效团队趣味运动会,在职职工、编外人员、研究生、发展中国家杰出青年科学家共100多人参加活动

椰子研究所获得热科院 2018 年度"先进集体"荣誉称号

椰子研究所第六党支部获得热科院 2017—2019 年度"先进基层党组织"称号

所歌——《椰子所之歌》

椰子所之歌

陈刚 赵松林 王富有 词
赵晓辰 曲

1=E
♩=60 舒缓而温情地
（前奏、间奏略）

3 4 5 6 5. | 3 2 1 2 3 1 5 — | 6 7 1 2 1 5   1 |
南海之滨， 啊 椰子故乡， 美丽文昌，是我们

3 3 4 3 2 2 — | 3 4 5 6 5. 3 2 | 1 2 3 7 6 — |
工作的地方； 椰子槟榔， 啊 油棕油茶，

2. 2 2 6 4 3 2 | 6/4 5 5 4 3 2 3 1. 1 | 1 0 0 1.7 |
花生椰枣,是我们 研究的对 象。 兄弟

斗志昂扬地
4/4 6. 7 1.7 1 2 3 7   1.7 | 6. 7 1 5 1 2 2.   1.1 |
姐妹来自五湖四海， 汇聚在这多彩椰乡。 热带

6. 6 4 2 3 4 5. 5 5   3 | 2 2 3 2 6 5.   5 |
油料产业是国家的战略， 人民的期望。 啊

深情而辉煌地
1 2 3 1 5.   1 | 4 5 6 5 5 — | 6 6 7 1 7 6.   1 |
所兴我荣， 啊，所衰我耻， 光荣的使命， 啊

4 4 5 6 3 2 — | 3 4 5 6 5.   1 | 1 1 7 5 6 — |
共同的担当。 团结敬业， 创新发展，

6 6 5 4 3 4 4 5 6 7 1 | 2 — — 1 | 1 — — — |
光辉的事业,伟大的梦 想， 梦 想。

3 4 5 6 5. | 3 2 1 2 3 1 5 — | 6 7 1 2 1 5   1 |
南海之滨， 啊 椰子故乡， 美丽文昌，是我们

3 3 4 3 2 2 — | 3 4 5 6 5. 3 2 | 1 2 3 5 6 — |
工作的地方； 顶天立地， 啊 坚韧挺拔，

6. 6 6 5 4 5 6 5 | 6/4 4 4 3 2 3 1 — | 1 0 0 1.7 |
椰 树精神,给我们 无尽的力 量。 兄弟

4/4 6. 7 1.7 1 2 3 7   1.7 | 6. 7 1 5 1 2 2.   1.1 |
姐 妹走向五洲四洋， 彰显我们科技力量。 热带

6. 6 4 2 3 4 5. 5 5   3 | 2 2 3 2 6 5.   5/3 |
油 料产业是国家的战略， 人民的期 望。 啊

1 2 3 1 5.   1 | 4 5 6 5 5 — | 6 6 7 1 7 6.   1 |
5 6 1 5 3.   5 | 1 2 4 3 2 — | 3 3 5 6 5 4.   1 |
所兴我荣， 啊，所衰我耻， 光荣的使命， 啊

4 4 5 6 3 2 — | 3 4 5 6 5. 1 | 1 1 7 5 6 — |
2 2 3 4 3 5 — | 7 1 2 3 2. | 1 6 6 5 3 4 — |
共同的担当。 团结敬业， 创新发展，

6 6 5 4 3 4 4 5 6 7 1 | 2 — — 2 5 | 1 1 — 1 |
4 4 3 2 1 2 2 3 4 5 6 | 7 — — 7 3 | 5 6 1 5 3. 5 |
光辉的事业,伟大的梦想， 啊所兴我荣， 啊

4 4 5 6 3 2 — | 3 4 5 6 5.   1 | 1 1 7 5 6 — |
1 2 4 3 2 — | 3 3 5 6 5 4. 6 | 2 2 3 4 3 5 — |
所衰我耻， 光荣的使 命， 啊共同的担当。

3 4 5 6 5.   1 | 1 1 7 5 6 — | 6 6 5 4 3 4 4 5 6 7 1 |
7 1 2 3 2. 1 | 1 6 6 5 3 4 — | 4 4 3 2 1 2 2 3 4 5 6 |
团结敬业， 创新发展， 光辉的事业,伟大的梦

2 — — 1 | 1 — — — | 5 0 0 0 0 ‖
7 — — 6 | 5 — — — | 5 0 0 0 0 ‖
想， 梦 想！

所舞——《椰之魂》

2019年1月25日,为喜庆热科院迁址扎根海南60年,椰子研究所选送的《椰之魂》舞蹈在院2019年迎春晚会上得到大家充分肯定

《中国热带农业科学院椰子研究所志（1979—2019）》

编委会

顾　　问	王文壮　邱小强　马子龙　赵松林
主　　任	王富有　赵瀛华
副 主 任	覃伟权　陈　刚　韩明定
委　　员	师雪茹　王　挥　张春萍　许丽菁　李　杰　贾永立 范海阔　曹红星　刘立云　夏秋瑜　阎　伟　徐中亮 韩　轩　肖周帆　林方养
主　　编	陈　刚　师雪茹
副 主 编	王　挥　黄宇峰　许丽菁
参编人员	秦海棠　陈仪茹　易　命　寇田田　彭娇洋　王　冰 韩　轩　符海梅　贾永立　肖周帆　李新菊　林　浩 郑小蔚

凡 例

一、本志以马克思列宁主义、毛泽东思想、邓小平理论、"三个代表"重要思想、科学发展观和习近平新时代中国特色社会主义思想为指导，力求客观、准确、翔实地记述中国热带农业科学院椰子研究所的历史和现状，做到科学性和资料性的统一。

二、本志上限为1979年，下限为2019年8月。

三、本志采用述、记、志、图、表、录等，以志为主体。本志采用章节体。

四、本志使用的文字、数字、计量等按国家规定的统一规范书写。统计数据按中国热带农业科学院椰子研究所上级主管部门下达数据与实际统计相结合。

五、历史纪年采用公元纪年。

六、本志采用的文体，以记叙体为主，力求做到叙而不论，寓褒贬于事实的记述之中。

七、本志资料来源于中国热带农业科学院档案馆、官方网站，各类媒体对中国热带农业科学院椰子研究所的公开报道，中国热带农业科学院椰子研究所档案室，调查采访的资料等。

前 言

2019年是新中国成立70周年，也是椰子研究所建所40周年。伴随着改革开放的春风，椰子研究所已经走过了40年的光辉历程。

四十年初心未改、使命未变，我们砥砺前行。 1960年2月周恩来总理视察两院时，指示"椰子的科学研究一定要上马"。1978年，国务院11号参阅文件指出"要把油料生产尽快搞上去，在积极发展草本油料的同时，更要花大力气发展木本油料生产，使有些地区食用油逐步走向木本油料化的道路"。应国家战略而生，为国家战略而战。从建所之初一路走来的椰子研究所人，都会铭记那段风雨沧桑的岁月和艰苦卓绝的奋斗历程，缺少资金设备、科研资料和起码的生活保障，住的是破庙房，吃的是木薯和野菜，一切从零开始，沙荒地里创业。创业时的艰辛磨炼，孕育出"艰苦奋斗、无私奉献、团结敬业、创新发展"的椰子研究所精神，涌现了一批像张世祯、毛祖舜、安贤书、徐月发等忠于使命、献身科研的老一代杰出代表。现如今，在农业农村部、热科院的正确领导下，我们以热带油料研究为核心，扎实工作，奋力前进；特别是2017年3月26日韩长赋部长到椰子研究所调研，明确提出"椰子研究所要进一步聚焦方向、凝聚力量，大力发展椰子、油棕等热带油料作物，科技支撑提升我国食用油自给率，努力建设世界一流的热带油料科技创新中心"，为椰子研究所建设和发展进一步指明了方向。

四十年艰苦耕耘，春华秋实，我们硕果累累。 自1979年建所以来，一代代椰子研究所人紧紧围绕国家食用油供给安全战略，服务国家农业科技走出去外交的需要，服务热区农业农村农民经济社会发展，跋涉探索，屡创辉煌。今天，椰子研究所拥有200多名职工，6 737.59亩（15亩=1公顷）土地，7 000多平方米实验室和价值4 000多万元的仪器设备；建有国家热带棕榈种质资源圃、农业农村部热带油料科学观测实验站等17个省部级科研平台和3 000多亩良种良苗繁育和标准化试验示范基地；1 500多亩种质资源保存基地和种质保存库，保存着来自世界

60多个国家的500多份热带油料和热带棕榈植物的种质资源。先后承担973计划、863计划、国家自然科学基金等一大批国内外重大基础与应用研究项目，全球首次发布海南高种椰子全基因组测序、培育出我国首批矮化高产椰子新品种和优质高产槟榔新品种、利用寄生蜂成功防治重大入侵害虫椰心叶甲、"文昌椰子"国家农产品地理标志得到认证，获得了包括国家科技进步二等奖、海南省科技进步特等奖在内的100多项科技成果。服务国家外交战略，迈向国际大舞台，与斯里兰卡、密克罗尼西亚、印度尼西亚、国际椰子遗传资源网、亚太椰子共同体等20多个国家及国际组织建立了合作关系，先后派出科技专家100多人次，到阿联酋、科摩罗、缅甸、越南等开展热带油料作物技术支持，密克罗尼西亚、纳米比亚等多国总统和国家主要领导人亲临我所洽谈科技合作、寻求技术支持，为深入贯彻落实"一带一路"倡议、支持热带油料科技"走出去"打下了坚实的基础。

四十年壮志凌云，筑梦不辍，我们蓄势待发。 2007年9月国务院办公厅印发了《关于促进油料生产发展的意见》，对促进油料生产作出了全面部署；2014年12月国务院办公厅印发了《关于加快木本油料产业发展的意见》，强调加快扶持油棕、椰子等热带油料生产发展，从国家战略高度重视和加大油棕、椰子等热带油料作物科研和产业的发展。特别是2018年4月13日，习近平总书记在庆祝海南建省办经济特区30周年大会上作出了"打造国家热带农业科学中心""做强做优热带特色高效农业"的重大战略部署，更是为热带农业科技创新发展指明了方向，也赋予了我们新的使命与更重的责任。新时代，新使命，更要有新作为。站在历史新起点，椰子研究所将紧紧围绕"五棵树"（椰子、槟榔、油棕、油茶、椰枣）、"两只虫"（椰心叶甲、红棕象甲）、"一种病"（槟榔黄化病），肩负起新时代赋予的使命与担当，改革创新，奋发有为，为建设世界一流的热带油料科技创新中心而努力奋斗！

由于《中国热带农业科学院椰子研究所志》（以下简称《所志》）的编纂涉及面广，工作量大，尽管许多同志为此付出极大的努力，但缺点和不足在所难免，敬请各位领导和同志批评指正。同时，对关心、支持和帮助《所志》编纂工作的各位领导和同志致以诚挚的谢意。

中国热带农业科学院椰子研究所所长

王富有

2019年9月

目 录

第一章　中国热带农业科学院椰子研究所的建立 ……………………………………… 1
　第一节　建所背景 …………………………………………………………………… 1
　　一、历史背景 ……………………………………………………………………… 1
　　二、建华山椰子样板田 …………………………………………………………… 1
　　三、献身事业 ……………………………………………………………………… 2
　第二节　文昌建站 …………………………………………………………………… 2
　　一、意义深远的 203 号文 ………………………………………………………… 2
　　二、紧锣密鼓抓落实 ……………………………………………………………… 3
　　三、上报建站任务书 ……………………………………………………………… 4
　　四、签订交接协定书 ……………………………………………………………… 6
　第三节　发展概况 …………………………………………………………………… 6
　第四节　影响建设发展的大事件 …………………………………………………… 8
　　一、土地确权 ……………………………………………………………………… 8
　　二、撤站建所 ……………………………………………………………………… 9
　　三、纳入海南省社保 ……………………………………………………………… 10
　　四、所部搬迁 ……………………………………………………………………… 11
　　五、科研体制改革 ………………………………………………………………… 11
　　六、椰子大观园建设 ……………………………………………………………… 12
　　七、热带棕榈作物研究实验室建设 ……………………………………………… 13
　　八、"椰创园"经适房建设 ……………………………………………………… 13
　　九、科研基地提升建设 …………………………………………………………… 14
　第五节　历任领导班子 ……………………………………………………………… 14
　　一、椰子试验站历任领导 ………………………………………………………… 14
　　二、椰子研究所历任领导 ………………………………………………………… 15
　第六节　领导关怀 …………………………………………………………………… 17
　　一、农业农村部领导关怀 ………………………………………………………… 17
　　二、海南省领导关怀 ……………………………………………………………… 18

三、部委司局领导关怀 ··· 18
　　四、海南省厅局领导关怀 ··· 19
　　五、文昌市领导关怀 ·· 20
　　六、热科院领导关怀 ·· 20

第二章　机构设置与科学管理 ··· 21
第一节　机构设置 ·· 21
　　一、管理机构 ··· 21
　　二、科研机构 ··· 25
　　三、附属机构 ··· 28
第二节　创新管理 ·· 32
　　一、搭起三个基础性制度 ··· 33
　　二、建立规范运转的制度 ··· 33
　　三、制定鼓励创新的制度 ··· 33
　　四、建立引培留人的制度 ··· 34
　　五、完善松紧适度的请休假制度 ·· 34
　　六、建立促进发展的财务管理制度 ··· 34
　　七、完善党建管理制度 ·· 35
　　八、建立后勤服务保障制度 ·· 35
　　九、建起科学的考核评价制度 ··· 35
第三节　发展规划 ·· 35
　　一、"七五"科研发展规划 ·· 36
　　二、"九五"规划 ·· 37
　　三、"十五"发展规划 ·· 39
　　四、"十一五"发展规划 ··· 40
　　五、"十二五"发展规划 ··· 47
　　六、"十三五"发展规划 ··· 54

第三章　科学研究 ·· 58
第一节　科学研究的进展 ··· 58
　　一、建站前的科研工作 ·· 58
　　二、建站初期的科研工作 ··· 58
　　三、建所后的科研工作 ·· 58
第二节　科研领域和机构 ··· 59
　　一、椰子研究 ··· 59
　　二、油棕研究 ··· 60
　　三、油茶研究 ··· 61

四、花生研究 … 62
　　五、槟榔研究 … 62
　　六、椰枣研究 … 63
　　七、生物技术研究 … 64
　　八、植物保护研究 … 65
　　九、产品加工研究 … 66
第三节　科研平台 … 67
　　一、科研平台目录 … 67
　　二、科研平台简况 … 67
第四节　研究生教育 … 72
　　一、历年研究生名单及信息 … 73
　　二、毕业生就业情况 … 74
第五节　主要科技成果 … 75
　　一、科技奖励 … 75
　　二、科技论文 … 78
　　三、出版著作 … 118
　　四、授权专利 … 120
　　五、审定标准 … 125
　　六、鉴定品种 … 129
第六节　主要科技成果介绍 … 130
　　一、椰子种质资源的收集、保存、评价与创新利用研究 … 130
　　二、椰衣栽培介质产品开发关键技术研究、示范与推广 … 131
　　三、重要入侵害虫红棕象甲防控基础与关键技术研究及应用 … 131
　　四、高产早结优良椰子新品种的引进与推广利用 … 132
　　五、椰子种质资源创新与新品种培育 … 132
　　六、槟榔贮藏加工特性研究与产业化应用 … 133
　　七、马来亚黄、红矮椰子种植示范推广 … 133
　　八、椰园种养生态模式构建研究、示范和推广应用 … 134
　　九、高产早结鲜食椰子新品种文椰2号的培育与推广利用 … 134
　　十、椰衣栽培介质产品开发及综合利用研究 … 134
　　十一、以"全根苗技术"为核心的椰子种苗繁殖技术体系研究与推广利用 … 135
　　十二、五种国外椰子优良品种的引进及适应性研究 … 135
　　十三、椰园种养高效模式研究 … 136
　　十四、椰子花序汁液的采集与利用研究 … 136
　　十五、椰子生产全程质量控制技术研究与应用 … 136
　　十六、油棕高产、抗寒的生物学基础研究 … 137
　　十七、高产早结矮化椰子新品种文椰3号的推广利用 … 138

十八、槟榔重要害虫红脉穗螟无公害防治技术研究及利用 ·················· 138

第四章　科技服务与成果转化 ··················· 139
第一节　科技服务 ··················· 139
　　一、近年科技服务与科普教育纪实 ··················· 139
　　二、近年技术培训纪实 ··················· 144
第二节　科技成果转化 ··················· 145
　　一、成果转化管理 ··················· 146
　　二、科研成果转化模式的探索及转化效益 ··················· 146

第五章　国际合作与交流 ··················· 151
第一节　国际合作与交流具体情况 ··················· 151
　　一、国际合作项目 ··················· 151
　　二、交流互访情况 ··················· 153
　　三、举办国际会议 ··················· 161
　　四、承办国际培训班 ··················· 161
　　五、签订科技合作协议 ··················· 162
第二节　发展中国家杰出青年来所工作情况 ··················· 163

第六章　人事人才工作 ··················· 166
第一节　职工队伍 ··················· 166
　　一、建站初期职工队伍情况 ··················· 166
　　二、近年在职职工增减统计 ··················· 172
　　三、年度考核优秀人员统计 ··················· 174
第二节　职称评定和岗位聘任 ··················· 175
　　一、职称评定情况 ··················· 175
　　二、岗位设置和聘任情况 ··················· 177
　　三、现有高级职称人员情况介绍 ··················· 177
第三节　人才培养 ··················· 193
　　一、政府参政议政 ··················· 193
　　二、高层次人才培养 ··················· 193
　　三、博士培养 ··················· 194
　　四、国外学习进修 ··················· 194
　　五、外派挂职锻炼 ··················· 194
第四节　人事人才管理 ··················· 195

第七章　条件保障 ··· 201
第一节　土地管理 ··· 201
一、历年土地统计情况 ··· 201
二、土地利用和保护情况 ··· 203
三、土地性质变更情况 ··· 205
四、土地资产处置和变更情况 ··· 205
第二节　财务管理 ··· 208
一、机构及人员的设置 ··· 208
二、多渠道筹集资金 ··· 208
三、财务工作进展情况 ··· 209
第三节　基本建设 ··· 210
一、修购项目立项与执行情况 ··· 210
二、基建项目立项与执行情况 ··· 213
三、项目验收情况 ··· 213
第四节　设备资产 ··· 214

第八章　党群工作 ··· 221
第一节　党的建设 ··· 221
一、历届党总支和党委成员 ··· 221
二、党员及支部建设 ··· 222
第二节　纪委工作 ··· 224
第三节　工会工作 ··· 224
一、近年工会组成 ··· 224
二、工会主要工作 ··· 225
第四节　先进集体和个人表彰情况 ··· 225
一、所级表彰 ··· 225
二、院级及以上表彰 ··· 226

第九章　媒体报道 ··· 228
第一节　老一辈事迹采访 ··· 228
第二节　媒体报道 ··· 253
一、院内媒体报道 ··· 253
二、院外媒体报道 ··· 292

附　录 ··· 314
2004年工作总结与2005年工作计划 ··· 314
2005年工作总结与2006年工作计划 ··· 320

2006 年工作总结与 2007 年工作计划 …………………………………………………………… 327
2007 年工作总结与 2008 年工作计划 …………………………………………………………… 333
2008 年工作总结与 2009 年工作计划 …………………………………………………………… 338
2009 年工作总结与 2010 年工作计划 …………………………………………………………… 343
2010 年工作总结与 2011 年工作计划 …………………………………………………………… 349
2011 年工作总结与 2012 年工作计划 …………………………………………………………… 354
2012 年工作总结与 2013 年工作计划 …………………………………………………………… 360
2013 年工作总结与 2014 年工作计划 …………………………………………………………… 368
2014 年工作总结与 2015 年工作计划 …………………………………………………………… 371
2015 年工作总结与 2016 年工作计划 …………………………………………………………… 374
2016 年工作总结与 2017 年工作计划 …………………………………………………………… 379
2017 年工作总结与 2018 年工作计划 …………………………………………………………… 384
2018 年工作总结与 2019 年工作计划 …………………………………………………………… 391

第一章
中国热带农业科学院椰子研究所的建立

第一节 建所背景

一、历史背景

椰子在我国有2 000多年的种植历史。新中国成立之前,椰子产业一直未得到政府部门的重视,多数为野生或零散种植,没有形成规模化产业。新中国成立后,椰子产业得到党中央和各级领导的高度重视,椰子研究与产业发展也不断壮大。

1960年2月,周恩来总理视察两院[华南热带作物科学研究院和华南热带作物学院的简称,为中国热带农业科学院(以下简称热科院)、华南热带农业大学的前身]时,了解到椰子树不仅是一种热带果树,而且是一种多年生木本高产油料作物,一个成熟的椰子果实可以榨出2两油。20世纪50—60年代全国有个农业发展纲要,纲要中不少指标已经完成或者超额完成,就是油料老是上不去。老百姓没有油下锅,总理十分着急。心里总是装着人民的周总理指示"椰子的科学研究一定要上马"。

二、建华山椰子样板田

1957年初,华南热带林业科学研究所(热科院的前身)何康所长到职。"反右"运动后,研究所成立了党组,何康同志任党组书记,成员有武树藩、吴修一。新领导班子建立后,研究所开始了新的征程,大刀阔斧开展了10项工作,其中第七项就是"组织科技人员下楼出院,开展样板田活动"。科技人员根据自己的专业分散到各个农场、公社蹲点建立专业样板,总结生产经验,进行试验和推广成果。1964年,中央决定开展以丰产为目标的农业样板田活动,在何康所长的积极争取下,海南以橡胶为主的热带作物被列为全国十大样板之一。儋县(现儋州市)8个国营农场是橡胶样板的主要基地。根据这一形势,何康派出科研人员参加海南农垦组织的工作组,对8个农场进行土地综合利用,林段"四化"(良种化、梯田化、覆盖化、林网化),抚育管理为主的生产管理规划,为生产建设与管理提供依据。为了利用这一有利形势,带动其他热带作物的发展,在他主持下,编制了海南热带资源综合开发利用科学研究计划任务书,以及椰子、油棕、剑麻、药用植物、香料饮料作物等专项计划任务书。

在华南热带林业科学研究所建所初期,我国椰子研究刚刚起步,没有可参考借鉴的资料,为拿到高种椰子生物学特性的第一手资料,当时的热作所(现发展为"热带作物品种资源研究所")由邓励、林鸿燕和徐月发3人组成的木本油料研究椰子组(热作所木本油料课题组分为两个组:油棕组和椰子组),自1959年起最早将文昌东郊镇建华山土地庙选为椰子研究据点,开展建华山样板田建设,正式开始椰子研究。

邓励教授带领椰子研究组在文昌建华山样板点,总结椰农改造老椰园的"五养"经验:以山养园,消灭荒芜；以农养园，合理间作；以海养园，利用海藻、海泥施肥；以园养园，种绿肥、覆盖；以牧养园，椰园放牧。

20世纪60年代初期，张诒仙加入椰子研究组，组成了最早蹲点在建华山土地庙的4人组（邓励、林鸿燕、徐月发、张诒仙）。从儋州两院到文昌东郊，坐班车需要2天，张诒仙当时还是一位20岁出头的姑娘，因没有地方住，和研究组其他成员一样住在建华山土地庙里，条件异常艰苦，周边没有居民，生活也十分清贫。2年后，由地方政府协调研究组才住进了东郊热作场，后面毛祖舜加入研究团队。艰苦的条件没有压垮大家，"有条件要上，没有条件创造条件也要上"，经过4年的蹲点研究，研究组弄清楚了椰子年抽叶数、年抽苞数、花苞败育率和果实成熟时间，为后续研究提供了宝贵的参考资料。研究组还在文昌东郊椰园开展椰子高产措施试验，在椰园灭荒的基础上加强椰园抚管和施肥，使东郊椰园低产树变为中产树或高产树，成效显著。1965年9月5—8日，海南行署（当时海南岛属于广东省）在东郊公社召开椰子生产现场会，各县五料局（海南岛专设五料局，五料指饮料、调料、香料、油料、麻料）、重点公社领导参加，椰子研究组作为样板组作报告，题为《椰子生产技术措施报告》。他们撰写的《椰子生产技术措施报告》，提出了留种、育苗和管理技术规程，为留种、育苗和管理提供了规范的技术规程。

三、献身事业

为创建我国第一个椰子试验站，原热作所何敬真教授、江式邦副教授、木本油料组组长邓励、办公室主任林鸿燕4人受命负责在岛内考察，为椰子试验站挑选站址和基地，仅选址就花费了好几年时间。在建站选址过程中，他们克服种种困难，不辞辛劳，有的甚至付出了宝贵的生命。1978年，选址组成员在考察选址过程中，从三亚返回文昌的途中遭遇车祸，邓励和林鸿燕殉职，导致我国当时最好的两位椰子研究者永远留在了跋涉的路上；江式邦和何敬真也因车祸受伤。

邓励教授和林鸿燕主任，作为椰子研究组的核心成员，自1959年起便长期蹲点在文昌市东郊镇建华山，开展建华山样板田建设，可以说是我国当时最好的椰子研究专家，作为选址组成员最有发言权。

邓励

林鸿燕

第二节　文昌建站

1978年，国务院11号参阅文件指出"要把油料生产尽快搞上去，在积极发展草本油料的同时，更要花大力气发展木本油料生产，使有些地区食用油逐步走向木本油料化的道路。"应国家战略而生，1979年，经农垦部批准椰子试验站正式建立，始建时名称为"华南热带作物科学研究院文昌椰子试验站"。

一、意义深远的203号文

1979年9月20日，《关于建立椰子试验站问题的批复》（中央农垦部（79）农垦（科）字第203号文）印发，标志着椰子试验站正式建设。

文件同意华南热带作物研究院在广东省海南农垦橡胶研究所建立椰子试验站。试验站按专业科研单位的要求组建，面积不宜过大，人员要少一些，多余的土地和人员可以建立一个以繁育推广椰子良种为中心，兼营椰子和畜牧生产的示范农场。

文件要求华南热带作物研究院和广东省海南农垦局按照有关规定做好交接工作，应尽快提出建站、建场的长远规划和今明两年的工作计划报部审批。

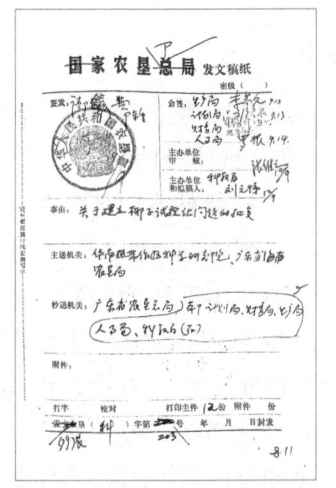
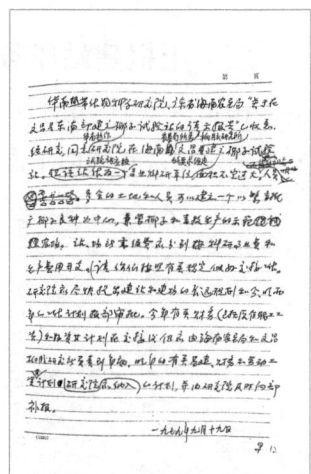

二、紧锣密鼓抓落实

203号文印发后，华南热带作物研究院和广东省海南农垦橡胶研究所双方抓紧移交，仅3个月就完成了交接工作并签订交接协定书。

（一）成立筹建小组

1979年10月18日，华南热带作物科学研究院人事处印发了《关于成立文昌椰子试验站筹建小组的通知》，明确：根据中央农垦部（79）农垦（科）字第203号文《关于建立椰子试验站问题的批复》的指示精神，同意在文昌建立椰子试验站，并要求按照有关规定做好交接工作，尽快提出建站的长远规划及今、明两年的工作计划报部审批。为此，经院务委员会研究决定，成立文昌椰子试验站筹建小组，负责该站的交接和筹建工作。筹建小组人员组成名单如下：

筹建小组负责人：张世祯

筹建小组成员：毛祖舜、邢贻能、阮传荣、陈汝长、徐月发、韩庆光、江式邦（临时）、聂声扬（临时）、陈新月（临时）。

（二）三人先遣部队

1979年底张世祯、阮传荣、聂声扬3人作为"先遣部队"首批前往文昌，接收广东省海南农垦橡胶研究所移交给椰子试验站的清澜片区连队，即后来的椰子研究所试验一队、二队、三队、四队。紧接着与后续加入的10人筹建小组成员一起，克服匮乏的物质条件、艰苦的工作条件和清苦的生活条件，艰难起步、从零开始，靠艰苦奋斗的精神和努力拼搏的毅力，迅速建起了生活住房、科研楼，在实验设施简陋、技术力量薄弱的基础上开始了艰苦的椰子科技事业研究。

先遣部队的3人，张世祯后来调到院科技处，退休后不久便病逝；聂声扬在建站初期负责4个连队的接管、试验基地建设以及生产管理等工作，长期骑着自行车在各连队及所部之间奔波，后因积劳成疾、带病工作，于1985年病逝，享年仅48岁；阮传荣一直从事党政工作到退休，现已80多岁高龄。

（三）抓紧抢种椰子

根据203号文，椰子试验站的试验用地及大田职工由海南农垦局原文昌育种站（即海南农垦橡胶研究所）划拨，共计土地面积50 000多亩（见第六章）。当时，从文昌到清澜港的65 000亩土地都是荒地，土质又适合种椰子，在院里调拨经费不足的情况下，与先遣部队开展接收工作的同期，毛祖舜等人花费3个月时间抢种椰子占土地。

此时，初步形成椰子试验站团队，第一任站长为张世祯。除了10人筹建组成员，陆续有少许从院里调来的同志，总共不足20人；其余人员为随土地划拨给椰子试验站的文昌当地270多名职工。

三、上报建站任务书

1979年9月29日，华南热带作物科学研究院向农垦部报送了建站任务书，明确提出建站的长远规划及建站后两年内的工作计划。具体摘抄如下：

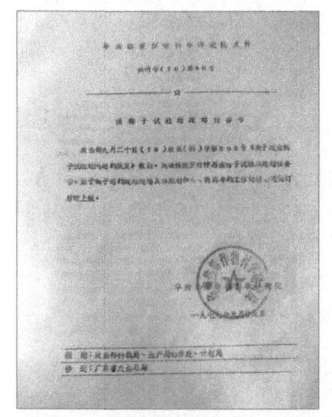

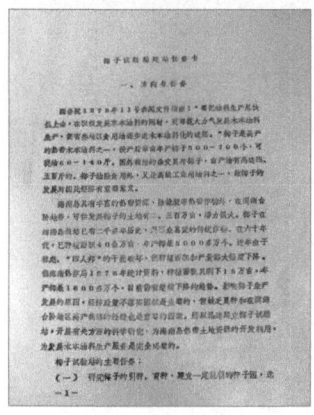

1. 建站方向与任务

国务院1978年11号参阅文件指出："要把油料生产尽快搞上去，在积极发展草本油料的同时，更要花大力气发展木本油料生产，使有些地区食用油逐步走木本油料化的道路。"椰子是高产的热带木本油料之一，投产后每亩年产椰子300~700个，可提油30~70千克。国外栽培的杂交良种椰子，亩产油有高达200~250千克的。椰子油除食用外，又是高级工业用油料之一，故椰子的发展对国民经济有重要意义。

海南岛具有丰富的热带资源，除橡胶等热带作物外，在滨海台阶地带，可供发展椰子的土地有200~300万亩，潜力很大。椰子在海南岛栽培已有2 000多年历史，是群众喜爱的传统作物。20世纪60年代，已种植面积40余万亩，年产椰果3 000多万个。受"文化大革命"的影响，种植面积和产量都大幅度下降。据海南热作局1978年统计资料，种植面积只剩下15万亩，年产椰果1 600多万个。影响椰子生产发展的原因，经济政策不落实固然是主要的，但缺乏良种和在滨海台阶地区高产栽培的经验也是重要的因素。所以迅速建立椰子试验站，开展有关方面的科学研究，为海南岛热带土地资源的开发利用，为发展木本油料生产服务是完全必要的。

椰子试验站的主要任务：

（1）研究椰子的引种、育种，建立一定规模的种子园，选育我国矮化速生高产良种，为全岛发展椰子提供种源；

（2）研究椰子在滨海台阶地带种植的速生高产综合栽培技术措施；

（3）研究椰子的综合利用，提高资源的经济价值；

（4）进行以椰子为中心的农林牧综合经营，研究海南岛干旱、风大、土质瘠薄这类滨海台阶地带的改造利用和创立新的生态环境的方法，对开发这类土地资源作出样板。

2. 位置与自然条件

位置：在海南岛东部偏北的文昌县内。现为海南农垦橡胶研究所（原文昌育种站）属下清澜片的4个生产队，远距该所30千米，是一块"飞地"。这个片最北的队距文昌县城4~5千米，东离清澜港2~3千米，均有公路相通，交通方便。土地完整连片，中间虽有农民土地插花，但争议不多。地权业经广东省1970年粤革生字第33号文件批准在案。

自然条件：①地貌属于古海相沉积阶地，海拔一般在20~40米，地势平缓，地下水位较低，但已修筑几个小型水库，居民点的水井水位一般距地面2米左右，局部土地在雨季有积水现象；②土壤属于海相沉积砂壤土，砂性较重，尤其地表动土后易受雨水冲刷，更形砂化。可分为红砂、黄砂和白砂3种类型，保水性能差，易受干旱影响，土壤肥力较低；③植被属于滨海土壤瘦瘠的旱生型植被，如蜈蚣草、矮生野牡丹等，覆盖度差，局部排水不良地段生有岗松、猪笼草等；④气象是常风大，台风频率较高，冬季或有不同程度的寒潮侵袭，但对椰子影响不大。

总体评价是土壤砂性大，肥力差，较干旱，易受常风和台风吹袭。应大力营造防护林带和块状林，发展畜牧，增加土壤肥力，提高土壤和空气的温度，减弱风害，通过环境条件的改造和农林牧综合经营，这类土地完全可以成为发展椰子的主要基地。

3. 现有土地等基本情况

据文昌橡胶研究所1978年年报资料，清澜片4个生产队现有情况综述如下：①土地图面积21 421亩，估计可用面积约13 000亩，现已垦用8 000亩（包括已造林6 463亩，内有防护林带3 189亩，400多个网格，块状林3 274亩，部分林带方格内种有橡胶366亩，剑麻53亩，生长正常；已建苗圃面积85亩，内有防护林苗57万株，橡胶苗18万株，椰子苗3 400株；生活用地及其他用地约1 000亩）。②总人口408人，工人188人，队干部20人，家属200人，全部吃包干粮。③4个队的基建面积5 090平方米，内宿舍2 917平方米，食堂743平方米，小伙房300平方米，猪牛栏903平方米，存牛143头，猪428头。④1978年经费总支出为159 902元。

4. 建站规划

（1）建设方针与种植规模。椰子试验站10 000多亩土地的建设，必须明确建设方针，处理好改造与使用的关系，先改造，后利用，改造一块，巩固一块，才能有效使用。因此在现有基础上，必须首先继续抓好造林，全部实现林网化，凡是碎部（描述地形特征的专业术语，地形、地貌的平面轮廓由一些特征点决定，这些特征点统称碎部点）、空地，特别是与农村接壤的土地全部植树造林，造林面积与作物种植面积至少达到1.5：1的比例，以林保椰，保证椰子有一个适生的环境，同时种植绿肥牧草，发展畜牧，肉牛（部分奶牛）饲养数达到800头。充分利用丰富的海肥、海草，大播有机肥料，改良土壤，提高肥力。建设方式方面要农林牧综合经营，不仅使椰子的试验和生产有可靠保证，而且为改变职工的食物结构，为开发滨海台阶地带，创造新的生态环境打好基础。

在经营方针上，实行以短养长，综合利用。椰子非生产期一般长达6~7年，当然，引种良种，加强抚管，可缩短非生产期。为增加经济收入扩大科研财源，减少国家投资，应充分集约利用土地，除加强管好现有橡胶早日投产外，在林下间作经济价值较高的短期作物，以增收益，并对椰子进行加工综合利用，提高椰子的使用价值。

因此，13 000亩土地的利用与作物种植必须合理布局，林地规划至少种至8 000亩，椰子5 000亩，生活及其他用地1 000亩。此外，尚有2 000亩左右低洼地，不易改造，暂不列入垦用土地规划内。

（2）机构编制设置。椰子试验站包括站部和一个试验队，是事业单位。站部干部拟编30人，全站共100人，站部人员由研究院有关单位调配，站部建在文昌县城郊，椰子试验站的劳动工资、物资、基建和财务等项计划列入研究院计划内每年列户上报。1980年的财务、基建计划待农垦部批准建站任务书后，再行补报。

站下附属3个生产队实行综合经营试验，拟试行经济核算。以试验为主，同时结合多抓收入，以短养长，而促生产，逐步解决经济自给。每年不足之数，由研究院在院的试验收入中调整拨给，实行差额补助。3个队的职工人数保持在现有数目之内，不对外招工，除吸收自然增长部分外，需要补充的人数在研究院内调配。

新建椰子试验站划入4个队的工人188名，队干部20名可在研究院的编制人数内调整解决，不用增加编制人数。

（3）主要基本建设。清澜片4个队除5 090平方米房屋和一个队有30千瓦火力发电外，没有其他基本建设。椰子试验站建立后，应逐步向现代化方向发展，分期把水电、工业、机械和房屋建设起来。

水电建设：电力可考虑两个方案，一是接用松涛电网电力，全程需要建设12千米的高压线路及变电变压设备；二是在适中地点建立工业区，火力发电约100千瓦，需要架设8千米低压输电线路及柴油发电机和输电变压设备。水利建设以灌溉为主，需要2~3寸抽水灌溉设备4套及管道若干，苗圃喷灌设备2套。

机械设备：主要是田间耕作和运输工具，需要轮式拖拉机 8 台附拖卡、全套犁耙、手扶拖拉机 8 台附拖斗，挖穴机 1~2 台。农用载重汽车 2 台，吉普车 1 台。

工业建设：小型椰子综合加工厂 1 座，橡胶制片车间 1 座，饮料加工车间 1 座，发电和机修车间 1 座。

房屋建设：根据事业发展的需要，逐年编制计划。

上述 4 个队，从 1972 年开始建设了 7 年，在环境改造上已初具规模，奠立基础。椰子试验站建成后，再用 7 年或稍多的时间，继续改造环境，布置试验，发展生产，一定可以把这 1 万多亩滨海台阶改造过来，创立一个新的生态环境，建设成为现代化的椰子综合科学实验基地，在科研与生产上取得预期成果，财务方面也有可能做到自给自足。

四、签订交接协定书

1979 年 12 月 31 日，交接工作顺利结束，广东省海南农垦橡胶研究所所属的冠南、清澜片 4 个生产队全面移交椰子试验站。1980 年 1 月 5 日，椰子试验站与广东省海南农垦橡胶研究所签订交接协定书。交接内容如下：

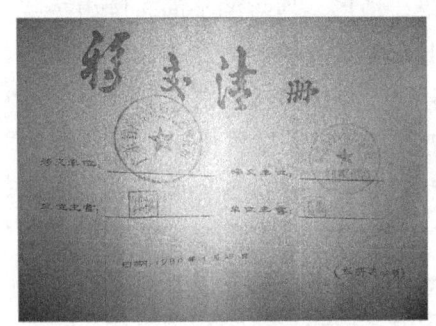

广东省海南农垦橡胶研究所把省革委会粤革发（70）第 353 号文批准土地权属橡胶所的冠南、清澜片土地 54 184 亩全部移交椰子试验站，椰子试验站全部接收。

广东省海南农垦橡胶研究所把截至 1979 年 12 月 31 日止冠南、清澜片 4 个队所有的固定资产和流动资产统统移交椰子试验站，试验站均全部接收。

广东省海南农垦橡胶研究所把冠南、清澜片 4 个生产队有户口、粮食的现有总人口 439 人，其中干部 28 人，工人 222 人（含 8 名退休工人），家属小孩 189 人移交椰子试验站，椰子试验站按移交有户口粮食的干部、工人、退休工人、家属小孩数接收。

广东省海南农垦橡胶研究所按移交的职工、家属小孩数提供应粮、油到 1980 年 3 月 31 日止。（1980 年 1—3 月总计大米 35 790 市斤，食油 336 市斤）从 4 月 1 日起由海南农垦局按年度把包干粮指标拨到文昌县县城粮所。职工、家属小孩的每年度包干粮指标数，由海南农垦局和华南热带作物科学研究院另商定。

广东省海南农垦橡胶研究所原冠南、清澜片 4 个队的生产农具、工具等无价移交椰子试验站，椰子试验站如数接收。

截至 1979 年 12 月 31 日，冠南、清澜片 4 个生产队同一切单位或私人的债权债务与椰子试验站无关，由广东省海南农垦橡胶研究所负责。在基建、劳动工资、物资财务（包括机耕生产上的支付）按农垦部批文由广东省海南农垦橡胶研究所负责到 1979 年 12 月 31 日止。自 1980 年 1 月 1 日起由椰子试验站负责。

广东省海南农垦橡胶研究所 1980 年春季造林缺苗 4 万株，盖科研大楼还需要顶木 650 条，由椰子试验站负责调拨。

第三节　发展概况

椰子研究所是党的十一届三中全会后新建立的专业研究机构，建所（站）初期的主要任务是：引进、培育高产椰子品种，为海南椰子发展提供种源；研究椰子速生高产技术措施；研究椰子的综合利用，提高资源经济效益；研究以椰子为中心的农林牧综合经营，结合海南滨海台地改造利用，为创立新的生态环境作出样板。椰子研究所利用引进的国外椰子品种与海南本地椰子品种杂交，成功培育出速生高产椰子新品种——文椰78F_1，这是中国第一个杂交种，被誉为"中国椰子产业史上的一次革命"；椰子研究所代表中国参与国际椰子专业领域的科技合作和交流，与国际椰子遗传资源网（COGENT）、亚太椰子共同体（APCC）、菲律宾椰子署（PCA）、印度尼西亚椰子和棕榈植物研究所（ICPRI）、印度大宗作物研究所（CPCRI）、斯里兰卡椰子研究所（CRI）、越南油料作物研究所（OPI）、泰国园艺作物研究所（HRI）及马来西亚农业研究与发展研究所（MARDI）等国际椰子组织和研究机构进行了广泛的联系和合作，多次派出科技人员并引进技术专家，承担5项国际合作科研项目，对我国椰子科技的发展发挥了重要的作用。在椰子引种工作中，得到爱国华侨何瑶琨等的有力支持。有了科技支撑，有了新品种，1987年海南椰子种植面积达1.96万公顷。1988年海南建省办特区以来，椰子事业稳步发展，海南椰子种植面积从1988年的2.05万公顷稳步发展至1997年的2.93万公顷。1998年海南省启动"百万亩椰林工程"，政策和科技"双管齐下"，2001年海南椰子种植创历史纪录，达到4.69万公顷。

"十二五"以来，椰子研究发展走向了快速道，承担科研项目381项，取得科研成果70多项，获省部级以上科技奖励15项，其中国家科学技术进步奖二等奖1项、海南省科技进步特等奖1项、全国农牧渔业丰收奖一等奖1项、海南省科技进步一等奖1项，获授权专利91项，发表论文600多篇，出版著作29部；陆续引进了一系列优质高产的油棕、椰子等热带油料作物种质资源，建立了油棕、椰子再生体系，培育了一批具有自主知识产权的热带油料作物优良品种；应用生物防治和生态控制等技术，有效地监测与防治重大外来入侵生物对热带油料作物的危害；研究掌握了油棕、椰子等热带油料作物的综合深加工技术，填补了国内空白，延长了产业链；主持制订了油料作物国家、行业、地方标准和技术规范40多项，在椰子、油棕等作物研究处于国内先进水平，赢得了广泛的国际影响力。在"十一五"全国农业科研机构科研综合能力评估排名中椰子所从"十五"的357位跃升到第129位，行业、专业和本省排名分别为第15、6和6位。椰子研究所以科技示范园、示范基地为服务平台，以科技下乡、科技入户等方式，推广普及油棕、椰子等关键技术，解决生产上技术难题。在热区，服务范围覆盖率达到90%以上，实用技术普及率达95%以上，实现椰子新品种增产80%以上，亩产增加效益2 000多元；与20多个国家及国际组织建立了合作关系，多次派出专家到科摩罗、印度尼西亚、缅甸、越南等开展热带油料作物技术支持；有密克罗尼西亚、纳米比亚、瓦努阿图等6国总统和多位主要国家领导人亲临该所洽谈科技合作和技术支持事宜；主办或承办20多期国际发展中国家技术培训班和国际会议，为热带油料作物科技"走出去"战略打下了坚实的基础。

历经40年的发展，椰子研究所的研究任务早已从单一的椰子研究发展成为以椰子、油棕、油茶等热带木本油料作物和槟榔、椰枣等热带经济棕榈植物为主要研究对象，重点开展种质资源、育种、栽培、植保、加工等领域的全产业链前沿技术、基础研究和应用基础研究，进行相关共性、关键技术的集成研究与示范推广。同时，与东南亚、非洲和拉丁美洲等地区和国家开展国际交流与合作，为我国"一带一路"和热带农业"走出去"战略提供了科技支撑。

展望未来，椰子研究所面临着前所未有的机遇与挑战，正昂首阔步，朝着"建设世界一流的热带油料科技创新中心"疾步迈进！

第四节 影响建设发展的大事件

一、土地确权

1. 严峻局势

根据《关于建立椰子试验站问题的批复》（中央农垦部（79）农垦（科）字第203号文），椰子试验站的试验用地及大田职工由广东省海南农垦橡胶研究所育种站（以下简称育种站）划拨而来。1979年12月交接协定书明确"橡胶研究所把省革委会粤革发（70）第353号文批准土地权属橡胶所的冠南、清澜片土地54 184亩全部移交椰子试验站"，也就是划拨土地面积共计5万多亩。此外，1980年经文昌县人民政府批准在县城附近征购约60亩土地作为站部，以建设试验楼和科技人员生活用地。

在与育种站办理划拨交接手续时，育种站提供了所有有关征用土地的材料，包括生产队土地范围界限，周围农村公社、大队、生产队的书面协议，海南区、广东省革委会和广州军区生产建设兵团的正式批文等。

建站后，站里进行了大量工作，但由于土地范围跨度大、比较分散，土地使用上一直与周围农村存在矛盾。因冠南农场并没真正地独立存在过，所以移交时，虽有书面数据，实际上已有大部分土地被农民占领。接收后，原种植的防护林继续遭到砍伐，试验作物经常遭到破坏，科研用地农民争占严重，种下的椰苗多次被拔被偷，椰果从幼果偷到成熟，严重影响科研生产正常进行；1991年以来，随着清澜港开放、开发，由于土地处于清澜开发区内，地价倍增，原被征用土地的农民常以各种借口为由回占土地，使得站里的科研试验和生产无法顺利开展，已关系到椰子试验站的生存，且长期以来有关部门未能及时协调解决。椰子研究所积极采用护果护林措施：一方面开展经常性的宣传教育工作；另一方面采取联防办法，雇请当地较有威望的人，签订承包合同，负责守护，但效果甚微。

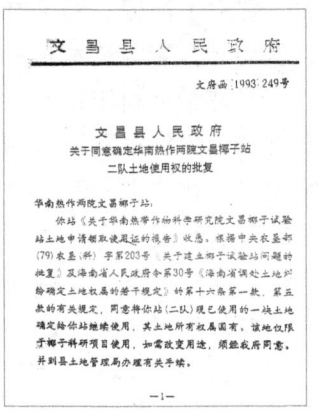

同时，由于开发区征用土地，部分研究项目不能按计划继续进行，只能被迫停止。例如，椰子施肥制度及矿质营养诊断研究的4个田间试验，因已规划在清澜开发区中心区，试验地被挖除，试验无法继续进行。

2. 积极维权

1992年4月23日，华南热带作物科学研究院向海南省人民政府提交了《关于解决我院文昌椰子试验站土地问题的请示》，提出2条建议。

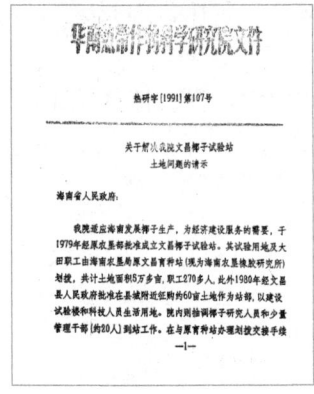

一是尊重历史和现实，采取实事求是的态度重新划定椰子试验站的土地。椰子试验站的土地原属育种站的土地，是在"文化大革命"期间由广东省革委会办公室批准，以冠南农场名义，由广州军区生产建设兵团及海南区革委会下文交兵团1师7团（即育种站）使用。其后，领导体制几经更迭，名称也多次改换，但单位并没有变化，土地和职工仍是原1师7团的组成部分，并无任何一级组织或文件撤销过冠南农场。至于从育种站转交椰子试验站则是在《中华人民共和国土地管理法》公布和国土局成立前，由上级领导部门作为本系统内部划拨办理。尽管存在着手续不够完备的地方，但是这种现象过去是普遍存在的。椰子试验站建立已经12年了，在建站过程中文昌县政府还帮助在县城附近征地,县政府领导出席椰子试验站成立大会,并表示支持祝贺。因此从这种历史和现实出发,经过协商调整椰子试验站土地,使之保留1万亩左右以利科研工作开展。

二是如果因为其他需要,重新安排该站的土地使用,而撤销椰子试验站,则随土地划拨给椰子试验站的270多名职工也请一并安排。原由我院派往椰子试验站的职工则由院收回,另行安排工作。

院里用了温和而坚定的语气表明了维权的态度"事关紧急,为了利于清澜港的开发和椰子试验站的工作安排,请尽快批示"。

3. 土地确权

院里的态度也引起了地方政府的高度重视,1992年7月15日,华南热带作物科学研究院、华南热带作物学院(史称"两院"或"热作两院")和文昌县人民政府联合召开了有关文昌椰子试验站土地使用问题的专题会议,明确根据海南省人民政府1992年第30号令的精神,并按照椰子试验站使用现状,对椰子研究所土地重新给予确权。各试验队首次发证的宗地,确权土地面积为7 513.76亩。

二、撤站建所

1993年7月17日,根据农业部(1993)农(人)字第25号文《关于华南热带作物科学研究院、华南热带作物学院机构调整的批复》,文昌椰子试验站更名为"华南热带作物科学研究院椰子研究所"。从此,椰子研究所迈入了新的篇章。

在院党委的领导和支持下,当年进行了撤站建所庆祝活动,邀请了院内外来宾100多人参加庆祝会,也成立了新的党委会和新的党政领导班子。

这一年成果累累,为撤站建所献上了一笔厚重的礼物。经过10多年研究的椰子优良杂交文椰78F_1育成,"椰子杂交新品种——文椰78F_1"和"Wenchang Coconut Research Center of the South China Academy of Tropical Crops MAHAI——A new F_1 hybrid coconut for Hainan island"分别在国内外刊物上发表,同年5月通过成果鉴定,鉴定专家认为处于国内领先水平。历经7年对海南主产椰区的大量调查和采样、分析,形成《海南椰树营养水平与产量关系》和《不同土壤类型椰树矿质营养与产量关系》2篇论文,有关成果同年5月通过成果鉴定,为海南低产或无产椰园提供了施肥增产的可行性建议。椰子花粉采集干燥处理方法获得满意结果,收集花粉发芽率提高到40%~59%,达到国际先进水平。

这里,将时任所长王文壮发表在院报专刊上的文章呈列如下。

昨天·今天·明天
——写在建所之际

最近,经农业部批准,本站改名为华南热带作物科学研究院椰子研究所,喜庆之余,使人浮想联翩。

本所原名文昌椰子试验站,始建于1979年初,是我国唯一的椰子专业研究机构。由于生产试验基地处清澜、迈号一带的海边,风沙大,土壤贫瘠,因而投资大,收益微,加之土地矛盾等社会因素,造成问题迭出。

就是在如此艰难困苦的条件下,10余年来,承蒙各级领导及有

关部门的大力支持，经过全体干部职工的不懈努力，终于使本站已利用的土地披上了绿装，减少了风沙，改变了周围的气候条件。各种作物如橡胶、椰子和胡椒等相继投产，干部职工的待遇也逐年得到改善。现有干部职工300余名，其中干部51名，已取得技术职称的31名，其中高级职称5名，中级职称10名，初级职称16名；共有居民点10个，住房39幢，建筑面积10 000多平方米，固定资产总额200多万元，并拥有英国产的原子吸收光谱，荷兰产的自动分析仪，联邦德国产的冷冻干燥机等一批较为先进的科学仪器设备；目前已取得8项科研成果，其中我站参加的橡胶热作种质资源调查与鉴定获得农业部颁发的科技进步三等奖。尤其是本站最近通过鉴定的椰子杂交种文椰78F_1，具有生长快、结果早、产量高、抗风抗寒能力强、果实较大等特点，是海南椰子发展的理想品种之一，目前本所共承担各级下达的科研课题17个。

1985年以来，在国家有关科技体制改革的方针指引下，本站探索了向科研、生产、经营型实体转变的做法。特别是自1987年，开始试办经济实体，结合科研，开展了椰棕软垫生产，至今已形成了一定的规模。近几年，还在完成科研课题的基础上，进行了椰奶、椰蓉生产，今年计划投入一定的资金，改进生产条件，并提高产品的质量。多年来，还为农垦和地方提供了大量的椰子优良种苗；提供了低产椰园改造及营养诊断指导施肥等技术，使有关生产单位的椰子产量分别提高2~3倍。

去年，在邓小平同志南行讲话精神鼓舞下，我们更加放胆地进行改革，与个体种花能手合作创办园林艺术研究中心，并投入了近30万的资金。今年以来已取得了一定的经济效益，对站内科研生产基地的管理，则对原有的经营管理方案进行了较大的改进，从而克服了人员及物资管理上存在的某些弊端；在人员分流及干部队伍调整上也做了一些努力，取得了一定的成效。

纵观过去与现在，我们深感任重道远，但未来总是令人神往的。

值得高兴的是，本站的土地权属问题，在上级有关部门的关心支持下，特别是在文昌县委、县政府和县有关部门、清澜、迈号二镇镇委的大力支持下，基本上得到了妥善的处理，为本所未来的科研、生产及兴办经济实体等创造了良好的条件。

更为喜人的是，被列为海南五大经济开发区之一的清澜经济开发区，经过了几年的基础建设，如今已成了举世瞩目的"黄金海岸"，她有如一艘张帆待发的航船，将乘着海南大特区改革开放的东风，驶向世界，驶向未来。而本所相当部分基地，正好处于开发区内，充满希望，前景诱人，在新的机遇伴随着新的挑战的同时，我们坚信，未来的椰子研究所必将充满着活力和生机，必将在改革开放的浪潮中获得更大的发展。

三、纳入海南省社保

1989年，海南省被国务院列为全国社会保障制度综合改革试点省份，1991年海南省人民政府出台了《海南省职工养老保险暂行规定》和《海南省职工养老保险暂行规定实施细则》。1992年，文昌县印发了《文昌县职工养老保险实施办法》。由于1993年椰子试验站有干部职工254人，离退休人员61人，合同工人21人，单位月工资总额77 664元，按照文件规定由用工单位缴纳工资总额的18%，每月需向保障局上缴13 979元，在工资补贴没有变动的正常情况下，年需上缴167 748元（从1992年9月至当时，一次性需补交83 874元），数额较大。以当时单位经济收支不平衡的状况下，财力上承担不了。

参加职工养老保险能妥善解决职工后顾之忧，保护和维护好职工的利益，对单位长远发展也是非常有利的。由于老职工占的比例大，从生产岗位上退下来的人多，若不参加养老保险，对院、站都是难以承受的负担。站领导对职工参保工作高度重视,积极协调热科院、海南省人事劳动厅、文昌县劳动局等部门。经过不懈努力,从1994年1月起,椰子研究所在编职工全部加入了海南省省职工养老保险,合同工的保险从文昌县劳动服务公司转移到了海南省人事劳动厅,维护了职工的合法权益,保障了退休人员的生活,促进了椰子研究所的稳定发展。

四、所部搬迁

1980年经文昌县人民政府批准,同意椰子试验站征用清澜公社大园大队鳌头生产队鳌头坡荒地69.9亩(其中旱地4亩)作为椰子试验站站部建设用。该址现为文昌实验高中。

2000年9月11日,文昌市计划统计局批复同意椰子研究所在文昌市清澜开发区市政府办公大楼后(土地权属试验二队)兴建热带棕榈园项目的立项,同时明确建设内容包括科研办公大楼。

2002年7月9日,由于科研和开发工作的需要,椰子研究所所部机关从文城镇文中二里迁移到试验二队。

2003年文昌市人民政府发来《关于要求配合做好财产处置工作的函》(文府函〔2003〕71号),指出由于"文城镇总体规划已将椰子研究所原办公、生活用地和周边农村集体用地列为教育城用地,又鉴于你所市政府已批准搬迁,因此市政府决定在你所原址上建设文昌中学初中部"。

自此,伴随椰子试验站(椰子研究所)科研事业发展的老站(所)部不复存在,椰子研究所在试验二队新建的所部开启了新的科技创新工作。

五、科研体制改革

1996年国家开始提出"拟转企",2002年根据科学技术部、财政部、中编办《关于农业部等九个部门所属科研机构改革方案的批复》(国科发政字〔2002〕356号),椰子研究所与加工所、香饮所、农机所4个单位转为科技型企业。自此至今,椰子研究所一直带着"拟转企所"的"帽子",负重前行,奋战在热带农业科技创新与服务的第一线。

由于划转为"拟转企所",长期以来,椰子研究所人员经费、公用经费等拨款严重不足,较大程度地影响到椰子研究所的科技创新、成果转化、科技服务等工作的有效开展。现如今,椰子研究所科技职工还要花大量的时间用于开发创收和成果转化上面,否则,单位难以运转、职工生活无法保障。

为脱掉"拟转企所"的帽子,回归正常的科研单位,热科院和椰子研究所做出了大量的工作。多次报告、多次明确,椰子研究所是我国唯一以椰子、油棕等热带油料作物为主要研究对象的科研机构,主要从事热带木本油料作物和热带经济棕榈植物的种质资源保存利用、遗传育种、技术推广、农产品加工等研究工作,全部为基础性科研工作和公益性社会服务工作,因此,椰子研究所定位为科研事业单位科学、合理。明确回归科研事业单位的理由包括如下方面。

1. 服务国家食用油安全战略的需要

食用植物油是居民日常生活的必需品,目前我国食用油供给形势严峻,自给率不足40%,低于国际公认50%的安全警戒线。我国是世界上最大的棕榈油进口国和消费国,2016年我国进口棕榈油高达600多万吨,我国食用油保障将存在极大的安全隐患。油棕、椰子等热带油料作物经济效益高,生产成本低廉,且不与粮食和其他油料作物争地,具有很大的发展空间和生态功能。回归科研事业单位有利于椰子研究所专心开展热带油料作物技术研究,突破关键技术,保障国家食用油供给安全。

2. 促进热带油料产业发展的需要

目前热带油料产业存在成苗率低、品种落后、非生产期长等诸多亟待解决的问题，产业发展缓慢，导致现有新技术、新品种推广困难。椰子研究所选育并示范推广"文椰2号""文椰3号""文椰4号"等椰子新品种6个，"热研1号"槟榔新品种1个，"热研1号""热研2号"油茶新品种2个，收集、引进包括油棕、椰子、油茶等热带木本油料种质资源500余份，回归科研事业单位有利于椰子研究所整合我国热带油料科技资源，构建我国热带油料产业科技自主创新体系，系统谋划、逐项解决热区热带油料产业发展存在的关键技术问题，促进热带油料产业大发展。

3. 服务国家科技外交的需要

椰子、油棕、椰枣是世界热带地区的重要经济作物，目前有90多个国家种植椰子、40多个国家种植油棕、20多个国家种植椰枣，这些国家是我国传统的外交伙伴、农业"走出去"战略的重要目的地、"21世纪海上丝绸之路"的主要参与国。回归科研事业单位更利于椰子研究所与国外科研机构开展合作与交流，共同开发世界热带地区主要油料作物资源，服务国家外交战略。

4. 服务热区"三农"的需要

我国热带地区贫困地区较多，椰子、槟榔等热带经济作物经济效益高，生产成本低廉，是热区农民脱贫致富的新兴作物，也是热区少数民族增收的关键所在。椰子研究所充分利用椰子、槟榔等热带经济棕榈作物先进技术，科技支撑我国海南、广东、云南、广西等偏远山区和少数民族地区的农民增收，服务当地"精准扶贫"工作，取得了良好的社会效益。

"拟转企所"的帽子对椰子研究所的影响虽然深远，但椰子研究所一如既往地奋斗在热带木本油料科技创新的第一线、奋斗在"一带一路"沿线国家科技合作与交流的最前沿，我们坚信党和国家迟早会看到椰子研究所的贡献、给椰子研究所"实至名归"的体制。

六、椰子大观园建设

椰子大观园，建设项目名为"热带棕榈园"。2000年4月25日，为加强所部搬迁和棕榈园建设工作，所里成立了"所部搬迁及棕榈园建设领导小组"，马子龙任组长，王永壮、吴多扬任副组长。2000年9月4日，椰子研究所向文昌市计划统计局报送了《关于建立热带棕榈园的立项请示》（所（行）字〔2000〕第17号），获批准后，椰子研究所正式开展了热带棕榈园的建设工作。2001年，为加强对棕榈园建设的领导，加快棕榈园建设的步伐，所里成立了"棕榈园建设工作领导小组"，马子龙任组长，王必尊任副组长。在建设过程中，遇到很多困难，如居住在棕榈园内的职工住宅拆迁和重新安排建设用地的问题、清澜深田北二村村民占用土地问题、园内坟墓搬迁问题等等，文昌市政府多次召开会议，给予协调解决。在所领导班子的坚强领导下，在市委市政府的大力支持下，经过全所职工的努力工作，2004年椰子大观园（即热带棕榈园）顺利对外开放。

该园是以椰林为主体背景，集科学研究、科普教育、旅游观光、休闲娱乐为一体的具有浓郁椰子文化特色的生态景区，是海南省休闲农业示范基地、海南省休闲农业会员单位、海南省优秀科普教育基地。2006年被评为文昌市唯一的AAA国家级旅游景区，2017年5月被海南省农业厅、海南省旅游发展委员会联合认定为"海南省休闲观光园"。

椰子大观园被我国第一位"世界粮食奖"获得者、原农业部部长何康老院长赞誉为"世界椰子之窗，中国椰子博览"。园区汇集200多种棕榈植物、130多种海南特色树种以及17种世界各地椰子品种，是我国目前棕榈植物品种保存最多、最为完整的植物园。袖珍椰子等有较高观赏价值的棕榈科植物,以及罕见的双胞胎、三胞胎甚至五胞胎的椰子,在园内都可以看到。园区本着充分挖掘椰乡文化为目标,集中展示椰子的饮食文化、产品文化、历史文化和精神文化。以园区为平台,椰子研究所承担了国家(部委)、海南省多项科研项目,并获得多项科技成果,为我国椰子产业的发展和椰区农民脱贫致富奔小康做出了积极的贡献。

2017年10月1日,由文昌市人民政府购买服务,椰子大观园免费对外开放。

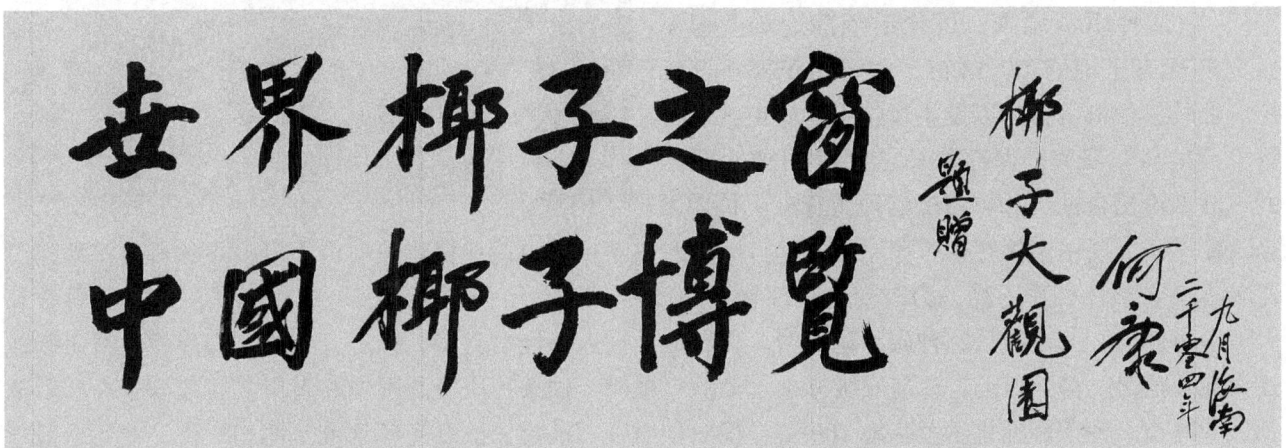

2004年9月,原农业部部长、热科院第一任院长何康为椰子大观园题词

七、热带棕榈作物研究实验室建设

椰子研究所热带棕榈作物研究实验室于2008年11月11日获农业部批复立项(批复文件:农计函〔2008〕81号),2009年10月13日批复初步设计就及概算(批复文件:农办计〔2009〕107号),批复建设内容为新建热带棕榈作物研究实验室7 112.18平方米,购置配套实验台柜、通风柜和多媒体设施,并建设给排水、电气、消防、道路、绿化等室外工程。核定概算总投资1 960万元。

项目于2010年2月8日开工建设,2010年9月1日完成主体结构工程,2012年9月23日完成工程竣工初验收。2010年2月至2012年9月完成新建热带棕榈作物研究实验室7 205.29平方米,安装电梯两台(一客一货),变配电所1座,化粪池2座,停车位25个,园林景观2 442平方米,道路1 016.55平方米,污水处理站1座,绿化5 200平方米,挡土墙850.64立方米,购置实验台柜、通风柜及配套设备1批,多媒体设施1套,并完成给排水、电气、消防和室外配套工程等。2012年10月投入使用,极大地改善了椰子研究所的科研条件,搭建了相对完善的热带棕榈科研综合平台。

八、"椰创园"经适房建设

"椰创园"经适房自2004年开始筹建,中途多次调整规划建设方案并向文昌市政府申请建设指标。2009年3月19日文昌市政府批复椰子研究所椰创园经济适用房项目建设(文府函〔2009〕98号),建设地点位于文清大道旁椰子研究所试验三队,占地面积19 342.97平方米,总建筑面积41 477.80平方米,住户共408户(其中户型130平方米的16套、户型100平方米的80套、户型85平方米的96套、户型75平方米的96套、户型65平方米的120套),停车场位282个。2012年5月18日文昌市发展和改革委员会批复(文发改备案〔2012〕170号)建设椰创园经济适用房(一期)项目,占地面积为9 211.10平方米,新建3#、4#楼两栋17层住宅楼,共192套,建筑面积19 755.89平方米,其中户型130平方米的16套、户型100平方米的80套、户型85平方米的96套。总投资5 011万元,资金来于单位自筹。

2013年6月21日开工建设，2015年12月完成工程竣工，2016年5月交付业主装修使用。

九、科研基地提升建设

科研基地是开展科学研究的第二实验室，是成果孵化的重要场所，是培育新品种新技术的"沃土"，包括种质资源圃、试验示范基地等。椰子研究所现有土地6 737.58亩，主要用于椰子、油棕、油茶、槟榔等作物以及生物技术、病虫害防控等方面的科学研究，保存着来自世界60多个国家的500多份热带油料和热带棕榈种质资源。长期以来，椰子研究所由于拟转企所等原因，运行经费严重不足、申请获批建设项目不多，导致科研基地建设比较零散、整体档次不高。为改变这一现状，2015年以来，所领导班子统一思想、认真研究、科学部署，通过修购和基建项目、种质圃运行费、自有资金投入等经费支持，经过五年的努力建设，科研基地建设成效显著。截至目前，改造升级椰子、油棕、槟榔、油茶种质资源圃700多亩，新建椰子高产示范基地600亩、油茶标准化示范基地100亩、椰枣种质圃100亩、槟榔高产示范基地500亩、花生示范基地100亩、林下综合（菠萝）种养示范基地400亩，为科学研究、试验示范、技术推广、成果转化等提供了条件保障，依托科研基地申请到物种资源保护费、椰子新品种示范与推广、油茶标准化示范基地等项目近10项，获批科研经费1 000多万元。为椰子研究所科技创新、试验示范、成果转化等事业发展提供了强有力的保障。

第五节　历任领导班子

一、椰子试验站历任领导

第一任站长张世祯（左二）与科技人员合影

椰子试验站建站之初为正科级单位，站长、书记为正科级干部，副站长、副书记为副科级干部。1988年后，站长、书记为正处级干部，副站长、副书记为副处级干部，具体名单如下。

年度	站长	书记	副站长	副书记
1980	张世祯			
1981	张世祯	符文光		
1982	张世祯	符文光		
1983	张世祯	符文光		
1984	张世祯	符文光		陈木荣
1985	张世祯	符文光		陈木荣
1986	张世祯	符文光		陈木荣、于铭
1987	张世祯			陈木荣、于铭
1988	张世祯、符之汉		王文壮（兼）	陈木荣、王文壮
1989	张世祯、符之汉		王文壮（兼）	陈木荣、王文壮
1990			王文壮	陈木荣
1991	王文壮（兼）	王文壮	邱小强、邢贻藏	
1992	王文壮（兼）	王文壮	邱小强、邢贻藏	
1993	王文壮（兼）	王文壮	邱小强、邢贻藏	

二、椰子研究所历任领导

1993年，撤站建所后，椰子研究所所长、书记为正处级干部，副所长、副书记、纪委书记为副处级干部，具体名单如下。

年度	所长	书记	副书记	副所长	纪委书记
1994	王文壮（05.09—）	王文壮（05.09—）	林盛（05.09—）	邱小强（05.09—）、吴多扬（05.09—）	
1995	王文壮（—02.02）、王文壮（02.02—，—12.12，兼），邱小强（12.12—）	王文壮（—02.02）、王文壮（02.02—，—12.12，兼）	林盛	吴多扬、林盛（12.12—，兼）	
1996	邱小强		林盛	吴多扬、林盛（兼）	
1997	邱小强（—11.26）	马子龙（11.18—）		窦志浩（11.26—，主持全面工作）、吴多扬、王永壮（11.26—）	
1998	马子龙（11月3日起代所长）	马子龙		窦志浩（—11.03）、吴多扬、王永壮	
1999	马子龙（11.04—）	马子龙（—11.04）	王永壮（11.04—）	吴多扬、王永壮（12.16—，兼）	
2000	马子龙	王必尊（09.11—）	王永壮	吴多扬、王永壮（兼）	
2001	马子龙	王必尊	王永壮（—08.23）	吴多扬、王永壮（—08.17）	
2002	马子龙	王必尊		吴多扬	
2003	马子龙	王必尊	吴多扬（11.10—）	吴多扬（—11.10）、王必尊（11.10—，兼）、陈良秋（11.10—）、赵松林（11.10—）	

(续表)

年度	所长	书记	副书记	副所长	纪委书记
2004	马子龙	王必尊	吴多扬	王必尊（兼）、陈良秋、赵松林	
2005	马子龙	王必尊	吴多扬	王必尊（兼）、陈良秋、赵松林	
2006	马子龙	王必尊	吴多扬	王必尊（兼）、陈良秋、赵松林	
2007	马子龙	王必尊	吴多扬	王必尊（兼）、陈良秋、赵松林	
2008	马子龙	王必尊（—05.30）、赵松林（05.30—）	吴多扬（—05.30）马子龙（11.26—）	王必尊（—05.30，兼）、吴多扬（05.30—）、陈良秋、赵松林、覃伟权（05.30—）	
2009	马子龙	赵松林	马子龙	赵松林、吴多扬、陈良秋、覃伟权、刘劲松（02.26—）	
2010	马子龙（—03.22）、赵松林（03.22—）	赵松林（—03.22）、雷新涛（03.22—）	马子龙（—03.22）、赵松林（03.22—，兼）	赵松林、刘劲松、覃伟权、吴多扬（—03.22）陈良秋（—03.22）、雷新涛（03.22—，兼）、陈卫军（03.22—）、梁淑云（03.22—）	
2011	赵松林	雷新涛	赵松林（兼）	赵松林、雷新涛（兼）、刘劲松（—09.06）、覃伟权、陈卫军、梁淑云	梁淑云
2012	赵松林	雷新涛	赵松林（兼）	赵松林、雷新涛（兼）、覃伟权、陈卫军、梁淑云、韩明定（09.12—）	梁淑云
2013	赵松林	雷新涛	赵松林（兼）	赵松林、雷新涛（兼）、覃伟权、陈卫军、梁淑云、韩明定	梁淑云
2014	赵松林	雷新涛	赵松林（兼）	赵松林、雷新涛（兼）、覃伟权、陈卫军、梁淑云、韩明定	梁淑云
2015	赵松林（—03.11）、王富有（03.11—）	雷新涛（—03.11）、赵松林（03.11—）	赵松林（—03.11，兼）、王富有（03.11—，兼）	赵松林（03.11—，兼）、覃伟权、雷新涛（03.11—）、陈卫军（—03.11）、梁淑云（—03.30）、韩明定（—03.11）、陈刚（03.30—）	韩明定
2016	王富有	赵松林	王富有（兼）	赵松林（兼）、雷新涛、覃伟权、陈刚	韩明定
2017	王富有	赵松林（—09.15）、赵瀛华（09.15—）	王富有（兼）	赵瀛华（兼）、雷新涛、陈刚	韩明定
2018	王富有	赵瀛华	王富有（兼）	赵瀛华（兼）、雷新涛（—09.28）、覃伟权、陈刚	韩明定
2019	王富有	赵瀛华	王富有（兼）	赵瀛华（兼）、覃伟权、陈刚	韩明定

注：（11.10—）指该年度11月10日起任职；（—11.10）指该年度11月10日免职。

第六节　领导关怀

建所以来，椰子、油棕等油料作物科技创新事业得到党和国家领导人的高度重视，特别是近年来，农业农村部、海南省等多位领导莅临椰子研究所视察和指导。

一、农业农村部领导关怀

● 2007年3月14日，农业部副部长危朝安带领工作组到椰子研究所检查承担的各类部级项目。在椰子研究所所长马子龙的介绍下，危朝安副部长饶有兴致地询问了椰子研究所在948项目支持下开展的"引进椰子优良新品种"中所引进的各类椰子新品种的习性、适应性及生长情况。危副部长对椰子研究所开展的"椰心叶甲生物防治"科普下乡工作给予了高度的评价。

● 2009年2月11日，农业部副部长张桃林来椰子研究所视察，听取了椰子研究所的建设情况和发展规划，对椰子研究所的建设和发展给予充分肯定。

● 2016年12月23日，中央纪委驻农业部纪检组宋建朝组长一行到椰子研究所调研，并就椰子研究所产业发展和科技成果转化提出了宝贵意见。在听取完椰子研究所发展历程、科研成果、开发创收、国际合作及党风廉政建设等方面汇报后，宋建朝组长肯定了椰子研究所在科研领域所取得的成就，就椰子研究所今后发展提出了几点期望：一是全体职工要有紧迫感，椰子研究所拥有一支高素质、年轻化的科研队伍，实践经验丰富，但同时要认识到任务的艰巨，只有不断充实创新意识，才能让整个单位取得质的提升；二是要加快成果转化力度，上要有机制保障、渠道畅通，下要有政策落实、执行力度；三是要体现优势、体现价值，站在战略的角度看发展意义，建立严格的管理体系，层级之间相互配合，才能取得高速发展。

● 2017年2月6日，农业部副部长余欣荣一行来到院广州实验站调研，并参观了院科技产品展。椰子研究所赵松林书记向余副部长详细介绍了椰子研究所专利产品"娜古香椰子油"和"椰花汁酒"等科技产品，得到领导们的充分肯定。

● 2017年3月26日，农业部韩长赋部长到椰子研究所调研热带油料产业发展问题和热带农业"走出去"等情况。他对椰子研究所近年来的创新发展、研究布局、服务地方经济社会发展以及"走出去"等给予充分肯定，希望椰子研究所要进一步聚焦方向、凝聚力量，大力发展我国椰子、油棕等热带油料作物，科技支撑提升我国食用油自给率，努力建设世界一流的热带油料科技创新中心。

韩长赋部长深入国家热带棕榈种质资源圃，调研热带油料作物种质资源收集保存及创新利用相关工作。在调研现场，韩部长听取了我院服务国家"一带一路"倡议和科技支撑农业"走出去"情况。韩部长看望了奋战在科研一线的科技人员，与椰子研究所科技人员亲切交谈，勉励广大科技职工要牢固树立"爱农业、爱科研"的理念，要有科技支撑发展的责任感和使命感；要努力完善我国椰子栽培技术体系和加工技术体系，引领我国椰子科研技术走向世界前列。韩部长指出，要加快农业科技制度创新，激发科技人员创新活力解决科研和推广"两张皮"问题。一是要改革科研体制，调动科技人员研究和推广的积极性。在争取国家和各方面支持的基础上，通过改革制度，让科技人员在推广过程中"腰包鼓起来"。二是要加大对市场需求的调研，农业科研要与市场紧密结合，通过技术降低成本，让农业科研成果能够真正打入市场。三是要与当地政府的产业发展相结合，通过科技切切实实地帮助当地政府解决产业问题。

二、海南省领导关怀

● 2015年4月22日，海南省委副书记、省长刘赐贵（现海南省省委书记）一行，到椰子研究所调研椰子产品加工产业发展。刘赐贵省长一行来到椰子研究所合作企业——海南美椰食品科技有限公司，参观椰子产品生产情况，与科技职工和企业骨干亲切交谈，深入了解椰子产业发展现状和存在的困难问题。刘赐贵省长强调，"今天来到你们所参观，主要是对你们研究所寄予厚望，希望你们为文昌乃至整个海南椰子产业发展提供有力的技术支撑。"他嘱咐文昌市委书记陈笑波、市长何琼妹，一定要支持椰子研究所的建设和发展，要为其探索实施科企合作，支撑椰子产业发展，提供一切便利。

● 2017年12月13日，海南省冬交会在海口国际会展中心举行，沈晓明省长、何西庆副省长一行来到椰子研究所展区，并亲自品尝了文椰3号椰子水，"很甜，很好喝！"省长当即对新品种"文椰3号"椰子给予高度肯定。他表示，椰子作为海南特有的特色产业，相关科研单位、企业要从人才方面找准突破口，加大力度吸引各类人才，为海南发展椰子特色产业贡献智慧；针对椰子运输、标准化加工厂建设等问题，政府将加大力度给予支持。

● 2019年3月29日，刘平治副省长到椰子研究所调研，实地考察了国家热带棕榈种质资源圃，并以加快海南椰子产业发展为主题召开座谈会。王庆煌院长、谢江辉副院长全程陪同。

刘平治听取了椰子研究所王富有所长关于海南椰子产业发展规划的报告和相关企业负责人关于海南发展椰子产业的建议。刘平治指出，椰子树是海南非常有特色的经济作物，是海南省的省树，代表海南精神；椰子产业是海南农民增收致富的重要产业，省委省政府历来高度重视椰子产业发展。刘平治强调，椰子研究所作为我国唯一以热带油料作物为主要研究对象的科研机构，要充分发挥人才优势和创新优势，紧紧围绕海南椰子产业发展需求，强化科技创新，加快成果转化，不断提升椰子产业发展的服务能力和水平。刘平治要求，椰子研究所要积极配合省林业局进一步完善《海南省椰子产业发展规划》，细化实化保障措施，大力推进实施"百万亩椰林工程"，为促进海南椰子产业转型升级和椰农增收致富提供重要科技支撑。

三、部委司局领导关怀

● 2016年6月3日，农业部党组成员、人事劳动司司长毕美家一行到椰子研究所调研，参观完油棕科研基地后，对椰子研究所油棕作物种植、林下种草养羊综合利用等方面给予充分肯定，勉励科技人员，抓住机遇，加大热带油料作物研究力度，为提高我国食用植物油的自给率做出贡献。

● 2017年4月20日，农业部财务司陶怀颖司长一行到椰子研究所调研，深入了解椰子研究所在经济棕榈和木本油料方面的研究现状并听取了科技人员在本轮事业单位分类改革中的意见和建议。陶司长对椰子研究所依托自身科研实力服务"一带一路"国家战略，推动热带农业走出去给予了充分肯定，赞扬了椰子研究所科研人员在"拟转企"条件下的公益责任担当。

● 2018年4月26日，国家财政部国库司司长刘萍、农业农村部财务司副司长宋昱一行到椰子研究所调研，先后参观了椰子研究所三队、四队科技示范基地。调研组对椰子研究所目前取得的成绩做了充分肯定，指出椰子研究所发展要紧跟形势变化，在海南省建设中国特色自由贸易港之际，要深化改革，以科技驱动热区农业发展,以国家"一带一路"战略为目标,加强国际合作与交流,科技支撑热带农业走出去。

● 2018年9月11日,农业农村部政策与改革司赵阳司长前往阿联酋阿布扎比皇家椰枣园,考察椰子研究所建立的红棕象甲综合防控示范基地。赵阳司长充分肯定了椰子研究所在红棕象甲防控技术方面取得的成绩,希望在"一带一路"倡议推动下,中阿合作能够快速发展并取得更加丰硕的成果。

四、海南省厅局领导关怀

● 2018年1月18日,海南省林业厅党组书记、厅长关进平和国家林业局驻广州专员办副巡视员侯艳一行到椰子研究所椰子种质资源圃和槟榔高产示范园参观考察。来到椰子种质资源圃,认真听取了椰子专家关于椰子种质资源圃建设、椰子资源的收集和保存、椰子新品种选育等情况,亲自品尝了"文椰4号"椰子水。关厅长对文椰4号的甜度和香味给予充分肯定,对椰子研究所长期以来为海南林业发展支持表示感谢;同时,他要求椰子研究所加强椰子组培技术研究,进一步降低种苗价格,加快新品种、新技术在全省范围内的推广应用。

● 2018年3月18日,海南省农业厅厅长许云、种植业处祝英武一行实地考察了椰子研究所椰子新品种示范园。在"文椰3号"新品种椰子示范园,许厅长听取了椰子研究室科技人员对新品种椰子的介绍,并品尝了"文椰3号"椰子。许厅长对椰子研究所的新品种椰子表示肯定,下一步,椰子研究所将在农业厅的大力支持下,继续推出符合市场需求、具有海南特色的新品种椰子。

● 2018年10月23日,为进一步推进创新驱动发展战略,促进区域协调发展,海南省科技厅党组书记叶振兴一行赴文昌市调研科技创新发展情况,并在椰子研究所召开座谈会。叶振兴书记一行先是到椰子研究所国家热带棕榈种质资源圃进行现场考察和实地察看。在椰子研究所座谈会上,叶振兴书记指出,科技创新和人才依然是文昌创新发展的软肋和短板,希望文昌在科技投入、人才引进、重大项目策划、自主研发能力等方面进一步加强,要统一创新驱动发展思想认识,认真践行创新发展理念,把文昌科技创新工作提高到新的台阶。他要求,椰子研究所作为入驻文昌市的国家级科研机构,要通过打造科技园、孵化器、众创空间等方式,让科技创新工作深入人心,实现家喻户晓。

● 2019年1月22日,海南省政协副主席、科技厅厅长史贻云一行赴保亭调研槟榔产业。史厅长一行首先来到响水镇合口村委会什栋村的槟榔园,向当地政府部门和农户了解当前槟榔生产现状,尤其是黄化灾害、椰心叶甲等病虫害的发生情况和防控现状。史厅长指出,科研工作应该接地气,科研院所应与地方政府和农户密切联系,推动槟榔生产实用技术普及与推广,科技助力精准扶贫致富。同时,史厅长一行还调研了省槟榔病虫害重大科技计划项目在什玲镇的农药减施增效技术核心示范基地。史厅长实地察看了示范基地黄化灾害发生情况,深入了解了槟榔种植大户的需求,听取了项目组骨干专家关于黄化灾害防控研究与示范推广工作进展的汇报。

五、文昌市领导关怀

● 2015年4月24日、27日，文昌市委书记陈笑波、市长何琼妹深入椰子研究所调研椰子油生产情况。

4月24日，陈笑波书记在参观完椰子油生产车间后，认真聆听了椰子油企业发展的规划、技术研发和技改方面需要的条件。他表示，市委十分支持椰子研究所椰子油企业发展，希望做大做强。并当场指定了市委直接联系部门和负责人，要求椰子研究所与生产企业尽快制订发展规划，扎实推进各项工作。4月27日，何琼妹市长、潘宇副市长一行走到椰子油生产线，与科研骨干、企业主管剖析企业发展的问题。何市长指出，核心技术是企业的生命线，要不断加强科技创新，掌握最前沿的核心科技；椰子油企业当前的规模尚小，可参照小微企业的发展模式，量力而行，扎实做好并逐步扩大规模。何市长看完生产线后说，希望椰子研究所和生产企业根据发展需要，尽快制订需市政府支持的报告材料，市政府将根据需要给予全力支持。

● 2017年6月23日，热科院与文昌市签署战略合作协议，双方将充分发挥各自优势，共同推进椰子等特色产业发展。文昌市市委书记刘登山、市长王晓桥出席签约仪式。

根据协议，椰子研究所将充分发挥科技和人才优势，支持文昌市椰子、槟榔、油茶等现代特色高效热带农业发展，在技术方面支持文昌市椰林工程大行动，为文昌市提供优良种苗和检测技术、栽培和病虫害防控服务，推动"文昌椰子"等品牌农产品大发展。同时，针对制约文昌市现代农业发展的瓶颈问题，尤其是椰子等农产品精深加工技术等方面，联合申报各类各级科研项目，组织开展市院协同攻关。文昌市将支持椰子研究所建设热带油料种质资源收集保存及创新利用基地、热带农业科技创新基地、热带休闲农业示范基地、椰子产品加工示范基地及热带油料科技成果产业孵化基地的规划和建设，支持椰子研究所引进和留住高层次人才，在人才政策上予以倾斜，支持解决高层次人才子女入学问题。

签约仪式上，刘登山书记和王晓桥市长分别就推动文昌热带特色高效农业转型升级和文昌市的发展情况进行了介绍。刘登山书记对椰子研究所多年来在推动文昌椰子产业发展给予了充分肯定，他表示，将以此次合作协议的签署为契机，进一步拓展合作范围，实现优势互补和互利共赢。王庆煌院长表示，热科院将进一步贯彻推进"政府＋科技＋企业＋金融＋互联网＋"的五位一体发展模式，强化自主创新和产业支撑能力；要统筹全院科技创新资源，积极参与到文昌市"椰林工程大行动"建设。

六、热科院领导关怀

建所（站）以来，院领导高度重视椰子研究所的建设和发展工作，老一辈院领导何康、黄宗道、潘衍庆、吕飞杰、谢发成等多次来所部署和指导工作。近年来，王庆煌、张凤桐、雷茂良、李尚兰、崔鹏伟、陈秋波、王文壮、邱小强、郭安平、刘国道、张万桢、张以山、孙好勤、汪学军、朱恩林、李开绵、谢江辉、张晔、戴萍、何建湘等院领导亲临椰子研究所，帮助解决建设和发展中遇到的困难和问题，指导椰子研究所班子建设、发展规划、科技创新、成果转化、科技服务、基地建设、国际合作、人才培养、财务基建、党务和纪检等工作，为椰子研究所建设世界一流的热带油料科技中心提供了强有力的保障。

第二章
机构设置与科学管理

第一节 机构设置

一、管理机构

建所之初，管理部门从最初仅有的行政办公室，扩展到党群办公室、科研生产办公室，再到现在比较齐全的综合办公室（党委办公室）、科研管理办公室、财务办公室、基地与条件建设管理办公室、成果转化办公室、土地管理办公室六个正科级办公室。

（一）综合办公室（党委办公室）

1. 机构沿革

1979年成立椰子试验站后，设立了行政办公室；1988年9月设立党群办公室；1992年3月党群办公室改为党委办公室，同时设立保卫科；2003年12月行政办公室和党委办公室合并为综合办公室，撤销了保卫科，安全保卫工作归入综合办公室。

2. 历任领导

阮传荣，建站至2000年6月任行政办公室主任；许振雄，1982年至2000年6月任行政办公室副主任；韩明定，1994年11月至2000年6月行政办公室副主任。

黄宽猛，1988年9月任党群办公室副主任，1992年3月至2003年12月党群办公室主任。

韩明定，2000年6月至2003年12月任行政办公室主任，2004年1月至2012年9月任综合办公室主任；黄宽猛，2004年1月至2009年9月任综合办公室副主任（正科级）；李专，2010年6月至2012年11月任综合办公室副主任。

黄宇峰，2011年8月至2014年8月综合办公室副主任（其中，2012年9月至2014年8月主持工作）。

曾鹏，2014年8月至2015年9月任综合办公室主任；陈君，2013年1月至2015年10月任综合办公室副主任。李杰，2014年8月至2015年10月任综合办公室副主任（其中，曾鹏2015年挂职期间，主持工作）。

师雪茹，2015年10月至今任综合办公室主任；贾永立，2015年10月至2017年3月任综合办公室副主任；张君，2017年6月至2018年10月任综合办公室副主任。黄宇峰，2018年10月至今任综合办公室副主任。

3. 工作职能

负责所行政、党务、纪律检查、社会综合治理、人事、人才、宣传、法律事务、离退休人员等管理工作，确保各项工作管理规范、高效运行。

（1）负责组织草拟全所党政工作规划、报告、计划、总结、制度等综合性材料。

（2）负责组织安排党政会议、工作会议及全所性重大活动，督促检查会议决定的贯彻执行，负责所重点工作督办。

（3）负责党务和思想政治工作、创新文化和作风建设，以及信访、计生、统战和协助开展工青妇团等工作。

（4）负责全所纪律检查工作。

（5）负责全所综合治理、安全生产工作，牵头组织全所性大型活动的安保人员调配及消防防火（检查性质）管理，牵头组织突发安全事故和自然灾害预案的制定，负责统筹突发安全事故及台风、地震、火灾等自然灾害的应急处置工作。

（6）负责所领导文秘服务，协助所领导处理日常事务。

（7）统筹所公共事务，负责文书处理、印章管理、信息传达、内外宣传、合同管理、综合统计、档案和保密管理工作。

（8）统筹全所人才招聘工作，负责人事和人事档案管理，做好职工考核、奖惩及工资福利等工作。

（9）负责离退休人员工作，做好所内离退休人员管理和服务工作，落实离退休人员的待遇；有计划、有组织地开展离退休人员各项活动；编制离退休人员的各类统计报表等工作。

（10）负责住房补贴和住房公积金管理工作，做好年度住房改革支出预决算编报和执行工作。

（11）统筹所层面的公务接待，协调、指导后勤服务中心、办公室、研究室做好接待服务工作。

（12）归口全所性法务管理，联系法律顾问室，协调业务部门做好法律事务处理。

（13）接受院办公室、人事处、机关党委、监察审计室、保卫处和离退休人员工作处等上级部门的业务指导，负责与上述对口部门的沟通、联系和业务汇报。

（14）贯彻执行所务会、党委会等各项决策，完成上级和所领导交办的其他工作。

（二）科研管理办公室

1. 机构沿革

1979年成立椰子试验站后，当年成立科研生产办公室；1985年科研与生产分开办公，成立科研办公室；2015年3月，根据院文件，"科研办公室"更名为"科研管理办公室"。

2. 历任领导

符敦杰，1982年1月至1985年任科研生产办副主任，1985年至1994年6月任科研办公室副主任，1994年6月至1997年1月任科研办公室主任。

赵松林，1997年1月至1999年12月任科研办公室主任。

覃伟权，2000年6月至2003年11月任科研办公室副主任（主持工作）；2003年12月至2008年7月任科研办公室主任。

范海阔，2008年8月至2011年10月任科研办公室副主任（主持工作）；2011年11月至2015年10月任科研办公室主任；林浩，2010年6月至2012年1月任科研办公室副主任（正科级）；魏金鹏，2011年11月至2013年1月任科研办公室副主任；董志国，2014年7月至2015年10月任科研办公室副主任；王永，2014年7月至2015年9月任科研管理办公室副主任。

王永，2015年10月至2017年3月任科研管理办公室主任；许丽菁，2015年10月至2018年10月任科研管理办公室副主任。

王挥，2017年3月至今任科研办管理公室主任；张玉锋，2019年4月至今任科研管理办公室副主任。

3. 工作职能

负责所科技创新、科研基地、研究生教育、仪器设备（技术论证及管理）等管理工作，推动椰子研究所科技创新能力不断增强。

（1）负责全所科技创新体系建设规划、科技创新条件规划（仪器设备、科研试验示范基地建设规划科技需求及内涵）、年度工作计划的编制工作，组织各级各类科研项目申报，抓好组织实施。

（2）负责科技项目执行的过程检查、监督、考核和科技保密工作。

（3）负责科技成果的组织、策划等管理工作，指导、监督全所知识产权管理，组织开展研究室和科技人员的绩效考核与评价。

（4）负责学科体系、科技平台建设和管理，研究生教育、所学术委员会秘书处、学术组织等管理工作，组织开展国内外学术交流活动。

（5）负责全所科研基地管理，抓好组织实施和考核评价工作。

（6）统筹所实验室管理和仪器设备使用管理，协助做好所仪器设备采购工作（技术论证）。

（7）负责科技创新、科研基地、研究生教育、仪器设备等档案的收集、整理和归档工作。

（8）接受院科技处、研究生处、基地管理处、资产处的业务指导，负责与上述对口部门的沟通、联系和业务汇报。

（9）贯彻执行所务会、党委会等各项决策，完成上级和所领导交办的其他工作。

（三）财务办公室

1. 机构沿革

1979—2010年，财务工作归口所行政办公室（后面为综合办公室）管理；2010年经批准，财务从综合办公室剥离，成立财务办公室。

2. 历任领导

彭凯堂、钟开政在行政办公室管理期间曾任主管会计。

张春萍，2010年至2015年10月任财务办公室主任。

夏新根，2015年10月至2016年6月任财务办公室主任；王冰，2015年10月至今任财务办公室副主任。

张春萍，2016年6月至今任财务办公室主任。

3. 工作职能

负责所财经、资产管理工作，确保财经管理依法规范、国有资产保值增值。

（1）贯彻执行财经、资产管理的法律、法规和政策；制定和完善所财务、资产管理制度，建立内部财务管理、内部会计控制和国有资产保值增值的机制，抓好实施和监督检查工作。

（2）负责预算管理，组织、审核、汇总、编报所财务预算和决算，并组织监督执行；组织所国库集中支付业务工作及银行账户管理，同意代管中央财政票据，组织所会计电算化工作。

（3）负责资金的监督与管理，代行所相关内设机构会计核算等工作。

（4）监督国有资产对外投资、出租、出借、清查、处置、产权登记、信息化建设，做好国有资产保值增值等绩效考评工作。

（5）负责财务、资产等档案的收集、整理和归档工作。

（6）接受院财务处、资产处、监察审计室等上级对口部门的业务至少，负责与对口部门的沟通、联系和业务汇报。

（7）贯彻执行所务会、党委会等各项决策，完成上级和所领导交办的其他工作。

(四)基地与条件建设管理办公室

1. 机构沿革

2010年4月,设立了基地与条件建设管理办公室;2017年12月,基地管理职能归口到科研办公室,基地与条件建设管理办公室负责条件建设管理职能。

2. 历任领导

曾鹏,2010年4月至2011年11月兼基地与条件建设管理办公室副主任。

曾鹏,2011年11月至2015年10月任基地与条件建设管理办公室主任;牛启祥,2011年11月至2014年8月任基地与条件建设管理办公室副主任;黄宇峰,2014年月至2015年10月任基地与条件建设管理办公室副主任(曾鹏2015年挂职期间,主持工作)。

李杰,2015年10月至今任基地与条件建设管理办公室主任;周大鹏,2015年10月至今任基地与条件建设管理办公室副主任。

3. 工作职能

负责所基本建设、条件建设、仪器设备采购等管理工作,为所科技创新提供支撑保障。

(1)负责所基本建设总体规划、中长期规划和修建性详细规划、年度投资计划等编制工作,负责科技创新条件规划(科研基地),制定和完善基本建设、条件建设的管理制度,抓好组织实施。

(2)负责基本建设、修缮购置项目库建设和管理,组织做好基本建设和修缮购置项目的申报、审核、上报和执行工作。

(3)负责基本建设、条件建设等档案的收集、整理和归档工作。

(4)负责建设类修购项目建设的申报过程、建设过程以及验收管理。

(5)根据业务管理需要,具体负责基建业务法律事务的对接和处理。

(6)接受院计划基建处、院财务处的业务指导,负责与上述部门的沟通、联系和业务汇报。

(7)贯彻执行所务会、党委会等各项决策,完成上级和所领导交办的其他工作。

(五)成果转化办公室

1. 机构沿革

根据院文件,2010年成立开发办公室;2015年随着机构调整,更名为成果转化办公室。

2. 历任领导

龙翔岚,2010年4月至2015年12月任开发办公室副主任;林浩,2012年1月至2013年1月任开发办公室副主任;徐中亮,2014年7月至2016年7月任开发办公室副主任。

范海阔,2015年10月至2018年6月任成果转化办公室主任;杨伟波,2016年1月至2017年1月任成果转化办公室副主任。

许丽菁,2018年12月至今任成果转化办公室主任;韩轩,2018年12月至今任成果转化办公室副主任。

3. 工作职能

负责所成果转化、资源开发等管理工作,大力提升所经济实力。

(1)贯彻执行成果转化、资源开发等管理的法律、法规和政策,做好开发及成果转化体系建设与管理,制定成果转化及资源开发的规划、年度工作计划和管理制度,抓好组织实施。

(2)统筹各类资产的开发、利用及运营管理,做好成果转化类项目的立项、申报、检查和执行工作,组织开展科技开发及成果转化的绩效管理与考核。

(3)负责成果转化、科技开发等档案的收集、整理和归档工作。

(4)根据业务管理需要,具体负责成果转化、资源开发业务法律事务的对接和处理。

（5）接受院开发处、资产处的业务指导，负责与上述部门的沟通、联系和业务汇报。

（6）贯彻执行所务会、党委会等各项决策，完成上级和所领导交办的其他工作。

（六）土地管理办公室

1. 机构沿革

1979—1985年，全所土地资源管理、利用等相关业务由科研生产办公室承担，由专人负责管理。1985年科研和生产分开办公，成立了生产管理部门。2010年，生产办公室和基地与条件建设管理办公室合署办公。根据院文件，2015年单独设立土地管理办公室。

2. 历任领导

聂声扬，1980—1985年任科研生产部门负责人。

陈木荣，1985—1987年任站内设机构生产管理部门负责人。

王康台，1987—1989年底任生产管理部门负责人。

韩舜定，1989年，负责生产管理部门的组织工作。

吴多扬，1990年1月至1992年3月任生产管理部门负责人；1992年3月至1994年11月任生产管理办公室主任（兼）。

符敦杰，1985—1994年负责文昌椰子试验站的开发、基建和土地工作；1994—2009年，任所内设机构开发办公室（负责开发、基建和土地管理职能，土地开发经营归生产管理办公室负责）负责人。

许振雄，1994年11月至2004年8月任生产管理办公室主任。

牛启祥，1995年10月至2008年9月任生产管理办公室副主任，2008年9月至2009年9月任基地与推广办公室主任，2011年9月至2015年9月任土地与条件建设办公室副主任。

韩联健，2015年5月至2018年11月任土地管理办公室主任；黄宇峰，2015年至2018年11月任土地管理办公室副主任。

贾永立，2018年11月至今任土地管理办公室主任；朱兴盈，2018年11月至今享受土地管理办公室副主任待遇。

3. 工作职能

负责所土地资源保护等管理工作，确保国有土地资产安全。

（1）贯彻执行土地资产管理的法律、法规和政策，加强土地巡查工作，确保土地资产安全，制定和完善土地管理制度，抓好组织实施。

（2）负责土地的权属管理，处理土地纠纷，治理乱挖乱种、乱搭乱建等问题，组织种植管好防护林，做好土地资产保护。负责全所土地巡逻工作。

（3）负责土地的出租出借的备案与审核管理。

（4）负责土地资源档案的收集、整理和归档工作。

（5）根据业务管理需要，具体负责土地业务法律事务的对接和处理。

（6）接受院资产处、保卫处等部门业务指导，负责与上述部门的沟通、联系和业务汇报。

（7）贯彻执行所务会、党委会等各项决策，完成上级和所领导交办的其他工作。

二、科研机构

在文昌椰子试验站时期，共设有栽培育种研究室、土壤农化实验室、组织培养实验室和植物保护实验室；椰子研究所期间，研究机构不断细化，到2018年底共设有椰子研究室、槟榔研究室、油棕研究室、油茶研究室、产品加工研究室、植保研究室、生物技术研究室、种质资源研究室8个研究室。

（一）椰子研究室

1. 机构沿革

2012年成立椰子研究室，人员由原资源研究室和耕作栽培研究室中从事椰子研究的科研人员组成。

2. 历任领导

范海阔，2012年1月至今任椰子研究室主任；刘蕊，2012年1月至2018年7月任椰子研究室副主任；杨耀东，2016年1月至今任椰子研究室副主任。弓淑芳，2018年7月至今任椰子研究室副主任。

3. 主要业务

主要从事椰子种质资源收集、保存、鉴定、评价与和创新利用，椰子重要农艺性状的解析和分子标记的开发与应用，椰子耕作栽培和林下间种系统的研究与应用等研究。重点开展椰子资源的精准评价、新品种的选育与推广、椰子分子辅助育种体系的研究、椰子林耕作系统的技术集成、种植废弃物的综合利用、椰子营养需求与专用肥的开发等关键技术的研发、应用和推广。

（二）槟榔研究室

1. 机构沿革

2012年成立特色作物研究室，槟榔研究列入该研究室核心板块。2016年根据院文件，槟榔研究室从特色作物研究室分离出来，成为一个独立的研究室，特色作物研究室取消。

2. 历任领导

刘立云，2012年6月至2016年8月任特色作物研究室主任，2016年8月至今任槟榔研究室主任；朱辉，2017年5月至今任槟榔研究室副主任。

3. 主要业务

主要从事槟榔种质资源收集保存与鉴定评价、新品种选育、丰产栽培技术及槟榔园复合经营模式等方面的基础研究、应用基础研究及技术示范推广。

（三）油棕研究室

1. 机构沿革

2012年，新成立油棕研究室。

2. 历任领导

曹红星，2012年3月至今任油棕研究室主任；王永，2014年8月至今任油棕研究室副主任。

3. 主要业务

主要从事油棕种质资源收集保存、鉴定与评价、分子标记辅助育种、新品种定向培育、优良品种引种试种、种苗繁育、种植园栽培管理示范、病虫鼠害综合防治、红棕油的综合开发利用等油棕产业技术研究；同时结合科技成果转化，对外提供技术培训以及国内外油棕产业信息咨询等服务。

（四）油茶研究室

1. 机构沿革

2015年，油茶研究室从特色研究室分离，与院油茶研究中心合并，组成一个独立的研究室；2018年10月，随着内部设置机构调整，与种质资源研究室合署办公。

2. 历任领导

付登强，2015年9月至2016年9月任油茶研究室主任；贾效成，2016年10月至2017年9月付登强挂职期间，代理油茶研究室主任工作。

杨伟波，2017年10月至2018年10月任油茶研究室主任；付登强，2017年10月至2018年10月任油茶研究室副主任。

徐中亮，2018年10月至今任种质资源和油茶研究室主任。贾效成，2018年10月至今任种质资源和油茶研究室副主任。

3．主要业务

主要从事热带油茶种质资源收集评价及创新利用研究，重点开展种质资源创制、新品种选育、高产高效栽培关键技术研究。在热带油茶新品种选育、利用多组学方法评价热带油茶种质资源、无糖培养基快繁体系构建、高产高效栽培等方面取得了一定的成果。

（五）种质资源研究室

1．机构沿革

2015年，种质资源研究室成立；2018年10月，随着内部设置机构调整，与油茶研究室合署办公。

2．历任领导

徐中亮，2015年8月至2018年10月任种质资源研究室副主任。

徐中亮，2018年10月至今任种质资源和油茶研究室主任；贾效成，2018年10月至今任种质资源和油茶研究室副主任。

3．主要从事业务

主要从事热带棕榈种质资源收集、保存及鉴定评价，重点开展椰枣、锯叶棕等热带棕榈资源引进和评价研究。针对椰枣通过组培的方式开展椰枣无性系扩繁研究，为今后的开发利用奠定基础。

（六）生物技术研究室

1．机构沿革

2012年，在原种质资源研究室从事基础研究的科研人员的基础上组建了生物技术研究室。

2．历任领导

杨耀东，2012年1月至2019年4月任生物技术研究室主任；肖勇，2012年1月至2019年4月任生物技术研究室副主任。

范海阔，2019年4月至今任生物技术研究室主任；杨耀东，2019年至今任生物技术研究室副主任。

3．主要业务

主要开展油棕、椰子低温应答与适应的机理和油脂合成与代谢的调控机制的研究；开展椰子重要农艺相关性状的解析；开展热带油料作物优异性状分子标记开发和特异功能基因的挖掘与利用研究；开展热带油料作物重要农艺性状的QTL关联分析与定位等研究，为热带油料作物的遗传育种提供理论基础和技术支持。

（七）植物保护研究室

1．机构沿革

建站之初，椰子研究所就开展了椰子等棕榈作物病虫害防治试验与研究，2006年正式成立植保研究室。

2．历任领导

马子龙，2006年4月至2006年10月兼任植保研究室主任；覃伟权，2006年4月至2006年10月任植保研究室副主任。

覃伟权，2006年10月至2008年8月任植保研究室主任。

朱辉，2008年9月至2014年5月任植保研究室主任。

阎伟，2014年5月至今任植保研究室主任；孙晓东，2015年5月至2018年6月任植保研究室副主任；宋薇薇，2018年7月至今任植保研究室副主任。

3．主要业务

主要从事热带油料作物主要病虫害综合防治技术应用基础研究和示范推广。在"利用天敌寄生蜂生物防治椰心叶甲"和"重要检疫性害虫红棕象甲关键技术研发和示范推广"方面有突出贡献。

(八) 产品加工研究室

1. 机构沿革

2005年前,产品加工研究室与科研办公室合署办公。2005年,随着科研机构调整,产品加工研究室与科研办公室分离,独立运行。

2. 历任领导

赵松林,2006年4月至2006年10月兼任产品加工研究室主任;陈华,2006年4月至2009年12月任产品加工研究室副主任。

李枚秋,2006年10月至2008年12月任产品加工研究室主任。

陈卫军,2009年6月至2011年12月任产品加工研究室主任;夏秋瑜,2010年至2011年12月任产品加工研究室副主任。

夏秋瑜,2012年1月至2012年12月任产品加工研究室主任。

陈卫军,2013年1月至2014年6月任产品加工研究室主任;王挥,2013年1月至2015年8月产品加工研究室副主任;

陈华,2015年8月至2017年3月,产品加工研究所主任;王挥,2015年8月至2016年12月任产品加工研究室副主任。

邓福明,2017年3月至2018年7年任产品加工研究室主任;唐敏敏,2017年3月至2018年8月任产品加工研究室副主任。

夏秋瑜,2018年8月至今任产品加工研究室主任;邓福明,2018年8月至2018年12年任产品加工研究室副主任;沈晓君,2019年4月至今任产品加工研究室副主任。

3. 主要业务

主要从事热带油料作物和棕榈作物的产品综合加工及质量安全关键技术研究,重点开展果实采后生理、贮运保鲜及加工特性研究;活性评价及功能性产品研发;热带油料作物油脂制备、油脂产品加工和副产品综合利用关键技术研究;风险分析、快速检测、产地溯源等质量安全关键技术研究和标准化研究。在椰浆贮运及加工、高附加值椰子食品加工、槟榔功能分析及产品研发和产品质量安全控制等方面取得了一定的成果。

三、附属机构

在所建设和发展过程中,椰子研究所先后成立过椰衣纤维软垫生产厂、椰子综合加工实验工厂、园林绿化工程公司、组培中心等附属机构,截至目前已全部停止运行。2017年3月14日,为加快推进作物种植、管理和产业开发,推进后勤服务社会化建设,经党政联席会议研究,决定设立后勤服务中心、油料作物产业开发中心。2018年10月12日,为加强国际合作与科技服务工作,经党政联席会议研究,决定将科研管理办公室国际合作业务与原科技服务中心业务整合,设立国际合作与科技服务中心。截至目前,共有后勤服务中心、大观园管理中心、油料作物产业开发中心、国际合作与科技服务中心4个附属机构。

(一) 后勤服务中心

1979年华南热带作物科学研究院文昌椰子试验站建立之初,由行政办公室(综合办公室)负责全所后勤服务管理,服务内容有保洁、水电维修、保育服务、电话转接服务、班车接送等。2017年5月进行行政后勤体制改革,按照管理和服务分开原则,后勤服务工作从综合办公室分离,成立独立的附属机构后勤服务中心。

1. 中心定位

后勤服务中心是所属内设机构，为正科级待遇管理的科研辅助单位，列入所财务预算体系，实行相对独立的核算管理，是所后勤保障服务和业务开发的责任主体。

2. 主要职责

负责所小车服务、工勤服务、物业管理、安全保卫（所办公大楼）、住房管理、文印服务、环境整治等的组织与管理工作，制订有关管理制度并负责组织实施。

（1）负责制定后勤服务管理制度并组织实施；负责所后勤服务保障体系建设，设立相应的服务机构和服务岗位，完善服务体系。

（2）负责所公有房屋（办公用房、公有住房）日常管理工作；负责后勤服务中心管理的所本级资产保值增值。

（3）负责所环境整治、物业管理、文印服务和卫生防疫工作。

（4）负责所公务车辆、通信网络、用水用电等后勤保障工作，统筹全所维修、维护管理工作。

（5）负责所食堂管理和餐饮服务工作；负责所公务餐饮接待、报账及其他后勤服务等。

（6）负责所办公大楼安全保卫及周围消防管理工作。

（7）负责所日常公用经费及公摊经费预算，并协调使用。负责所科技产品调拨及账务处理，负责全所办公用品采购询价议价、验收、物资管理，所办公大楼运行管理。

（8）负责全所考勤服务（包括每月考勤统计），会务管理（包括会议室使用、会务服务、电脑管理）。

（9）协助做好所文体活动的后勤保障工作与综合事项管理。

（10）充分利用所内后勤服务资源，完成所里确定的创收任务。

（11）贯彻执行所务会、党委会等各项决策，完成上级和所领导交办的其他工作。

3. 历任领导

肖周帆，2017年4月至今任后勤服务中心主任；朱兴盈，2017年4月至2018年10月任后勤服务中心副主任；韩联健，2018年10月至今任后勤服务中心副主任。

4. 人员情况

截至2019年8月30日，共有人员30人，其中在编24人、编外人员6人，管理服务人员6人、水电工2人、驾驶员4人、保安员6人、保洁员3人、园林工4人、派外所5人。

5. 绩效工资管理

2017年5月开始，所根据2016年应发额作为基准数将后勤服务中心全体职工"开发绩效"工资定额，打包下达给后勤服务中心自行发放。同时建立"服务评价、考核制度"，对后勤服务进行月评分，根据评分数据、相应公式发放"开发绩效"工资。2018年开始，所将2017年应发"业绩绩效"额度、2016年应发"开发绩效"额度合并，作为基准数，统称"服务绩效"，重新根据实际修订"服务评价、考核制度"，其中70%进行月评分，30%进行年度评分，根据评分数据、相应公式发放"服务绩效"工资。

6. 管理成效

2017年5月成立后，后勤服务中心组织制定了《办公大楼环境卫生管理办法》《后勤服务中心保安管理办法》《水电管理暂行办法》《椰子研究所公有住房管理办法》多项制度。2018年5月，组织制定了《中国热带农业科学院椰子研究所后勤保障服务标准化体系》，强化了内部管理。

（二）椰子大观园管理中心

2001年9月10日，为加强椰子大观园（热带棕榈园）的建设和管理，所里成立了棕榈园管理中心，下设绿化部和后勤部。2004年椰子大观园正式对外开放，为加强景区的建设，成立了园林部、工程部、导游部、产品部、外联部五个部门，后面还专门成立了椰子大观园管理中心，负责椰子大观园的运行和管理等工作。2017年10月1日，文昌市政府购买公益性服务，椰子大观园作为文昌市科普公园正式免费对外开放。2019年3月，通过招商合作，椰子大观园委托海南自贸区兰花谷共享农庄有限公司管理。

1. 2019年中心定位

椰子大观园管理中心是所属内设机构，为正科级待遇管理的科研辅助单位，列入所财务预算体系，实行相对独立的核算管理，是椰子大观园管理的责任主体。

2. 2019年主要职责

协助合作公司负责椰子大观园的建设和管理工作，提升椰子大观园景区水平。

（1）负责椰子大观园固定资产监督管理工作。

（2）协调完成所内接待及所领导安排的接待任务。

（3）维护椰子研究所形象及椰子大观园权益。

（4）跟踪做好A级景区建设工作。

（5）贯彻执行所务会、党委会等各项决策，完成上级和所领导交办的其他工作。

3. 历任领导

张军，2001年9月至2004年3月任棕榈园管理中心副主任（主持全面工作）；曾鹏，2001年9月至2004年3月任棕榈园管理中心副主任；郑健豪，2001年9月至2004年3月任棕榈园管理中心绿化部部长；符华，2001年9月至2004年3月任棕榈园管理中心后勤部部长。

张军，2004年3月至2008年12月任椰子大观园园林部部长；曾鹏，2004年3月至2008年12月任椰子大观园工程部部长；许小妹，2004年3月至2008年12月任椰子大观园导游部部长；张木炎，2004年3月至2008年12月任椰子大观园产品部部长；龙翊岚，2004年3月至2008年12月任椰子大观园外联部部长。

龙翊岚，2008年12月至2012年1月任椰子大观园管理中心主任。

龙翊岚，2012年1月至2013年6月任椰子大观园外联管理中心主任；张木炎，2012年6月至2013年6月任椰子大观园园林绿化管理中心主任。

张木炎，2013年6月至2015年9月任椰子大观园管理中心主任。

师雪茹，2015年9月至2016年3月任椰子大观园管理中心主任；韩轩，2015年9月至2016年3月任椰子大观园管理中心副主任。

韩轩，2016年3月至2017年3月任椰子大观园管理中心副主任（主持工作）。

贾永立，2017年3月至2018年4月任椰子大观园管理中心主任；韩轩，2017年3月至2018年4月任椰子大观园管理中心副主任。

韩轩，2018年4月至今任椰子大观园管理中心主任；李新菊，2018年5月至今任椰子大观园管理中心副主任。

4. 2019年人员情况

2019年与公司合作后，椰子大观园管理中心进行了人员分流，保留工作人员3人。

5. 2019年绩效管理

参照后勤服务中心管理办法执行。

6. 管理成效

椰子大观园管理中心在A级景区建设、科普教育、对外合作等过程中发挥了重要的作用。

（三）油料作物产业开发中心

油料作物产业开发中心于2017年4月正式成立，主要负责我所作物种植、管理和产业开发工作，初建立时人员编制3人，第一年主要任务是做规划并种植文椰3号椰子98亩。经过两年的发展，油料作物产业开发中心由原来的3人发展到现今的9人，作物面积：试验一队椰子290亩、油茶56亩、槟榔127亩，试验二队对面坡种植98亩的槟榔，现正在积极开展试验四队近200亩的椰子种植工作。

1. 中心定位

作物产业开发中心是所属内设机构，为正科级待遇管理的科研辅助单位，列入所财务预算体系，实行相对独立的核算管理，是所作物种植、管理和产业开发的责任主体。

2. 主要职责

负责所作物种植、管理和产业开发工作，制订管理制度并负责组织实施。

（1）负责管理区域内作物种植的规划、种植组织、后期管理和产业开发等工作。

（2）负责制定管理区域内作物种植、管理和产业开发的管理制度并组织实施，抓好内部人员管理。

（3）充分利用管理区域内土地等资源，完成所里确定的创收任务。

（4）贯彻执行所务会、党委会等各项决策，完成上级和所领导交办的其他工作。

3. 历任领导

林方养，2017年4月至今任油料作物产业开发中心主任。

4. 人员情况

2017年5月有工作人员4人，2019年6月有工作人员8人。

5. 绩效工资管理

同后勤服务中心。

6. 管理成效

油料作物产业开发中心自2017年5月成立后，组织制定了《油料作物开发中心标准化体系》，强化了内部管理。目前种植的作物生长良好，多次得到院所领导的肯定和表扬。

（四）国际合作与科技服务中心

为加强椰子研究所科技服务工作，2018年4月所里在原科技"110"服务站的基础上，成立了科技服务中心；2018年10月，为加强国际合作与科技服务工作，所里将科研管理办公室国际合作业务与原科技服务中心业务整合，设立国际合作与科技服务中心。

1. 中心定位

国际合作与科技服务中心是所属内设机构，为正科级待遇管理的科研辅助单位，列入所财务预算体系，实行相对独立的核算管理，是所国际合作、科技服务、业务开发的责任主体。挂靠成果转化办公室。

2. 主要职责

负责全所国际合作与交流、科技服务工作（含科技"110"服务）的组织协调和落实工作。具体如下：

（1）统筹全所国际合作、科技服务、科技培训、科普教育工作，制定和完善相关管理制度，抓好组织实施和考核评价工作。

（2）负责所国际合作、因公出国培训、公派留学、专家出国（境）和涉外来访、外国专家、港澳台人员来所的外事管理的工作。

（3）负责通过网络、电话、媒体等手段解答农户咨询的农业问题，并组织专家下乡实地解决农业科技问题。负责适时组织新品种新技术推广项目，组织培训班，进一步加强新技术与新品种的宣传工作。

（4）根据院所优势和国家乡村振兴战略要求，加强与文昌、万宁等地方政府部门沟通协调，积极开展新型职业农民培训。

（5）根据国家"一带一路"战略和科技"走出去"需要，组织做好热带国家种植、栽培等技术培训工作。

（6）统筹全所科普教育工作，支持文昌市等地方政府部门和中小学做好科普活动。

（7）组织申报国际合作、科普、服务"三农"、乡村振兴、新型职业农民培训、国际热带农业技术培训等方面的项目，做好项目执行的过程检查、监督、考核工作。

（8）负责做好服务"三农"、乡村振兴、科技培训、科普教育的宣传工作，组织每年科技活动月期间的各项活动并做好总结。

（9）指导各研究室与相关农户、农业公司签署科技服务协议，督促合作协议的落实。

（10）充分利用和发挥所内科技资源，完成所里确定的创收任务。

（11）负责国际合作和科技服务档案的收集、整理、归档工作，接受院国际合作处、基地管理处的业务指导，负责与上述对口部门的沟通、联系和业务汇报。

（12）完成所领导交办的其他工作。

3．历任领导

许丽菁，2018年4月至今任国际合作与科技服务中心主任；林浩，2018年4月至今任国际合作与科技服务中心副主任。

4．人员情况

2019年有工作人员2人。

5．绩效管理

同后勤服务中心。

6．管理成效

成立以来，成功举办椰枣培训班，培训了来自巴勒斯坦、阿曼等20名学员，扩大了椰枣生产技术在阿拉伯国家的影响力。完成11个因公出国团组、44人次的手续办理工作。同时，以海南省农业科技"110"文昌椰子研究服务站为平台，为海南农业发展提供科技服务约200人次，举办8农业技术培训班，为农户提供约15万株优质种苗（以椰子苗、槟榔苗为主），1亿多头椰心叶甲寄生蜂，为我国棕榈作物产业的可持续发展提供技术支撑。利用先进的实验设备、占地1 200多亩的示范基地和50多名高职人员积极开展研学活动，研学人员约每年达1 200多人，并指导当地中学生参与科研实验，在海南省中学生科技创新大赛中屡创佳绩。

第二节　创新管理

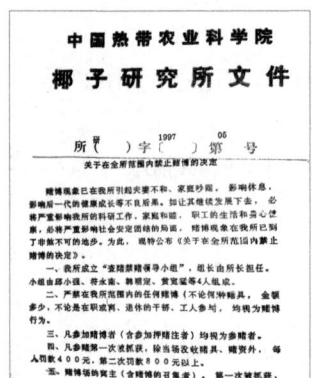

建站以来，椰子研究所高度重视管理工作，根据科研基地建设、工作人员管理等制定实施了系列管理制度，起到了良好的作用。例如，1997年制发了《关于在全所范围内禁止赌博的决定》（所研字〔1997〕第05号），对刹住所内赌博风气起到了较好的作用；2001年印发了《关于加强对无岗位工人管理的通知》（所（行）〔2001〕第3号），对加强无岗位工人管理，推动所建设发展具有重要的意义。近年来，特别是2015年后，椰子研究所的创新管理工作进入快速通道，五年来制定实施了涉及科技创新、成果转化、收入分配、绩效考核等管理制度60多项，为跨越发展提供了强有力的制度保障。

一、搭起三个基础性制度

2015年组织制定了《绩效工资实施方案》《成果转化奖励办法》《科技奖励实施办法》3个支撑性制度，取得良好的效果。一是《成果转化奖励办法》，通过明确研究室任务指标、完成任务指标的分配比例、分配办法，鼓励大家加强成果转化，让科技职工看到了任务目标和完成任务分配期望，激发了大家成果转化的活力。该制度的实施，2015年当年实现成果转化收入593.56万元，较2014年度增长了46.7%；2016年实现731.47万元，较2015年增长了23.2%；2017年实现915.76万元，较2016年增长了17.7%；2018年实现1 235万元，较2017年增长了34.86%。为椰子研究所建设和发展提供了强有力的资金支持。二是《科技奖励实施办法》，以科技人员的项目、论文、成果、专利、著作、标准、品种等要素进行考核，明确了科技产出的计算方法、奖励办法，对鼓励科技创新发挥了重要的作用。三是《绩效工资实施方案》，是兑现开发奖励和科技奖励等绩效工资的系统性文件，统领着《成果转化奖励办法》《科技奖励实施办法》2个文件。《绩效工资实施方案》将绩效工资分为基础性绩效工资和奖励性绩效工资。基础性绩效工资按照岗位系数，结合年度出勤情况，进行考核发放；奖励性绩效工资细分为成果转化奖励性绩效工资、业绩奖励性绩效工资、服务奖励性绩效工资，成果转化奖励性绩效工资主要用于规范和鼓励科技人员做好成果转化工作，业绩奖励性绩效工资主要用于管理人员和科技人员年度工作的业绩考核，服务奖励性绩效工资主要用于后勤保障类人员绩效考核发放。奖励性绩效工资的合理设置，对鼓励3类人员创新工作发挥了重要的作用。

二、建立规范运转的制度

2015年研究制定了《椰子研究所工作规则》，明确了工作制度、决策制度、会议制度、请示报告制度、公文审批制度、作风纪律及监督制度。在工作制度里面明确了所长负责制、副职和正职的工作规则、正职外出或休假期间的工作安排，例如，所主要领导外出或休假期间，由在所的副所长（副书记）按排序主持所日常工作。在会议制度里面，明确椰子研究所实行所务会、党委会、所长办公会、书记办公会会议制度，以及各类会议的人员组成、主要职责、工作程序。在决策制度里面明确了"民主集中制"，强调涉及所发展战略、重大规划、重要工作计划、重大改革与发展举措、年度预决算等事关全局性的重大事项及制度由所务会研究。在《工作规则》的统领下，细化出《决策体系操作规程》《公文处理办法》《印章使用管理办法》《合同管理办法》等保运转的制度，对规范工作、会议、决策、公文、印章和合同等起到了重要的作用。

三、制定鼓励创新的制度

椰子研究所制定了《科技奖励实施办法》和《科研绩效量化考核管理办法》，这些制度涉及全体科技人员考核、奖励的制度，主要侧重要科技人员日常科研产出的考核；为鼓励科技人员拿大项目、出大成果，研究制定了《重大科研业绩奖励办法》，对获得国家自然科学基金、国家重点研发计划等重大项目，高水平的SCI论文，国家及省部级科技成果奖和专利奖，国审品种和省级认定的主推品种，向部省级以上领导提交咨询报告或政策建议得到肯定批示，重点人才奖励等，给予1万~50万元不等的现金奖励。此制度实施后，椰子研究所的高水平SCI论文、重大科研项目都取得了新的突破。另外，为鼓励创新，还设立了所长基金，制定了《所长基金管理办法》；针对平台、科研经费、实验室等工作，制定实施了《科技创新平台管理办法》《科研项目

经费管理办法》《间接费用使用管理规定》《科研项目资金使用绩效评价管理办法》《实验室管理条例及考核评价办法》《科研原始记录管理办法》《科研财务助理制度管理办法》《研究生导师管理与考核办法》等制度，建立起较为完善的科研管理制度体系。

四、建立引培留人的制度

由于椰子研究所地处海南省文昌市，离省会海口市有60多千米的距离，引人留人一直是一个"老大难"的问题。为较好地解决人才引培问题，堵住人才流失缺口，椰子研究所制定了《在职职工培训学习管理办法》，规范管理在职职工培训学习；制定实施了《高层次创新人才引进和培养管理办法》，从住房、科研经费、子女就学等方面给予高层次创新人才支持；鼓励职工在职攻读博士，对按时毕业的博士给予奖励，如在3年内完成学业并拿到学位证的，给予3万元奖励；在4年内完成学业并拿到学位证的，给予2万元奖励。对获得全国优秀博士论文或在职攻读国外高等学府博士学位的，回所工作后给予3年滚动总经费50万元的项目经费支持。《高层次创新人才引进和培养管理办法》制定后，椰子研究所已有5名博士享受相关待遇（2名留学回国博士，3名新引进博士），引进人才26名。同时，制定了《在编人员调出及其他人员离所暂行规定》，规范了人员离所程序和条件，结合新进人员、职称评审人员、在职培训人员等签订服务期合同和知识产权保密承诺，尽可能降低人才离所带来的损失。

五、完善松紧适度的请休假制度

职工能不能尽心尽力工作，职工素质能力是一方面，职工对单位的认同感和归宿感更为重要。实行人性化的请休假制度，给广大职工一个相对宽松的环境，对调动职工的积极性和认同感具有重要的意义。在原有的请休假制度的基础上，对病假事假在奖励性绩效工资方面给予职工"当月超过3天、全年累计超过7天的不核减"的规定的，以妥善解决职工短期病、事假问题；在产假方面，明确"给予男职工护理假15日（含周末），护理假期间奖励性绩效工资全部计发"的规定。同时，针对旷工的不良行为，按照从严从紧的要求进行规范，如工作人员旷工1天，扣减当月预发奖励性绩效工资；连续旷工6天或全年累计旷工12天的，扣减当年奖励性绩效工资50%；连续旷工12天或全年累计旷工24天的，不得享受当年奖励性绩效工资。请休假制度不仅关系到职工收入，也关系到职工家庭的幸福指数和单位的建设发展，因此要高度重视，做到松、紧适度。

六、建立促进发展的财务管理制度

财务资金的运转效率，关系到单位运转的效率。财务管理既要严格按照国家的财经管理规定执行，也要结合单位实际进行细化，比如在报账审批方面，如果所领导每笔都要审批，经费开支效率就会变低，因为所领导会务多、常出差，签字较麻烦；如果将权力全部下放给研究室主任审批，经费开支自然宽松，但经费风险难以把控。因此，要通过制度来科学规范审批权限，椰子研究所《日常公用经费和项目经费开支计划及报账审批程序》明确规定：科技人员单笔或总额0.5万元（含）以下的，由研究室负责人审批，从而放活小额经费审批权限，促进研究室高效运转工作；同时对大额的开展，按照职权进行分级审批，对风险进行了有效把控。另外，根据管理需要制定了《预算管理办法》《收入管理办法》《差旅费管理办法》《会议费管理办法》《加班费专家咨询费劳务费管理办法》《会计档案管理办法》《会计基础规范》等系列管理制度，有效地加强了财务管理工作。

七、完善党建管理制度

关于党建工作，党和国家已经制定了非常完善的管理规定，如《中国共产党章程》《党支部工作条例》等。但作为科研院所等基层组织，还有一些具体的党建工作需要进一步细化和规范，比如说党支部和党员评奖评优工作。以往，每年"七一"表彰的时候，所里一般通过党委会研究确定，没有一个可以量化的考核指标，评定工作主观性比较大。为此，椰子研究所2018年研究制定了《党支部量化考核管理办法》，将党支部班子建设、党员思想教育、组织生活、党员管理、党员发展、支部战斗堡垒作用、党员先锋模范作用等作为考核内容，按照100分细化考核指标，对党支部进量化考核。同时，根据党建工作特点，将考核期确定为每年的6月1日至下一年度5月30日。制度的有效实施，让椰子研究所党建工作朝着制度化、规范化的方向迈出了扎实的一步，为进一步抓好党的工作奠定了良好的基础。

八、建立后勤服务保障制度

椰子研究所制定了《后勤保障服务标准化体系》，明确了环境卫生、园林绿化、安全保卫、食堂餐饮、公务车辆、驾驶员、水电工、会议室等工作标准共8项，按标准的"工作要求"落实工作，明确"监督检查"和"处罚办法"，后勤服务管理水平上了一个新的台阶。同时，针对基建项目和修购项目实施，根据国家法律法规，制定了《建设项目管理实施细则》《政府采购管理办法》《科研基地管理办法》《农资管理办法》《土地管理办法》等系列制度，加强了科研基地和设备资产的管理。

九、建起科学的考核评价制度

针对研究室，椰子研究所下达年度《目标责任书》，从科技创新工作、成果转化工作、公用经费分摊、国际合作与科技服务、科研基地管理、实验室管理、科技宣传、高层次人才引进、预算执行管理共9个方面进行量化考核，按照所领导评价、办公室和附属机构评价进行定性考核，对研究室进行综合评定。针对管理部门，则根据上级单位下达给椰子研究所的任务目标、工作会议确定的年度工作计划，分解指标，每个部门确定不少于5项的年度重点工作任务。年底，根据管理部门和研究室任务目标完成情况，分别评定出优秀等级。对个人考核方面，椰子研究所将职工分为科技人员、管理人员、科研辅助人员、附属机构人员（后勤保障人员）、外派人员共5类，按照同类人员比较进行量化考核。科技人员按照科技产出硬性指标进行考核评价。管理人员量化考核内容分为基础评价、业绩评价和服务评价，基础评价主要涉及获得的个人荣誉，业绩评价主要是个人年度重点工作完成情况（根据部门年度任务分解5~10项，占比65%），服务评价主要是领导和同事对其工作的评价；按照"所领导—分管部门—部门个人"细化任务，建立了"年初建账、年中查账、年底核账"的考核评价体系。

第三节　发展规划

椰子研究所高度规划和规划落实工作。1979年9月29日向农垦部报送的建站任务书，明确提及建站的长远规划及建站后两年内的工作计划。其后，根据党和国家的不同发展时期需要，制定实施了"七五""八五""九五""十五""十一五""十二五""十三五"发展规划，2019年正在积极拟订"十四五"发展规划。

一、"七五"科研发展规划

华南热带作物科学研究院文昌椰子试验站
"七五"科研发展规划（草案）

一、指导思想

科技发展规划贯彻面向国民经济建设方针，为本世纪末国民经济产值翻二番的战略目标服务，为海南岛本世纪末发展椰子达100万亩，为农村产业结构，提高椰子商品率服务。从实际出发，吸收世界先进经验，发挥自己的优势，争取在较短的时间内出成果、出人才、创效益。

二、现状及问题

椰子在我国栽培历史长有200余年，但一直处于无人问津的自发生产之中。1979年9月中央农垦部正式批准成立文昌椰子专业试验站。广东省政府划给土地面积约5万多亩，目前实际控制面积约1万多亩，现有椰子园1000多亩，橡胶600多亩，胡椒30多亩，科技人员21名，行政后勤、生产队干部22人。基建面积达6700平方米。引进椰子品种（或变种）30多个，建立了椰子品种园，椰子种子园进行了椰子杂交育种，布置了椰子肥料试验，椰子综合丰产试验，椰园间作试验，椰子密度试验等。1981年得到联合国粮农组织（FAO）无偿援助，购置了原子吸收光谱、双通道N、P自动分析仪、冷冻干燥机、生物显微镜等30多个部件，价值10多万美元，已安装调试使用。建立土壤、椰子叶片诊断分析室，为今后椰子生产、科研服务。与此同时与国内外有关科研生产单位建立了合作关系。

虽然几年来通过各方面的努力，从无到有，从小到大取得一些成绩，但存在不少问题。

1. 人才奇缺。高级科技人才缺，中级科技人员不多。其中一半以上兼任管政、生产工作。知识老化严重，不能适应当前需要。大中专刚毕业的科技人员还不能承担重担，人才上有青黄不接的断层现象。又

由于工资福利较差，调人十分难。研究所找不到主持人，一技之长的老边缘的科技人员使用，影响椰子科技工作开展。

2. 科研经费短缺。1985年全年经费仅38万元，除工资23万元、油料、肥料、医疗、福利外，科研费用几乎占不上边。今年仅利用1.8万元三项周转金作全年科技开支。

3. 土地纠纷矛盾突出。农民经常往往，破坏试验、基建、砍伐林木，严重影响椰子科研和生产。

三、方向与任务

我站是椰子专业研究站，研究方向是面向生产，面向经济建设，为提高椰子产量与产值服务，引进新品种、新技术、新设备，吸取国内外新经验。在此基础上争取多出成果、多出人才、多创经济效益。

我站任务是：1. 收集海南岛椰子优良品种（变种），引进国外优良品种，选育出适应我国的抗风、抗寒、速生早产高产的优质良种为全岛发展椰子提供种源。

2. 根据我国特点，研究椰子在滨海台地、沙坝坡带种植椰子的速生、高产的综合技术措施。

3. 研究以椰子为主的农林牧综合经营，通过造林、种植复合作物，采取乔、灌、草结合的生物治理措施，对于旱、大土壤瘦薄的滨海沙地改造利用和创新的生态环境，适应椰子、橡胶、胡椒和其他热带作物的适生环境，提高土地利用率。

4. 研究椰子的综合利用，提高资源的经济价值。

四、"七五"期间主要研究项目

1. 椰子引种选种育种研究

（1）引进国外优良品种建立种子园、品种园，引种杂交育种和选优鉴定推广。

(1) 站拿出2000元经费支援学校建设，较好地解决职工子弟的就学问题。

(2) 医务人员为职工诊治6677人次，家属小孩1275人次，农民2087人次，共10039人次。

7. 计划生育方面

百分之百完成结扎任务，放环的育龄妇女进行了全面检查。

8. 加强了治安工作。经院、文昌县公安局批准，成立了民警组织，偷砍林木、损坏科研生产的严重状况有所好转。

9. 成立了职工代表大会常设机构，加强民主管理和监督。

10. 总结了建站六年来的主要情况，制订了一九八六年联产计酬责任制实施方案，分析研究提出七·五计划的经济目标。

三、存在主要问题

(一) 职工的积极性没有得到充分的发挥，工作效率不高，经济效益不大，增值不多。

(二) 机关岗位责任制不落实，工作效率不高，联产计酬责任制很不完善，大锅饭的思想仍比较严重，纪律松驰，制度不严，工作秩序不正常，奖罚不明，少数职工玩忽职守，提高承包岗位，检查验收存在不及时、不严格。

(三) 对一业为主，多种经营，以短养长的方针认识差，措施不力。

(四) 老的框框观念多，锐意改革，承担风险，勇于负责，积极向前的胆识和劲头不足。

(五) 计划性不强，劳力的调配安排使用不合理。

(六) 缺乏一个安定的工作环境，科研生产、生活受破坏干扰。

(七) 部分干部工作不虚心，团结协作不够好。

(八) 学文化、学科学技术的空气不浓。

(九) 生活福利、后勤工作没有跟上科研生产第一线。

(十) 部分干部、工人不安心工作。

四、一九八六年打算

(一) 坚持改革，锐意改革，调整产业结构，争取高速度、高效益。

(二) 大抓出成果出人才、出经济社会效益，科研课题（项目），实行合同制，抓进度、检查、总结，抓好科技工作的外引内联，争取多方的支持和援助，引进先进的技术设备。

(三) 进一步加强和完善以家庭户承包的联产计酬责任制，机关岗位责任制，奖罚分明。

(四) 狠抓一业为主，多种经济，以短养长方针的贯彻落实，于短期内，实现大幅度增收。

(五) 加强计划性，科研生产、财务、物资、人力要善的计划安排。

(六) 加强民主管理，发扬职工主人翁的精神，调动积极性。

(七) 抓好勤劳致富、守法致富的典型。

(八) 加强责任制的检查验收工作，保质保量，完成和超额完成一九八六年的各项任务。

(九) 进一步加强治安工作，创造一个良好安定的环境，利于科研生产、生活的稳定。

(十) 基本建设。重点放在水电、小伙房、营房的环境美化，电话广播宣传方面。

(十一) 计划指标

1. 椰子定植200~400亩，外来品种与本地种并举。

2. 培育橡胶苗杆苗1.2万株，开始割胶，年产干胶五吨以上。

3. 加快胡椒生产的发展，新建以种植胡椒为主的新点，以便七·五计划期间，胡椒面积到100亩，一九八六年种植胡椒18亩以上，产量2500斤以上，收入2.0万元。

农牧渔业部"七五"热带作物重点科技项目、题建议表

（表格图像模糊，内容难以完整辨识）

项目名称	课题名称	研究内容与目标	起止年限	1986年进度	1987年计划	承担单位	"七五"经费（万元）	
							86年	总经费
椰子引种选育种、栽培技术与加工综合利用研究	一、椰子引种、选育种研究 1.椰子引种试种研究 2.椰子杂交育种研究 3.海南岛椰子种质资源调查研究	1.继续引进推广品种，扩大种质资源，建立种子园、品种园。2.继续引进优良杂种，试种鉴定推广。3.利用矮种与本地高种杂交培育适应海南的杂交良种。4.对海南岛椰子品种进行普查鉴定。	1980～1990	引进椰子品种约30个种，利用矮种与海南高种进行杂交，对海南岛椰子种继续进行普查	引进椰子品种约40个种，扩大椰子园约200亩，继续与海南高种杂交育种，写出海南岛椰子品种普查报告。	文昌椰子试验站	4	10
	二、椰子施肥制度与矿物营养诊断研究 1.椰子肥料试验 2.椰子叶片营养诊断研究	椰子N、P、K、Ca、Mg、Cl施肥用量试验，N、P、K配合复因子试验。2.椰子微量元素试验。3.椰子叶片营养诊断研究。	1982～1990	布置N、P、K配合复因子试验，进行椰子叶片营养诊断研究。	布置椰子微量元素试验，继续进行椰子叶片营养诊断研究。	文昌椰子试验站	3	7
	三、椰子栽培技术研究	1.椰子种植密度试验 2.椰子种植深度试验 3.椰子综合丰产措施研究 4.椰园间种豆科复盖作物试验	1981～1990	对种植密度、深度、综合丰产措施试验，继续进行观察。继续布置椰园间种豆科复盖作物试验。	同左	文昌椰子试验站	2	5
	四、椰园多层栽培技术研究	1.椰园间种可可、胡椒、菠萝、香蕉、果树提高经济效益研究。2.改造低产椰园，提高产量研究。	1984～1990	继续布置椰园间种和扩大椰子同种经济作物试验、果树试验，布置低产扩大低产椰园改造试验。	扩大椰园同种经济作物试验，继续进行低产椰园改造研究。	文昌椰子试验站、兴隆试验站、三亚试验站	2	5
	五、椰子病虫害防治研究	1.椰子病虫害普查。2.椰子主要病虫害防治。	1986～1990	对椰子主要病虫害进行普查。	椰子主要病虫文昌椰子试验站	1	3
	六、椰子加工和综合利用研究	1.椰子食品、干椰奶加工工艺和保存技术研究。2.椰子付产品综合利用研究。	1986～1990	食品原料干椰工工艺保存技术和配套设备研究。	椰子产品综合利用加工设备研究。	文昌椰子试验站、湛江机械研究所	20	40

二、"九五"规划

椰子研究所"九五"规划

根据《中共中央关于国民经济和社会发展"九五"计划和2010年远景目标的建议》、《中共中央关于加速科学技术进步的决定》和《中国热带农业科学院"九五"规划》及文昌市有关文件精神，结合我所的实际情况，特制定《中国热带农业科学院椰子研究所"九五"规划》（1996-2000年）。

一、主要奋斗目标。

改革开放和社会主义现代化建设进入了新的发展阶段，今后的15年是承前启后，继往开来的重要时期。改革开放以来，经过积极探索和艰苦努力，我所的科研、经济和管理体制正在逐步建立，并已取得了明显的成效，虽然在前进中还存在着一些矛盾和困难，但在今后5年中，可充分利用有利条件，继续实现科研、经济和管理工作的全面进步。

"九五"期间的主要奋斗目标是：实现科研水平达到院同级科研所的水平，完成10项省部级成果，获省部级奖励成果3项，在一级学术刊物上发表论文20篇，科技成果转化率达60%以上，工农业总收入200万元以上，差额预算部分达到经费自给；所部迁建到清澜，依托文昌市新政府所在地，增强影响力。

坚持把握机遇、深化改革、扩大开放，促进发展，保持稳定的基本指导方针，处理好发展是目的、改革是动力、稳定是前提三者的关系，使我们的工作健康、稳定的发展。

二、科研工作提上新的水平。

1. 培养和选拔跨世纪的青年学科带头人2-3名，青年业务骨干4-6名。在工作、生活条件上倾斜和优惠，政治上帮助和支持，让科技人员多出快出高质量、高效益的科技成果。

2. 紧密结合市场经济，拓展科技研究领域。以应用和开发性技术研究为重点，积极发展农业新技术及产业。

（1）椰子研究为重点

椰子抗风、抗寒、早熟、高产新品种的培育；

椰子无性繁殖技术研究；

椰子丰产高产立体栽培模式300亩；

文椰78F1优良杂交品种制种园500亩；

椰子病虫害及鼠害防治研究；

椰子新产品加工技术研究。

（2）争取建立"海南省热带农业科技支柱产业转化示范基地"4000亩，主要示范种植：椰子、橡胶、热带花卉、热带水果、热带香料和蔬菜六大类作物；

（3）引进荷兰的名优花卉试种、改良与推广；

（4）引进台湾的名优水果、蔬菜试种、改良与推广；

（5）引进名优热带、亚热带棕榈观赏植物试种、改良与推广；

（6）果蔬保鲜技术研究；

（7）台湾无土栽培技术的引进和开发研究。

3. 按照"稳住一头，放开一片"的方针，优化科研组织结构，组成少而精的专职科研队伍，在经费和工作条件上优先保障；合理分流人才，让部分科技人员带着成熟的技术和成果，直接进入到经济建设的主战场。

4. 健全科研管理制度。对重大科技项目与院、所、地方科

技部门联合攻关；重大科技成果实行重奖，逐步实现科研、开发和经济效益的良性循环。

5．全方位引进科技资金。积极争取国内外科技项目经费，国内外企业投入和自筹资金，科技资金每年按２０％的比例增加。

三、抓住机遇，推动生产和经济工作快速发展。

1．要解放思想，开阔思路，大胆试验，充分利用位于清澜开发区土地资源优势，积极招商引资，以出让、出租和合作经营的方式，开发土地与项目，以争取上级投资支持和引进国外高外高新技术及资金为主，引进５－６个，热带高效农业项目和科技工业项目，开发３０００亩土地，解决全部人员就业。

2．加强对生产和试验基地的管理。在发展中不断完善"生产管理方案"，调动生产者的积极性，提高生产者的劳动收入。调整基地布局，建立和完善椰子基地５００－８００亩；完善橡胶基地７００亩；建立果树基地４００亩，建立花卉基地４００亩，建立蔬菜基地４００亩。在保证基地试验和生产任务完成的前提下，创造条件鼓励和支持基地职工多种经营和庭园经济。在落实社会保障制度配套的前提下，争取差额预算部分达到的自给。

3．加强对经济实体的宏观调控管理。建立各项经济管理制度，逐步扭转经济整体素质低、经营粗放、效益不高的局面。使经济实体，在解决就业，增加经济收入中起到主渠道作用。

4．要加大改革力度，理顺经济关系和财务管理制度，积累资金向重点科研、经济项目倾斜，增强科技储备，提高经济效益，增强发展后劲。

5．坚持资源开发与节约并举，把节约放在首位。

四、促进管理工作科学化、规范化和制度化。

1．建立一支优秀的行政和经济管理队伍，适应改革开放和市场经济发展的需要。

2．有条件的、逐步的推行实施全员聘用制。公平竞争，择优录用，双向选择。促进人才合理流动，让优秀人才脱颖而出，充分调动广大职工的积极性。

3．积极参加社会管理体系。加快养老、失业和医疗保险制度改革。加快住房制度改革，集资建房３０－５０套。

4．完善管理制度，改善办事作风，提高办事效率。

5．建设文明、优美的生活工作环境，基本消灭杂、乱、脏的现象。

五、建立新的科研、培训、经济中心，增强辐射力和影响力。

抓住不可多得的历史机遇，将所部迁建新市委、市政府所在地旁，利用地理位置优势，调整科研和经济中心，乘文昌撤县建市，经济飞速发展的良好机遇，推动科研和经济腾飞。

六、加强对外联系，争取多方支持。

加强与市科技局、市政府、省科技厅、省计划厅、国家科委和农业部有关部门的联系，争取科技项目、科技经费和科技政策方面的支持。

加强与国内各科研机构的联系与交往，寻求科技合作与科技交流，引进先进的科技成果和技术。

七、认真抓好社会主义精神文明建设，与市组织部门合作，建立科技培训站，并辐射至邻近各县市。

坚持物质文明建设和精神文明建设两手抓，两手都要硬。任何情况下，都不能以牺牲精神文明为代价去换取经济的一时发展。

要以马列主义，毛泽东思想和邓小平同志建设有中国特色社会主义理论为指导，大力发扬党的优良传统，弘扬中华民族的优良思想文化，加强爱国主义、集体主义和社会主义思想教育。

要积极探索在社会主义市场经济条件下，搞好精神文明建设的新思路，新办法。

实现上述的目标和各项任务。全体干部职工要团结一致，不懈努力。要解放思想，实事求是，一切从实际出发，理论联系实际，把是否有利于发展社会主义生产力，有利增强科研和经济的实力，有利于提高职工的生活水平，作为检验各项工作的标准。

三、"十五"发展规划

中国热带农业科学院椰子研究所"十五"发展规划

"十五"是椰子研究所由事业型科研机构向科技型企业转变的第一个五年,是实施科技体制改革,努力求生存寻发展的关键五年,这五年改革和发展的结果将直接影响到椰子研究所的生死存亡,全所干部职工决心团结协作,共同努力,为实现椰子研究所在科技体制改革的过程中顺利"转企"以求得生存并寻求发展的目标而共同努力。

椰子研究所在"十五"期间将在重点开展深化科技体制改革、基础设施建设、产业建设、加强科研和开发、人才引进和培养等方面进行大胆的改革,具体规划如下:

一、进一步深化科技体制改革,完成由科研单位向科技型企业的转变。

为贯彻《中共中央国务院关于加技术创新,发展高科技,实现产业化决定》精神,按照院校党委的指示要求,椰子研究所被确定为热农院校首批转为科技型企业的研究所之一,"十五"的头两年,将按照规范化企业的要求,完成由科研单位向科技型企业的转变,按照现代企业的管理机制进行管理。

二、加大科研开发的力度,为我国椰子产业化的发展服务。

科研和开发工作是椰子研究所的主要工作之一,随着海南农业产业结构的调整和"百万亩椰林工程"的实施,科研工作必须紧紧围绕着为海南椰子产业的发展而开展。"十五"期间,将根据科技体制改革的需要,以调动广大科技人员积极性和创造性,多出成果,快出成果为目的,制定出台《椰子研究所科研管理改革方案》。科研方面着重抓好项目的申报和在研项目的管理,力争申报并获得资助的省部级以上重大研究项目5项以上,在专业学术刊物上发表研究论文150篇以上,努力使科研成果转化率达到80%以上,科研成果贡献率达到45%以上。在科技开发方面,主动配合海南椰林工程的发展,有计划的进行椰子生产技术人员培训;推广低产椰园改造技术、椰子丰产栽培技术、椰园立体栽培技术、病虫害防治技术及椰子杂交制种技术和椰子杂交新品种;结合棕榈园的建设,建立椰子综合加工试验工厂,进行椰子产品的综合开发,并逐步拓展市场,使之成为椰子研究所的主要产业之一。

三、进行产业建设,全面带动经济的发展。

产业建设首先抓好椰子研究所棕榈园、生产基地和试验基地的建设。

1、棕榈园建设

椰子研究所试验二队位于海南东线旅游黄金地段的文昌市清澜经济开发区,是到达著名的旅游胜地东郊椰林和高隆湾度假村的必经之地。目前海南已将旅游业作为支柱产业之一来抓,琼文高速公路开通后,以椰文化为主题的文昌旅游业将得到更快的发展,为此,将试验二队逐步改造建成集科研开发、商贸、旅游观光为一体的棕榈园,并使其成为我所的主导产业,"十五"期间建成并对外开放。

2、生产基地建设

目前椰子研究所的四个生产队主要种植椰子和橡胶等作物,但人多工少的问题极为突出,多年来一直效益低下,无法形成产业,"十五"期间将对部分作物和土地进行承包,由职工自主经营,逐步提高职工的收入,同时借鉴农场成功的改革和管理经验,加强生产队的管理,多出效益快出效益,力争"十五"期末各生产队经济上达到收支平衡,并略有盈余。

3、试验基地建设

三队半岛是我所科研和推广示范的主要基地,由于椰子制种、间种、品种园、病虫害和丰产栽培等研究项目都在此开展,是我所科研开发和技术推广示范的窗口,"十五"期间对基地加强管理并加大投入力度,建立500亩椰子杂交良种制种基地、低产椰园改造示范基地、椰子优质种苗繁育基地、椰园立体栽培示范基地和椰子丰产栽培示范基地,为椰子的科研和推广服务的同时产生一定的经济效益,力争"十五"期间年收入达到50-100万元。

四、培养和引进高素质的人力资源,为椰子研究所的全面发展服务。

人才是发展的根本,人才的匮乏已严重的阻碍了椰子研究所的发展,如何引进高素质的人才并留住这些人才是摆在我们面前极其严峻的问题,计划采用引进和培养的办法,力争到"十五"期末椰子研究所拥有一批高素质的人才队伍,其中博士1-2名,硕士4-5名,精通外语的专业技术人才3-5名,拥有高级专业技术人才7名以上,中级专业技术人才20名以上,使椰子研究所在下一个五年中具有一定的人才储备,为"转企"后的改革和发展发挥更大的作用。

五、加大基础设施建设的投入,完成所部搬迁及职工住宅区的建设。

目前所机关与所属的四个生产队相距较远,分别达到8-12公里,严重制约了整个所的管理和建设,对长远发展极为不利,另外椰子研究所近二十年未进行职工住房的建设,严重的影响了干部和职工队伍的稳定,"十五"期间将把所部办公地点迁移至清澜开发区,毗邻文昌市委市政府办公地点的所试验二队,并在试验三队建立职工住宅区,首批解决二队和所部职工的搬迁住房问题。

中国热带农业科学院椰子研究所
2000年5月15日

四、"十一五"发展规划

"十一五"是中国热带农业科学院椰子研究所(简称"椰子研究所")改革与发展的关键时期,为了进一步明确"十一五"期间科技发展定位、发展目标、重点研究领域、优先主题和重点研究方向,加快构建椰子、槟榔和油棕等热带棕榈植物科技创新体系,全面提升椰子研究所的自主创新能力,为服务"三农"及热区社会主义新农村建设服务,根据《国家中长期科学和技术发展规划纲要(2006—2020)》《国家"十一五"科学技术发展规划》、农业部《农业科技发展规划(2006—2020)》和热农院校《"十一五"建设与发展规划》及《"十一五"科学技术发展规划》,制定本规划。

(一)发展现状与形势任务

1. 发展现状

"十五"期间,椰子研究所紧紧围绕我国椰子、槟榔和油棕等热带棕榈植物产业发展的需要,在科技体制改革、科学研究、技术推广与服务、人才队伍建设及国际合作和交流等方面取得了较好成效。

(1)积极稳妥地推进科技体制改革工作。根据国家关于科研机构管理体制改革的要求,在院校直接领导和支持下,椰子研究所结合自身的方向、目标、人才队伍、基础条件等现状,积极稳妥地开展了科技体制改革工作。成立了资源与育种研究室、耕作与栽培研究室、植物保护研究室和产品加工研究室四个专业研究室,并对人事制度、分配制度等进行了改革。理顺了全所的管理体系,确定了管理机构的设置和人员编制,制定了59个管理岗位的岗位职责,制定了人事、财务、科技等方面的管理制度36个及办事程序26项,为全所的管理工作科学化、规范化和制度化奠定了基础。初步建立起了科技人员的量化考核体系,科研人员积极性和创造性得到较好发挥。

(2)科技创新能力进一步增强。

1)人才队伍建设得到进一步加强。经过多年的发展,椰子研究所科技人员队伍得到很大的发展,目前椰子研究所具有科技人员45人(不含管理人员、试验辅助人员和技术工人),其中硕士研究生导师5人,具有正高级技术职务人员3人,副高级技术职务人员7人,中级技术职务人员20人,初级技术职务人员15人;具有硕士以上学历的科技人员12人,另有18人正在攻读在职硕士研究生。科技人才队伍不断壮大,结构进一步优化。

2)科研课题和研究经费大幅度增长。"十五"期间,承担科研项目共64项,科研经费总额达到623万元,其中省部级以上和国际合作项目43项,包括农业科技跨越计划项目、948项目、丰收计划、成果转化、优势农产品项目、海南省重点科研项目等,其他项目21项,科研项目经费得到大幅度的增长。

3)科研基础条件得到明显改善。"十五"期间,新建科研及办公大楼3 421平方米,总投入约264万元,顺利地完成了所机关从老城区到新办公地点的搬迁工作,改善了实验和办公场所条件。

"十五"期间,科研设备投入资金229万元,使全所的科研仪器设备达到522台(套)备,仪器设备条件得到明显改善。

进一步加大了科研试验基地的建设和管理力度,投入资金365万元,对科研试验基地的道路、排水系统、灌溉系统、供电设施、围栏等进行改造和完善,新建了热带棕榈植物品种资源圃、椰子种质资源圃、槟榔丰产示范园、椰子丰产示范基地,科研试验基地的条件得到进一步的改善,已初步建立起热带棕榈植物种质资源研究体系、病虫害综合防治研究体系、热带棕榈科植物产品精深加工和质量安全研究体系及农艺学研究体系。

4)取得了一批重要的科技成果。"十五"期间,椰子研究所鉴定成果4项,获省部级以上成果奖4项。发表论文46篇,申报专利4项;完成并发布的行业和地方标准3项,与"九五"相比,成果、论文的数量和档次都得到较大的提高。

（3）科技成果转化及服务"三农"成效显著。"十五"期间，椰子优良品种、椰子丰产栽培技术、病虫害综合防治技术（特别是椰心叶甲的生物防治技术）以及产品加工新技术等得到推广和转化。在服务"三农"方面，围绕为"三农"服务这一中心，椰子研究所采用科普宣传、资料赠阅、科技咨询、科技下乡的方式，向我国热区推广椰子、槟榔等棕榈科植物的丰产高效栽培技术（含品种和配套的栽培技术）、病虫害防治技术（特别是椰心叶甲及槟榔致死性黄化病的防治问题）、优良品种及产品综合加工技术，解决农民遇到的生产技术的实际问题，为我国椰子和槟榔产业的发展做出了积极的贡献。

（4）国际合作与交流更加密切。"十五"期间，椰子研究所代表国家参与国际椰子专业领域的科技合作和交流，与国际椰子遗传资源网（COGENT）、亚太椰子共同体（APCC）、菲律宾椰子署（PCA）、印度尼西亚椰子和棕榈植物研究所（ICPRI）、印度大宗作物研究所（CPCRI）、斯里兰卡椰子研究所（CRI）、越南油料作物研究所（OPI）、泰国园艺作物研究所（HRI）及马来西亚农业研究与发展研究所（MARDI）等国际椰子组织和国外研究机构进行了广泛的联系和合作，先后派出科技人员9批25人次，引进技术专家12人次，承担5项国际合作科研项目，进一步扩大了我国在世界椰子研究领域的影响，对我国椰子科技的发展具有重要的作用。

2. 形势与任务

（1）面临的形势。

1）科技的快速发展及全球经济一体化进一步推动国际椰子和槟榔产业的快速发展。随着全球经济一体化进程的加快，市场的巨大需求以及科技的快速发展，对我国椰子、槟榔产业的发展提出严峻的挑战。一是我国与热带地区国家的经济贸易日益频繁，特别是中国—东盟自由贸易区全面启动，农产品进口关税的大幅度减免，东盟各国在热带自然条件、产品种类、劳动力价格、土地资源以及营销组织化等方面均具有较强的优势，椰子和槟榔产品的生产成本较低，对我国出口量剧增，将对我国椰子槟榔产业发展产生较大的压力；二是我国椰子、槟榔产品及相关制品出口遭受的贸易壁垒特别是技术壁垒越来越多，出口增长受到一定的限制；三是热带地区国家农业经济快速发展，椰子和槟榔产品的供给能力不断增强，国内外市场竞争日趋激烈。

尽管目前我国椰子和槟榔的种植面积和产量只占世界椰子和槟榔总量的极少部分，但国内市场对椰子和槟榔产品的需求量却相当大。经济全球化与区域贸易自由化趋势为我国椰子和槟榔产业与其他国家增进合作、实现共赢发展提供了机遇。突出表现在：一是热带地区国家之间的发展不平衡，总体上农业经济发展相对落后，但这些地区丰富的椰子和槟榔资源，特别是东南亚及非洲国家给我们提供了合作开发的有利条件；二是我国在椰子和槟榔选育种、栽培生产、病虫害防治以及加工技术方面具有一定的竞争优势；三是我国在椰子和槟榔产业科技方面具有人才、资金的优势。尽管我国椰子和槟榔的种植面积和产量小，但世界椰子和槟榔的产量很大，利用我国在椰子和槟榔产业的科技优势，加强与国际同行的科技合作和交流，对主要的椰子和槟榔生产国提供技术支持，对国家的外交和经济发展都具有重要作用，同时可为我国椰子和槟榔产业的科技发展创造更广阔的发展空间。

2）国家对产业增效和农民增收的要求对椰子和槟榔产业科技提出更高需求。我国椰子和槟榔主要生长在海南、广东、广西和云南等热带地区，这些地区大多是边远和少数民族聚居区，经济发展比较落后，是我国全面建设社会主义新农村、构建和谐社会的薄弱环节。随着经济的快速发展和人民生活水平的不断提高，社会对优质椰子和槟榔产品的需求也不断增加，国家对产业增效和农民增收提出了更高的要求，只有通过科技的发展，进一步带动传统农业的技术升级，达到建设社会主义新农村，构建和谐小康社会的目的。

（2）椰子和槟榔产业科技的任务。

1）进一步提高椰子和槟榔产品的市场竞争力。随着经济的快速发展和人民生活水平的不断提高，市场对椰子和槟榔产品的需求将越来越大。而我国适于种植椰子和槟榔的土地资源有限，必须依靠科技进步提高椰子和槟榔的产量和质量，进一步提高产品的市场竞争力，才能满足产业的发展及广大消费者对产品日益增长的需要。

另一方面椰子和槟榔产品的质量安全问题及产品的精深加工问题，也极大地影响着椰子和槟榔产业整体效益的提高和市场竞争力的提高。只有通过椰子和槟榔产业科技的自主创新能力和成果供给能力的提高，才能有效地解决这些关键性问题。

2）保护热带农业资源和生态安全必须要求科技的支撑。热带地区珍稀生物资源十分丰富，是热带农业发展"领域拓展"的重要物质基础，具有不可替代性。热带地区是重大病、虫、草等灾害频繁发生的区域，也是外来生物入侵发生严重的区域。例如近几年在我国热区发生且还在蔓延的对椰子和槟榔等棕榈科植物产生毁灭性为害的椰心叶甲疫情，再次证明了只有通过科技的发展才能保护我国较为脆弱的生态环境。保护、收集珍贵的热带生物资源，构建抵御外来生物入侵的屏障，保障我国热带农业持续发展，需要强有力的科技与人才支撑。

3）科技的进步是产业增效和农民增收的基础。我国大约有1 200万人直接或间接的从事与椰子和槟榔有关的工作，农民从椰子和槟榔生产中获得的收入已占其总收入的1/3以上。要实现热区农业增长方式的转变，促进热带农业增效、热区农民增收，解决好新时期热区的"三农"问题，必须依靠科技进步。

4）椰子和槟榔产业提升必须依靠科技进步。我国椰子和槟榔产品一般为初级产品，质量不高、附加值低，因此必须依靠农业科技创新来提高热带农产品及其加工产品的科技含量，加快椰子和槟榔产业的发展，促进传统产业技术升级，形成优势农产品产业带，并催生新兴高附加值产业，增强椰子和槟榔产业的竞争力。

5）椰子和槟榔产业科技创新发展的需要。虽然世界椰子和槟榔生产主要集中在发展中国家，但是一些发达国家积极参与了椰子和槟榔科学研究并掌握了部分关键技术，具备明显的技术优势。近年来，东南亚国家对椰子和槟榔科技的支持力度也逐渐加大，椰子和槟榔科技竞争日趋激烈。而我国椰子和槟榔科研工作起步较晚，科研基础设施条件相对较差，拔尖人才短缺，在当前投入相对不足与竞争日趋激烈的情况下，科技创新能力特别是自主创新能力亟待提高。

（二）指导思想和发展定位

1. 指导思想

根据国家中长期科技发展规划纲要、国家"十一五"科技发展规划和农业部科技发展规划，围绕农业部提出的"三大战略""七大体系""九大行动"任务目标，按照热农院校"一个中心、三个基地"发展战略目标的要求以及《"十一五"建设与发展规划》及《"十一五"科学技术发展规划》，构建椰子、槟榔等热带棕榈科植物科技创新体系，提高自主创新能力，实现农业增效、农民增收，为建设热区社会主义新农村、构建和谐社会提供强有力的科技支撑。

2. 发展定位

椰子研究所是以椰子、槟榔、油棕等热带棕榈植物为研究对象的专业研究所，也是我国唯一从事热带棕榈油料作物研究工作的研究所，是国家热带农业科技创新体系的主体，肩负着我国椰子、槟榔、油棕等热带棕榈植物科技创新、科技成果推广与示范的重大使命。其中心任务是围绕椰子、槟榔、油棕等热带棕榈植物科技的重大需求，积极探索基础研究，重点开展应用基础研究，强化技术集成、示范与推广，推动我国椰子、槟榔、油棕等热带棕榈植物产业升级，为我国热区农民增收，产业增效服务。

(三) 发展目标

1. 总体目标

经过 5~10 年的努力，争取把椰子研究所建设成为在椰子、槟榔、油棕等热带棕榈科植物研究领域科学研究、技术推广达到国内领先、国际同行先进水平，具有较强科技创新能力的专业科研机构。

2. 具体目标

围绕椰子、槟榔、油棕等热带棕榈植物种质资源、丰产栽培技术、植物保护、产品综合加工及质量安全体系等领域，逐步完善研究所内部管理机制，以科技创新、技术推广和服务"三农"为宗旨，构建国家椰子、槟榔和油棕等热带棕榈植物科技创新基地，开展与此相关的基础与应用基础研究，解决产业发展过程中的重大关键性技术，培养一支科技创新团队，为我国椰子、槟榔和油棕等棕榈科植物产业升级和农民增收服务。具体目标分解如下。

（1）关键技术。以椰心叶甲生物技术防治和椰子产品精深加工技术为主，完成 2 项关键技术的研发。

（2）组装集成和示范的重大技术。将优良椰子新品种的推广、测土配方施肥技术、椰园林间种养技术、病虫害综合防治技术等技术进行组装集成，建立示范基地，完成椰子丰产高效栽培重大技术（1 项）的组装集成和示范。

（3）产业技术的中试和转化。完成椰心叶甲寄生天敌工厂化生产及田间释放技术的产业化中间试验和转化（1 项）。

（4）动植物新品种和专有产品。完成文椰 2 号、文椰 3 号、文椰 4 号及文椰 5 号 4 个椰子新品种的审定。

（5）国际、国内专利和新品种权。完成 3~4 个国内专利的授权。

（6）省部级奖励成果。完成椰子优良品种的引进及适应性研究、椰子杂交制种技术、椰心叶甲生物防治技术、椰子花序汁液的采集和加工技术及矮种椰子产业化示范推广等 5 项获得省部级奖励的科研成果。

（7）发表论文。"十一五"期间，计划发表论文 170 篇，其中核心期刊和全国一级期刊论文 100 篇，SCI/EI/ISTPS（不限影响影子）收录论文 5 篇。分年度计划完成指标如下。

年度	SCI/EI/ISTPS 收录论文（篇）	核心期刊和全国一级期刊论文（篇）	其他论文（篇）	合计（篇）
2006		5	10	15
2007		10	10	20
2008		15	10	25
2009	2	30	15	45
2010	3	40	20	60
合计	5	100	65	170

（8）出版专著。计划 2007 年出版《椰子综合加工技术》，2009 年出版《热带棕榈科植物种质资源》。

3. 学科建设

"十一五"期间建设热带棕榈科植物种质资源学院校特色重点学科。

4. 人才与创新团队建设

（1）学科带头人。培养农产品贮藏与加工、种质资源及病虫害防治等学科带头人 3 名。

（2）科研骨干。通过培养或引进，使"十一五"期末具有高级职称或博士学位的科研骨干达到20名。

（3）人才队伍。从2007年开始，每年引进硕士以上学历的科技人员6~8人，"十一五"期末，计划人才队伍达到70人，其中具有博士学位人员4人，硕士学历人员40人；具有正高级职称人员5人，副高级职称人员15人，中级职称人员30人，初步建立起椰子和槟榔科学研究的人才队伍。

（4）科技创团队。"十一五"期末，计划建立病虫害综合防治及产品综合加工2个科技创新团队。

（5）具有博士学位的科技人员。"十一五"期间，计划引进或培养具有博士学位的科技人员4人。

5. 科技基础条件平台建设

（1）部门重点实验室或工程技术研究中心。建立海南省热带棕榈植物工程技术研究中心。

（2）农业综合试验示范与繁殖基地。建立椰子丰产高效产业化试验示范基地及椰子优良种苗繁育基地。

（3）改良中心或育种中心。建立海南椰子品种改良中心。

（4）学术带头人或科研骨干到国外考察、学习或工作。"十一五"期间，每年派出5~6名学术带头人或科研骨干到国外考察、学习或工作，合计派出人员数为30人。

6. 科技推广与技术服务

（1）科技新成果新技术的推广应用。将椰子优良品种、丰产栽培、病虫害综合防治、产品精深加工等5项新成果在生产中得到推广和应用。

（2）重大成果的推广和产业化开发。将椰子丰产高效产业化重大科研成果进行推广并形成产业化。

（3）科技示范户。在文昌、琼海、屯昌等市县建立100户椰子、槟榔丰产栽培技术推广示范户，进一步带动当地农民科学种植椰子和槟榔，达到农民增收的目的。年度计划分解如下：2007年5户；2008年20户；2009年30户；2010年45户。

（4）培训农民。利用科普宣传、举办培训班等多种形式，培训农民5 000人次。年度计划分解如下：2006年500人次；2007年1 000人次；2008年1000人次；2009年1 000人次；2010年1 500人次。

（四）重点任务

1. 重点研究领域

"十一五"期间，椰子研究所重点在椰子、槟榔、油棕等热带棕榈科植物特色领域和其他有一定基础的农业相关领域开展研究，重点领域涉及研究领域和任务涉及种质资源、选育种、丰产栽培、病虫害防治、产品综合加工与利用、产品质量安全、软科学等多学科领域。

2. 优先主题与重点支持方向

（1）种质资源的收集、鉴定、保存与创新利用。椰子、槟榔和油棕等种质资源的收集、保存、整理、分类、鉴定与创新利用，包括分子标记鉴定技术研究、新品种的培育与推广应用、椰子胚培养技术研究、油棕组织培养及新种质的引进与利用、热带棕榈植物的引种试种、椰园生物多样性保护及生物安全研究、种质资源圃的建立等。

（2）椰子产品的综合开发与利用。包括椰子、槟榔等棕榈科植物系列旅游产品的开发与利用，如高附加值棕榈产品的产业化生产技术研究、有机椰子食品生产技术研究，椰子贮藏保鲜技术研究及标准化技术研究等。

（3）植物保护技术研究。包括危险性棕榈科植物病虫害综合防治技术研究、外来入侵棕榈科植物病虫害预警与监测系统研究、重大棕榈科植物病虫害发生为害规律、为害机理及其生态控制技术研究以及抗虫抗病品种的引进与利用等。

（4）农艺学研究。包括引进椰子、槟榔、油棕等新品种及其适应性研究、多层高效栽培技术研究、高产种质推广与应用、棕榈植物生理研究、棕榈园节水与高效复合肥料应用、椰林沿海防风林体系的构建等。

3. 科技示范推广与服务"三农"

以椰子大观园为窗口，建成集科学研究、推广示范、科普教育和旅游开发为一体的现代化高科技示范园与科技展示区，并通过椰子观园，围绕为"三农"服务，采用科普宣传、资料赠阅、科技咨询、技术培训、技术示范和科技下乡的方式，向我国热区推广椰子、槟榔等棕榈科植物的丰产高效栽培技术、病虫害防治技术、优良品种及产品综合加工技术，促进科技成果转达化，解决农民遇到的生产技术的实际问题和推广高新科技成果。

4. 科技合作与交流

实施"走出去"和"引进来"战略。进一步加强与国际椰子遗传资源网（COGENT）、亚太椰子共同体（APCC）、菲律宾椰子署（PCA）、印度尼西亚椰子和棕榈植物研究所（ICPRI）、印度大宗作物研究所（CPCRI）、斯里兰卡椰子研究所（CRI）、越南油料作物研究所（OPI）、泰国园艺作物研究所（HRI）及马来西亚农业研究与发展研究所（MARDI）等国际椰子组织和国外研究机构进行了广泛的联系和合作。积极争取承担国家对外经济技术援助任务（如援助东盟、非洲国家项目），以及国际椰子专业组织的国际合作项目，进一步提高椰子研究所在国际椰子、槟榔等棕榈科植物研究领域的影响力和竞争力。

（五）支撑条件与保障措施

1. 支撑条件

（1）进一步加强人才队伍建设。进一步加强人才培养和引进力度，完善人才培养、引进的工作机制和措施，优化人才队伍结构，到"十一五"末，使人才队伍中平均年龄在45周岁以下、具有研究生学历的人员达到60%以上、高级专业技术人员达到25%以上。在主要从事科技推广示范工作的人员中，培养2~3个高层次的推广专家，积极开展科技推广与示范，为我国椰子和槟榔产业发展和地方经济建设服务。

转换用人机制，推行岗位管理制度，实现由固定用人向合同用人、由身份管理向岗位管理的转变。科学设置岗位，坚持公开、公平、竞争、择优的用人原则，进一步完善全员聘用制，按管理、专业技术、工勤技能3类岗位实行分类管理。

积极探索推行考核评价制度，建立健全激励和约束机制。完善专业技术职务评聘、专家人才推荐选拔、专业技术人员考核评价和单位业务考评等制度。突出以绩效评价为取向，以量化考核为主导的评价机制，力争客观、公正、准确地评价科研单位和科技人才，并将评价结果与单位奖惩及人员聘用、晋升、待遇等挂钩。

积极推行效率优先，兼顾公平的分配制度，探索技术、知识等要素参与分配的政策和办法，提高骨干人员收入。鼓励自主创新与成果转化，完善科技成果奖评审办法、科技成果有偿转让与利益分配制度，在收入分配上向关键岗位和有突出贡献的科技人员倾斜，进一步提高广大科技人员的积极性和创造性。

（2）积极申报科研项目，多方筹措资金，确保椰子和槟榔科技创新工作稳步发展。争取财政补助收入持续、稳定增长，基本支出经费在原有基数上每年有所提高，保证各项工作正常运转。重点支持科技人才引进和培养，稳步提高科技骨干人员的待遇，促进人才队伍的稳定。

加大科研基础条件建设经费的投入。积极组织基本建设项目和修缮购置项目的规划和申报工作，最大限度争取国家财政资金，重点支持科研用房、科研实验和示范基地、科学仪器设备等建设和购置，进一步改善科研基础设施条件。

努力争取国家、省部、地方、企业及国际合作科研项目资金，为提升椰子研究所的科研水平和科技创新能力提供资金保障，力争科研项目投入经费在"十五"的基础上得到大幅度增长。

建立和完善科研经费投入的绩效评价体系，加强对科研经费投入的管理，使有限的科研经费发挥最大的作用。

（3）进一步加强科研条件与基础设施建设，为椰子和槟榔产业提供科技创新平台。

1）科技基础条件平台建设。

● 部门工程技术研究中心建设

新建1个海南省热带棕榈植物工程技术研究中心，开展以椰子、槟榔为主的热带棕榈科植物种质资源收集、保存、鉴定、评价和利用；丰产栽培技术、病虫害综合防治技术及产品精深加工技术研究。

● 科研试验示范及繁殖基地建设

新建1个椰子丰产高效产业化试验示范基地，将椰子优良品种、测土配方施肥技术、椰园林间种养技术、病虫害综合防治技术等先进技术进行组装与集成，建立示范基地，向广大农民朋友推广先进的椰子丰产功效栽培技术。

新建1个椰子优良种苗繁育基地。利用现有的椰子种质资源圃，采用先进的椰子杂交制种技术，培育高产、早产、高抗的椰子杂交新品种，进行优良椰子种苗的繁育，向广大农户提供优良的椰子种苗。

● 良种改良中心建设

建立海南椰子品种改良中心，对现有的椰子品种进行改良，培育适应我国热区气候特点，投产早、产量高的优良椰子品种。

2）加强基础设施条件建设。为了提高科技创新能力，确保椰子和槟榔科学技术发展规划的实施，在"十一五"期间，根据科研事业发展需要，拟投资5 000万元，主要加强以下几个方面的基础设施建设：

● 新建科研试验大楼4 000平方米

椰子研究所现有的办公大楼与科研实验室连在一起，由于面积较小，给科研工作带来很大的影响，急需新建科研试验用房，以满足科研试验工作的需要。

● 改扩建椰子和槟榔种质资源圃

椰子研究所现有椰子和槟榔种质资源圃1 500亩，收集了椰子、槟榔和其他棕榈科植物种质资源3万多份（株），由于这些种质资源为活体大田保存，保存条件的好坏将直接影响到下一步种质资源的开发和利用。目前种质资源圃内道路交通、供水供电设施、围栏、排水等基础设施急需修缮。

● 配套购置大型仪器设备

配套购置价值10万元以上的设备25台（套）和升级大型仪器设备10台（套），重点支持：椰子和槟榔选育种、栽培生态、产品质量安全研究等领域的研究。

● 新建椰子和槟榔产品综合加工中间试验工厂

新建2 500平方米的椰子和槟榔产品综合加工中间试验工厂，为椰子和槟榔的产品精深加工提供中试平台。

● 改扩建椰心叶甲天敌工厂

在现有的椰心叶甲天敌试验室的基础上，改扩建2 000平方米的椰心叶甲生物防治天敌工厂，在满足科研需要的同时，扩大寄生蜂天敌的生产规模，为我国椰心叶甲生物防治提供保障。

2. 保障措施

（1）进一步深化科技体制改革，建立现代科研院所制度。按照国家的有关精神，继续深化科研机构管理体制改革，全面推进体制创新、机制创新、科技创新，围绕国家赋予的历史使命，建立完整的椰子和槟榔产业产前、产中、产后研究的国家公益类科研院所体系和职责明确、评价科学、开放有序、管理规范的现代科研院所制度。

（2）构建椰子和槟榔产业的科技创新体系。围绕椰子、槟榔、油棕等热带棕榈植物种质资源、丰产栽培技术、植物保护、产品综合加工及质量安全体系等领域，逐步完善研究所内部管理机制，构建椰子和槟榔产业的科技创新体系，推动椰子和槟榔产业的现代化进程，促进椰子和槟榔产业升级，达到产业增效，农民增收的目的。

五、"十二五"发展规划

（一）"十一五"规划执行情况、取得经验与存在问题

1."十一五"规划执行情况

"十一五"期间，椰子研究所本着提高综合科研实力和竞争力的原则，不断从深度、广度对热带油料作物和热带棕榈作物开展全方位研究，在科技研发、基地与条件建设、人才培养以及国际合作等多个方面取得较大的进展，较好完成"十一五"规划的任务。

（1）项目及成果。"十一五"期间椰子研究所共获批科研项目73项，其中省部级以上项目39项，其他项目34项，获批经费2 246.56万元；鉴定科研成果8项，获奖5项，省部级以上成果奖4项；制定省部级农业行业标准9项，选育和培育优良热带油料作物品种4个；申请专利19项，获批7项；发表论文381篇；出版专著7本。

（2）基地与条件建设。"十一五"期间椰子研究所贯彻国家改善中央级科学事业单位科研基础条件，加快推进科技创新的精神，不断完善所科研基础条件建设，共完成修购专项项目21项，总经费3 100万元，其中房屋修缮和基础设施改造项目14项，经费1 575万元，仪器购置项目7项，经费1 525万元；农业基本建设项目5项，总经费2 294.66万元，其中在建项目2项金额2 165万元、完成自有资金项目3项金额129.66万元。获批省级重点实验室1个，工程中心1个，中国热带农业科学院油棕研究中心1个，筹建中国热带农业科学院油茶研究中心1个。

（3）人才培养，团队构建。"十一五"期间共引进专业技术人员33名，其中博士7名、硕士19名。培养在职硕士15名、招收研究生22名，通过引进知名专家学者、高层次人才、博士后、博士，培养青年骨干，建设一支学术水平高、创新能力强的科技队伍。

（4）国际合作与交流。"十一五"期间，椰子研究所先后与国际椰子遗传资源网（COGENT）、亚太椰子共同体（APCC）、菲律宾椰子署（PCA）等9个国外研究机构开展合作。在种质资源交流、病虫害天敌引进、学术交流、专家外派等方面进行了广泛的交流。先后邀请国际知名专家20人次，接待来访专家50人次，外出专家进行学术交流、合作研究、技术培训30多人次，接待外国元首10多人次，承担5项国际合作科研项目。

（5）土地建设。"十一五"期间，通过多种途径陆续解决并收回了一部分被占用土地；加强土地巡查，发现问题及时交涉、及时制止、及时解决，使土地被占用现象得到明显的缓解；起草椰子研究所土地利用规划和椰子研究所科研基地建设规划，目前科研基地建设规划已经完成，土地利用规划初稿已上交给热科院有关部门和领导审核；配合地方政府做好椰子研究所土地被征用和土地置换所涉及的各项工作。

2.取得经验

椰子研究所经过30多年的建设和发展，科研队伍得到进一步的壮大，科研能力有了较大的提高，科技基础条件得到不断完善，初步形成研究、开发、示范、推广为一体的科研创新体系。围绕热带油料作物和热带棕榈作物开展品种选育、耕作栽培、植物保护和产品加工技术研究，先后在优良品种的引种试种、高产新品种的培育、丰产高效栽培技术、立体农业、病虫害综合防治技术和综合深加工等研究领域取得多项具有推广应用价值的研究成果，为我国热带油料作物和热带棕榈作物产业化发展做出了巨大

的贡献。

3. 存在的问题

（1）重视不足，科研投入少。热带油料作物和热带棕榈作物是我国农业中重要的一个环节，但由于其面积小受重视程度不够，国家对热带农业研究的投入不足，制约了热带油料作物和热带棕榈作物科研的开展。鉴于其在保障我国食用油自给率和缓解能源危机等方面的巨大前景，应进一步加大该领域的科研投入，提升热带油料作物和热带棕榈作物的产量和科技水平。

（2）科研条件不足，应用基础研究薄弱。科研条件不足，科研设备落后，缺少相应的科技平台、实验室和试验设备。热带油料作物和热带棕榈作物的应用基础理论比较薄弱，影响到应用技术的创新和科技的储备。

（3）科技成果转化能力弱，转化缓慢。农业科技成果推广周期长、见效慢；农业科研单位的成果转化机制普遍不适应要求，加上农村教育的滞后，农业科技成果转化率普遍较低，效益不高，严重制约了相关产业的发展。

（4）人才队伍建设不完善。人才总量不足，结构不合理，特别是专业技术人员比例偏低；高层次人才缺乏，尤其缺少知名专家、具有相当竞争力的领军人物和科研体系带头人；缺少高水平的创新团队，促进团队形成和发挥作用的机制未真正建立；人才引进、培养、使用、评价、激励等人才工作机制不够健全。

（二）面临的形势、机遇和挑战

由于热带油料作物和热带棕榈作物产品的应用范围越来越广泛，而且玉米等能源植物同粮食竞争，石油等化石资源的供应越来越紧张，可再生资源的利用不断增加，使得热带油料作物和热带棕榈作物的重要性越来越大，其产品的消费量呈逐年稳步上升趋势。而我国经济近几年发展迅猛，人民生活水平提高很快，对棕榈油、椰子油的消费量刚性增长，国内需求缺口大。因此，大力开展热带油料作物和热带棕榈作物的研究，不仅能有效的保障我国食用油的安全供给，提高我国食用油的自给率，还能提供廉价的生物能源。

1. 农业科技取得初步成效，科技投入日益增加

随着农业科技的发展以及其对农业生产的影响，各级政府部门逐渐意识到农业科技的作用，逐步加大了对科研部门的支持力度。因此，我们可以利用当前的形势，积极争取项目，深挖潜力，推动农业科技的发展。

2. 保障食用油安全供给，加大对热带油料作物和热带棕榈作物的研究

为了提高食用油的自给率，国内已经开始发展新的植物油脂资源，扩大新的植物油脂作物种植面积，国家也正积极扶持相关研究，缓解国内进口压力。热带油料作物和热带棕榈作物由于产油量高等原因面临着新的发展机遇。因此，应加大对热带油料作物和热带棕榈作物，尤其是油棕和椰子的研究和生产，为提高我国食用油自给率服务。

3. 利用生物质能源，发展生物柴油产业，已成为当前可再生能源发展的必然趋势

我国能源短缺，能源消费结构性矛盾长期存在，发展生物柴油产业，部分替代化石柴油，已成为当前可再生能源发展的必然趋势。因此，根据我国宜林地丰富的特点，促进不与粮争地的热带油料作物和热带棕榈作物的规模化种植和推广，为生物质能源的发展提供更多的原料。

4. 积极开展国际合作，适应科技国际化进程

经济全球化加速了科技创新活动及科学技术国际化的进程。世界各国都在努力利用国际与国内两个市场、两种资源，特别是人才和智力资源，优化资源配置，积极开展国际合作，努力拓宽发展空间，争取确立有利于自身发展的国际地位。椰子研究所的科技创新能力面临着艰巨的挑战和巨大的发展空间。

（三）"十二五"期间的指导思想、发展定位

1. 指导思想

以邓小平理论和"三个代表"重要思想为指导，深入贯彻落实科学发展观，牢牢把握热带油料作物和热带棕榈作物产业特点和国情特色，坚持服务产业发展的根本方向，坚持自主创新，坚持体制机制创新，立足产业需求抓好农业科技创新，立足农民需要抓好农业技术推广，立足创新实践抓好人才培养，大力提高科技对主要农产品有效供给的保障能力、对农民增收的支撑能力和对提升农业产业水平、转变发展方式的引领能力，积极探索中国特色农业科技进步之路，加快转变农业生产方式，支撑和引领现代农业发展。

2. 发展定位

立足于我国热带亚热带地区，面向国际热带农业科学研究前沿，以热带油料作物和热带棕榈作物为主要研究对象，围绕其重大科技需求，组建科研团队，加强基础条件建设，构建科技平台，开展科技攻关，加强技术示范与推广及同国内外相关机构的合作与交流，力争建成"一个中心，三个基地"，即世界一流的热带油料作物和热带棕榈作物研究中心、中国热带农业科学院国际合作与交流基地、中国热带农业科学院创新人才培育基地、中国热带农业科学院热带农业试验与示范基地，推动我国热带油料作物和热带棕榈作物产业升级，为我国热带亚热带地区农民增收、现代农业产业化增效服务。

（四）"十二五"期间的发展目标

1. 总体目标

在"十二五"期间加大科技投入，深入科技研发，完善基础条件建设，培养创建高素质的人才队伍，加强国家交流与合作，以提高热带农业科技自主创新能力为核心，以条件平台建设为依托，以重点项目课题为支撑，以体制机制创新为保障，以热带油料作物和热带棕榈作物研究为重点，力争"十二五"末把椰子研究所建设成为国内领先、国际先进水平的热带油料作物和热带棕榈作物研究中心。

2. 具体目标

（1）科学研究。加大投入力度，增加科技产出，力争在"十二五"期间，重大项目、科技成果、论文著作等均比"十一五"期间有较大的提高，同比增加50%以上；争取建设1个国内一流的重点实验室；争取推广新成果、新技术6~10项，培训农民5万人次以上。

（2）人才队伍。争取在"十二五"期间，每年引进优秀毕业生8~10名，其中硕士占1/3，博士占2/3；争取每年派出1~2名在职人员攻读博士学位；引进高层次人才2~3人，培养5~6名科技骨干，建设4~6个科技创新团队。

（3）条件建设。争取10~15项基本建设项目，用于建设和改善科研基地等基础条件设施；拟投资约2 500万引进先进仪器设备100台，为现有及拟建科研平台提供有力的硬件支持；建设6~8个科技基础条件平台以及1个科技合作与交流平台，促进相关产业的进一步发展；开展3项民生工程，保障职工住房及配套设施建设，完善全所水、电、路等公共设施建设；争取3~5项修购专项项目，用于房屋修缮、基础设施改造及仪器设备购置。

（4）国际合作与交流。争取尽快加入亚太椰子共同体（APCC）；派出10~15名科研人员进行交流与培训；引进7~8名有影响力的专家学者开展学术交流，强化科技团队；组织召开1~2次国际会议，加强国际交流；申请1~2项国际合作项目，争取多项经费支持；建立国际联合实验室，引进国外优秀专家和先进技术，进行更加深入的科学研究。

（5）科技开发。争取在"十二五"期间，椰子大观园实现旅游销售总收入在1 000万元以上；开发具有自主知识产权的科技产品5~6个；力争椰子及其他珍稀棕榈植物良种良苗的销售总额达到550万元以上；天敌工厂根据椰心叶甲疫区需求，按时保质保量完成椰心叶甲寄生蜂生产任务，基本实现销售收入200万元；挖掘土地资源潜力，积极转化土地资源优势，提高土地资源利用效率，争取实现土地开

发收入约500万元。

（6）土地利用。从土地利用布局、科研试验项目用地规划、土地开发规划、中国农业人才基地建设方案等方面编制椰子研究所的土地利用规划；通过交涉制止、合理协商、司法程序和寻求地方政府帮助等多种途径每年解决1~3宗土地被占用的历史遗留问题，通过加强土地利用、提高土地利用率和采取实地巡逻等各种手段，确保椰子研究所土地安全；在"十二五"期间将本所470.905亩土地作为居住用地和商业开发用地进行开发，以改善热科院和椰子研究所职工的居住条件，提高椰子研究所的土地利用率和经济效益。

（五）"十二五"期间发展重点

1. 科技创新领域

围绕热带农业发展的战略需求，坚持热带农业特色，发挥优势，以解决热带油料作物和热带棕榈作物产业发展中的重大科技问题和关键技术为主线，针对热带油料作物和热带棕榈作物的种质资源、作物遗传育种、作物栽培与耕作、植物保护、农产品加工及贮藏、生物质能源、产业经济等7个重点研究领域的研究；发展6个研究优先主题，在18个重点研究方向上进行系统深入的研究，明确主要任务和主要研究方向，形成更为完善、更富活力的热带农业科技创新体系。

（1）6个重点研究主题。

- 种质资源收集、保存、创新利用
- 农业高效生产与生态安全
- 重要病虫草害监测与防控
- 产品精深加工及质量安全与标准化技术
- 生物质能源
- 产业发展与政策

（2）18个重点研究方向。

- 种质资源收集、保存鉴定评价与开发利用
- 育种新技术研究
- 高产、早熟、多抗新品种培育
- 优异基因分离鉴定与调控机理研究
- 分子标记辅助选择育种
- 离体培养与快繁技术研究
- 循环高效与丰产栽培技术研究
- 营养与生理机理研究
- 农业生态安全关键技术研究
- 重要病虫草鼠害成灾机理研究
- 外来有害生物预警与防控技术研究
- 无公害防治技术体系构建
- 产品贮运、保鲜技术研究
- 产品深加工技术研究
- 副产物综合利用技术研究
- 产品检测技术和质量安全标准体系研究
- 生物质能源综合开发利用
- 产业经济发展战略研究

2. 学科体系建设

重点建设作物栽培学与耕作学，配合院属牵头单位参与建设种质资源、遗传育种、植物保护、产品加工等学科建设，形成面向现代热带农业，优势突出，结构合理的学科体系，提高我所基础和应用基础研究、高新技术研究水平，提高自主创新能力。

3. 热带农业产业技术体系建设

针对椰子研究所优势产业创新领域，配合热科院产业技术体系建设规划，建立4个热带农业产业技术体系（椰子、油棕、油茶、槟榔）。力争油棕、椰子等农业产业技术达到国际先进水平，争取在油茶、槟榔等达到国内先进水平，积极开拓热带功能性植物等研究领域。

4. 人才队伍建设

（1）加强创新团队建设。以培养、引进科研体系领军人才为重点，以培养科研骨干和构建人才梯队为基础，建设具有热带农业特色的科研创新团队，形成一批以科研体系带头人为核心，以科研骨干为主体，专业人才和科研辅助人员相配套，优势互补、团结协作，在国内外具有一定影响和发展潜力的紧密型创新研究群体。力争"十二五"期间在热带油料作物和热带棕榈作物领域形成4支国际一流的科研创新团队，全面提升我所的科研实力。

（2）重视高层次人才培养和引进。依托国家中长期人才发展规划纲要、重大科研建设项目、重点科研体系和研发基地、国际交流合作平台等，配合院"十百千人才工程"，引进、培养和造就拔尖人才。重点对薄弱科研体系和骨干人才缺乏的研究领域，加大高层次人才的引进和培养力度。

（3）造就规模化科研骨干群。坚持适度引进、重在培养的原则，造就规模化的科研骨干群。科学制定人才引进计划，逐年引进高层次的科技人才，建立长期培训与短期培训相结合，访问交流与进修、联合培养与合作研究相结合的多渠道、多层次、开放式的多种教育培养模式，提高科技人员的学历层次、学习能力和创新能力；加强知识更新和岗位培训，重点提高广大研究人员从事科学研究的适应能力、理论联系实际的实践能力、推动科技进步的创新能力。

（4）充分利用外部智力。解放思想，创新人才观念和人才使用手段，不求所有，但求所用，充分依托社会智力资源，实施高级专家咨询制和特聘研究员制，依托院里国际科技合作基地和博士后科研工作站，为我所的科技事业发展提供智力支持。

（5）造就精干高效管理队伍。建设一支思想作风过硬、精干高效、业务知识全面、富有改革创新精神，能够适应改革发展和我所科技创新需要的高水平管理队伍。建立以"按需设岗、公开招聘、平等竞争、择优聘任、严格考核、责任管理"为主要特征的管理体系，充分选好、用好、培养好干部。鼓励管理人员参加学历教育、业务知识培训、挂职锻炼和岗位交流，强化知识更新和实践锻炼，提高综合素质和业务水平。

（6）提高科研辅助服务能力。加快工勤技能队伍的建设步伐。采取有效措施，吸引硕士及以上学历的科技人才加入科辅队伍；充分发挥研究生的作用，培养他们扎实的专业基础知识功底，增强科研实践能力；加强技术工人队伍建设，鼓励职工参加学历培训和各类岗位技能培训，切实提高学历层次和技能水平，在职务晋升和福利待遇上予以重视，促使他们立足岗位建功立业；加强政治思想和职业道德教育，培养他们献身科学、全心全意、精益求精、甘当配角的精神。

5. 基地与条件建设

（1）科研平台建设。"十二五"期间，围绕热带油料作物和热带棕榈作物相关的重要学科领域和研究方向以及产业技术体系，从增强原始创新能力和核心竞争力出发，积极稳妥地推进各级各类平台的建设。

重点建设以下科研平台：

- 热带油料作物野外科学观测试验站

- 热带油料作物种质资源圃
- 热带油料作物重点实验室
- 热带油料作物国际联合研究中心
- 热带油料作物遗传改良中心
- 热带油料作物加工工程研究中心

（2）科研基地与设施建设。从热带油料作物和热带棕榈作物研究室与研究中心的定位和功能出发，以业务集成和技术集成为核心，重点解决当前热带油料作物和热带棕榈作物科研中急需的基础条件设施，保证项目建设目标的实现。充分利用现有科研条件，"资源整合、系统集成"，保证项目建设的科学性。

重点建设以下基础设施：
- 热带油料及棕榈作物试验与示范基地
- 热带作物标准化试验示范基地
- 国外热带油料种质资源及先进技术引进示范基地
- 航天育种与现代种业基地
- 热带棕榈植物园扩建与改造项目
- 热带棕榈作物研究实验室仪器设备购置及配套基础设施项目
- 中国热带农业科学院试验基地项目

6. 国际合作与交流

（1）加强与国际椰子遗传资源网（COGENT）的合作，争取尽快加入亚太椰子共同体（APCC）；同时，与国外相关研究机构，如菲律宾椰子署（PCA）、印度尼西亚椰子和棕榈植物研究所（ICPRI）、印度大宗作物研究所（CPCRI）、斯里兰卡椰子研究所（CRI）、越南油料作物研究所（OPI）、泰国园艺作物研究所（HRI）及马来西亚农业研究与发展研究所（MARDI）等加强沟通交流。

（2）派出科研人员进行交流与培训。争取国际和国家资助派出国留学人员和出国访问学者，派出10~15名科研人员，学习国外先进科学技术及收集重要种质资源。

（3）引进7~8名在热带油料作物和热带棕榈作物领域有影响力的专家学者，加强科研团队建设，强化科研队伍。

组织召开1~2次国际会议，加强与国外重要研究机构的合作交流，充分了解相关研究领域的科研进展，同时展示自身的科研实力，争取同国外机构的进一步合作。

（4）申请1~2项国际合作项目。围绕国际合作重点领域和方向，针对世界热区国家农业科技发展的需要，结合椰子研究所的科研特点，建立和发展与有关国际组织、国家的科研机构和主要科学家的交流与合作，争取双边和多边国际合作项目，多渠道争取国际科技合作基金。积极参与有关国际基础科学研究计划、开发研究计划和科学工程，快速提高我国热带油料作物和热带棕榈作物的研究与发展水平。

（5）建立国际联合实验室，以热带油料作物和热带棕榈作物为研究对象，引进国外优秀专家和先进技术，了解相关的科研信息，培育丰产高抗的优良品种，并进行加工技术、质量监控标准等研究，为企业提供技术支撑，加速成果转化。

7. 科技开发

（1）加强大观园景区建设，创建特色知名旅游品牌。通过热带油料植物和热带棕榈作物的多样性展示、农业科普知识和椰子文化的传播以及科研成果等，展示椰子独特的文化魅力；按照国家景（区）点标准化建设要求，建立和完善景区经营管理规章制度和过程控制，完善配套的观光、考察、科普教育、休闲娱乐服务项目及信息、咨询、游程安排、讲解、休息、购物、安全等旅游服务设施，争取创建AAAA国家级旅游景点。

（2）发挥优势，整合资源，加大产品研发和创新力度。通过有效整合科技和人才资源，采取重点攻关和联合攻关的形式，集中力量培育一批技术含量高、拥有自主知识产权、市场容量大的热带油料和热带棕榈植物科技产品，将科技优势转化为效益优势，大幅度提升科技产品经营效益。开发形成具有自主知识产权的科技产品，并利用椰子大观园对外平台逐步向市场推广，其中椰子油、椰子酒系列产品力争成为文昌地区形象产品。同时加大椰子及其他珍稀棕榈植物良种良苗的开发、推广及售后服务。

（3）加大成果转化和技术推广等技术产业。"十二五"期间，椰心叶甲天敌工厂、椰子产品加工技术、油茶和槟榔高效栽培技术及油棕、椰子、槟榔新品种的选育、示范推广等一大批科技成果将进一步服务热区，继续发挥科技推广与示范带动作用，力争在作物主产区实现成果覆盖，大幅度提高成果转化效益，全面推进科技成果的产业化进程。

（4）加大土地资源开发利用和经营项目的开发管理。利用我所沿路土地及建筑资源，多渠道的探索土地资源开发利用模式，积极转化土地资源优势，逐年提高土地资源开发效益。

（六）保障措施

1．深化科技创新体制改革，加快推进科技创新体系建设

围绕热带油料植物和热带棕榈作物种质资源、丰产栽培技术、植物保护、产品综合加工及质量安全体系等领域，逐步完善科研院所内部管理机制，构建热带油料作物和热带棕榈作物产业的科技创新体系，推动该产业的现代化进程，促进产业升级，达到产业增效、农民增收的目的。

实施"引进来、走出去"战略，以增强自主创新能力、提高科技竞争力为核心，积极搭建对外合作与交流平台，建立开放、流动、竞争、协作的运行机制，建立符合时代需求的现代科研所制度。完善管理和运行机制，形成稳定的服务于热区农业发展需要的高水平公益科研基地，在热带油料作物和热带棕榈作物基础研究和应用研究等若干重要领域形成具有国际一流水平的研究所。

2．建立现代院所制度

制定科研管理、科技人员管理，实验室管理等相关办法，深化科技体制改革，不断推动科技工作的顺利开展，充分调动广大科技人员从事科技工作的积极性和创造性。充分利用热科院稳定和吸引优秀人才的政策，创造良好的支撑条件和浓厚的学术气氛，引入竞争和激励机制，注重现有人才的稳定与培养工作，积极鼓励国内外、省内外的优秀拔尖人才来所开展工作和深造，建设高水平的以中青年为主体的学术队伍。完善用人机制和评价激励机制。扩大科研机构用人自主权，推行聘用制和岗位管理，实行岗位聘任制，建立以岗位工资为核心，形成符合科研工作特点、科学规范的薪酬制度，建立定期的绩效考评制度。

3．加强各类科技计划实施

建立有效的科技计划实施协调机制，即建立规范的评估监督与动态调整机制。建立健全独立与规范的评估和监督机构，规范评估和监督程序，完善评估和监督机制。定期评估规划的实施情况，监督重大项目的执行。通过强化科研项目执行过程中的检查和监督，确保按时、按质、按量完成研究任务。提高评估和监督的公开性与透明度，定期公布评估报告。建立动态调整机制，根据热带农业科技的新进展和社会需求的新变化，对科技计划做出必要的调整。

4．加强领导

强化领导管理，确保规划发展目标落到实处。加强规划执行的领导管理，实行规划目标执行责任制，将工作任务落实到具体部门。强化规划执行的监督检查机制，充分发挥广大科研人员的积极性、创造性，把各方面的积极因素和力量凝聚到规划目标落实的任务上来，确保科技发展目标的实现。

5．多渠道筹措资金

通过各方面努力，争取国家在创新编制、事业费规模、科研投入强度和投入方式上取得突破。积极争取拟转企所改制为非营利性研究所，积极争取增加我所创新编制，增加人均年事业费，积极争取非竞争性农业

科研经费。积极争取国家、地方和院的财政投入和科研项目，力争"十二五"经费总量有大幅度地增长。

重视加强同各科研单位间的科技合作，积极参与地方重大项目规划与设计，争取地方科技计划项目资金投入，重视区域引导项目的参与，争取多种横向资金支持。积极推进科技成果转化、科技产业规模化，做大做强科技产业。

6. 采取措施培育重大成果

加强对重大项目的跟踪管理，对于取得突破性创新的项目，给予重点支持、指导和服务；对有潜力冲击国家奖的项目，在经费上给予一定的支持，加强宣传，扩大示范和推广。加大重大科技成果的培育，加强各研究室和课题组重大科技成果的集成。

在新品种、新技术、新产品以及专利、论文、著作等方面，建立适合不同学科、专业、方向和岗位特点与规律的分类评价机制，及时组织成果鉴定，申请国家专利保护或新品种权保护。

7. 建立健全国际合作与交流机制，完善国际合作体系

建立健全国际合作与交流管理机制，以政策和经费做杠杆调动各方的积极性，鼓励研究室围绕自身定位、依托承担的国家和省部级重大项目大力开展国际合作，充分利用国际资源。完善重大国际合作计划、重大国际合作项目的参与、发起和管理机制，制定重大国际合作行动计划，从寻找既有项目逐步向以我需为主的国际合作发展。完善争办、主办高水平国际会议和前沿领域专业研讨会的管理机制，加强与国际科技组织的联系，推出和引进国际型优秀人才。完善国际合作咨询、战略与政策研究体系，加强国际合作管理队伍建设，创新国际合作管理机制，加强国际合作基础管理建设，发挥相关国际合作组织的作用。

六、"十三五"发展规划

"十三五"是中国热带农业学院椰子研究所（以下简称椰子研究所）实现跨越式发展，全面提高科技创新能力，建设世界一流热带油料科技中心的关键时期。为了理清发展思路、定位和目标，更好地指导"十三五"各项工作顺利开展，根据《国家中长期科学和技术发展规划纲要（2006—2020年）》《农业科技发展规划（2006—2020年）》《中国热带农业科学院中长期发展规划（2008—2020年）》及热科院的总体发展布局和战略管理规划，结合发展现状，编制本规划。

（一）发展基础

进入"十二五"以来，热带油料科技工作得到了进一步的加强，并取得了阶段性的成果：椰子产业化技术不断成熟、新品种培育及推广成效显著；油棕组培及规模化育苗技术取得重大突破，优选品种区域化中试种植全面铺开，技术储备不断完善；油茶资源收集及品种筛选初见成效，增产增收计划取得阶段性成果；花生立体栽培模式逐步建立，耐荫高产品种培育工作有效开展。槟榔产业服务能力不断提升，其他热带油料及珍稀棕榈种质资源收集工作有序进行。先后取得国家科技进步二等奖、海南省科技进步特等奖等重要成果、专利、品种、标准、论文、专著等科技产出近1000项，为支撑我国热带油料科技进步和热区经济发展作出重要贡献。

"十二五"期间，围绕中国热带油料"走出去"和热带油料科技"引进来"战略，科技咨询服务、项目合作和对外培训取得重大突破；科技成果转化及推广和服务"三农"工作卓有成效，热带油料科研基础条件建设显著提升，新投入使用科研综合大楼面积7 205.2平方米，增加实验仪器设备220台/套，改造科研试验基地、种质资源圃基础设施面积1 100余亩，建设运行省部级科研平台7个；培育科技创新团队7个、行政管理团队6个，在职人员144人。具备了承担国家热带油料重大科技攻关、成果集成转化的能力，为我国热带油料产业发展提供技术支撑。

（二）发展形势

"中国人的饭碗任何时候都要牢牢端在自己手上，我们的饭碗应该主要装中国粮。"可见，保障粮食安全是我国农业发展的"重中之重",食用油安全问题同样刻不容缓。我国食用油自给率仅38%,远低于50%的国际安全警戒线,且呈逐年下降的趋势,食用油安全压力巨大。

我国北方大豆、油菜籽等主产油料作物生产需要大量耕地,与我国主粮小麦、水稻生产争地问题严峻;现有油料科技水平居世界前列,通过科技进步继续提升产量的潜力已经不大,在优先保障粮食生产的形势下,主产油料作物无论种植面积还是科技提升均已处于发展瓶颈,因此,迫切需要发展新的增加食用油自给率的途径。我国南方热区9省(区)共有热带、亚热带土地面积约50万平方千米,有大量的山地、闲地、林下空地,椰子、油棕、油茶和热区花生等热带油料的种植不需与主粮生产争地,具有广阔的发展空间。目前,热带油料产业方兴未艾,油茶种植5 750万亩,椰子种植70多万亩,热区花生10多万亩,油棕是产油量最高的油料作物。热带油料良种缺乏、栽培管理技术不配套、加工脱节、基础条件较差等问题既是热带油料产业发展的限制因子,也是发展机遇;科技发展对热带油料增产增效具有巨大的潜力,因此,发展热带油料是提高我国食用油自给率的最有效途径,提升热带油料科技我们责无旁贷。

(三)发展目标

围绕椰子油脂加工、新品种推广、节本增效及林下经济,油棕区域中试品种确定、中试基地建立、组培技术、配套栽培技术、林下经济及技术储备,油茶产量提高、高效栽培技术、产品加工工艺和副产物综合利用,槟榔黄化病综合防控及产品精深加工,热区花生高效间作模式建立等产业发展的关键问题,研究集成一批适宜转化和推广的新技术、新产品、新成果,搭建发展所需的科技平台,建立或加入相关作物产业技术体系,争取得到稳定的经费支持;重点加强作物学、植物保护学和食品科学与工程等三大学科体系建设。

加快热带油料科技成果中试孵化和优势资源转化,打造7个创新人才团队,完善科研基础条件,加强国际合作与交流,服务国家科技外交;力争为我国食用油自给率提高8个百分点提供科技支撑;在全国农业科研机构综合评估中进入百强研究所;到"十三五"末,建设成为国内领先、在国际上享有一定知名度的热带油料科技中心。

(四)重点任务

1. 推进热带油料科技创新

椰子:重点推进优良品种规模化种植,实现优良新品种覆盖率增加10%以上;引进和培育适合我国栽培的椰子新品种1~2个;推广丰产高效栽培技术,提高平均单产10%,创新林下经济生产模式,亩增纯收入15%,开展油脂精深加工研究,开发特色新产品,加工产品效益增加10%,拓宽副产物综合利用途径,推广椰心叶甲、红棕象甲综合防治技术,加强椰子织蛾防控技术研究,减少灾害损失15%,农药生产投入品使用量降低10%。

油棕:重点开展种植区划研究,通过中试比较,确定适合推广的品种,并建立油棕优良品种优势产业带;加快抗寒高产新品种培育,完善良种组培快繁技术;开展优良种苗规模化、产业化生产技术研究,建立新品种"育、繁、推"一体化体系;开展高产栽培技术的研究与集成应用,为大规模发展油棕产业提供技术储备。

油茶:重点开展油茶种质资源收集、保存、鉴定、评价与创新利用,丰产高效栽培技术,生产新产品技术工艺和加工产物综合利用研究,争取通过科技创新使"十三五"末产量提高8%以上,在新产品研发、改进油脂加工生产工艺和副产物综合利用方面取得重大突破,亩增效益500元以上。

热区花生:重点开展耐荫、高油高产新品种选育及热区林下间种花生研究与应用,提高亩产量10%,节约用种及肥料20%,每亩增加纯收入15%。

槟榔:重点开展抗病高产品种的培育、丰产栽培技术、林下经济高效农业模式、产品精深加工技术研究，开发适应市场需求的新型产品，增强槟榔产业抗风险的能力，培育1~2个新品种，提高单产10%，每亩增加纯收入15%。

其他热带产油植物：重点开展种质资源收集、保存及评价工作，建立标准的种质资源圃。

2. 加强热带油料科技国际合作与交流

建立非洲油棕育种合作研究平台；与东盟、非洲、拉美等区域的国外科研机构开展油棕、椰子科技合作研究，争取国际合作项目，举办国际培训班，提升国际影响力；从东南亚、南太平洋、中南美洲和非洲地区引进优质、抗逆、特异的油棕、椰子种质资源；围绕国家食用油战略需求，利用油棕和椰子的产业技术优势，为中国企业"走出去"提供技术支撑。

3. 实施人才强所战略

重点实施"7615"人才工程：培养和引进7名在热带油料作物和热带经济棕榈作物研究领料在国内具有较高知名度的科学技术杰出人才；培养和引进60名在相关领域具有较高科研工作能力的科技骨干；到"十三五"末全所科技人员数量达到150人以上。强化人才规划布局，科技人才队伍占总量的70%，从事产前、产中、产后研究人员比例为3∶4∶3；以研究室为中心重点培养和组建7支具有较高创新能力和水平的科技创新团队，人员占总数的70%。重点建设椰子、油棕、油茶3个团队，通过引进和内部调整，使科技人才数量达到科研队伍的70%以上。

4. 强化热带油料科技创新平台条件建设

加强基础条件建设：申报建设"热带油料作物试验示范基地""热带棕榈种质资源圃改扩建""热带木本油料产地加工技术集成基地"项目，完善田间基础设施，建成现代化的标准示范基地；扩建种质圃，增加种质资源保存能力；提升加工副产物的综合利用程度，构建标准化质量控制体系。

推动基础设施升级改造：修缮科研辅助用房，改造"热带油料作物高产栽培示范园""油茶种质资源圃""花生育种基地""油棕引种试种基地"，提高热带油料作物科研综合水平。

配备高精尖仪器设备：围绕热带油脂加工的重大需求，重点建设热带油料作物油脂研究中心、椰子产业技术创新联盟中心实验室技术装备平台。建设高层次试验示范基地建设：重点建设"国家农业科技创新与集成示范基地文昌分基地"，配备完善安全围栏、道路网络、水电设施、灌溉系统、观测监控设施及田间试验室、控制室，建设成为一流的热带油料科研试验基地。

5. 加快热带油料科技成果和优势资源的转化应用

以现代种业、产品加工业和旅游业为重点，以优良品种和先进适用技术集成示范为抓手，技术转移、公益性推广和资源转化并重，加快科技成果及优势资源有效转化和先进技术快速转移。

发展现代种业，促进良种良苗产业化：建设热带油料作物优良种子种苗产业化基地，实施"育、繁、推"一体化，加快推进优良品种产业化。

加强科企联合，加快市场化运作合作模式：加强与企业的合作，开发椰子食品新工艺、强化副产品综合利用、提高油茶产量、加强椰子油市场营销，积极开拓市场，实现产业效益升级。

加快科普与旅游产业开发：以椰子大观园为依托，展示科研成果，开展科普教育和休闲旅游相结合的旅游产业开发，通过招商引进企业资本，加快主体工程的升级改造，普及先进的科技知识、展示科研成果，提高社会影响力，带动椰子大观园旅游业发展。

建设加工产品中试基地，推动科技成果市场化：建设天然椰子油、棕榈油、油茶油相关特种油脂中试生产线；研发纯鲜椰子水、纯天然椰子饮料、食品等系列产品，建设椰子食品饮品中试生产线，通过中试逐步把科技产品推向市场。

（五）重点区域

中国热区：积极参与海南、广东、广西、云南、福建、贵州、四川、湖南及江西9个省（区）热科院的综合实验站建设，重点在广西、贵州、湖南及江西开展油茶丰产高效栽培技术、加工综合利用技术研究、花生间作及丰产栽培技术研究、槟榔深加工综合利用技术研究，为广西、贵州、湖南和江西热带油料产业的发展提供技术服务；立足海南，为文昌市提供椰子产业技术服务，发展昌江、万宁椰子种植区域，为万宁为中心的槟榔产业提供丰产栽培、植保及产品加工技术支持。

世界热区：重点开展与东盟国家的椰子科技合作；大力发展与非洲国家的合作，实施热带油料科技"走出去"战略，输出油棕、椰子丰产高效栽培、产品加工综合利用技术；加强与拉美、南太平洋地区及东南亚的科技合作，引进椰子、油棕特异种质资源；巩固与法国、澳大利亚等发达国家的合作，引进热带油料研究高新技术成果及有经验的专业人才。加强与亚太椰子共同体（APCC）、国际椰子遗传资源网（COGENT）、印度尼西亚椰子和棕榈植物研究所（ICPRI）、法国农业研究国际合作中心（CIRAD）等国外研究机构的合作，开展培训、学术交流、课题联合攻关及人才培养等相关方面的合作。

（六）重点工程

1. 江西（龙南）南亚热带作物综合实验站

协同做好综合实验站的筹备及建设工作，为实验站提供油茶及花生领域的科技、人才力量支撑，进一步拓展在我国热区的影响力，形成完整的科技创新、成果转化、服务三农体系。

2. 热带油料科技创新与集成示范基地

依托热带作物科技创新与集成示范（儋州）基地，建立热带油料科技创新与集成示范基地（分基地）2 000亩，建设内容包括田间设施、科研配套设施、仪器设备、服务设施等。集中展示、示范一批热带作物科技成果；集中推广、转化一批影响热带油料产业发展的新品种、新技术和新模式；集中培训大批新型职业农民，将该基地建设成为我国热带油料作物的科学研究试验地、人员培训观摩点和生态农业样板田。

（七）保障措施

1. 紧扣国家战略需求，争取部委及相关司局支持

围绕国家食用油战略，根据热区热带油料的产业分布，从解决产业关键问题进行规划设计，争取农业部等部委及相关司局政策支持和热区地方科技、产业部门配套支撑，确保各项工作顺利开展，促进热带油料产业发展，为热区"三农"服务。

2. 结合产业发展需要，建立协同创新合作机制

以产业发展的需要为出发点，充分发挥市场配置资源的作用，通过搭建产学研合作平台，聚集高校院所、行业龙头企业等与产业密切相关的单位，围绕热带油料产业技术领域和经济需求开展联合创新，建立"以企业为主体、市场为导向、产业化为目标"的协同创新机制，激发科技创新的活力。

3. 加强实施管理，提升执行力

制定并落实相关管理制度，完善用人机制和评价激励机制，推行岗位聘用制和量化考核管理，实行岗位任期制；扎实推进各项工作的落实工作，明确年度任务目标，健全完善督促检查和考评奖惩制度，建立健全一套行之有效的抓落实工作机制，完善所、部门、研究室分级分工协作体系，形成一级抓一级、层层抓落实的工作局面，推动各项工作落到实处。

4. 加强党建和创新文化建设

切实发挥党组织的政治核心作用，推进学习型、服务性、创新性党组织建设，加强领导班子自身建设，坚持和发扬民主集中制，加强干部作风建设，严格执行中央"八项规定"，严格落实《中国共产党党员领导干部廉洁从政若干准则》、党风廉政建设责任制和"两个责任"。传承"艰苦奋斗、无私奉献、团结协作、勇于创新"的精神，积极营造鼓励大胆创新、勇于创新、包容创新的良好氛围，引导广大科技工作者敢于担当、勇于超越、攻坚克难。

第三章 科学研究

第一节 科学研究的进展

自1959年最早在文昌东郊镇建华山土地庙开展建华山样板田建设起，我国正式开始了椰子研究。近60年的风雨历程，椰子研究取得重大的进展。

一、建站前的科研工作

1979年建站前，主要负责以下几个方面的科研任务。
（1）引进、培养高产椰子品种，为海南椰子发展提供种源。
（2）研究椰子速生高产技术措施。
（3）研究椰子综合利用，提高资源经济效益。
（4）研究以椰子为中心的农林牧综合经营、海南滨海台地的改造利用，为创立新的生态环境做出模板。

二、建站初期的科研工作

建站后，在以往的科研基础上，椰子试验站组织全所职工进行了比较系统的科学研究工作，科技创新稳步实施。

第一步，收集椰子种质资源。一方面调查海南本地资源，摸清海南椰子种质情况；另一方面从国外引进优良品种和杂交亲本，建立椰子品种园和杂交种子园，开展品种选育研究，并进行了椰子胚的组织培养。

第二步，开展栽培技术研究。开展了矿物质营养诊断及营养水平与产量关系的研究，进行了改造低产椰子园，椰园间作和多层次栽培的试验。

第三步，进行病虫害防治试验。

第四步，拓展加工和综合利用研究，及椰子产品标准化的制定。

此外，还结合文昌特点，引种试种了一些亚热带水果。

建站以来，共承担研究课题30余项，取得成果17项。其中，营养诊断施肥技术已在生产中推广应用。开发出椰子味食品浓缩椰浆，于1994年与海南机场股份有限公司合作在本所建立艾蜜食品饮料有限公司进行生产，投放市场。

三、建所后的科研工作

1993年撤站建所后，特别是"十二五"以来，椰子研究所的发展迈向了快车道。"十二五"期间，椰子研究所承担科研项目192项，取得科研成果70多项，获省部级以上科技奖励13项，其中国家科学技术进步奖二等奖1项、全国农牧渔业丰收奖一等奖1项、海南省科技进步奖一等奖1项，获授权专利52项，发表论文420多篇，出版著作20部；陆续引进了一系列优质高产的油棕、椰子等热带油料作物种质资源，建立了油棕、椰子再生体系，培育了一批具有自主知识产权的热带油料作物优良品种；应用生物防治和生态控制等技术，有效地监测与防治重大外来入侵生物对热带油料作物的为害；研究掌握了油棕、椰子等热带油料作物的综合深加工技术，填补了国内空白，延长了产业链；主持制订了油料作物的国家、行业、地方标准和技术规范30多项，在椰子、油棕等作物研究处于国内先进水平，并赢得了广泛的国际影响力。在"十一五"全国农业科研机构科研综合能力评估排名中，椰子研究所从"十五"的第357位跃升到第129位，行业、专业和本省排名分别为第15、6和6位。

第二节　科研领域和机构

自1979年建站以来，研究领域从椰子单一作物，不断拓展到槟榔、油棕、油茶，近几年进一步拓展到椰枣和花生，从而形成六大作物体系，即椰子、油棕、油茶、花生4个油料作物体系，槟榔、椰枣两个经济棕榈作物体系。同时，加强学科建设，重点开展种质资源保存利用、棕榈作物病虫害防治、热带油料作物生物技术、热带棕榈加工四大学科领域的研究工作。

在椰子试验站时期，设有栽培育种研究室、土壤农化实验室、组织培养实验室和植物保护实验室。椰子研究所期间，研究机构不断细化，截至2019年，共设有椰子研究室、槟榔研究室、油棕研究室、油茶研究室、产品加工研究室、植保研究室、生物技术研究室、种质资源研究室8个研究室。

一、椰子研究

1. 椰子研究概况

椰子（$Cocos\ nucifera$ L.）是棕榈科椰子属植物，世界四大木本油料作物之一，主要分布在南北纬20°之间热带和亚热带地区的90多个国家和地区，是热带地区的生命之树，是热带地区居民重要的油脂和蛋白质来源。

我国椰子种植面积约60万亩，主要分布在海南岛东南沿海及三沙市一带，台湾、广东、云南、广西也有少量种植。目前海南省与椰子相关的行业年总产值超过500亿元，每年有200万多人从事椰子产业相关工作，对海南地区经济发展发挥着重要的作用。

椰子研究所建设有国家热带棕榈种质资源圃（椰子分区）、农业农村部文昌椰子种质资源圃等重要种质资源保存平台，其中保存全球各地椰子种质资源190多份。现已承担国际合作、省部级项目100多项，取得40多项科研成果，先后培育出我国第一个椰子杂交种"文椰78F_1"，高产早结椰子新品种"文椰2号""文椰3号"和"文椰4号"等系列品种；开展了椰子高产高效栽培技术、林下复合种养技术等技术研究与推广利用、椰子分子标记辅助育种、基因组研究，承担新型职业农民培训和农业技术推广工作；同时承担"一带一路"沿线国家学员的椰子相关技术培训任务；是我国重要的椰子科研、示范、培训教育基地。

2. 研究机构

椰子研究室，主要从事椰子种质资源收集、保存、评价与创新利用，椰子丰产栽培技术推广与转化，椰子分子辅助育种技术等方面的研究。现有科技人员18人，其中高级职称11人、博士5人。

3. 科技平台

农业部热带棕榈种质资源圃（椰子分区）、农业农村部文昌椰子种质资源圃、椰子产业技术创新战略联盟、海南省热带油料作物引种与品种选育基地。

4. 主要科技成果

（1）椰子新品种。培育了我国第一个椰子杂交品种"文椰78F_1"，选育了"文椰2号""文椰3号"和"文椰4号"等系列高产早结椰子新品种。

（2）椰子丰产栽培技术。进行了多年的椰子丰产高效施肥及椰树营养诊断研究，集成了一套低产椰园改造技术，并获2004年全国农牧渔业丰收奖；构建了一套椰园种养高效模式，制定了海南省地方标准《椰子种植和管理技术规程》1项，出版相关专著6本；研制出椰子专用肥伴侣等专利产品，长期配合施用椰子肥料伴侣，可促进椰子树生长、提高椰子产量50%，并提升椰子果品质。

（3）优质种苗繁育技术。建立了以椰子"全根苗"技术为核心的椰子种苗繁育技术体系。与地栽育苗、袋装育苗等传统育苗法相比，该技术繁育的种苗各项生长指标显著增加，种苗根系优势明显，出圃时间缩短了3~4个月。该技术获国家发明专利1项（ZL201410104319.9）、2014年海南省成果转化二等奖及2014—2015年度中华农业科技奖三等奖。

地栽苗 袋装苗 全根苗对比

标准化育苗示范

获奖证书

发明专利

二、油棕研究

1. 油棕研究概况

油棕（*Elaeis guineensis* Jacq.）是棕榈科油棕属多年生木本油料作物，产量高达8~9吨/公顷，有"世界油王"的美誉。油棕生产的棕榈油年产量可达6 500万吨，占世界植物油消费总量的1/3，具有非常重要的地位。中国的食用油自给率不到40%，严重依赖进口，食用油安全现状不容乐观。我国每年进口食用油约2 400万吨，其中棕榈油600多万吨，占进口量的1/4。

为缓解棕榈油全部依赖进口的局面，椰子研究所积极开展油棕品种选育、丰产栽培、林下经济、病虫害防控和棕榈油加工等方面的研究工作，共承担国家、部（省）级重大科研项目40多项、鉴定成果1项、制定农业行业标准和地方标准7项、获批专利10项、出版专著2部，发表高水平论文40余篇。近年来，从非洲、东南亚和南美洲等地区收集和引进油棕种质资源及优良品种，开展油棕优良品种培育工作，力争培育出适合我国热区种植的油棕品种，通过技术集成与示范，为我国企业发展海外油棕种植业提供强有力的支撑。

2. 研究机构

油棕研究室，主要从事油棕新品种引种试种、种质收集保存和鉴定评价、优良品种的培育和繁育、丰产栽培和产业经济研究。现有科技人员8人，其中高级职称3人、博士4人。

3. 科技平台

农业部热带棕榈种质资源圃（油棕分区）、农业农村部热带油料科学观测实验站、海南省热带油料作物生物学重点实验室、海南省热带油料作物引种与品种选育基地、中国热带农业科学院热带油料作物研究中心、中国热带农业科学院油棕研究中心。

4. 主要科技成果

（1）油棕高产和抗寒的生物学基础研究。以油棕高产、抗寒的生物学基础研究为核心，开展油棕产量性状多样性研究、产量相关基因的表达验证及分子标记筛选、高产的生理学基础研究和油棕低温逆境应答的生理生化、细胞生物学和分子生物学基础研究、油棕对低温响应的生物学基础研究等方面研究。

（2）油棕种苗规模化繁育技术研究。开展油棕杂交制种、种子催芽、种苗培育以及种苗标准等重要环节的关键技术的研究，缩短发芽周期，建立油棕种苗繁育技术体系，为油棕较大面积推广提供技术支撑。

（3）油棕林下种养模式研究。开展了油棕园间种西瓜、菠萝、花生和牧草复合模式研究，利用牧草养羊，提高经济效益，节约管理成本。

三、油茶研究

1. 油茶研究概况

油茶是我国四大木本油料之首，是山茶科（Theaceae）山茶属（Camellia）的植物，是植物中种子含油率较高且有一定栽培面积的树种的统称。除越南、日本等国家有少量分布外，主要分布在中国，目前全国种植面积约7000万亩，海南约10万亩。海南茶油由于异香扑鼻，被称为茶油中的"王中王"。

椰子研究所自2010年开始陆续建设了油茶的种质资源圃、采穗圃、苗圃和丰产示范园，针对海南油茶产业的实际需求，开展了品种选育、高产栽培、主副产品高值化利用等方面的工作，主持完成省部级科研项目15项，选育新品种2个，制定海南省地方标准2项，取得发明专利6个，编写专著2部，发表文章35篇。在新的时期，椰子研究所积极响应国家"一带一路"和"农业走出去"的战略部署，在老挝、柬埔寨、巴基斯坦、孟加拉国、尼日利亚等国家建设热区油茶丰产示范园，取得良好成效。

2. 研究机构

油茶研究室，主要从事油茶种质资源收集、评价与创新利用，油茶及花生丰产栽培技术、推广转化等方面的研究。现有科技人员8人，其中高级职称2人、博士2人。2018年底，与种质资源研究室合署办公。

3. 科技平台

农业农村部热带油料科学观测实验站、海南省热带油料作物生物学重点实验室、海南省热带油料作物引种与品种选育基地、中国热带农业科学院热带油料作物研究中心。

4. 主要科技成果

（1）种质资源的收集与保存。已经建立了油茶种质资源圃20亩，油茶丰产示范园30亩，收集、保存了40多个适应海南特有生态环境的油茶品种（系）。

（2）品种培育与筛选。从海南五指山、琼中、定安、琼海、澄迈、屯昌、白沙、临高、儋州等地油茶林的数万株油茶树中筛选出6株高产优树，培育"热研1号""热研2号"油茶新品种2个。

（3）种苗繁育与丰产栽培。采用组织培养、嫁接、扦插等方法快速培养种苗，在三亚、五指山、琼海、儋州和定安建立了油茶丰产栽培示范园。

（4）对外合作与科技服务。与国家油茶研究中心、中南林业大学及广西、湖南、江西等省（区）

林业科学研究所建立密切合作关系。另外，研究室已经在老挝沙耶武里省建成示范基地，自2015年以来，陆续建成了包括苗圃及丰产示范园3 500亩，为我国热区及老挝等东南亚国家油茶产业发展提供了技术服务。

四、花生研究

1. 花生研究概况

花生（Arachis hypogaea L.）是世界广为种植的一种油料作物，亚洲种植面积最大，占世界的64.1%，其次为非洲，占世界的30.3%。

目前，中国花生单产和总产均居世界第一。但我国热带地区花生的种植面积约占全国总面积的20%左右，单产仅为全国花生平均水平的70%左右。针对热区花生，椰子研究所主要开展了特色花生选育种、反季节花生及丰产栽培等方面的研究，承担海南省重大科技专项、自然科学基金项目等5项；收集花生种质资源142份，筛选优异种质资源5份；选育优良品系3个，引种试种花生优良品种40余个；发表高水平论文10余篇。

2. 研究机构

2018年底，花生研究人员纳入到椰子研究室，主要从事椰子丰产栽培技术和林下种植花生的综合利用研究和推广。现有花生研究的科技人员3人。

3. 科技平台

国家花生工程技术研究中心海南花生科研工作站。

4. 主要科技成果

（1）种质资源保存与品种选育。开展收集与保存国内外热区花生种质资源。花生的选育种工作以高产、特色及高抗等为目标，采用传统育种方法及分子辅助育种等方法开展育种工作。

（2）丰产栽培及复合生态栽培技术。海南常年可种植花生，椰子研究所拥有轻简化栽培技术、水肥一体化技术及经济林下间套种花生复合生态栽培等技术。

（3）科技服务及技术推广。在海南省东方市、儋州市、文昌市等地建立花生试验示范基地300余亩，辐射推广花生新品种新技术5 000余亩。2017年椰子研究所组织召开海南花生生产机械化试验现场会，展示了花生犁耙地、起垄、精准施肥、播种、摘果、脱壳等全过程机械化作业模式，该模式将有效降低人工成本，提高花生产量。

五、槟榔研究

1. 槟榔研究概况

槟榔（Areca catechu L.）是世界热区的棕榈科典型经济作物，主要分布在南亚、东南亚和中国等地。槟榔在我国种植已有一千多年的历史，被列为四大南药之首。我国主要分布在海南省，占全国槟榔总产量的99%以上，广东、广西和福建等地也有少量种植。截至2017年底，海南省槟榔种植面积已达233.7万亩，是海南省热带作物中仅次于橡胶的第二大支柱产业，是海南东部、中部和南部地区200多万农民（尤其是偏远山区及少数民族居住地区农民）重要的经济来源。

椰子研究所主要开展槟榔优良品种培育、优良种苗规模化繁育技术、营养生理与高效栽培等方面的研究，已建设槟榔种质资源圃1个，收集保存国内外槟榔种质81份；选育出高产槟榔新品种"热研1号"，已累计推广1.8万亩；研发出槟榔苗期、促花保果及壮果专用肥3种，集成构建低产槟榔园改造技术1套，可提高单产30%以上。先后承担了国家、省部级、横向合作重点项目50余项，鉴定成果7项，获海南省科技进步奖1项，制定相关行业或地方标准9项，获国家发明专利授权11项，出版或参编专著 5 部，发表论文 60 余篇，其中 SCI 收录 7 篇。

2. 研究机构

槟榔研究室，主要从事槟榔种质资源收集保存与鉴定评价、新品种选育、丰产栽培技术及槟榔园复合经营模式等方面的基础研究、应用基础研究及技术示范推广。现有科技人员 11 人，其中高级职称 5 人，博士 3 人。

3. 科技平台

农业部热带棕榈种质资源圃（槟榔分区）、中国热带农业科学院槟榔研究中心。

4. 主要科技成果

（1）"热研 1 号"品种选育与种苗繁育。"热研 1 号"槟榔是椰子研究所从海南本地种槟榔中选育出的槟榔新品种，于 2010 年通过海南省品种审定委员会认定，2014 年 6 月经全国热带作物品种审定委员会审定通过。该品种高产、稳产，4~5 年开花结果，10 年后达到盛产期，经济寿命达 60 年以上，平均年产鲜果 9.52 千克/株。

（2）槟榔专用肥研发。经过多年对土壤养分含量丰缺和槟榔养分需求的研究，结合已建立的测土配方施肥技术，开发了槟榔苗期专用肥、槟榔促花保果专用肥和槟榔壮果专用肥。施用促花保果肥及壮果肥可使产量显著提高，平均增产 30% 以上。

（3）低产槟榔园改造。该技术在槟榔田间基本情况调查的基础上，选点应用营养诊断配方施肥技术，制定施肥方案，应用抗旱滴灌技术和病虫害综合防治技术，对低产槟榔园进行改造示范及推广。该技术的实施可使槟榔青果产量提高一倍以上，且槟榔鲜果的质量有显著的提升。

（4）复合经营模式。槟榔间种可分为幼龄期间作和成龄期间作，幼龄期槟榔间作的作物主要有蔬菜、辣椒、绿肥、西瓜、花生、柱花草、猪屎豆等；成龄期间作的作物主要有益智、香草兰、砂仁、生姜、蒌叶等。

幼龄园间种花生

间种香草兰

槟榔园养鸡

六、椰枣研究

1. 椰枣研究概况

椰枣（*Phoenix dactylifera*）又名波斯枣、番枣、伊拉克枣，是枣椰树的果实，属棕榈科刺葵属。椰枣产于中东、北非以及中国的海南、福建、广西、云南、广东等热带和亚热带地区。椰枣被誉为"阿拉伯民族之树"，是阿拉伯国家和地区的主要粮食作物之一，在该地区农业生产及农业文化上具有重要的意义。

自2015年起，椰子研究所在热科院"中阿椰枣研究中心（筹）"建设总规划的框架内，有计划、有步骤地开展椰枣相关研究，主要包括椰枣优良种质资源收集、引进与扩繁，椰枣组培，椰枣病虫害预警及绿色防控技术，椰枣高效栽培技术，椰枣深加工技术与装备研发等，承担科研项目10余项。目前，已与国内机构及科研单位展开了积极的交流与科研合作；在"中阿技术转移中心"的框架下，与迪拜园林局共建"中阿椰枣国际研究中心"，与法国农业研究国际合作中心和巴基斯坦费萨拉巴德农业大学开展特异优良种质资源引进。椰子研究所在椰枣方面的研究，填补了我国椰枣领域研究空白，为阿联酋等阿拉伯国家和地区椰枣病虫害综合技术防治提供了强有力的技术支持，取得了良好的效果。

2. 研究机构

种质资源研究室，主要以椰枣等热带棕榈植物和油料作物为研究对象，重点开展优良栽培品种的收集保存、鉴定评价与创新利用等工作。现有科技人员7人。

3. 科技平台

农业部热带棕榈种质资源圃、中国—阿联酋椰枣联合研究中心。

4. 主要科技成果

（1）椰枣种质资源调查、收集、保存与鉴定。通过对国内外椰枣种质资源的调查，在国外阿联酋、巴基斯坦，国内云南、福建、广东、湖南、海南开展种质资源的收集、保存与初步鉴定评价工作，收集国内外椰枣种质资源23份，建立椰枣种质资源圃约30亩。

（2）椰枣科技交流与合作。通过互访的方式，并分别与来自巴基斯坦、阿联酋、埃及、尼日利亚等椰枣主产国椰枣专家的交流，为双方在椰枣方面深层次的科技合作打下基础。

七、生物技术研究

1. 生物技术研究概况

运用生物技术开展油棕、椰子低温反应与适应的分子机理和油脂合成与代谢的调控机制的研究，开展热带油料作物重要农艺性状的解析和连锁分析，开发特性分子标记，为油棕、椰子等热带油料作物高产、抗逆种质资源的创制提供理论基础、技术方案。先后承担省部级以上科研项目30余项，其中国家资金4项；发表高水平论文50余篇，其中SCI收录25篇；获海南省科技进步奖三等奖1项；获国家发明专利3项，其中外国专利1项；参编专著3部。

2. 研究机构

生物技术研究室，主要从事椰子、槟榔、油棕等热带油料作物和热带棕榈植物的重要农艺性状的解析和连锁分析，特性分子标记的开发等基础和应用基础研究。现有科技人员6人，其中高级职称2人、博士2人。

3. 科技平台

海南省热带油料作物生物学重点实验室。

4. 主要科技成果

（1）椰子全基因组测序及功能基因挖掘与应用。完成了海南高种椰子全基因组测序，开展了功能基因挖掘与应用研究，为椰子种质的创新和育种事业的跨越式发展提供技术支持。

（2）香水椰子种苗纯度快速鉴定。通过DNA鉴定技术，在苗期即可快速鉴定出真假香水椰子种苗，鉴定准确率高达98%以上，利用该技术能够保证出圃香水椰子种苗的纯度，保障椰农的利益，对香水椰子的推广具有重大的现实意义。该技术已获国家发明专利，专利号：ZL201410657128.5。

（3）椰子废弃物利用与食用菌栽培。以椰子凋落叶为主基料开展食用菌实验性栽培技术的相关研究及集成,形成"椰林废弃物—食用菌—蚯蚓—椰林"的椰园生态循环模式,为椰子废弃物的综合利用奠定了良好的基础。

(4)油棕油脂相关基因的全基因组关联分析。油棕是典型多年生木本作物,生活周期长,这一特性使油棕的常规选育工作进展缓慢,应用全基因组的关联分析,挖掘与油棕重要农艺性状紧密连锁的分子标记,为油棕新品种的分子选育提供理论基础。

八、植物保护研究

1．植物保护研究概况

以热带油料作物和棕榈科植物重大病虫害的应用基础研究及示范推广为方向,在病虫害早期诊断、应急处置及生物防治等方面开展研究工作,其中"利用天敌寄生蜂防治入侵害虫椰心叶甲""重要入侵害虫红棕象甲防控基础与关键技术研究"分别获得海南省科技进步特等奖与海南省科技进步奖一等奖;"红棕象甲综合防控技术"走出国门与阿联酋在迪拜共建中阿椰枣病虫害综合防控示范基地。

2．研究机构

植物保护研究室,主要从事椰心叶甲、红棕象甲、椰子织蛾、红脉穗螟等生物学、生态学、致病与成灾机理及综合防控关键技术研究;针对槟榔黄化病、椰子泻血病、椰子茎干腐烂病等流行规律,开展综合防控技术及病原菌生物学特性、毒素和致病机理的研究。现有科技人员15人,其中高级职称9人、博士6人。

3．科技平台

国家天敌昆虫科技创新联盟、中国—阿联酋椰枣联合研究中心。

4．主要科技成果

(1)入侵害虫椰心叶甲天敌寄生蜂防控技术。2004年分别从我国台湾屏东科技大学、越南胡志明农林大学引进椰心叶甲啮小蜂、椰甲截脉姬小蜂至海南,并在椰子研究所建立了天敌寄生蜂繁育工厂,配套开发了天敌寄生蜂田间释放技术。目前,该项技术已有效解决了我国2002年暴发的椰心叶甲虫灾,并在我国热区进行了示范与推广。

(2)红棕象甲综合防控技术。针对红棕象甲灾害的主要成因,以声音早期诊断和信息素诱捕技术为主,建立了红棕象甲灾害监测预警和综合治理的技术体系,实现了红棕象甲灾害的持续控制。相关技术成果被国内30多家单位推广应用,面积覆盖长江以南11个省区。目前,该技术在阿联酋迪拜示范成功,共建了"椰枣红棕象甲综合防控示范园",同时在沙特和阿曼的示范也在稳步推进中。

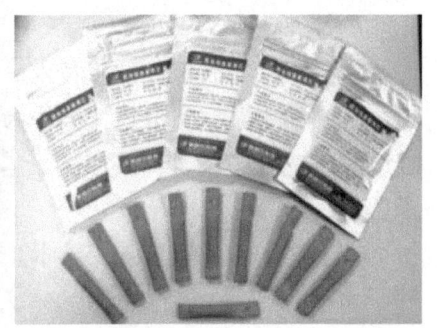

红棕象甲为害症状及信息素防治

(3)槟榔黄化灾害靶向治理和综合防控技术研究与示范。针对槟榔黄化灾害发生原因复杂、多样的现状,采取靶向治理和综合防控相结合的方法,初步构建了病虫害生物防治、理化诱控、生态调控、农药减施增效等技术协同模式；拟通过开展不同类型专用肥、增效助剂、保水剂等的协同应用模式，集成构建"水—土—肥—药—树"协同使用配套技术模式，达到增加产量、降低黄化、提高品质的目的。在屯昌、万宁、定安、保亭等市县建立防控示范点5个，示范面积800亩，轻病园未发现新的发病中心，黄化率控制在10%以内；中病园病株抽生新叶较绿，整体开始复壮；重病园病害不再扩展，有病株抽生新叶，示范点整体生长开始转好。

（4）红脉穗螟无公害防治技术研究与利用。以海南省槟榔重大害虫红脉穗螟为研究对象，对红脉穗螟在海南主要槟榔产区为害现状进行了调查分析，明确了该虫的生物生态学特性和发生规律；对海南省槟榔园红脉穗螟的天敌资源进行了调查整理，筛选出对红脉穗螟具有生物活性的生物源防治因子。研制出针对红脉穗螟幼虫的新型药剂配方和剂型，在红脉穗螟的无公害防治方面拥有自己独立的知识产权。

九、产品加工研究

1. 产品加工研究概况

全球利用椰子加工的企业上万家，产品种类达360多种。我国椰子加工厂家近400个，其中海南文昌约有200个，生产约30个品类200多种椰子产品，工业产值达500亿元。

椰子研究所以椰子、油棕、油茶等热带油料作物和槟榔、椰枣热带经济棕榈作物为主要研究对象，重点开展果实采后生理与贮运保鲜，功能成分提取与活性评价，热带油脂加工关键技术提升，副产物综合利用等质量安全技术突破，产品研发和标准化控制基础和应用等方面研究。现有国家重要热带作物工程技术研究中心（椰子分中心）等3个平台，与企业联合建立了椰子加工基地2个。先后承担了国家、省部级、横向合作重点项目60余项，鉴定成果5项，获国家科技进步奖二等奖1项；颁布实施相关标准15项，获批国家发明专利20余项，出版或参编专著7部，发表高水平论文70余篇，其中SCI收录14篇。

2. 研究机构

产品加工研究室，主要从事椰子、油棕、油茶等热带油料作物和槟榔、椰枣热带经济棕榈作物的采后生理加工特性研究，活性评价及功能性产品研发，传统食品加工工艺升级改造，油料加工及油脂化工，副产物综合利用，标准化体系完善及产品质量安全等研究工作。现有科技人员10人，其中高级职称4人、博士3人。

3. 科技平台

国家重要热带作物工程技术研究中心（椰子分中心）、海南省椰子深加工工程技术研究中心、椰子产业技术创新战略联盟。

4. 主要科技成果

（1）浓缩椰浆低温加工技术。浓缩椰浆是以新鲜椰浆为原料，经脱水、乳化、灭菌等工艺制作而成的一种浓缩果浆，可取代椰肉作为加工原料，生产椰子汁、椰子糖、椰子粉等多种产品。该技术采用低温浓缩工艺，突破了传统加热工艺对浓缩椰浆颜色和风味的影响，缓解我国椰子加工业原料供应紧缺的矛盾。

（2）椰子水保鲜及加工技术。针对椰子水加工，已有成熟的天然椰子水色变和味变控制技术，掌握椰子水浓缩技术；开发了100%天然椰子水、水果复合椰子水和复原椰子水饮料等产品，保质期达12个月。

（3）新鲜椰肉保鲜技术。主要解决新鲜椰肉在贮藏过程中腐败变质的问题，成功将椰肉贮藏期由不足7天提升至60天以上，且可使椰肉在贮藏期间营养物质没有显著变化。该技术适用性广、成本低、工艺操作简单、质量易于控制、安全可靠。

（4）椰子花序汁液采集及深加工。椰子花序汁（简称椰花汁）是一种蚝白色、半透明、有甜味的棕榈汁，取自于未绽放椰子佛焰苞。新鲜椰花汁营养丰富，pH值6.0~6.4，含14.8%~16.4%糖类，富含16种氨基酸和各种维生素，其中维生素C和复合维生素B含量高，特别是烟酸。椰花汁可作为糖、糖浆、饮料和醋的一种可替代资源，其加工成的产品有新鲜椰花汁饮料、椰花汁糖浆、椰花汁酒和椰花汁醋等。

（5）椰子功能蛋白多肽和膳食纤维制备技术。以膜分离、高速离心、二次沉淀等技术，从脱脂椰麸中制备椰子分离蛋白和膳食纤维，以椰子分离蛋白为原料，采用复合酶法、凝胶色谱分离技术制备和纯化椰子活性多肽。研究表明，水解度为14%~17.22%的椰子蛋白酶解物具有较好的抗氧化性，而分子量为22.5~31.2 kDa的椰子多肽具有显著的体外降血压活性。

第三节 科研平台

椰子研究所现有科研平台17个，其中部省级以上平台13个、院级平台4个。

一、科研平台目录

序号	名称	批复时间
1	国家重要热带作物工程技术研究中心椰子研发部	2013年
2	国家花生工程技术研究中心海南花生科研工作站	2015年
3	农业部热带棕榈种质资源圃	2008年
4	农业部热带油料科学观测实验站	2011年
5	农业部文昌椰子种质资源圃	2014年
6	海南省椰子深加工工程技术研究中心	2010年
7	椰子产业技术创新战略联盟	2010年
8	海南省热带油料作物生物学重点实验室	2011年
9	海南省农业科技"110"文昌椰子服务站	2011年
10	海南省槟榔产业工程研究中心	2019年
11	椰子国家工程研究中心	2019年
12	海南省院士工作站（棕榈植物病害发病规律与生态调控研究）	2019年
13	宁夏（中阿）椰枣工程技术研究中心	2016年
14	中国热带农业科学院热带油料作物研究中心	2012年
15	中国热带农业科学院油棕研究中心	2012年
16	中国热带农业科学院槟榔研究中心	2016年
17	中国热带农业科学院印度尼西亚农业实验站	2018年

二、科研平台简况

1. 国家重要热带作物工程技术研究中心椰子研发部

国家重要热带作物工程技术研究中心椰子研发部成立于2013年。主要以椰子为研究对象，以优良种苗繁育与产业化推广、重大有害生物综合防控、加工技术研究与产品开发为重点，通过自主创新和对引进技术的消化吸收再创新，解决制约我国椰子产业发展和结构调整的共性、关键技术的国家级工程技术平台。

自成立以来，主持公益性行业（农业）科研专项、国家重大科技成果转化项目、海南省重大科技项目等省部级以上科研项目10多项，鉴定成果5项；获省部级奖励8项，其中获国家农牧渔业丰收一等奖1项、中华农业科技进步奖二等奖和三等奖各1项、海南省成果转化二等奖2项和三等奖1项、海南省科技进步三等奖1项、中国粮油学会科学技术奖1项；出版专著《椰子产业发展关键技术》《椰子油的营养与功能》等5部，有力推动了我国椰子专业方面的研究。中心负责人在中心运营管理中发挥了重要作用，在其管理下，椰子研发分中心以科学发展观为统领，围绕建设世界一流的椰子科技中心的目标，进一步解放思想，开拓创新，扎实工作，各项工作都取得了新的成绩。

2. 国家花生工程技术研究中心海南花生科研工作站

国家花生工程技术研究中心海南花生科研工作站平台设立时间为2015年12月12日。该站主要围绕热带花生种质筛选、创新、育种、栽培生理与栽培技术等开展研究，培育适合海南自然生态条件的高产、优质花生品种，建立配套栽培技术，培创高产典型；国家花生工程技术研究中心并为中国热带农业科学院椰子研究所提供必要的试验平台，培训科研骨干。

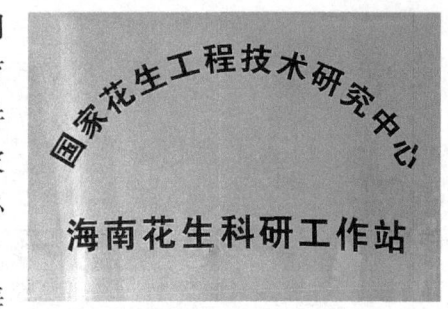

自成立以来，先后承担和参与研究项目共10项，其中，承担海南省重点研发项目1项，海南省自然科学基金项目4项，中国热带农业科学院基本业务费2项，国家花生产业技术体系委托项目1项；参与海南省重大科技专项1项及中国热带农业科学院基本业务费1项。同时，团队成员曾多次在热区开展花生的调查工作，了解热区的土壤、气候等农业生产条件，发表科技论文10余篇。在海南省主要市县积极开展农民培训和花生全程机械化生产现场会等，建立了近千亩标准化生产示范基地，辐射推广花生新品种2万余亩。

3. 农业部热带棕榈种质资源圃

2008年，我所利用种子工程项目"中国热带农业科学院热带棕榈种质资源圃"，建设热带棕榈种质资源圃。通过近十年的努力，我所整合种质资源项目和部分修缮项目初步建设400亩热带棕榈种质资源圃，包括经济棕榈分区、椰子分区、油棕分区、槟榔分区、椰枣分区，基本实现了以三队基地为中心，二队和四队基地为辅助的棕榈种质资源圃格局。

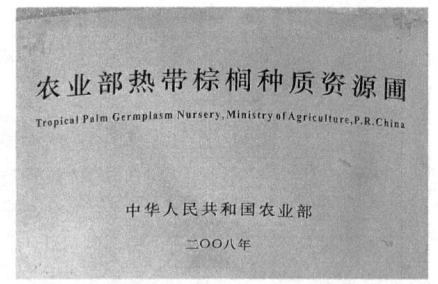

4. 农业部热带油料科学观测实验站

农业部热带油料科学观测实验站于2012年由农业部批准成立（农科教发〔2011〕8号），隶属于农业部油料作物生物学与遗传育种学科群。重点开展椰子、油棕、油茶等热带油料作物的科学数据观测，收集获取重要农艺性状、种质表型与品种表现、土壤基础地力变化、病虫害流行规律等相关原始资料和基础数据；开展热带油料作物新品种、新产品和新技术的集成试验研究与示范。实验站拥有自主产权试验示范基地500多亩，配有田间实验室、荫棚、围栏、道路、排灌以及安全监控设施；现有固定人员16人，其中海南省省优专家1人、高级职称15人、博士7人。

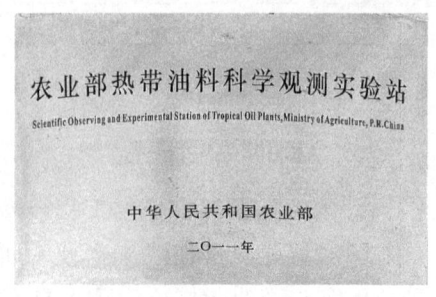

5. 农业农村部文昌椰子种质资源圃

农业部文昌椰子种质资源圃于 1980 年建圃，最初定名为椰子种质基因库。2008 年以来，椰子种质圃连续承担农业部热带作物种质资源保护项目，对原有基础设施进行了升级改造，完善了种质圃围栏、道路、灌溉系统，并扩大了种质圃面积。2013 年 5 月通过农业部验收，2014 年正式被农业部授牌为"农业部文昌椰子种质资源圃"，是目前我国最大、保存椰子资源最为丰富的种质资源圃。主要开展国内外椰子种质资源收集、整理、登记、鉴定评价、保存、共享和创新利用研究；制定及验证完善椰子种质资源共性和个性描述规范、数据标准和数据质量控制规范，建立完善的种质资源数据库，建立完善的数据图像平台，实现信息和实物资源共享；种质资源遗传稳定性长期定位观测、资源保存安全性长期定位观测，以及生态系统的水、土、气等生态要素的长期定位观测；保证圃内所保存的椰子种质资源的安全和各项任务的完成；为椰子育种、生产和其他科研需要服务。

6. 海南省椰子深加工工程技术研究中心

2010 年 11 月 25 日，海南省科技厅组织专家对海南省椰子深加工工程技术研究中心（筹）通过验收并正式成立。本中心以中国热带农业科学院椰子研究所和文昌市春光食品有限公司为依托单位，专业从事椰子深加工关键技术研究和产品开发，旨在通过本中心的建设，构建椰子综合加工创新体系的重要组成部分，建设一批科技成果工程化所需的基础设施，培养一支具有工程化开发研究和系统集成经验的高素质队伍，协助解决有关椰子深加工方面的重大工程技术问题，提高我国椰子深加工科技成果工程化能力。

自设立以来，共获批项目 10 余项，总额度超过 100 万元。主持的农业科技成果转化资金项目"椰子花序汁液高效采集与加工技术示范和推广"与海南省东泰农业开发有限公司合作，并建立了多处采集示范园；我所联合海南省椰谷食品饮料有限公司申报的海南省工程技术中心专项"椰奶炼乳的生产关键技术研究"获海南省科技厅立项资助（我所为主持人单位）；我所申请的省基金《椰肉加工中脂肪酶、POD 和 CAT 等酶的酶促动力学研究》，也获得经费支持。

7. 椰子产业技术创新战略联盟

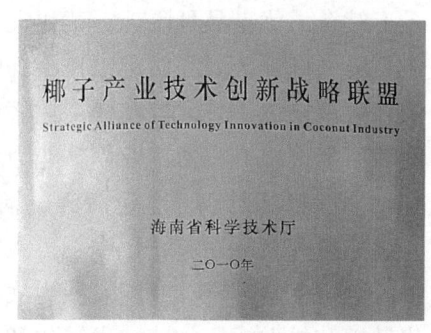

椰子产业技术创新战略联盟创建于 2010 年 11 月。主要针对椰子种质资源发掘、创新不够，目前大规模种植的品种品质不佳；种植业精准化作业程度低，栽培技术落后；外来有害生物入侵频繁，重大病虫害防控体系薄弱；椰子加工产品科技含量不高，规模小等行业瓶颈问题进行协同攻关，突破关键技术，形成产业核心技术标准，支撑和引领产业技术创新，提升产业的核心竞争力，促进产业结构优化升级。

椰子产业技术联盟可以从多个方面提高企业的竞争优势，降低成本，促进分工与协作，提高产品的差别化，促进需求增长等。从资源配置的角度看，联盟本身就是资源的载体，是更大范围内组织竞争的主体，产业技术联盟的建立，使企业对技术资源的使用界限扩大了，一方面可提高本企业技术资源的使用效率，减少成本，另一方面又可节约企业在可获得技术资源方面的新的投入，降低转置成本，从而降低企业的进入和退出壁垒，提高了企业战略调整的灵活性。从价值链的观点来看，价值链各环节所要求的生产要素各不相同，椰子产业技术联盟是在企业技术合作和创新环节上的一种增值合作。

8. 海南省热带油料作物生物学重点实验室

海南省热带油料作物生物学重点实验室建于 2011 年（琼科函〔2011〕9 号），致力于热带油料作物优良品种的引种试种、新品种培育、种质资源保存与利用、高产高效技术研究、立体农业、低产改造、专用肥料的开发与应用、病虫害综合防治、天敌的引进等相关领域的科技创新和人才培养，推进产业科技进步，为椰子、油棕、油茶等热带油料作物产业的持续发展提供基础科技支撑。

自成立以来，共收集了椰子种质200多份，油棕种质70多份，油茶种质120份，其他油料作物200多份。共获省部级科技成果奖3项，品种认定2项，申请专利12项，出版专著5部，农业行业标准2项，发表98篇核心期刊论文，其中SCI收录25篇。积极开展与国内外同行的合作，先后与国内外11所大学和科研机构建立了紧密的合作关系。

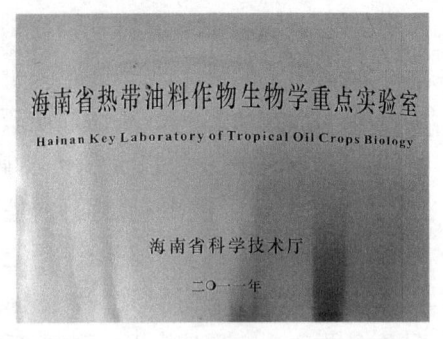

9. 海南省农业科技"110"椰子服务站

海南省农业科技"110"椰子服务站成立于2010年，以中国热带农业科学院椰子研究所为技术依托，为椰农及中小企业提供优良椰子、槟榔、油棕等良种种苗、丰产栽培技术、病虫害防治、产品加工技术等相关技术培训及技术咨询服务，为我国棕榈作物产业的可持续发展提供技术支撑。现有进站专家25人，其中研究员6人，副研究员17人，中级职称2人。

自成立以来，每年解决电话求助500多件，向椰子种植户告知市场需求、椰子新品种、丰产栽培和病虫害防治等信息，指导农民生产。生产的椰心叶甲的天敌——寄生蜂生产也保持稳定，每年共为海南、广东等地提供寄生蜂数1亿多头。每年提供新品种椰子苗4万多株；槟榔苗18万多株；防治椰心椰甲的挂包每年发放900多包。每年组织农业科技培训班10多个，培训学员600多人，惠及农户3 000多人。每年组织科技人员下乡100多人次，参加科普大集5次，为海南发展热带农业尤其是棕榈经济作物提供了有力的科技支撑。

10. 海南省槟榔产业工程研究中心

海南省槟榔产业工程研究中心于2019年7月11日经海南省发展和改革委员会批复成立。依托单位为中国热带农业科学院椰子研究所。本中心主要针对海南槟榔的产业发展中存在的槟榔良种繁育技术体系不健全，优良品种匮乏，黄化灾害逐年加重，生态高效栽培技术集成应用不够，槟榔单产低，鲜果贮藏品质劣变，干果品质难以控制等问题，采用"边研发、边示范、边推广"的思路，开展槟榔种苗培育及高效栽培关键技术、槟榔黄化病及其他病虫害综合防控技术、槟榔品质劣变防控及绿色加工技术等方面的研究，提升槟榔产业创新能力、促进区域经济发展。

发展目标是以"立足海南、辐射全国、走向世界"为导向，建成全国槟榔产业工程化技术创新中心、成果开发和示范转化中心、人才培养中心、信息和合作交流中心。充分利用现有资源和优势，以强强联合、优势互补、共同发展为战略目标；实现技术、效益、人才3方面良性循环，形成槟榔产业技术集散地和扩散源，加速技术转化和技术成果工程化和产业化；力争5年内建设成为槟榔产业提供绿色生产关键技术、进行开放服务和技术辐射的国内一流省级工程研究中心，最终为推进我国槟榔产业可持续发展以及显著提高经济和社会效益做出贡献。

11. 椰子国家工程研究中心

椰子国家工程研究中心于2019年7月11日经海南省发展和改革委员会批复成立。主要依托单位为中国热带农业科学院椰子研究所，11家参与单位分别为椰树集团、承德华净、广东雨林、海胶股份、海南美椰、南国、海南热作高科、椰国、雨林椰创、康鼎棕业和星光活性炭。

本中心主要围绕椰子产业中存在的鲜食品种不足、规模化栽培技术缺乏、周边国家潜在病虫害的入侵，以及高附加值产品研发等产业瓶颈问题，开展以下工作：①构建椰子优良新品种及配套丰产栽培技术、病虫害绿色防控技术示范推广及成果转化中试平台；②攻克椰子快繁技术，筛选椰子品种分子标记，构建苗期快速筛选技术，建设优良种苗繁育基地；③开展上述重大病虫害生物防治技术及其应用技术研究；④ 构建集化学防治、信息素诱杀、生物防治为主的预警监测及综合防控技术体系，并进行示范推广；⑤ 建设椰子油与椰子汁饮料加工中试生产线，构建国际先进的椰子产品现代加工技术转化与示范平台。

12. 海南省院士工作站（研究领域：棕榈植物病害发病规律与生态调控研究，略）

13. 宁夏（中阿）椰枣工程技术研究中心

宁夏（中阿）椰子工程技术研究中心于2016年8月22日经宁夏回族自治区科学技术厅批准设立。主要依托单位为宁夏中阿技术转移开发有限公司，我所和中阿迪拜技术转移中心、宁夏大学、百瑞源枸杞股份有限公司以及西部电子商务股份有限公司6家单位为参与组建单位。本平台的主要任务是开展椰枣病虫害防治、水肥一体化、物联网技术应用和椰枣精深加工等技术研发和成果转移，推动椰枣产业技术进步。

我所作为参与单位，自中心设立以来，先后赴阿联酋大学和阿联酋国家椰枣组培工厂开展了椰枣组培技术的交流与合作；并在阿联酋迪拜、沙迦、阿布扎比等区域的椰枣种植园区内开展了椰枣种质资源和椰枣病虫害调查，发掘出了部分优异种源，同时对当地的栽培措施和节水种植技术进行了调研。

14. 中国热带农业科学院热带油料作物研究中心

中国热带农业科学院热带油料作物研究中心成立于2012年。以油棕、椰子、油茶、花生、油莎豆、小桐子、红厚壳等热带油料作物为研究对象，主要研究方向包括：① 热带油料作物种质资源评价与保存；② 热带油料作物新品种的培育和选育；③ 热带油料作物高效栽培研究及模式的建立；④ 重要热带油料作物高产高效栽培生理基础研究；⑤ 重要热带油料作物有害生物的控制技术研究；⑥ 油脂的提取分离、精炼技术研究及其综合开发利用等。平台开展科技攻关、技术创新、技术集成、技术示范等系统研究和科技示范、推广服务为一体，解决生产过程中的科学问题和技术难题，以支撑、引领和服务热带油料产业发展为宗旨，"世界一流的热带油料科技中心"为总体目标，通过人才引进、吸收、培养、交流等形式组建科研创新团队，加强科研条件与人才队伍建设，加强与国内外同行的合作，使热带油料作物研究中心成为热带热带油料科技创新、成果转化与人才培养的基地。

自成立以来，获省部级科技奖励11项，其中省级奖8项和部级奖3项；发表学术论文107篇，其中SCI/EI收录11/3篇；授权专利60项，其中发明专利26项，实用新型34项；发布标准23项；参与编写学术专著11本。2013年通过农业部品种审定委员会终审椰子品种1个"文椰2号"。与海南美椰食品科技有限公司共同成立合作公司，营运椰子油系列产品。椰子新品种推广面积约7万亩；建立了椰子、槟榔标准化示范基地4个；协助地方政府制订文昌市椰子产业发展规划和万宁市槟榔产业发展规划，并为产业发展全力提供技术保障；组织科技人员深入田间地头，开展科技普及上百次，现场解决农民生产中遇到的问题，进一步发挥了农业科技引领示范、辐射带动的功能。中心还积极利用椰子研究所科研技术优势，为企业提供产品研发技术支持，同海南岛屿食品有限公司共同筹建"国家重要热带作物工程技术研究中心热带果蔬饮料实验室"；与海南椰谷食品饮料有限公司合作"浓缩椰浆生产技术研究"项目；与海南康源农林科技有限公司共建油茶示范推广基地，该公司提供40万元技术经费，由我所提供油茶种植与油茶提炼相关技术；与天津聚龙集团共同筹建"油棕产业联盟"；与倡和文化有限公司合作的林下立体农业合作项目顺利运行；与海南美椰食品科技有限公司共同成立合作公司，共同营运椰子油系列产品，项目运行正常；海南省林业局、三亚市林业局等十几家公司及政府部门进行科技合作，进一步加快了我所科技成果转化。

15. 中国热带农业科学院油棕研究中心

中国热带农业科学院油棕研究中心于2012年成立。本平台是以油棕为研究对象，根据产业发展需要，开展基础性研究，产业发展关键和共性技术攻关和集成，解决油棕产业发展中的关键科学技术问题，培养油棕产业技术创新人才，提升油棕产业技术水平。现有全职科技人员21人，其中高级职称10人，博士9人。

自成立以来，逐步建立了油棕种质资源圃、油棕试验示范与繁育等基地，为科研机构与企业提供一个产学研相结合的技术创新基地；并通过提供信息咨询与技术服务为"走出去"企业在国外发展油棕产业提供技术支撑，先后为国家开发银行、中地国际、辽宁三和矿业等多家跨国投资企业编写了油棕产业发展规划以及塞拉利昂、安哥拉、刚果金等非洲国家油棕种植加工园项目的可行性研究报告，还为缅甸、瓦努阿图油棕种植提供项目咨询和可行性报告，为天津聚龙集团在印度尼西亚的油棕种植园提供水肥管理、病虫害防控等技术支持，为我国企业响应国家"一带一路"倡议、"走出去"投资油棕产业提供技术支撑。

16. 中国热带农业科学院槟榔研究中心

中国热带农业科学院槟榔研究中心成立于2016年7月1日。旨在充分发挥热科院科技人才和科学技术优势，创新科研单位合作新模式，加强槟榔关键技术的联合攻关研究和各级政府重大项目申报的执行，解决产业发展中存在的关键问题，加快科技成果转化应用，促进槟榔技术体系的完善及推广工作，以便更好地推动我国槟榔产业快速持续发展。

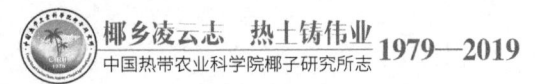

自成立以来，认定"热研1号"槟榔新品种1个，集成示范的低产槟榔园综合改造技术，获得万宁市科技进步一等奖。研发了槟榔苗期、挂果期等系列专用肥3个；发表相关论文32篇，其中SCI论文2篇；出版《槟榔》专著1部；编写《槟榔高产栽培技术》技术丛书1本；录制《槟榔高产栽培技术》科教片1部；累计获批科研经费96万元，培养研究生5名。

17. 中国热带农业科学院印度尼西亚农业实验站

中国热带农业科学院印度尼西亚农业试验站成立于2018年7月，依托单位为中国热带农业科学院椰子研究所，合作单位为天津聚龙集团。试验站主要开展新配种引种试种、优质种苗繁育、高效栽培管理、林下资源综合利用、智能机械化采收与运输、技术示范与成果转化等6个方面的工作。旨在利用印度尼西亚热带农业特点及其优势产业，立足我国热带农业布局，兼顾合作单位发展需求，联合印度尼西亚本土科研机构，整合国内外相关优势资源，重点开展油棕、椰子等热带油料产业技术试验与示范，为热带农业科技创新和成果转化提供平台，促进我国农业"走出去"，服务国家"一带一路"战略。

目前，已对接农业农村部南京农业机械化研究所、中国农业机械化科学研究院等单位的有关专家团队在智能机械化采收与运输方面开展前期调研与产品试制研发。

第四节　研究生教育

自2006年以来，我所共培养研究生65人，亚非杰出青年科学家来所工作7人次。研究生的培养，为热带农业科技创新事业培养了人才；亚非杰出青年科学家来所工作，加深了学习和交流，也提高了我所在世界科研院所中的地位。

一、历年研究生名单及信息

招生时间	学科、专业名称（见招生简章）	姓名	导师	毕业时间	联培院校	学位
2006年	种质资源学	潘坤	唐龙祥	2008.6	海南大学	硕士
2007年	森林保护	辛星	马子龙	2010.6	海南大学	硕士
	农产品加工与贮藏	辛波	赵松林	2010.6	海南大学	硕士
	农业昆虫与害虫防治	李磊	马子龙	2010.6	海南大学	硕士
	农业昆虫与害虫防治	魏娟	覃伟权	2010.6	海南大学	硕士
	农产品加工与贮藏	黄翊鹏	赵松林	2010.6	海南大学	硕士
	种质资源学	任军方	唐龙祥	2010.6	海南大学	硕士
2008年	农产品加工与贮藏	祁静	赵松林	2011.6	海南大学	硕士
2009年	耕作与栽培学	秦呈迎	唐龙祥	2011.6	海南大学	硕士
	种质资源学	牛聪	唐龙祥	2011.6	海南大学	硕士
	农业昆虫与害虫防治	车江萍	马子龙	2011.6	海南大学	硕士
	农产品加工与贮藏	王威	赵松林	2011.6	海南大学	硕士
	农产品加工与贮藏	赵晓莉	赵松林	2011.6	海南大学	硕士
	农业昆虫与害虫防治	张晶	覃伟权	2011.6	海南大学	硕士
2010年	作物栽培与耕作学	黄少刚	唐龙祥	2013.6	海南大学	硕士
	农产品加工与贮藏	雷茜茜	赵松林	2013.6	海南大学	硕士
	农产品加工与贮藏	张航	赵松林	2013.6	海南大学	硕士
	农产品加工及贮藏工程	关为	陈卫军	2013.6	陕西师范大学	硕士
	植物学	罗意	范海阔	2013.6	海南大学	硕士
2011年	农产品加工及贮藏工程	龙雪峰	赵松林	2014.6	海南大学	硕士
	农产品贮藏	张明	赵松林	2014.6	海南大学	硕士
	食品工程	汪金	赵松林	2013.6	华中农业大学	硕士
	农产品贮藏	颜巧丽	陈卫军	2014.6	海南大学	硕士
	食品加工	胡荣	陈卫军	2013.6	华中农业大学	硕士
	森林保护	万捷	覃伟权	2014.6	海南大学	硕士
	植物学	刘峥	范海阔	2014.6	西南林业大学	硕士
2012年	农产品加工及贮藏工程	李晓煜	赵松林	2015.6	海南大学食品学院	硕士
	食品工程	禤小凤	赵松林	2015.6	海南大学食品学院	硕士
	农产品加工及贮藏工程	段岢君	陈卫军	2015.6	海南大学食品学院	硕士
	作物害虫学	杨崇慧	马子龙	2015.6	海南大学农学院	硕士
	栽培学与耕作学	李阳	唐龙祥	2015.12	海南大学环植学院	硕士
	食品工程	曹飞宇	陈卫军	2015.6	江南大学	硕士
2013年	食品工程（专业学位）	李堃	赵松林	2016.6	海南大学食品学院	硕士
	食品工程（专业学位）	苏彦利	陈卫军	2015.6	海南大学食品学院	硕士
	林业（专业学位）	姚海荣	覃伟权	2015.6	海南大学环植学院	硕士
	园艺	王晨	雷新涛	2015.6	华中农业大学	硕士
	食品工程（专业学位）	叶棋锋	陈卫军	2015.6	海南大学食品学院	硕士

(续表)

招生时间	学科、专业名称（见招生简章）	姓名	导师	毕业时间	联培院校	学位
2014年	食品工程	吴秋生	赵松林	2016.6	华中农业大学	硕士
	果树学	马建伟	范海阔	客座	四川农业大学	硕士
	食品工程	陈娟	陈卫军	2016.6	华中农业大学	硕士
	遗传育种	林以运	雷新涛	2017.6	海南大学	硕士
	食品工程	宋彦博	赵松林	2017.6	海南大学	硕士
	食品工程	王志煌	赵松林	2017.6	海南大学	硕士
	林业	罗旭初	马子龙	2017.6	海南大学	硕士
	园艺	张骥昌	曹红星	2017.6	海南大学	硕士
2015年	食品工程	耿蕾	赵松林	2017.6	华中农业大学	硕士
	作物	张璐璐	杨耀东	2017.6	华中农业大学	硕士
	林业	方萍	马子龙	2017.6	海南大学	硕士
	作物	洪雨慧	肖勇	客座	海南大学	硕士
2016年	农业生物技术	窦雅静	肖勇	在读	海南大学	博士
	作物遗传育种	唐雯琪	肖勇	2019.6	海南大学	硕士
	作物	吴玉双	杨耀东	2018.6	华中农业大学	硕士
	食品工程	李艳南	赵松林	2018.6	华中农业大学	硕士
2017年	食品工程	吕方方	陈华	2018.6	华中农业大学	硕士
	森林保护	黄梦伊	闫伟	客座	北京林业大学	硕士
	作物栽培与耕种学	王锋堂	刘立云	客座	海南大学	硕士
	林木遗传育种	刘艳艳	范海阔	2018.6	西南林业大学	硕士
	果树学	李元元	曹红星	2018.6	海南大学	硕士
	园艺	覃少昌	王永	在读	海南大学	硕士
2018年	农艺与种业	刘华伟	覃伟权	在读	海南大学	硕士
	农艺与种业	杨蒙迪	曹红星	在读	海南大学	硕士
	农艺与种业	姚慧玲	范海阔	在读	海南大学	硕士
	农艺与种业	郭树宽	杨耀东	在读	海南大学	硕士
	食品加工与安全	宋晨也	赵松林	在读	华中农业大学	硕士
	生物学	钟雅珠	肖勇	在读	浙江师范大学	硕士

二、毕业生就业情况

招生时间	学科、专业名称	姓名	导师	毕业时间	学位	职称/职务	目前就职单位
2006年	种质资源学	潘坤	唐龙祥	2009.6	硕士	副教授	海南医学院
2007年	农业昆虫与害虫防治	李磊	马子龙	2010.6	硕士	副研究员	热科院环植所
	农产品加工与贮藏	黄翊鹏	赵松林	2010.6	硕士	工程师	济南农业科学院
	种质资源学	任军方	唐龙祥	2010.6	硕士	副研究员/副主任	海南省农业科学院热带园艺研究所
2008年	农产品加工与贮藏	祁静	赵松林	2011.6	硕士	讲师	广西中医药大学
2009年	农业昆虫与害虫防治	车江萍	马子龙	2011.6	硕士	助研	热科院品资所
	农业昆虫与害虫防治	张晶	覃伟权	2011.6	硕士	副研	中科院上海植生所

（续表）

招生时间	学科、专业名称	姓名	导师	毕业时间	学位	职称/职务	目前就职单位
2010年	作物栽培与耕作学	黄少刚	唐龙祥	2013.6	硕士	工程项目经理	湖北环境修复与治理技术研究有限公司
	农产品加工与贮藏	雷茜茜	赵松林	2013.6	硕士	教师	长沙市浏阳市张坊初级中学
2011年	农产品贮藏	张明	赵松林	2014.6	硕士	在读博士	马斯特里赫特大学
2012年	农产品加工及贮藏工程	段岢君	陈卫军	2015.6	硕士	副主任科员	昌宁县市场监督管理局
2013年	食品工程（专业学位）	李堃	赵松林	2016.6	硕士	国际注册处注册专员	齐鲁制药（海南）有限公司
2014年	遗传育种	林以运	雷新涛	2017.06	硕士	上海区销售经理	北京百迈客生物科技有限公司
	食品工程	王志煌	赵松林	2017.06	硕士	助理工程师	达利食品集团有限公司
2015年	园艺（客座）	张骥昌	曹红星	2017.06	硕士	区域主管	中化（海南）有限公司
2016年	果树学	李元元	曹红星	2018.06	硕士	科研助理	山东省马业协会
	作物遗传育种	唐雯琪	肖勇	2019.07	硕士	教师	海南山高学校

第五节　主要科技成果

跨越2个世纪，椰子研究所获得了包括国家科学技术进步奖二等奖、海南省科技进步奖特等奖在内的部省级以上奖励25项，发表论文1 006篇，主编和参编著作49部，获授权专利109项，审定标准54项，品种（品系）鉴定2个，培育优良新品种11个。

一、科技奖励

部省级以上科技奖励统计

序号	成果名称	完成单位	完成人	获奖时间及种类
1	椰子杂交新品种——文椰 $78F_1$	中国热带农业科学院椰子研究所	毛祖舜、徐月发等	1994年海南省科技进步奖四等奖
2	改造低产椰园提高产量与经济效益研究	中国热带农业科学院椰子研究所	安贤书等	2000年海南省科技进步四等奖
3	低产椰园改造技术的示范与推广	中国热带农业科学院椰子研究所	马子龙等	2004年农牧渔业丰收奖三等奖/海南科技进步三等奖
4	五种国外椰子优良品种的引进及适应性研究	中国热带农业科学院椰子研究所	赵松林、邱小强、龙翔岚、马子龙、覃伟权、范海阔、吴多扬、刘立云、牛启祥、韩联健、唐龙祥、王文壮等	2007年度海南省科技进步奖三等奖
5	马来亚黄、红矮椰子种植示范推广	中国热带农业科学院椰子研究所、文昌市科技开发中心、万宁市科学技术与信息产业局、琼海市热带作物服务中心、三亚市农业技术推广服务中心、陵水黎族自治县农业局	马子龙、刘立云、王必尊、罗章奉、覃伟权、冯美利、王萍	2008年度海南省科技成果转化奖二等奖

(续表)

序号	成果名称	完成单位	完成人	获奖时间及种类
6	椰园种养高效模式研究	中国热带农业科学院椰子研究所	覃伟权、刘立云、陈思婷、冯美利、唐龙祥、王萍	2008年度海南省科技进步奖三等奖
7	椰子花序汁液的采集与利用研究	中国热带农业科学院椰子研究所、国家重要热带作物工程技术研究中心	陈华、赵松林、张木炎、李新菊等	2009年度海南省科技进步奖三等奖
8	特色热带作物产品加工关键技术研发集成及应用	中国热带农业科学院椰子研究所等	赵松林等	2010年度国家科技进步奖二等奖
9	利用寄生蜂防治重大入侵害虫椰心叶甲的研究与应用	中国热带农业科学院椰子研究所（第三完成单位）	覃伟权等	2010年度海南省科技进步奖特等奖
10	椰子种质资源的收集、保存、评价与创新利用研究	中国热带农业科学院椰子研究所等	赵松林、范海阔、周焕起等	2010年度海南省科技进步奖一等奖
11	高产早结优良椰子新品种的引进与推广利用	中国热带农业科学院椰子研究所、文昌市热带作物技术服务中心、三亚市热带作物技术推广服务中心、万宁市热带作物开发中心、琼海热带作物服务中心、定安县农技中心、广西壮族自治区亚热带作物研究所、海口农联椰子产销专业合作社	赵松林、马子龙、范海阔、符之学、杨皇、孙多菊、刘立云、陈德政、牛启祥、张延菊、唐龙祥、王燕、陈良秋、朱宏、吴多扬、岑彩霞、黄春、陈豪军、许环能、张家郡、周文忠、蔡勤权、黎运雄、孙令福	2010年度全国渔牧丰收二等奖
12	椰园种养生态模式构建研究、示范和推广应用	中国热带农业科学院椰子研究所、文昌市工业和科技信息化局、万宁市工业和科技信息产业局、琼海市热带作物服务中心、陵水黎族自治县农业委员会、三亚市农业技术推广服务中心	刘立云、陈思婷、王萍、李艳、冯美利、覃伟权、董志国、唐龙祥、李杰、杨伟波、孙程旭、符策谋、陈东良、陈德政、邓崇海、罗宏伟	2011年度海南省科技成果转化奖二等奖
13	椰子生产全程质量控制技术研究与应用	中国热带农业科学院椰子研究所等	赵松林、陈华、陈卫军、夏秋瑜、范海阔、唐敏敏、覃伟权、曹红星、朱辉、孙程旭、马子龙、陈思婷、李朝绪、刘立云、李新菊、张木炎	2011年海南省科技进步奖三等奖
14	高产早结鲜食椰子新品种文椰2号的培育与推广利用	中国热带农业科学院椰子研究所等	赵松林、范海阔、吴翼、覃伟权、马子龙、唐龙祥、刘立云、黄丽云、曹红星、吴多扬、牛启祥	2012年海南省成果转化奖二等奖
15	重要入侵害虫红棕象甲防控基础与关键技术研究及应用	中国热带农业科学院椰子研究所等	覃伟权、阎伟、黄山春、李朝绪、刘丽、马子龙、王谨、彭正强、林志平、王志政	2013年海南省科技进步奖一等奖

(续表)

序号	成果名称	完成单位	完成人	获奖时间及种类
16	椰衣栽培介质产品开发关键技术研究、示范与推广	中国热带农业科学院椰子研究所、三亚市热带作物技术推广服务中心、海南万钟实业有限公司、文昌市热带作物技术服务中心、琼海市热带作物服务中心、万宁市热带作物开发中心、福建省泉州市台盛果蔬有限公司、广东省廉江市园林花卉协会	陈卫军、孙程旭、冯美利、陈华、赵松林、刘立云、范海阔、周文忠、唐跃东、符之学、林道迁、戴俊、朱杰、孙令福、颜广弟、陈美、曹琼坚、魏英智、杨皇清、翁书旭、周妖艳、符史廉、王玮、黄史桐	2013年农业部渔业丰收奖一等奖
17	椰衣栽培介质产品开发及综合利用研究	中国热带农业科学院椰子研究所等	陈卫军、朱国鹏、孙程旭、冯美利、刘立云、唐跃东、李新菊、陈华	2013年海南省成果转奖二等奖
18	椰子种质资源创新与新品种培育	中国热带农业科学院椰子研究所等	赵松林、唐龙祥、覃伟权、李和帅、范海阔、黄丽云、曹红星、吴多扬、刘立云、王萍、刘蕊、吴翼、马子龙、周焕起、冯美利、陈思婷、张军、董志国、龙翊岚、牛启祥	2013年中华农业科技奖二等奖
19	槟榔贮藏加工特性研究与产业化应用	中国热带农业科学院椰子研究所等	陈卫军、吉建邦、黄玉林、潘永贵、曾海东、蔡正学、赵松林、宋菲、康效宁、唐敏敏	2014年海南省科技进步奖二等奖
20	以"全根苗技术"为核心的椰子种苗繁殖技术体系研究与推广利用	中国热带农业科学院椰子研究所、万宁市热带作物开发中心、文昌市热带作物技术服务中心、琼海市热带作物服务中心	刘蕊、范海阔、张军、弓淑芳、黄丽云、曹红星、赵松林、唐龙祥、刘立云、孙程旭	2014年海南省成果转化奖二等奖
21	生物防治为主的重大入侵害虫椰心叶甲持续治理技术研究与应用	中国热带农业科学院椰子研究所等	彭正强、李洪、徐汉虹、覃伟权、吕宝乾、秦长生、马子龙、李朝绪、金涛、张志祥、唐超、曾玲、沈有孝、叶宝鑑、李伟东	2014年中国植物保护学会科学技术奖一等奖（第四完成单位）
22	以"全根苗技术"为核心的椰子种苗繁殖技术体系研究与推广利用	中国热带农业科学院椰子研究所、万宁市热带作物开发中心、文昌市热带作物技术服务中心、琼海市热带作物服务中心	刘蕊、范海阔、张军、弓淑芳、黄丽云、曹红星、赵松林、唐龙祥、刘立云、孙程旭	2015年中华农业科技进步奖三等奖
23	油棕高产、抗寒的生物学基础研究	中国热带农业科学院椰子研究所	曹红星、杨耀东、肖勇、雷新涛、周丽霞、冯美利、王永、石鹏、刘艳菊、夏薇、张大鹏、李静、吴翼	2015年海南省科技进步奖三等奖
24	高产早结矮化椰子新品种文椰3号的推广利用	中国热带农业科学院椰子研究所、三亚市热带作物技术推广服务中心、琼海热带作物服务中心、万宁市热带作物开发中心、文昌市热带作物技术服务中心	范海阔、张军、李和帅、弓淑芳、周文忠、戴俊、刘蕊、孙程旭、符之学、林道迁	2016年海南省成果转化奖三等奖
25	槟榔重要害虫红脉穗螟无公害防治技术研究及利用	中国热带农业科学院椰子研究所、海南省林业科学研究所、海南正业中农高科股份有限公司、中国热带农业科学院环境与植物保护研究所	钟宝珠、吕朝军、覃伟权、阎伟、钱军、张善学	2017年海南省成果转化奖三等奖

2006—2018年主要科研项目和成果统计

年度	获批经费（万元）	省部级项目（万元）	科研业务费（万元）	横向（万元）	省部级项目（项）	科研业务费（项）	横向（项）	发表论文（篇）	SCI（篇）	出版专著（本）	鉴定成果（项）	获奖成果（项）	发布标准（项）	获批专利（项）	科技人员（人）
2006	148.1	61.1	15	72	8	3	4	19	0	0	0	0	1	0	33
2007	396.73	59.4	128	209.33	11	9	9	103	0	2	2	1	2	2	39
2008	441.35	187.25	112.1	142	10	8	4	76	1	0	2	2	0	1	45
2009	404.81	203.95	59	141.86	16	6	7	78	3	1	2	1	2	1	53
2010	748.00	584	83	81	16	10	5	76	6	0	3	4	0	6	60
2011	567.26	454	28	85.26	19	4	4	76	6	1	2	1	1	9	69
2012	878.00	607	121	150	18	9	4	58	6	1	5	3	6	16	75
2013	1 161	773	102	286	30	9	9	63	5	4	1	4	5	12	82
2014	966.45	709	99	158.45	28	5	16	88	10	2	0	2	2	11	87
2015	1 298.938	908	146.62	244.318	29	8	13	85	14	4	0	4	13	15	75
2016	1 345.21	773	392.21	180	28	11	13	61	12	5	1	1	3	18	83
2017	1 298.22	763	420	115.22	35	21	11	65	16	0	0	2	5	12	83
2018	1 517.08	1156	310	51.08	42	23	5	34	7	0	0	0	2	9	90

二、科技论文

自1994年有统计以来，椰子研究所共发表高水平论文1 006篇，具体统计（倒叙）如下。

1	高荣华.以海南命名的植物（二）[J].植物杂志，1989（5）：43.
2	高荣华.以海南命名的植物（一）[J].植物杂志，1989（4）：46.
3	邢贻藏，毛祖舜.椰子杂交种马哇（MAWA）引种试种报告[J].热带作物学报，1990（1）.
4	高荣华.几种热带水果[J].植物杂志，1991（1）：8-9.
5	唐龙祥，毛祖舜.海南主要椰区椰树营养状况的调查与分析[J].热带作物科技，1991.
6	唐龙祥，邱兵.测定椰子叶片中钙镁的加锶量问题的研究[J].热带作物科技，1991（1）：40-42.
7	安贤书，阮传荣.改造低产椰园提高社会经济效益[J].热带农业科学，1991（3）.
8	赵松林.椰衣纤维软垫传统生产工艺的改进[J].热带作物机械化，1992（2）：12-13.
9	高荣华.我国位置最南的自然保护区——西沙东岛白鲣鸟保护区[J].野生动物学报，1993（4）：46.
10	安贤书，韩联健.椰子灰斑病药剂防效试验及验证[J].热带农业科学，1994（3）.
11	安贤书，韩联健.椰子灰斑病的发生情况及防治方法[J].植物保护，1994，20（1）：16-17.
12	李文彬.国内外林地施肥发展概况[J].热带作物研究，1995（4）：37-40.
13	赵松林，陈华.往复式液压椰子原汁压榨机的设计[J].热带作物机械化，1995（2）：21-22.
14	唐龙祥，邱兵，毛祖舜.海南椰子镁肥效应研究[J].热带作物研究，1995（2）：19-22.
15	王文壮.海南椰园间作与多层栽培的展望[J].热带作物研究，1995（1）：77-81.
16	邱维美.海南椰树施肥效应与合理施肥[J].热带作物研究，1996（2）：25-30.
17	赵松林，邱小强，陈华.瓶装椰子汁饮料生产工艺研究[J].食品工业科技，1997（5）：26-27.
18	覃新导，王永壮.徐闻县荔枝生产的前景及建议[J].热带农业科学，1998（4）：40-43.
19	尹峰.海南农村工业化发展的思考[J].农业现代化研究，1998（2）：43-46.
20	林盛，陈幸华.椰子胚离体培养中的蔗糖效应[J].热带作物学报，1999（1）：20-24.
21	尹峰，窦志浩.建立优质种苗示范基地，加快发展海南椰子产业[J].资源开发与市场，1999（6）：344-345.
22	王永壮，曾莉娟.几种椰子主要病害及其防治[J].世界热带农业信息，1999（12）：9-11.

（续表）

23	郑服丛，贺春萍，邱小强.海南岛西瓜、青瓜和毛瓜枯萎病菌致病性的初步研究[J].热带作物学报，1999（1）：49-53.	
24	覃伟权，王永壮.海南发展百万亩椰林工程的市场前景和改进意见[J].热带农业科学，2000（4）：65-68.	
25	陈思婷.海南省发展椰园多层栽培大有可为[J].热带农业科学，2000（3）：26-28+66.	
26	韩联健，徐月发.海南岛椰子寒害落裂果情况的调查与分析[J].热带农业科学，2000（6）：1-2+8.	
27	龙翊岚，王永壮，聂贞.充分利用椰子资源优势，大力发展海南椰子加工业[J].热带农业科学，2000（5）：41-44.	
28	王永壮，覃伟权.海南椰子主要病虫害及其防治[J].热带农业科学，2000（5）：59-62.	
29	梁焱，赵松林，陈华，张木炎.椰汁茶复合饮料的开发[J].食品工业科技，2000（1）：49-50.	
30	李新菊，陈华，赵松林.海南发展椰衣栽培基质加工业的前景分析[J].热带农业科学，2001（5）：37-39+49.	
31	刘立云，唐龙祥，韦家少.椰园间作禾本科牧草试验初报[J].热带农业科学，2001（4）：4-9.	
32	陈华，李新菊.台湾的水果产期调节技术[J].中国南方果树，2001（5）：62-63.	
33	刘进平，郑成木.国外胡椒繁殖方法研究综述[J].热带农业科学，2001（5）：53-56.	
34	李文彬，陆璐，郑学勤.甜瓜 ACC 氧化酶前导激应元件的克隆与序列分析[J].热带作物学报，2001（2）：52-56.	
35	覃伟权，赵辉，韩超文.红棕象甲在海南发生为害规律及其防治[J].云南热作科技，2002（4）：29-30+33.	
36	刘立云，牛启祥，李和帅.毛叶枣高接换种技术[J].柑橘与亚热带果树信息，2002（6）：33-34.	
37	韦家少，申志斌，唐龙祥，刘立云.海南东北部滨海沙地 7 品种禾本科牧草产量比较试验[J].热带农业科学，2002（1）：14-15+22.	
38	覃伟权.椰花四星象甲生物学特性及其危害规律的研究[J].植物保护，2002（2）：27-28.	
39	覃伟权，周焕起，张木炎，韩超文.浅谈芦荟组培苗移栽技术[J].云南热作科技，2002（1）：45-46.	
40	刘立云.海南发现 B 型烟粉虱[J].植物保护，2002（1）：61.	
41	覃伟权，彭正强，刘济宁.植物次生物质研究进展[J].热带农业科学，2002（6）：60-68.	
42	邱维美，梁焱，陈华，周世叶，徐月发，毛祖舜.椰果发育规律研究[J].热带林业，2002（3）：4-6+15.	
43	唐龙祥.加强与改进我国椰子业的国际合作[J].热带农业科学，2003（3）：24-27.	
44	冯美利.芒果叶片组织的细胞结构与耐寒性的初步研究[J].热带农业科技，2003（1）：5-7+18.	
45	周焕起，刘立云，许小妹.香蕉组培袋装苗培育技术[J].中国南方果树，2003（5）：30-31.	
46	唐龙祥，林位夫，牛启祥，覃伟权，刘立云.椰园/牧草间作：主间作物之间相互的影响[J].热带作物学报，2003（2）：11-15.	
47	覃伟权，张茂新，凌冰，彭正强.3 种热带杂草挥发油干扰小菜蛾行为的研究[J].华南农业大学学报，2004（4）：39-42.	
48	覃伟权，凌冰，彭正强，张茂新.3 种热带植物次生物质对小菜蛾的干扰作用[J].植物保护学报，2004（3）：269-275.	
49	唐龙祥.加强与改进我国椰子业的国际合作[C]//中国科协 2004 年学术年会海南论文集.中国科学技术协会学会学术部，2004：4.	
50	覃伟权，彭正强，凌冰，张茂新.20 种热带植物乙醇提取物对小菜蛾产卵驱避和拒食作用[J].热带作物学报，2004（1）：49-53.	
51	周焕起，刘立云，许小妹.香蕉组培袋装苗培育技术[J].中国热带农业，2004（1）：49.	
52	覃伟权，马子龙，吴多扬，蔡希灼，王永壮，赵辉，韩超文.几种引诱物对红棕象甲的诱集和田间监测[J].热带作物学报，2004（2）：42-46.	
53	唐龙祥，马子龙，吴多扬，牛启祥，林位夫，刘国道.椰园/牧草间作：牧草的适应性研究[J].热带作物学报，2004（2）：75-80.	
54	陈思婷，覃伟权.嫩果型椰子品种及其栽培技术[J].中国南方果树，2005（6）：59-60.	
55	唐龙祥，刘立云，冯美利.世界椰子业发展状况分析[J].世界热带农业信息，2005（10）：4-6.

(续表)

56	陈思婷，马子龙，覃伟权，李和帅，张军.海南椰子大观园棕榈植物名录[J].热带农业科学，2005（4）：38-43.
57	覃伟权.棕榈植物的经济利用价值[C]// 中国热带作物学会.中国热带作物学会2005年学术（青年学术）研讨会论文集.中国热带作物学会，2005.
58	刘立云.椰子嫩果产业现状与发展对策[C]// 中国热带作物学会.中国热带作物学会2005年学术（青年学术）研讨会论文集.中国热带作物学会，2005.
59	周焕起.海南槟榔产业前景分析[C]// 中国热带作物学会.中国热带作物学会2005年学术（青年学术）研讨会论文集.中国热带作物学会，2005.
60	唐龙祥.世界椰子业发展状况分析[C]// 中国热带作物学会.中国热带作物学会2005年学术（青年学术）研讨会论文集.中国热带作物学会，2005.
61	冯美利.中国发展油棕概况与前景[C]// 中国热带作物学会.中国热带作物学会2005年学术（青年学术）研讨会论文集.中国热带作物学会，2005.
62	曾鹏，冯美利.椰子幼树早结丰产施肥技术[J].柑橘与亚热带果树信息，2005（3）：50.
63	Tang L X. Southeast and East Asia Status of coconut genetic resources research in China [J]. Coconut Genetic Recources，2006.
64	曾鹏，王必尊，龙翊岚.椰子大观园的发展探析[J].华南热带农业大学学报，2006（4）：73-75.
65	陈良秋.海南岛槟榔园常见病虫害的防治[J].现代农业科技，2006（10）：76-77.
66	黄宇峰.海南发展野菜产业的可行性分析及措施[J].科技经济市场，2006（7）：15.
67	韩联健.发挥资源优势 促进文昌椰子产业可持续发展[J].中国果业信息，2006（7）：16-18.
68	周祥，黄光斗，马子龙，赵松林，周焕起.椰心叶甲啮小蜂对寄主的选择性、适宜性和功能反应[J].热带作物学报，2006（2）：74-77.
69	陈华.我国椰子加工产业前景及可持续发展对策[C]// 中国热带作物学会.热带作物产业带建设规划研讨会——热带果树产业发展论文集.中国热带作物学会，2006.
70	覃伟权.外来入侵生物对热作产业发展的影响与应对策略[C]// 中国热带作物学会.热带作物产业带建设规划研讨会——热带作物产业发展总论论文集.中国热带作物学会，2006.
71	陈华，洪葵，庄令，钟秋平.红树林放线菌0616167的生长特性及发酵条件优化[J].微生物学通报，2006（2）：16-20.
72	刘进平，陈良秋.椰子胚培养研究[J].热带农业科技，2006（1）：21-23.
73	陈华，洪葵，庄令，钟秋平.海南红树林的微生物生态分布及细胞毒活性评价[J].热带作物学报，2006（1）：59-63.
74	周祥，李世平，黄光斗，马子龙，赵松林.椰心叶甲啮小蜂发育起点温度和有效积温研究[J].昆虫天敌，2006（1）：8-12.
75	周焕起，马子龙，覃伟权，黄光斗，黄山春，李朝绪，韩超文.椰心叶甲的寄生性天敌——椰心叶甲啮小蜂和椰甲截脉姬小蜂的室内培育[J].中国生物防治，2006（S1）：6-10.
76	马子龙，赵松林，覃伟权，韩超文，黄光斗.椰心叶甲的天敌——椰心叶甲啮小蜂在田间扩散距离测定[J].中国生物防治，2006（S1）：11-13.
77	黄宇峰，赵松林.浅析海南椰子加工业发展存在的问题与对策[J].热带农业科学，2006（5）：38-40.
78	冯美利，刘立云.海南槟榔生产状况调查和建议[J].耕作与栽培，2006（5）：54-55.
79	陈良秋.印度发展槟榔产业的成功经验[J].中国热带农业，2006（5）：32.
80	马子龙，周祥，赵松林，李朝绪，黄光斗.温度对椰心叶甲啮小蜂发育历期及寄生力的影响[J].热带作物学报，2006（3）：61-65.
81	冯美利，曾鹏，刘立云.海南发展油棕概况与前景[J].广西热带农业，2006（4）：37-38.
82	刘立云，冯美利，唐龙祥.海南嫩果椰子产业现状与发展对策[J].中国果业信息，2006（6）：11-13.
83	覃伟权，陈思婷，黄山春，李和帅.椰心叶甲在海南的危害及其防治研究[J].中国南方果树，2006（1）：46-47.

（续表）

84	覃伟权，彭正强，张茂新．菠萝蜜乙醇提取物对小菜蛾的控制效果及其活性成分初步分析[J]．园艺学报，2007（6）：1387-1394．
85	李瑞，陈华，夏秋瑜，赵松林，李枚秋．椰壳活性炭脱色蔗糖溶液的研究[J]．现代食品科技，2007（12）：54-55+53．
86	覃伟权，余凤玉，黄山春，李朝绪，马子龙．植物乙醇提取物对椰心叶甲生物活性的影响[J]．热带作物学报，2007（4）：84-88．
87	吴多扬，韩联健．对海南引进和选育的主要椰子品种的初步评价[J]．中国热带农业，2007（6）：50-52．
88	李艳，王必尊，刘立云，陈思婷，马子龙．我国油棕研究现状与发展对策[J]．现代农业科技，2007（23）：216-217．
89	郑亚军，李艳，黄宇峰，李新菊，赵松林．椰子蛋白质研究进展[J]．食品研究与开发，2007（12）：171-174．
90	李瑞，夏秋瑜，陈华，李枚秋，赵松林．国外原生态椰子油的加工方法及功能性质[J]．食品工业科技，2007（11）：237-239．
91	刘立云，李杰，董志国．国内外椰子育种发展状况[J]．中国南方果树，2007（6）：48-51．
92	郑亚军，赵松林，陈华，李艳，李新菊，马子龙．超临界CO_2萃取技术在油脂加工中应用的研究进展[J]．现代农业科技，2007（22）：115-116+118．
93	余凤玉，马子龙，李朝绪，黄山春，李和帅，周焕起，韩超文，覃伟权．温度对水椰八角铁甲生长发育的影响[J]．华东昆虫学报，2007（4）：264-267．
94	李瑞，李枚秋，夏秋瑜，陈华，马子龙，赵松林．原生态椰子油的功能性质及应用[J]．中国油脂，2007（10）：10-13．
95	董志国，李杰，王萍，冯美利，刘立云，王必尊．生物燃料的可持续发展战略[J]．中国热带农业，2007（5）：8-9．
96	冯美利，李杰，王必尊．我国椰子综合研究进展概述[J]．中国热带农业，2007（5）：30-31．
97	黄山春，覃伟权，李朝绪，马子龙．我国南方地区主要外来入侵杂草及其防除[J]．现代农业科技，2007（19）：86-87+90．
98	王必尊，黄宇峰．加强科技创新文化建设的实践与探索[J]．华南热带农业大学学报，2007（3）：40-43．
99	李瑞，夏秋瑜．椰壳活性炭的市场分析[J]．世界热带农业信息，2007（9）：1-2．
100	董志国，刘立云，王萍，王必尊，覃伟权．海南椰子种植业现状分析[J]．现代农业科技，2007（17）：72+74．
101	李瑞，夏秋瑜，赵松林，张晓鸣．共轭亚油酸的功能性质及安全性评价[J]．食品研究与开发，2007（9）：168-171．
102	黄山春，覃伟权，周焕起，马子龙，李朝绪．椰心叶甲啮小蜂的繁殖生物学研究[J]．华东昆虫学报，2007（3）：168-171+238．
103	李和帅，马子龙，张军，曾鹏，黄宇峰，陈思婷．椰子大观园的棕榈科植物资源及其开发利用[J]．热带农业科学，2007（4）：26-32+49．
104	陈良秋，万玲．中国椰子史略[J]．现代农业科技，2007（15）：222-223+225．
105	吴翼，武耀廷，马子龙，周焕起，周世叶．椰子组织培养的研究进展[J]．中国农学通报，2007（8）：485-489．
106	黄丽云，范海阔，李杰，唐龙祥．香水椰子的生物学特性及其栽培技术[J]．中国南方果树，2007（4）：25-26．
107	范海阔，黄丽云，周焕起，陈良秋，冯美利，唐龙祥．槟榔及其栽培技术[J]．中国南方果树，2007（4）：27-29．
108	夏秋瑜，赵松林，李从发，李瑞，李枚秋，陈华，何雪莲．中碳链脂肪酸甘油三酯的研究进展[J]．食品研究与开发，2007（7）：150-153．
109	李杰，黄丽云，唐龙祥，刘立云．我国椰子主栽品种与主要育种方法的探讨[J]．安徽农业科学，2007（18）：5408-5409．
110	陈良秋，万玲．海南岛槟榔病害防治策略[J]．中国农技推广，2007（6）：42-44．
111	夏秋瑜，李瑞，赵松林，张木炎，李新菊．椰子的利用价值及综合加工技术[J]．中国热带农业，2007（3）：37-38．

(续表)

112	王萍，马子龙，刘立云.锯叶棕的药用价值及市场前景分析[J].中国热带农业，2007（3）：41-42.
113	冯美利，刘立云，曾鹏.椰园复合经营模式及效益分析[J].现代农业科技，2007（11）：45-46.
114	黄山春，覃伟权，马子龙，李朝绪.我国棕榈植物主要外来入侵害虫及其防治[J].现代农业科技，2007（9）：91-92.
115	周焕起，黄丽云，范海阔，许小妹.椰子胚培养研究进展[J].安徽农业科学，2007（14）：4177-4179.
116	覃伟权，马子龙，郑小蔚.海南省科技投入现状与对策分析[J].现代农业科技，2007（10）：171-173.
117	王萍，李杰，付瑜华，王惠君，李开绵，王文泉.利用非近交亲本杂交F_1群体对木薯褐斑病田间抗性的QTL分析[J].热带亚热带植物学报，2007（3）：191-197.
118	范海阔，黄丽云，唐龙祥，马子龙.槟榔生产消费现状及存在的问题[J].安徽农业科学，2007（13）：4044-4045.
119	黄丽云，李杰，周焕起，马子龙.药用石斛产业现状及其在海南的发展前景[J].中国热带农业，2007（2）：24-25.
120	范海阔，覃伟权，黄丽云，唐龙祥，马子龙.槟榔黄化病研究现状与进展[J].中国热带农业，2007（2）：29-31.
121	陈华，赵松林，张木炎，李新菊，李枚秋，夏秋瑜，李瑞.椰子花序汁液资源的开发利用[J].中国热带农业，2007（2）：36-37.
122	陈良秋，万玲.我国引种槟榔时间及其它[J].中国农村小康科技，2007（2）：48-50.
123	陈思婷，覃伟权，冯美利，刘立云.绿色保健蔬菜长寿芹[J].中国热带农业，2007（1）：43.
124	陈思婷，覃伟权.值得开发利用的棕榈科植物[J].广西热带农业，2007（1）：41-42.
125	范海阔，黄东杰，刘巧泉，顾丽红，张树珍.无机焦磷酸化酶融合基因克隆分析及表达载体的构建[J].西南农业学报，2007（6）：1267-1271.
126	余凤玉.寄主植物对水椰八角铁甲生长发育的影响[C]//中国植物保护学会生物入侵分会论文集，2007.
127	黄山春.椰心叶甲啮小蜂的繁殖生物学研究[C]//中国植物保护学会生物入侵分会论文集，2007.
128	龙翊岚，赵松林.影响企业文化发挥作用的原因[J].商场现代化，2007（33）：326.
129	陈良秋.我国槟榔栽培与产业发展现状[J].现代农业科技，2007（22）：60+64.
130	丁少江，李朝绪，梁敏国，梁治宇，覃伟权，马子龙.深圳市释放啮小蜂对椰心叶甲的控制作用[J].中国生物防治，2007（4）：306-309.
131	冯美利，王萍，刘立云，董志国，李杰.可可种子育苗试验初报[J].中国种业，2007（11）：55-56.
132	陈良秋.槟榔选种技术[J].中国农技推广，2007（10）：15.
133	符海泉，马子龙.园林仙子——假槟榔[J].中国热带农业，2007（5）：48-49.
134	龙翊岚.独具一格的植物——香棕[J].中国热带农业，2007（5）：49-50.
135	龙翊岚.浅析我国农业科研人才管理问题[J].科技信息（科学教研），2007（27）：562.
136	董志国，刘立云，王必尊.耐光氧化简易鉴定技术及其应用[J].现代农业科技，2007（18）：138+140.
137	陈良秋.海南岛槟榔主要病虫害的化学防治[J].现代农业科技，2007（18）：74-75.
138	龙翊岚.浅谈农业科研机构的人才问题[J].华南热带农业大学学报，2007（3）：44-47.
139	王萍.嫩果椰子水的营养成分及其开发利用[J].现代农业科技，2007（17）：7-8+10.
140	黄山春，覃伟权，郑小蔚.洋虫的人工饲养[J].养殖技术顾问，2007（9）：27.
141	余凤玉.椰子致死性黄化病研究进展[C]//中国热带作物学会.中国热带作物学会2007年学术年会论文集.中国热带作物学会，2007.
142	覃伟权.椰园养鸡对椰园生态及其经济效益的影响[C]//中国热带作物学会.中国热带作物学会2007年学术年会论文集.中国热带作物学会，2007.

（续表）

143	李杰.海南省农民专业合作组织发展中存在的问题及对策建议[C]//中国热带作物学会.中国热带作物学会2007年学术年会论文集.中国热带作物学会，2007.	
144	黄丽云，周焕起，唐龙祥，范海阔.槟榔胚培养[J].植物生理学通讯，2007（4）：737.	
145	韩联健，唐龙祥，刘立云.椰园复合经营前景分析[J].中国热带农业，2007（4）：18-19.	
146	万玲，陈良秋.海南岛槟榔园地的生态建设现状与对策[J].现代农业科技，2007（15）：232-233.	
147	韩联健，陈思婷，韩超文.椰子可持续发展施肥策略[J].广西热带农业，2007（4）：13-15.	
148	黄山春.一种不可忽视的粉源植物——美丽针葵[J].蜜蜂杂志，2007（7）：41.	
149	黄山春.椰园套种木豆大有可为[J].中国蜂业，2007（5）：30.	
150	詹儒林，覃伟权，宋妍，张世清，H H HO，许天委，黄俊生.海南椰心叶甲病原菌金龟子绿僵菌的分离、鉴定及其生防潜力[J].生态学报，2007（4）：1558-1564.	
151	余凤玉，覃伟权，韩超文.椰子病害检测与诊断技术研究现状[J].热带农业科学，2007（2）：54-57.	
152	杨朗，陈恩海，黄立飞，覃伟权，方月兰.异源植物提取物对稻蚜的作用研究（英文）[J].广西农业科学，2007（2）：152-156.	
153	陈良秋.印度槟榔科研工作一瞥[J].中国农村小康科技，2007（3）：50+52.	
154	陈良秋，万玲.椰子吸器发育规律研究[J].现代农业科技，2007（5）：12.	
155	陈良秋.印度槟榔种质资源概述[J].现代农业科技，2007（5）：114+117.	
156	陈良秋，万玲.椰子吸器的开发利用[J].现代农业科技，2007（4）：29.	
157	万玲，陈良秋.海南野生苋菜及食用开发[J].现代农业科技，2007（4）：31+35.	
158	何雪莲，夏秋瑜，刘四新，李从发，侯晓东.罗非鱼加工废弃物酶法水解的研究[J].中国酿造，2007（1）：14-16.	
159	曹红星，吴翼，范海阔，李和帅，孙程旭，王丹华.棕榈科植物育种研究的现状及展望[J].江西农业学报，2008，20（12）：52-54.	
160	韩联健，吴多扬，牛启祥.深化土地管理 提高土地利用水平[J].河北农业科学，2008，12（12）：72-74+77.	
161	李瑞，夏秋瑜，张永凤，李新菊，陈华，赵松林.椰子花序汁液饮料的工艺研究[J].中国酿造，2008（23）：102-105.	
162	辛波，陈卫军，夏秋瑜，陈华，郑亚军，赵松林.新鲜和发酵椰花汁提取物的抗氧化性[J].热带作物学报，2008，29（6）：710-714.	
163	董志国，刘立云.NaCl胁迫对槟榔种果发芽的影响[J].安徽农学通报，2008，14（22）：105-106.	
164	黄山春.红棕象甲形态特征及生殖器官结构观察[C]//中国植物保护学会生物入侵分会论文集，2008.	
165	李朝绪.相对低温对椰心叶甲啮小蜂种群生存的影响[C]//中国植物保护学会生物入侵分会论文集，2008.	
166	夏秋瑜，李瑞，陈华，陈卫军，赵松林.椰子花序汁液采集过程中保鲜方法的研究[J].中国酿造，2008（21）：17-20.	
167	赵新河，李枚秋，钟秋平.米曲霉M_{34}发酵木薯淀粉生产曲酸的研究[J].中国酿造，2008（20）：34-37.	
168	董志国，李艳，刘立云，王萍.海南低产槟榔园产量调查研究[J].中国种业，2008（S1）：62-63.	
169	李和帅，李辉亮，范海阔，黄丽云，唐龙祥.椰子基因组DNA的提取及RAPD反应体系的优化[J].江西农业学报，2008（10）：7-9.	
170	范海阔，黄丽云，吴翼，唐龙祥，周焕起.椰子成熟胚离体培养活性炭浓度效应研究[J].西南农业学报，2008（5）：1370-1372.	
171	秦海棠，范海阔，高军，黄丽云，覃伟权.致死性黄化病对棕榈植物的影响及其预防[J].中国热带农业，2008（5）：51-52.	
172	李科明，覃伟权，李朝绪，黄山春.寒流对椰心叶甲及其寄生蜂的影响[J].安徽农学通报，2008（18）：88-89+126.	

(续表)

173	李和帅，李辉亮，范海阔，黄丽云，唐龙祥.椰子种质资源RAPD标记研究中的引物筛选[J].安徽农业科学，2008（26）：11245-11247.
174	范海阔.椰子新品种"文椰2号"[J].中国果业信息，2008（8）：57.
175	覃伟权，吕朝军，李朝绪，黄山春，马子龙，彭正强.中国椰子害虫[J].华东昆虫学报，2008，17（3）：213-219.
176	黄丽云，李杰.海南省农民专业合作组织发展中存在的问题及对策[J].中国热带农业，2008（4）：14-16.
177	董志国，刘立云.山地栽植槟榔的水土流失问题及防治对策[J].中国水土保持，2008（8）：48-49.
178	范海阔，覃伟权，黄丽云，唐龙祥，赵松林，马子龙.椰子新品种'文椰3号'[J].果农之友，2008（8）：12+4.
179	董志国，刘立云，王萍.槟榔抗寒栽培技术[J].河北农业科技，2008（14）：36.
180	范海阔，覃伟权，黄丽云，唐龙祥，赵松林，马子龙.椰子新品种'文椰3号'[J].园艺学报，2008（6）：927.
181	张春萍，韩联健，林海燕.椰园养鸡复合经营模式资金流分析[J].中国集体经济，2008（18）：69-70.
182	王萍，刘立云，陈思婷.孑遗植物水椰的生物学特性及研究展望[J].中国野生植物资源，2008（3）：19-20+24.
183	符海泉，龙翊岚.美丽针葵的特性及园林应用和养护[J].陕西林业科技，2008（2）：133-134.
184	范海阔，黄丽云，唐龙祥，覃伟权，马子龙，赵松林.椰子新品种'文椰2号'[J].园艺学报，2008（5）：774.
185	郑亚军.椰子油作为润滑剂原油的性质测定及评价[J].粮油食品科技，2008（3）：61-64.
186	陈良秋.椰子种果种苗优选技术[J].中国热带农业，2008（2）：63.
187	吴翼，武耀廷，马子龙，周世叶.椰子胚的离体培养与植株再生（简报）[J].亚热带植物科学，2008（1）：63-64.
188	周焕起，马子龙，覃伟权.量化管理在椰心叶甲寄生蜂生产中实施的成效[J].热带林业，2008（1）：16-17.
189	黄丽云，李杰，范海阔，马子龙，唐龙祥.椰区农民参与式运作模式[J].安徽农业科学，2008（7）：2953-2954.
190	黄山春，覃伟权，李朝绪，马子龙，李科明，韩超文.深红棕榈象的形态特征、危害及预防控制对策研究[J].安徽农业科学，2008（6）：2329-2330.
191	龙翊岚.借鉴台湾经验发展海南观光农业的思考[J].安徽农业科学，2008（6）：2401-2402+2423.
192	余凤玉，覃伟权，朱辉，马子龙.椰子致死性黄化病研究进展[J].中国热带农业，2008（1）：42-44.
193	龙翊岚.海南热带观光农业发展现状与建议[J].现代农业科技，2008（1）：195-197.
194	陈良秋.印度椰子种质资源简介[J].中国农村小康科技，2008（1）：42-44.
195	夏秋瑜，李瑞，陈卫军，陈华，赵松林.纤维素酶水解制备天然椰子油[J].中国油脂，2008，33（12）：16-19.
196	刘立云，王萍，冯美利，董志国，李杰.火焰原子吸收法测定海南槟榔叶片中金属元素的研究[J].光谱学与光谱分析，2008，28（12）：2989-2992.
197	孙程旭，曹红星，高丽扑，郑淑芳，赵松林，陈卫军.不同贮藏条件对有机番茄品质的影响[J].现代食品科技，2008，24（12）：1207-1210+1235.
198	李艳，马子龙，王必尊，李杰，刘立云.油棕不同叶序五种营养元素含量的测定及变化规律研究[J].中国油料作物学报，2008，30（4）：464-468.
199	郑亚军，赵松林，陈华，马子龙，覃伟权.椰子果肉中蛋白质亚基的组成与含量分析[J].热带作物学报，2008，29（6）：704-709.
200	陈思婷，覃伟权，刘立云，冯美利，王萍.椰园养鸡对椰园生态及其经济效益的影响[J].中国农学通报，2008，24（12）：480-484.
201	黄山春，吕烈标，覃伟权，马子龙，李朝绪，韩超文.我国经济棕榈植物潜在危险性害虫名录[J].亚热带农业研究，2008，4（4）：276-282.
202	孙程旭，刘立云，李杰，冯美利，陈思婷，曹红星，唐龙祥.棕榈科植物抗寒生理研究进展及展望[J].中国农学通报，2008（11）：475-477.

（续表）

203	刘立云，李艳，王萍，冯美利.油棕不同叶序Fe、Mn、Cu、Zn的变化规律及测定[J].热带作物学报，2008，29（5）：596-599.
204	朱辉，覃伟权，余凤玉，马子龙.槟榔黄化病研究进展[J].中国热带农业，2008（5）：36-38.
205	董志国.世界椰子油市场展望[J].中国热带农业，2008（5）：23-25.
206	陈思婷，覃伟权，刘立云，冯美利，王永壮，杨瑜.幼龄椰园套种西瓜与番木瓜对椰子生长及椰园经济收入的影响[J].中国农学通报，2008（10）：528-532.
207	冯美利，刘立云，李杰.海南椰子寒害落（裂）果调查初报[J].中国南方果树，2008（5）：49-51.
208	黄山春，马子龙，吕烈标，覃伟权，李朝绪，李科明.海南槟榔种植地区红脉穗螟发生为害特点及其防治对策[J].江西农业学报，2008（9）：81-83.
209	郑亚军，李艳，李新菊，郑小蔚，覃伟权.不同SDS-PAGE分离胶浓度下椰子贮藏蛋白亚基的分离效果[J].中国农学通报，2008（9）：452-456.
210	朱辉，余凤玉，吕烈标，覃伟权，马子龙.油棕茎基腐病研究进展[J].中国农学通报，2008（9）：465-469.
211	董志国，刘立云，王萍，李艳.槟榔寒害调查研究[J].安徽农学通报，2008（14）：98-99.
212	李艳，王必尊，刘立云，陈思婷，郑亚军，马子龙.棕榈油发展现状与前景[J].中国油脂，2008（7）：4-6.
213	高军，范海阔，覃伟权，黄丽云，秦海棠，马子龙.椰子致死黄化病的发生危害及研究进展[J].中国森林病虫，2008（4）：22-25.
214	王萍，刘立云，董志国，冯美利，李艳，唐龙祥.不同品种嫩果椰水主要品质性状、矿质元素含量分析[J].果树学报，2008（4）：601-603.
215	王萍，刘立云，唐龙祥.椰子杂种优势及其利用研究进展（综述）[J].亚热带植物科学，2008（2）：73-76.
216	黄丽云，李杰，陈雄庭，张秀娟.非洲菊再生体系的建立[J].西南农业学报，2008（3）：779-782.
217	黄山春，马子龙，覃伟权，李朝绪，余凤玉，周焕起，韩超文.低温贮藏对椰心叶甲啮小蜂寄生率及繁殖力的影响[J].植物保护，2008（3）：48-51.
218	黄山春，马子龙，覃伟权，李朝绪，余凤玉，韩超文.红棕象甲聚集信息素引诱桶的制作及应用[J].林业科技开发，2008（3）：94-96.
219	余凤玉，朱辉，覃伟权，马子龙.槟榔主要病害及其防治[J].中国南方果树，2008（3）：54-56.
220	张木炎，赵松林，陈飞，夏秋瑜.壳聚糖及其衍生物在食品工业中的应用[J].保鲜与加工，2008（3）：9-12.
221	范海阔，刘立云，余凤玉，高军，覃伟权，王萍，王必尊.槟榔黄化病的发生及综合防控[J].中国南方果树，2008（2）：42-43.
222	郑亚军，陈华，李艳，赵松林，马子龙.国内外椰子蛋白质研究新进展[J].食品工业科技，2008（3）：303-305.
223	李瑞，夏秋瑜，李枚秋，赵松林，陈华.原生态椰子油工业化生产工艺研究及经济效益分析[J].食品工业科技，2008（3）：192-194.
224	吴翼，武耀廷，马子龙.椰子基因组DNA的提取及SSR反应体系的优化[J].中国农学通报，2008（3）：417-422.
225	潘坤，唐龙祥，黄丽云，范海阔.DNA分子标记技术及其在椰子种质资源研究中的应用[J].中国农学通报，2008（3）：48-51.
226	冯美利，刘立云，王萍.矮种椰子在海南推广现状、前景及对策[J].作物杂志，2008（1）：6-8.
227	秦海棠，范海阔，覃伟权，唐龙祥，马子龙.用循环经济的理念发展现代椰子产业[J].热带农业科学，2008（1）：64-67.
228	夏秋瑜，李瑞，陈华，赵松林，马子龙.椰子生物柴油的制备和应用[J].中国热带农业，2008（1）：40-41.
229	黄山春，覃伟权，李朝绪，马子龙，韩超文.低温贮藏对椰心叶甲啮小蜂羽化率及出蜂量的影响[J].中国生物防治，2008（1）：94-96.
230	李朝绪，覃伟权，黄山春，韩超文，马子龙，彭正强.海南利用寄生蜂防治椰心叶甲效果分析[J].林业科技开发，2008（1）：41-44.
231	郑亚军，陈华，李艳，黄宇峰，赵松林.超临界流体萃取技术及其在油脂加工中的应用[J].现代农业科技，2008（1）：227-229.

（续表）

232	王萍，冯美利，刘立云，董志国，李杰，覃伟权.可可果实农艺性状与种子发芽的关系[J].中国农学通报，2008（1）：454-458.
233	Chen W，Sun S，Cao W，et al. Antioxidant property of quercetin - Cr（Ⅲ）complex：The role of Cr（Ⅲ）ion[J]. Journal of Molecular Structure，2009，918（1-3）：194-197.
234	孙程旭，陈良秋，冯美利，曹红星，唐龙祥.槟榔不同品种幼苗耐寒性比较初步研究[J].西南农业学报，2009，22（6）：1686-1689.
235	夏秋瑜，李瑞，陈卫军，陈华，赵松林.椰子水果粒饮料工艺研究及其矿物元素分析[J].食品工业科技，2009，30（12）：217-220.
236	曹红星，张正斌，孙程旭，徐萍，赵鸿彬.小麦幼苗磷利用率及相关基因的染色体定位[J].西北植物学报，2009，29（12）：2429-2436.
237	王萍，刘立云，赵松林.水果型椰水8种矿质元素含量及与可溶性固形物含量间的关系分析[J].江西农业学报，2009，21（12）：100-102+119.
238	冯美利，刘立云，曾鹏，孙程旭，韦琼.不同成熟度椰子叶片N、P、K含量及其变化规律[J].江西农业学报，2009，21（12）：64-65+69.
239	吕朝军，钟宝珠，孙晓东，覃伟权，韩超文，符悦冠，马子龙.几种植物源杀虫剂对螺旋粉虱的生物活性及田间防治效果[J].热带作物学报，2009，30（12）：1865-1869.
240	李朝绪，覃伟权，马子龙，彭正强，黄山春.3种熏蒸剂对椰心叶甲的熏蒸效果及寄主切叶的影响[J].热带作物学报，2009，30（12）：1847-1851.
241	朱辉，余凤玉，牛晓庆，覃伟权，马子龙.棕榈植物病害浸渍标本保绿技术研究[J].中国热带农业，2009（6）：52-53.
242	孙程旭，范海阔，马子龙，陈思婷.海南发展热带有机农业的机遇和策略[J].中国热带农业，2009（6）：22-24.
243	陈君，马子龙，覃伟权，范海阔，郑小蔚.世界槟榔产业发展概况[J].中国热带农业，2009（6）：32-34.
244	李瑞，李希娟，夏秋瑜，赵松林，陈华.原生态椰子油的相关标准分析[J].中国农学通报，2009，25（23）：122-125.
245	夏秋瑜，李瑞，陈华，陈卫军，赵松林.脱氢醋酸钠的用量对椰花汁采后品质变化的影响[J].热带作物学报，2009，30（11）：1684-1688.
246	魏娟，覃伟权，马子龙，黄山春，阎伟，韩超文.红棕象甲成虫对5种植物发酵挥发物的行为反应[J].热带作物学报，2009，30（11）：1651-1655.
247	李朝绪，覃伟权，黄山春，马子龙，王德辉.椰心叶甲成虫对7个椰子品种的选择性[J].林业科技开发，2009，23（6）：61-63.
248	黄翊鹏，陈卫军，夏秋瑜，陈华，赵松林，李枚秋.细菌纤维素菌种及发酵工艺的研究进展[J].食品科技，2009，34（11）：16-20.
249	李艳，刘立云，唐龙祥.油棕不同叶序的叶片长宽及其含水量变化规律研究[J].中国农学通报，2009，25（22）：122-124.
250	李磊，覃伟权，黄山春，魏娟，马子龙.室内饲养红棕象甲的行为观察[J].昆虫知识，2009，46（6）：926-929+1008.
251	李和帅，孙程旭，曹红星，周焕起，范海阔.不同椰子品种形态特征及其适应性的初步研究[J].江西农业学报，2009，21（11）：46-47+50.
252	郑亚军，陈卫军，赵松林，陈华.椰肉乙醇提取物抗氧化性的研究[J].中国粮油学报，2009，24（10）：79-83.
253	陈思婷，孙程旭，曹红星，冯美利，陈良秋，张木炎.干旱胁迫对槟榔幼苗生理生化特性的影响[J].江西农业学报，2009，21（10）：70-72.
254	朱辉，余凤玉，覃伟权，吴多扬，马子龙，刘立云.海南省槟榔主要病害调查研究[J].江西农业学报，2009，21（10）：81-85+89.

（续表）

255	李瑞，夏秋瑜，赵松林，陈华，陈卫军.原生态椰子油体外抗氧化活性[J].热带作物学报，2009，30（9）：1369-1373.
256	覃伟权，李朝绪，黄山春.红棕象甲在中国的风险性分析[J].江西农业学报，2009，21（9）：79-82+85.
257	郑亚军，陈卫军，赵松林，陈华.椰花汁多糖提取工艺的研究[J].食品工业科技，2009，30（8）：165-166+170.
258	钟宝珠，吕朝军，马子龙，彭正强，覃伟权，王智，李洪.螺旋粉虱发生及综合防治研究进展[J].亚热带农业研究，2009，5（3）：173-175.
259	辛星，马子龙，覃伟权.影响椰心叶甲啮小蜂寄主接受行为因子的探讨[J].热带作物学报，2009，30（8）：1120-1124.
260	辛波，陈卫军，夏秋瑜，陈华，郑亚军，赵松林.金属离子对椰花汁清除超氧阴离子能力的影响[J].热带作物学报，2009，30（8）：1069-1074.
261	李艳，郑亚军，刘立云，陈思婷，董志国，冯美利，韦琼，唐龙祥.椰子果皮中营养元素的测定及其种间差异分析[J].热带作物学报，2009，30（8）：1153-1156.
262	吴翼，武耀廷，潘坤，马子龙.椰子胚的离体培养研究[J].西南农业学报，2009，22（4）：1046-1052.
263	刘立云，陈东良，董志国，丁瑞蓉，韦琼.槟榔不同叶序K、Ca、Na、Mg含量的测定与变化规律[J].江西农业学报，2009，21（8）：73-75.
264	张木炎，李瑞，夏秋瑜，赵松林，李新菊.姜汁椰子水饮料加工工艺研究[J].中国酿造，2009（8）：157-160.
265	李瑞，夏秋瑜，李枚秋，陈华，冯美利，赵松林.椰子水饮料的制备工艺[J].热带作物学报，2009，30（7）：1039-1043.
266	钟宝珠，吕朝军，韩超文，覃伟权，马子龙.几种植物乙醇提取物对螺旋粉虱的生物活性[J].热带作物学报，2009，30（7）：1009-1012.
267	郑亚军，李艳，赵松林，陈华，陈卫军.椰肉中醇溶蛋白抗氧化活性[J].热带作物学报，2009，30（7）：1035-1038.
268	李新菊，辛波，陈卫军，陈华，郑亚军，赵松林.椰花醋的抗氧化活性[J].热带作物学报，2009，30（7）：1031-1034.
269	曹红星，宋唯一，孙程旭，陈思婷，唐龙祥，赵松林.应用电导率法及Logistic方程测试椰子幼苗耐寒性研究[J].广西植物，2009，29（4）：510-513.
270	曹红星，孙程旭，陈思婷，冯美利，李荣生，张军，马子龙.蛇皮果不同品种幼苗耐寒性比较的初步研究[J].热带作物学报，2009，30（6）：751-755.
271	余凤玉，覃伟权，李朝绪，韩超文，彭正强.不同椰子品种对椰心叶甲生长发育和繁殖力的影响[J].热带作物学报，2009，30（6）：846-850.
272	郑亚军，苏冰霞，陈卫军，李艳，赵松林.槟榔红色素的抗氧化活性[J].热带作物学报，2009，30（6）：881-884.
273	李瑞，赵松林，夏秋瑜，张晓鸣.共轭亚油酸β-谷甾醇酯与β-谷甾醇的脂溶性及抗氧化效果比较[J].中国粮油学报，2009，24（5）：91-94.
274	吕朝军，钟宝珠，覃伟权，李洪，王智，彭正强，马子龙.入侵害虫蔗扁蛾研究进展[J].亚热带农业研究，2009，5（2）：116-119.
275	曹红星，陈良秋，孙程旭，李和帅，吴翼，唐龙祥.不同椰子品种正常绿苗与白化苗形态和生理生化指标的差异[J].西南农业学报，2009，22（2）：304-307.
276	孙程旭，曹红星，陈思婷，冯美利，李荣生，马子龙.应用电导率法及Logistic方程测试蛇皮果抗寒性研究[J].江西农业学报，2009，21（4）：33-35.
277	李瑞，夏秋瑜，赵松林，陈华，陈卫军.棕榈油生物柴油加工技术研究进展[J].热带作物学报，2009，30（4）：551-556.
278	郑亚军，陈良秋，龙翊岚.鹅掌柴提取物的抗氧化活性[J].热带作物学报，2009，30（4）：500-504.

(续表)

279	余凤玉，覃伟权，朱辉，马子龙．油棕枯萎病研究综述[J]．中国热带农业，2009（2）：46-48．
280	李瑞，夏秋瑜，赵松林，陈卫军，覃伟权，马子龙．棕榈油的功能性质及应用[J]．中国热带农业，2009（2）：31-34．
281	余凤玉，覃伟权，马子龙，李朝绪，黄山春，韩超文．寄主植物对水椰八角铁甲生长发育和繁殖力的影响[J]．植物保护，2009，35（2）：72-74．
282	张春萍，韩联健，林海燕．对制定科研事业单位财务内控管理制度的思考[J]．中国集体经济，2009（10）：140-141．
283	李瑞，夏秋瑜，赵松林，陈华，陈飞．复合酶法提取天然椰子油的研究[J]．食品工业科技，2009，30（3）：153-155+158．
284	张木炎．椰子水中蛋白质组成的研究[J]．中国农学通报，2009，25（6）：66-69．
285	沈雁，周焕起，唐龙祥．国际椰子种质资源研究与利用概况[J]．河北农业科学，2009，13（3）：13-14+29．
286	夏秋瑜，李瑞，李枚秋，陈华，赵松林．木瓜蛋白酶水解制备天然椰子油的研究[J]．热带作物学报，2009，30（3）：386-391．
287	郑亚军，陈卫军，辛波．椰子花序汁液中多糖的抗氧化活性[J]．热带作物学报，2009，30（3）：392-395．
288	黄丽云，范海阔，周焕起，冯美利，唐龙祥．2008年海南省椰子寒害调查[J]．中国果树，2009（2）：66-68．
289	潘坤，王文泉，吴翼，唐龙祥．椰子ISSR体系优化[J]．中国农学通报，2009，25（4）：24-29．
290	李瑞，夏秋瑜，李枚秋，赵松林，陈华，张木炎．压缩椰纤果浓缩椰奶的工艺研究[J]．食品科学，2009，30（4）：107-110．
291	郑亚军，赵松林，陈华，马子龙，覃伟权．椰子果肉蛋白亚基的组成及品种间的差异分析[J]．热带作物学报，2009，30（1）：112-118．
292	郑亚军，陈卫军．天然椰子水的抗氧化活性[J]．热带作物学报，2009，30（2）：230-233．
293	曹红星，孙程旭，吴翼，陈良秋，范海阔，覃伟权，王文泉．分子标记在棕榈科植物遗传育种中的应用[J]．中国农学通报，2009，25（3）：279-282．
294	郑亚军，陈华，李艳，赵松林．椰子分离蛋白质提取工艺的研究[J]．食品工业科技，2009（1）：226-227+230．
295	郑亚军，李艳，陈华，张木炎，马子龙．酶法提取椰子蛋白质及其对亚基的影响[J]．果树学报，2009，26（1）：113-118．
296	熊惠波，李瑞，李希娟，范海阔，马子龙．油棕产业调查分析及中国发展油棕产业的建议[J]．中国农学通报，2009，25（24）：114-117．
297	董志国，陈东良，刘立云，李可伟．抗寒槟榔叶片营养分析[J]．中国热带农业，2009（6）：50-51．
298	杨伟波，唐源江，黄衡宇，李菁，黎有为．湘西油茶树群落中蛇足石杉种群的水平分布格局[J]．生命科学研究，2009，13（5）：377-381．
299	黄翊鹏，陈卫军，郑亚军，赵松林，李枚秋．椰子纳塔培养液的抗氧化活性[J]．热带作物学报，2009，30（10）：1532-1536．
300	董志国，刘立云，王萍，陈东良，朱辉．不同施肥处理对低产槟榔叶片营养和产量的影响[J]．江西农业学报，2009，21（10）：63-64+67．
301	韩林，黄玉林，张海德，万婧，戴萍．槟榔籽中抗氧化成分的提取及活性研究[J]．食品与发酵工业，2009，35（9）：157-159+163．
302	黄洁，王萍，许瑞丽，陆小静，张振文．株行距和施肥量对木薯产量及生长的影响[J]．热带作物学报，2009，30（9）：1271-1275．
303	张军，陈思婷，孙程旭，秦海棠．九层塔的品种特性及在海南地区的栽培技术[J]．江西农业学报，2009，21（8）：99-100．
304	白雪峰，王厚成，朱辉，王延玲，王鹏，李国强．菊苣叶中生物活性物质的提取及其抑菌活性初测[J]．现代农业科技，2009（15）：76-77．

（续表）

305	董志国，刘立云，陈东良.印度槟榔微灌栽培技术概况[J].中国热带农业，2009（4）：32.
306	张春萍，韩联健，林海燕.对加强科研单位会计档案管理的探讨[J].全国商情（经济理论研究），2009（11）：79-80.
307	熊惠波，曹红星，韩留光，吴翼，范海阔，覃伟权，马子龙.油棕育种的分子生物学研究进展和展望[J].中国热带农业，2009（3）：47-49.
308	边强，王广君，张泽华，张杰，李洪，覃伟权.苏云金芽胞杆菌与绿僵菌对椰心叶甲的协同控制作用[J].植物保护，2009，35（3）：130-132.
309	夏秋瑜，李瑞，陈华，陈卫军，赵松林.不同保鲜剂对椰子花序汁液的保鲜效果[J].热带作物学报，2009，30（5）：710-713.
310	覃伟权，吕朝军，李朝绪，黄山春，马子龙，彭正强.中国椰子害虫[J].华东昆虫学报，2009，18（2）：130-138.
311	钟宝珠，许再福，覃伟权.温度对麦蛾柔茧蜂功能反应的影响[J].昆虫学报，2009，52（4）：395-400.
312	冯美利，孙程旭，唐龙祥.灰化时间对测定椰子叶中K、Ca、Na、Mg含量的影响[J].中国农学通报，2009，25（8）：85-87.
313	冯美利，李杰，曾鹏，李艳，唐龙祥.香水椰子裂果规律初探[J].中国园艺文摘，2009，25（3）：25-27.
314	曹红星，孙程旭，陈思婷，李荣生，张木炎，冯美利，唐龙祥.蛇皮果栽培技术及效益分析[J].江西农业学报，2009，21（3）：86-87.
315	辛波，陈卫军，夏秋瑜，陈华，郑亚军，赵松林.椰子花序汁液的综合开发利用[J].食品研究与开发，2009，30（2）：172-174.
316	Li L，Qin W Q，Ma Z L，et al. Effect of temperature on the population growth of *Rhynchophorus ferrugineus*（Coleoptera：Curculionidae）on sugarcane[J]. Environmental Entomology，2010，39（3）：999-1003.
317	Qin W，Huang S，Li C，et al. Biological activity of the essential oil from the leaves of *Piper sarmentosum* Roxb.（Piperaceae）and its chemical constituents on *Brontispa longissima*（Gestro）（Coleoptera：Hispidae）[J]. Pesticide Biochemistry and Physiology，2010，96（3）：132-139.
318	Chen W，Liu X，Shi J，et al. Mechanism of DNA damage induced by arecaidine：The role of Cu（II）and alkaline conditions[J]. Food Chemistry，2010，119（2）：433-436.
319	Li R，Jia C S，Yue L，et al. Lipase-Catalyzed Synthesis of Conjugated Linoleyl β-Sitosterol and Its Cholesterol-Lowering Properties in Mice[J]. Journal of Agricultural and Food Chemistry，2010，58（3）：1898-1902.
320	董志国，刘立云.槟榔不同叶序Fe、Mn、Cu、Zn的测定与变化规律[J].江西农业学报，2010，22（12）：34-36.
321	李朝绪.垫跗螋对椰心叶甲及其寄生蜂的日常选择反应[C]//中国植物保护学会生物入侵分会论文集，2010.
322	黄山春.红棕象甲田间诱集及早期为害诊断技术初探[C]//中国植物保护学会生物入侵分会论文集，2010.
323	车江萍.二疣犀甲综合控制技术研究[C]//中国植物保护学会生物入侵分会论文集，2010.
324	王萍，李艳，刘立云，陈思婷，董志国，韦琼.椰子不同叶序4种微量元素含量变化初探[J].热带作物学报，2010，31（11）：1927-1931.
325	程芳芳，海洪，黄玉林，张春梅，陈卫军.槟榔花沸水提取物对酪氨酸酶抑制作用的研究[J].热带作物学报，2010，31（11）：1932-1936.
326	朱文静，韩冬银，张方平，牛黎明，马子龙，符悦冠.外来害虫双钩巢粉虱在海南的发生及温度对其发育的影响[J].昆虫知识，2010，47（6）：1134-1140.
327	李杰，徐立，黄丽云，范海阔，周焕起，刘蕊.小箬棕种子活力在成熟过程中的变化[J].热带作物学报，2010，31（10）：1743-1746.
328	冯美利，李杰，孙程旭，唐龙祥.灰化时间对测定椰子叶中微量元素含量的影响[J].江西农业学报，2010，22（9）：132-133.
329	许小妹，周焕起，黄丽云，刘蕊，范海阔.珍稀濒危植物龙棕的保护与开发利用[J].中国农村小康科技，2010（9）：53-55.

（续表）

330	杨伟波，唐源江，黄衡宇，李菁，魏华.武陵地区蛇足石杉不同居群形态变异分析[J].生命科学研究，2010，14（4）：288-293.
331	张春梅，沈雁，葛畅，黄玉林，唐敏敏，王仁才，陈卫军.槟榔花提取物对羟基自由基诱导脱氧核糖降解的保护作用[J].热带作物学报，2010，31（6）：949-953.
332	王兴胜，黄丽云，陈良秋，杨伟波，李艳，马子龙.海南省五指山油茶品种结构研究初报[J].湖南农业大学学报（自然科学版），2010，36（S1）：1-4.
333	杨伟波，陈良秋，王兴胜，唐龙祥，马子龙.海南省中部地区发展油茶的生态适应性分析[J].江西农业学报，2010，22（5）：93-95.
334	周焕起，许小妹，黄丽云，吴翼，曹红星.椰子胚培试管苗的移栽成活率研究[J].中国农学通报，2010，26（9）：82-84.
335	黄宇峰.鹅掌柴叶片中绿色素稳定性的研究[J].中国农学通报，2010，26（6）：313-316.
336	余凤玉，邹瑞，朱辉，覃伟权，韩超文.椰子灰斑病菌生物学特性初步研究[J].中国南方果树，2010，39（2）：52-53.
337	吴敏，曹红星，冯美利，陈思婷，王贵美，李杰.低温对槟榔幼苗生理生化特性的影响[J].江西农业学报，2010，22（3）：94-96.
338	黄玉林，祁静，唐敏，郑亚军，赵松林，陈良秋，陈卫军.伏安极谱法测定槟榔提取物对过氧化氢自由基的清除活性[J].热带作物学报，2010，31（2）：314-318.
339	边强，王广君，农向群，高松，覃伟权，李洪，张泽华.绿僵菌与椰甲截脉姬小蜂对椰心叶甲的协同控制作用[J].中国生物防治，2010，26（1）：30-34.
340	熊惠波，曹红星，孙程旭，范海阔，马子龙.油棕育种的研究进展和展望[J].中国农学通报，2010，26（2）：277-279.
341	陈思婷，吴敏.不同分离胶浓度下槟榔胚蛋白亚基的分离效果[J].西南农业学报，2010，23（6）：2017-2020.
342	冯美利，曾鹏，李杰.香水椰子开花结果习性观察[J].西南农业学报，2010，23（6）：2164-2166.
343	郑亚军，李艳，陈卫军，赵松林.槟榔色素稳定性的研究[J].热带作物学报，2010，31（12）：2203-2207.
344	唐敏敏，郑亚军，陈卫军，赵松林.椰味膳食纤维营养果冻的加工工艺[J].热带作物学报，2010，31（12）：2273-2276.
345	牛晓庆，朱辉，余凤玉，唐庆华，覃伟权.椰子死亡类病毒及其传入中国的风险性分析[J].江西农业学报，2010，22（12）：101-105.
346	钟宝珠，吕朝军，孙晓东，覃伟权，彭正强.植物源杀虫剂对椰心叶甲室内生物活性[J].农药，2010，49（12）：924-926.
347	夏秋瑜，李瑞，陈卫军，蒋盛军，陈华，赵松林.海棠果油的提取及其理化性质和脂肪酸组成分析[J].中国粮油学报，2010，25（11）：78-82.
348	钟宝珠，吕朝军，孙晓东，覃伟权，韩超文，符悦冠，马子龙.青葙提取物对螺旋粉虱的杀虫活性研究[J].热带作物学报，2010，31（11）：2025-2029.
349	冯美利，李杰，曾鹏，孙程旭，陈思婷.香水椰子裂果率与气候因子的通径分析[J].热带作物学报，2010，31（11）：1922-1926.
350	余凤玉，朱辉，王萍，牛晓庆，唐庆华，韩超文.槟榔根际微生物研究[J].江西农业学报，2010，22（11）：26-27+31.
351	朱辉，余凤玉，吴多扬，牛晓庆，唐庆华，覃伟权.椰子致死性黄化植原体传入中国的风险性分析[J].江西农业学报，2010，22（11）：84-87.
352	李艳，陈良秋，杨伟波，唐龙祥，郑亚军，孙丽萍.海南省五指山地区油茶林调查研究[J].江西农业学报，2010，22（11）：53-55.
353	沈雁，杨伟波，刘蕊，陈良秋，陈卫军.植物生长调节剂及不同温度处理对油莎豆块茎萌发的影响[J].西南农业学报，2010，23（5）：1464-1467.

(续表)

354	李瑞, 夏秋瑜, 赵松林, 陈华, 黄玉林. 天然椰子油贮藏稳定性研究 [J]. 中国粮油学报, 2010, 25（10）: 61-64.
355	刘蕊, 李国栋, 黄丽云, 李和帅. 海南本地槟榔雄花花药壁发育研究 [J]. 热带作物学报, 2010, 31（10）: 1710-1715.
356	黄山春, 覃伟权, 李朝绪, 阎伟. 棕榈象甲 Rhynchophorus palmarum 入侵中国的风险分析 [J]. 江西农业学报, 2010, 22（10）: 85-88+96.
357	秦呈迎, 程文静, 牛聪, 唐龙祥. 国际旅游岛建设环境下海南椰子产业发展的建议 [J]. 热带农业科学, 2010, 30（10）: 70-73.
358	任军方, 王文泉, 唐龙祥. 槟榔的研究概况 [J]. 中国农学通报, 2010, 26（19）: 397-400.
359	唐敏敏, 陈卫军, 黄玉林, 郑亚军, 夏秋瑜, 李瑞, 陈华, 赵松林. 槟榔碱和铜离子络合物抗溶血作用研究 [J]. 热带作物学报, 2010, 31（9）: 1524-1527.
360	辛星, 马子龙, 覃伟权. 椰心叶甲啮小蜂触角感觉器的扫描电镜观察 [J]. 昆虫知识, 2010, 47（5）: 933-937.
361	孙晓东, 吕朝军, 钟宝珠, 覃伟权, 马子龙. 几种植物挥发油对螺旋粉虱的生物活性 [J]. 热带作物学报, 2010, 31（8）: 1385-1387.
362	朱辉, 覃伟权, 黄山春, 阎伟, 孙晓东. 一株红棕象甲寄生真菌的分离鉴定 [J]. 植物保护学报, 2010, 37（4）: 336-340.
363	辛星, 马子龙, 覃伟权. 椰心叶甲啮小蜂复眼的扫描电镜观察 [J]. 中国生物防治, 2010, 26（3）: 365-368.
364	陈良秋, 杨伟波, 王兴胜, 唐龙祥. 不同油茶品种幼苗叶片叶绿素含量比较 [J]. 安徽农业科学, 2010, 38（22）: 12036-12037.
365	沈雁, 周焕起, 曹红星, 陈卫军, 赵松林. 不同外源激素对油棕愈伤组织诱导的影响 [J]. 种子, 2010, 29（7）: 37-39.
366	曹红星, 冯美利, 孙程旭, 陈思婷, 陈良秋, 王贵美. 低温及干旱胁迫对槟榔幼苗生理生化特性的影响 [J]. 西南农业学报, 2010, 23（3）: 832-835.
367	郑亚军, 李艳, 陈卫军, 赵松林, 马子龙. 超临界 CO_2 萃取原生态椰子油工艺及其抗氧化性的研究 [J]. 中国粮油学报, 2010, 25（6）: 66-70.
368	黄宇峰. 椰子水多糖的提取工艺 [J]. 热带作物学报, 2010, 31（6）: 1037-1040.
369	祁静, 黄玉林, 陈卫军, 唐敏敏, 郑亚军, 赵松林. 槟榔酚类物质生理活性研究进展 [J]. 热带作物学报, 2010, 31（6）: 1050-1055.
370	辛星, 马子龙, 覃伟权. 椰心叶甲啮小蜂复眼和触角在交配中的作用及其超微结构的扫描电镜观察 [J]. 昆虫学报, 2010, 53（6）: 626-633.
371	范海阔, 吴翼, 黄丽云, 曹红星, 周焕起, 李和帅, 刘蕊. 椰子种质资源保存与评价体系的构建 [J]. 中国热带农业, 2010（3）: 11-13.
372	李瑞, 夏秋瑜, 赵松林, 陈华, 杨妹. 木瓜椰油提取工艺的研究及其副产物分析 [J]. 中国粮油学报, 2010, 25（5）: 57-61.
373	郑亚军, 李艳, 林道旭, 陈卫军, 赵松林. 脱脂椰肉中多酚化合物抗氧化性的研究 [J]. 热带作物学报, 2010, 31（5）: 859-862.
374	任军方, 唐龙祥. 槟榔基因组 DNA 提取及 ISSR 反应体系的优化 [J]. 湖南农业科学, 2010（9）: 1-4.
375	孙程旭, 曹红星, 马子龙, 唐龙祥, 李杰. 干旱胁迫对油棕幼苗生理生化特性的影响 [J]. 西南农业学报, 2010, 23（2）: 383-386.
376	黄山春, 覃伟权, 李朝绪, 阎伟, 马子龙, 韩超文. 红棕象甲为害调查与诱集监测 [J]. 热带作物学报, 2010, 31（4）: 640-645.
377	董志国, 刘立云, 陈东良, 丁瑞蓉. 应用诊断施肥综合法（DRIS）对槟榔叶片进行营养诊断 [J]. 热带作物学报, 2010, 31（3）: 361-364.
378	吕朝军, 钟宝珠, 孙晓东, 覃伟权, 彭正强. 薇甘菊粗提物在椰心叶甲上的防控潜力 [J]. 昆虫学报, 2010, 53（3）: 349-353.

(续表)

379	周焕起，黄丽云，许小妹，傅家庭，刘蕊. 椰子愈伤组织诱导与防褐变技术研究 [J]. 江西农业学报，2010，22（3）：62-63+66.
380	黄丽云，范海阔，周焕起，张鑫，沈雁. 碳源浓度对文心兰组培生长的影响研究 [J]. 江西农业学报，2010，22（3）：64-66.
381	潘坤，王文泉，唐黎黎，吴翼，唐龙祥. 椰子ISSR遗传多样性分析 [J]. 果树学报，2010，27（2）：238-243.
382	吕朝军，钟宝珠，孙晓东，覃伟权，韩超文，符悦冠，马子龙. 烟碱、氯氟氰菊酯对螺旋粉虱的混配增效作用 [J]. 农药，2010，49（2）：142-143+149.
383	王萍，刘立云，董志国. 槟榔叶绿素含量测定影响因子研究 [J]. 安徽农业科学，2010，38（5）：2333-2335.
384	吴敏，刘立云，董志国. 槟榔园土壤养分测定与分析 [J]. 中国热带农业，2010（1）：54.
385	郑亚军，陈卫军，李艳，赵松林，郑小蔚. 槟榔红色素提取工艺的研究 [J]. 热带作物学报，2010，31（1）：141-145.
386	郑亚军. 椰花汁多糖醇沉工艺的研究 [J]. 食品科技，2010，35（1）：105-108.
387	吴翼，于娇，蒙鹏，马子龙，潘坤，曹红星，韩明定. 椰子AFLP分子标记反应体系的建立 [J]. 江西农业学报，2010，22（1）：66-68+73.
388	覃伟权，吕朝军，李朝绪，黄山春，彭正强. 中国椰子害虫调查 [J]. 中国农学通报，2010，26（1）：200-204.
389	Cheng F, Chen W, Huang Y, et al. Protective effect of areca inflorescence extract on hydrogen peroxide-induced oxidative damage to human serum albumin[J]. Food Research International, 2011, 44（1）: 0-102.
390	Chen W J, Zhu Q, Xia Q Y, et al. Reactive oxygen species scavenging activity and dna protecting effect of fresh and naturally fermented coconut sap[J]. Journal of Food Biochemistry, 35（5）, 1381-1388.
391	Chen W, Zhang C, Huang Y, Cheng F, Zhao S, Shen Y, Liu J. DNA damage protection and 5-lipoxygenase inhibiting activity of areca (*Areca catechu* L.) inflorescence extracts [J]. African Journal of Biotechnology, 2011, 10（55）, pp. 11696-11702
392	Xia Q Y, Li R, Zhao S L, et al. Chemical composition changes of post-harvest coconut inflorescence sap during natural fermentation[J]. African Journal of Biotechnology, 2011, 10（66）: 14999-15005.
393	Sun C X, Cao H X, Shao H B, et al. Growth and physiological responses to water and nutrient stress in oil palm[J]. African Journal of Biotechnology, 2011, 10（51）: 10465-10471.
394	Cao H, Sun C, Shao H, et al. Effects of low temperature and drought on the physiological and growth changes in oil palm seedlings[J]. African Journal of Biotechnology, 2016, 10（14）: 2630-2637.
395	Chen W, Zhang C, Huang Y, et al. The inhibiting activity of areca inflorescence extracts on human low density lipoprotein oxidation induced by cupric ion[J]. International Journal of Food Sciences and Nutrition, 2012, 63（2）: 236-241.
396	Huang Y L, Deng S M, Chen W J, et al. Optimization of Technology for Virgin Coconut Oil Microencapsulation by Response Surface Methodology[J]. Advanced Materials Research, 2011, 308-310: 1627-1635.
397	Xia Q Y, Li R, Yuan L, et al. Comparison of Fatty Acid and Antioxidant Property of Pawpaw Coconut Oil and Virgin Coconut Oil[J]. Advanced Materials Research, 2011, 284-286: 318-323.
398	张木炎，郑亚军. 功能性椰子膳食纤维咀嚼片制备工艺的研究 [J]. 热带作物学报，2011，32（12）：2363-2366.
399	刘磊，郑亚军，李艳，赵松林. 椰子分离蛋白起泡性、黏度及其影响因素的研究 [J]. 热带作物学报，2011，32（12）：2358-2362.
400	孙程旭，冯美利，刘立云，陈华，陈卫军. 不同椰衣栽培介质对西瓜苗生长及生理特性的影响 [J]. 热带农业科学，2011，31（12）：6-11.
401	董志国，李艳，王萍. 椰子中果皮K、Ca、Na、Mg含量变化规律研究 [J]. 江西农业学报，2011，23（12）：38-40+44.

（续表）

402	吴多扬，韩联健.提高海南椰子产量大有潜力——从十年生产情况分析提高文昌及海南椰子产量的可能性[J].科技信息，2011（33）：93-95.
403	唐敏敏，李瑞，夏秋瑜，郑亚军，赵松林.不同提取剂对油棕果皮中花色苷稳定性的影响[J].热带作物学报，2011，32（11）：2143-2147.
404	孙晓东，李朝绪，吕朝军，钟宝珠，覃伟权.海南滨海椰林Bt菌株的筛选与鉴定[J].热带作物学报，2011，32（11）：2129-2132.
405	牛晓庆，唐庆华，余凤玉，朱辉，宋薇薇，雷新涛.油棕叶斑病的病原鉴定及其生物学特性[J].江西农业学报，2011，23（11）：103-105+108.
406	张军，孙程旭，陈思婷，冯美利，李荣生，刘立云.不同遮荫条件对蛇皮果生长及生理特性的初步研究[J].中国农学通报，2011，27（28）：291-294.
407	魏黄山春，李朝绪，阎伟，贾欢欢，覃伟权.红棕象甲幼虫声音室内探测[J].热带作物学报，2011，32（10）：1915-1920.
408	李专.槟榔病虫害的研究进展[J].热带作物学报，2011，32（10）：1982-1988.
409	唐龙祥，牛聪，杨伟波.中国椰子寒害及其对策研究[J].热带农业科学，2011，31（10）：92-94.
410	黄山春，李朝绪，阎伟，刘丽，覃伟权.红棕象甲新型诱捕器的研制与应用[J].江西农业学报，2011，23（9）：86-87+97.
411	孙程旭，刘立云，李荣生，曹红星，冯美利，陈思婷，张军.PEG处理对蛇皮果幼苗的生理响应及酶变化研究[J].云南农业大学学报（自然科学版），2011，26（5）：673-677.
412	曹红星，孙程旭，冯美利，雷新涛，沈雁.低温胁迫对海南本地种油棕幼苗的生理生化响应[J].西南农业学报，2011，24（4）：1282-1285.
413	刘蕊.不同椰子叶片解剖结构的观察[J].西南农业学报，2011，24（4）：1425-1429+1615.
414	郑亚军，查朦涛，李艳，赵松林，陈卫军.pH、离子强度等因素对椰子分离蛋白溶解性和乳化性的影响[J].热带作物学报，2011，32（8）：1464-1468.
415	刘丽，阎伟，魏娟，黄山春，张晶，覃伟权，曹建华，彭正强.红棕象甲幼虫化学防治研究[J].热带作物学报，2011，32（8）：1545-1548.
416	阎伟，刘丽，黄山春，张晶，覃伟权，曹建华，彭正强.逐步回归模型在红棕象甲预测中的应用[J].热带作物学报，2011，32（8）：1549-1552.
417	唐庆华，宋薇薇，朱辉，牛晓庆，余凤玉，韩超文，吴多扬，覃伟权.我国热区疫霉种的分布、疫病及其防治研究进展[J].江西农业学报，2011，23（8）：100-103.
418	曾鹏，刘立云，孙程旭，冯美利.我国椰子副产物的利用现状及对策[J].江西农业学报，2011，23（8）：42-44.
419	王萍，刘立云，杨伟波，陈思婷，唐龙祥，王东劲，周汉林，郇树乾.长期间作牧草对椰园土壤肥力的影响[J].西南农业学报，2011，24（3）：990-994.
420	黄玉林，陈洋平，陈卫军，张春梅.响应面法优化提取槟榔花总酚的研究[J].热带作物学报，2011，32（6）：1158-1164.
421	杨伟波，王萍，牛聪，秦呈迎，唐龙祥.滨海沙地椰林间种牧草土壤水分空间异质性[J].热带作物学报，2011，32（6）：1029-1036.
422	余凤玉，林春花，朱辉，王萍，唐庆华，牛晓庆，陈思婷，吴多扬.椰子茎泻血病菌生物学特性研究[J].热带作物学报，2011，32（6）：1122-1127.
423	李专.创新农业科研单位人才工作的思考[J].热带农业科学，2011，31（6）：88-93.
424	李和帅，范海阔，黄丽云，曹红星，覃伟权，周焕起，吴翼，刘蕊.槟榔新品种'热研1号'[J].园艺学报，2011，38（5）：1011-1012.
425	夏秋瑜，李瑞，唐敏敏，王威，雷新涛，赵松林.海南文昌油棕油脂的脂肪酸组成及抗氧化活性研究[J].热带作物学报，2011，32（5）：906-910.
426	李和帅，范海阔.不同方法处理对椰子花粉扫描电镜观察结果的影响[J].江西农业学报，2011，23（5）：74-75+81.

（续表）

427	孙程旭，雷新涛，曹红星，冯美利，李杰.不同树龄油棕光合特性及影响因子研究[J].西南农业学报，2011，24（2）：541-545.
428	范海阔，冯美利，黄丽云，马子龙，唐龙祥，覃伟权，吴多扬，刘立云，赵松林.椰子新品种'文椰4号'[J].园艺学报，2011，38（4）：803-804.
429	黄丽云，李和帅，曹红星，刘蕊，范海阔.我国槟榔资源与选育种现状分析[J].中国热带农业，2011（2）：60-62.
430	孙程旭，冯美利，刘立云，陈卫军，陈华，张木炎，李新菊.海南椰衣（椰糠）栽培介质主要理化特性分析[J].热带作物学报，2011，32（3）：407-411.
431	郑亚军，李艳，唐敏敏，陈卫军，赵松林.椰子可溶性膳食纤维提取工艺的研究[J].热带作物学报，2011，32（3）：540-543.
432	李专.农业科研管理问题初探[J].热带农业科学，2011，31（3）：66-71.
433	李朝绪，黄山春，马子龙，覃伟权，余凤玉，张振华.垫跗螋成虫对椰心叶甲的捕食功能反应[J].果树学报，2011，28（2）：353-357.
434	钟宝珠，吕朝军，李洪，孙晓东，马子龙.常用杀虫剂对螺旋粉虱与六斑月瓢虫生物活性及选择毒力[J].中国农学通报，2011，27（5）：380-383.
435	李艳，王萍，董志国，刘立云，陈思婷.椰子中果皮4种微量元素含量动态规律的研究[J].热带作物学报，2011，32（2）：329-333.
436	吕朝军，钟宝珠，孙晓东，覃伟权，符悦冠，马子龙.印楝素与啶虫脒对椰心叶甲生物活性及混配增效作用[J].江西农业学报，2011，23（2）：99-101.
437	李专，罗志强.对构建热带农业科研单位"以人为本"绩效考核评价指标体系的思考[J].热带农业科学，2011，31（2）：81-86.
438	夏秋瑜，李瑞，蒋盛军，陈文学，陈卫军，赵松林.红厚壳种仁油脂体外抗氧化能力研究[J].热带作物学报，2011，32（1）：168-171.
439	陈君，韩轩，刘立云，冯美利，李专，秦海棠.海南槟榔产业发展战略研究[J].安徽农业科学，2011，39（2）：1210-1212.
440	冯美利，孙程旭，刘立云，陈卫军，陈华.不同规格椰糠基质对袋装组培香蕉苗生长的影响[J].西南农业学报，2011，24（6）：2321-2324.
441	张月，雷新涛，徐志，刘春华.多效唑在荔枝中的消解动态研究[J].热带农业工程，2011，35（6）：1-4.
442	张晶，覃伟权，阎伟，彭正强.一株对红棕象甲幼虫和卵有致病力的病原菌的分离鉴定[J].热带作物学报，2011，32（12）：2331-2335.
443	李杰，周焕起，黄丽云，冯美利，唐龙祥.不同果皮处理方法对椰果发芽及幼苗生长的影响[J].热带农业科学，2011，31（12）：1-5.
444	阎伟，宗世祥，王荣，王建伟，曹川建，骆有庆.油蒿不同演替阶段钻蛀性害虫幼虫与天敌在空间格局上的关系[J].林业科学，2011，47（12）：179-183.
445	陈豪军，李和帅，周全光，王春田.广西、广东椰子种质资源调查[J].中国热带农业，2011（6）：48-50.
446	许丽菁，陈良秋，杨耀东，贾永立，雷新涛.对海南省农业科技"110"椰子专业服务站发展的思考[J].现代农业科技，2011（22）：361-362.
447	唐庆华，宋薇薇，余凤玉，朱辉，牛晓庆，韩超文，吴多扬，覃伟权.大蒲葵叶斑病病原生物学特性研究[J].江西农业学报，2011，23（11）：109-110.
448	孙晓东.琼海市槟榔园苏云金芽孢杆菌菌株的筛选与鉴定[C]//吴孔明.植保科技创新与病虫防控专业化——中国植物保护学会2011年学术年会论文集.北京：中国农业科学技术出版社，2011.
449	牛晓庆.椰子林土壤放线菌的分离及其抗椰子泻血病菌的筛选[C]//吴孔明.植保科技创新与病虫防控专业化——中国植物保护学会2011年学术年会论文集.北京：中国农业科学技术出版社，2011.
450	余凤玉.椰子泻血病病原鉴定及有效药剂筛选[C]//吴孔明.植保科技创新与病虫防控专业化——中国植物保护学会2011年学术年会论文集.北京：中国农业科学技术出版社，2011.

（续表）

451	唐庆华.散尾葵叶枯病病原鉴定与生物学特性研究[C]// 吴孔明.植保科技创新与病虫防控专业化——中国植物保护学会2011年学术年会论文集.北京：中国农业科学技术出版社，2011：4.
452	牛聪，杨伟波，唐龙祥.中国椰子耐寒生理研究进展与展望[J].热带农业工程，2011，35（5）：36-38.
453	车江萍，阎伟，吕朝军，李朝绪，龚殿，马子龙，覃伟权.二疣犀甲成虫头部感受器超微结构观察[J].热带作物学报，2011，32（10）：1921-1925.
454	黄丽芳，闫林，范睿，姚全胜，刘洋，雷新涛.芒果实生资源遗传多样性的SSR分析[J].热带作物学报，2011，32（10）：1828-1832.
455	王威，陈卫军，赵松林，夏秋瑜，黄玉林，李瑞.脱脂椰子种皮提取物抗氧化活性研究[J].热带作物学报，2011，32（10）：1888-1892.
456	黄山春，李朝绪，阎伟，刘丽，覃伟权.二疣犀甲诱捕器的研制与应用[J].江西农业学报，2011，23（10）：117-118+120.
457	陈思婷，王萍.剥壳与切头对槟榔种子发芽的影响[J].热带农业科学，2011，31（10）：13-15.
458	黄丽云，张奕琴.6-BA和NAA对槟榔幼胚离体培养的影响[J].热带生物学报，2011，2（3）：256-259.
459	曾鹏，王秋利，李红春.浅议商品混凝土早期开裂的防治[J].建设监理，2011（9）：61-63.
460	段岢君，李瑞，夏秋瑜，崔欣悦，陈卫军，赵松林.菠萝浆提取椰子油的工艺研究[J].热带作物学报，2011，32（8）：1567-1571.
461	唐庆华.大豆菌核病及其病原核盘菌研究进展.中国植物病理学会.中国植物病理学会2011年学术年会论文集[C]// 北京：中国农业科学技术出版社，2011：7.
462	詹惠玲，朱辉，余凤玉，吴多扬，牛晓庆，唐庆华.椰子红环腐线虫病传入中国的风险性分析[J].江西农业学报，2011，23（8）：93-96.
463	李瑞，夏秋瑜，赵松林，陈卫军，唐敏敏.脱脂油棕果肉醇提物体外抗氧化活性研究[J].中国粮油学报，2011，26（7）：95-98.
464	李和帅.槟榔新品种"热研1号"[J].中国果业信息，2011，28（6）：51.
465	范海阔.椰子新品种"文椰4号"[J].中国果业信息，2011，28（6）：51.
466	张春梅，黄玉林，程芳芳，王仁才，沈雁，唐敏敏，陈卫军.槟榔花提取物中没食子酸等9种多酚类化合物的测定[J].热带作物学报，2011，32（5）：965-969.
467	陈豪军，陈永森，孙晓东，周全光，王春田，李和帅.两广地区椰子病虫害调查初报[J].广东农业科学，2011，38（10）：73-75.
468	李专.农业科研单位思想政治工作探讨[J].热带农业科学，2011，31（5）：84-88+94.
469	刘劲松，胡显伟.新形势下热科院科研基地土地管理的对策研究[J].热带农业工程，2011，35（2）：64-66.
470	李专.浅谈农业系统领导干部素质的培养[J].热带农业科学，2011，31（4）：83-88.
471	吕朝军，钟宝珠，李洪，孙晓东，马子龙.植物源杀虫剂对椰心叶甲和椰甲截脉姬小蜂的安全性评价[J].广东农业科学，2011，38（6）：80-81.
472	唐庆华，崔林开，苗苗，李德龙，阴伟晓，郑小波，王源超.我国部分地区大豆疫霉群体遗传分析[J].南京农业大学学报，2011，34（2）：73-77.
473	杨云，孟慧，吴翼，陈波，甘炳春.降香黄檀SRAP分子标记的引物筛选[J].江西农业学报，2011，23（3）：29-31.
474	祁静，唐敏敏，陈卫军，黄玉林，郑亚军，赵松林.毛细管电泳法测定槟榔多酚的组分[J].热带作物学报，2011，32（2）：339-344.
475	宫璇，张如莲，曹红星，孙程旭，李正民.4个椰子品种光合、蒸腾作用日变化特征及影响因素[J].热带作物学报，2011，32（2）：221-224.
476	孙程旭，陈华，刘立云，冯美利，陈卫军，张木炎，赵松林.椰子副产物的应用与发展[J].中国热带农业，2011（1）：45-47.
477	李朝绪，黄山春，覃伟权，马子龙，酒翠玉.温度对椰心叶甲啮小蜂控制寄主能力的影响[J].江西农业学报，2011，23（1）：103-105+107.

（续表）

478	Yu F Y, Niu X Q, Tang Q H, et al. First Report of Stem Bleeding in Coconut Caused by *Ceratocystis paradoxa* in Hainan, China[J]. Plant Disease, 2012, 96（2）: 290-290.
479	Rui L, Qiuyu X, Minmin T, et al. Chemical composition of Chinese palm fruit and chemical properties of the oil extracts. [J]. African Journal of Biotechnology, 2015, 6（39）: 9377-9382.
480	Lv CJ, Zhong BZ, Zhong G H, et al. Four Botanical Extracts are Toxic to the Hispine Beetle, *Brontispa longissima*, in Laboratory and Semi—field Trials[J]. Journal of Insect Science, 2012, 12（58）: 1-8.
481	Shen Y, Chen WJ, Lei X T, et al. Effects of plant growth regulators and temperature on seed germination of yellow nut-sedge（*Cyperus esculentus* L.）[J]. Journal of Medicinal Plants Research, 2011, 5（31）: 1464-1467.
482	Xiao Y, Yang Y, Cao H, et al. Efficient isolation of high quality RNA from tropical palms for RNA-seq analysis[J]. Plant Omics, 2012, 5（5）: 584-589.
483	Niu X Q, Chen L Q, Fu D Q, et al. Identification and Characterization of *Camellia oleifera* Leaf Blight Disease Pathogen *Pestalotiopsis microspora*[C]// 郭泽建，李宝笃. 中国植物病理学会2012年学术年会论文集. 北京: 中国农业科学技术出版社, 2012.
484	罗意, 黄绵佳, 范海阔, 肖勇. 椰子SSR标记的开发[J]. 广东农业科学, 2012, 39（23）: 139-141+158.
485	黄丽云, 李杰, 周焕起, 范海阔. 槟榔胚培养配方组合筛选研究[J]. 中国农学通报, 2012, 28（34）: 58-62.
486	徐中亮, 杨小波, 李东海, 黄运峰, 农寿千, 陈玉凯. 清澜港红树林植被类型数量分类[J]. 安徽农业科学, 2012, 40（34）: 16659-16661+16663.
487	曾鹏. 农业基本建设项目招投标管理存在的问题与对策[J]. 中国集体经济, 2012（30）: 8-9.
488	唐庆华. 海南槟榔须芒草伯克霍尔德氏菌叶斑病病原的鉴定[C]// 吴孔明. 中国植物保护学会成立50周年庆祝大会暨2012年学术年会论文集. 北京: 中国农业科学技术出版社, 2012.
489	余凤玉. 不同药剂对椰子泻血病菌孢子萌发及芽管生长的影响[C]// 吴孔明. 植保科技创新与现代农业建设（中国植物保护学会2012年学术年会论文集）. 北京: 中国农业科学技术出版社, 2012.
490	吕朝军. 二疣犀甲对寄主茎干的产卵选择行为研究[C]// 吴孔明. 植保科技创新与现代农业建设（中国植物保护学会2012年学术年会论文集）. 北京: 中国农业科学技术出版社, 2012.
491	钟宝珠. 薇甘菊提取物对二疣犀甲防控潜力研究[C]// 吴孔明. 植保科技创新与现代农业建设（中国植物保护学会2012年学术年会论文集）. 北京: 中国农业科学技术出版社, 2012.
492	徐中亮, 李厚奇, 何美丹, 袁潜华. 海南普通野生稻居群植被物种多样性研究[J]. 中国农学通报, 2012, 28（29）: 203-207.
493	余凤玉, 王萍, 朱辉, 牛晓庆, 杨伟波, 唐庆华. 椰园间种不同牧草对椰子根际微生物的影响[J]. 江西农业学报, 2012, 24（10）: 12-14.
494	徐雪荣, 周晶, 吴晓鹏, 雷新涛. 益智主要病虫害及其防治[J]. 中国热带农业, 2012（5）: 56-58.
495	牛晓庆, 鹿连明, 吴祖建. 酵母双杂交技术研究NS3蛋白及其与CP, SP, NSvc4之间的互作[J]. 热带作物学报, 2012, 33（9）: 1642-1646.
496	黄山春. 一种很好的粉源植物——散尾葵[J]. 中国蜂业, 2012, 63（25）: 33.
497	符克开, 钟宝珠, 钱军, 黄守浓, 吕朝军. 2种表面活性物质对70%嘧磺隆WP防治薇甘菊的增效作用[J]. 生物安全学报, 2012, 21（3）: 240-243.
498	张宝琴, 刘海龙, 覃伟权, 李朝绪. 海南凹鸠蛾幼虫和蛹过冷却点的测定[J]. 林业科技开发, 2012, 26（4）: 58-60.
499	刘蕊, 张军, 范海阔. 香棕果皮汁液对白菜种子萌发的影响[J]. 现代农业科技, 2012（14）: 143+150.
500	宋薇薇. 植原体的检测和鉴定研究进展[C]// 郭泽建, 李宝笃. 中国植物病理学会2012年学术年会论文集. 北京: 中国农业科学技术出版社, 2012.
501	关为, 田呈瑞, 陈卫军, 周劲娥, 张航, 唐敏敏, 夏秋瑜. 电子舌在绿茶饮料区分辨识中的应用[J]. 食品工业科技, 2012, 33（13）: 56-59.
502	牛聪, 杨伟波, 唐龙祥. 4个主栽椰子品种叶片热值季节性变化研究[J]. 热带农业科学, 2012, 32（6）: 11-14.

（续表）

503	阎伟，唐超，彭正强，金启安，温海波.寄主叶片营养物质、物理结构与椰心叶甲危害的关系[J].热带作物学报，2012，33（3）：535-539.
504	曹耀强，谢新华，陈卫军，郑亚军.油茶饼中酚类化合物的抗氧化性研究[J].食品科技，2012，37（3）：201-204.
505	秦呈迎，程文静，唐龙祥.海水灌溉对椰子幼苗叶片若干生理特性的影响[J].热带农业科学，2012，32（3）：6-10.
506	贾永立."文椰2号"椰子外果皮中50%乙醇提取物体外清除自由基能力的研究[J].热带作物学报，2012，33（2）：382-385.
507	程文静，秦呈迎，冯美利，杨重法，唐龙祥.不同品种椰子凋落叶的营养成分分析[J].热带农业科学，2012，32（2）：79-83.
508	陈良秋，王兴胜，杨伟波，李艳，董志国，王永，付登强，牛晓庆.油茶低产林分技术改造的理论与实践[J].现代农业科技，2012（3）：154+156.
509	苏冰霞，郑亚军，吴学进，谢轶.不同产地茶叶矿物质元素含量的调查分析[J].微量元素与健康研究，2012，29（1）：29-32.
510	赵晓莉，陈卫军，赵松林，唐敏敏.椰子种皮油提取物的抗氧化活性研究[J].热带作物学报，2012，33（1）：162-165.
511	孙程旭，冯美利，陈华，陈卫军.椰衣（果皮块）介质作为红掌和石斛兰栽培基质的初步研究[J].热带农业科学，2012，32（1）：1-4+20.
512	雷新涛，曹红星，冯美利，王永，李杰.热带木本生物质能源树种——油棕[J].中国农业大学学报，2012，17（6）：185-190.
513	孙晓东，周贤亮，李卫全，覃伟权.海南省保亭县槟榔种植业发展现状、问题及对策[J].热带农业科学，2012，32（12）：97-99.
514	贾永立.椰子叶片气孔特征的品种间比较[J].江西农业学报，2012，24（11）：14-16.
515	孙程旭，张军，秦海棠，范海阔，曹红星，赵松林.越南椰子资源在海南的生态适应性及其评价指标研究[J].热带作物学报，2012，33（10）：1903-1909.
516	肖勇，杨耀东，曹红星，雷新涛，范海阔，赵松林，马子龙.椰子CBF基因的克隆研究[J].江西农业学报，2012，24（10）：1-3+8.
517	冯美利，李杰，孙程旭，曹红星，雷新涛，张如莲.不同树龄油棕营养元素含量及其年变化研究[J].热带农业科学，2012，32（10）：6-9.
518	夏秋瑜，李瑞，唐敏敏，陈卫军，赵松林.天然椰子油的组分及其对花生油氧化稳定性的影响[J].中国粮油学报，2012，27（9）：64-66+70.
519	钟宝珠，吕朝军，王东明，李洪，覃伟权.薇甘菊甲醇提取物对二疣犀甲生长发育的影响[J].昆虫学报，2012，55（9）：1062-1068.
520	付登强，陈良秋，杨伟波，李艳，蒋盛军.海南油茶丰产栽培技术[J].热带农业科学，2012，32（9）：23-27.
521	李朝绪，黄山春，覃伟权，马子龙，容焕，彭正强.三亚市椰心叶甲寄生蜂的防效调查[J].热带作物学报，2012，33（7）：1288-1292.
522	唐庆华，张世清，牛晓庆，朱辉，余凤玉，覃伟权.黄单胞菌毒性因子调控的研究进展[J].生物灾害科学，2012，35（2）：134-141.
523	曹红星，孙程旭，李和帅，黄丽云，冯美利.水肥胁迫对槟榔幼苗生长及生理特性的影响[J].西南师范大学学报（自然科学版），2012，37（6）：87-91.
524	张晶，覃伟权，阎伟，彭正强.金龟子绿僵菌对红棕象甲的室内致病力测定[J].热带作物学报，2012，33（5）：899-905.
525	刘立云，李艳，杨伟波，郑亚军，付登强，陈良秋，张楚琴，马锦林，魏玉云.不同品种油茶叶绿素荧光参数的比较研究[J].热带作物学报，2012，33（5）：886-889.

(续表)

526	赵晓莉,陈卫军,赵松林,张春梅,王妨.椰子种皮油提取物对低密度脂蛋白氧化的抑制作用[J].天然产物研究与开发,2012,24(5):668-671.
527	杨伟波,付登强,李艳,陈良秋,赵松林,张楚琴,马锦林,陈国臣,叶航,魏玉云.不同光强下义安油茶幼苗生长和叶绿素荧光特性分析[J].热带作物学报,2012,33(4):651-654.
528	李专,祁静,赵松林.槟榔壳多酚组分及抗氧化活性的测定(英文)[J].热带作物学报,2012,33(4):717-725.
529	杨伟波,付登强,陈良秋,李艳,赵松林,马锦林,陈国臣,叶航,王兴胜.海南地区引种试种亚热带油茶优良品种初报[J].江西农业学报,2012,24(4):63-65.
530	杨伟波,付登强,李艳,陈良秋,陈卫军,赵松林.油莎豆块茎萌发特性的初步研究[J].热带作物学报,2012,33(2):255-259.
531	沈雁,王业桐,曹红星,陈卫军,雷新涛,杨耀东.油棕的组织培养及其生理生化研究[J].江西农业学报,2012,24(2):41-42+47.
532	刘蕊,黄丽云,李和帅,沈雁,范海阔.海南本地槟榔小孢子发生及雄配子体形成研究[J].江西农业学报,2012,24(2):31-34.
533	陈思婷,杨伟波,王萍,刘立云,牛聪.不同种养模式对椰园土壤养分的影响[J].热带作物学报,2012,33(1):41-45.
534	牛晓庆,余凤玉,鲍时翔,林茜,唐庆华,宋薇薇,朱军.椰子林土壤放线菌的分离及其拮抗椰子泻血病菌的鉴定[J].热带作物学报,2012,33(1):117-121.
535	李艳,王萍,陈思婷,刘立云,董志国.4个品种椰子嫩果椰肉主要矿质元素含量分析[J].热带作物学报,2012,33(1):46-49.
536	贾永立,赵松林.椰干干燥技术的发展现状与分析[J].江西农业学报,2012,24(1):120-123+127.
537	刘蕊,刘琦,姚兴赟.5个椰子品种形态特征的比较研究[J].江西农业学报,2012,24(1):26-28.
538	陈良秋,杨伟波,李艳,王永,付登强,牛晓庆,王兴胜.海南岛油茶产业发展历程及展望[J].现代农业科技,2012(1):374.
539	郑亚军,杨伟波,陈良秋,陈卫军,付登强,王兴胜.海南省油茶产业存在的问题及对策[J].现代农业科技,2012(1):357-358.
540	Haikuo F, Yong X, Yaodong Y, et al. RNA-Seq Analysis of *Cocos nucifera*: Transcriptome Sequencing and De Novo Assembly for Subsequent Functional Genomics Approaches[J]. PLoS ONE, 2013, 8(3): e59997-.
541	Xiao Y, Luo Y, Yang Y, Fan H, Xia W, Mason A S, Zhao S, Sager R, Qiao F. Development of microsatellite markers in *Cocos nucifera* and their application in evaluating the level of genetic diversity of *Cocos nucifera*[J]. Plant Omics, 2013, 6(3): 193-200.
542	Yong X, Wei X, Yaodong Y, et al. Characterization and Evolution of Conserved MicroRNA through Duplication Events in Date Palm (*Phoenix dactylifera*)[J]. PLoS ONE, 2013, 8(8): e71435.
543	Tang M, Wang D, Hou Y, et al. Preparation, characterization, bioavailability in vitro and in vivo of tea polysaccharides-iron complex[J]. European Food Research and Technology, 2013, 236(2): 341-350.
544	Tang Q H, Yu, F. Y, Zhang, S. Q, et al. First Report of *Burkholderia andropogonis* Causing Bacterial Leaf Spot of Betel Palm in Hainan Province, China[J]. Plant Disease, 2013, 97(12): 1654-1654.
545	黄玉林,陈卫军,赵松林.Effect of Different Drying Methods on the Chemical Composition of Areca Inflorescence Extracts[J]. 8th CIGR International Technical Symposium Section VI 2013, 111.
546	唐敏敏,陈卫军,祁静,赵松林.Determination of Polyphenols Components from Areca-nut Husk by High Performance Capillary Electrophoresis and Evaluation of Its Bioavailability in vitro and in vivo[J]. 8th CIGR International Technical Symposium Section VI 2013, 332.
547	关为,陈卫军,田呈瑞,张航,唐敏敏,夏秋瑜.Monitoring the Quality Change of Fresh Coconut Milk Using an Electronic Tongue[J]. 8th CIGR International Technical Symposium Section VI 2013, 218.
548	宋菲、陈卫军、曹耀强、夏秋瑜,王挥,赵松林.Stabilization of corn oil by phenolic camellia oil cake extract during storage[J]. 8th CIGR International Technical Symposium Section VI 2013, 225.

	(续表)
549	汪金，陈卫军，王挥．Direct Detection of Coconut Cream Powder Content in Solid Beverage Using Different Scanning Calorimetry[J]. 8th CIGR International Technical Symposium Section Ⅵ 2013，216.
550	Liu L，Huang L，Li Y．Influence of Boric Acid and Sucrose on the Germination and Growth of Areca Pollen[J]. American Journal of Plant Sciences, 2013, 4（8）：6. 1669-1674.
551	曹红星，孙程旭，张军，张如莲．越南椰子资源果实品质分析及评价[J]. 热带作物学报，2013，34（12）：2419-2423.
552	刘蕊，吴翼，高荣宝，郭志东．椰子DUS测试性状的选择——花序与果实部分[J]. 中国农学通报，2013，29（34）：111-114.
553	吕朝军，钟宝珠，田蜜，钱军，苟志辉，覃伟权．植物源杀虫剂对槟榔红脉穗螟幼虫的致死效应[J]. 生物安全学报，2013，22（4）：253-256.
554	杨伟波，李东霞，董志国，付登强，陈良秋，刘小玉，杨衍．铝胁迫对海南花生根系的研究初报[J]. 热带农业科学，2013，33（11）：12-15.
555	牛启祥，孙程旭，王萍．雷州半岛椰子资源及寒害调查[J]. 热带农业科学，2013，33（11）：32-35.
556	张军，范海阔，孙程旭．棕榈科植物资源研究现状与建议[J]. 农业研究与应用，2013（6）：52-55.
557	王萍，刘立云，李艳，陈思婷，董志国，唐龙祥．不同品种椰子液体胚乳发育过程中K、Ca、Na、Mg元素变化规律[J]. 热带作物学报，2013，34（9）：1730-1736.
558	刘立云，李艳，唐龙祥，王萍，郑亚军，秦呈迎，牛聪．椰肉氨基酸测定与营养评价[J]. 热带作物学报，2013，34（9）：1803-1806.
559	罗意，范海阔，黄绵佳，肖勇．3种椰子基因组DNA提取方法的比较[J]. 中国农学通报，2013，29（27）：154-158.
560	李朝绪，阎伟，黄山春，刘丽，覃伟权，魏娟．10种杀虫剂对红棕象甲高龄幼虫的毒力测定[J]. 林业科技开发，2013，27（5）：72-74.
561	曾鹏．农产品对外贸易与农业经济增长的关系研究[J]. 中国商贸，2013（27）：128-129.
562	邓福明，王挥，赵松林，陈卫军．椰子油的生理活性（Ⅰ）：药用功能[J]. 热带农业科学，2013，33（9）：60-64.
563	刘立云，李艳，雷新涛，曹红星，张如莲．油棕叶片4种微量元素含量季节性变化影响研究[J]. 中国种业，2013（S1）：39-41.
564	肖勇，杨耀东，夏薇，雷新涛，马子龙．多倍体在植物进化中的意义[J]. 广东农业科学，2013，40（16）：127-130.
565	阎伟，吕宝乾，李洪，李朝绪，刘丽，覃伟权，彭正强，骆有庆．椰子织蛾传入中国及其海南省的风险性分析[J]. 生物安全学报，2013，22（3）：163-168.
566	吕朝军，钟宝珠，钱军，苟志辉，覃伟权．烟碱对槟榔红脉穗螟生长发育和存活的影响[J]. 生物安全学报，2013，22（3）：201-205.
567	周丽霞，肖勇，杨耀东，马子龙．油棕基因组DNA 3种提取方法的比较研究[J]. 江西农业学报，2013，25（8）：9-11.
568	付登强，杨伟波，陈良秋，李艳，刘立云．海南油茶林土壤养分状况调查[J]. 热带农业科学，2013，33（7）：17-20+29.
569	刘立云，李艳，雷新涛，曹红星，张如莲．寒害与季节变化对油棕叶片大中量营养元素含量及其变化规律的影响[J]. 西南农业学报，2013，26（3）：1227-1230.
570	黄少刚，孙程旭，杨伟波，唐龙祥．钠钾离子替代对椰苗叶片糖类及其代谢酶活性的影响[J]. 热带生物学报，2013，4（2）：165-168.
571	肖勇，杨耀东，曹红星，范海阔，雷新涛，乔飞．油棕CBF基因的克隆及与禾本科植物CBF基因的进化关系[J]. 中国农学通报，2013，29（18）：127-131.
572	吕朝军，钟宝珠，钱军，覃伟权，苟志辉，连春枝．青葙提取物对红脉穗螟产卵忌避及杀卵作用研究[J]. 江西农业大学学报，2013，35（3）：543-548.

(续表)

573	付登强, 杨伟波, 陈良秋, 李艳, 蒋盛军, 李琴, 田瑞小玲. 油茶籽油乙醇提取物抗氧化性研究 [J]. 热带农业科学, 2013, 33(6): 62-65.
574	张军, 刘蕊, 范海阔, 杨锦昌. 红厚壳高空压条繁殖技术研究 [J]. 农学学报, 2013, 3(5): 56-57+65.
575	杨伟波, 付登强, 刘立云, 陈良秋, 董志国, 杨衍. 海南花生研究现状及展望 [J]. 热带农业科学, 2013, 33(5): 73-75.
576	刘蕊, 范海阔, 张军. 5个椰子品种植株叶片解剖结构的观察 [J]. 热带作物学报, 2013, 34(4): 690-694.
577	陈卫军, 黄华平, 张如莲. 基于SCI收录论文的世界油棕研究格局 [J]. 热带农业科学, 2013, 33(3): 60-62+71.
578	牛晓庆, 陈良秋, 付登强, 杨伟波, 李艳, 覃伟权, 蒋盛军. 油茶叶枯病菌的鉴定及生物学特性研究 [J]. 热带作物学报, 2013, 34(2): 352-357.
579	钟宝珠, 吕朝军, 王东明, 覃伟权, 李洪, 王智. 二疣犀甲室内生物学特性及形态观察 [J]. 昆虫学报, 2013, 56(2): 167-172.
580	付登强, 杨伟波, 陈良秋, 李艳, 蒋盛军. 油茶林养分管理研究进展 [J]. 热带农业科学, 2013, 33(2): 17-21.
581	钟宝珠, 吕朝军, 李洪, 王东明, 覃伟权, 王智. 二疣犀甲对不同寄主茎干的产卵选择 [J]. 环境昆虫学报, 2013, 35(1): 13-17.
582	吴伦英, 景晓辉, 沈雁. 类转录激活因子效应物及其在生物技术领域的应用 [J]. 热带生物学报, 2013, 4(4): 386-392.
583	肖勇, 杨耀东, 夏薇, 沈雁, 雷新涛, 马子龙. 25个油棕SSR标记的开发及应用这些标记评估油棕资源的遗传多样性 [J]. 江西农业学报, 2013, 25(12): 27-31.
584	牛启祥. 中国热带农业科学院椰子研究所科研基地的建设现状分析 [J]. 热带农业工程, 2013, 37(5): 34-36.
585	冯美利, 唐龙祥, 孙程旭. 蚯蚓处理椰子废弃物和畜禽粪混合物的研究 [J]. 热带农业科学, 2013, 33(11): 54-58.
586	符海泉, 杨耀东, 符永瑜, 万婕, 马子龙, 吴翼. 棕榈科植物SSR分子标记反应体系的建立 [J]. 江西农业学报, 2013, 25(11): 6-10.
587	钱军, 吕朝军, 苟志辉, 钟宝珠, 罗湘粤, 陈毅青. 辛硫磷与阿维菌素对桉树枝瘿姬小蜂的混配增效作用 [J]. 农药, 2013, 52(11): 839-841.
588	吕朝军. 烟碱对槟榔红脉穗螟生长发育的影响 [C]// 吴孔明. 创新驱动与现代植保(中国植物保护学会2013年学术年会论文集). 北京: 中国农业科学技术出版社, 2013.
589	钟宝珠. 植物源杀虫剂不同处理方法对槟榔红脉穗螟幼虫的室内毒力 [C]// 吴孔明. 创新驱动与现代植保(中国植物保护学会2013年学术年会论文集). 北京: 中国农业科学技术出版社, 2013.
590	谢琳, 王健, 张玄兵, 沈雁. 薄荷属种质资源遗传多样性ISSR分析 [J]. 广东农业科学, 2013, 40(18): 130-132+158.
591	禤小凤, 邓福明, 赵松林, 陈卫军. 椰子油的生理活性(Ⅱ): 调节血浆血脂 [J]. 热带农业科学, 2013, 33(9): 65-70+78.
592	段峕君, 邓福明, 赵松林, 陈卫军. 椰子油的生理活性(Ⅲ): 抗氧化活性 [J]. 热带农业科学, 2013, 33(9): 71-78.
593	颜巧丽, 邓福明, 赵松林, 陈卫军. 椰子油的生理活性(Ⅴ): 代谢与平衡 [J]. 热带农业科学, 2013, 33(9): 79-83+89.
594	李晓煜, 邓福明, 赵松林, 陈卫军. 椰子油的生理活性(Ⅳ): 减肥与美容 [J]. 热带农业科学, 2013, 33(9): 84-89.
595	李和帅, 王承民, 王波超, 范海阔. 我国几个主要椰子品种花粉生活力研究 [J]. 江西农业学报, 2013, 25(9): 11-14.
596	符海泉. 我国城镇绿化养护成本控制对策 [J]. 现代农业科技, 2013(17): 209-210.
597	韩联健, 朝明定. 土地置换工作问题分析与解决方案 [J]. 热带农业工程, 2013, 37(4): 33-35.

（续表）

598	龙翊岚. 中国热带农业科学院品牌建设[J]. 热带农业工程, 2013, 37（4）: 59-62.
599	王挥, 陈卫军, 龙雪峰, 赵松林, 夏秋瑜. 椰子不同部位 LPS、PPO 以及 POD 活性分布的研究[J]. 广东农业科学, 2013, 40（16）: 101-103.
600	肖勇, 杨耀东, 夏薇, 范海阔, 赵松林, 马子龙. 椰子 Acyl-ACP 硫酯酶相关基因的克隆及其表达分析[J]. 广东农业科学, 2013, 40（12）: 149-152.
601	徐荣文, 万婕, 覃伟权, 王永壮. 7 种杀虫剂防治荔枝蝽象的药效试验[J]. 中国农学通报, 2013, 29（16）: 171-174.
602	段蒈君, 陈卫军, 宋菲, 夏秋瑜, 赵松林. 椰子油的精深加工与综合利用[J]. 热带农业科学, 2013, 33（5）: 67-72.
603	黄汉驹, 曹红星, 张如莲. 油棕抗寒性研究进展[J]. 热带农业科学, 2013, 33（5）: 60-63.
604	雷茜茜, 赵松林, 陈卫军, 宋菲. 角鲨烯和维生素 E 抗皮肤衰老作用的比较研究[J]. 食品工业科技, 2013, 34（13）: 91-93+98.
605	黄少刚, 孙程旭, 杨伟波, 唐龙祥. 钠钾离子替代对椰子叶片叶绿素、丙二醛、离子含量的影响[J]. 热带农业科学, 2013, 33（3）: 13-17.
606	钱军, 钟宝珠, 苟志辉, 罗湘粤, 吕朝军. 薇甘菊提取物对螺旋粉虱的生物活性[J]. 生物安全学报, 2013, 22（1）: 33-37.
607	符海泉, 吴翼, 张木炎. 单干类棕榈科植物大树移植技术分析[J]. 广东农业科学, 2013, 40（3）: 32-33+45.
608	林昇强, 余凤玉, 牛晓庆, 覃伟权, 朱辉, 唐庆华, 宋薇薇, 吴艳萍. 棕榈科植物 3 种病原菌的土壤拮抗放线菌筛选[J]. 中国南方果树, 2013, 42（1）: 77-78.
609	张航, 赵松林, 陈卫军, 李瑞, 关为. 电子舌传感器快速检测油茶籽油中掺杂棕榈油[J]. 食品科学, 2013, 34（14）: 218-222.
610	Xia W, Liu Z, Yang Y, et al. Selection of reference genes for quantitative real-time PCR in *Cocos nucifera* during abiotic stress[J]. Botany, 2014, 92（3）: 179-186.
611	Xia W, Xiao Y, Liu Z, et al. Development of gene-based simple sequence repeat markers for association analysis in *Cocos nucifera*[J]. Molecular Breeding, 2014, 34（2）: 525-535.
612	Xia W, Mason A S, Xiao Y, et al. Analysis of multiple transcriptomes of the African oil palm (*Elaeis guineensis*) to identify reference genes for RT-qPCR[J]. Journal of Biotechnology, 2014, 184: 63-73.
613	Tang Q H, Niu X Q, Yu F Y, et al. First Report of Pindo Palm Heart Rot Caused by *Ceratocystis paradoxa* in China[J]. Plant Disease, 2014, 98（9）: 1282-1282.
614	Zhu H, Niu X Q, Song W W, et al. First Report of Leaf Spot of Tea Oil Camellia (*Camellia oleifera*) Caused by *Lasiodiplodia theobromae* in China[J]. Plant Disease, 2014, 98（10）: 140723074943009. Plant Disease, 2014, 98（9）: 1282-1282.
615	Niu X Q, Yu F Y, Zhu H, et al. First Report of Leaf Spot Disease in Coconut Seedling Caused by *Bipolaris setariae* in China[J]. Plant Disease, 2014, 98（12）: 1742-1742.
616	Xiao Y, Zhou L, Xia W, et al. Exploiting transcriptome data for the development and characterization of gene-based SSR markers related to cold tolerance in oil palm (*Elaeis guineensis*)[J]. BMC Plant Biology, 2014, 14（1）: 384.
617	Shen X J, Han J Y, Ryu G H. Effects of the addition of green tea powder on the quality and antioxidant properties of vacuum-puffed and deep-fried Yukwa (rice snacks)[J]. LWT - Food Science and Technology, 2014, 55（1）: 362-367.
618	Li R, Horgan C C, Long B, et al. Tuning the mechanical and morphological properties of self-assembled peptide hydrogels via control over the gelation mechanism through regulation of ionic strength and the rate of pH change[J]. RSC Adv., 2015, 5（1）: 301-307.
619	Chen W, Huang Y, Qi J, et al. Optimization of Ultrasound-Assisted Extraction of Phenolic Compounds from Areca Husk[J]. Journal of Food Processing and Preservation, 2014, 38（1）: 90-96.

(续表)

620	Xintao L, Yong X, Wei X, et al. RNA-Seq Analysis of Oil Palm under Cold Stress Reveals a Different C-Repeat Binding Factor (CBF) Mediated Gene Expression Pattern in *Elaeis guineensis* Compared to Other Species[J]. PLoS ONE, 2014, 9 (12): e114482-.
621	李静, 王永, 雷新涛, 杨耀东, 肖勇, 夏薇. 油棕育种现状及关联分析在油棕分子辅助育种中的应用展望[J]. 江西农业学报, 2014, 26 (11): 16-20.
622	孙晓东. 一株防治棕榈害虫红棕象甲幼虫的绿僵菌[C]// 陈万权. 生态文明建设与绿色植保（中国植物保护学会2014年学术年会论文集）. 北京: 中国农业科学技术出版社, 2014.
623	杨伟波, 付登强, 陈良秋, 李东霞, 刘小玉, 朱辉, 符海泉. 海南省油茶种苗繁育技术[J]. 现代农业科技, 2014 (19): 204-205.
624	颜巧丽, 邓福明, 陈卫军, 赵松林. 直投式木葡萄糖醋酸杆菌发酵剂的保护剂筛选研究[J]. 广东农业科学, 2014, 41 (18): 105-109.
625	李静, 王永, 杨耀东, 雷新涛, 肖勇, 夏薇. 一种适合油棕不同组织RNA提取的方法[J]. 热带农业科学, 2014, 34 (9): 33-36.
626	刘向蕊, 吕宝乾, 金启安, 温海波, 李朝绪, 阎伟, 彭正强, 冯雨艳, 李晓飞. 新入侵害虫椰子织蛾飞行能力测定[J]. 热带作物学报, 2014, 35 (8): 1610-1614.
627	李东霞, 石桃雄, 袁盼, 冯燕妮, 石磊. 甘蓝型油菜根系突变体lrn1、prl1和野生型根系显微结构的差异[J]. 植物科学学报, 2014, 32 (4): 406-412.
628	韩轩. 旅游圈理论与海南琼北地区旅游开发应用[J]. 中外企业家, 2014 (22): 232-233.
629	桂青, 蔡小祝, 王挥, 陈卫军. 椰子菠萝汁加工工艺研究[J]. 广东农业科学, 2014, 41 (14): 91-94.
630	夏薇, 李静, 周丽霞, 杨耀东, 肖勇, 马子龙. 椰子保守microRNA预测和特征分析[J]. 广东农业科学, 2014, 41 (14): 130-135.
631	段波, 朱国渊, 阿红昌, 赵松林, 倪书邦. 云南省椰子主要病虫害种类初步调查[J]. 热带农业科技, 2014, 37 (3): 23-26.
632	林方养, 杨耀东, 万婕, 唐嘉, 马子龙, 吴翼. 棕榈科植物DNA的提取及SRAP引物筛选[J]. 江西农业学报, 2014, 26 (7): 115-117.
633	沈雁, 陈卫军, 张涛, 江雪飞, 李新国, 李绍鹏, 宋希强. 吲哚丁酸的体外抗氧化活性研究[J]. 热带作物学报, 2014, 35 (6): 1153-1156.
634	张明, 黄玉林, 宋菲, 陈卫军, 赵松林, 邓福明. SPME-GC/MS联合分析槟榔花香气成分[J]. 热带作物学报, 2014, 35 (6): 1244-1249.
635	万婕, 阎伟, 刘丽, 龙雪峰, 李朝绪, 覃伟权. 红棕象甲高龄幼虫冷驯化有效降温速率的确定[J]. 热带作物学报, 2014, 35 (6): 1192-1197.
636	刘勇, 冯美利, 曹红星, 李新国, 王永. 低温胁迫对油棕叶片养分含量变化的影响[J]. 热带农业科学, 2014, 34 (6): 16-19.
637	李东霞, 杨伟波, 付登强, 石鹏, 刘小玉, 陈良秋, 刘立云. 钙对两种基因型花生苗期生物量和叶片气孔数目的影响[J]. 热带农业科学, 2014, 34 (6): 27-30.
638	付登强, 杨伟波, 陈良秋, 刘小玉, 李东霞. 海南油茶优树选择初报[J]. 热带农业科学, 2014, 34 (6): 41-43.
639	郑奋, 符永刚, 阎伟. 薇甘菊在海南文昌的发生及防治[J]. 热带林业, 2014, 42 (2): 26-28.
640	陈炫, 王文壮, 范武波, 苏智伟, 文尚华, 黄国成, 董志国. 广东主要热带作物产业发展关键问题调研报告[J]. 中国热带农业, 2014 (3): 11-14.
641	龙雪峰, 陈卫军, 王挥, 赵松林. 低温贮藏椰肉品质变化及腐败菌分离与鉴定[J]. 广东农业科学, 2014, 41 (9): 108-112.
642	符之学, 刘立云, 李艳, 黄丽云. 槟榔农业生产技术研究[J]. 安徽农业科学, 2014, 42 (14): 4229-4230+4292.

（续表）

643	景晓辉,吴伦英,沈雁,赵辉,吴琳.GST-MtDef4融合蛋白的原核表达及体外抑菌活性的检测[J].热带作物学报,2014,35(4):718-723.
644	付登强,杨伟波,陈良秋,李艳,刘立云.海南油茶林土壤磷吸附特性[J].热带作物学周丽霞,肖勇,杨耀东.聚合酶链反应-直接测序法检测凝血因子V基因突变[J].江西农业学报,2014,26(4):100-101+110.
645	曹红星,严春波,冯美利,张如莲.低温胁迫对不同椰子品种叶片养分含量变化的影响[J].中国热带农业,2014(2):77-79.
646	夏薇,李静,周丽霞,杨耀东,肖勇,马子龙.高等植物着丝粒序列的结构与特征研究[J].安徽农业科学,2014,42(10):2859-2862.
647	石鹏,李东霞,王永,冯美利,雷新涛,曹红星.油棕QTL定位的研究进展[J].热带农业科学,2014,34(3):49-54.
648	丁晓军,唐庆华,严静,俞露.中国槟榔产业中的病虫害现状及面临的主要问题[J].中国农学通报,2014,30(7):246-253.
649	曾鹏,苏才泽.农业基本建设项目管理水平提升研究[J].热带农业工程,2014,38(1):11-15.
650	刘向蕊,吕宝乾,金启安,温海波,阎伟,彭正强,冯雨艳,方旭元.5种杀虫剂对入侵害虫椰子织蛾的室内毒力测定[J].生物安全学报,2014,23(1):13-17.
651	田蜜,钟宝珠,郭霞.印楝素对红脉穗螟发育调节及产卵力的影响[J].生物安全学唐庆华,雷新涛,覃伟权.油棕有害生物综合防治与生态安全问题的研究进展[J].中国农学通报,2014,30(4):215-220.
652	夏薇,肖勇,杨耀东,沈雁,雷新涛,马子龙.基于NCBI数据库的油棕EST-SSR标记的开发与应用[J].广东农业科学,2014,41(2):144-148+166.
653	孙程旭,张军,范海阔,林道迁.椰子资源形态和品质关键因子测评初步研究[J].热带作物学报,2014,35(12):2355-2361.
654	曹红星,黄汉驹,雷新涛,张大鹏,张如莲.低温胁迫下椰子叶片解剖结构差异研究[J].热带作物学报,2014,35(12):2420-2425.
655	冯美利,唐龙祥,孙程旭,李杰.香水椰子果实发育过程中营养元素含量的变化[J].热带作物学报,2014,35(12):2426-2430.
656	吕朝军,钟宝珠,钱军,苟志辉,孙晓东,覃伟权.绿僵菌野生菌株对红脉穗螟幼虫的致病效果研究[J].江西农业大学学报,2014,36(6):1253-1257.
657	唐庆华,张世清,牛晓庆,朱辉,余凤玉,宋薇薇,覃伟权.海南槟榔细菌性叶斑病病原鉴定[J].植物病理学报,2014,44(6):700-704.
658	黄山春,马子龙,林松,李朝绪,阎伟,覃伟权,刘丽.油棕传粉象甲成虫饲养装置的改进[J].热带农业科学,2014,34(12):72-74.
659	石鹏,曹红星,李东霞,王永,雷新涛.油棕等热带植物DXS基因的生物信息学分析[J].广西植物,2016,36(4):471-478.
660	王挥,汪金,宋菲,陈卫军,赵松林.市售人造奶油反式脂肪酸含量及物化特性分析[J].热带农业科学,2014,34(11):99-103.
661	王挥,陈卫军,宋菲,郑亚军,邓福明,黄玉林,赵松林.差式扫描量热法甄别椰子油中棕果油掺杂的应用研究[J].中国粮油学报,2014,29(10):63-66.
662	夏薇,李静,周丽霞,杨耀东,肖勇,马子龙.转录本选择性剪切研究进展[J].江西农业学报,2014,26(10):12-15.
663	宋菲,黄玉林,张明,陈卫军,赵松林.槟榔花热风干燥动力学研究[J].广东农业科学,2014,41(19):103-106.
664	钟宝珠,吕朝军,钱军,覃伟权,苟志辉.薇甘菊提取物对红脉穗螟的产卵忌避及杀卵作用[J].昆虫学报,2014,57(9):1112-1116.
665	张玉锋,段岢君,赵晓莉,陈卫军,赵松林.椰子种皮油提取物对氧化损伤的保护作用[J].食品与发酵工业,2014,40(9):43-46.

（续表）

666	阎伟, 李磊, 李朝绪, 黄山春, 刘丽, 覃伟权, 彭正强, 骆有庆. 一种红棕象甲人工饲料及其效果 [J]. 应用昆虫学报, 2014, 51 (5): 1387-1392.
667	桂青, 王挥, 陈卫军, 赵松林. 椰子中糖类化合物的研究进展 [J]. 热带农业科学, 2014, 34 (9): 24-29.
668	周丽霞, 肖勇, 杨耀东. 基于金纳米颗粒的比色法检测大肠杆菌O157: H7[J]. 江苏农业学报, 2014, 30 (4): 885-889.
669	张玉锋, 段峃君, 王威, 陈卫军, 赵松林. 脱脂椰子种皮多肽的抗氧化活性研究 [J]. 中国粮油学报, 2014, 29 (8): 65-68+73.
670	沈晓君, 王挥, 李晓煜, 陈卫军, 夏秋瑜, 赵松林. 不同处理对椰肉贮藏期间酶活性的影响 [J]. 热带农业科学, 2014, 34 (8): 86-90.
671	周丽霞, 肖勇, 杨耀东. 油棕转录组SSR标记开发研究 [J]. 广东农业科学, 2014, 41 (14): 136-138+143.
672	吕朝军, 钟宝珠, 钱军, 苟志辉, 连春枝, 覃伟权. 槟榔园不同林下经济模式对红脉穗螟发生数量的影响 [J]. 中国南方果树, 2014, 43 (4): 97-98.
673	夏薇, 杨耀东, 肖勇, 周丽霞, 李静, 马子龙. 高等生物着丝粒序列更新与进化的研究进展 [J]. 江西农业学报, 2014, 26 (7): 111-114.
674	邓福明, 梁淑云, 陈卫军, 王挥, 赵松林. 木瓜籽精油的提取及其抗氧化活性研究 [J]. 热带农业科学, 2014, 34 (7): 88-92.
675	刘立云, 符之学, 黄丽云, 李艳, 林长庆. 海南万宁市槟榔鲜果含硒状况调查与分析 [J]. 农学学报, 2014, 4 (6): 67-71.
676	刘蕊. 槟榔花果中槟榔碱含量的时空变化 [J]. 江西农业学报, 2014, 26 (6): 54-55+58.
677	王挥, 宋菲, 曹飞宇, 陈卫军, 赵松林. 棕榈油的营养及功能性成分分析 [J]. 热带农业科学, 2014, 34 (6): 71-74.
678	宋菲, 王挥, 陈卫军, 赵松林. 差示扫描量热法（DSC）在油脂分析中的应用 [J]. 热带农业科学, 2014, 34 (6): 85-88+93.
679	张明, 宋菲, 黄玉林, 陈卫军, 赵松林. 槟榔花提取物活性成分研究进展 [J]. 热带农业科学, 2014, 34 (6): 89-93.
680	黄丽云, 刘立云, 李艳. 海南不同果形槟榔资源形态差异性研究 [J]. 中国热带农业, 2014 (3): 22-25.
681	李东霞, 杨伟波, 付登强, 陈良秋, 石鹏, 刘小玉. 海南林下间作花生模式及展望 [J]. 现代农业科技, 2014 (10): 193-195.
682	刘艳菊, 曹红星. 油棕种子催芽方法的研究进展 [J]. 热带农业科学, 2014, 34 (5): 28-32.
683	刘蕊, 张军, 范海阔. 矮种椰子育苗方法研究 [J]. 热带农业科学, 2014, 34 (5): 1-4+10.
684	曹红星, 黄汉驹, 雷新涛, 张大鹏, 张如莲, 孙程旭. 不同低温处理对油棕叶片解剖结构的影响 [J]. 热带作物学报, 2014, 35 (3): 454-459.
685	唐庆华, 朱辉, 覃伟权. 洋葱伯克氏菌致病因子的研究进展 [J]. 微生物学报, 2014, 54 (5): 487-497.
686	曹红星, 张大鹏, 王家亮, 张如莲, 杨子琴. 低温对油棕可溶性糖转运分配的影响 [J]. 西南农业学报, 2014, 27 (2): 591-594.
687	王萍, 刘立云, 董志国, 陈思婷, 李艳, 韦琼. 椰子不同叶序5种矿质元素含量变化规律初探 [J]. 西南农业学报, 2014, 27 (2): 743-747.
688	刘蕊, 郑俊毫. 烘干温度与时间对槟榔中槟榔碱含量的影响 [J]. 现代农业科技, 2014 (7): 291-292.
689	邓福明, 张航, 陈卫军, 王挥, 黄玉林, 郑亚军, 宋菲, 赵松林. 基于味觉特征的棕榈油产地甄别技术研究 [J]. 中国油脂, 2014, 39 (4): 63-66.
690	钟宝珠, 吕朝军, 钱军, 覃伟权, 苟志辉. 垫跗螋对红脉穗螟幼虫的捕食功能反应 [J]. 环境昆虫学报, 2014, 36 (2): 194-198.

（续表）

691	林方养, 杨耀东, 万婕, 高丽娜, 马子龙, 吴翼. 不同染色剂对SDS-PAGE染色体系的影响[J]. 安徽农业科学, 2014, 42（9）: 2562+2610.
692	宋菲, 雷茜茜, 陈卫军, 赵松林. 角鲨烯脂质体的制备及其性质研究[J]. 食品科技, 2014, 39（3）: 41-44.
693	杨伟波, 付登强, 李东霞, 陈良秋, 董志国, 刘小玉, 杨衍, 朱立贵. 花生新品种在海南地区引种初报[J]. 热带农业科学, 2014, 34（3）: 34-38.
694	黄丽云, 刘立云, 李艳, 李杰. 海南主栽槟榔品种鲜果性状评价[J]. 热带作物学报, 2014, 35（2）: 313-316.
695	林方养, 杨耀东, 万婕, 谢志皓, 马子龙, 吴翼. 几种SDS-PAGE凝胶电泳染色方法的比较[J]. 安徽农业科学, 2014, 42（8）: 2295-2296.
696	黄山春, 许喆, 林松, 覃伟权, 刘丽, 朱辉, 阎伟. 万宁市槟榔主要害虫的发生与防治[J]. 江西农业学报, 2014, 26（2）: 81-84+88.
697	段岢君, 张玉锋, 王威, 陈卫军, 赵松林. 脱脂椰子种皮的蛋白质功能性质研究[J]. 热带作物学报, 2014, 35（1）: 172-175.
698	刘丽, 万婕, 阎伟, 李朝绪, 黄山春, 覃伟权, 张晶. 红棕象甲生物防治研究进展[J]. 广东农业科学, 2014, 41（2）: 95-98.
699	李静, 王永, 杨耀东, 肖勇, 夏薇, 乔飞. 植物CBF转录因子抗寒作用机制研究进展[J]. 江西农业学报, 2014, 26（1）: 59-63.
700	许丽菁, 范海阔, 杨耀东, 郑小蔚, 董志国. 发展中国椰子科技国际合作交流的探析[J]. 热带农业科学, 2014, 34（1）: 103-106.
701	Zhou L X, Xiao Y, Xia W, et al. Analysis of genetic diversity and population structure of oil palm (*Elaeis guineensis*) from China and Malaysia based on species-specific simple sequence repeat markers[J]. Genetics & Molecular Research Gmr, 2015, 14（4）: 16247.
702	Niu X Q, Zhu H, Tang M Q, et al. First report of *Pestalotiopsis menezesiana* causing leaf blight of coconut in Hainan, China[J]. Plant Disease, 2015, 99（4）: 554.
703	Zhu H, Niu X Q, Yu F Y, et al. First report of leaf blight of *Dictyosperma album* caused by *Pestalotiopsis adusta* in China.[J]. Plant Disease, 2015, 99（7）: 150217144632003.
704	Zhu H, Tang Q H, Song W W, et al. First Report of Leaf Spot of Clustering Fishtail Palm (*Caryota mitis* L.) Caused by *Lasiodiplodia jatrophicola* in China[J]. Plant Disease, 2015, 99（7）: 150204092345006.
705	Sun X D, Yu F Y, Niu X Q, et al. First Report of Leaf Spot Disease on Coconut Caused by *Colletrotrichum gloeosporioides* in Hainan, China[J]. Plant Disease, 2015, 100（1）: PDIS-09-14-0880.
706	Yan W, Liu L, Qin W Q, et al. Transcriptomic identification of chemoreceptor genes in the red palm weevil *Rhynchophorus ferrugineus*[J]. Genetics and Molecular Research, 2015, 14（3）: 7469-7480.
707	Yan W, Liu L, Li C X, et al. Transcriptome sequencing and analysis of the coconut leaf beetle, *Brontispa longissima*[J]. Genetics and molecular research: GMR, 2015, 14（3）: 8359-8365.
708	Yan W, Liu L, Huang SC, et al. Development and characterization of microsatellite markers for the fruit fly, *Bactrocera tau* (Diptera: Tephritidae).[J] Applied Entomology and Zoology, 2015 50（4）: 545-548.
709	Zheng Y, Li Y, Zhang Y, et al.Effects of limited enzymatic hydrolysis, pH, ionic strength and temperature on physicochemical and functional properties of palm (*Elaeis guineensis* Jacq.) kernel expeller protein[J]. Journal of Food Science and Technology, 2015, 52（11）: 6940-6952.
710	Zheng Y, Li Y, Zhang Y, et al. Fractionation, physicochemical properties, nutritional value, antioxidant activity and ACE inhibition of palm kernel expeller protein[J]. RSC Adv., 2015, 5（17）: 12613-12623.
711	符海泉, 杨伟波, 李东霞, 李虹. 海南花生种质资源农艺性状分析与评价[J]. 广东农业科学, 2015, 42（24）: 36-40.
712	宋菲, 王齐齐, 王挥, 黄玉林, 陈卫军, 赵松林. 槟榔花中酚类物质对HSF细胞氧化损伤的保护作用[J]. 食品研究与开发, 2015, 36（23）: 10-13+46.
713	沈晓君, 李晓煜. 真空浓缩椰浆的护色工艺研究[J]. 广东农业科学, 2015, 42（20）: 91-96.

(续表)

714	李东霞, 石鹏, 杨伟波, 符海泉, 李虹, 刘立云. 利用SSR分子标记分析海南与国内外花生种质资源的遗传多样性[J]. 广东农业科学, 2015, 42（20）：118-124.
715	黄丽云, 刘立云, 李艳, 周焕起, 严玉超. 低温胁迫对'热研1号'槟榔新品种生理特性的影响[J]. 热带作物学报, 2015, 36（11）：2015-2018.
716	曹红星, 雷新涛, 刘艳菊, 张如莲. 不同来源地油棕种质资源耐寒适应性初步研究[J]. 西南农业学报, 2015, 28（5）：1916-1919.
717	刘艳菊, 曹红星, 张如莲. 不同时间下低温胁迫对油棕幼苗生理生化变化的影响[J]. 植物研究, 2015, 35（6）：860-865.
718	郑亚军, 李艳, 胡荣, 张有林, 王挥, 王可兴, 赵松林. 常压浓缩和真空浓缩对浓缩椰浆的品质影响[J]. 食品工业科技, 2015, 36（22）：241-245.
719	牛晓庆, 余凤玉, 宋薇薇, 唐庆华, 朱辉, 覃伟权. 一株拮抗椰子茎泻血病菌的链霉菌鉴定[J]. 热带作物学报, 2015, 36（10）：1851-1855.
720	王挥, 龙雪峰, 郑亚军, 宋菲, 陈卫军, 赵松林. 热处理对新鲜椰肉贮藏特性的影响[J]. 热带作物学报, 2015, 36（9）：1680-1684.
721	王挥, 汪金, 陈卫军, 赵松林. 人造奶油中反式脂肪酸研究概述[J]. 热带农业科学, 2015, 35（10）：94-97.
722	阎伟, 刘丽, 李朝绪, 黄山春, 覃伟权, 彭正强. 诱捕条件对红棕象甲聚集信息素田间效果的影响[J]. 环境昆虫学报, 2015, 37（5）：1003-1007.
723	韩轩. 科技创意农业旅游的实证分析与发展策略——以海南省为例[J]. 中国商论, 2015（18）：142-145.
724	邓福明, 颜巧丽, 王挥, 陈卫军. 冷冻保护剂对直投式木葡萄酸醋杆菌发酵剂菌体细胞特性的影响[J]. 现代食品科技, 2015, 31（11）：62-67+61.
725	冯美利, 李杰, 唐龙祥. 香水椰子开花授粉习性与气候因子的相关分析[J]. 西南农业学报, 2015, 28（4）：1780-1783.
726	陈君, 陈刚, 师雪茹, 韩轩. 新常态下农业科研院所基层服务型党组织建设实践[J]. 热带农业工程, 2015, 39（4）：45-48.
727	朱辉, 覃伟权, 付登强, 戚志强. 海南油茶炭疽病病原鉴定及生物学特性研究[J]. 广东农业科学, 2015, 42（16）：55-59+4.
728	吕朝军, 钟宝珠, 苟志辉, 吴海霞, 孙晓东, 覃伟权. 鱼藤酮和茶皂素对槟榔红脉穗螟的联合毒力[J]. 生物安全学报, 2015, 24（3）：241-243.
729	吕朝军, 钟宝珠, 吴海霞, 陈国德, 张伟, 覃伟权. 入侵植物青葙叶片提取物对红脉穗螟体重及蛹发育的影响[J]. 生物安全学报, 2015, 24（3）：244-247.
730	刘艳菊, 曹红星. 棕榈科植物抗寒、抗旱生理生化研究进展[J]. 中国农学通报, 2015, 31（22）：46-50.
731	阎伟, 刘丽, 李朝绪, 吕宝乾, 覃伟权, 彭正强, 李洪. 入侵害虫椰子织蛾对海南椰子造成的经济损失评估[J]. 中国南方果树, 2015, 44（4）：156-159.
732	阎伟, 李洪, 李朝绪, 黄山春, 刘丽, 吕宝乾, 彭正强. 不同波长黑光灯对椰子木蛾的诱集效果[J]. 环境昆虫学报, 2015, 37（4）：795-799.
733	万婕, 阎伟, 刘丽, 李朝绪, 黄山春, 马子龙, 覃伟权. 变温与持续低温冷暴露对红棕象甲成虫耐寒性的影响[J]. 植物保护, 2015, 41（4）：146-150.
734	阎伟, 陶静, 刘丽, 李朝绪, 吕宝乾, 覃伟权, 彭正强, 骆有庆. 需引起警惕的棕榈科植物入侵害虫——椰子织蛾[J]. 植物保护, 2015, 41（4）：212-217.
735	桂青, 张玉锋. 椰子水果酒的研制及抗氧化活性评价[J]. 食品工业, 2015, 36（7）：44-46.
736	唐敏敏, 宋菲, 王挥, 赵松林, 陈卫军. 槟榔多糖的抗氧化活性及其对细胞内氧化损伤抑制作用的研究[J]. 热带作物学报, 2015, 36（6）：1136-1141.
737	刘小玉, 付登强, 陈良秋, 杨伟波, 李东霞, 符海泉. 油茶根际溶磷菌的分离、鉴定及溶磷能力研究[J]. 生物技术通报, 2015, 31（7）：169-173.

(续表)

738	朱辉，宋薇薇，唐庆华，余凤玉，牛晓庆，覃伟权.林业有害植物五爪金龙的风险分析[J].热带农业工程，2015，39（3）：14-18.
739	李堃，王挥，赵松林，陈卫军.中碳链脂肪酸甘油三酯制备方法的研究进展[J].中国油脂，2015，40（6）：82-85.
740	孙晓东，余凤玉，宋薇薇，牛晓庆，覃伟权.一株新型Bt菌株的鉴定及其抗椰子茎泻血病菌和杀小菜蛾活性[J].热带作物学报，2015，36（5）：961-965.
741	吕朝军，钟宝珠，钱军，覃伟权，苟志辉.飞机草提取物对红脉穗螟的产卵忌避及杀卵活性[J].环境昆虫学报，2015，37（3）：604-609.
742	张玉锋，段岢君.椰油基餐具洗涤剂的配制及性能评价[J].日用化学工业，2015，45（5）：265-268.
743	杨崇慧，阎伟，刘丽，李朝绪，吕朝军，黄山春，覃伟权，马子龙.5种药剂对椰子木蛾的室内毒力测定[J].中国农学通报，2015，31（13）：191-195.
744	贾永立.关于发展海南热带现代农业的思考[J].南方农业，2015，9（12）：105-107.
745	李艳，刘立云，黄丽云，郑亚军."热研1号"槟榔不同叶序生理指标的测定[J].中国热带农业，2015（2）：72-75.
746	张玉锋，段岢君，桂青，王挥，陈卫军，赵松林.椰子种皮油的提取与脂肪酸组成分析[J].食品工业，2015，36（3）：218-221.
747	余凤玉，朱辉，牛晓庆，唐庆华，宋薇薇，覃伟权，黄山春.槟榔炭疽菌生物学特性及6种杀菌剂对其抑制作用研究[J].中国南方果树，2015，44（2）：77-80.
748	石鹏，曹红星，李东霞，王永，雷新涛.油棕等植物γ-生育酚甲基转移酶的生物信息学分析[J].热带作物学报，2015，36（2）：308-315.
749	阎伟，刘丽，李朝绪，黄山春，吕宝乾，覃伟权，彭正强，骆有庆.椰子木蛾在中国的适生区预测[J].应用昆虫学报，2015，52（2）：454-460.
750	贾永立，陈智勇.发展林下经济 促进农民增收[J].农民致富之友，2015（4）：124-125.
751	朱辉，宋薇薇，余凤玉，刘丽，覃伟权.海南槟榔炭疽病病原菌的鉴定[J].江西农业学报，2015，27（1）：28-31.
752	贾效成，陈良秋，刘小玉，付登强.海南省发展油茶产业的经济效益分析[J].热带农业科学，2015，35（1）：80-83.
753	师雪茹，陈刚，陈君，韩轩.新常态下院所离退休人员服务管理创新研究[J].办公室业务，2015（24）：24-25.
754	杨伟波，李东霞，符海泉，李虹.花生苗期氮高效基因型及其评价指标的筛选研究[J].花生学报，2015，44（4）：7-12+20.
755	李东霞，杨伟波，符海泉，李虹，刘立云.施肥和覆膜对4个花生品种主要农艺性状的影响[J].广东农业科学，2015，42（23）：43-48.
756	Zhang Y，Duan K，Song F，et al. Drying characteristics and heat requirement of coconut endocarp determined by simultaneous thermal analyzer[J]. Heat and Mass Transfer, 2016, 52（9）：1891-1898.
757	Zhang Y，Zheng Y，Duan K，et al. Preparation, antioxidant activity and protective effect of coconut testa oil extraction on oxidative damage to human serum albumin[J]. International Journal of Food Science & Technology, 2016, 51（4）：946-953.
758	Sun X，Yan W，Qin W，et al. Screening of tropical isolates of Metarhizium anisopliae for virulence to the red palm weevil *Rhynchophorus ferrugineus* Olivier（Coleoptera：Curculionidae）[J]. SpringerPlus, 2016, 5（1）：1100.
759	Sun X，Yan W，Zhang J，et al. Frozen section and electron microscopy studies of the infection of the red palm weevil, *Rhynchophorus ferrugineus*（coleoptera：curculionidae）by the entomopathogenic fungus *Metarhizium anisopliae*[J]. SpringerPlus, 2016, 5（1）：1748.
760	Yong X，Wei X，Jianwei M，et al. Genome-Wide Identification and Transferability of Microsatellite Markers between Palmae Species[J]. Frontiers in Plant Science, 2016, 7.1578

（续表）

761	Zheng Y, Zheng Y, Li Y, et al. Purification, characterization and synthesis of antioxidant peptides from enzymatic hydrolysates of coconut (*Cocos nucifera* L.) cake protein isolates[J]. RSC ADVANCES, 2016. 6（59）: 54346-54356.
762	Tang M, Chen H, Wang H, Zhao S, Qi J. Anti-fatigue effects of polyphenols extracted from *Areca catechu* L. husk and determination of the main components by high performance capillary electrophoresis[J]. Bangladesh J. Bot., 2016, 45（4）: 783-790.
763	Wang H, Yang Z, Song F, et al. Effects of Heat Treatment on Changes of Respiration Rate and Enzyme Activity of Ivory Mangoes During Storage[J]. Journal of Food Processing and Preservation, 2016.
764	Yu F Y, Niu X Q, Tang M Q, et al. First report of trunk rot caused by *Ceratocystis paradoxa* on triangle palm (*Dypsis decaryi*) in Hainan, China[J]. Plant Disease, 2016.
765	Zhong B, Lv C, Qin W. Preliminary study on biology and feeding capacity of *Chelisoches morio* (Fabricius)（Dermaptera: Chelisochidae）on Tirathaba rufivena (Walker) [J]. SpringerPlus, 2016, 5（1）: 1944.
766	Yan W, Liu L, Qin W, et al. Identification and tissue expression profiling of odorant binding protein genes in the red palm weevil, *Rhynchophorus ferrugineus*[J]. SpringerPlus, 2016, 5（1）: 1542.
767	Li R, Pavuluri S, Bruggeman K, et al. Coassembled nanostructured bioscaffold reduces the expression of proinflammatory cytokines to induce apoptosis in epithelial cancer cells[J]. Nanomedicine: Nanotechnology, Biology and Medicine, 2016, 16（5）: 1397-1407.
768	陈刚, 李杰, 周大鹏. 建设项目执行问题的分析与思考[J]. 办公室业务, 2016（22）: 58+60.
769	叶棋锋, 王挥, 赵松林, 陈卫军, 王兴国. 固定化酶催化椰子油水解工艺研究[J]. 中国油脂, 2016, 41（11）: 36-40.
770	宋彦博, 张玉锋, 赵松林, 王志煌. 椰蓉膳食纤维的提取工艺优化[J]. 食品工业, 2016, 37（11）: 132-135.
771	唐庆华, 余凤玉, 牛晓庆, 覃伟权. 椰子病虫害研究概况及展望[J]. 中国农学通报, 2016, 32（32）: 71-80.
772	钟宝珠. 红脉穗螟新寄生蜂——褐带卷蛾茧蜂的生物学特性研究[C]// 陈万权. 植保科技创新与农业精准扶贫（中国植物保护学会2016年学术年会论文集）. 北京: 中国农业科学技术出版社, 2016.
773	牛晓庆. 椰子泻血病菌 *Ceratocystis paradoxa* 的绿色荧光蛋白标记[C]// 陈万权. 植保科技创新与农业精准扶贫（中国植物保护学会2016年学术年会论文集）. 北京: 中国农业科学技术出版社, 2016.
774	孙晓东. 一株抑制椰子炭疽病菌、杀椰子织蛾Bt菌株的鉴定[C]// 陈万权. 植保科技创新与农业精准扶贫（中国植物保护学会2016年学术年会论文集）. 北京: 中国农业科学技术出版社, 2016.
775	吕朝军. 寄主植物对红脉穗螟生长发育和繁殖力的影响[C]// 陈万权. 植保科技创新与农业精准扶贫（中国植物保护学会2016年学术年会论文集）. 北京: 中国农业科学技术出版社, 2016.
776	沈雁, 陈卫军, 陆晨, 牛晓庆, 祝志欣. 油棕花粉活力和贮藏性研究[J]. 热带农业科学, 2016, 36（10）: 24-27.
777	张圣, 黄东, 凌家如, 吴海霞, 吕朝军. 桃金娘乙酸乙酯提取物与烟碱混配对螺旋粉虱增效作用[J]. 热带林业, 2016, 44（3）: 15-16+14.
778	徐金铎, 曲晓, 钟宝珠, 吕朝军. 椰心叶甲寄生蜂释放器的研制与应用[J]. 热带林业, 2016, 44（3）: 19-21.
779	范春节, 姚海荣, 曾炳山, 王胜坤, 郭光生, 覃伟权. 不同接种和处理方式对巨桉幼苗青枯病发生的影响[J]. 热带作物学报, 2016, 37（8）: 1547-1552.
780	钱军, 张敏, 黄丹慜, 郭霞, 李敦禧, 吕朝军. 间种胡椒对槟榔主要害虫及天敌数量的影响[J]. 亚热带农业研究, 2016, 12（3）: 156-159.
781	唐庆华. 甘蔗斑袖蜡蝉（*Proutista moesta* Westwood）研究初报. 彭友良, 王源超. 中国植物病理学会2016年学术年会论文集[C]// 北京: 中国农业科学技术出版社, 2016.
782	姚海荣, 曾炳山, 范春节, 裘珍飞, 郭光生, 覃伟权, 阎伟. 巨桉*EgrWRKY70*基因克隆和初步表达分析[J]. 热带作物学报, 2016, 37（7）: 1341-1348.
783	周丽霞, 肖勇, 杨耀东. 盐胁迫对油棕幼苗生理生化特性的影响[J]. 江西农业学报, 2016, 28（7）: 43-45.

（续表）

784	吴海霞，陈国德，吴挺佳，史丹妮，吕朝军．基肥配比对海南大风子生长的影响研究[J]．热带林业，2016，44（2）：17-19．
785	叶文雨，豆献英，陈美莲，牛晓庆，杨雪，余文英，鲁国东．基因表达分析稻瘟病菌中8个假定RhoGAP蛋白与几丁质合酶的关系[J]．基因组学与应用生物学，2016，35（10）：2724-2729．
786	陈娟，邓福明，陈卫军．热处理对椰子水过氧化物酶和多酚氧化酶活力及色泽变化的影响[J]．热带作物学报，2016，37（4）：817-821．
787	桂青，褟小凤．基于GC-MS法的离心浓缩椰浆风味成分及脂肪酸组成分析[J]．热带农业科学，2016，36（4）：77-81．
788	王成丽，赵松林．国际棕榈油供需现状及发展形势分析[J]．粮食科技与经济，2016，41（2）：19-21．
789	苏彦利，唐敏敏，陈卫军，王挥．响应面法优化莳叶精油的提取工艺及精油化学成分的分析[J]．中国调味品，2016，41（4）：42-47．
790	李洪，钱军，吕朝军，吴挺佳，岑选才，苟志辉．薇甘菊次生物质对椰心叶甲的忌避活性[J]．湖北农业科学，2016，55（7）：1717-1719．
791	椰子新品种"文椰系列"在老挝试种成功[J]．世界热带农业信息，2016（3）：27．
792	李堃，王挥，赵松林，陈卫军，陈娟，叶棋峰．气相色谱法检测酶法合成MCT组成及含量的研究[J]．中国油脂，2016，41（3）：96-99．
793	吕宝乾，金启安，温海波，彭正强，阎伟，唐真正，陈红松．椰子织蛾不育技术的生物学基础[J]．生物安全学报，2016，25（1）：44-48．
794	张伟，杜尚嘉，史丹妮，陈国德，吕朝军．海南省降香黄檀害虫种类、分布及危害症状调查[J]．生物安全学报，2016，25（1）：70-72．
795	曹红星，雷新涛，刘艳菊，孙程旭，张如莲．椰子抗寒相关生理生化指标筛选及评价[J]．广东农业科学，2016，43（2）：49-54．
796	张璐，郑亚军，李艳，张有林，张润光，张玉锋．油棕仁贮藏蛋白质亚基组成和含量分析[J]．安徽农业科学，2016，44（1）：8-11．
797	曹飞宇，王兴国，陈卫军，王挥．基于SIMCA、PLS-DA、WT-ANN模型的椰子油掺混定性识别研究[J]．中国粮油学报，2016，31（1）：137-141．
798	杨洁，王文壮，范武波，黄国成，董志国，李海亮．福建热作产业发展关键问题调研报告[J]．热带农业科学，2016，36（1）：68-71．
799	周丽霞，肖勇．长非编码RNA研究进展及其在油棕环境适应中的调控作用[J]．安徽农业科学，2016，44（27）：124-126+178．
800	张军，黄光瑞，孙程旭，范海阔．海南椰子寒害类型初步分析[J]．热带农业科学，2016，36（9）：50-54．
801	孙晓东，马光昌，牛晓庆，阎伟，李朝绪，韩超文，覃伟权．海南省陵水县人工林虫害调查[J]．热带农业科学，2016，36（9）：84-86．
802	刘艳菊，林以运，曹红星，李静，雷新涛．外源ABA对低温胁迫油棕幼苗生理的影响[J]．南方农业学报，2016，47（7）：1171-1175．
803	张玉锋，孙丽平，宋彦博．膳食纤维改性研究进展[J]．食品工业，2016，37（7）：248-251．
804	张玉锋，桂青．椰子种皮多糖提取液的抗氧化活性分析[J]．食品科技，2016，41（7）：180-183．
805	钟宝珠，吕朝军，齐旭明，覃伟权，洪小江．海南省槟榔红脉穗螟危害现状及天敌资源调查[J]．中国森林病虫，2016，35（4）：21-24．
806	黄丽云，刘立云，李艳，周焕起．台湾种槟榔鲜果性状评价[J]．热带农业科学，2016，36（7）：22-24．
807	张建国，宋菲．我国椰子产业现状及发展战略分析[J]．中国农业信息，2016（12）：139-141．
808	王挥，宋菲，桂青，陈华，赵松林．椰肉热风薄层干燥动力学研究[J]．食品工业，2016，37（6）：208-211．

（续表）

809	桂青，王挥，邓福明.不同澄清剂对低醇椰子水果酒澄清效果及稳定性影响[J].食品工业，2016，37（5）：47-49.
810	张璐，郑亚军，李艳，张有林，张润光，张玉锋.槟榔籽乙醇提取物抗氧化性的研究[J].食品研究与开发，2016，37（8）：1-4.
811	曹红星，杨耀东，石鹏，雷新涛.油棕种质资源评价研究的现状及展望[J].热带农业科学，2016，36（4）：59-62.
812	孙晓东，阎伟，李朝绪，吕朝军，覃伟权.椰子织蛾幼虫致病Bt菌的鉴定与杀虫活性测定[J].中国生物防治学报，2016，32（2）：282-286.
813	刘小玉，付登强，贾效成，陈良秋.不同培养条件对油茶根际解磷菌6-Y-09溶磷效果的影响[J].现代农业科技，2016（3）：44-45+47.
814	孙晓东，阎伟，李朝绪，刘丽，覃伟权.苏云金芽胞杆菌的鉴定及对椰子织蛾的致死作用[J].生物安全学报，2016，25（1）：49-53.
815	钟宝珠，吕朝军，覃伟权，黄山春，韩超文.严防外来有害生物褐纹甘蔗象入侵海南[J].生物安全学报，2016，25（1）：65-69.
816	陈君，王恩群，陈刚，师雪茹.加强农业科研院所参与新型职业农民培育的研究[J].中国热带农业，2016（1）：65-67.
817	钟宝珠，吕朝军，韩超文，覃伟权.青葙提取物对红脉穗螟化蛹和羽化的影响[J].中国南方果树，2016，45（1）：79-81.
818	桂青，张玉锋，段岢君.椰子种皮油木糖酯的表面活性研究[J].中国油脂，2016，41（1）：72-75.
819	Xiao Y，Xu P，Fan H，et al. The genome draft of coconut (*Cocos nucifera*)[J]. GigaScience，2017，6（11）：1-11.
820	Shen X，Chen W，Zheng Y，et al. Chemical composition, antibacterial and antioxidant activities of hydrosols from different parts of *Areca catechu* L. and *Cocos nucifera* L.[J]. Industrial Crops and Products，2017，96：110-119.
821	Xiao Y，Zhou L，Lei X，et al. Genome-wide identification of WRKY genes and their expression profiles under different abiotic stresses in *Elaeis guineensis*[J]. PLoS ONE，2017，12（12）：e0189224.
822	Song F，Wang H，Huang Y，et al. TG-DSC method applied to drying characteristics of areca inflorescence during drying[J]. Heat and Mass Transfer，2017，53（10）：3181-3188.
823	Tang M，Xia Q，Holland B J，et al. Effects of Different Pretreatments to Fresh Fruit on Chemical and Thermal Characteristics of Crude Palm Oil[J]. Journal of Food Science，2017，82（12）：2857-2863.
824	Zhong B，Lv C，Qin W. Effectiveness of the Botanical Insecticide Azadirachtin Against *Tirathaba rufivena* (Lepidoptera：Pyralidae)[J]. Florida Entomologist，2017，100（2）：215-218.
825	Song F，Tang M M，Wu Q S，et al. Anti-adipogenic Effects of Polyphenol Extracts of Areca Flower Tea on 3T3-L1 Preadipocytes[J]. Food Science and Technology Research，2017，23（5）：705-715.
826	Xia Q，Wang B，Akanbi T O，et al. Microencapsulation of lipase produced omega-3 concentrates resulted in complex coacervates with unexpectedly high oxidative stability[J]. Journal of Functional Foods，2017，35：499-506.
827	Zheng Y，Li Y，Zhang Y，et al. Purification, characterization, synthesis, in vitro ACE inhibition and in vivo antihypertensive activity of bioactive peptides derived from oil palm kernel glutelin-2 hydrolysates[J]. Journal of Functional Foods，2017，28：48-58.
828	Zheng Y，Li Y，Zhang Y. Purification and identification of antioxidative peptides of palm kernel expeller glutelin-1 hydrolysates[J]. RSC Advances，2017，7（85）：54196-54202.
829	Lin Y，Wang Y，Iqbal A，et al. Optimization of culture medium and temperature for the, in vitro, germination of oil palm pollen[J]. Scientia Horticulturae，2017，220：134-138.
830	Chen H，Song F，Chen W，et al. Inhibition of Corn Oil Peroxidation by Extracts from Defatted Seeds of *Camellia oleifera* Abel[J]. Journal of Food Quality，2017，2017（2）：1-7.

(续表)

831	Numrah N, Amber A, Faiza S, et al. Reduction of reactive red 241 by oxygen insensitive azoreductase purified from a novel strain *Staphylococcus* KU898286[J]. PLOS ONE, 2017, 12（5）：e0175551-.
832	Latt K Z, Yang YD, Li J. Cloning and Sequencing Analyses of FATB Gene Family from Coconut（*Cocos nucifera*）. International Journal of Plant Biology and Research, 2017, 5（4）：1073.
833	肖勇, 雷新涛, 王永, 曹红星, 石鹏, 金龙飞, 夏薇. 椰子乙酰CoA羧化酶（ACC）基因的鉴定及表达分析[J]. 安徽农业科学, 2017, 45（35）：128-129.
834	符海泉, 王富有, 徐中亮, 李东霞, 杨蔚农, 杨耀东. 云南干热河谷地区椰枣种质资源调查研究[J]. 林业调查规划, 2017, 42（6）：44-47+153.
835	黄丽云, 刘立云, 李艳, 周焕起, 陈君, 王恩群. 槟榔落花落果规律观察研究[J]. 中国南方果树, 2017, 46（6）：66-68.
836	周丽霞, 曹红星, 肖勇. 外源水杨酸对低温胁迫椰子幼苗生理特性的影响[J]. 南方农业学报, 2017, 48（11）：2039-2045.
837	杨晓蓉, 韩轩. 我国休闲农业的发展现状及其发展趋势[J]. 南方农机, 2017, 48（22）：161+173.
838	郑小蔚, 范海阔. 农业科技成果的转化问题和对策研究[J]. 南方农机, 2017, 48（22）：156+164.
839	贾效成, 陈良秋, 赵志浩, 刘小玉, 冯烈波, 冯浩源, 王献培. 油茶扦插专用激素凝胶对油茶扦插成活率的影响[J]. 现代农业科技, 2017（22）：99+102.
840	肖勇, 雷新涛, 王永, 曹红星, 石鹏, 金龙飞, 夏薇. 油棕乙酰CoA羧化酶（ACC）基因的鉴定与表达分析[J]. 安徽农业科学, 2017, 45（31）：154-155+159.
841	唐敏敏, 李瑞, 赵松林, 张玉锋, 夏秋瑜. 椰子种皮对湿法工艺制备的天然椰子油产品品质的影响[J]. 中国粮油学报, 2017, 32（10）：90-94.
842	李东霞, 刘立云, 符海泉, 徐中亮. 槟榔幼苗—花生间作相互影响研究[J]. 中国果菜, 2017, 37（10）：45-48.
843	李东霞, 王永, 符海泉, 徐中亮. 椰枣愈伤组织诱导对比分析[J]. 中国热带农业, 2017（5）：36-39.
844	宋菲, 王挥, 唐敏敏, 沈晓君, 张玉锋, 邓福明. 天然椰子油提取物对H_2O_2诱导的HSF细胞氧化损伤的保护作用[J]. 日用化学工业, 2017, 47（9）：517-521.
845	张建国, 曹红星, 冯美利, 雷新涛. 油棕粕乙醇提取物抗氧化性的研究[J]. 食品工业, 2017, 38（9）：48-51.
846	黄山春, 李朝绪, 阎伟, 覃伟权, 马子龙, 刘丽. 海南发现椰子织蛾的重要天敌褐带卷蛾茧蜂[J]. 生物安全学报, 2017, 26（3）：256-258.
847	邓福明, 陈卫军, 王挥, 唐敏敏, 易命. 利用固相微萃取-气质联用技术分析中国主栽品种椰子水的挥发性成分[J]. 热带作物学报, 2017, 38（7）：1353-1358.
848	宋薇薇, 牛晓庆, 余凤玉, 朱辉, 唐庆华, 覃伟权. 槟榔内生真菌的分离与初步鉴定[J]. 江西农业学报, 2017, 29（6）：66-69+74.
849	刘小玉, 付登强, 余凤玉, 贾效成, 陈良秋, 赵志浩. 4种植物精油对致天然茶枯膏酸败的菌种的抑菌效果[J]. 中国热带农业, 2017（3）：62-66.
850	张建国, 唐敏敏, 宋菲, 王挥, 李瑞, 夏秋瑜. 复合酶法制备椰子种皮油的研究[J]. 中国油脂, 2017, 42（5）：5-7+11.
851	王挥, 宋菲, 曹飞宇, 沈晓君, 张玉锋, 赵松林. 基于荧光光谱的初榨椰子油掺假检测技术研究[J]. 食品工业, 2017, 38（5）：293-296.
852	刘小玉, 付登强, 余凤玉, 贾效成, 陈良秋, 赵志浩. 引起天然茶枯膏酸败的微生物分离与鉴定[J]. 中国果菜, 2017, 37（5）：10-13.
853	曹红星, 张骥昌, 雷新涛, 刘艳菊, 张如莲. 不同油棕资源对低温胁迫的生理生化响应[J]. 云南农业大学学报（自然科学）, 2017, 32（2）：316-321.
854	周丽霞, 吴翼, 肖勇. 基于SSR分子标记的油棕遗传多样性分析[J]. 南方农业学报, 2017, 48（2）：216-221.

（续表）

855	李东霞，石鹏，贺梁琼，杨伟波，符海泉，徐中亮.野生种花生钙依赖蛋白激酶基因家族的生物信息学分析[J].热带作物学报，2017，38（1）：94-103.
856	李静，王永，杨耀东，雷新涛，肖勇.棕榈油与常见食用油脂肪酸组分的比较分析[J].南方农业学报，2016，47（12）：2124-2128.
857	刘小玉，付登强，贾效成，陈良秋.油茶根际土壤解磷菌的筛选、鉴定及培养条件[J].西南农业学报，2016，29（11）：2637-2642.
858	孙晓东，李富恒，阎伟，李朝绪，吕朝军，覃伟权.椰子织蛾高毒力金龟子绿僵菌菌株的筛选[J].植物保护，2016，42（6）：215-218.
859	石鹏，王永，雷新涛，曹红星，李东霞.油棕鲜果穗产量构成因素的相关性和回归分析[J].广西植物，2017，37（9）：1130-1136.
860	李静，王仁才，杨耀东，吴翼，范海阔，弓淑芳.椰子萌发过程中吸器内含物的变化规律[J].南方农业学报，2017，48（12）：2163-2168.
861	吕方方，陈华，宋菲，李艳南.羧甲基壳聚糖包裹椰子油脂质体制备的工艺优化[J].食品工业科技，2018，39（9）：175-180.
862	张捷敏，师雪茹，陈刚.浅谈新闻宣传促进党建工作的作用和建议——以中国热带农业科学院后勤服务中心为例[J].办公室业务，2017（24）：16-17.
863	张大鹏，王永，石鹏，金龙飞，曹红星.油棕组培苗Mantled变异研究进展[J].热带农业科学，2017，37（12）：52-55+69.
864	阎伟，骆有庆，李朝绪，刘丽，覃伟权，彭正强.锈色棕榈象气味结合蛋白的同源建模[J].应用昆虫学报，2017，54（6）：909-914.
865	张捷敏，张燕，师雪茹，陈刚.新形势下做好离退休人员工作的思考[J].办公室业务，2017（22）：49-50.
866	钟宝珠，冯焕德，张中润，吕朝军，高燕.阿维菌素和高效氯氰菊酯混配对红脉穗螟的增效作用[J].生物安全学报，2017，26（4）：323-326.
867	李娇，吕朝军.红脉穗螟天敌垫跗螋的饲养方法[J].热带农业科学，2017，37（11）：65-68.
868	余凤玉.椰子茎干腐烂病病原菌鉴定及其主要生物学特性[C]// 中国热带作物学会.2017年全国热带作物学术年会论文摘要集.中国热带作物学会，2017.
869	余凤玉.海南省油茶病害初步调查[C]// 中国热带作物学会.2017年全国热带作物学术年会论文摘要集.中国热带作物学会，2017.
870	余凤玉.椰子茎干腐烂病的室内药剂筛选[C]// 中国热带作物学会.2017年全国热带作物学术年会论文摘要集.中国热带作物学会，2017.
871	余凤玉.椰子茎干腐烂病发生危害规律研究[C]// 中国热带作物学会.2017年全国热带作物学术年会论文摘要集.中国热带作物学会，2017.
872	钟宝珠.几种植物源杀虫剂对椰心叶甲及椰扁甲啮小蜂选择毒性及安全性评价[C]// 中国热带作物学会.2017年全国热带作物学术年会论文摘要集.中国热带作物学会，2017.
873	吕朝军.绿僵菌野生菌株对红脉穗螟毒力筛选[C]// 中国热带作物学会.2017年全国热带作物学术年会论文摘要集.中国热带作物学会，2017.
874	杨耀东.海南高种椰子全基因组测序与分析[C]// 中国热带作物学会.2017年全国热带作物学术年会论文摘要集.中国热带作物学会，2017.
875	李东霞.不同椰枣果实糖酸组分含量特点的研究[C]// 中国热带作物学会.2017年全国热带作物学术年会论文摘要集.中国热带作物学会，2017.
876	贾效成.油茶扦插专用激素凝胶的试验研究[C]// 中国热带作物学会.2017年全国热带作物学术年会论文摘要集.中国热带作物学会，2017.
877	贾效成.海南本地油茶优良品系经济性状研究初报[C]// 中国热带作物学会.2017年全国热带作物学术年会论文摘要集.中国热带作物学会，2017.

(续表)

878	赵志浩.海南本地油茶愈伤组织的增殖及芽的诱导[C]//中国热带作物学会.2017年全国热带作物学术年会论文摘要集.中国热带作物学会,2017.
879	张捷敏,张燕,师雪茹,陈刚.后勤服务中心行政管理效能研究与思考——以中国热带农业科学院为例[J].办公室业务,2017(20):48-49.
880	石鹏,王永,雷新涛,曹红星.棕榈仁粕的饲料应用进展[J].热带农业科学,2017,37(10):89-92+98.
881	黎剑锦,黄东,王有辉,王晓妮,孙晓东,马光昌.海南省五指山市林业害虫初步调查[J].热带农业科学,2017,37(9):62-65.
882	郭帅.椰子谷蛋白-1功能特性的分析[J].食品工业科技,2017,38(16):75-78+100.
883	韦远华,覃伟权,黄山春,余凤玉.水椰八角铁甲在海南的风险性分析[J].热带农业科学,2017,37(8):42-45+67.
884	吴翼,李静,杨耀东.椰子SSR分子标记筛选[J].安徽农业科学,2017,45(17):119-121+130.
885	王挥,宋菲,曹飞宇,赵松林.基于红外特征光谱的初榨椰子油掺假检测技术研究[J].热带农业科学,2017,37(5):67-71.
886	周丽霞.椰子SSR-PCR反应体系的优化[J].江西农业学报,2017,29(4):36-39.
887	耿蕾,邓福明,赵松林,王挥,唐敏敏.不同贮藏条件下成熟椰子水品质变化规律研究[J].热带农业科学,2017,37(4):70-75.
888	莫景瑜,郑奋,符永刚,庄花,梁振望,李朝绪.文昌市椰树主要病虫害发生与防治[J].热带农业科学,2017,37(4):63-65.
889	张璐璐,李静,吴翼,许丽菁,杨耀东.椰子分子标记的研究和应用进展[J].热带农业科学,2017,37(5):37-41.
890	石鹏,夏薇,肖勇,王永,曹红星,李东霞,雷新涛,石鹏.广西植物.http://kns.cnki.net/kcms/detail/45.1134.Q.20170329.0954.002.html.
891	陈涛,桂青,郭俊陆,王正刚,陈福生.传统工艺山西老陈醋发酵及熏蒸过程中风味与功能成分的变化分析[J].中国酿造,2017,36(2):15-20.
892	罗旭初,刘丽,黄山春,阎伟,马子龙.褐带卷蛾茧蜂羽化、交配及产卵行为观察[J].环境昆虫学报,2017,39(2):382-389.
893	王恩群,陈君,陈刚.海南省中西部市县科技副乡镇长挂职实践与探讨[J].热带农业工程,2017,41(1):87-89.
894	张骥昌,曹红星,雷新涛,李新国,李元元.油棕种质的生长发育特性及产量性状的比较研究[J].辽宁大学学报(自然科学版),2017,44(1):69-74.
895	陈涛,桂青,郭俊陆,王正刚,陈福生.传统工艺山西老陈醋发酵及熏蒸过程中常规成分的变化分析[J].中国酿造,2017,36(1):39-43.
896	王志煌,唐敏敏,陈卫军,宋彦博,王富有.椰枣果醋的制备及抗氧化作用研究[J].中国调味品,2017,42(1):52-56.
897	Pan K,Wang W,Wang H,et al. Genetic diversity and differentiation of the Hainan Tall coconut(*Cocos nucifera* L.)as revealed by inter-simple sequence repeat markers[J]. Genetic Resources and Crop Evolution,2018,65(3):1035-1048.
898	Wang Y,Htwe Y M,Ihase L O,et al. Pollen germination genes differentially expressed in different pollens from Dura,Pisifera and Tenera oil palm(*Elaeis guineensis* Jacq.)[J]. Scientia Horticulturae,2018,235:32-38.
899	Wang Y,Htwe Y M,Ihase L O,et al. Genotypic response of pollen germination in Dura,Pisifera and Tenera oil palm(*Elaeis guineensis* Jacq.)[J]. Euphytica,2018,214(10):10681-018-2277-1.
900	Li J,Liu L Y,Zhou H Q,Li M.Improved Viability of Areca(*Areca catechu* L.)Seedlings under Drought Stress Using a Superabsorbent Polymer[J].Hortscience,2018,53(12):1872-1876.
901	Rashad Qadri,Yang Y D,Ahmad Abid,et al. Genetic Diversity of the Productive Jujube Cultivars from Punjab-Pakistan on the Basis of Morphological and Biochemical Characteristics[J].Fresenius Environmental Bulletin,2018,27.
902	Nisar N,Cheema K J,Powell G,et al. Reduced metabolites of nitroaromatics are distributed in the environment via the food chain[J]. Journal of Hazardous Materials,2018,355:170-179.

(续表)

903	Li R, Mcrae N L, Mcculloch D R, et al. Large and Small assembly: Combining functional macromolecules with small peptides to control the morphology of skeletal muscle progenitor cells[J]. Biomacromolecules, 2018, 19（3）: 825–837.
904	Xiao Y, Fan H, Ma J, et al.Comprhensive analysis of the NAC gene family in *Elaeis guineensis*[J].Plant Omics, 2018, 38（1）: 120–127.
905	Qadri R, Azam M, KhanS B, et al.Growth performance of guava cutting under different growing media and plant cutting taking height [J].Bulgarian Journal of Agricultural Science, 2018, 24（2）.
906	Yang Y, Iqbal A, Qadri R. Breeding of Coconut (*Cocos nucifera* L.) [J]. The Tree of Life, 2018.: 673–725.
907	Song W W, Zhu H, Yu F Y, et al. Isolation and characterization of Antagonistic Endophyte in *Areca catechu* L. [C]// 彭友良，王源超. 中国植物病理学会 2016 年学术年会论文集. 北京: 中国农业科学技术出版社，2016.
908	Liu N Y, Xu Z W, Yan W, et al. Venomics reveals novel ion transport peptide-likes (ITPLs) from the parasitoid wasp, Tetrastichus brontispae[J]. Toxicon, 2018, 141: 88–93.
909	叶文雨，谢序泽，杨林青，邱学鸿，牛晓庆，胡红莉，余文英，鲁国东. 巨菌草一株内生固氮菌的分子鉴定及生物学特性[J]. 热带农业科学，2018, 38（12）: 69–74.
910	黄晖，宫杰，张帆，范海阔，张强，夏文，刘义军，付云飞. 椰树攀爬装置的研制及声发射试验研究[J]. 机械设计与研究，2018, 34（6）: 1–3+9.
911	李艳南，宋菲，陈华，王挥，赵松林，吕方方. 天然椰子油微胶囊制备工艺的优化[J]. 食品工业，2018, 39（11）: 133–137.
912	孙程旭."多果肉、高油脂"加工型椰子新品种的初步选育. 中国作物学会油料作物专业委员会，《中国油料作物学报》编辑部. 中国作物学会油料作物专业委员会第八次会员代表大会暨学术年会综述与摘要集[C]// 中国作物学会油料作物专业委员会，《中国油料作物学报》编辑部: 中国作物学会，2018.
913	钟圣赟，王宗永，陈国德，张伟，符溶，邹耀进，吕朝军. 不同肥料种类及配比对海南大叶种茶叶内含成分的影响[J]. 农业与技术，2018, 38（21）: 42–45.
914	刘小玉，余凤玉，付登强，杨伟波，贾效成，陈良秋. 油茶炭疽病病原菌的分离与鉴定[J]. 中国果菜，2018, 38（11）: 40–42.
915	莫景瑜，符永刚，郑奋，梁振望，卢方若，庄花，唐庆华. 文昌市槟榔主要病虫害的发生危害与防治[J]. 南方农业，2018, 12（31）: 30–31+40.
916	周丽霞，曹红星. 椰子种质资源遗传多样性的 SSR 分析[J]. 南方农业学报，2018, 49（9）: 1683–1690.
917	徐志文，任雪敏，王俊，张枝全，刘乃勇，阎伟，朱家颖. 椰子织蛾转录组分析[J]. 西南林业大学学报（自然科学），2018, 38（5）: 38–45.
918	邓福明，赵瑞洁，王媛媛，赵松林，沈晓君. 椰子水化学组成及其影响因素[J]. 热带作物学报，2018, 39（8）: 1659–1672.
919	唐庆华. 槟榔"黄化"症状的原因分析[C]// 中国植物病理学会. 中国植物病理学会 2018 年学术年会论文集. 北京: 中国农业科学技术出版社，2018.
920	唐庆华. 槟榔黄化病媒介昆虫甘蔗斑袖蜡蝉 *Proutista moesta*（Westwood）研究进展[C]// 彭友良，王琦. 中国植物病理学会 2018 年学术年会论文集. 北京: 中国农业科学技术出版社，2018.
921	郭帅，李艳. 脱脂椰麸谷蛋白–1 抗氧化性的研究[J]. 食品研究与开发，2018, 39（15）: 18–22.
922	刘蕊，范海阔，黄丽云. 槟榔花果中槟榔碱的组织化学定位研究[J]. 中国南方果树，2018, 47（4）: 65–69+72.
923	郭帅，李艳. 椰子活性蛋白与功能肽的研究进展[J]. 食品科技，2018, 43（5）: 67–71+76.
924	方萍，张峰，阎伟，李朝绪，刘丽，马子龙，覃伟权. 椰子木蛾在 5 个椰子品种上种群生命表参数比较[J]. 热带作物学报，2018, 39（7）: 1390–1395.
925	李元元，曹红星，李新国. 3 种果壳类型油棕花粉活力及柱头可授性的比较[J]. 热带作物学报，2018, 39（3）: 459–464.
926	田蜜，郭霞，钟宝珠，吕朝军. 青葙甲醇提取物对苦参碱防治螺旋粉虱的增效作用[J]. 热带林业，2018, 46（1）: 54–56.
927	吴玉双，李静，吴翼，许丽菁，杨耀东. 香水椰子主要香味化合物 2AP 的研究进展[J]. 热带农业科学，2018, 38（3）: 70–74+86.

(续表)

928	张帆, 宫杰, 范海阔, 张强, 黄晖, 夏文, 刘义军, 付云飞.椰树攀爬装置的关键部件磨损特性分析[J].热带农业工程, 2018, 42（1）: 40-45.
929	吕宝乾, 陈俊谕, 彭正强, 金启安, 温海波, 蔡波, 阎伟, 何杏.新入侵害虫椰子织蛾的3种本地寄生蜂[J].生物安全学报, 2018, 27（1）: 35-40.
930	李艳南, 宋菲, 王挥, 邓福明, 沈晓君, 吕方方, 赵松林.复合凝聚法制备天然椰子油微胶囊[J].中国油脂, 2018, 43（1）: 94-98+120.
931	张玉锋, 宋彦博, 王静, 王志煌, 陈卫军, 赵松林.椰蓉膳食纤维对面包品质的影响[J].食品工业, 2018, 39（12）: 84-88.
932	余凤玉, 张军, 牛晓庆, 宋薇薇, 刘小玉, 范海阔, 弓淑芳.椰子茎干腐烂病发生危害规律研究[J].中国热带农业, 2018（6）: 43-47.
933	秦海棠, 冯美利, 曹红星, 张大鹏, 石鹏, 曹红星, 张大鹏.海南热带木本油料作物林下文昌鸡养殖模式现状与展望[J].安徽农业科学, 2018, 46（33）: 94-96.
934	李佳, 刘立云, 周焕起.不同产量水平下槟榔叶片碳氮代谢特征的差异比较[J].江苏农业科学, 2018, 46（21）: 152-154.
935	周丽霞, 曹红星, 刘艳菊.海水胁迫对椰子幼苗生理特性的影响[J].南方农业学报, 2018, 49（10）: 2013-2019.
936	张大鹏, 冯美利, 秦海棠, 王永, 曹红星.油棕叶片冷冻切片技术研究[J].热带农业科学, 2018, 38（11）: 85-88.
937	邓福明, 王媛媛, 张玉锋, 唐敏敏, 宋菲.海南芡实化学组分分析[J].热带农业科学, 2018, 38（11）: 32-36.
938	邓福明, 赵瑞洁, 王媛媛, 宋菲, 沈晓君.椰子水贮藏保鲜和加工技术研究进展[J].热带作物学报, 2018, 39（10）: 2101-2111.
939	周丽霞, 曹红星.低温胁迫下油棕WRKY转录因子基因的表达特性分析[J].南方农业学报, 2018, 49（8）: 1490-1497.
940	贾效成, 陈良秋.垂叶榕瘿花发育特性的初步研究[J].热带作物学报, 2018, 39（8）: 1507-1512.
941	刘丽, 张峰, 阎伟, 石娟, 覃伟权.棕榈植物病虫害远程便捷识别系统的开发与应用[J].林业科技通讯, 2018（8）: 51-57.
942	黄丽云, 刘立云, 齐兰, 周焕起.基于Logistic模型的槟榔果实生长发育研究[J].热带农业科学, 2018, 38（8）: 105-108.
943	张宁, 贾效成, 李东霞, 符海泉, 刘震.不同处理对日本雪椿扦插生根的影响[J].河南科学, 2018, 36（7）: 1056-1061.
944	李东霞, 许丽菁, 王永, 符海泉, 徐中亮.生长素诱导植物外植体形成愈伤组织的研究进展[J].中国热带农业, 2018（4）: 77-80.
945	刘丽, 张亮, 阎伟, 唐庆华, 朱辉, 覃伟权.海南省琼中县林业有害生物种类、分布及危害情况调查[J].热带农业科学, 2018, 38（7）: 67-71.
946	邓福明, 赵瑞洁, 王媛媛, 张玉锋, 唐敏敏, 宋菲, 黄慧雯.瓶装椰子汁沉淀的理化性质和来源分析[J].现代食品科技, 2018, 34（8）: 69-74.
947	贾效成, 陈良秋, 刘小玉, 刘艳菊.海南本地油茶组培体系的建立[J].现代农业科技, 2018（12）: 1+5.
948	黄慧雯, 师雪茹, 陈刚, 寇田田.如何有效推进科研院所党建与行政工作有机结合[J].办公室业务, 2018（12）: 13-14.
949	弓淑芳, 陈思婷.盐胁迫下不同品种椰子苗期渗透调节物质含量的变化[J].热带农业科学, 2018, 38（6）: 1-5.
950	贾效成, 陈良秋, 余凤玉, 张宁.海南本地油茶优良品系遗传及经济性状研究初报[J].热带农业科学, 2018, 38（6）: 56-60.
951	黄宇峰, 陈刚, 韩联健, 韩明定.浅析农业科研院所土地保护的问题与对策——以中国热带农业科学院椰子研究所为例[J].中国热带农业, 2018（3）: 78-80.
952	师雪茹, 陈刚, 张捷敏, 张君, 陈仪茹.农业科研机构创新人才队伍建设研究[J].中国热带农业, 2018（3）: 75-77+23.

（续表）

953	王媛媛, 秦海棠, 邓福明, 弓淑芳, 刘蕊, 郑小蔚, 范海阔. 基于世界粮农组织2000—2016年统计数据库的全球椰子种植业发展概况及趋势研究[J]. 世界热带农业信息, 2018（5）: 1-13.
954	刘丽, 张峰, 符勇, 唐庆华, 李朝绪, 覃伟权. 海南省保亭县林业有害生物发生现状及防治对策[J]. 热带农业科学, 2018, 38（5）: 77-81.
955	吕方方, 陈华, 宋菲, 李艳南. 椰子油脂质体保湿霜的制备和性能测试[J]. 日用化学工业, 2018, 48（4）: 227-230+242.
956	师雪茹, 陈刚, 黄慧雯, 张捷敏, 彭娇洋. 科研机构党建工作与行政效能建设有机融合的实践与思考[J]. 农业科技管理, 2018, 37（2）: 93-96.
957	张玉锋, 王挥, 沈晓君, 石鹏, 宋菲, 雷新涛, 陈卫军. 杀酵方式对油棕果中微营养成分及挥发性香气物质的影响[J]. 中国粮油学报, 2018, 33（4）: 43-48.
958	余凤玉, 吴艳萍, 牛晓庆, 朱辉, 唐庆华, 吴多扬. 椰子泻血病室内药剂筛选研究[J]. 中国南方果树, 2018, 47（2）: 98-100.
959	宋薇薇, 朱辉, 余凤玉, 牛晓庆, 唐庆华, 覃伟权. 植物内生菌及其对植物病害的防治作用综述[J]. 江苏农业科学, 2018, 46（6）: 12-16.
960	刘丽, 陈楠, 郑奋, 石娟, 阎伟, 吕宝乾, 覃伟权. 海南主要林业有害生物风险评估信息系统的开发[J]. 环境昆虫学报, 2018, 40（2）: 282-289.
961	李东霞, 符海泉, 杨伟波, 徐中亮, 冯美利. 不同钙处理对花生农艺性状和钙含量的影响[J]. 西南农业学报, 2018, 31（2）: 354-359.
962	师雪茹, 陈刚, 张捷敏. 有效推进科研院所党建与行政工作有机结合[J]. 秘书之友, 2018（3）: 15-17.
963	石鹏, 夏薇, 肖勇, 王永, 曹红星, 李东霞, 雷新涛. 油棕种壳厚度控制基因 $SHELL$ 的SNP分子标记开发[J]. 广西植物, 2018, 38（2）: 195-201.
964	张玉锋, 宋彦博, 王志煌, 陈卫军, 赵松林. 椰蓉膳食纤维的酶法提取与理化性质分析[J]. 食品研究与开发, 2018, 39（3）: 24-29.
965	张玉锋, 王挥, 宋菲, 陈华, 张建国, 雷新涛. 棕榈油加工技术研究进展[J]. 粮油食品科技, 2018, 26（1）: 30-34.
966	李佳, 刘立云, 李艳, 周焕起. 保水剂对干旱胁迫槟榔幼苗生理特征的影响[J]. 南方农业学报, 2018, 49（1）: 104-108.
967	Yong X, Wei X, Mason A S, et al. Genetic control of fatty acid composition in coconut (*Cocos nucifera* L.), African oil palm (*Elaeis guineensis*), and date palm (*Phoenix dactylifera*) [J]. Planta, 2019, 249（2）: 333-350.
968	Iqbal A, Yang Y, Qadri R, et al. QRREM method for the isolation of high-quality RNA from the complex matrices of coconut[J]. Bioscience Reports, 2019, 39（1）
969	Wu Y, Yang Y, Qadri R, et al. Development of SSR Markers for Coconut (*Cocos nucifera* L.) by Selectively Amplified Microsatellite (SAM) and Its Applications[J]. Tropical Plant Biology, 2019, 12（1） 32-43.
970	宋菲, 张玉锋, 郭玉如, 李瑞, 陈华, 唐敏敏. 槟榔提取物对葡萄糖苷酶的抑制作用研究[J]. 食品研究与开发, 2019, 40（13）: 78-83.
971	李东霞, 符海泉, 杨伟波, 徐中亮. 不同钙处理对2份海南花生种质资源农艺性状和防御酶系统的影响[J]. 江苏农业科学, 2019, 47（10）: 117-121.
972	师雪茹, 张捷敏. 新时期党员信仰教育研究[J]. 办公室业务, 2019（10）: 10-11.
973	唐敏敏, 陈华, 李瑞. 响应面法优化超声波提取槟榔多糖工艺及其抗炎活性[J]. 安徽农学通报, 2019, 25（9）: 21-24+74.
974	张玉锋, 郭玉如, 赵瑞洁, 宋彦博, 王志煌. 椰蓉及其膳食纤维的理化性质和功能活性分析[J]. 食品科技, 2019, 44（4）: 66-70.
975	张玉锋, 王挥, 宋菲, 沈晓君, 张建国, 夏秋瑜. 水酶法提取棕榈油的工艺研究[J]. 粮油食品科技, 2019, 27（2）: 24-28.
976	李佳, 曹先梅, 谢赛, 刘立云. 槟榔 $AcAAP3$ 基因cDNA克隆及其组织表达特性分析[J]. 南方农业学报, 2019, 50（2）: 215-221.

（续表）

977	付登强, 杨伟波, 刘小玉, 余凤玉. 硫酸铁改性珍珠岩微粉的磷吸附特性 [J]. 应用化工, 2019, 48（3）: 575-577+581.
978	齐兰, 黄丽云, 王泽, 符史娜, 吴翼, 刘立云. 正交设计优化槟榔 SSR-PCR 反应体系及引物筛选 [J]. 分子植物育种, 2019, 17（4）: 1264-1269.
979	石鹏, 王永, 金龙飞, 张大鹏, 赵志浩, 曹红星, 雷新涛. 植物组织培养过程中的 DNA 甲基化研究进展 [J]. 热带作物学报, 2019, 40（1）: 199-207.
980	李佳, 刘立云, 周焕起, 齐兰. 海南岛不同产量水平槟榔叶片营养元素丰缺状况调查 [J]. 中国南方果树, 2019, 48（1）: 13-15+19.
981	李静, 吴翼, 杨耀东, 范海阔, 弓淑芳, 刘蕊, 王仁才. 不同成熟度椰子胚乳糖酸组分变化规律 [J]. 西南农业学报, 2019（6）: 1267-1272.
982	苏凡, 杨小波, 李东海. 基于形态学特征和 psbA-trnH 叶绿体编码基因序列明确五指山野生茶的分类地位 [J/OL]. 热带作物学报. http://kns.cnki.net/kcms/detail/46.1019.S.20190627.0933.002.html.
983	周丽霞, 雷新涛, 曹红星. GC-MS 分析不同品种油棕果肉中的脂肪酸组分 [J]. 南方农业学报, 2019, 50（5）: 1072-1077.
984	牛晓庆, 钟宝珠, 余凤玉, 宋薇薇, 覃伟权. 10 种植物源提取物对 3 种植物病原菌的抑菌活性研究 [J]. 中国热带农业, 2019（2）: 42-45.
985	韩英光, 刘小玉. 文昌市沙地辣椒氮肥肥效研究 [J]. 中国热带农业, 2019（2）: 63-65.
986	唐雯琪, 夏薇, 黄东益, 黄小龙, 吴文嫱, 许云, 肖勇. 山药块茎膨大过程内源激素的变化及相关基因的表达验证 [J]. 分子植物育种, 2019, 17（6）: 1746-1751.
987	张金兰, 张博, 黄东益, 肖勇, 吴文嫱, 许云, 黄小龙, 夏薇. 大薯 ERF 基因家族的挖掘与特征 [J]. 分子植物育种, 2019, 17（7）: 2086-2093.
988	杨蒙迪, 赵慧, 曹红星. 油棕授粉生物学的相关研究进展及展望 [J]. 热带农业科学, 2019, 39（2）: 51-55.
989	刘小玉, 余凤玉, 付登强, 杨伟波, 贾效成, 陈良秋. 油茶叶斑病菌的分离、鉴定及生物学特性研究 [J]. 中国热带农业, 2019（1）: 38-42.
990	叶文雨, 谢序泽, 连加淳, 王哲, 牛晓庆, 余文英, 鲁国东. 菌草绿洲一号内生菌的分离鉴定及其生物学特性 [J]. 热带农业科学, 2019, 39（1）: 52-57+74.
991	陈国德, 符溶, 张伟, 钟圣赟, 符生波, 吕朝军. 施肥结构对海南大叶种茶叶产量的影响 [J]. 热带农业科学, 2019, 39（1）: 16-20.
992	Li J, Htwe Y M, Wang Y, Yang Y D, Wu Y, Li D X, Abdul K, Wang R C. Analysis of Sugars and Fatty Acids during Haustorium Development and Seedling Growth of Coconut[J]. Agronomy Journal, 2019, 111（5）: 1-9.
993	Shi P, Wang Y, Zhang D P, Htwe Y M, Leonard O I. Analysis on Fruit Oil Content and Evaluation on Germplasm in Oil Palm[J]. HortScience, 2019, 54（8）: 1275-1279.
994	Wang Y, Htwe Y M, Li J, Shi P, Zhang D P, Zhao Z H, Leonard O I. Integrative omics analysis on phytohormones involved in oil palm seed germination[J]. BMC Plant Biology, 2019, 19: 363.
995	黄丽云, 李东霞, 陈君, 刘立云, 周唤起. 基于双向温度梯度系统的槟榔萌发及生理响应研究 [J]. 热带作物学报, 2019, 40（8）: 1501-1506.
996	李东霞, 黄丽云, 徐中亮, 符海泉, 张宁. 温度对椰枣种子发芽和生理特征的影响 [J]. 南方农业学报, 2015, 50（8）: 1764-1770.
997	唐庆华, 宋薇薇, 于少帅, 牛晓庆, 余凤玉, 王晔楠, 杨德洁, 覃伟权. 槟榔黄化病综合防控问题及展望 [C]// 中国热带作物学会南药专业委员会 2019 年学术年会 暨南药、黎药产业发展研讨会论文集, 2019
998	唐庆华, 王慧卿, 许才得, 余凤玉, 于少帅, 宋薇薇, 覃伟权. 一种由可可球二孢菌引起的槟榔新病害 [C]// 彭友良, 王文明, 陈学伟. 中国植物病理学会 2019 年学术年会论文集. 北京: 中国农业科学技术出版社, 2019.
999	李东霞, 符海泉, 杨伟波, 徐中亮. 不同钙处理对 2 份海南花生种质资源农艺性状和防御酶系统的影响 [J]. 江苏农业科学, 2019, 47（10）: 117-121.
1000	孙程旭, 范海阔, 曹红星, 张军. 椰子新品种'文椰 5 号'[J]. 园艺学报, 2019, 46（7）, 1417-1418.

(续表)

1001	刘博，郑奋，王晔楠，刘丽，杨琪，阎伟，覃伟权危险性入侵害虫橘绵粉虱在中国的适生性预测[J].植物检疫，2019，33（4），74-79.
1002	吴翼，刘蕊，郭爱汕，李静，杨耀东.硅胶干燥对棕榈科植物DNA提取效果的影响[J].江苏农业科学，2019，47（18）：83-86.
1003	孙程旭，范海阔，张军，刘蕊.椰子新品种'文椰6号'[J].园艺学报，2019，46（8），1623-1624.
1004	Xia W, Luo T, Zhang W, Mason A S, Huang D, Huang X, Tang W, Dou Y, Zhang C, Xiao Y .Development of high-density SNP markers and their application in evaluating genetic diversity and population structure in *Elaeis guineensis*[J]. Frontiers in Plant Science, 2019, 10：130
1005	Xia W, Luo T, Dou Y, Zhang W, Mason AS, Huang D, Huang X, Tang W, Wang J, Zhang C, Xiao Y.Identification and validation of candidate genes involved in fatty acid content in oil palm by genome-wide association analysis[J]. Frontier in Plant Science, 2019, 10：1263
1006	Xia W, Zhang B, Xing D, Li Y, Wu W, Xiao Y, Sun J, Dou Y, Tang W, Zhang J, Huang X, Xu Y, Xie J, Wang J, Huang D.Development of high-resolution DNA barcode for Dioscorea species discrimination and phylogentic analysis[J]. Ecology and Evolution, 2019, 9：10843-10853

三、出版著作

出版和参编专著统计

序号	名称	出版社	编号	主编	出版年份
1	椰子栽培技术	科学普及出版社广州分社	ISBN：9787110000168	毛祖舜	1987.8
2	椰子生产技术问答	中国林业出版社	ISBN：9787503821590	王文壮	1998.12
3	香蕉、菠萝、芒果、椰子施肥技术	金盾出版社	ISBN：9787508212908	漆智平（唐龙祥参编）	2000.9
4	椰子丰产栽培技术	海南出版社	ISBN：7544306615	毛祖舜 邱维美	2003.3
5	椰子种质资源	中国农业出版社	ISBN：710910894-5	毛祖舜、邱维美	2006.6
6	中国作物及其野生近缘植物经济作物卷	中国农业出版社	ISBN：9787109112759	方嘉禾、常汝镇、（唐龙祥参编）	2007.1
7	椰子综合加工技术	中国农业出版社	ISBN：9787109116313	赵松林	2007.6
8	热带作物高产理论与实践	中国农业大学出版社	ISBN：9787811172263	刘立云	2007.6
9	热带经济作物种质资源数据质量控制规范	中国农业出版社	ISBN：9787109116131	李开绵 陈业渊（唐龙祥参编）	2007.6
10	中国生物入侵研究	科学出版社	ISBN：9787030258007	万方浩（马子龙、覃伟权参编）	2009.10
11	槟榔	中国农业出版社	ISBN：97881117929	覃伟权、范海阔	2010.1
12	海南园林植物景观设计	海南出版社	ISBN：9787544333566	陈展川、侯则红（陈思婷参编）	2010.6
13	棕榈科植物病虫鼠害的鉴定及防治	中国农业出版社	ISBN：9787109161283	覃伟权、朱辉	2011.11
14	椰子种质资源的收集、保存、鉴定评价及创新利用	中国农业出版社	ISBN：9787109171459	赵松林、曹红星	2012.9
15	热带作物产品加工原理与技术	科学出版社	ISBN：9787030362940	王庆煌（赵松林 副主编）	2012.11
16	红棕象甲监测与防治	中国农业出版社	ISBN：9787109175334	覃伟权、阎伟	2013.1
17	油棕	中国农业出版社	ISBN：9787109176775	雷新涛、曹红星	2013.4

（续表）

序号	名称	出版社	编号	主编	出版年份
18	椰子产业发展关键技术	中国农业出版社	ISBN：9787109178199	陈卫军、赵松林	2013.5
19	椰子油的营养与功能	中国农业出版社	ISBN：9787109187580	赵松林、邓福明	2013.12
20	椰子丛书—椰子种质资源图谱	海南出版社	ISBN：9787544348690	范海阔、吴翼	2013.12
21	椰子丛书—"文椰2号"丰产栽培技术	海南出版社	ISBN：9787544348690	李和帅、张军	2013.12
22	椰子丛书—"文椰3号"丰产栽培技术	海南出版社	ISBN：9787544348690	范海阔、张军	2013.12
23	椰子丛书—"文椰4号"丰产栽培技术	海南出版社	ISBN：9787544348690	刘蕊、陈思婷	2013.12
24	椰子丛书—椰子施肥技术	海南出版社	ISBN：9787544348690	唐龙祥、王萍	2013.12
25	椰子丛书—椰园间种技术	海南出版社	ISBN：9787544348690	陈思婷、唐龙祥	2013.12
26	椰子丛书—椰子标准化示范园生产技术	海南出版社	ISBN：9787544348690	董治国、孙程旭	2013.12
27	椰子丛书—椰园林下养殖技术	海南出版社	ISBN：9787544348690	荣光、周汉林	2013.12
28	椰子丛书—椰子主要病害防治技术手册	海南出版社	ISBN：9787544348690	宋薇薇、余凤玉	2013.12
29	椰子丛书—椰子主要虫害防治技术手册	海南出版社	ISBN：9787544348690	覃伟权、刘丽	2013.12
30	椰子丛书—椰心叶甲防治	海南出版社	ISBN：9787544348690	吕宝乾、彭正强	2013.12
31	椰子丛书—椰子初加工技术简介	海南出版社	ISBN：9787544348690	陈卫军、王挥	2013.12
32	椰子丛书—椰衣介质实用技术	海南出版社	ISBN：9787544348690	孙程旭、陈卫军	2013.12
33	椰子丛书—椰纤果及其生产技术知识问答	海南出版社	ISBN：9787544348690	李从发、刘四新	2013.12
34	槟榔生物活性研究进展	中国农业出版社	ISBN：79787109187979	陈卫军、黄玉林	2014
35	"走出去"丛书—油棕栽培实用技术	中国农业出版社	ISBN：9787109197299	雷新涛	2014.4
36	"走出去"丛书—椰子栽培实用技术	中国农业出版社	ISBN：9787109198975	赵松林	2014.4
37	槟榔园高效经营	中国农业出版社	ISBN：9787109208711	刘立云、李艳	2015
38	槟榔黄化病	中国农业出版社	ISBN：9787109212428	覃伟权、唐庆华	2015
39	农药制剂加工技术	化学工业出版社	ISBN：9787122239136	骆焱平、宋薇薇	2015.8.1
40	椰子蛋白质的研究与利用	中国工业出版社	ISBN：9787109208728	郑亚军、陈华	2015.9
41	槟榔红脉穗螟的生物防治技术	中国农业出版社	ISBN：9787109222557	钟宝珠、覃伟权、吕朝军	2016
42	油茶主要病虫害及防治	南海出版社	ISBN：9787544285599	覃伟权、牛晓庆、孙晓东	2016
43	中国油茶品种志	中国林业出版社	ISBN：9787503881695	姚小华（参编）	2015.9
44	农技服务丛书—椰子栽培技术	中国农业出版社	ISBN：9787109223523	董志国、范海阔、阎伟	2016.11
45	农技服务丛书—槟榔栽培技术	中国农业出版社	ISBN：9787109222984	黄丽云	2016.11

（续表）

序号	名称	出版社	编号	主编	出版年份
46	农技服务丛书—油茶栽培技术	中国农业出版社	ISBN：9787109222991	付登强、陈良秋、贾效成	2016.11
47	椰子园经营与管理	海南出版社	ISBN：9787544369374	孙程旭、曹红星、副张如莲、唐龙祥、范海阔、张新平	2016
48	世界主要椰子种质资源	中国农业出版社	ISBN：9787109237759	范海阔、弓淑芳、秦海棠、刘蕊、孙程旭	2017
49	油棕栽培技术	中国农业出版社	Y22353	曹红星	2017.2

四、授权专利

获授权专利统计

序号	专利名称	发明人	授权日	专利号	专利类型
1	天然椰子花序汁液果酒的制造方法	张木炎、李新菊、赵松林、马子龙、陈华	2007年8月29日	ZL200510130948.X	发明专利
2	天然椰子花序汁液白酒的制造方法	赵松林、马子龙、陈华、张木炎、李新菊	2007年11月12日	ZL200510130946.0	发明专利
3	天然椰子花序汁液的连续采集方法	马子龙、张木炎、赵松林、陈华、李新菊	2008年6月11日	ZL200510130958.3	发明专利
4	二疣犀甲立式诱捕器	黄山春、覃伟权、马子龙、李朝绪、吕朝军	2009年12月2日	ZL200820189648.8	实用新型
5	皇后葵种子的催芽及育苗方法	范海阔、黄丽云、秦海棠、张军、陈思婷、覃伟权	2010年11月10日	ZL 2009 1 0203199.7	发明专利
6	红棕象甲诱捕器	覃伟权、黄山春、马子龙、李朝绪、阎伟、余凤玉、朱辉	2010年8月18日	ZL200920269708.1	实用新型
7	椰心叶甲饲养盒	李朝绪、黄山春、覃伟权、马子龙、周焕起	2010年9月15日	ZL200920299059.X	实用新型
8	从椰麸中提取椰子油的方法	夏秋瑜、李瑞、李枚秋、赵松林、马子龙、陈华、陈飞	2010年1月13日	ZL 2007 1 0184890.6	发明专利
9	一种椰子吸器果脯的制备方法	夏秋瑜、李瑞、赵松林、陈良秋、陈华、陈卫军、郑亚军	2010年9月22日	ZL 2008 1 0109712.1	发明专利
10	一种椰乳汁的浓缩方法	李枚秋、李瑞、马子龙、赵松林、夏秋瑜、张木炎、陈华	2010年9月22日	ZL 2007 1 0103175.5	发明专利
11	利用浓缩椰子水提高文心兰原球茎增殖及分化的方法	黄丽云、范海阔、周焕起、李杰、覃伟权、马子龙	2011年12月28日	ZL201010146830.7	发明专利
12	矮种椰子套袋隔离自交纯化制种方法	刘立云、王萍、冯美利、陈思婷、范海阔、李和帅、唐龙祥	2011年5月11日	ZL200910003959.X	发明专利
13	一种椰肉的软化方法	陈卫军、李瑞、夏秋瑜、陈华、郑亚军、赵松林、张木炎	2011年7月20日	ZL200810183352.X	发明专利
14	超声波辅助法从槟榔中同时提取槟榔生物碱折色素的方法	郑亚军、李艳、赵松林、陈卫军	2011年1月12日	ZL200910005023.0	发明专利

(续表)

序号	专利名称	发明人	授权日	专利号	专利类型
15	木瓜浆处理椰乳汁制备椰子油的方法	李瑞、夏秋瑜、赵松林、陈华	2011年11月30日	ZL200710305983.X	发明专利
16	一种多功能鞘翅目昆虫诱捕器	吕朝军、覃伟权、钟宝珠、黄山春、阎伟、孙晓东	2011年2月16日	ZL201020506635.4	实用新型
17	一种可连续捕捉活体的动物捕捉装置	钟宝珠、吕朝军、覃伟权、雷新涛、马子龙、孙晓东	2011年8月24日	ZL201020700904.2	实用新型
18	一种寄生性昆虫天敌释放器	吕朝军、赵松林、钟宝珠、覃伟权、阎伟、孙晓东	2011年8月3日	ZL201020699750.X	实用新型
19	可大量饲养红棕象甲幼虫的可拆卸饲养盒	覃伟权、阎伟、刘丽、黄山春、张晶	2011年9月27日	ZL201120034936.8	实用新型
20	红棕象甲幼虫的半人工饲料	马子龙、覃伟权、李磊、黄山春、魏娟、阎伟	2012年5月23日	ZL200910220964.6	发明专利
21	红棕象甲实验种群的饲养方法	覃伟权、阎伟、刘丽、黄山春、李磊、张晶	2012年5月23日	Zl20110034768.7	发明专利
22	油棕种子种苗繁育方法	曹红星、孙程旭、雷新涛、李杰、冯美利、赵松林	2012年5月23日	ZL201010547873.6	发明专利
23	一种油棕种子育苗方法	李杰、雷新涛、孙程旭、冯美利、范海阔、吴多扬、赵松林	2012年5月23日	ZL201010547862.8	发明专利
24	油棕制种简易授粉器	张军、曹红星、孙程旭、雷新涛、肖勇	2012年10月10日	ZL201220105484.2	实用新型
25	一种油棕雌花制种袋	曹红星、张军、孙程旭、雷新涛、肖勇	2012年10月10日	ZL201220109335.3	实用新型
26	一种改性椰糠栽培基质及其制备方法	李艳、郑亚军、刘立云、赵松林、雷新涛、唐龙祥、陈思婷、杨伟波	2012年8月1日	ZL201110099889.X	发明专利
27	一种椰子球蛋白亚铁络合物补铁剂的制备及应用	郑亚军、唐敏敏、赵松林、李艳、陈卫军、夏秋瑜	2012年11月21日	ZL201010203189.9	发明专利
28	狐尾椰子专用营养液	孙程旭、陈思婷、曹红星、覃伟权、马子龙	2012年11月14日	ZL200910208889.1	发明专利
29	中药青葙杀虫活性物质的提取方法及应用	钟宝珠、吕朝军、李洪、覃伟权、孙晓东、马子龙、李朝绪	2012年11月21日	ZL201010264741.2	发明专利
30	一种二疣犀甲幼虫饲养箱	吕朝军、王东明、钟宝珠、覃伟权、李洪、王智	2012年12月5日	ZL201220229694.2	实用新型
31	一种棕榈科植物花果采集爬梯	李专、雷新涛、曹红星、冯美利、王永	2012年12月5日	ZL201220226382.6	实用新型
32	一种椰园黄猄蚁室内繁育箱	钟宝珠、吕朝军、覃伟权	2012年12月5日	ZL201220226295.0	实用新型
33	椰衣介质多功能防护网	孙程旭、赵松林、冯美利、陈卫军、陈华、张军	2012年12月12日	ZL201220109367.3	实用新型
34	鲜食椰子专用开启器	孙程旭、秦海棠、张军、赵松林、范海阔	2012年12月12日	ZL201220244628.2	实用新型
35	一种生物防治害虫诱集传菌装置	覃伟权、张晶、阎伟、黄山春	2012年3月14日	ZL201120259149.3	实用新型
36	油棕简易采果器	曹红星、孙程旭、冯美利、雷新涛、李杰、王永	2013年3月6日	ZL201220483637.7	实用新型

(续表)

序号	专利名称	发明人	授权日	专利号	专利类型
37	油棕果田间专用独轮车	曹红星、孙程旭、冯美利、雷新涛、李杰、王永	2013年3月6日	ZL201220483593.8	实用新型
38	油棕多功能简易折叠梯	曹红星、孙程旭、雷新涛、冯美利、李杰、王永	2013年3月6日	ZL201220483667.8	实用新型
39	一种移栽槟榔大树的方法	刘立云、李艳、黄丽云、王萍	2013年7月24日	ZL201210103796.4	发明专利
40	一种以椰麸为原料制备改性椰子膳食纤维咀嚼片的方法	郑亚军、李艳、赵松林、陈卫军、夏秋瑜、唐敏敏、黄玉林	2013年6月5日	ZL201110100309.4	发明专利
41	椰衣介质净水过滤器	孙程旭、秦海棠、范海阔、赵松林	2013年7月3日	ZL201220704408.3	实用新型
42	一种提高椰纤果产量的方法	陈卫军、黄翊鹏、王永、夏秋瑜、李枚秋、赵松林	2013年8月28日	ZL201110436880.3	发明专利
43	红脉穗螟幼虫饲养箱	钟宝珠、吕朝军、钱军、覃伟权、苟志辉	2013年6月26日	ZL201220724571.6	实用新型
44	一种二疣犀甲粘虫网	李洪、钟宝珠、王东明、吕朝军、覃伟权、王智	2013年6月26日	ZL201220724527.5	实用新型
45	一种槟榔含片及其制备方法	黄玉林、陈卫军、郑亚军、夏秋瑜、赵松林、祁静	2013年4月3日	ZL201110194751.8	发明专利
46	一种提高香棕种子发芽速度的方法	刘蕊、张军、范海阔、赵松林	2013年11月13日	ZL201210103370.9	发明专利
47	椰子育苗果皮切割器	孙程旭、秦海棠、范海阔、赵松林	2013年7月17日	ZL201220704159.8	实用新型
48	一种油棕传粉象甲成虫饲喂器	黄山春、阎伟、马子龙、李朝绪、朱辉、覃伟权、刘丽	2014年7月30日	ZL201420098664.1	实用新型
49	一种油棕传粉象甲田间释放装置	黄山春、马子龙、李朝绪、阎伟、朱辉、覃伟权、刘丽	2014年7月30日	ZL201420098315.X	实用新型
50	红棕象甲饲养笼	黄山春、覃伟权、阎伟、李朝绪、刘丽、马子龙	2014年7月30日	ZL201420023192.3	实用新型
51	油棕传粉象甲成虫收集器	黄山春、覃伟权、马子龙、李朝绪、阎伟、刘丽	2014年9月10日	ZL201420021733.9	实用新型
52	油棕传粉象甲成虫饲养瓶	黄山春、覃伟权、李朝绪、阎伟、刘丽、马子龙	2014年4月9日	ZL201320655968.9	实用新型
53	昆虫幼虫饲养盒	黄山春、覃伟权、阎伟、李朝绪、刘丽、马子龙	2014年4月9日	ZL201320655711.3	实用新型
54	一种饲养红脉穗螟天敌垫跗螋的装置	吕朝军、钟宝珠、钱军、苟志辉、覃伟权	2014年7月9日	ZL201420050341.5	实用新型
55	一种防治红脉穗螟的鱼藤酮复配剎虫剂	吕朝军、钟宝珠、钱军、苟志辉、覃伟权	2014年7月9日	ZL201310239794.2	发明专利
56	椰子茎干精油提取物及其在二疣犀甲引诱剂上的应用	吕朝军、钟宝珠、王东明、李洪、覃伟权、王智	2014年8月27日	ZL201210571868.8	发明专利
57	一株防治棕榈害虫红棕象甲的绿僵菌及应用	孙晓东、覃伟权、张晶、刘丽	2014年11月26日	ZL201310364795.X4	发明专利
58	一种椰子种苗的快速培育方法	张军、刘蕊、范海阔	2015年8月5日	ZL 2014 1 0104319.9	发明专利
59	一种椰肉的保鲜办法	邓福明、陈卫军、龙雪峰、郑亚军	2015年8月17日	ZL 2014 1 0151583.8	发明专利

(续表)

序号	专利名称	发明人	授权日	专利号	专利类型
60	一种红脉穗螟驱避剂	钟宝珠、吕朝军、钱军、苟志辉、覃伟权	2015年9月9日	ZL 2014 1 0182934.1	发明专利
61	一种红脉穗螟天敌垫跗螋的饲养方法	钟宝珠、吕朝军、钱军、覃伟权、苟志辉	2015年2月11日	ZL 2014 1 0038785.1	发明专利
62	一种椰子水化育苗法	曹红星、孙程旭、范海阔、张军、陈思婷	2015年10月14日	ZL 2014 1 0037355.8	发明专利
63	一种植物病原真菌离体接种用保湿器	朱辉、余凤玉、黄山春、覃伟权	2015年9月23日	ZL 2015 2 0194048.0	实用专利
64	一种植物病原真菌微量研磨器	朱辉、唐庆华、黄山春、覃伟权	2015年9月23日	ZL 2015 2 0193962.3	实用专利
65	一种植物病原真菌保存用试管	朱辉、宋薇薇、黄山春、覃伟权	2015年9月23日	ZL 2015 2 0194046.1	实用专利
66	一种多功能培养基存放器	朱辉、牛晓庆、黄山春、覃伟权	2015年9月23日	ZL 2015 2 0194062.0	实用专利
67	一种椰子钻孔器	张玉锋、郑亚军、桂青	2015年8月26日	ZL 2015 2 0262037.1	实用专利
68	油棕传粉象甲成虫收集工作台	黄山春、覃伟权、马子龙、阎伟、李朝绪、刘丽	2015年3月4日	ZL 2014 2 0614597.4	实用专利
69	一种利用椰子叶片饲养椰子织蛾幼虫的装置	黄山春、李朝绪、阎伟、覃伟权、马子龙、刘丽、杨崇慧	2015年3月4日	ZL 2014 2 0614656.8	实用专利
70	一种槟榔采集设备	李杰、黄丽云、李艳、刘立云、周焕起	2015年7月8日	ZL 2015 2 0058989.1	实用专利
71	椰子果肉切片机	张建国、王挥、桂青、郑亚军、雷新涛、王富有	2015年10月7日	ZL 2015 2 0392376.1	实用专利
72	一种椰子钻孔装置	王挥、张玉锋、宋菲	2015年8月26日	ZL 2015 2 0266530.0	实用专利
73	一种低温浓缩椰浆的制备方法	陈卫军、桂青、禤小凤、邓福明	2016年3月2日	ZL 2013 1 0558257.4	发明专利
74	一种对红脉穗螟和二疣犀甲具有产卵忌避作用的组合物	吕朝军、钟宝珠、钱军、苟志辉、覃伟权	2016年1月6日	ZL 2014 1 0182933.7	发明专利
75	一种椰子叶片冷冻切片的制作方法	孙程旭、张大鹏、曹红星、刘勇	2016年2月3日	ZL 2014 1 0037754.4	发明专利
76	一种低温浓缩椰浆的制备方法	陈卫军、桂青、禤小凤、邓福明	2016年2月3日	ZL 2013 1 0558257.4	发明专利
77	一种从木瓜籽中提取异硫氰酸苄酯的方法	邓福明、陈卫军、梁淑云、李成、张涛	2016年2月17日	ZL 2014 1 0186828.0	发明专利
78	绿色荧光蛋白标记的椰子泻血病菌原生质体的制备方法	鲁国东、牛晓庆、王宗华、余凤玉、李亚、郑华伟、朱辉、宋薇薇、唐庆华	2016年3月30日	ZL 2014 1 0106745.6	发明专利
79	一种适合快速观测油棕叶片解剖结构的冷冻切片方法	张大鹏、曹红星	2016年4月6日	ZL 2014 1 0170900.0	发明专利
80	一种同时生产天然椰子油和低脂椰子汁的方法	陈卫军、桂青	2016年4月6日	ZL 2014 1 0310560.7	发明专利
81	一株抑制椰子茎泻血病、杀鳞翅目害虫的苏云金芽孢杆菌及其应用	孙晓东、余凤玉、覃伟权、张晶、刘丽、吕朝军、李朝绪	2016年5月11日	ZL 2013 1 0488408.3	发明专利

（续表）

序号	专利名称	发明人	授权日	专利号	专利类型
82	从椰麸中制备高乳化性和起泡性酸溶性谷蛋白的方法	郑亚军、李艳、张有林、张润光、王挥、陈卫军、赵松林	2016年5月18日	ZL 2014 1 0329033.0	发明专利
83	椰子织蛾的室内试验种群大量饲养的方法	刘丽、李洪、阎伟、覃伟权、李朝绪、黄山春、孙晓东	2016年6月29日	ZL 2014 1 0397993.0	发明专利
84	一种提高椰子片脆度的物理方法	陈卫军、宋菲、王挥、黄玉林、赵松林	2016年8月24日	ZL 2014 1 0325235.8	发明专利
85	一种湿法从椰子种皮中提取椰子油的加工方法	王挥、夏秋瑜、宋菲、张玉锋、赵松林、陈卫军	2017年2月8日	ZL 2014 1 0308891.7	发明专利
86	一种新型红棕象甲诱捕器	刘丽、阎伟、覃伟权、黄山春、李朝绪、马子龙	2016年2月10日	ZL 2015 2 0693667.4	实用新型专利
87	一种利用槟榔叶片饲养甘蔗斑袖蜡蝉成虫的装置	唐庆华、覃伟权、朱辉、宋薇薇、黄山春	2016年8月17日	ZL 2016 2 0085198.2	实用新型专利
88	一种饲养半翅目昆虫成虫的玻璃装置	唐庆华、覃伟权、余凤玉、牛晓庆、阎伟	2016年8月17日	ZL 2016 2 0085197.8	实用新型专利
89	一种利用槟榔幼苗饲养甘蔗斑袖蜡蝉成虫的田间装置	唐庆华、覃伟权、宋薇薇、朱辉、李朝绪	2016年8月31日	ZL 2016 2 0099311.2	实用新型专利
90	一种运输油棕发芽种子的装载容器	曹红星、周大鹏、石鹏、冯美利	2016年11月23日	ZL 2016 2 0569718.7	实用新型专利
91	一种振动式油棕采果刀具	曹红星、周大鹏、刘艳菊、冯美利	2016年11月23日	ZL 2016 2 0564532.2	实用新型专利
92	一种用于香水椰子种苗纯度的鉴定的特异SSR引物及鉴定方法	杨耀东、吴翼、沈雁、肖勇、夏薇、李静、周立霞	2017年4月19日	CN201410657128.5	发明专利
93	一种槟榔促花保果专用肥及其制备方法	刘立云、黄丽云、李艳、周焕起、符海泉	2017年5月31日	ZL201510088890.0	发明专利
94	一种槟榔幼苗期专用肥及其制备方法	李艳、刘立云、黄丽云、周焕起、符海泉	2017年5月10日	ZL201510088915.7	发明专利
95	一种椰油糖酯餐具洗涤剂及其制备方法	张玉锋、王挥、段岢君	2017年8月16日	ZL 201510206360.1	发明专利
96	槟榔虫害数据库系统	唐庆华、覃伟权、胡杰、宋薇薇、牛晓庆	2017年8月2日	2017SR416887	发明专利
97	槟榔虫害信息共享平台	唐庆华、覃伟权、胡杰、宋薇薇、牛晓庆	2017年8月2日	2017SR415506	发明专利
98	一株防治棕榈害虫椰子织蛾的苏云金芽孢杆菌及应用	孙晓东、覃伟权、阎伟、李朝绪、吕朝军、牛晓庆、余凤玉	2017年7月4日	ZL 2015 1 0079220.2	发明专利
99	包装盒（精华油）	唐敏敏、陈华、王富有	2017年6月30日	ZL20163060552.5	外观设计专利
100	标签（椰枣奶茶）	唐敏敏、宋菲、王富有	2017年6月6日	ZL201630659973.6	外观设计专利
101	标签（椰枣茉莉花茶）	唐敏敏、宋菲、王富有	2017年6月6日	ZL201630659148.6	外观设计专利
102	标签（椰枣灵芝口服液）	唐敏敏、宋菲、王富有	2017年6月16日	ZL20163060554.4	外观设计专利

（续表）

序号	专利名称	发明人	授权日	专利号	专利类型
103	标签（椰枣浆）	唐敏敏、宋菲、王富有	2017年6月6日	ZL20163060553.X	外观设计专利
104	一种椰油基糖酯餐具洗涤剂及其制备方法	张玉锋、王挥、段岢君	2017年12月12日	ZL 2015 0206360.1	发明专利
105	一种油棕叶片总蛋白质的专用提取液及提取方法	杨耀东、吴翼、肖勇、李静、周丽霞、夏薇、沈雁	2018年6月19日	CN201410657130.2	发明专利
106	一种批量制备无菌油棕种胚样品的方法	王永、李静、张大鹏、雷新涛	2018年2月13日	ZL 2014 1 0611726.9	发明专利
107	一种棕榈植物种质资源抢救性收集保存的方法	王永、张大鹏、李静、黄丽云、雷新涛	2018年3月6日	ZL 2014 1 0612508.7	发明专利
108	一种天然茶枯护发膏及其制备方法	付登强、刘小玉、丁艳、陈良秋、贾效成	2018年8月14日	ZL 2015 1 0939400.3	发明专利
109	一种槟榔壮果专用肥及其制备方法和应用	黄丽云、刘立云、李艳、周焕起、李东霞	2018年5月18日	ZL 2015 1 0088860.X	发明专利

五、审定标准

审定标准统计

序号	标准名称	完成单位	主要完成人	标准号	实施时间	标准类别
1	椰油.食用椰子油（作废）	华南热带作物科学研究院文昌椰子试验站	毛祖舜、赵松林、王文壮、邱维美	NY 230—94	1995-02-01	行业标准-农业（CN-NY）
2	椰油.工业用椰子油（作废）	华南热带作物科学研究院文昌椰子试验站	毛祖舜、赵松林、王文壮、邱维美	NY/T 231—94	1995-02-01	行业标准-农业（CN-NY）
3	椰子 种果和种苗（作废）	中国热带农业科学院椰子研究所	毛祖舜、邱小强、邱维美、李文彬	NY/T 353—1999	1999-07-01	行业标准-农业（CN-NY）
4	椰子种植和管理技术规程（作废）	中国热带农业科学院椰子研究所、海南省农业厅热作处、海南省标准化协会	马子龙、赵松林、王澄群、邓焕秋、毛祖舜	DB46/T12—1999	2000-06-01	海南省地方标准
5	食用椰干	中国热带农业科学院椰子研究所、农业部食品质量监督检验测试中心（湛江）	赵松林、黄和、张木炎、陈华、李新菊	NY/T 786—2004	2004-06-01	行业标准-农业（CN-NY）
6	椰子油	中国热带农业科学院椰子研究所、农业部食品质量监督检验测试中心（湛江）	赵松林、陈成海、陈华、张木炎、李新菊	NY 230—2006	2006-04-01	行业标准-农业（CN-NY）
7	椰子栽培技术规程（作废）	中国热带农业科学院椰子研究所、海南省农业厅科技处、海南省农业科学院	马子龙、赵松林、王澄群、邓焕秋、毛祖舜、何凡、陈绵才、白翠云	DB 46/T 12—2006	2006-10-15	海南省地方标准
8	椰子产品 椰子糖果	中国热带农业科学院椰子研究所、海南省文昌质量技术监督管理局、海南文昌椰海食品有限公司	赵松林、陈华、陈文宇、符积江、李枚秋、张木炎、李新菊、夏秋瑜、李瑞、黄宇峰	DB46/T 79—2007	2007-08-01	海南省地方标准

（续表）

序号	标准名称	完成单位	主要完成人	标准号	实施时间	标准类别
9	椰子产品 糖渍椰肉	中国热带农业科学院椰子研究所、海南省文昌质量技术监督管理局、海南文昌椰海食品有限公司	赵松林、陈华、陈文宇、符积江、李枚秋、张木炎、李新菊、夏秋瑜、李瑞、黄宇峰	DB46/T 78—2007	2007-08-01	海南省地方标准
10	椰子产品 椰青	中国热带农业科学院椰子研究所	赵松林、陈华、张木炎、李新菊	NY/T 1441—2007	2007-12-01	行业标准－农业（CN-NY）
11	椰子产品 椰纤果	中国热带农业科学院椰子研究所、海南椰国食品有限公司、海南亿德食品有限公司	赵松林、陈华、钟春燕、彭继明、张木炎、李新菊	NY/T 1522—2007	2008-03-01	行业标准－农业（CN-NY）
12	椰纤果生产良好操作规范	中国热带农业科学院椰子研究所、国家重要热带作物工程技术研究中心、海南椰国食品有限公司、海南亿德食品有限公司	陈华、赵松林、吴永辉、钟春燕、李新菊、郑亚军、张木炎、夏秋瑜、李瑞、陈卫军、张永凤	NY/T 1682—2009	2009.05.01	行业标准－农业（CN-NY）
13	椰子种苗繁育技术规程（作废）	中国热带农业科学院椰子研究所、海南省农业厅热作处	马子龙、赵松林、林芳栋、唐龙祥、刘立云	DB46/T11—2009	2009-06-01	海南省地方标准
14	椰子种质资源描述规范	中国热带农业科学院椰子研究所、国家重要热带作物工程技术研究中心	唐龙祥、范海阔、黄丽云、陈良秋、曹红星、张军、覃伟权、陈华	NY/T 1810—2009	2010-02-01	行业标准－农业（CN-NY）
15	油棕种苗	中国热带农业科学院椰子研究所	雷新涛、范海阔、马子龙、李杰、秦海棠、黄丽云、吴翼	NY/T 1989—2011	2011-12-01	行业标准－农业（CN-NY）
16	椰子栽培技术规程	中国热带农业科学院椰子研究所	赵松林、孙程旭、冯美利、范海阔、覃伟权、唐龙祥、李朝绪	DB 46/T 12—2012	2012-05-05	海南省地方标准
17	椰子主要病虫害防治技术规程	中国热带农业科学院椰子研究所	覃伟权、余凤玉、阎伟、朱辉、吕朝军、李朝绪、牛晓庆、韩超文	NY/T 2161—2012	2012-09-01	行业标准－农业（CN-NY）
18	椰子 种果和种苗	中国热带农业科学院椰子研究所、国家重要热带作物工程技术研究中心	唐龙祥、赵松林、陈良秋、李艳、杨伟波、冯美利、王萍、牛聪、秦呈迎、程文静	NY/T 353—2012	2012-09-01	行业标准－农业（CN-NY）
19	槟榔鲜果	中国热带农业科学院椰子研究所	陈卫军、黄玉林、赵松林、宋菲	DB 469006/T 06—2012	2013-01-01	海南省万宁市地方标准
20	槟榔干果	中国热带农业科学院椰子研究所	陈卫军、黄玉林、赵松林、宋菲	DB 469006/T 07—2012	2013-01-01	海南省万宁市地方标准
21	槟榔鲜果包装、运输及贮藏	中国热带农业科学院椰子研究所	陈卫军、黄玉林、赵松林、宋菲	DB 469006/T 08—2012	2013-01-01	海南省万宁市地方标准

（续表）

序号	标准名称	完成单位	主要完成人	标准号	实施时间	标准类别
22	槟榔干果包装、运输及贮藏	中国热带农业科学院椰子研究所	陈卫军、黄玉林、赵松林、宋菲	DB 469006/T 09—2012	2013-01-01	海南省万宁市地方标准
23	槟榔丰产栽培技术规程	中国热带农业科学院椰子研究所	刘立云、李艳、黄丽云、朱辉、赵松林	DB 469006/T 10—2013	2013-12-01	海南省万宁市地方标准
24	槟榔 种苗	中国热带农业科学院椰子研究所	刘立云、黄丽云、李艳、陈卫军、黄玉林	DB 469006/T 11—2013	2013-12-01	海南省万宁市地方标准
25	槟榔干果初加工技术规程	中国热带农业科学院椰子研究所	刘立云、黄玉林、陈卫军、赵松林、宋菲	DB 469006/T 12—2013	2013-12-01	海南省万宁市地方标准
26	槟榔配方施肥技术规范	中国热带农业科学院椰子研究所	刘立云、黄丽云、李艳、黄玉林、唐龙祥	DB 469006/T 13—2013	2013-12-01	海南省万宁市地方标准
27	槟榔主要病虫害防治技术规范	中国热带农业科学院椰子研究所	覃伟权、朱辉、黄山春、阎伟、刘立云	DB 469006/T 14—2013	2013-12-01	海南省万宁市地方标准
28	椰心叶甲啮小蜂和截脉姬小蜂繁殖与释放技术规程	中国热带农业科学院环境与植物保护研究所、中国热带农业科学院椰子研究所、海南省森林资源监测中心	彭正强、吕宝乾、覃伟权、李朝绪、金涛、黄山春、金启安、阎伟、温海波、王东明、李洪	NY/T 2447—2013	2014-01-01	行业标准-农业（CN-NY）
29	植物新品种特异性、一致性和稳定性测试指南 椰子	中国热带农业科学院热带作物品种资源研究所、中国热带农业科学院椰子研究所	吴翼、张如莲、刘蕊、高玲、范海阔、赵松林、李和帅、徐丽、刘迪发	NY/T 2516—2013	2014-04-01	行业标准-农业（CN-NY）
30	椰子 种苗繁育技术规程	中国热带农业科学院椰子研究所、国家重要热带作物工程技术研究中心	唐龙祥、刘立云、李艳、李和帅、李朝绪、李杰、冯美利、黄丽云	NY/T 2553—2014	2014-06-01	行业标准-农业（CN-NY）
31	矮种椰子生产技术规程	中国热带农业科学院椰子研究所	范海阔、孙程旭、张军、李朝绪	DB 46/T 308—2015	2015-03-01	海南省地方标准
32	槟榔红脉穗螟防治技术规程	中国热带农业科学院椰子研究所	覃伟权、阎伟、刘丽、黄山春、李朝绪、吕朝军、孙晓东、钟宝珠	DB 46/T 309—2015	2015-03-01	海南省地方标准
33	红棕象甲防治技术规程	中国热带农业科学院椰子研究所	阎伟、刘丽、覃伟权、黄山春、李朝绪、吕朝军、孙晓东、钟宝珠	DB 46/T 310—2015	2015-03-01	海南省地方标准
34	椰心叶甲啮小蜂人工繁育及应用技术规程	中国热带农业科学院椰子研究所、中国热带农业科学院环境与植物保护研究所、海南省森林资源监测中心	覃伟权、彭正强、李朝绪、吕宝乾、黄山春、金涛、阎伟、金启安、温海波、王东明、李洪	DB 46/T 311—2015	2015-03-01	海南省地方标准
35	椰子粗蛋白和粗脂肪含量测定	中国热带农业科学院椰子研究所	刘蕊、范海阔、赵松林、王萍	DB 46/T 313—2015	2015-03-01	海南省地方标准

(续表)

序号	标准名称	完成单位	主要完成人	标准号	实施时间	标准类别
36	油茶生产技术规程	中国热带农业科学院椰子研究所	付登强、杨伟波、陈良秋、刘小玉、李东霞、朱辉	DB 46/T 314—2015	2015-03-01	海南省地方标准
37	油茶种苗繁育技术规程	中国热带农业科学院椰子研究所	杨伟波、付登强、陈良秋、李东霞、刘小玉、朱辉	DB 46/T 315—2015	2015-03-01	海南省地方标准
38	油棕种苗繁育技术规程	中国热带农业科学院椰子研究所	雷新涛、石鹏、曹红星、冯美利、王永、张大鹏	DB 46/T 316—2015	2015-03-01	海南省地方标准
39	油棕生产技术规程	中国热带农业科学院椰子研究所	曹红星、刘艳菊、雷新涛、冯美利、王永、张大鹏	DB 46/T 317—2015	2015-03-01	海南省地方标准
40	棕榈植物幼苗及鲜切叶椰心叶甲除害技术规程	中国热带农业科学院椰子研究所	李朝绪、彭正强、覃伟权、吕宝乾、黄山春、马子龙、阎伟、常清	DB 46/T 318—2015	2015-03-01	海南省地方标准
41	热带作物病虫害防治技术规程 红棕象甲	中国热带农业科学院椰子研究所	覃伟权、阎伟、刘丽、黄山春、李朝绪、孙晓东、吕朝军、钟宝珠	NY/T 2815—2015	2015-12-01	行业标准-农业（CN-NY）
42	热带作物病虫害监测技术规程 红棕象甲	中国热带农业科学院椰子研究所	覃伟权、阎伟、刘丽、黄山春、李朝绪、	NY/T 2818—2015	2015-12-01	行业标准-农业（CN-NY）
43	海南名牌农产品 槟榔	中国热带农业科学院椰子研究所、海南大学	陈卫军；宋菲；王挥；黄丽云；赵松林；黄玉林；李艳	DBHN/005—2015	2016-01-01	海南省名牌农产品标准
44	锈色棕榈象检疫技术规程	中国热带农业科学院椰子研究所、国家林业局森林病虫害防治总站	宗世祥、阎伟、赵宇翔、任利利、刘丽、李娟、董燕	NY/T 2607—2016	2016-06-01	行业标准-农业（CN-NY）
45	热榨（浓香型）山柚油加工技术规程	中国热带农业科学院椰子研究所、海南昂侯嘀农业旅游开发有限公司	付登强、刘小玉、黎超、卢斌	Q/AHD T01—2016	2016-09-05	企业标准
46	油棕 果穗	中国热带农业科学院椰子研究所	曹红星、张大鹏、刘艳菊、雷新涛、冯美利、石鹏、王永	DB46/T 417—2016	2017-03-26	海南省地方标准
47	油棕树体修剪技术规程	中国热带农业科学院椰子研究所	曹红星、冯美利、石鹏、雷新涛、张大鹏、刘艳菊、王永	DB46/T 418—2016	2017-03-26	海南省地方标准
48	油棕杂交育种技术规程	中国热带农业科学院椰子研究所	曹红星、石鹏、王永、雷新涛、冯美利、张大鹏、林以运	DB46/T 419—2016	2017-03-26	海南省地方标准
49	海南名牌农产品 海南椰子	中国热带农业科学院椰子研究所	孙程旭、范海阔、刘蕊、唐龙祥、王挥、吴翼、钟宝珠		2018-01-01	海南省名牌农产品标准

(续表)

序号	标准名称	完成单位	主要完成人	标准号	实施时间	标准类别
50	椰子树叶片营养诊断技术规程	中国热带农业科学院椰子研究所	孙程旭、冯美利、唐龙祥、牛启祥、范海阔	DB46/T 451—2017	2018-02-20	海南省地方标准
51	椰子花果管理技术规程	中国热带农业科学院椰子研究所	孙程旭、冯美利、唐龙祥、牛启祥、范海阔、张军	DB 46/T 452—2017	2018-02-20	海南省地方标准
52	油棕畸形苗鉴别与处理技术规程	中国热带农业科学院椰子研究所	王永、石鹏、刘艳菊、曹红星、冯美利、雷新涛	DB 46/T 453—2017	2018-02-20	海南省地方标准
53	油棕造林技术规程	中国热带农业科学院椰子研究所、云南省农业科学院热带亚热带经济作物研究所	王永、金龙飞、冯美利、曹红星、刘艳菊、雷新涛、张林辉	DB 46/T 454—2017	2018-02-20	海南省地方标准
54	热带作物品种试验技术规程 第12部分：椰子	中国热带农业科学院椰子研究所	范海阔、李和帅、弓淑芳、刘蕊、唐龙祥、张军	NY/T 2668.12—2018	2019-06-01	行业标准－农业（CN-NY）

六、鉴定品种

品种（品系）鉴定清单

序号	成果名称	鉴定形式	鉴定部门	鉴定时间	完成单位	完成人	证书号
1	椰子杂交种马哇适应性研究	会议鉴定	华南热带作物科学研究院	1989年	华南热带作物科学研究院椰子试验站	毛祖舜、邢贻藏、邱维美、符敦杰	（90）农科果鉴字0062号
2	椰子杂交新品种——文椰78F_1	会议鉴定	农业部	1993年5月18日	华南热带作物科学研究院椰子试验站	邢贻藏、毛祖舜、邱兵、徐月发	（93）农科果鉴字0151号

品种审定（认定）清单

序号	成果名称	鉴定形式	时间	完成单位（申请者）	育种者	品种来源	证书号（登记编号）	审定（认定）部门	单位排名	有无证书
1	"文椰2号"椰子	海南省认定	2007年12月21日	中国热带农业科学院椰子研究所	赵松林、李和帅、马子龙、范海阔、唐龙祥、毛祖舜、覃伟权、吴多扬、刘立云、黄丽云	国外引进的黄矮品系	200720	海南省农作物品种审定委员会认定	中国热带农业科学院椰子研究所	有
2	"文椰3号"椰子	海南省认定	2007年12月21日	中国热带农业科学院椰子研究所	马子龙、范海阔、覃伟权、赵松林、黄丽云、唐龙祥、邱小强、龙翊岚、吴多扬、刘立云	国外引进的红矮品系	200721	海南省农作物品种审定委员会认定	中国热带农业科学院椰子研究所	有
3	"文椰4号"椰子	海南省认定	2010年10月10日	中国热带农业科学院椰子研究所	赵松林、范海阔、马子龙、李和帅、刘蕊、孙程旭、覃伟权、唐龙祥、吴多扬、刘立云	东南亚引进的香水椰子实生苗	2010012	海南省农作物品种审定委员会认定	中国热带农业科学院椰子研究所	有

（续表）

序号	成果名称	鉴定形式	时间	完成单位（申请者）	育种者	品种来源	证书号（登记编号）	审定（认定）部门	单位排名	有无证书
4	"热研1号"槟榔	海南省认定	2010年10月10日	中国热带农业科学院椰子研究所	覃伟权、范海阔、黄丽云、李和帅、曹红星、刘立云、吴翼、陈良秋、董志国、周焕起	海南槟榔本地农家种	2010013	海南省农作物品种审定委员会认定	中国热带农业科学院椰子研究所	有
5	"文椰2号"椰子	全国审定	2013年7月1日	中国热带农业科学院椰子研究所	赵松林、李和帅、马子龙、范海阔、唐龙祥、毛祖舜、覃伟权、吴多扬、刘立云、黄丽云	国外引进的黄矮品系	热品审2013006	全国热带作物品种审定委员会	中国热带农业科学院椰子研究所	有
6	"文椰4号"椰子	全国审定	2014年6月30日	中国热带农业科学院椰子研究所	赵松林、范海阔、马子龙、李和帅、刘蕊、孙程旭、覃伟权、唐龙祥、吴多扬、刘立云	东南亚引进的香水椰子实生苗	热品审2014008	全国热带作物品种审定委员会	中国热带农业科学院椰子研究所	有
7	"热研1号"槟榔	全国审定	2014年6月30日	中国热带农业科学院椰子研究所	范海阔、黄丽云、刘立云、覃伟权、李和帅、赵松林、曹红星、吴翼、陈良秋、董志国	海南槟榔本地农家种	热品审2014011	全国热带作物品种审定委员会	中国热带农业科学院椰子研究所	有
8	"文椰5号"椰子	海南省认定	2018年2月5日	中国热带农业科学院椰子研究所	孙程旭、范海阔、曹红星、张军	海南单株变异	琼R-ETS-CN-001-2017	海南省林木品种审定委员会	中国热带农业科学院椰子研究所	有
9	"文椰6号"椰子	海南省认定	2018年2月5日	中国热带农业科学院椰子研究所	孙程旭、范海阔、张军、刘蕊	海南单株变异	琼R-ETS-CN-002-2017	海南省林木品种审定委员会	中国热带农业科学院椰子研究所	有
10	"热研1号"油茶	海南省认定	2018年2月5日	中国热带农业科学院椰子研究所	陈良秋、贾效成、付登强、刘小玉、杨伟波、余凤玉、赵志浩、李艳	海南本地筛选的优良无性系	琼R-SC-C0-004-2017	海南省林木品种审定委员会	中国热带农业科学院椰子研究所	有
11	"热研2号"油茶	海南省认定	2018年2月5日	中国热带农业科学院椰子研究所	贾效成、陈良秋、付登强、刘小玉、杨伟波、余凤玉、赵志浩、黄丽云	海南本地筛选的优良无性系	琼R-SC-C0-005-2017	海南省林木品种审定委员会	中国热带农业科学院椰子研究所	有

第六节　主要科技成果介绍

一、椰子种质资源的收集、保存、评价与创新利用研究

获奖类型和级别：海南省科学技术进步奖一等奖

获奖时间：2010年

主要完成单位： 中国热带农业科学院椰子研究所等

主要完成人： 赵松林　范海阔　周焕起　唐龙祥　黄丽云　吴多扬　吴翼　马子龙　覃伟权　曹红星　李和帅　刘蕊　邱小强　刘立云　王萍　陈良秋　冯美利　余凤玉　李朝绪　许小妹　陈思婷　张军　牛启祥　毛祖舜　邱维美　徐月发　曾宪松　周世叶

成果简介： 本项目主要收集我国本地椰子资源和引进国外优良种质，并对其进行共性和个性研究，孢粉学、分子生物学鉴定和评价。在此基础上利用优良种质进行育种研究，改变我国椰子种质尤其是优良、高产、早熟、抗性种匮乏的面貌；充分发挥本地优良品种的优势，选育适合我国气候特征的品种，从而为我国椰子产业的发展提供有力支持。通过引进优良新品种黄矮、红矮、马哇和越南高种椰子，已在文昌、琼海、陵水、三亚、东方、儋州、海口等市县广泛推广应用，累及推广面积8万多亩，年产果可达1.2亿个；通过项目选育的优良新品种"文椰2号""文椰3号"，已在海南文昌、陵水、万宁等地推广应用，累计推广面积2万多亩，投产后年产椰果可达3 600万个，创利润4 800万元以上。预计未来5年可继续扩大推广面积至10万亩，实现年产果1.8亿个，创造利润2.4亿元以上。

二、椰衣栽培介质产品开发关键技术研究、示范与推广

获奖类型和级别： 农业部全国农牧渔业丰收奖一等奖

获奖时间： 2013年

主要完成单位： 中国热带农业科学院椰子研究所等

主要完成人： 陈卫军　孙程旭　冯美利　陈华　赵松林　刘立云　范海阔　周文忠　唐跃东　符之学　林道迁　戴俊　朱杰　孙令福　颜广弟　陈美　曹琼坚　魏英智　杨皇清　翁书旭　周妖艳　符史廉　王玮　黄史桐

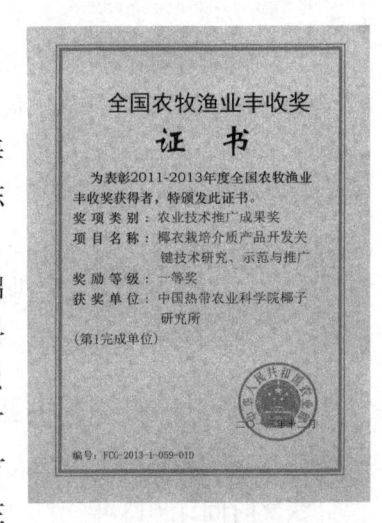

成果简介： 本成果是在椰衣栽培介质产品开发关键技术研究的基础上，对应用椰衣栽培介质和除酸技术工艺进行示范与推广。主要采取"科研院所＋政府部门＋企业（农户）"的方式，由科研院所与企业技术人员对椰衣栽培介质产品和关键技术进行研究，然后通过地方政府科技推广部门和生产企业协助建立示范点，采用生产示范、辐射推广相结合的方式，同时通过技术培训、发放技术资料等方式进行推广。项目承担单位在2010—2012年椰衣介质育苗取得的经济效益为8 321万元；椰衣介质哈密瓜、蔬菜类栽培取得的经济效益分别是3 472.49 安远、3 009.39万元；椰衣介质兰花栽培取得的经济效益14 598.92万元；其他综合经济效益33 429.86万元。椰衣介质的应用，不仅仅实现了资源的最大利用，节约了不可再生资源，保护生态环境，并且大大提高了工作效率和农户的收入，极大地调动了农户和企业的积极性。

三、重要入侵害虫红棕象甲防控基础与关键技术研究及应用

获奖类型和级别： 海南省科学技术进步奖一等奖

获奖时间： 2013年

主要完成单位： 中国热带农业科学院椰子研究所等

主要完成人： 覃伟权　阎伟　黄山春　李朝绪　刘丽　马子龙　王谨　彭正强　林志平　王志政

成果简介： 本项目针对重大入侵害虫红棕象甲猖獗为害的严峻形

势，项目组揭示了红棕象甲生物学、生态学特性，构建了发生量预测模型；突破了红棕象甲人工饲养难题，研发出声音早期探测技术、害虫行为调节技术、化学应用急除治疗技术和生物防治技术4项关键技术；集成了红棕象甲持续控制技术体系，并在海南及我国热区5省棕榈植物种植区推广应用，推广面积累及64.65万亩次，研制的红棕象甲引诱剂销售到全国8个省份及中东3国。

四、高产早结优良椰子新品种的引进与推广利用

获奖类型和级别：农业部全国农牧渔业丰收奖二等奖

获奖时间：2010年

主要完成单位：中国热带农业科学院椰子研究所

主要完成人：赵松林　马子龙　范海阔　符之学　杨皇清　孙多菊　刘立云　陈德政　牛启祥　张延菊　唐龙祥　王燕　陈良秋　朱宏　吴多扬　岑彩霞　黄春　陈豪军　许环能　张家郡　周文忠　蔡勤权　黎运雄　孙令福

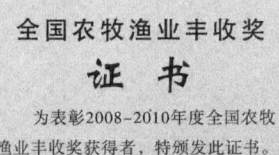

成果简介：经过30多年的研究，项目承担单位从东南亚引进高产早结矮种椰子新品种"马来亚黄矮""马来亚红矮""香水椰子"，并在我国开展试种工作；选择培育了具有自主知识产权的高产早结椰子新品种"文椰2号""文椰3号"；集成椰子丰产栽培技术，采用"科研机构+政府+农户"和"科研机构+企业+农户"的模式，通过技术咨询、技术专题讲座、宣传画册、多媒体广告、科教片等多种方式培训椰农，在全国椰子种植区辐射推广文椰系列新品种及配套栽培技术10多万亩，覆盖整个椰子种植区，实现种植区平均每亩增产186.37%，每亩经济效益提高3 960.47元。

项目成果填补了国内空白，达到国际领先水平，对于提高我国椰子产量、提高农民收入水平、缓解社会矛盾，促进社会繁荣有着重要作用。同时还丰富了物种种类，对于椰子防风林的构筑和农业生态系统的维护有着重大的意义。

五、椰子种质资源创新与新品种培育

获奖类型和级别：中华农业科技奖二等奖

获奖时间：2013年

主要完成单位：中国热带农业科学院椰子研究所等

主要完成人：赵松林　唐龙祥　覃伟权　李和帅　范海阔　黄丽云　曹红星　吴多扬　刘立云　王萍　刘蕊　吴翼　马子龙　周焕起　冯美利　陈思婷　张军　董志国　龙翊岚　牛启祥

成果简介：项目承担单位历时30年，对椰子种质资源进行了全面的调查、收集、保存和评价的研究。已保存椰子种质资源163份。进行了种质离体保存、DNA保存等安全保存体系的研究及分类评价，从中筛选出高产种质15份、早结种质9份、抗寒种质5份、抗风种质10份，开发了具有自主知识产权的椰子分子标记。开展种质创新与新品种选育研究，获得育种中间材料12份，选育出"文椰78F$_1$""文椰2号""文椰3号"和"文椰4号"4个优良新品种，已经通过了海南省农作物品种审定委员会及相关机构的认定。研发了椰子新品种配套栽培技术。同时，针对低产园面积大、效益低的实际，研究形成了以科学施肥、病虫害防控等为核心的低产椰园改

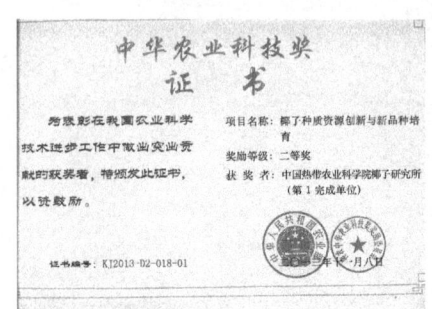

造技术，明显提高了低产椰园的经济效益及椰农的收入。累计推广面积 25 万亩，占椰子种植面积的 1/3 以上，其中 2008—2009 年累计推广面积 6 万多亩。制定行业及地方标准 5 项及技术规范 3 项，发表论文 66 篇，出版著作 7 部，获授权发明专利 1 项，录制椰子丰产栽培科教片 1 部，培养硕士研究生 22 名。

六、槟榔贮藏加工特性研究与产业化应用

获奖类型和级别： 海南省科学技术进步奖二等奖

获奖时间： 2014 年

主要完成单位： 中国热带农业科学院椰子研究所等

主要完成人： 陈卫军 吉建邦 黄玉林 潘永贵 曾海东 蔡正学 赵松林 宋菲 康效宁 唐敏敏

成果简介： 本项目在明确槟榔采后生理特性、主要病害及功能活性的基础上，构建了槟榔保鲜关键技术体系。鉴定了槟榔贮藏期炭疽菌、青霉菌和镰刀菌等主要病原菌，明确了槟榔果实采后品质劣变的机理，确定了槟榔涂膜保鲜剂和气调贮藏的最佳工艺，贮藏期由 7 天延长到 40 天以上。明确了槟榔抗疲劳活性机理，开发了槟榔含片等专利产品。研究了槟榔果实不同部位槟榔碱含量的差异，优化了槟榔碱和多酚的提取工艺，确定了毛细管电泳分离槟榔多酚的条件，明确了槟榔多酚抗运动疲劳活性以及槟榔碱的抗精神疲劳活性，并开发了槟榔含片等相关产品。阐明了槟榔次碱诱导口腔细胞 DNA 损伤的活性氧产生机制，为减小槟榔产品损伤口腔细胞指明了方向。明确了槟榔次碱只有在碱性和二价铜离子共同存在的前提下才会产生活性氧并导致 DNA 的断裂，研究结果为槟榔产品的研发提供了新的思路，推动了槟榔传统煤炉干燥向蒸汽烘烤技术的升级。开发了具有自主知识产权的槟榔鲜果蒸汽烘烤炉，使烘烤成本降低了 32%。率先开展了白果槟榔的生产加工，引导槟榔产品的升级换代。白果槟榔杜绝了烟熏时有害物质的产生，提升了槟榔产品的质量安全，也从市场角度引导了槟榔新型烘烤技术的推广。

七、马来亚黄、红矮椰子种植示范推广

获奖类型和级别： 海南省科学技术成果转化奖二等奖

获奖时间： 2008 年

主要完成单位： 中国热带农业科学院椰子研究所

主要完成人： 马子龙 刘立云 王必尊 罗章奉 覃伟权 冯美利 王萍 董志国 李杰 韩涛 曾齐 王康佳 唐龙祥 李和帅 韩超文 陈东良 陈德政 罗宏伟 邓崇海

成果简介： 在我国首次将红、黄矮种椰子作为一种水果来种植推广，对推广种质苗进行高标准的管理，种质的种苗成活率达到 93.6% 以上，定植后表现出了早产的特性（3~4 年就开花结果），稳产后的椰树年平均产量达 114 个以上，每亩产果量达到 2 054 个以上，果型、色美观，果实品质优良，市场销售良好。对从推广栽培种植 3 000 多亩的黄、红矮进行技术跟踪服务，推广了多项配套的栽培技术措施，使得前期推广的椰子陆续进入投产，获得了良好的经济效益，每亩年产值达到 4 000 元以上。其中 2004 年获得 1 322 万元产值，2005 年获得 1 411 万元的产值，2006 年获得 1 126 万元的产值，2007 年获得 1 557 万元的产值，2004—2007 年共获得 5 416 万元的产值。

八、椰园种养生态模式构建研究、示范和推广应用

获奖类型和级别： 海南省科学技术成果转化奖二等奖

获奖时间： 2011 年

主要完成单位： 中国热带农业科学院椰子研究所等

主要完成人： 刘立云　陈思婷　王萍　李艳　冯美利　覃伟权　董志国　唐龙祥　李杰　杨伟波　孙程旭　符策谋　陈东良　陈德政　邓崇海　罗宏伟

成果简介： 项目通过在椰园进行 16 种牧草品种筛选与适应性试验，并在椰园开展间种西瓜、番木瓜、菠萝等瓜果研究，形成了椰园间种瓜果特有的技术规程，即达到高产优质的目的，又降低椰园的管理成本，保水增肥；通过构建椰园种-养复合生态模式，并进行了生产力、养殖承载量、养分循环利用、经济效益的量化研究，改良了土壤、培肥了地力、节约了成本，提高了椰子产量、增加了农畜产品收入；在积累了多年的椰园种养技术研究成果的基础上，在海南椰子主产区的多个市县，构建了不同模式的示范基地，并利用辐射带动效应，通过发放印刷材料、多媒体及先进的网络手段，推广椰园复合经营模式，使得我国大面积的椰园土地利用率和经济效益达到了国际领先水平，在非洲部分国家推广应用，获得了良好的国际影响力。2008—2010 年期间累及推广面积达 65 571 亩，获得产值 40 252 万元，其中纯收益 11 819 万元。

九、高产早结鲜食椰子新品种文椰 2 号的培育与推广利用

获奖类型和级别： 海南省科学技术成果转化奖二等奖

获奖时间： 2012 年

主要完成单位： 中国热带农业科学院椰子研究所等

主要完成人： 赵松林　范海阔　吴翼　覃伟权　马子龙　唐龙祥　刘立云　黄丽云　曹红星　吴多扬　牛启祥

成果简介： "文椰 2 号"是中国热带农业科学院椰子研究所从马来亚黄矮中选育而成，该品种的选育成功填补了我国矮化、高产、早熟椰子新品种的空白。经过科研院所、政府或生产企业、农户共同协作，经中试与示范后大面积推广利用。该新种推广利用后，促进新品种更新换代，提高了单位面积的产量和经济效益，增强了我国椰子产业的国际竞争力，调动农民积极性和增加农民收入，为我国椰子产业可持续发展产生了重大而深远的影响。在海南、云南和广西建立 13 个示范点，共 6 484 亩，通过梳理样板，结合科技入户和现场指导，逐步在我国椰子种植区推广，在海南的文昌清澜、琼海谭门、万宁兴隆、云南西双版纳州等椰子主产区，推广面积大 12 800 万亩，涉及农户 300 多户。示范区和推广地区已投产面积 5 040 亩，平均年产果量 118 个/株，亩产量 2 100 多个，每亩每年直接经济效益达 6 000 多元，示范区和推广区每年实现直接经济效益高达 3 315 万元，今后若全面投产，经济效益更高。

十、椰衣栽培介质产品开发及综合利用研究

获奖类型和级别： 海南省科学技术成果转化奖二等奖

获奖时间： 2013 年

主要完成单位： 中国热带农业科学院椰子研究所等

主要完成人： 陈卫军　朱国鹏　孙程旭　冯美利　刘立云　唐跃东　李新菊　陈华

成果简介： 针对海南椰子副产物利用还停留在粗加工、整体科技含量低，产品附加值低的水平，海南椰子加工企业还存在规模小、产品加工的机械化水平低、加工工艺老化等问题，导致经济效益及资源利用率没有充分发挥，通过科学研究开展椰衣介质的调研、理论测试、主要作物的产品测试与产品工艺技术的形成等研发过程，在对技术规程的整理和产品的规范前提下，积极开展企业、农户的技术服务等工作，广泛采用生产示范、辐射推广相结合的方式进行大面积的推广利用。本成果在2011—2012年共建立示范基地6个，推广椰子介质产品及应用技术十几项，经济效益达10 618.5万元，效果良好。

十一、以"全根苗技术"为核心的椰子种苗繁殖技术体系研究与推广利用

获奖类型和级别： 海南省科学技术成果转化奖二等奖／中华农业科技进步奖三等奖

获奖时间： 2014年／2015年

主要完成单位： 中国热带农业科学院椰子研究所等

主要完成人： 刘蕊　范海阔　张军　弓淑芳　黄丽云　曹红星　赵松林　唐龙祥　刘立云　孙程旭

成果简介： 本项目针对椰子种苗培育过程中存在的专业化程度不高以及由此造成的种果发芽率低、移栽成活率低、育苗时间长、育苗成本过高、种苗质量参差不齐等问题，主要对海南省椰子主栽品种育苗过程中的椰子种果选择、种果处理技术、播种方式等一系列椰子种果催芽技术开展研究；同时比较研究了不同育苗方式，提出了"全根苗技术"，该技术为椰子种苗繁殖技术不仅简便、容易掌握，能够大面积推广，还可提高了椰子种果发芽率，缩短了发芽时间，同时提高了种苗质量和移栽成活率，减少了育苗时间，大幅减低了育苗成本；所制定的椰子种果、种苗标准及种苗繁育技术规程，为种苗生产提供参考依据。目前已经在文昌、万宁、琼海等地建立"以全根苗技术为核心的椰子种苗繁殖技术体系"示范点10个，近3年采用该技术生产优质种苗450万株，新增经济效益1.09亿元。

十二、五种国外椰子优良品种的引进及适应性研究

获奖类型和级别： 海南省科学技术进步奖三等奖

获奖时间： 2007年

主要完成单位： 中国热带农业科学院椰子研究所

主要完成人： 赵松林　邱小强　龙翊岚　马子龙　覃伟权　范海阔　吴多扬　刘立云　牛启祥　韩联健　唐龙祥　王文壮等

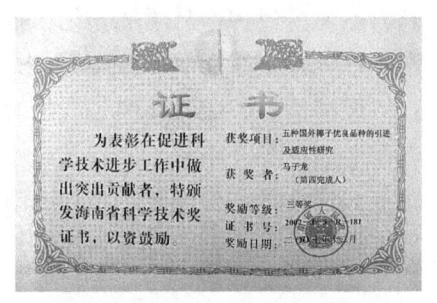

成果简介： 依托椰子研究所20多年前期研究，本项目技术水平达到世界椰子生产技术先进水平，比国内现有椰子产量提高2~3倍，培育的新品种具有抗风、抗寒特点，适宜我国热带边缘地区种植，可扩大我国椰子种植范围。引进椰子新品种杂交亲本种果和良果，包括马红矮、马黄矮、绿矮、马哇共37 000个，引进的椰子杂交亲本经过培育后可得到高纯度的优质苗越1.8万株，每亩种植14~15株，可建立1 200亩良种制种园。其中700亩种植在文昌市椰子研究所内，其余分别种植在儋州市、三亚市，到盛产稳定期年培育杂交果45万个，良种苗27万株，年可推广种植近20 000亩，良种椰苗按每株9元计算，年效益可达243万元，每亩年效益3 471元；引进马哇椰子杂交良种培育后可得优质种

苗 4 300 株，可种植 300 亩示范基地，按育苗成活率和养分供给科学预估 80% 开花结果，盛产期年产果 840 个，年平均毛利每亩 522 元。

十三、椰园种养高效模式研究

获奖类型和级别： 海南省科学技术进步奖三等奖

获奖时间： 2008 年

主要完成单位： 中国热带农业科学院椰子研究所

主要完成人： 覃伟权　刘立云　陈思婷　冯美利　唐龙祥　王萍　马子龙　赵松林　李杰　董志国　周焕起　韩超文

成果简介： 本成果分别开展了在椰子园内间套种牧草、西瓜、菠萝、番木瓜、长寿芹、可可与生态养鸡养羊等模式研究，研究椰园光照、水分、养分以及主间种作物的相互作用，研究椰园种养营养循环体系，提高椰园土地、空间、时间三维利用率，以获经济学上最佳种养效果。建立椰园间种、养殖示范基地 7 个约 2 175 亩，应用营养诊断、微肥调控技术，合理配方施肥，对贫瘠沙地、盐碱地、生理性病害等椰园进行改造，构建椰园多层栽培模式，解决幼龄椰园无效益和成龄椰园土地利用率低等问题。本成果技术成熟，适合在我国椰子种植区（海南、广东、云南）推广应用，技术安全实用，椰园实用种养高效模式及配套技术，使椰园间种最高经济收益达 51 039 元 / 公顷、椰园养殖每年获利 48 480 元 / 公顷；本成果共制定海南地方标准 4 个，出版专著 6 本，录制科教片 1 部，发表论文 30 篇，培养研究生 10 名。

十四、椰子花序汁液的采集与利用研究

获奖类型和级别： 海南省科学技术进步奖三等奖

获奖时间： 2009 年

主要完成单位： 中国热带农业科学院椰子研究所、国家重要热带作物工程技术研究中心

主要完成人： 陈华　赵松林　张木炎　李新菊　夏秋瑜　陈卫军　李瑞　郑亚军　徐兵强　马子龙　覃伟权　黄宇峰　辛波

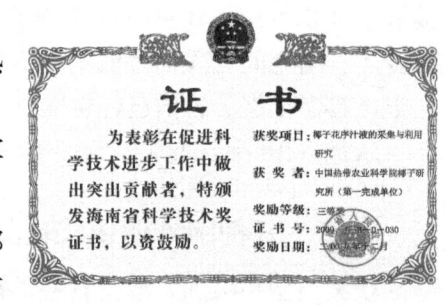

成果简介： 本项目主要开展椰花汁酒规范化采集方法研究和椰花汁采集示范园建设，通过研究新鲜椰花汁营养成分、微生物分布及自然发酵过程中品质的变化，解决了规模化椰花汁酒采集期间发酵产酸变质等问题，首次对椰花汁多酚提取物及其多糖的抗氧活性进行了评价，为椰花汁功能的开发提供了理论依据，确定了椰花汁液饮料、发酵酒、蒸馏酒和醋等产品的加工工艺，开发了椰花汁白酒、椰花汁果酒、椰花汁果醋和椰花汁饮料等系列产品，申请了专利 3 项，其中授权 2 项，制定 4 项产品标准。本成果的应用领域是种植业和加工业，适宜推广的地区主要在海南省椰子主产区，另外在椰子可正常开花不结果的广东、广西、云南等地可推广椰花汁采集技术，促进当地农民就业，配套技术成熟，推广转化后即可产生经济效益。

十五、椰子生产全程质量控制技术研究与应用

获奖类型和级别： 海南省科学技术进步奖三等奖

获奖时间： 2011 年

主要完成单位： 中国热带农业科学院椰子研究所等

主要完成人： 赵松林　陈华　陈卫军　夏秋瑜　范海阔　唐敏敏　覃伟权　曹红星　朱辉　孙程旭　马子龙　陈思婷　李朝绪　刘立云　李新菊　张木炎

成果简介： 本成果基本涵盖了椰子生产、产地环境、种果种苗繁育、栽培、病虫草害防治和加工技术规范发让那个各方面的标准，贯穿了椰子创业生产的产前、产中、产后全过程。首次制定和规范了椰子产地环境，种果选择、繁育基地建设、苗期管理、种苗采收等标准，简历了椰子优良种果种苗繁育技术体系，保障种果种苗的质量。首次制定和规范了椰子营养诊断与施肥、立体种养、检疫性有害生物的鉴定检测和主要病虫害的防治技术规程，建立高产栽培和病虫害综合防控的标准化管理技术体系，保障我国椰子安全生产和产业建行发展。首次规范了椰子浆、椰纤果、椰子油、食用椰干、椰子汁、椰子糖等产品标准，建立了椰子加工产品标准体系，提高椰子产业竞争力，保证了海南特色椰子产品质量安全，同时，合理利用技术准入门槛，抵御国外椰子产品的冲击。现已在整个椰子产业推广实施，广泛应用于椰子种植和产品加工企业、检验检疫中心、产品质量监督检验所（局）、海关等部门，规范了市场秩序。

十六、油棕高产、抗寒的生物学基础研究

获奖类型和级别： 海南省科学技术进步奖三等奖

获奖时间： 2015 年

主要完成单位： 中国热带农业科学院椰子研究所

主要完成人： 曹红星　杨耀东　肖勇　雷新涛　周丽霞　冯美利　王永　石鹏　刘艳菊　夏薇　张大鹏　李静　吴翼

成果简介： 我国油棕产业的发展面临高产和抗寒品种缺乏，育种周期长等关键问题，高产和耐寒性状的生物学基础研究不足严重限制了新品种的培育。针对以上问题本项目组通过对油棕鲜果产量性状多样性，产量相关基因的分子标记筛选，种子萌发和种苗标准规范进行的研究和相关分析，同时在生理生化、细胞生物和分子生物学等方面开展油棕低温应答的研究，以高通量与生物信息学分析相结合开展分子标记的开发和功能基因的挖掘，通过与高产抗寒相关性状的关联分析，来挖掘可用于分子辅助育种的分子标记，经过几年的系统研究和联合攻关，开发了 1 个与种壳厚薄相关基因的 SNP 分子标记，4 个与油酸、2 个与亚油酸以及 4 个与硬脂酸连锁的分子标记。制定了我国油棕种苗的标准。筛选出与抗寒密切相关的生理生化指标和解剖结构指标 5 个。通过比较转录组分析，开发了 5 个与耐寒相关的分子标记，揭示了油棕不同于温带植物的 CBF 介导的低温应答机制。本研究不仅丰富了高产和耐寒性状的生物学基础理论，开发了相关分子标记和指标，有利于对资源的高产和抗寒特性进行早期鉴定。本研究丰富了高产和耐寒性状的生物学基础理论，开发的 SNP 标记已用于 48 份油棕厚壳种和薄壳种的筛选，利用挖掘的油棕脂肪酸合成相关酶基因对 72 个油棕品系的群体结构进行分析，利用耐寒相关的生理生化指标和解剖结构指标用于评价 5 个油棕品系的耐寒性，利用开发的 SSR 标记评价已收集的 192 份资源的耐寒性。本项目成果的应用将大幅缩短高产抗寒品种的育种周期，为油棕高产、抗寒新品种的选育提供理论依据和技术支持，促进油棕产业的发展和食用油自给率的提高。

十七、高产早结矮化椰子新品种文椰 3 号的推广利用

获奖类型和级别： 海南省科学技术成果转化奖三等奖

获奖时间： 2016 年

主要完成单位： 中国热带农业科学院椰子研究所等

主要完成人： 范海阔　张军　李和帅　弓淑芳　周文忠　戴俊　刘蕊　孙程旭　符之学　林道迁

成果简介： 针对我国椰子主栽品种单一、新品种缺乏、农民种植椰子积极性不高等现状，以实现椰子良种化、促进椰子产业升级为总体目标，开展"文椰 3 号"椰子新品种培育和推广工作。在地方政府和相关科院院所及相关企业的大力支持下，新品种在椰子主产区推广 4 万多亩。近 3 年"文椰 3 号"示范点投产平均每亩 1 955.41 个鲜果椰子，相对海南本地高种每亩增产量为 1 319.93 个。鲜果椰子平均收购价 5 元/个，比海南本地高种高出 3.5 元，每亩直接毛收入达 9 722.05 元，比本地种每亩增产毛收入 8 828.81 元。已推广约 4 万亩"文椰 3 号"，全部投产后直接增产效益达 3.5 亿元。通过举办现场新品种观摩会 50 余次，培训班 86 次，累计培训农民 12 600 人，发放资料 15 万份，不仅推广了"文椰 3 号"新品种，提高了经济效益，而且传播了生产技术，培训了一批技术人员和农民，社会效益显著。

十八、槟榔重要害虫红脉穗螟无公害防治技术研究及利用

获奖类型和级别： 海南省科学技术成果转化奖三等奖

获奖时间： 2017 年

主要完成单位： 中国热带农业科学院椰子研究所，海南省林业科学研究所等

主要完成人： 钟宝珠　吕朝军　覃伟权　阎伟　钱军　张善学　黄山春　彭正强　马子龙　张敏

成果简介： 本成果明确了槟榔红脉穗螟在海南省的为害现状，在槟榔上主要为害花穗、果实及心叶，其中花穗受害最重，对产量影响也最大。槟榔植株受害率一般达 6.67%~56.67%，严重时达 60%~86.67%。明确了间种间养等农业措施会显著降低园区红脉穗螟种群数量。对槟榔园红脉穗螟的天敌资源进行了整理，获得红脉穗螟本土天敌种类 27 种，获得一套天敌垫跗螋的饲养方法，明确了垫跗螋对红脉穗螟的捕食功能和释放技术；阐明了垫跗螋、绿僵菌对红脉穗螟的生物活性和田间控制作用。获得对红脉穗螟具有防治潜力的植物提取物 3 种：青葙甲醇提取物、薇甘菊三氯甲烷提取物及飞机草乙酸乙酯提取物。筛选出植物源杀虫剂 4 种，昆虫核多角体病毒 3 种，探索了垫跗螋与其他生物防治因子的联合使用技术，在使用生物源药剂、植物提取物等后合理释放垫跗螋，可显著提高对红脉穗螟的田间防治效果。研制出针对红脉穗螟幼虫的驱避剂、复配混合物配方和针对成虫的产卵忌避组合物，在红脉穗螟的无公害防治方面拥有独立的知识产权。在全省农林相关部门举办红脉穗螟防治培训班 20 余次，培训技术人员 4 245 人次，累计推广面积 6.6572 万亩次，发放宣传册 10 980 余份，提高了技术人员和槟榔种植户对红脉穗螟的认识和防治水平。

本项目所形成的槟榔重要红脉穗螟无公害防治技术，对于控制红脉穗螟为害，提高种植户的收入具有较高的指导意义，同时获得的防治方法不会对生态环境造成为害，具有较好的经济效益和生态社会效益。

第四章
科技服务与成果转化

第一节 科技服务

椰子研究所应国家战略而生,为百姓生产而战。在开展建华山样板田建设时,椰子研究组总结并推广了椰农改造老椰园的"五养"经验。1965年9月5—8日,海南行署在东郊公社召开椰子生产现场会,椰子研究组作为样板组报告推广了"椰子生产技术措施",提出了留种、育苗和管理技术规程,为广大农户留种、育苗和管理提供了规范的技术规程。建站后,椰子试验站组织全所职工将作物栽培技术、病虫害防治方法等技术及时推广到广大农户手中。

近年来,椰子研究所秉承"科技为民,精准扶贫,共同发展"的理念,以科技"110"椰子服务站为平台,通过电视、微信、电话等方式,为我国热带地区从事棕榈作物种植农户提供椰子、槟榔等良种良苗及丰产栽培、病虫害防治、产品加工等技术服务,为热带棕榈作物产业发展和农民增产增收提供科技支撑。

自2010年成立科技"110"椰子服务站以来,椰子研究所共派出科技人员1 200多人次从事科技下乡活动,举办了52期技术指导与新品种推广培训班,参加培训的农户和科技人员达3 000多人,发放科技资料达9万多册。服务范围覆盖了海南全岛、广东、云南、四川和福建等地。

一、近年科技服务与科普教育纪实

2016年2月17—19日,覃伟权、林浩、唐龙祥、阎伟、范海阔5人赴热科院试验场马宿队和昌江县考察春节期间来袭的椰子树寒害情况。

2016年3月,椰子研究所与院监审室共同邀请马宿队职工来椰子研究所进行实地考察,马宿队职工在椰子研究所覃伟权副所长及相关职能部门领导的带领下参观椰子研究所半岛基地的槟榔园、椰林养鸡、椰林养羊等示范园。

2016年5月3日,应海南省第一中级人民法院委托,林浩、刘立云、唐龙祥和牛启祥在法院人员的引导下到文昌市文城镇燎原村委会溪田村对涉案的51棵椰子树进行树龄鉴定,为法院做出最后仲裁提供了有效依据。

2016年5月5日,文昌市第十二届科技活动月开幕式暨科普大集在人民公园举行,覃伟权、林浩、李和帅、林江虹、余凤玉和刘

小玉参加了此次活动，覃伟权副所长代表文昌市科技人员讲话。

2016年5月5日，三亚热作中心组织生产一线农技人员一行60多人次来椰子研究所"取经"。培训课上，槟榔专家刘立云研究员重点讲授了槟榔种苗繁育、建园、整地、定植、田间管理、保花保果的栽培管理技术和槟榔黄化病、细菌性梢腐病的病虫害技术；椰子专家张军介绍了椰子的类型、品种和用途，简明扼要地讲解了椰子示范园的建设、种植、病虫防治技术。课后，参训人员到椰子研究所椰子、槟榔丰产示范基地，专家们现场讲解栽培管理技术。

2016年5月6日，海南省第十二届科技活动月开幕式在海口市海南省图书馆举行，陈刚、林浩、张军、杨晓蓉、余凤玉和刘小玉参加了开幕式，展出了椰子新品种、槟榔苗、椰子油、花生油、油茶油与手工皂等产品。产品种类丰富，获得院领导与省科技部门领导的关注。

2016年5月10日，覃伟权、阎伟、张军等5名人员赴昌江县与儋州市参加由县科工信局组织的科技活动月开幕式与科普大集活动，下发各类科技宣传资料4 000多份，宣传了椰子研究所新椰子槟榔品种、椰子栽培与管理知识。

2016年5月12日，林浩、李朝绪赴文昌人民公园参加由文昌市科工信局、地震局组织的科技下乡活动，下发各类科技宣传资料4 000多份，宣传了椰子槟榔新品种、椰子栽培与管理知识，并为文昌的椰农义务诊治椰子。

2016年5月13日，林浩、张建国赴文昌锦山镇参加由文昌市科工信局组织的科技下乡活动，下发各类科技宣传资料3 000多份，宣传了椰子槟榔新品种、椰子栽培与管理知识，为文昌的椰农义务诊治椰子。

2016年5月18日，林浩、陈华、陈良秋赴文昌抱罗镇参加由文昌市科工信局组织的科技下乡活动，下发各类科技宣传资料3 000多份，宣传了椰子槟榔新品种、椰子栽培与管理知识，并为文昌的椰农义务诊治椰子。

2016年5月20—22日，椰子研究所受海南省林业厅邀请，参加中国海南第七届（屯昌）农博会。成果转化办副主任杨伟波介绍了椰子研究所在热带木本油料及槟榔等方面取得的最新科技成果。

2016年5月23日，油茶研究室与生生元发展有限公司合作在琼海新建油茶示范基地正式挂牌成立，该基地占地2 000多亩，为海南省2016年重点建设项目之一，争取项目经费15万元。

2016年5月31日上午，《椰子示范园委托管理协议》签约仪式在昌江黎族自治县十月田镇政府举行，覃伟权副所长和冯本俊镇长分别代表双方在协议书上签字。根据协议，椰子研究所将定期派出科研人员赴昌江十月田镇指导占地260亩的椰子示范园的管理。

2016年6月29日，椰子研究所按照与昌江黎族自治县十月田镇签订的椰子示范园委托管理协议，撰写了项目实施方案，派出第一批专家赴昌江指导十月田镇椰子示范园的生产与管理工作，正式开始履行椰子示范园委托管理协议。

2016年7月，椰子研究所出台服务三农管理办法，将服务三农工作与工资效益挂钩，并明确了服务三农的计分方式、办事程序与原则。

2016年7月，椰子研究所赠送150株新品种椰子到热科院试验场马宿队，椰林养鸡项目正式启动。

2016年8月19日，热科院召集服务三农的相关部门商讨海口市大致坡良坡村建设方案，成立了项目专家组，范海阔、陈良秋为专家组成员。

2016年8月22日，付登强、林浩赴海口市大致坡良坡村参加热科院新建科技助农示范点规划现场会。经磋商，由椰子研究所向示范点将提供椰子苗、槟榔苗、油棕苗，并管理村中已种的60亩油茶、间种的花生。

2017年2月8日上午，全国粮油标准化技术委员会油料及油脂分技术委员会主任、武汉轻工大学教授何东平、中国农业技术经济促进会副会长冯纪福与椰子研究所陈华一行，在洋浦椰泽坊生物科技有限公司总经理周福琼的陪同下，到洋浦保税港区"中国—东盟椰子产业园"考察，了解椰子产业情况，就椰子油行业标准的起草进行前期调研。

2017年2月16日，李朝绪前往文昌市清澜镇后田村为村民林志湾抢救大量将死的椰树，共计240余株。

2017年2月16日，覃伟权、范海阔、林浩、徐月发赴热科院试验场指导20亩矮种椰子示范园与400亩槟榔种植园（已种约80亩）种植。

2017年2月16日，覃伟权、范海阔、林浩、徐月发等一行6人在昌江县林业部门干部的陪同下前往昌江海尾镇五联村进行椰子种苗鉴定。专家组一致认定，村民谢壮强种下的的确是槟榔苗，并非金椰子苗。"直播海南""热线海南"等栏目组先后就此事做了多期报道。

2017年2月17日，椰子研究所派出专家组6人赴昌江十月田镇巡查矮种椰子示范园管理情况，并为一农户鉴别网上购买的椰苗真伪情况。检查工作结束后，钟宝珠、黄山春作了在椰子研究所昌江病虫害调查项目汇报，项目得到专家的首肯，顺利结题。

2017年2月22日，应文昌市文城镇政府的邀请，林浩、牛启祥前往文城镇南阳村委会进行调研，并与文昌市航天育种基地、兰花基地、文城镇镇领导、市农业局、热作中心等相关单位共同探讨在南阳村打造美丽乡村实施方案。椰子研究所将负责改造南阳村低产槟榔园，相关费用由市政府提供。

2017年2月25日，李朝绪、孙程旭到翁田为农民现场诊断椰园问题，从栽培到病虫害方面为农民把关。

2017年3月24日，林浩、牛启祥到大致坡科技帮扶点——良坡村补种大苗椰子12株，新种本地种与黄椰杂交种45株。至此，椰子研究所在大致坡科技帮扶点——良坡村共种椰子363株、槟榔20株、油棕12株。

2017年3月27日，王富有所长到热科院试验场检查椰子、槟榔种苗生长情况，看望挂职人员，试验场范培福等陪同。

2017年4月18日，范海阔、董志国前往文昌市冯坡镇，帮助农户发展椰子种植，对椰子种植地块规划进行了指导。

2017年5月5日，昌江县第十三届科技活动月开幕，覃伟权、林浩、陈思婷、阎伟、李和帅等6人参加了在昌江职业教育中心举办的开幕式。覃伟权副所长向昌江县领导介绍了椰子研究所选育的矮化新品种椰子。科普大集上，椰子研究所共展出10多个科技新产品，发放科技资料2 000多份。

2017年5月8日，海南省第十三届科技活动月开幕式在椰子研究所椰子大观园举行，省政协副主席、科技厅厅长史贻云和热科院院长王庆煌出席开幕式并致辞。省科普工作领导小组成员单位的领导、高等院校、科研院所有关领导和部分市县领导出席了开幕式。

2017年5月9日，范海阔、吴翼、董志国前往文昌市冯坡镇，帮助冯坡镇白茅村农发展椰子种植。

2017年5月10日，唐龙祥赴陵水县参加陵水科技活动月开幕式暨科普大集。

2017年6月13日，唐龙祥、董志国前往海口市三江农场及文昌市罗豆农场等地，对海水倒灌农地种植椰子进行了规划，帮助当地农民种植椰子。

2017年6月7—9日，吕朝军与海南省农业厅土壤肥料研究所肖彤斌副所长、海南省农科院潘飞副研究员、陵水黎族自治县休闲农业发展局王宜跃局长等一行，一起对陵水黎族自治县三马林村符文清的槟榔黄化病防治示范基地进行了现场指导，介绍了化学防治、物理防治、农业治理等措施为一体的综合防治技术，针对现场发生的椰心叶甲、槟榔叶斑病、红脉穗螟等害虫提出了相应的防治措施。

2017年8月24日,陈良秋、贾效成、赵志浩赴五指山市南圣镇进行油茶栽培技术推广,就油茶栽培过程中出现的问题与当地农民进行沟通,针对栽培过程中出现的徒长枝、产量低的现象提出相应的栽培措施。

2017年,科技"110"椰子服务站负责人林浩荣获"全国科技使者进社区先进"称号。

2018年1月19日,椰子研究所派出李朝绪、林浩赴南阳镇指导农户进行椰子生产。

2018年1月23日,北京京源学校的59名师生来到椰子研究所游学,开展了"土壤类型辨别与肥料酸度测量法""热带果树花木嫁接与修剪技术""椰子手工皂制作""昆虫病原线虫培养""病原菌分离与培养观察"和"椰子饮料制作"等6个小实验。午后,阎伟作了"我与虫子有个约会"的报告。

2018年3月21—24日,阎伟、龙翊岚受东方市林业局邀请,前往东方市林区开展科技咨询与服务活动,对东方市林业有害生物及森林抚育过程中遇到的病虫害问题给予解答。

2018年2月23—24日,植保研究室科技人员分别到琼海椰林镇、三亚海棠镇设立红棕象甲象甲综合防治示范点,主要展示红棕象甲成虫诱捕技术、红棕象甲绿僵菌防控技术和红棕象甲早期为害诊断技术,为红棕象甲综合防治技术进一步推广提供田间服务窗口。

2018年3月27—31日,李朝绪、龙翊岚到屯昌管辖区内的乡镇开展寄生蜂防治椰心叶甲为害的推广培训工作。

2018年3月28—29日,黄山春到文昌各乡镇开展椰心叶甲为害情况调查。弄清椰心叶甲在文昌各乡镇的为害情况,为利用椰心叶甲寄生蜂防治椰心叶甲提供依据。

2018年3月30日,椰子研究所与文昌中学签署科技活动合作协议,开启所校合作新模式。文昌中学校长潘正怀、文昌市科协主席陈明杨、椰子研究所副所长覃伟权、陈刚出席了合作协议签字仪式。

2018年4月9日,唐庆华前往文昌市清澜办事处潦原村委会溪田符村,帮助村民陈恩来防治椰子织蛾。

2018年5月4日,海南省第十四届科技活动月开幕式在儋州市鼎尚广场举行,本次科技活动月以"科技创新 强国富民"为主题,林浩等2人参加此次活动。

2018年5月7日,昌江县第十四届科技活动月开幕,本次科技活动月以"科技创新 强国富民"为主题,董志国、陈良秋、余凤玉、唐龙祥、冯美利、李和帅、张建国、秦海棠、沈晓君等参加此次活动。科普大集上,椰子研究所展出的新品种矮种椰子、化妆精油等10多个产品,发放资料700多份。

2018年5月14日,陈思婷、秦海棠、陈华参加文昌市东郊科普大集,椰子研究所展出的新品种矮种椰子、化妆精油等10多个产品,发放资料400多份。

2018年5月14日,牛晓庆、陈思婷受邀到海口台达高尔夫球会,查看5 000颗椰子树的病虫害情况。2位科技人员从化学防治、生物防治及栽培管理方面提出了相应的方案。

2018年5月15日,椰子研究所成立了"椰博士科技服务小分队"并举行了授旗仪式。赵瀛华书记出席参加授旗仪式,并将队旗授予科技服务队队长。

2018年5月15日,椰子研究所赵瀛华书记带领椰子研究所椰子中心"椰博士科技服务小分队"7人前往文昌市公坡镇椰子示范园指导科研生产。

2018年5月17日,陈良秋、林浩、贾永立、陈华参加文昌市科协在会文主办的科普大集,椰子研究所展出的化妆精油、椰子油和山柚油等10多个研发产品,发放资料500多份。

2018年5月18日，由海南省文昌市农业局主办，热科院培训中心和椰子研究所科技服务中心承办的文昌市新型职业农民培育工程——新型经营主体带头人培训班（南阳2班）在文城镇南群村委会举行结业仪式，参与培训的50多名学员顺利结业。

2018年5月18日，吴翼、董志国前往屯昌县参加农博会，展示了椰子研究所培育的"文椰2号""3号""4号"椰子新品种和椰子专用肥等，为前来咨询的农民朋友介绍椰子新品种的优良特性，发放椰子新品种和专用肥宣传资料200多份。

2018年5月30—31日，范海阔带领专家团与澄迈县、琼海市定安县农业局对接开展农业科技扶贫专家服务工作，指导当地农户椰子槟榔种植。

2018年6月6日，来自广州中学的120名师生来椰子研究所开展研学活动，活动内容包括棕榈课堂、昆虫讲座以及6个科普试验。

2018年7月25日，椰子研究所—文昌中学暑期研学活动启动仪式在椰子研究所举行，副所长陈刚与文昌中学团委书记朱晓锋出席启动仪式并致辞。指导专家、各研究室、办公室代表12人以及文昌中学24名师生与家长参加了启动仪式。

2018年8月7日，椰子研究所与文昌市科学技术协会联合承办的槟榔种植培技术培训班在文昌市蓬莱镇政府会议厅举行，接受培训的人员为蓬莱镇22个村72名槟榔种植户。培训内容包括槟榔育苗、幼苗管理、定植、施肥、灌溉与基本病虫害防治等多个方面。培训班由周焕起主讲。

2018年8月15日，由海南省椰子产业技术创新战略联盟主办的为期2天的"第三届椰子产业技术创新战略联盟年会"在海南省文昌市召开。文昌市副市长邓海闻、热科院副院长李开绵等领导出席会议。来自国内外科研机构和高等院校的专家及知名企业负责人100多人参加会议。

2018年8月16日，椰子产业技术创新战略联盟与印度尼西亚椰友协会签约仪式在海南省文昌市正式举行。王富有所长与印度尼西亚椰友协会主席Mawardln M.Simpala作为双方代表在合同上进行了签字。

2018年8月30日，韩轩、付登强、符海泉、李东霞、沈晓君同海南甘霖农业科技发展有限公司、海南天韵牧歌农业科技开发有限公司、海南水果岛三家企业洽谈合作事宜。

2018年9月1日，唐庆华应我院信息研究所邀请到三亚市育才生态区那受村、雅林村、青法村开展了槟榔病虫害防治技术培训。根据三亚市槟榔黄化、椰心叶甲发生严重的实际情况，此次培训重点介绍了槟榔黄化病、椰心叶甲、红脉穗螟、炭疽病等病虫害防治技术，同时根据村委会附近的槟榔园病虫害发生情况进行了田间防治技术讲解。

2018年9月2日，唐庆华到三亚市育才生态区青法村开展了槟榔病虫害防治技术培训。此次培训重点介绍了槟榔黄化病、椰心叶甲、红脉穗螟、炭疽病等病虫害防治技术。培训后随农户进行实地病虫害调查，并根据实际情况进行病虫害防治技术指导，此次培训约40名农民参加。

2018年9月7日，由儋州市农林科学院主办，院培训中心承办的"2017年儋州市新型职业农民培育工程新型农业经营主体带头人林下经济（兰洋镇）培训班"在儋州市兰洋镇举行，唐龙祥应邀参加该培训班授课，主要介绍椰子研究所椰子新品种及其配套栽培技术等。

2018年9月13日，唐庆华到和乐镇新田村委会开展了槟榔病虫害防治技术培训。此次培训重点介绍了植原体槟榔黄化病、椰心叶甲、红脉穗螟、炭疽病等病虫害防治技术，同时就近根据村委会附近的槟榔园内发生的槟榔炭疽病、细菌性叶斑病、病毒病以及椰心叶甲进行了田间防治技术讲解，并根据实际情况讲解了施肥技术，共培训新田村委会41名贫困人员。

2018年9月15日，唐庆华到和乐镇罗万村委会开展了槟榔种植及病虫害防治技术培训。针对和乐镇槟榔黄化情况相对较轻的现状，重点介绍了槟榔种植管理技术和椰心叶甲、红脉穗螟、炭疽病等病虫害防治技术，同时对化学防治中需要注意的安全问题进行了讲解，共培训罗湾村委会67名贫困人员。

2018年9月17日，陵水县10万亩香椰工程启动，县委书记麦正法书记带领四大班子领导及各局领导到场种植。范海阔到基地指导定植技术，椰子研究所为陵水10万亩香椰工程的技术指导和技术服务部门。

2018年9月18—21日，唐庆华与环植所马光昌应黎母山林场邀请与该林场3名专职测报、检疫工作人员组成专项调查组，开展了松树病虫害及其他林业有害生物专项调查。

2018年9月26—27日，刘立云、唐庆华应三亚市农业技术推广服务中心邀请，参与了"三亚市基层农民技术人员能力素质提升培训班"的授课。

2018年9月27日，吕朝军赴五指山开展"槟榔重要病虫害识别及防控技术"专题培训。此次培训采用室内理论教学以田间培训相结合的方式，提高了当地槟榔种植户对槟榔病虫害的认识，改变了种植槟榔过程中"靠天吃饭"的观念。

2019年1月10日，应海南省农业厅邀请，范海阔、张军前往海口市琼山区三门坡镇乐来村指导当地农户栽培新品种椰子。

2019年1月21日，派出刘蕊、李和帅、杨伟波等到文昌市文城镇清澜南海村委会防洪楼北面林地协助调查椰子树被砍伐案件。椰子研究所专家科学估算了涉案椰子树年龄，并出具了估算证明，协助清澜边防派出所解决了问题，受到了该派出所的感谢。

2019年1月24日，牛晓庆与海南省科技厅农村科技处处长陈建文、海南省高级人民法院审判委员会专职委员张柏桢、省高院谢雄军处长，参加了万宁市南桥镇新坡村槟榔科技扶贫工作启动会。椰子研究所和多元槟榔公司为新坡村槟榔贫困户提供了两车有机肥（微生物菌肥）和杀虫剂、杀菌剂、叶面肥及3台除草机，1台集成式高压喷枪打药机。椰子研究所科技人员为农户发放槟榔技术小册子、现场指导农户施肥、打药，以确保增强肥效药效。

2019年2月15日，北京青少年俱乐部到达椰子大观园，范海阔为40多名学生讲解热带作物知识。

二、近年技术培训纪实

2015年2月，刘立云在热科院试验场举办槟榔椰子生产管理技术培训班，参训学员97人，发放宣传手册450份。

2015年3月，朱辉、阎伟在五指山举办林业有害生物普查培训班，参训学员36人，发放宣传册120份。

2015年5月，范海阔、张军在琼中举办椰子新品种配套栽培技术培训班，参训学员120人。

2015年6月，刘蕊、贾永立在白沙青松乡举办益智种植技术培训班，参训学员44人，发放宣传手册190多份。

2015年9月，刘立云在椰子研究所举办槟榔丰产栽培技术培训班，参训学员36人，发放手册300册。

2015年9月，刘立云在文昌南阳镇举办槟榔丰产栽培技术培训班，参训学员70人，发放手册700册。

2016年2月，范海阔、张军在琼中举办椰子新品种配套栽培技术培训班，参训学员60人。

2016年3月，刘立云、林浩在文昌抱罗举办槟榔生产管理技术培训班，参训学员52人，发放宣传册120份。

2016年5月，刘立云、周焕起在文昌南联镇举办槟榔丰产栽培技术培训班，参训学员95人，发放宣传册400份。

2016年8月12日，刘立云在椰子研究所举办低产槟榔园改造技术培训班，参训学员39人，发放宣传册300份。

2016年8月24日，张军、刘立云在文昌抱罗举办热作栽培技术培训班，参训学员52人，发放手册208册。

2016年9月1日，张军在椰子研究所椰子丰产栽培技术培训班，参训学员37人，发放手册148册。

2016年9月6日，刘立云在椰子研究所举办"热研1号"槟榔培训班，参训学员40人，发放手册80册。

2016年9月12日，范海阔在椰子研究所举办"文椰4号"丰产栽培技术培训班，参训学员40人，发放手册120册。

2017年5月，范海阔在椰子研究所举办椰子新品种配套栽培技术，参训学员67人，发放资料67份。

2017年5月，张军在椰子研究所举办椰子新品种配套栽培技术，参训学员50人，发放资料50份。

2016年5月24日，朱辉、张大鹏在东方市天安乡举办槟榔丰产栽培技术培训班，参训学员330人，发放手册120册。

2017年6月22日，朱辉、张大鹏在东方市江边乡举办槟榔丰产栽培技术培训班，参训学员130人，发放手册400册。

2017年6月14日，范海阔在文昌冯坡村举办椰子丰产栽培技术培训班，参训学员50人，发放手册200册。

2017年6月24日，杨伟波在文昌冯坡村举办花生丰产栽培技术培训班，参训学员50人，发放手册200册。

2017年10月19日，张军在椰子研究所举办椰子新品种配套栽培技术培训班，学员来自文昌科技"110"服务站站长与椰子种植户共52人，发放宣传资料104册。

2018年9月，唐龙祥在海南儋州兰洋为林下经济培训班授课，参训学员50人，发放资料50份。

2018年3月，李朝绪、龙翊岚在屯昌举办椰心叶甲生物防控技术培训班，参训学员60人，发放资料60份。

2018年4月27日至5月11日，椰子研究所在文昌南阳镇承办新型经营主体带头人生产技术培训班，参训学员50人，发放手册120册。

2018年8月22日，周焕起、曹先梅在文昌蓬莱举办槟榔丰产栽培技术培训班，参训学员70人，发放手册140册。

2019年3月26日由文昌市农业电子商务协会及触点会商学院承办的"文昌市电子商务进农村综合示范县人才培训（第十六期）"在重兴镇镇政府会议室召开，孙程旭应邀参与，授课题目为"农业科技发展之热带农业发展的机遇"，参训人员30余人。

第二节 科技成果转化

近年来，椰子研究所一直以打破"重科研，轻开发"的观念、促进科研成果转化、完善科研成果开发体系建设为中心工作，认真探讨科技成果转化的新方法和新措施，围绕优良品种推广、标准化种苗培育、复合栽培技术、病虫害综合防控、农产品加工等热带油料及经济作物棕榈作物生产难点技术，打造了由科研院所、示范基地和培训班组成的一体化科技推广体系，结合"互联网+科技院所+企业"等形式，加速科技成果转化转移。截至目前，共获批科技成果转化项目18项，研发科技产品达28个，出版技术培训及服务手册 16 种。

一、成果转化管理

1. 制度建设

研究制定了《成果转化奖励管理办法》，根据实际情况及时修订完善，逐年加大成果转化奖励基数额度，极大地调动了全所科研人员及其他开发人员成果转化的积极性。同时，根据实际情况，制定实施了《种苗生产与销售管理办法》《成果转化办内部控制建设工作》《产品销售管理办法》《椰子研究所成果使用和产权交易管理办法》《椰子研究所成果确权管理办法》《品牌使用管理办法》《科技成果熟化与转移转化项目管理办法》等系列管理制度，进一步完善了椰子研究所成果转化的制度体系。

2. 成果转化项目库建设与管理

为加快椰子研究所科技成果转化和优势资源开发，加强开发项目顶层设计，做好项目申报储备，开发项目库以培育或集成重大成果转化项目为目标，按照成果转化类、产业引导类、招商合作开发类三个类型进行推荐。椰子研究所初步建立所级项目数据库 18 项，其中 6 项获批院本级科研业务费。

二、科研成果转化模式的探索及转化效益

（一）成果转化模式的探索

1. 新企业培育与合作

摸索实施了创建"科技开发公司"的企业营销模式，已通过专利、商标等知识产权作价入股与企业联合成立"海南雨林椰创科技开发有限公司""海南一品椰科农业科技有限公司""海南椰科实业有限公司"等多家公司，主要从事椰子种苗和鲜果销售、椰子产品加工及销售等工作。

2. 研发新产品

各研究室瞄准企业需求，开发椰子系列护肤品、茶油、油茶手工皂、油枯饼护发剂、花生油、椰子灵芝、椰子蘑菇等系列科技产品。

3. 品牌建设与宣传

借用海南省椰子产业创新联盟、"文昌椰子"等品牌，对接各椰子相关企业，宣传和推广利用椰子研究所"中国热带农业科学院椰子研究所""海南椰子产业创新联盟""博士工作站"等软平台和商誉对接企业，计划通过科技合作或挂牌等形式扩大联盟在椰子产业影响。另外，积极推进"海南省椰子产业知识产权联盟""文昌椰子协会"等筹建工作，为企业提供知识产权信息共享、沟通交流平台；建立企业保护自律机制及成员间的知识产权纠纷内部协调机制；推动相关院校、科研机构和产业上下游企业的联系与合作。近年来，椰子研究所积极参加深圳高交会、广西国际博览会、陵水种业博览会、北京推介会等成果宣传推介和展示 30 多次。

4. 综合开发所内资源

加强椰子研究所名誉和商标等无形资产以及土地资源等有形资产的开发与利用。启动椰子大观园沿街商铺、沿湖休闲度假、特色餐饮、特产店等配套项目招商工作，力争椰子大观园开发取得新突破。

（二）近五年成果转化效益

2014—2018年成果转化收入统计汇总如下。

单位：万元

年份	2014年	2015年	2016年	2017年	2018年
收入	554.02	630.14	731.47	915.76	1 235.11

（三）主推科技成果

1. 主推科技成果一览表

类别	名称
新品种培育	椰子优良新品种——文椰系列
	"热研1号"槟榔
	"热研1号"油茶
	"热研2号"油茶
良种良苗繁育技术	椰子优良种苗繁育技术
	油棕优良种苗繁育与规模化种植技术
丰产栽培技术	椰园种养高效模式的应用与推广
	椰子专用肥料伴侣
	槟榔系列专用肥
	基于椰子枯落叶为基料的灵芝栽培技术
病虫害防治技术	利用寄生蜂防治椰心叶甲
	红棕象甲综合防控关键技术
产品加工技术	新鲜椰肉保鲜技术
	椰子功能蛋白多肽和膳食纤维制备技术
	椰子水保鲜及加工技术
	一种同时生产天然椰子油和低脂椰子汁的方法
	椰子油系列产品开发
	双酶水解法制备天然茶枯护发膏

2. 主推科技成果介绍

（1）新品种推广。

1）椰子品种6个。培育出了我国第一个椰子杂交品种"文椰78F_1"，选育出了我国第一批矮化、高产、早结椰子新品种："文椰2号""文椰3号""文椰4号""文椰5号""文椰6号"。该系列品种具有果实颜色鲜艳、椰肉细腻、椰水清甜、具有怡人香气等特点，适合鲜食。该系列品种在海南旅游市场非常受欢迎，产品供不应求。

2）槟榔品种1个："热研1号槟榔"，表现为高产、稳产。果实主要特征为长椭圆形，经济价值高，品种综合性状优良。平均年产鲜果9.52 kg/株。该品种适宜在海南省全省范围内推广种植，可在云南西双版纳、河口等地试种，目前在海南的三亚、儋州、文昌、屯昌等地均有推广种植，推广应用效果较好。

3）油茶2个："热研1号油茶"是霜降籽品种，表现稳定、大果、丰产、稳产，抗逆能力强。进入盛果期以后，亩产油达60.89 kg。适宜在海南东北部、中部地区种植；"热研2号油茶"属霜降籽类型，每年每亩产鲜果可达957.47kg以上（鲜果含油率按5.5%计算），折合亩产油可达52.66kg。丰产、稳产，抗病性强。

（2）良种良苗繁育技术。

1）椰子优良种苗繁育技术。形成一整套以"全根苗"技术为核心的椰子优良种苗繁育体系，使种苗生长指标显著增加，该成果技术国内领先。适合在海南省各地进行推广。获得国家发明专利1项（ZL201410104319.9）。

2）油棕优良种苗繁育与规模化种植技术。对油棕杂交制种、种子催芽、种苗培育以及种苗标准等重要环节的关键技术进行集成，使油棕发芽率可达82%，发芽周期缩短了30天左右；规范了育苗袋和种苗质量等级。

（3）丰产栽培技术。

1）椰园种养高效模式的应用与推广。应用研究与生产推广紧密结合，通过生态化方式实现椰园低成本管理，土地、光等资源高效利用，通过种养结合的生态养殖方式，实现椰园复合系统的生态循环。项目实施已经在文昌建立示范基地，可在海南椰子主产区进行应用与推广，将集成幼龄和成龄椰园间作和养殖技术，以椰子种植企业和农民种养专业合作社为主要技术服务对象。

2）基于椰子枯落叶为基料的灵芝栽培技术。以椰子枯落叶为主要基料进行灵芝栽培以及后续的灵芝菌糠再利用等重要环节的关键技术进行集成，该技术不仅原材料成本低，而且灵芝子实体健壮、厚实，直径达15厘米以上，卖相好。

3）椰子专用肥伴侣。该产品根据椰子全生产周期养分需求，结合市场现有复合肥及有机肥主要营养元素配比情况，发明生产椰子专用肥伴侣（Ⅰ型、Ⅱ型、Ⅲ型、Ⅳ型），适用于不同椰子品种及各种土壤类型。该肥料伴侣配合施用可以有效补充椰子生长和产果所需的必要营养元素，解决椰子生长营养失衡问题，提高施肥有效性，增加椰子产量30%以上。

4）槟榔系列专用肥。槟榔系列专用肥（促花保果肥、壮果肥、苗期肥）是由椰子研究所槟榔研究室经过多年对土壤养分含量丰缺和槟榔养分需求的研究，结合已建立的测土配方施肥技术，开发出多种槟榔系列专用肥，包括槟榔苗期专用肥、槟榔促花保果专用肥和槟榔壮果专用肥。苗期专用肥可促进槟榔苗的健壮生长，提高槟榔苗的抗逆性和抗病虫害能力，为槟榔产量的提高奠定良好的基础；促花保果肥有利于提高槟榔树雌、雄花质量，提高坐果率，达到促花保果的目的；壮果肥可提高植株的抗病虫害能力，降低缺陷果率，稳定提高槟榔产量，产量可提高至原产量的30%~50%以上。槟榔系列专用肥适宜在海南全省槟榔种植户进行推广施用，目前在海南的万宁、文昌、三亚等地均有推广应用，推广应用效果较好。

（4）病虫害防治技术。

1）利用寄生蜂防治椰心叶甲技术。椰心叶甲是一种重大危险性外来有害生物，导致受灾区的椰子严重减产，利用椰甲截脉姬小蜂和椰心叶甲啮小蜂进行生物防治，取得了显著成效。目前，已在田间释放椰甲截脉姬小蜂20亿头，椰心叶甲啮小蜂12亿头。放蜂点分布我国南方多个省区。放蜂点普遍受害椰子长出了心叶，取得较好的防治效果。

2）红棕象甲综合防控关键技术。以红棕象甲种群防控为核心，开展了一系列系统深入研究，构建了发生量预测模型，精确度达95%，为该虫关键技术的研发奠定了坚实的科学基础。该成果在海南、广东、广西、福建、云南等省区陆续推广应用，示范推广面积达61.8万亩次，挽回经济损失1.81亿元，显著提升了对红棕象甲的整体防控能力和水平，有效地保护了棕榈植物的安全生产和生态环境。该成果获2013年海南省科学技术进步奖一等奖。

（5）产品加工技术。

1）新鲜椰肉保鲜技术。将新鲜椰肉加入保鲜剂溶液中进行高温热烫处理，取出沥干，然后装入经消毒后的包装中进行低温冷藏，冷藏温度2~8℃，能将新鲜椰肉品质保鲜至60天以上。解决了新鲜椰肉在贮藏过程中极易发生变质的问题，可将椰肉贮藏期由3天提升至2个月以上。该技术的突破，能够改变我国椰子的进口方式，使传统的进口椰子果改为进口新鲜椰肉，提升运输效率，降低我国椰肉的供应成本，具有广阔的市场前景。该技术已获国家发明专利（一种椰肉的保鲜方法 ZL201410151583.8）。

2）椰子功能蛋白多肽和膳食纤维制备技术。以膜分离、高速离心、二次沉淀等技术，从脱脂椰麸中制备椰椰子分离蛋白和膳食纤维，以椰子分离蛋白为原料，采用复合酶法、凝胶色谱分离技术制备和纯化椰子活性多肽，研究表明，水解度为14%~17.22%的椰子蛋白酶解物具有较好的抗氧化性，而分子量为22.5~31.2道尔顿的椰子多肽具有显著的体外降血压活性。

3）椰子水保鲜及加工技术。针对椰子水加工，已有成熟的天然椰子水色变和味变控制技术，掌握椰子水浓缩技术；开发了100%天然嫩椰子水饮料、100%天然老椰子水饮料、水果复合椰子水饮料和复原椰子水饮料等，保质期达12个月。

4）一种同时生产天然椰子油和低脂椰子汁的方法。取椰肉经磨碎、压榨、过滤得到椰奶，椰奶经离心分离得到浓缩椰浆和椰子乳清；浓缩椰浆离心分离为椰子油半成品和椰子乳清；椰子油半成品经真空干燥后得到天然椰子油成品；向椰子乳清中添加复合乳化剂、复合稳定剂、酸度调节剂、甜味剂和水，均质后经过灌装、高温灭菌，冷却至室温，得到低脂椰子汁成品。该技术操作简单，对设备要求低，生产效率高、产品质量高，通过对椰子汁加工工艺的改进，生产得到天然椰子油和低脂椰子汁，所得椰子汁脂肪含量低、蛋白质含量高、口感爽滑、保质期长。

5）椰子油系列产品开发。椰子油含有丰富的中短链脂肪酸和维生素E等，能对抗紫外线以及海水侵蚀的特征，保护皮肤免受伤害，可以防止20%左右的紫外线照射；具有良好的保湿能力；在唇部护理上也有着独特的功效。以此为基础，制备了以椰子油为主要成分的椰子油系列复方按摩精油。该系列产品分别添加玫瑰、葡萄柚、丝柏、杜松、栀子花等单方精油，具有保湿滋润、亮肤润色、紧实清透、柔肤净透功效。

6）双酶水解法制备天然茶枯护发膏。茶枯是油茶籽经榨油后的渣饼，是我国古代传统洗头用品，但因使用不方便、黏膜刺激性强等缺点，仅在油茶产区被使用。采用双酶水解法能有效降低茶枯残油含量和黏膜刺激性，增强清洁力和使用方便性，产品富含茶枯水解蛋白、茶皂素等，长期使用有杀菌、止痒、控油、去屑、修复受损发质的功效，还有明显的乌发、防脱发作用，是极佳的天然护发剂。

附：

中国热带农业科学院椰子研究所
2019年成果转化奖励管理办法

为加强我所科技成果转化力度，推动科技成果开发，规范科技成果转化活动，理顺科技成果转化过程中的关系，最大程度调动广大职工从事科技成果转化工作的积极性，结合我所实际，制定本管理办法。

第一条 成果转化主体部门。我所成果转化主体部门为所属各研究室、附属机构、试点平台。

第二条 成果转化创收基数核算。各研究室根据每个科室人员数量及占用资源核算成果转化基数。其中，2019年创收从2019年1月1日起计算，截至2019年12月31日。2019年成果转化基数核算详见《2018年成果转化创收基数核算汇总表》。

各附属机构及试点平台不设具体开发创收基数。

第三条 成果转化创收与成果转化主体部门人员绩效工资挂钩。各研究室成果转化创收主体在完成创收基数前提取收入的20%比例给予奖励，超出所确定创收基数的超出部分按40%比例进行奖励，奖金纳入该部门职工奖励性绩效工资发放。各附属机构及试点平台具体创收奖励比例详见《2019年度附属机构开发创收奖励比例表》。

第四条 成果转化创收奖励由各成果转化主体部门自行制定分配方案（需经部门2/3以上人员审议同意签字），并报送至成果转化办提交备案。鼓励各研究室在制定开发创收分配方案时提取一定额度开发创收收入统筹用于鼓励本研究室的科研。成果转化创收奖励分配需经部门2/3以上人员审议同意签字，并报成果转化办公室、综合办公室备案后，由财务部门统一发放。

具体程序为：各成果转化主体部门制表申报→财务办公室核准账务→成果转化办公室、综合办公室审核备案→综合办公室制表→财务办公室按表发放。

第五条 成果转化主体部门的创收活动必须严格按照所制订的管理制度执行，确保依法规范。具体要求如下：

1）成果转化主体部门的创收行为必须接受成果转化办公室的统筹、组织、监督、检查等管理。

2）成果转化主体部门有关创收工作的工作方案、阶段性进展、总结、合同等材料必须及时上报成果转化办公室备案和存档。

3）收入金额以财务办公室核实为准，开发主体部门不得设立账外账、小金库。

4）成果转化主体部门涉及成果转化或开发类相关合同，合同审批业务主管办公室栏需通过成果转化办公室签字。

5）成果转化主体部门有关创收活动形成的合同、协议等相关材料报成果转化办公室存档。

6）当年度可划为创收的横向项目经费，如当年度未转为收入及上年度已划为收入但未发放奖励金额的经费，各研究室要在当年度12月前提出下年度经费安排计划，报成果转化办公室审核备案、财务办公室列入下年度预算，下年度不得将此类经费纳入研究室创收收入。

第六条 本办法自2019年1月1日起执行，由成果转化办负责解释。所内之前制订的有关规定与本办法不相符的自动终止。

附件：2019年成果转化创收基数核算汇总表（略）

第五章 国际合作与交流

椰子研究所与国外相关研究机构联系比较密切，同国际椰子共同体（ICC）、国际椰子遗传资源网（COGENT）和联合国粮食及农业组织（FAO）等国际组织长期保持联系，与ICC成员国菲律宾、印度尼西亚、印度、斯里兰卡、马来西亚、越南等10多个热带国家保持着科研合作和技术交流，在热带作物生物技术、病虫害防控和产品加工领域处于国际领先地位。

与国际椰子遗传网（COGNET）、菲律宾椰子署（PCA）、国际椰子共同体（ICC）、印度尼西亚椰子和棕榈植物研究所（ICPRI）、印度大宗作物研究所（CPCRI）、斯里兰卡椰子研究所（CRI）、越南油料作物研究所（OPI）、泰国园艺作物研究所（HRI）及马来西亚农业研究与发展研究所（MARDI）等国外椰子研究机构建立了长期的合作关系；同马来西亚理科大学（USM）、印度尼西亚茂物农业大学（IPB）、澳大利亚迪肯大学（Deakin University）等大学建立了合作交流；先后派出科技人员出国培训、考察、交流、科技援外100多人次，引进技术专家80多人次，承担36项国际合作科研项目；先后承办了国际椰子遗传资源网（COGENT）第三届国际农业发展基金（IFAD）项目年会等多项国际会议和国际培训，是海南省引进国外智力成果示范推广基地。

第一节　国际合作与交流具体情况

椰子研究所与国际椰子共同体（ICC）多个成员国已有多方面的合作与交流，包括互访、项目合作、参加及举办会议等方式。

一、国际合作项目

1998—2019年国际合作项目

序号	时间	项目名称	项目来源	合作单位
1	1998—2002	收集、评估和保存文昌椰子研究所本土和引进的椰子遗传资源	亚洲开发银行（ADB）	
2	1998—2002	椰子间种技术作为一项战略来提高椰子农民的收入和用于支持椰子种质基因库的维护成本的评估	国际农业发展基金（IFAD）	
3	2001	在选定的中国区域椰子的多种经营和相关的经济利益转到受关注的人群的调查	国际农业发展基金（IFAD）	
4	2002	建立一个框架和选择项目用地在中国全国范围内椰子基地部署使用椰子资源网的战略来减少椰子种植社区的贫困	国际农业发展基金（IFAD）	
5	2005	椰子种植社区克服贫困：在中国用于可持续生计的椰子遗传资源	国际椰子遗传资源网（COGENT）	

(续表)

序号	时间	项目名称	项目来源	合作单位
6	2007	第三届"国际农业发展基金"项目计划与会议总结	国际农业发展基金（IFAD）	The Bioversity International (Bioversity)
7	2014	椰子主要品种指纹图谱的构建及应用	海南省创新引进集成专项科技合作	法国农业研究国际合作中心
8	2014	亚太椰子生产关键技术引进与利用	国家外国专家局	法国农业研究国际合作中心
9	2014	亚非国家青年科学家来华工作——《热带油料作物分子生物学》	科学技术部	缅甸曼德拉科技大学
10	2015	948项目"油棕花粉和分子检测技术引进及利用"	农业部	
11	2015	椰枣产业提升关键技术研究	科学技术部	阿联酋迪拜农业局
12	2015	亚非国家青年科学家来华工作——《油棕全基因组关联研究》	科学技术部	缅甸曼德拉科技大学
13	2016	椰枣组织培养体系优化及油棕组培苗变异早期检测	海南省科学学术厅	尼日利亚油棕研究所
14	2016	948项目"油棕、椰子等重要热带油料作物产业化前期关键技术引进及利用"	农业部	
15	2016	亚非国家青年科学家来华工作——《椰子中链脂肪酸合成调控的研究》	科学技术部	阿布杜瓦利汗大学
16	2017	红棕象甲防控关键技术在西亚地区的示范与推广	海南省科学学术厅	阿联酋迪拜园林农业局宁夏中阿技术转移开发有限公司
17	2017	椰枣组织培养体系优化及油棕组培苗变异早期检测	海南省科学学术厅	尼日利亚油棕研究所
18	2017	椰枣优良种质资源收集、引进与扩繁	中国热带农业科学院基本业务费	
19	2017	亚非青年科学家来华工作项目——《油棕组织培养》	科学技术部	尼日利亚油棕研究所
20	2017	亚非青年科学家来华工作项目——《油棕生物信息学》	科学技术部	哈吉·穆罕穆德·丹尼斯科技大学
21	2017	亚非青年科学家来华工作项目——《油棕资源鉴定评价》	科学技术部	缅甸教育部
22	2018	棕榈植物（椰枣）组织培养技术引进与联合研究	中国热带农业科学院基本业务费	尼日利亚油棕研究所
23	2018	亚非青年科学家来华工作项目——《椰子分子生物学研究》	科学技术部	孟加拉哈吉·穆罕穆德·丹尼斯科技大学
24	2018	亚非青年科学家来华工作项目——《油棕种质资源研究》	科学技术部	巴基斯坦
25	2018	亚非青年科学家来华工作项目——《椰子分子标记的开发与应用研究》	科学技术部	孟加拉哈吉·穆罕穆德·丹尼斯科技大学
26	2018	亚非青年科学家来华工作项目——《油棕生物信息》	科学技术部	缅甸教育部
27	2018	亚非青年科学家来华工作项目——《椰子组培》	科学技术部	埃及本哈大学
28	2018—2020	"一带一路"热带国家农业资源联合调查与开发评价项目子项目——《棕榈作物种质资源联合调研与技术示范推广》	农业农村部	密克罗尼西亚、斯里兰卡椰子研究所等
29	2019—2020	农业国际交流与合作——椰子、油棕"走出去"海外信息分析研究	农业农村部	
30	2019—2021	中国热科院印度尼西亚农业试验站建设	农业农村部	

(续表)

序号	时间	项目名称	项目来源	合作单位
31	2019	发展中国家杰出青年科学家来华工作项目——《发育生物学与生殖生物学》	科学技术部	埃及农业部农业研究中心椰枣研究与开发中心实验室
32	2019	发展中国家杰出青年科学家来华工作项目——《农学基础与作物学》	科学技术部	巴基斯坦沙阿·阿卜杜勒·拉蒂夫大学
33	2019	发展中国家杰出青年科学家来华工作项目——《遗传学与生物信息学 种质资源鉴定评价》	科学技术部	缅甸教育部
34	2019	发展中国家杰出青年科学家来华工作项目——《遗传学与生物信息学 分子标记开发》	科学技术部	尼日利亚油棕研究所
35	2019—2021	巴基斯坦热带经济棕榈生产技术集成与示范	海南省科技厅	费萨拉巴德农业大学
36	2019—2020	中国—密克罗尼西亚椰子种植示范园建设	海南省外事办公室	

二、交流互访情况

1998年7月，受菲律宾椰子发展局邀请窦志浩和李文彬到菲律宾进行学术交流。

1999年9月，李文彬到菲律宾参加椰子组培技术学习。

2000年7月，唐龙祥到菲律宾参加国际合作项目年会。

2000年12月，邀请法国国际农业研究与发展中心（CIRAD）的Luc Baudouin博士到我所讲学。

2001年2月，邀请马来西亚国际椰子基因资源网（COGENT）的Pons Batugal协调员到我所指导工作。

2001年4月，龙翊岚到菲律宾参加椰子栽培技术学习。

2001年10月，马子龙、吴多扬、赵松林和唐龙祥4人到菲律宾、马来西亚和泰国考察国外椰子研究与发展现状。

2001年，邀请菲律宾专家ERLINDA P. RILLO女士来海南进行椰子胚培养技术指导与技术讲座。

2002年2月，唐龙祥到越南参加国际合作新项目审批会议。

2004年9月26日至10月1日，唐龙祥参加"ADB"资助项目越南会议。

2004年10月12—20日，邀请菲律宾椰子署（PCA）椰子育种专家Gerardo A Santos先生到我所讲学。

2005年5月8—14日，唐龙祥参加由国际椰子遗传资源网（COGENT）组织的国际农业发展基金（IFAD）项目会议。

2005年6月8—26日，马子龙、唐龙祥、覃伟权和刘立云到印度尼西亚、马来西亚进行学术考察，唐龙祥分别在印度尼西亚和马来西亚作学术报告。

2005年8月20日至9月1日，赵松林、陈良秋、唐龙祥、张木炎、陈华到印度和越南学术考察。

2005年9月11—14日，COGENT协调员Pons Batugal博士及其他两名成员Jeffrey Oliver和Menno Keizer到我所考察。

2005年10月31日至11月11日，邀请菲律宾工程师Carlos dela Cruz到我所讲学。

2005年11月22日，斐济农业部官员Mesake Nacladaubota先生和Ratu Osea Bolawaqatabu先生到所访问。

2005年12月20—25日，越南油料作物研究所（OPI）一行15人访问我所。

2006年4月23日，密克罗尼西亚联邦总统约瑟夫·乌鲁塞马尔（H. E. Joseph J. Urusemal）与州长伦斯利·西格拉等一行9人，到我所访问考察。

2006年5月29日至6月1日，国际椰子遗传资源网（COGENT）通信助理Jeffrey Oliver先生到我所技术指导。

2006年6月11—26日，唐龙祥、范海阔应国际植物遗传资源研究所（IPGRI）、国际椰子遗传资源网（COGENT）和国际马铃薯中心（CIP）联合邀请，参加在印度尼西亚茂物（Bogor）举行的国际农业发展基金（IFAD）资助项目年会议及培训。

2006年，斯里兰卡椰子发展局椰子专家到我所参观。

2007年4月18—21日，国际椰子遗传资源网（COGENT）协调官Maria Luz George博士到我所考察项目研究进展。

2007年4月28日，纳米比亚西南非洲人民组织总书记、政府退伍军人事务部部长恩加里库图克·奇里安吉率领访问团访问我所，参观椰心叶甲生物防治实验室。

2007年12月8—15日，派范海阔到越南油料作物研究所、越南林科院考察，并对越南周边的油料作物及椰子种植现状做了初步调查。

2008年5月10—24日，派唐龙祥参加国际椰子遗传资源网（COGENT）在菲律宾举行的国际会议。

2009年8月26日至2010年8月26日，刘立云圆满地完成了农业部和商务部联合委派的为期一年的在科摩罗的援非任务。

2009年12月，派覃伟权到泰国学习考察椰子生产经营情况。

2010年，派马子龙、覃伟权到澳大利亚学习椰子病虫害防控技术。

2010年，范海阔、吴翼到菲律宾进行椰子种质资源调查。

2011年4月23日，4名美国夏威夷大学农业研究中心教授到我所进行油棕科研考察。

2011年5月22—25日，派夏秋瑜到越南指导产品加工工厂建设。

2011年1—3月，派范海阔、黄丽云到马来西亚学习椰子组织培养技术。

2011年7月，23名发展中国家农业技术培训班学员（科技人员与官员）到我所参观交流。

2011年9月18—27日，赵松林、曹红星赴印度尼西亚和马来西亚进行椰子产业发展现状调查。

2011年10月17日，国际生物防治著名专家西蒙·格列尔国际生物防治著名专家参观我所椰心叶甲天敌工厂。

2011年11月16—25日，覃伟权、范海阔到马来西亚哥达斯达巴鲁参加第九次世界棕榈油可持续发展圆桌会议。

2011年12月6—15日，雷新涛赴巴西进行油棕和棕榈等巴西热带产油植物作物丰富种质资源产业的发展现状调查。

2011年12月13日，陈卫军携"椰子油加工技术和椰花汁采集加工技术"参加雅加达中国—印度尼西亚适用技术展览会。

2011年12月28日，越南林业学会副理事长（原越南林业部科技司司长，曾任越南河内农林大学教授）Hoang Hoe教授和印度尼西亚棕榈作物研究所Hengky Novarianto教授应邀来我所分别做了题为《越南棕榈作物概况》和《印度尼西亚椰子、槟榔、油棕研发利用现状》的学术报告。

2012年6月5—19日，应科摩罗发展署和山西祺比鸥公司的邀请，刘立云赴科摩罗考察当地椰子产业状况，为山西祺比鸥公司计划在科摩罗组建椰子加工厂提供技术支撑。

2012年6月26日，夏秋瑜应邀前往北京为"发展中国家水果加工及综合利用官员研修班"授课，讲授了"世界椰子产品贸易及市场概括""椰子综合加工技术""主要椰子产品国际标准分析"等课程。

2012年7月8—10日，受国际椰子资源网邀请，派范海阔参加国际椰子资源网（COGENT）在印度柯钦召开的2012组委会会议。

2012年8月28日，莫桑比克腰果研究院（INCAJU）和莫桑比克农业科学院（IIAM）院长一行3人到我所访问交流，并与我所科研骨干进行了座谈。

2012年8月11日，日本静冈大学农学部西东力教授在海南大学蔡笃程教授的陪同下，来我所进行学术交流与参观考察，我所植保研究室成员参加了交流。

2012年8月13日，非洲国家木薯生产与加工技术培训班学员到我所参观访问。

2012年9月2—5日，由国家商务部主办、中国食品发酵工业研究院承办的非洲法语国家水果加工及综合利用官员研修班全体学员专程来到我所学习考察椰子和槟榔加工技术。9月3日和4日，产品加工研究室的夏秋瑜和唐敏敏分别为学员讲授了"椰子利综合加工技术""槟榔综合加工技术"相关课程。此外，在夏秋瑜等科技人员的陪同下，全体学员还参观考察了椰子大观园和文昌市春光食品有限公司，双方人员进行了热烈的交流。

2012年9月28日，迪肯大学孔令学教授及生物与环境学院的Colin教授一行4人来到我所考察交流。

2012年11月23日，墨西哥尤卡坦科研中心自然资源研究室资深椰子研究员Daniel Zizumbo夫妇到我所考察交流。

2012年11月28日，萨摩亚农渔业部部长马梅亚·罗帕蒂一行6人到我所参观考察。

2012年11月28日至12月11日，以热带生物技术研究所王文泉为团长的一行7人赴巴西进行考察，王永参团考察油棕种质资源。

2012年12月19—29日，刘立云应科摩罗工、商联合会的邀请和香饮所的邀请，赴科摩罗考察当地的香料产业发展状况，计划加强与科摩罗香料产业方面的交流和发展。

2013年3月5—18日，为执行国家开发银行项目"非洲天然橡胶和油棕产业发展规划"，雷新涛、刘国道、黄循精、周泉发、莫业勇一行5人赴非洲利比里亚、科特迪瓦两国就橡胶、油棕产业的发展情况进行了考察。

2013年5月22日，马来西亚理科大学生物科学学院Ahmad Sofiman Othman院长及Chan Lai Keng教授一行应邀到我所进行学术交流。

2013年5月30日，在生物所马子龙书记的陪同下，美国夏威夷大学组培专家Dr.Kheng T.Cheat一行4人到我所访问，我所科研人员和研究生参加学术交流。

2013年6月9日，菲律宾椰子署Euclides G. Forbes署长一行应邀到我所洽谈科技合作事宜。继菲律宾椰子署Euclides G. Forbes署长一行在2013年6月应邀到我所洽谈科技合作事宜之后，经过双方对合作细节进一步的讨论，赵松林所长与菲律宾椰子署Euclides G. Forbes署长分别代表双方签署了双边科技合作协议。

2013年7月21日，华中农业大学副校长、作物遗传改良国家重点实验室棉花课题组组长张献龙教授、英国杜伦大学Keith Lindsey教授一行在院研究生处郭建春处长的陪同下到我所参观交流。

2013年8月24—25日，唐龙祥、唐庆华、刘丽和邓福明为来自15个国家的25名发展中国家热带农业新技术培训班学员，生动地讲解了椰子的丰产栽培、病虫害的防治和椰子的加工技术。

2013年10月13—24日，应中地国际工程有限公司的邀请，雷新涛、王永等一行5人赴塞拉利昂开展油棕种植加工项目考察。

2013年10月28日至11月17日，来自萨摩亚的20多名农业部官员和农民顺利完成了在我所为期21天的萨摩亚热带作物种植技术培训班的学习。本次培训班由商务部主办，热科院承办，我所具体负责实施。

2013年10月29日，美国农业部天然产物利用研究中心植物病理学家David E.Wedge博士应赵松林所长的邀请到我所进行了交流访问。

2013年10月30日至11月1日，应联合国粮农组织亚太办事处的邀请，杨耀东到泰国曼谷参加为期3天的FAO主办的亚太地区椰子产业发展专家咨询会。

2013年12月2—11日，我所受北京中林资产评估有限公司邀请，由覃伟权副所长带队，由中林资产评估有限公司4位专家与我所杨伟波组成的考察工作小组，对印度尼西亚巴布亚省纳比雷县西谷椰子原生境进行资源考察及特色作物种质资源的收集工作。

2014年4月19日，来自澳大利亚Queensland大学农业与食品研究中心的Annaliese S. Mason博士后来我所参观交流，做了题为《作物多倍体和杂交改良》的学术报告，报告内容为作物的多倍体和杂交育种。

2014年4月25日，尼日利亚油棕研究所所长Ikuenobe博士应邀到我所开展交流访问，双方就如何开展热带油料作物方面的合作开展交流并签署了谅解备忘录。

2014年5月29日，坦桑尼亚农业研究所（NARI）所长Elly Kafiriti博士和腰果首席专家Peter Masawe博士在品资所梁李宏的陪同下到我所访问。座谈会上，Elly Kafiriti博士做了题为《Available Technologies and Obstacles to Adoption by Farmers》的报告。

2014年7月6—11日，应亚太椰子联盟（APCC）邀请，杨耀东、邓福明到斯里兰卡首都科伦坡国家会议中心参加第46届亚太椰子联盟（APCC）技术会议，并做了题为《Molecular Technique and Its Application for Coconut Breeding and Production Program in China》和《Current and Future Markets for Coconut Products in China》的报告。

2014年8月，雷新涛等通过对非洲安哥拉实地考察，为国内投资企业西安山林贸易有限公司编制了《安哥拉油棕种植加工园可行性研究报告》。

2014年9月10日，唐庆华、刘丽参与了环植所承办的2014年非洲国家热带重要作物病虫害防治技术培训班对外培训工作，给来自非洲数个国家的14名学员认真讲解了我所近年来在椰子病虫害方面取得的成绩，并详细回答了学员的提问。

2014年9月17日，法国农业研究国际合作中心椰子和油棕的遗传育种专家Baudouin教授应邀来我所进行学术交流。

2014年10月7—10日，应我所邀请，5位欧亚专家到我所参加欧亚椰子产业发展研讨会。国际椰子遗传资源网（COGENT）协调人Alexia Prades教授做了题为《Coconut Market and Research in Europe, Needs and Trends》的报告，介绍了欧洲的椰子市场需求和趋势，回答了加工企业想出口椰子产品到欧洲的产品质量要求。印度Deejay集团董事长DAVID LOBO先生做了题为《Indian Coconut Scenario and Advantages of DEEJAY Hybrid Coconut Palms》的报告，介绍印度椰子杂交育种进程，Deejay集团表示愿意与椰子研究所合作，在中国发展椰子育种事业。泰国园艺作物研究所Naka Peyanoot教授做了题为《Value Addition to Coconuts (Food, Beverage, Pharmaceutical & Spa Industries)》的报告，从食品、饮料、医药领域等来增加椰子的附加值，提出消费市场决定椰子产品的附加值，附加值越高，椰农的收益越多，开发的新产品必须考虑健康与美观。斯里兰卡椰子研究所所长Jayantha Gunathilake的报告《Research and Development on Coconut in Sri Lanka》，系统讲解了斯里兰卡的种质资源、椰园栽培技术、椰子的产业现状。印度尼西亚棕榈作物研究所Novarianto Hengky资深教授《Coconut Development in Indonesia》的报告，分析印度尼西亚椰子产业形势，与大家分享了未来椰子产业发展目标是提高椰子的产量和种植效益，并且保持椰林在环境、粮食生产和能源方面的可持续发展。

2014年11月8日，巴西国家农牧研究院（EMBRAPA）驻中国联合实验室主任Damares De Castro

Monte 博士到我所参观访问，开展技术合作交流，并做了题为《Brazilian agriculture development: Opportunities for cooperation in Science & Technology》的报告。

2014年12月1—5日，雷新涛、曹红星赴马拉西亚执行国家林业局948项目"油棕育种亲本及育种技术引进"任务。

2014年12月16日，刚果共和国驻广州总领事馆总领事 BOLO William Cyr Florentin 一行4人到我所参观访问。

2015年2月9日，爱尔兰驻华大使康宝乐、农业参赞柯龙一行到我所参观访问。农业部国际合作司王鹰司长、海南省农业厅周燕华副厅长、热科院刘国道副院长、我所赵松林所长等领导陪同参观。

2015年2月初，在"一路一带"国家战略总体部署下，在中国科技部、宁夏回族自治区科技厅和中阿产业投资基金的支持下，陈卫军、阎伟赴阿联酋迪拜，重点开展了以声音早期诊断和信息素诱捕为主的红棕象甲无公害防治技术的布点试验。随后，又先后两次派遣植保、栽培、加工等方面的专家前往迪拜，在迪拜园林农业局下属的椰枣种植园和迪拜公主的椰枣园全面实施红棕象甲监测与防治技术，综合治理红棕甲，开始布置椰枣栽培方面的试验，并与迪拜园林农业局 Haider 局长洽谈深化合作，在迪拜进行椰枣病虫害防控与栽培技术试验示范，建立椰枣红棕象甲综合防控示范园等。

2015年5月，国际合作处蒋昌顺、游雯，我所赵松林赴斯里兰卡椰子研究所等考察热带农业科技合作，并就申请科技部的援外项目"中国—斯里兰卡热带农业科技园建设"建设选址进行了前期调研，确定了合作内容。

2015年5月16日，厄瓜多尔前外交部驻中国商务参赞倪新江、厄瓜多尔国家农业研究院（INIAP）南海实验站站长 Alvaro 先生、Repotierra（瑞富特拉）水果进出口公司经理楼文杰先生、农业专家 Arturo 先生以及秘书罗丽娜小姐一行在海口实验站马蔚红副站长的陪同下到我所对椰子的种植、种苗的繁育、果实采后加工技术和产品的开发进行了深入的了解。

2015年6月14—17日，太平洋岛国贸易与投资专员署 Louisa Sifakula 贸易副专员一行2人来我所调研椰子在海南生长及加工情况。

2015年7月22—23日，斐济农业部部长 Hon Inia Batikoto Seruiratu 和斐济农业部推广服务司司长 Jone Sovalawa 一行2人在刘国道副院长和国际合作处段翠芳副处长陪同下到我所考察。

2015年7月20—26日，范海阔、孙程旭到泰国执行农业部948项目"重要热带作物特异种质资源的引进"，并到泰国园艺研究所交流访问。

2015年8月5日，阿联酋迪拜园林农业局局长 Haider 和中阿产业投资基金总裁马学忠一行4人到我所访问，并举行座谈会。刘国道副院长、文昌市郝书文副市长、海南省科技厅科技成果转化与合作处吴松处长出席座谈。座谈由王富有所长主持。

2015年10月13日至11月2日，南太平洋岛国热带作物种植技术培训班在热科院举行。来自萨摩亚、汤加、尼日利亚、斯里兰卡、泰国、印度的19名农业部官员和研究所科研人员将在热科院接受为期21天的热带作物种植技术培训。本次培训班由商务部主办，热科院承办，我所具体负责实施。

2015年9月11日，我所与宁夏中阿技术转移开发有限公司、中阿（迪拜）技术转移中心签署合作协议，共同建设中阿椰枣研究中心，为阿拉伯国家防治红棕象甲、发展椰枣产业提供强有力的技术支撑。

2015年9月19日，我所承担2015年发展中国家热带重要作物病虫害防治技术培训班有关椰子病虫害防治等方面的技术培训，有23名学员参加。

2015年10月4—13日，杨耀东、王永到马来西亚和印度尼西亚执行执行农业部948项目"油棕花粉和分子检测技术引进及利用"的任务。

2015年10月28日,CIAT亚洲区域主任Dr. Dindo Campilan到我所与科研人员交流,了解我所国际合作情况。

2015年11月7—11日,杨耀东赴法国执行海南省国际合作项目"椰子主要品种指纹图谱的构建及应用"的任务。

2015年2月11—17日,贾效成、陈良秋前往老挝,对老挝油茶种植基地进行了为期7天的实地考察。与海南丰益隆农业科技发展有限公司签署科技合作协议,为企业在老挝发展油茶基地提供从种植到加工的全程技术指导提供技术援助。

2016年3月30日,巴基斯坦费萨拉巴德农业大学青年科学家Rashad Waseem Khan Qadri和巴基斯坦Amjad Iqbal博士来我所从事油棕脂肪酸合成代谢调控转录因子EgWRI1s和椰子月桂酸合成与积累的相关基因LPAATs调控机理的相关研究工作,聘期为1年。

2016年5月31日,在农业部948项目——"油棕、椰子等重要热带油料作物产业化前期关键技术引进及利用"的支持下,应我所邀请,法国发展研究所Timothy J. Tranbarger教授到我所开展学术交流,并做专题报告。报告会由王富有所长主持,全所科研人员和研究生参加了报告会。

2016年6月8日,农业部国际合作司主办的2016年南太平洋岛国农业实用技术培训班全体学员到我所开展椰子培训并实地调研。

2016年6月21日,在海南省重点研发计划(科技合作)——《椰枣组织培养体系优化及油棕组培苗变异早期检测》项目支持下,应我所邀请,尼日利亚油棕研究所(NIFOR)所长Celestine E. Ikuenobe博士、Osayande L. Ihase博士一行到我所洽谈科技合作并做了专题报告。

2016年8月21—28日,曹红星到马来西亚参加36th Palm Oil Famliarization Programme会议。

2016年9月12日,为进一步推动同斯里兰卡椰子研究所的双边合作,我所邀请斯里兰卡椰子研究所派遣Lalith Perera博士来院共商椰子产业发展大计。

2016年9月10至10月3日,王永、石鹏为辽宁三河矿业有限公司到非洲刚果(金)油棕种植规模化提供技术援助。

2016年9月28日,农业部部长韩长赋一行到阿联酋视察我所在迪拜建设的中国—阿联酋阿椰枣红棕象甲综合防治示范基地。所长王富有向韩部长介绍了红棕象甲的严重为害性,介绍了综合防治的试验情况及防治效果、双方合作的进展情况,汇报了示范基地下一步的试验计划和扩大推广方案。

2016年10月10至11月15日,雷新涛、杨耀东、王永等赴法国执行农业部948项目——"油棕、椰子等重要热带油料作物产业化前期关键技术引进及利用"的任务。

2016年10月17日,联合国粮食农业组织(FAO)罗马总部林业局森林健康及保护处Shiroma Sathyapala博士到我所访问。

2016年11月4日,法国研究与发展研究所Estelle Jaligot博士到我所交流访问并做《Palms development biology for the South》的报告。

2016年11月15号,泰国清迈大学Pairote Wiriyacharee副校长,院长Theera Visitpanich、农学院组织培养研究中心主任Chamchuree Sotthikul一行到我所参观考察。

2016年11月15—29日,泰国园艺研究所、马来西亚棕榈油总署(MPOB)和巴布亚新几内亚新不列颠棕榈油有限公司(NBPOL)邀请,曹红星、王永和王挥等赴上述三国执行农业部948项目——"油棕、椰子等重要热带油料作物产业化前期关键技术引进及利用"的任务。

2016年12月6日下午,菲律宾邦邦牙省农业大学校长

Honorio M Soriano，高等教育委员会主任 Caridad Oli Abuan，United Pharmchem Agrivet，Inc 董事长高武扬一行 5 人在广东鲜美种苗股份有限公司叶元林副董事长的陪同下到我所参观考察，赵松林书记主持座谈会。

2017 年 3 月，2 位亚非青年科学家到我所工作一年（2017.3 至 2018.3）：缅甸教育部生物技术与材料学研究司 Yin Min Htwe 博士，尼日利亚油棕研究所 Osayande Leonard Ihase 博士。

2017 年 3 月 21 日，由我所牵头的院科技创新团队"热带木本油料产业技术创新团队"启动仪式在文昌举行。邀请了马来西亚棕榈油总署朱云美博士做了题为《马来西亚油棕产业发展现状与研究进展》的报告。

2017 年 3 月 14—18 日，在"椰子产业技术创新战略联盟"的组织下，我所加工研究室科技人员一行 5 人前往泰国参加"第二届国际椰子油大会"，并作了关于"中国椰子油产业和市场现状与未来发展趋势"的报告。

2017 年 3 月 13 日，我所召开亚非青年科学家座谈会，会议就如何进一步深化合作，助力我所热带木本油料技术"走出去"进行了探讨。覃伟权副所长、项目负责人、相关科技人员以及项目新成员来自尼日利亚和缅甸的青年科学家参会，会议由王富有所长主持。

2017 年 6 月 11 日，瓦努阿图共和国农林产品加工贸易考察团一行 6 人到我所考察椰子产业化项目，中国商业联合会商业发展中心胡长权副主任、中国通用机械工程有限公司市场部经理程旭东以及中瓦棕榈油公司有关人员陪同考察。

2017 年 6 月 30 日至 7 月 2 日，来自博茨瓦纳等 12 个国家的 44 名学员到我所学习椰子和油茶的育种、种植、植保、加工技术，把现代热带农业新技术的经验传播到学员国家，增进中国与学员国的友谊，深化了农业国际合作。

2018 年 4 月 16 日，为更好促进我所和斯里兰卡椰子研究所的科技合作与学术交流，在"一带一路"沿线国家热带农业资源联合调查与开发评价项目的支持下，斯里兰卡椰子研究所主席 Jayantha Jayewardene 博士和副所长 Lalith Perera 博士一行应邀到我所开展学术交流。Lalith Perera 博士为我所科研人员做了题为"斯里兰卡椰子产业和科研现状"的学术报告。会后双方就椰子产业相关的问题进行了深入的探讨，并就潜在的合作项目列出了工作清单，为后续的合作打下基础。

2018 年 6—7 月，范海阔、弓淑芳、唐庆华等项目组成员担任 2018 年密克罗尼西亚联邦椰子病防治技术海外培训班教师，围绕椰子品种识别、丰产栽培、综合加工和椰园间作、病虫害综合防控等实用技术开展培训。专家组通过培训和调研，收集了当地椰子产业存在的一些问题，为未来联合攻关和进一步培训指导打下基础，培训 108 名学员。

2018 年 7 月 9—13 日，王富有、杨耀东、阎伟等人访问斯里兰卡椰子研究所，做好椰子联合实验室的推进工作，为实验室挂牌打下基础。斯里兰卡种植业部部长和西方省省长在会见会上，表示支持中国—斯里兰卡热带农业科技园的建设。

2018 年 7 月 10—24 日，雷新涛带队赴泰国和印度尼西亚调查油棕和椰子种质资源调查，访问泰国玛希隆大学、泰国园艺所、素叻他尼研究中心等泰国南部主要油棕、椰子产区；到印度尼西亚油棕研究所，调研油棕生产基地等，参观天津聚龙集团棕榈种植园，并签署战略合作协议，随后还参加了印度尼西亚国际油棕大会。

2018 年 7 月 20 日，椰子研究所与天津聚龙集团战略合作协议签字仪式暨印度尼西亚农业试验站揭牌仪式在雅加达隆重举行。

2018 年 8 月 8—12 日，热科院李开绵副院长、王富有所长一行 3 人访问斯里兰卡，强化热科院与斯里兰卡种植业部在热带农业科技的全方位合作并签订合作意向书，与斯里兰卡椰子研究所就椰子科技合作进行深入的探讨推进中国—斯里兰卡椰子联合实验室的建设，参观考察椰子研究所的间种示范基地，种质圃和育苗基地和西北省的椰棕加工厂等。

2018年8月12—18日，斯里兰卡椰子研究所所长Fernando博士和斯里兰卡种植业部发展局局长Sureka Attanayake到椰子研究所访问和参加第三届海南省椰子产业技术创新联盟年会并做大会报告。

2018年8月16日，椰子产业技术创新战略联盟与印度尼西亚椰友协会在海南省文昌市举行签约仪式，双方确定战略合作伙伴关系。椰子研究所王富有所长与印度尼西亚椰友协会主席Mawardln M.Simpala作为双方代表在合同上签字。

2018年8月28日至9月2日，赵瀛华书记带领椰子专家一行3人访问柬埔寨，与柬埔寨皇家农业大学、农业产业总局、加工产业发展总局、雨航国际椰子产业发展公司积极开展合作交流，达成合作意向，签订了合作协议。

2018年10月27日至11月13日，由刘国道院长带队，黄贵修、范海阔、陈刚、李朝旭再次赴密克罗尼西亚执行项目，督促密方进一步商谈土地提供事宜。热科院协助海南省政府与密政府沟通，签订了密克罗西游联邦同海南省政府的合作备忘录（MOU）。

2019年3月1日下午，印度尼西亚研究技术与高教部科技园与支持机构司原司长Lukito Hasta博士带领印度尼西亚研究技术与高教代表团一行5人来我所参观考察基地和实验室。印度尼西亚研究技术与高教代表团在张大鹏的带领下参观油棕种质资源圃，介绍了油棕林下间作花卉、地瓜、菠萝、花生的技术和油棕园林下间种牧草养羊，并与来宾在油棕专用肥的开发和油棕园病虫害防控技术合作研究进行探讨。

2019年3月7日，泰国园艺作物研究所原所长Peyanoot Naka教授带领泰国CDCOT代表团一行22人到椰子研究所考察，寻求椰子产业的合作。

2019年3月20日，瓦努阿图棕榈油有限公司李建国董事长一行到椰子研究所考察交流，陈刚副所长主持座谈会，有关科技人员参加了座谈。座谈会上，双方就在瓦努阿图合作建设棕榈园和椰子加工厂进行了广泛交流，李建国董事长对我所油棕新品种、椰子油产品研发很感兴趣，希望在瓦努阿图建设就椰子油加工厂和棕榈园建设等方面开展合作。

2019年4月20—26日，王永一行3人赴哥斯达黎加执行农业农村部项目"一带一路"热带农业资源联合研究专项任务，访问哥斯达黎加ASD油棕研究中心，参观油棕种质资源圃、制种园、组培实验室以及种子生产部门，调查油棕种质资源及种植园病虫害情况，丰富我国现有油棕种质资源、促进病虫害相关研究。

2019年4月28日，密克罗尼西亚联邦波纳佩州州长马塞洛·彼得森一行2人到椰子研究所考察交流，双方就中密椰子标准种植示范园建设以及加强科技合作事宜进行深入交流。

2019年5月6—15日，赵瀛华、徐中亮、符海泉、黄山春、张宁一行5人赴阿联酋执行"一带一路"热带国家农业资源联合调查与开发评价专项任务，旨在推进我国与"一带一路"沿线国家的技术交流与合作，促进我国科技力量走出去、国外先进技术和产品引进来，为充实我国椰枣种质资源储备和病虫害生物防治技术的研究打下了基础。

2019年5月11日，弓淑芳、张照华赴密执行"一带一路"热带国家项目，张照华将驻密半年，落实项目各项内容。

2019年5月16日，埃及椰枣研究发展中心实验室Walid Badawy Abdelaal Abdrabo研究员和我院品资所徐立研究员受邀来椰子研究所进行学术交流，王富有所长以及各科室组织培养相关人员参加了此次交流会。Dr. Walid以"Date Palm"为题，详细介绍了椰枣在埃及的发展状况、种质资源情况以及以椰枣茎尖和花序为材料的无性扩繁技术，并与椰子研究所科研人员就取样方法、诱导步骤和愈伤组织辨认等问题进行了详尽探讨。

2019年5月30—31日，应椰子研究所邀请，巴拿马中华海外联谊会理事会理事，巴拿马深圳经贸文教协会会长，巴拿马大学孔子学院巫俊辉院长到我院交流访问，刘国道副院长、王富有所长参与会面活动。巫俊辉院长到椰子研究所对椰子加工进行实地考察，寻求椰子加工技术，希望在巴拿马实现椰子产业的经济效益最大化。

2019年6月2—6日，应椰子研究所的邀请，斯里兰卡椰子研究所组培专家Dr. Vijitha和椰子育种专家Dr. Kasun到椰子研究所开展学术交流，强化中国—斯里兰卡椰子联合实验室平台的建设，两位专家与椰子研究所的相关科研人员就椰子育种和组织培养方面进行学术交流，并就后期科研人员互派学习交流进行研讨。

2019年7月8—14日，应斯里兰卡椰子研究所Lalith Perera先生的邀请，椰子研究所杨耀东等4人赴斯里兰卡开展中国—斯里兰卡椰子联合实验室共建和槟榔种质资源联合调查与评价项目。

2019年8月4—10日，应印度尼西亚卡布瓦斯森林与种植园管理局局长罗宁·拉姆邦邀请，椰子研究所曹红星一行7人组团访问印度尼西亚（后简称印度尼西亚），执行农业农村部国际交流与合作项目热带农业对外合作（印度尼西亚）试验站建设课题任务。

2019年8月5—18日，王永一行3人赴越南和缅甸执行农业农村部项目"一带一路"热带国家农业资源联合研究任务。

2019年8月26日，聚龙集团印度尼西亚油棕种植园CEO雷文忠一行2人到椰子研究所调研，党委书记赵瀛华陪同调研。双方就合作开展的油棕组织培养和高不饱和脂肪酸油棕品种改良项目的进展情况、存在问题和下一步工作计划，进行了深入的会谈和交流。

2019年8月20—22日，第三届在南亚东南亚农业科技创新研讨会在云南昭通市召开。应云南省农业科学院的邀请，椰子研究所国际合作与科技服务中心主任许丽菁参会并做题为《Coconut Science and Technology Cooperation and Exchange between Coconut Research Institute of Chinese Academy of Tropical Agricultural Sciences and South & Southeast Asia Countries》的报告。

三、举办国际会议

2007年我所承办第三届国际农业发展基金项目年会。

四、承办国际培训班

2007年、2010年、2013年我所分别承担了发展中国家热带农业新技术培训班椰子栽培与管理、病虫害防治、产品加工等技术培训。

2013年10月28日至11月17日，我所承办为期21天的萨摩亚热带作物种植技术培训班。本次培训班由商务部主办，热科院承办，我所具体负责实施。

2014年9月10日，我所承担了2014年非洲国家热带重要作物病虫害防治技术培训班有关椰子病虫害防治等方面的技术培训。

2015年9月19日，我所承担2015年发展中国家热带重要作物病虫害防治技术培训班有关椰子病虫害防治等方面的技术培训。

2015年10月13日至11月2日，南太平洋岛国热带作物种植技术培训班在我所举行。来自萨摩亚、汤加、斯里兰卡、泰国、印度、尼日利亚的农业部和科研机构的19名学员参与此次培训。本次培训班由商务部主办，热科院承办，我所具体负责实施。

2017年10月16—31日，由商务部主办，热科院承办、我所具体参与的2017年阿拉伯国家椰枣生产技术培训班顺利完成。有来自埃及、巴勒斯坦和巴基斯坦3个国家的31名政府官员、科教机构专家学者及椰枣协会代表参加了培训。

2018年7月31日至8月24日，由院培训中心和椰子研究所联合承办的2018年阿拉伯国家椰枣生产技术培训班顺利完成，来自埃及、阿曼、约旦、阿尔及利亚、巴勒斯坦的20名农业部官员和研究所科研人员参加了为期25天的培训。培训期间，阿拉伯学员们通过专题讲座、课堂研讨、参观考察等形式，了解了中国椰枣种质资源研究进展，学习了椰枣的化学、药物学特性和加工制作，椰枣果醋调配，红棕象甲防控技术研究及应用，智能风光互补节水灌溉等技术。

2018年6—7月，2018年密克罗尼西亚联邦椰子病防治技术海外培训班在密克罗尼西亚举办，围绕椰子品种识别、丰产栽培、综合加工和椰园间作、病虫害综合防控等实用技术开展培训，培训108名学员。

2019年7月，热科院承办的2019年发展中国家热带水果生产与加工技术培训班在海口开班，来自加纳、南非、南苏丹和乌干达等国的学员将在海南参加为期25天的培训。椰子研究所负责椰子专业课的讲座和实践。

2019年8月，热科院承办的2019年发展中国家热带农产品质量安全新技术培训班在海口开班，来自古巴、巴拿马、乌干达、马来西亚、南苏丹和津巴布韦等国的20名学员将在热科院参加为期25天的培训。椰子研究所负责椰子、油棕、槟榔等棕榈经济作物种质资源的实践。

2019年9月，热科院承办的2019年发展中国家热带作物病虫害防控技术培训班在海口开班，来自柬埔寨、古巴、斐济、马来西亚、缅甸、巴拿马等国的学员将在海南参加为期25天的培训。椰子研究所负责椰子重要病害识别与防控、椰子重要虫害识别与防控的专题讲座和实践。

五、签订科技合作协议

2013年4月4日，与西南大学签订国际合作方面的协议书。

2013年7月19日，与菲律宾椰子署签署合作备忘录。

2014年3月27日，与斐济南太平洋大学签署合作备忘录。

2014年4月25日，与尼日利亚油棕研究所（NIFOR）签署合作备忘录。

2015年3月27日，与斯里兰卡种植部椰子研究所签署科技合作协议。

2015年9月11日，与宁夏中阿技术转移开发有限公司、中阿（迪拜）技术转移中心签署合作协议，共同建设中阿椰枣研究中心（签署共建中阿椰枣研究中心协议）。

2015年11月，与法国农业研究国际合作中心（CIRAD）签订椰子基因组测序及基因挖掘的合作协议（SMOU）。

2016年3月10日，与加纳油棕研究所签署科技合作协议。

2016年10月27日，与巴基斯坦费萨拉巴德农业大学签订科技合作协议。

2016年2月14日，与海南丰益隆农业科技发展有限公司签订《中老科企合作协议》，并为其在老挝发展油茶产业提供全程技术指导。

2018年1月17日，与武汉轻工大学签订国际合作协议书，促进双方在油脂及植物蛋白相关领域的了解与合作。

2018年5月8—10日，王富有所长一行3人访问巴基斯坦Ahah Abdul Latiff University椰枣研究所，双方就椰枣种质资源共享、椰枣组织培养技术交流、科技人员互访交流、联合培养研究生等达成多项共识，并签订合作协议。

2018年5月8日，与澳大利亚昆士兰大学签订科技合作备忘录。

2018年7月20日，与天津聚龙集团（印度尼西亚区）签订战略合作协议。

2018年8月16日，与印度尼西亚椰友协会在海南省文昌市签订协议。

2018年11月6日，海南省与密克罗尼西亚联邦波纳佩州签订《关于共建椰子标准化种植示范园谅解备忘录》，双方共建椰子标准化种植示范园1个。

2018年8月28日，与柬埔寨皇家农业大学国际交流与合作处、农业产业学院及农学院、柬埔寨雨航国家椰子产业发展公司四方签署椰子产业合作协议。

2018年8月31日，与柬埔寨雨航国际椰子产业发展公司签订共建椰子标准化种植示范园谅解备忘录，双方共建椰子示范基地。

2018年11月，与尼日利亚油棕研究所（NIFOR）签订科技合作备忘录。

第二节　发展中国家杰出青年来所工作情况

历年发展中国家杰出青年来所工作人员名单及信息

序号	姓名	国别	单位	合作领域	项目负责人	接收单位	来华时间	结束时间	备注	已取得成果
1	Zaw Ko Latt	缅甸	Department of Biotechnology, Mandalay Technological University, Patheingyi Township, Mandalay Region, Myanmar	热带油料作物分子生物学科研岗位	杨耀东	椰子研究所	2014.6.22	2015.6.19	已完成	发表论文1篇
2	Ameer Ahmed Mirbahar	巴基斯坦	Department of Agriculture & Agribusiness Management, University of Karachi-Karachi-75270, Pakistan	遗传育种研究	范海阔	椰子研究所	2015.9.13	2015.12.25	因专家自身身体原因，科技部中国科学技术交流中心同意取消该项目。	
3	Yin Min Htwe	缅甸	Biotechnology Research Department, Ministry of Education, Myanmar.	油棕资源鉴定评价	王永	椰子研究所	2017.3	2018.3	已完成	对现有油棕转录组、蛋白组等组学数据进行生物信息学分析，挖掘ABA等激素调控机理；已发表SCI论文2篇。

(续表)

序号	姓名	国别	单位	合作领域	项目负责人	接收单位	来华时间	结束时间	备注	已取得成果
4	Amjad Iqbal	巴基斯坦	Department of Food Science and Technology Abdul Wali Khan University Mardan, Garden Campus, Mardan-Pakistan.	椰子中链脂肪酸合成调控的研究	杨耀东	椰子研究所	2016.3.29	2017.3.16	已完成	发表SCI论文2篇，提交专利申请1个，有1篇论文审稿中。
5	Rashad Waseem Khan Qadri	巴基斯坦	Institute of Horticultural Sciences, University of Agriculture, Faisalabad, Pakistan.	油棕全基因组关联研究	杨耀东	椰子研究所	2016.3.31	2017.3.16	已完成	发表SCI论文2篇，与所在大学（巴基斯坦费萨拉巴德大学）签定合作备忘录。
6	Osayande Leonard Ihase	尼日利亚	Nigerian Institute for Oil Palm Research (NIFOR), Nigeria	油棕组织培养	王永	椰子研究所	2017.3	2018.2	已完成	油棕花序组培已诱导出愈伤和胚状体，椰枣组培已诱导出愈伤；开发油棕Mantled等分子标记3个；预计发表SCI论文2篇。
7	Md.Mominur Rahman	孟加拉国	Deparment of Agronomy, Hajee Mohammad Danesh Science and Technology University, Bangladesh	通过多重PCR开展与椰子脂肪酸合成代谢相关的全基因组关联分析等	杨耀东	椰子研究所	2017.12.21	2018.12.20	已完成	2篇论文准备中
8	Md Adnan Al Bachchu	孟加拉国	Department of Entomology Hajee Mohammad Danesh Science and Technology University, Bangladesh	椰子重要农艺性状和椰子种质资源的分子评价	杨耀东	椰子研究所	2018.2	2019.2	已完成	2篇论文准备中

（续表）

序号	姓名	国别	单位	合作领域	项目负责人	接收单位	来华时间	结束时间	备注	已取得成果
9	Abdul Kareem	巴基斯坦	Visiting Faculty of Bahauddin Zakariya University, Multan, Pakistan	从事油棕组织培养及分子标记研发	王永	椰子研究所	2018.7	2019.7	已完成	论文准备中
10	Sherif Fathy Eid El-Sayed El-Gioushy	埃及	fruit science (pomology) and tissue culture at Horticulture Dept., Faculty of Agric., Benha University	椰子组培	刘蕊	椰子研究所	2018.9	2019.9	已完成	1.攻克了椰子组培中出现的褐化问题，并准备申请专利1项；2.已经申请专利《椰子花序灭菌技术》1项，已经进入公示阶段；3.已经撰写文章2篇（1篇已经接收，1篇审稿中）；4.在我们的研究过程中，首次获得花序、茎尖外植体愈伤，为下一步获得体胚打下坚实的基础。
11	Walid Badawy Abdelaal Abdrabo	埃及	Agriculture Research Center (ARC), The central Laboratory for Date palm Research&Development (CDPRD), Egypt	椰枣组培	王富有	椰子研究所	2019.5	2020.5	执行中	
12	Mumtaz Ali Saand	巴基斯坦	Shah Abdul Latif University, Khairpur, Sindh	从事椰枣组织培养及分子标记开发	王富有	椰子研究所	2019.7	2020.7	执行中	

第六章
人事人才工作

第一节 职工队伍

椰子研究所的职工队伍是从华南热带作物研究院和广东省海南农垦橡胶研究所人员整合的基础上发展起来的。按照"边筹建,边科研"的原则,逐步从兄弟所站等单位调配科研和管理人才,接收、招聘各类高校毕业生。截至 2019 年 6 月 30 日,共有职工 301 人,其中在职职工 142 人,退休职工 159 人。在职人员中,专业技术职务人员 99 人,高级职称人员 39 人,中级职称人员 38 人,初级职称人员 22 人,普工 28 人。按照学历层次统计,大学本科及以上 98 人(其中获博士学位的 17 人,硕士学位的 64 人,学士学位的 14 人),大专及以下 44 人。

一、建站初期职工队伍情况

建站初期,我所绝大部分人员来自广东省海南农垦橡胶研究所,1979 年 10 月移交时有 221 人。同时,从华南热带作物研究院选派筹建小组成员 10 人。1979 年年底,建所初期,共有职工 230 多人。

1. 华南热带作物研究院选派人员名单

张世祯、毛祖舜、邢贻能、阮传荣、陈汝长、徐月发、韩庆光、江式邦(临时)、聂声扬(临时)、陈新月(临时)。

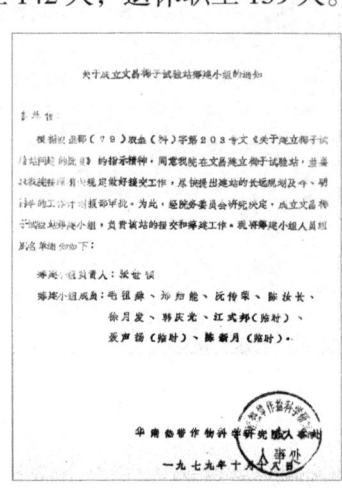

2. 广东省海南农垦橡胶研究所转来干部花名册

序号	单位	姓名	身份	职务	性别	出生年月	籍贯	文化程度
1	十队	周德武	干部	队长	男	1937.1	广东省文昌县	高中
2	十队	黄宽猛	代干	支书	男	1949.9	广东省开平县	初中
3	十队	许振茂	干部	副队长	男	1933.9	广东省文昌县	初中
4	十队	李业全	干部	会计	男	1941.1	广东省揭阳县	初中
5	十队	李泽国	代干	出纳	男	1950,不详	广东省揭阳县	初中
6	十一队	方奕招	干部	队长	男	1935.9	广东省文昌县	初中
7	十一队	谢自松	代干	支书	男	1945.11	广东省文昌县	初中
8	十一队	卢辉德	干部	副队长	男	1928.1	广东省琼山县	初中
9	十一队	孙人超	干部	会计	男	1943.6	广东省文昌县	初中
10	十一队	周经洪	代干	出纳	男	1939.5	广东省文昌县	初中
11	十二队	周经武	干部	队长	男	1939.11	广东省文昌县	初中

(续表)

序号	单位	姓名	身份	职务	性别	出生年月	籍贯	文化程度
12	十二队	孟招生	干部	支书	男	1929.6	吉林省长春市	高小
13	十二队	符史良	干部	副队长	男	1935.9	广东省文昌县	初中
14	十二队	钟志明	干部	会计	男	1943.12	广东省台山县	高小
15	十二队	李胜发	代干	出纳	男	1945.4	广东省梅县	初中
16	十二队	郑定鹏	代教	教师	男	1951.11	广东省潮阳县	初中
17	十三队	梁定祥	干部	队长	男	1930.8	广东省文昌县	初中
18	十三队	符永恒	干部	支书	男	1937.12	广东省文昌县	高小
19	十三队	史克琪	干部	副队长	男	1936.11	广东省文昌县	初中
20	十三队	符基栋	代干	会计	男	1936.3	广东省文昌县	初中
21	十三队	钟开政	代干	出纳	男	1944.12	广东省文昌县	高中
22	十三队	符文英	干部	护士	女	1948.11	广东省文昌县	高小
23	十三队	陈家森	干部	医士	男	1937.9	广东省文昌县	初中
24	十三队	云逢雄	干部	副队长	男	1930.9	广东省文昌县	初中
25	十三队	韩舜定	干部	生产科副科长	男	1933.12	广东省文昌县	中专
26	十一队	许振雄	干部	办公室秘书	男	1946.5	广东省文昌县	初中
27	十一队	陆玉芳	干部	护士	女	1950.11	广东省文昌县	初中
28	十一队	叶千祥	代干	保卫干事	男	1947.8	广东省梅县	初中
29	十一队	张金英	干部	不详	女	不详	不详	不详

3. 广东省海南农垦橡胶研究所转来工人花名册

序号	单位	姓名	身份	性别	出生年月	籍贯
1	十一队	郑有霍	工人	男	1946.12	广东文昌
2	十一队	林树岑	机手	男	1943.11	广东文昌
3	十一队	陈玉英	工人	女	1933.1	广东文昌
4	十一队	孟献国	工人	男	1959.12	吉林长春
5	十一队	陈川良	通信	男	1936.1	广东文昌
6	十一队	黄循俄	机手	男	1937.1	广东文昌
7	十一队	符茂婉	工人	女	1956.11	广东琼山
8	十一队	周淑娟	工人	女	1962.4	广东文昌
9	十一队	史红霞	工人	女	1961.9	广东文昌
10	十一队	吴 雄	工人	男	1959.12	广东琼山
11	十队	黄世光	工人	男	1961.7	广东文昌
12	十队	李典轩	工人	男	1949.8	广东揭阳
13	十队	符策銮	工人	女	1947，不详	广东文昌
14	十队	李焕深	工人	男	1951.5	广东揭阳
15	十队	李笑芳	工人	女	1953，不详	广东新会
16	十队	谢东波	工人	男	1945.6	广东揭阳
17	十队	吴多清	工人	男	1941.5	广东文昌
18	十队	邢贻存	工人	男	1938.4	广东文昌
19	十队	伍月梅	工人	女	1948.7	广东文昌
20	十队	邢福才	工人	男	1962.4	广东文昌
21	十队	郑仕国	工人	男	1929.7	广东文昌
22	十队	林尤友	工人	男	1946，不详	广东文昌
23	十队	邢少玲	工人	女	1954.5	广东文昌

（续表）

序号	单位	姓名	身份	性别	出生年月	籍贯
24	十队	邢淑春	工人	女	1946.6	广东文昌
25	十队	李叶长	工人	男	1948.9	广东揭阳
26	十队	谢春惠	工人	女	1940.6	广东文昌
27	十队	郑仕若	工人	男	1925，不详	广东文昌
28	十队	郑正民	工人	男	1951.3	广东潮阳
29	十队	钟凤娇	工人	女	1933.1	广东文昌
30	十队	陈日平	工人	男	1956，不详	广东文昌
31	十队	陈世荣	工人	男	1938，不详	广东文昌
32	十队	史秀娇	工人	女	1939.10	广东文昌
33	十队	符春容	工人	女	1938.8	广东文昌
34	十队	陈家振	工人	男	1928.8	广东文昌
35	十队	符和成	工人	男	1924.5	广东琼山
36	十队	朱秀琴	工人	女	1936.3	广东文昌
37	十队	王秀香	工人	女	1950.12	广东文昌
38	十队	郑耿丰	工人	男	1952.5	广东潮阳
39	十队	邢玉香	工人	女	1953.8	广东文昌
40	十队	王爱玉	工人	女	1952 不详	广东文昌
41	十队	陈美金	工人	女	1954.9	广东文昌
42	十队	林冠英	工人	女	1941.7	广东文昌
43	十队	郑子梅	工人	女	1949.11	四川成都
44	十队	孙人群	卫生员	男	1949.8	广东文昌
45	十队	韩彩云	修理工	男	1955.12	广东文昌
46	十一队	黄月清	工人	男	1937.9	广东龙川
47	十一队	林尤群	工人	男	1928.5	广东文昌
48	十一队	丁行才	工人	男	1928.8	广东文昌
49	十一队	韩雄光	工人	男	1939.1	广东文昌
50	十一队	王乙娇	工人	女	1948.1	广东文昌
51	十一队	占 美	工人	男	1946.1	广东文昌
52	十一队	邓顺兴	工人	男	1946.6	广东梅县
53	十一队	邢贻存	工人	男	1939.1	广东文昌
54	十一队	梁苏娥	工人	女	1939.1	广东龙川
55	十一队	郑仕宪	工人	男	1953.1	广东潮阳
56	十一队	杨来新	工人	男	1948.7	广东文昌
57	十一队	陆秋松	工人	男	1948.6	广东揭阳
58	十一队	杨应才	工人	男	1950.4	广东汕头
59	十一队	谢惠心	工人	女	1952.6	广东揭阳
60	十一队	刘金兰	工人	女	1950.2	广东文昌
61	十一队	杨幼珍	工人	女	1945.8	广东揭阳
62	十一队	陆赛有	工人	男	1950.7	广东揭阳
63	十一队	杨金云	工人	女	1950.2	广东梅县
64	十一队	谢木深	工人	男	1946.1	广东揭阳
65	十一队	郑宝卿	工人	男	1953.2	广东潮阳
66	十一队	谢叙安	工人	男	1949.1	广东揭阳
67	十一队	郭庆荣	工人	男	1949.3	广东潮阳
68	十一队	郑素惠	工人	女	1952.2	广东潮阳

（续表）

序号	单位	姓名	身份	性别	出生年月	籍贯
69	十一队	吴家尧	工人	男	1949.1	广东潮阳
70	十一队	严琼珍	工人	女	1947.6	广东信宜
71	十一队	林 政	工人	男	1950.5	广东文昌
72	十一队	郭爱花	工人	女	1953.1	广东潮阳
73	十一队	李让周	工人	男	1948.8	广东揭阳
74	十一队	郑振顺	工人	男	1952.1	广东潮阳
75	十一队	蔡延安	工人	男	1952.4	广东潮阳
76	十一队	郭旭州	工人	男	1949.1	广东潮阳
77	十一队	王冠莲	工人	女	1953.5	广东儋州
78	十一队	林春英	工人	女	1943.11	广东文昌
79	十一队	陈月娥	工人	女	1950.1	广东文昌
80	十一队	李少梅	工人	男	1949.1	广东揭阳
81	十一队	安惠芳	工人	女	1946.1	广东文昌
82	十一队	杨平香	工人	女	1956.6	广东梅县
83	十一队	林道金	工人	男	1957.2	广东文昌
84	十一队	卢秋云	工人	女	1957.5	广东琼山
85	十一队	林爱兰	工人	女	1950.6	广东文昌
86	十一队	翁孟秋	工人	女	1959.7	广东文昌
87	十一队	黄爱莲	工人	女	1962.12	广东文昌
88	十一队	黄翠英	工人	女	1947.5	广东文昌
89	十一队	符惠芳	工人	女	1952.4	广东文昌
90	十一队	陈淑如	工人	女	1954.4	广东文昌
91	十一队	朱秋兰	工人	女	1953.5	广东文昌
92	十一队	郭清时	工人	女	1952.5	广东潮阳
93	十一队	林明太	工人	男	1962.8	广东文昌
94	十一队	周玉珠	工人	女	1962.5	广东文昌
95	十一队	黄秀萍	工人	女	1962.6	广东龙川
96	十一队	郑 理	工人	男	1962.5	广东文昌
97	十一队	陈在农	工人	男	1948.7	广东文昌
98	十一队	林明存	工人	男	1950.6	广东文昌
99	十一队	翁永忠	工人	男	1962.5	广东文昌
100	十一队	黄祝英	工人	女	1943.1	广东文昌
101	十一队	陈秋联	工人	女	1952.9	广东文昌
102	十一队	陈日卿	工人	女	1954.5	广东文昌
103	十二队	符务信	工人	男	1940.12	广东文昌
104	十二队	郑有仁	工人	男	1946.2	广东文昌
105	十二队	林秀容	工人	女	1933.1	广东文昌
106	十二队	符永成	工人	男	1940.12	广东文昌
107	十二队	陈秀美	工人	女	1949.12	广东文昌
108	十二队	陈映贵	工人	男	1952.6	广东揭阳
109	十二队	符爱金	工人	女	1947.2	广东文昌
110	十二队	符雪梅	工人	女	1951.5	广东潮阳
111	十二队	吴紫荆	工人	女	1951.1	广东潮阳
112	十二队	符气新	工人	男	1935.11	广东潮阳
113	十二队	卜焕标	工人	男	1946.6	广东梅县

（续表）

序号	单位	姓名	身份	性别	出生年月	籍贯
114	十二队	韩兰英	工人	女	1933.6	河南南阳
115	十二队	梁振爱	工人	女	1958.1	广东文昌
116	十二队	林月芳	工人	女	1951.2	广东文昌
117	十二队	符爱珍	工人	女	1953.8	广东文昌
118	十二队	洪秋英	工人	女	1945.8	广东梅县
119	十二队	彭凯堂	工人	男	1959.1	广东罗定
120	十二队	孟宪武	工人	男	1958.4	吉林长春
121	十二队	陈明通	工人	男	1944.1	广东文昌
122	十二队	邓仕球	工人	女	1946.5	广东台山
123	十二队	陈翠英	工人	女	1939.5	广东文昌
124	十二队	郑建豪	工人	男	1950.2	广东潮阳
125	十二队	符木兰	工人	女	1957.1	广东文昌
126	十二队	符芳英	工人	女	1950.8	广东文昌
127	十二队	黄桃英	工人	女	1949.1	广东梅县
128	十二队	龙借兴	工人	男	1961.2	广东文昌
129	十二队	赖金波	工人	女	1962.11	广东文昌
130	十二队	阵献春	工人	男	1961.8	吉林长春
131	十二队	李玉莲	工人	女	1935.11	广东文昌
132	十二队	吴时教	工人	男	1934.6	广东琼山
133	十二队	李喜重	工人	男	1931.5	河南南阳
134	十二队	陈姑玉	工人	女	1938.1	广东文昌
135	十二队	黄循顺	工人	男	1937.5	广东文昌
136	十二队	邢爱丽	工人	女	1951.8	广东文昌
137	十二队	郑惠茹	工人	女	1952.11	广东潮阳
138	十二队	邵宗全	工人	男	1938.6	广东文昌
139	十二队	张月颜	工人	女	1947.4	广东文昌
140	十二队	陈 珍	工人	女	1959.11	广东潮阳
141	十二队	郑育高	工人	男	1946.1	广东潮阳
142	十三队	伍东坚	工人	男	1949.9	广东邦开
143	十三队	李锡豪	工人	男	1945.9	广东揭阳
144	十三队	李舜心	工人	男	1949.1	广东揭阳
145	十三队	彭金云	工人	女	1945.3	广东梅县
146	十三队	钟丽芬	工人	女	1952.6	广东梅县
147	十三队	林美吟	工人	女	1955.1	广东潮阳
148	十三队	李隆基	工人	男	1945.11	广东揭阳
149	十三队	方志勇	工人	男	1951.6	广东潮阳
150	十三队	申龙招	工人	女	1951.6	广东梅县
151	十三队	郑春叶	工人	女	1951.4	广东文昌
152	十三队	张从榜	工人	男	1950.5	广东文昌
153	十三队	林春香	工人	女	1953.8	广东文昌
154	十三队	何月梅	工人	女	1949.12	广东文昌
155	十三队	吴贤金	工人	男	1952.12	广东潮阳
156	十三队	吕金花	工人	女	1948.8	广东定安
157	十三队	符茂琼	工人	女	1954.7	广东琼山
158	十三队	云爱娟	工人	女	1959.4	广东文昌

（续表）

序号	单位	姓名	身份	性别	出生年月	籍贯
159	十三队	云维绪	工人	男	1928.5	广东文昌
160	十三队	范玉仙	工人	女	1929.8	广东文昌
161	十三队	曾瑞荣	工人	男	1933.7	广东文昌
162	十三队	黄月连	工人	女	1940.4	广东广州
163	十三队	张金英	工人	女	1938.7	广东文昌
164	十三队	张少娥	工人	女	1936.4	广东文昌
165	十三队	林爱妹	工人	女	1940.2	广东文昌
166	十三队	云维英	工人	男	1938.6	广东文昌
167	十三队	赖茂生	工人	男	1946.9	广东梅县
168	十三队	甘邦悦	工人	男	1943.11	广东文昌
169	十三队	李瑞程	工人	男	1953.11	广东揭阳
170	十三队	云益兰	工人	女	1946.6	广东文昌
171	十三队	邢爱莲	工人	女	1949.1	广东文昌
172	十三队	李学元	工人	男	1947.1	广东梅县
173	十三队	赖文华	工人	男	1945.3	广东梅县
174	十三队	史杏秋	工人	女	1968.4	广东文昌
175	十三队	李娴娟	工人	女	1968.11	广东广州
176	十三队	郑月容	工人	女	1942.11	广东文昌
177	十三队	云天雄	工人	男	1960.2	广东文昌
178	十三队	周世叶	工人	女	1957.4	广东文昌
179	十三队	黄彩英	工人	女	1955.1	广东文昌
180	十三队	林菊英	工人	女	1960.1	广东文昌
181	十三队	朱允平	工人	男	1946.8	广东文昌
182	十三队	林秀珠	工人	女	1954.11	广东陆丰
183	十三队	陆玉香	工人	女	1943.9	广东文昌
184	十三队	张文兰	工人	女	1959，不详	四川，不详
185	十三队	方丽娇	工人	女	1961.7	广东文昌
186	十三队	云天超	工人	男	1961.5	广东文昌
187	十三队	符名义	工人	男	1961.5	广东文昌
188	十三队	陈宽	工人	男	1961.3	广东文昌
189	十三队	云天卫	工人	男	1962.2	广东文昌
190	十三队	史红玉	工人	女	1963.3	广东文昌
191	十三队	林萍	工人	女	1961.9	广东文昌
192	十三队	卢俊民	工人	女	1955.12	广东琼山

4. 其他人员说明

（1）1980年1月工资表中出现，但未在移交花名册中出现的人员：黄裕祥、邢兰英、占尊富、周淑娟、符史林、黄花荣、黄昭庆、肖秋月、符惠英、骆月娇、林道金、郑夕娜、林锦祥、符气秋、韩信准、黄淑英、曾国文、许惠、吴庆泉、云天维、陈月、龙淑龙、陈行深、陈文贞、赖茂生、郑仕尧、吴少娜、符春梅、李振荣、陆川良。

（2）1979年党员花名册中出现的其他人员：符文光、

邢诒茂、陈木荣、符敦杰。

二、近年在职职工增减统计

2003 年 1 月至 2019 年 5 月在职职工增减统计表

年度	月份	当月人数	增加	减少
2003	1月	131		郑正民、邢贻香、甘邦悦、符茂琼
2004	1月	127	黄山春、符海泉、张新平、李海山、郑小蔚、杨晓蓉、阮民、徐光辉、李丽娜、万玲	钟志明、李胜发、许振雄、符敦杰、钟开政、陈淑茹、邢少玲、卜焕标、赖茂先、陈美金
2005	1月	127	李朝绪、余凤玉、周勇、陆青松、甘树灯、李裕钦	谢自松、陆玉芳
2006	1月	131	夏秋瑜、王萍、黄丽云、李瑞、董志国、李杰、范海阔、苏才泽、李枚秋、肖周帆	李锡豪、谢木深、陆秋松、占尊富、赖文华、郑有仁、符茂婉
2007	1月	133	李科明、朱辉、郑亚军、韩轩、李艳	符永南、符木兰、陈在农
2008	1月	135	曹红星、吕朝军、张永凤、孙程旭、陈君、钟宝珠、陈卫军、吴翼、秦海棠、沈雁	周世叶、云爱娟、李丽娜、唐玉容、王必尊、李叶长、李舜心、陆赛有、张永凤、万玲
2009	1月	135	杨伟波、刘蕊、牛晓庆、阎伟、孙晓东、黄玉林、唐敏敏、贾永立	谢叙安、郭庆荣、李典轩、李焕深、李科明、卢雪秋、黄宽猛、阮红、李枚秋
2010	1月	135	肖潇	
	2月	136	唐庆华	
	4月	133	刘蕊	郑健豪、李少梅、甘树灯
	5月	134	刘劲松、雷新涛	马子龙
	6月	136	林浩、李专、魏金鹏	张从榜
	9月	137	肖勇	
	11月	138	张君、刘丽	林政
	2月	139	许丽菁	
	3月	140	杨耀东	
	7月	145	宋薇薇、王永、付登强、李静、弓淑芳	
	8月	144		方丽娇
	9月	143		韩文姬
	10月	142	王冰	陈山文、刘劲松
	11月	144	徐中亮、黄寇超	
	12月	141		郑定鹏、黄爱莲、肖潇
	2月	140		黄秀萍
	6月	141	宋菲	
	7月	141	王挥、夏微	郑耿丰、陈映贵
	8月	140		符若颜
	10月	143	张大鹏、周大鹏、邓福明、周丽霞	周玉珠
	11月	142		韩琼珍
	12月	141		李专

(续表)

年度	月份	当月人数	增加	减少
2013	2月	140		魏金鹏
	4月	141	张建国、丁艳	陈春汝
	6月	140		符春梅
	7月	141	张玉锋	
	8月	147	李东霞、石鹏、刘小玉、沈晓君、刘艳菊、桂青	
	12月	146		李瑞程
2014	1月	145		符兰花
	2月	145		郑振顺
	5月	143		王萍
	8月	145	李佳、贾效成	
	9月	143		聂贞、云爱兰
	10月	142		黄玉林
	11月	141		郑雪玲
2015	4月	142	王富有	
	5月	142	陈刚	黄冠超
	6月	139		陈卫军、沈雁
	7月	141	吴清新	
	8月	142	易俞	
	9月	142	师雪茹	林道金
	10月	141		陈泽西
	11月	140	夏新根	曾鹏、苏才泽
2016	1月	139		陈飞
	5月	138		夏薇
	7月	138	陈仪茹、黄慧雯	夏新根、桂青
	9月	141	孙昌东、张宁、赵志浩	
	10月	143	刘博、黎剑	
2017	4月	144	李旺梅	
	5月	145	王晔楠	
	7月	144		杞仲姗
	8月	147	尹欣幸、金龙飞、彭娇洋	
	9月	145		李艳、郑亚军
	10月	145	赵瀛华	符名芳
	11月	144		赵松林
2018	1月	146	寇田田、王媛媛	
	2月	147	齐兰	
	8月	153	徐璐、杨德洁、谢赛、张照华、于少帅、吴扬	
	9月	151		陈兰芳、徐璐
	10月	149		陈春艳、吴扬
	11月	147		孙晓东、雷新涛
	12月	146		林强

（续表）

年度	月份	当月人数	增加	减少
2019	1月	145	刘祥龙、李志瑛	谢赛、邓福明、黄慧雯
	2月	144		黄良群
	3月	143		吴雄
	4月	142		郑玉春

三、年度考核优秀人员统计

1992—2018年度考核优秀人员名单

年度	优秀人员
1992	王文壮、毛祖舜、邱维美、唐龙祥、陈幸华
1993	王文壮、毛祖舜、阮传荣、吴多扬、符敦杰、韩明定、赵松林、钟开政
1994	毛祖舜、阮传荣、韩明定、赵松林、钟开政、符敦杰
1995	毛祖舜、韩明定、赵松林、钟开政、黄宽猛、符永南、符敦杰、许振雄、牛启祥
1996	吴多扬、韩明定、符敦杰、毛祖舜、钟开政、林道金、符会思、邢贻香、陈德辉、郑雪玲、钟海标、韩文姬、孙黄丽
1997	牛启祥、韩明定、符敦杰、赵松林、陆玉芳、覃伟权、林道金、郑健豪、云雷、郑雪玲、陈美金、韩文姬、陈春艳、李政
1998	黄宽猛、韩明定、符敦杰、许振雄、牛启祥、陆玉芳、赵松林、唐龙祥、覃伟权、唐玉荣、郑文淑、郑健豪、符华、符会思、云雷、李政
1999	马子龙、黄宽猛、韩明定、许振雄、牛启祥、赵松林、张木炎、覃伟权、钟开政、符华、符会思、郑文淑、李锡豪、孙黄丽、李政
2000	王永壮、韩明定、黄宽猛、许振雄、覃伟权、赵松林、钟开政、韩联健、唐龙祥、徐月发、符华、郑雪玲、李锡豪、孙黄丽
2001	赵松林、韩明定、黄宽猛、唐龙祥、龙翊岚、曾鹏、钟开政、符华、卢传忠、李典轩、符木兰、孙黄丽、张军、陈德辉
2002	赵松林、黄宽猛、唐龙祥、张春萍、郑文淑、韩文姬、符华、李典轩、林明太、曾鹏、符木兰、陈德辉
2003	黄宽猛、张春萍、林强、龙翊岚、李新菊、李业长、李典轩、符海梅、郑健豪、符华、郑雪玲、符春梅、孙黄丽
2004	马子龙、覃伟权、黄宽猛、曾鹏、韩明定、黄宇峰、张春萍、陈华、刘立云、符华、陈思婷、李业长、符木兰、陈玉满
2005	覃伟权、曾鹏、韩明定、黄宽猛、龙翊岚、唐龙祥、韩超文、林强、黄宇峰、李典轩、李业长、陈玉满
2006	覃伟权、韩明定、曾鹏、唐龙祥、陈华、刘立云、周焕起、郑小蔚、符华、林强、黄宇峰、李业长、林明雄
2007	覃伟权、韩明定、范海阔、曾鹏、黄宽猛、唐龙祥、刘立云、李朝绪、郑小蔚、符华、林强、李业长、李典轩、陈德辉、陈玉满、符名芳、符海梅、唐玉容
2008	马子龙、韩明定、黄宽猛、张春萍、曾鹏、范海阔、刘立云、王萍、郑亚军、朱辉、张木炎、张新平、黄秀萍、杨晓蓉、林强、郑小蔚、郑振顺、陈德辉、陈玉满、郭庆荣
2009	马子龙、范海阔、韩明定、曾鹏、朱辉、郑亚军、曹红星、张春萍、李杰、牛启祥、郑小蔚、林强、陈春艳、杨晓蓉、符华、李裕钦、陈玉满、韩文姬、张新平、郑雪玲、黄秀萍、朱兴盈、符海梅、韩超文
2010	赵松林、阎伟、曹红星、朱辉、杨伟波、夏秋瑜、刘立云、陈华、韩明定、张春萍、曾鹏、牛启祥、范海阔、秦海棠、林强、郑雪玲、郑玉春、韩超文、陈玉满、杨晓蓉、阮民、朱兴盈、李海山、韩文姬、陈春艳、林道金
2011	赵松林、曹红星、刘立云、阎伟、肖勇、李朝绪、黄丽云、杨耀东、朱辉、韩明定、范海阔、张木炎、曾鹏、张春萍、魏金鹏、牛启祥、林强、符华、郑小蔚、李海山、周勇、阮民、朱兴盈

(续表)

年度	优秀人员名单
2012	赵松林、黄丽云、曹红星、杨耀东、朱辉、王永、肖勇、李朝绪、贾永立、张木炎、陈君、徐中亮、阎伟、范海阔、曾鹏、郑小蔚、林强、符海梅、符华
2013	赵松林、曾鹏、范海阔、许丽菁、张春萍、陈君、贾永立、肖勇、黄丽云、阎伟、王挥、杨耀东、刘立云、王永、曹红星、李朝绪、邓福明、郑小蔚、林强、符华、叶海亮、阮民
2014	曹红星、杨耀东、王挥、刘立云、肖勇、王永、阎伟、黄丽云、付登强、邓福明、李朝绪、曾鹏、范海阔、张春萍、陈君、韩轩、李杰、徐中亮、郑小蔚、林强、阮民、杨晓蓉、周勇、李海山、张新平、朱兴盈
2015	贾效成、张军、张玉锋、冯美利、付登强、范海阔、李朝绪、杨伟波、曹红星、周丽霞、王挥、王永、李佳、陈君、许小妹、牛启祥、韩明定、王冰、郑小蔚、林明雄、杨晓蓉、叶海亮、周勇、张新平、肖周帆、韩轩、符华
2016	王富有、王永、王挥、邓福明、刘立云、孙晓东、朱兴盈、张春萍、李杰、肖勇、张军、张玉锋、李新菊、张新平、杨晓蓉、李裕钦、陈兰芳、周焕起、郑小蔚、周勇、贾永立、阎伟、曹红星、符海梅、韩明定、韩联健、韩超文
2017	王富有、师雪茹、许小妹、黄慧雯、郑小蔚、符华、王挥、林方养、易命、宋菲、王永、杨耀东、阎伟、肖勇、张玉锋、唐敏敏、吕朝军、曹红星、石鹏、邓福明、弓淑芳、陈兰芳、李新菊、杨晓蓉、符名义、叶海亮、林明雄、牛启祥
2018	王富有、杨耀东、贾效成、王永、孙程旭、肖勇、李静、刘蕊、李东霞、李佳、石鹏、杨伟波、阎伟、徐中亮、张玉锋、牛启祥、张春萍、黄宇峰、李旺梅、韩轩、肖周帆、林方养、张新平、郑小蔚、周勇、朱兴盈、李海山、阮民、刘祥龙

第二节 职称评定和岗位聘任

一、职称评定情况

历年高级职称评定情况（不含转正定级人员）

序号	姓名	性别	任职资格	取得时间
1	邱维美	女	高级实验师	1992.6
2	毛祖舜	男	研究员	1992.12
3	唐龙祥	男	副研究员	1998.3
4	林 盛	男	副研究员	1993.12
5	邱小强	男	副研究员	1996.1
6	赵松林	男	副研究员	2000.1
7	唐龙祥	男	研究员	2005.1
8	覃伟权	男	副研究员	2005.1
9	马子龙	男	副研究员	2005.1
10	马子龙	男	研究员	2008.7
11	赵松林	男	研究员	2008.7
12	陈 华	男	副研究员	2008.7
13	龙翔岚	女	副研究员	2008.7
14	刘立云	男	副研究员	2009.1
15	陈思婷	女	副研究员	2009.1

（续表）

序号	姓名	性别	任职资格	取得时间
16	陈卫军	男	副研究员	2009.1
17	曹红星	女	副研究员	2010.1
18	张木炎	男	副研究员	2010.1
19	覃伟权	男	研究员	2011.1
20	周焕起	男	副研究员	2011.1
21	吕朝军	男	副研究员	2011.1
22	杨耀东	男	副研究员	2012.1
23	吴多扬	男	副研究员	2012.1
24	范海阔	男	副研究员	2013.1
25	曾鹏	男	副研究员	2013.1
26	李朝绪	男	副研究员	2014.1
27	肖勇	男	副研究员	2014.1
28	李瑞	女	副研究员	2014.1
29	黄丽云	女	副研究员	2014.1
30	王萍	女	副研究员	2014.1
31	余凤玉	女	副研究员	2014.1
32	王永	男	副研究员	2014.1
33	陈卫军	男	研究员	2015.1
34	雷新涛	男	研究员	2015.1
35	冯美利	女	副研究员	2015.1
36	黄山春	男	副研究员	2015.1
37	夏秋瑜	男	副研究员	2015.1
38	夏薇	女	副研究员	2015.1
39	孙程旭	男	副研究员	2015.1
40	刘蕊	女	副研究员	2016.1
41	阎伟	男	副研究员	2016.1
42	董志国	男	副研究员	2016.1
43	郑亚军	男	副研究员	2016.1
44	师雪茹	女	副研究员	2016.1
45	朱辉	男	副研究员	2016.1
46	曹红星	女	研究员	2017.1
47	牛晓庆	女	副研究员	2017.1
48	孙晓东	男	副研究员	2017.1
49	李艳	女	副研究员	2017.1
50	陈良秋	男	副研究员	2017.1
51	陈刚	男	副研究员	2017.1
52	唐庆华	男	副研究员	2017.1

(续表)

序号	姓名	性别	任职资格	取得时间
53	范海阔	男	研究员	2018.1
54	李和帅	男	副研究员	2018.1
55	唐敏敏	女	副研究员	2018.1
56	张 军	男	副研究员	2018.1
57	钟宝珠	女	副研究员	2018.1
58	肖 勇	男	研究员	2019.2

二、岗位设置和聘任情况

2019年岗位设置和聘用情况（不含转正定级人员）

实有人数	项目	管理岗位	专业技术岗位	工勤技能岗位	特设岗位
143	批复设置的岗位数	22	130	47	
	实际聘用人员数	18	83	41	

管理岗位	等级	一	二	三	四	五	六	七	八	九	十
	批复设置的岗位数					2	5	6	6	2	1
	实际聘用人员数					2	4	6	4	2	

专业技术岗位	层级	高级			中级			初级			
	批复设置的岗位数	33			45			52			
	实际聘用人员数	27			36			20			

专业技术岗位	等级	一	二	三	四	五	六	七	八	九	十	十一	十二	十三
	批复设置的岗位数			2	3	6	12	10	15	20	10	20	17	15
	实际聘用人员数			1	2	5	12	7	13	8	15	3	15	2

工勤技能岗位	等级	技术工				普通工	"双肩挑"人数	试用期、待聘人数	2
	一					1			
	二	三	四	五					
	批复设置的岗位数	1	2	2	6	36			
	实际聘用人员数		2	2	6	31			

三、现有高级职称人员情况介绍

截至2019年6月底，椰子研究所在职人员中有正高级职称人员7名、副高级职称人员32名，具体情况介绍如下。

王富有　研究员　三级岗专家

王富有，男，1970年5月5日出生，辽宁省喀左县人。1992年北京师范大学经济学专业毕业，2004—2015年，历任华南热带农业大学、中国热带农业科学院发展与改革办公室副主任、华南热带农业大学与海南大学联合宣传办公室副主任、中国热带农业科学院办公室副主任、法律事务室主任、监察审计室主任。2015年3月至今，任中国热带农业科学院首席法律顾问、椰子研究所所长。

自2004年以来，一直从事知识产权保护与转化的法律审核、组织中国热带农业科学院农业知识产权保护、棕榈科作物种质资源引进等方面工作，被评选为国家知识产权局第四批百千万知识产权人才工程百名高层次人才和商务部企业知识产权海外维权援助中心专家。

参与起草《关于加快扶持热带农业发展与科技创新的建议》，经中国农学会提交温家宝总理，温家宝总理、回良玉副总理以及农业部部长、副部长等领导先后做出重要批示；在该建议的基础上，2010年10月，国务院办公厅发布了《关于促进我国热带作物产业发展的意见》（国办发〔2010〕45号），有力地推动了我国热带作物产业和热带农业科技发展。2009—2010年，赴国际多样性中心（罗马）政策与法律部做访问学者，翻译出版了《〈粮食和农业植物遗传资源国际条约〉解释性指南》，撰写《Flow of Crop Germplasm Resources into/out of China》，在英国出版。回国后，参与中国农业知识产权中心的研究工作，参编出版《农业遗传资源权属制度研究》；与中国农业科学院作物所及各种质资源圃专家合作，向农业部相关司局提交了《关于〈粮食和农业植物遗传资源国际条约〉中文文本翻译的建议》《关于我国加入〈粮食和农业植物遗传资源国际条约〉的法律适应性研究报告》《植物遗传资源获取的惠益分享相关法律法规评估与空缺分析》《粮食和农业植物遗传资源获取与惠益分享报告》等多项报告。组织专家草拟《关于加快椰子产业发展的建议》，时任海南省省长刘赐贵、副省长何西庆做出重要批示。

赵瀛华　研究员

赵瀛华，男，黑龙江哈尔滨市人，汉族，1961年4月出生，1991年7月加入中国共产党，1983年7月，毕业于辽宁工程技术大学（原阜新矿业学院），获工学学士学位。1983年8月至1992年9月，在七台河矿务局工作，历任七台河矿务局设计院、建设处科员、副科长、助理工程师、工程师；1992年9月至1999年4月，在鞍山钢铁集团房产高层公司、房产四公司、房产二公司工作，先后历任副队长、队长、总工程师、副总经理、高级工程师。1999年5月至2002年3月，在海航建设开发有限公司任项目部总经理、高级工程师。2002年4月至2004年4月，在海南华能实业开发有限公司任工程部总经理、高级工程师。2004年4月至2007年12月，在中国热带农业科学院、华南热带农业大学规划基建处任处长、高级工程师。2008年1月至2015年3月，在中国热带农业科学院计划基建处任处长、副研究员。2015年3月至2017年9月，在中国热带农业科学院基地管理处任处长、研究员。2017年9月至今，在中国热带农业科学院椰子研究所任党委书记、党委委员、研究员。

自1983年以来，从事工业与民用建筑技术、管理工作，比较系统地掌握了工业与民用建筑、设备安装专业理论知识，并在实践中广泛应用。能够独立处理解决施工中的技术难题，提出改进意见，制定施工方案。能够主持编制大、中型项目的施工组织设计。胜任各类建筑、设备安装、装修工程的计划管理、预算管理、施工管理、技术管理等工作。主持、组织10余次可研报告和初步设计与概算编制、工程预结算管理、工程招投标、工程施工管理等方面培训,培训范围覆盖整个中国热带农业科学院基本建设、财务管理人员,有效地提升了专业管理水平。主持、组织编制各种院级专项规划7项,其他规划3项。其中,《中国热带农业科学院"十二五"条件建设规划(2011—2015)》获农业部批准备案,《中国热带农业科学院科技创新能力条件建设规划(2011—2015)》获农业部批准,《中国热带农业科学院"十三五"条件建设发展规划(2016—2020)》获农业部批准备案。

1983年7月至2004年4月,先后在七台河矿务局、鞍山钢铁集团公司、海航建设开发有限公司、海南华能实业开发有限公司从事设计、技术、施工等工程管理工作,先后晋升为助理工程师、工程师、高级工程师,2009年转评为副研究员。先后负责或主持过住宅、酒店、厂房、机场建设等项目90多个,总金额超过36亿元。2004年4月至今,在华南热带农业大学、中国热带农业科学院计划基建处工作,十多年来主持完成的主要工作任务有以下几个方面。①主持院基建管理制度制(修)订12个。②项目策划申报:2006—2014年,主持、组织策划可行性研究报告申报获批发改委、农业部项目42个,总金额6.1亿元。其中海口热带农业科技中心项目是国家发改委批复的立项,是农业部迄今为止单体规模最大的建筑。③专项规划编制:主持、组织编制各种院级专项规划7项,其他3项。④项目执行情况:2004—2015年在计划基建处主持管理的项目有20余项之多,重点有9项,其中7项教学科研用房、经济适用房总建筑面积260 425平方米,总投资8.678亿元,基本解决了科研教学用房和职工住房严重不足的问题。2项海口、儋州院区供电改造项目总投资5 000万元,彻底解决了两个院区长期供电难的问题。 ⑤创效益:投资决策阶段的投资控制,海口热带农业科技中心项目投资决策阶段,经过多次方案比选,优化结构,节约投资近1 000万元;设计阶段的投资控制,(推行限额设计)海口院区一期经济适用房。海口热带农业科技中心、海口院区二期经济适用房等项目上采用限额设计,优化设计方案,共节约钢筋1 600多吨,节约投资600多万元。

覃伟权　研究员

覃伟权,男,1969年9月15日出生,广西桂平人,中共党员,研究员,研究生导师,中国热带农业科学院槟榔产业技术创新团队牵头专家,海南省"515人才工程"人才,海南省高层次领军人才。1994年7月华南热带农业大学植物保护学专业本科毕业,2004年7月华南热带农业大学农业昆虫与害虫防治专业研究生毕业。1994年9月参加工作,历任中国热带农业科学院椰子研究所研究实习员、助理研究员、科研办公室主任(正科级)、副研究员/副所长(副处级),2011年至今,一直担任中国热带农业科学院椰子研究所研究员/副所长(副处级),海南大学、湖南农业大学和华中农业大学特聘教授。

工作以来,密切结合国家重大科技需求,以重大农林外来有害生物为研究对象,以生态调控技术为主要研究目标,主攻害虫的生物学生态学与灾害机理、预警监测技术、化学生态调控机理、生物防治技术等研究,科研方向稳定,特色鲜明,以椰子和槟榔减灾增产高效关键技术研究与示范为主攻方向,以保障海南省椰子和槟榔产业可持续发展为目标。近年来主持省部级以上科研项目26项,发表论文149篇,其中SCI收录21篇,出版专著7部,制定行业/地方标准8项,获批专利20多项,研发产品8种,获省部级以上的科学技术奖励6项,其中海南省科学技术进步奖特等奖(第五完成人)、海南省科学技术进步奖一等奖(第一完成人)和中国植保学会科技成果一等奖(第四完成人)各1项,获庞雄飞院士基金杰出贡献年轻专家奖,研究成果在椰子和槟榔主栽区广泛应用。

唐龙祥　研究员

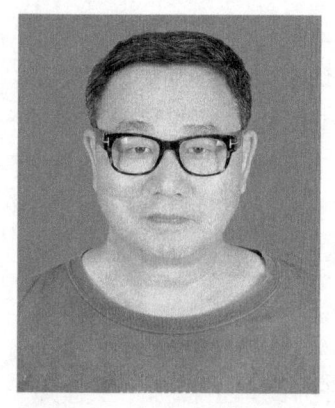

唐龙祥，男，1964年9月19日出生，云南省建水县人。1985年华南热带作物学院热带作物栽培系本科毕业，分配到中国热带农业科学院椰子研究所（原"华南热带作物科学研究院文昌椰子试验站"）工作。2000年7月华南热带农业大学作物栽培学与耕作学专业研究生毕业。2001年3—7月到北京外国语大学参加英语高级班进修学习。2002年11月被聘为中国热带农业科学院第六届科学技术委员会委员。现任海南大学和华中农业大学兼职教授，种质资源学、作物栽培学与耕作学专业硕士生导师。先后担任椰子研究所资源与育种研究室主任、耕作与栽培研究室主任，海南省土壤肥料学会常务理事，海南省农业科技服务"110"专家，国际椰子遗传资源网（COGENT）中方协调员，国际社区网络组织（INCBO）中国清澜（Qinglan）椰子社区社长，国际亚太椰子共同体（APCC）指定中国椰子专家。多次到菲律宾、越南、泰国、马来西亚、印度尼西亚和印度等进行学术考察与交流。

30多年来，从事椰子科研工作涉及椰子丰产栽培、种质资源创新利用、标准制（修）定等。承担国际合作、国家和省部级项目20多项，如亚洲开展银行（ADB）和国际农业发展基金（IFAD）资助项目"Overcoming Poverty in Coconut-Growing Communities: Coconut Genetic Resources for Sustainable Livelihoods"，国家商务部资助的一年一度的发展中国家热带农业新技术培训班有关椰子栽培与管理技术的培训，公益性行业（农业）科研项目"椰子产业提升关键技术研究与集成示范"子课题"丰产高效栽培技术与示范"等。主持和参与完成成果20多项，其中部分成果分别获得农业部、海南省科技进步奖励10多项，如"椰子种质资源创新与新品种培育"获2012—2013年度中华农业科技奖科学研究成果二等奖。参与制定（修订）农业标准10多项，并出版《椰子栽培管理实用技术》和《椰子施肥技术》等多部著作。

刘立云　研究员

刘立云，男，1972年8月13日出生，福建省武平县人，中共党员。1995年7月毕业于华南热带作物学院。研究员，硕士生导师，现任中国热带农业科学院椰子研究所槟榔研究室主任，多年来从事槟榔、椰子及其他棕榈作物的研究工作，兼任海南省农业科技服务"110"技术专家库成员、海南省椰子龙头服务站副站长。具有丰富的理论知识和田间指导能力，曾为海南多家公司、种植基地提供技术指导，解决生产上的技术难题。曾被农业部和商务部委派到科摩罗任援非农业高级专家，获IDI副总统亲自颁发的荣誉证书。先后主持省部级以上项目8项，获得各种省部级学术奖励10余项，发表相关论文40多篇，主编专著1部，以第一发明人获国家授权专利3项，以第一负责人制订地方标准4项。

曹红星　研究员

曹红星，女，1977年12月出生，河南省南阳市人。2000年7月河南科技学院（河南职业技术师范学院）园艺系本科毕业，2005年7月西北农林科技大学毕业，获蔬菜学硕士学位，2008年6月中科院遗传发育与生物学研究所毕业，获生态学博士学。2000年7月至2002年7月在河南省宝丰县第三高级中学任教，2008年7月至今在中国热带农业科学院椰子研究所从事科研工作,2009 至今分别担任育种研究室、油棕研究室主任,所学术委员会委员;2012 年入选首届中国热带农业科学院青年拔尖人才;2009—2017 年年终考评为优并获所内"先进工作者";2010—2015 年所内"优秀共产党员";2016 年获文昌市和院"优秀共产党员";2012 年获中国热带农业科学院"三八红旗手"。

科研工作 10 年来,从事热带油料作物资源与育种工作。主持及参与国家自然科学基金、国家林业局 948、海南省重点等科研项目 30 多项;获省部级奖 4 个(其中一等奖 1 个、二等奖 2 个、三等奖 1 个);参与认定品种 4 个;以第一完成人获批专利 8 项;发表论文 40 多篇,其中被 SCI 收录 6 篇;出版专著 6 部(主编 5 部);以第一完成人完成农业部行业标准 1 项、海南省地方标准 4 项,是海南省林业厅和海南省质量监督局等职能部门的入库专家,中国热带农业科学院学术委员会委员。

范海阔　研究员

范海阔,男,1976 年 8 月生,农学博士,研究员,硕士生导师。现任中国热带农业科学院椰子研究所椰子研究中心主任、椰子研究所成果转化办主任;农业部热带作物品种审定专家、中国热带农业科学院学术委员会作物科学专业委员会委员、国际生物多样性中心(Biodiversity)国际椰子资源网(COGENT)中国联络人;海南大学、西南林业大学、四川农业大学硕士研究生兼职导师以及校外指导老师;同时还兼任中国热带作物学会棕榈专业委员会秘书长和椰子产业技术创新战略联盟秘书长。先后工作和学习在中国科学院遗传发育研究所、广东省农科院果树研究所、中国热带农业科学院生物技术研究所以及到马来西亚理科大学交流访问。

在主要成果和贡献方面,2006 年以来作为负责人或主要完成人先后承担省部级以上科研项目 42 项,鉴定或审定科研成果 11 项,授权专利 8 项,发布各项行业标准 3 项,培育椰子新品种 3 个,其中"高产早结矮化椰子新品种'文椰 3 号'推广利用",以第一完成人获得海南省科技成果转化三等奖。主编出版专著 3 本,即《世界主要椰子种质资源》《椰子种质资源图谱》和《文椰 3 号栽培技术》,以第一作者或通讯作者发表论文 13 篇,其中 SCI 收录 3 篇。以上成果的推广和应用为我国椰子产业的年增产贡献超过 3 亿元。

肖　勇　研究员

肖勇,男,1980 年 7 月出生,湖北监利人。2003 年 7 月湖北农学院本科毕业,2010 年 7 月华中农业大学毕业,获发育生物学博士学。2010 年 8 月至今在中国热带农业科学院椰子研究所从事科研工作,主要从事椰子生物技术研究。主持国家自然科学基金 1 项,海南省科技合作项目 1 项,中国热带农业科学院热带青年拔尖人才项目 1 项。获海南省科技厅科技进步奖 1 项(第三完成人),以第一作者发表外文期刊文章 11 篇。

吴多扬　副研究员

吴多扬,男,汉族,1959 年 12 月出生,海南省海口市人。1982 年 1 月毕业于华南热带作物学院植物保护专业,本科学历,硕士学位。1982 年 1 月至今在椰子研究所工作,历任椰子研究所副所长、副书记。

主持了海南省农业厅"百项农业新技术"—《文椰 78F1 扩大制种园建设》项目;作为第二完成人参加《低产椰园改造提高产量和经济效益研究》

项目，获得 2000 年中国热科院科技进步一等奖、2001 年海南省科技进步四等奖；参加《椰子种质资源的收集、保存、评价与创新利用》项目，获得海南省 2010 年科技进步一等奖、农业部 2008—2010 年度全国农牧渔业丰收奖二等奖。工作以来，发表论文 11 篇，主要论文有《对海南引进和选育的主要几个椰子品种的初步评价》《提高海南椰子产量大有潜力》等。

陈　刚　副研究员

陈刚，男，汉族，1981 年 9 月出生，广西全州人，2003 年 5 月加入中国共产党，毕业于华南热带农业大学法学专业，本科学历，硕士学位，副研究员。

2004 年 6 月至 2005 年 8 月在中国热带农业科学院、华南热带农业大学海口综合办学生服务中心任干事；2005 年 9 月至 2006 年 7 月在华南热带农业大学应用科技学院任政治辅导员；2006 年 7 月至 2010 年 5 月在中国热带农业科学院办公室历任科员、副科长（主持工作）、党支部纪律委员；2010 年 5 月至 2010 年 12 月任中国热带农业科学院环植所综合办副主任、党务干部、第二党支部书记；2011 年 1 月至 2015 年 3 月历任中国热带农业科学院办公室副科长、科长、党支部组织委员，其中 2013 年 9 月至 2014 年 8 月借调到农业部办公厅行政审批办公室工作。2015 年 4 月调入椰子研究所工作，任副所长、党委委员。

长期从事行政管理和研究工作，主持"热带农业科学院政务管理创新研究""院重大事项督导机制的研究与创新"等项目管理类科研项目 4 项、参与项目 6 项，主编或参与编辑出版著作 6 部，发表研究论文 33 篇（其中核心期刊 16 篇），2018 年入选海南省高层次人才。在公文写作、制度创新、改革发展等方面具有较为丰富的学术水平。2007 年、2008 年、2009 年、2010 年、2014 年获院年度"优秀"等级，2012 年获院"优秀共产党员"称号，2014 年获院"先进个人"称号，2016 年、2017 年、2018 年、2019 年获椰子研究所"优秀共产党员"称号。

陈良秋　副研究员

陈良秋，男，汉族，1964 年 10 月出生，广东惠来人，1986 年 1 月加入中国共党员，毕业于华南热带作物学院热带作物专业，本科学历，硕士学位，副研究员。

1988 年 7 月至 1999 年 8 月在华南热带农业大学农学院教师，1999 年 8 月至 2003 年 11 月在中国热科院产业处任副处长；2003 年 11 月至今，历任中国热科院椰子研究所副所长、海南省椰子科技"110"副站长、中国热科院油茶研究中心主任等职务。主要从事热带与亚热带地区油茶资源及其产业化研究，主编《槟榔高产栽培技术》，参与编写油茶专著《中国油茶品种志》，发表学术论文 50 多篇，获批发明专利 3 项（其中第三完成人 1 项、第四完成人 2 项），制定油茶地方标准两个。带领油茶团队加入油茶产业国家创新联盟、海南省山柚（油茶）产业技术联盟，组建完成"三圃一园"（种质资源圃、采穗圃、苗圃、丰产示范园）建设，培育油茶新品种 2 个（热研 1 号、热研 2 号），通过杂交、优选等技术创制新种质 20 多份。分别在三亚、五指山、琼海、文昌、定安、儋州六地建成油茶丰产示范基地，同时开展技术培训、扶贫技术指导等工作。组织油茶团队开展油茶新产品椰科牌山柚油、油茶花茶、茶油香皂、茶枯粉等新产品。获得中国热带农业科学院2007年度著作奖,2010年被授予海南"全省优秀科技特派员"、获得全国农牧渔业丰收奖农业技术推广成果奖二等奖。

师雪茹　副研究员

师雪茹,女,1977年1月28日出生,四川省成都市人。1998年华南热带农业大学经贸英语专业毕业,2004年12月调入中国热带农业科学院环境与植物保护研究所,历任综合办公室行政科副科长、综合办公室副主任(正科级)。2008年1月海南大学法学专业本科毕业,获法学学士学位;2012年6月海南大学农村与区域发展专业硕士毕业。2015年8月调入中国热带农业科学院椰子研究所,历任椰子大观园管理中心主任、综合办公室主任(2016年2月起任所务委员)。

长期从事人力资源、行政与党务管理与研究工作。发表论文27篇,以第一作者发表15篇(其中,国家级刊物论文7篇,核心期刊论文3篇);出版管理类著作《农业科研机构人力资源管理研究》,第一主编;参编论著《农业系统应用写作》,编委;主持2项、参与2项基本科研业务费项目,参与获批实用新型专利1项。

《创新科研单位离退休人员服务与管理工作的思考》(第一完成人)获2014—2015年度农业部直属单位离退休干部工作课题调研报告三等奖;《党建工作与行政效能建设的实践与思考——以中国热带农业科学院椰子研究所为例》(第一完成人)获得2017年度海南省机关党建理论优秀研究成果三等奖。2017年被评为中国热带农业科学院先进个人,2018年获得农业部人力资源开发中心颁发的面试考官培训证书,2018年获得海南省其他类高层次人才证书,2018年被评为农业农村部离退休干部宣传信息工作先进个人。

张木炎　副研究员

张木炎,男,1959年出生,广东省汕头市潮阳区人。1983年6月华南热带作物学院产品加工系大学本科毕业,获学士学位。毕业后,到椰子研究所(当时为椰子试验站)工作至今。1983年6月至1988年12月在单位科研办公室任技术员,1989年1月至1998年12月历任椰子研究所椰子综合利用加工厂副厂长、厂长职务;2000年9月至2002年从事椰子研究所组培中心工作,任副主任;2003年在椰子研究所科研办公室工作,从事椰子加工的课题研究;2004年3月至2009年12月任椰子研究所椰子大观园产品部负责人,期间2007年获华南热带农业大学农学院在职农业推广硕士学位;2010年至2012年任椰子研究所半岛科研基地负责人;2013年至2015年10月任椰子研究所椰子大观园负责人。曾赴印度、新加坡、越南考察和交流。

30多年来主要从事椰子、槟榔等棕榈植物的产品加工等研究及成果转化工作,主持、参加科技项目22项,发表论文10多篇,获批专利4项,参加制定行业标准6项,参编教材和专著各1部,获海南省科技进步三等奖(第三完成人)1项;获中国热带农业科学院科技成果一等奖(第三完成人)1项。曾2次被椰子研究所授予"先进工作者"的称号(2000年度及2008年度),1次被中国热带农业科学院及中国热带农业大学评为"重建家园"先进个人(2005年度参加科技救灾工作)。

林 浩 副研究员

林浩，男，1969年12月29日出生，山东省威海人，1993年6月兰州大学外语专业毕业，获学士学位；1993年7月参加工作，1999年加入中国共产党。2002年9月至2003年7月于山东大学外语系研究生班进修；2006年至2009年攻读海南大学农业推广专业研究生。

1993年7月至2010年3月就职于中国热带农业科学院国际合作处任科员，助理研究员，主任科员，副研究员；2010年4月至今任中国热带农业科学院椰子研究所科研管理办公室主任、开发办主任、科技"110"办公室主任等职；2014年在五指山市南圣镇挂职科技副镇长。2016年12月至今兼职海南文昌市科学技术协会副主席，现任中国热带农业科学院椰子研究所副研究员。

长期从事外事和热带农业的项目管理与研究工作，完成2个省级科研管理项目，主持过10个国家商务部对外培训项目，发表相关专业论文8篇。

刘 蕊 副研究员

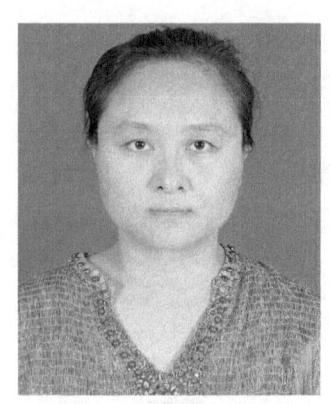

刘蕊，女，1979年8月3日出生，河北省新乐县人。2003年6月河北师范大学生命科学学院本科毕业，2006年6月华南师范大学生命科学学院硕士毕业，2009年6月华南农业大学农学院博士毕业。2009年7月进入中国热带农业科学院椰子研究所工作。

近10年来，主要从事椰子种质资源的收集、鉴定、评价与创新利用等研究工作，同时探索椰子良种繁育、离体保存技术，具有比较扎实的理论基础和专业技术知识。获得海南省科学技术成果转化奖二等奖1项，中华农业科技奖三等奖1项；主持海南省自然科学基金2项；获得国家发明专利2项，发表学术论文10多篇。建立了"全根苗技术"为核心的椰子种苗繁殖技术，显著缩短育苗时间，提高移栽成活率，为椰子新品种推广做出了贡献。入选中国热带农业科学院"十百千人才工程"之千人计划。

杨耀东 副研究员

杨耀东，男，1966年9月14日出生，福建厦门人。1989年青岛海洋大学海洋生物学本科毕业，1997年9月获比利时根特大学水产养殖硕士，1998年获比利时布鲁塞尔自由大学分子生物与生物技术硕士，2004年获德国海德堡大学植物细胞与分子生物学博士。2004—2009年在美国Danforth植物科学中心和特拉华生物技术研究所开展博士后研究工作，2010年作为人才引进到中国热带农业科学院椰子研究所工作至今，被聘为研究员，任生物技术研究室主任、海南省热带油料作物生物学重点实验室副主任等职；兼任中国热带农业科学院学术委员会国际合作专业委员会委员，FAO热带作物培训专家库入库专家和亚太地区椰子产业发展高级专家咨询组成员，Journal of Current Plant Science Research（Revotech Press）编委成员和国际椰子基因组的专题行动组的骨干成员。主要社会兼职有海南省第七届政协委员、文昌市第十一届政协常委、海南省欧美同学会理事、九三学社第七届海南省委员会委员、九三学社海南省文昌支社主委等。

近年来共主持包括 2011 年人力资源与社会保障部高层次留学人才回国工作项目、国家自然科学基金面上项目、海南省自然科学基金、海南省国际科技合作专项、海南省重大科技项目（子课题）、科技部亚非国家青年科学家来华工作项目等各类项目 17 项。主要从事椰子、油棕等热带油料植物生理生化及生物技术相关的研究工作，在相关领域共发表 SCI 论文 24 篇，SCI 总影响因子为 93.81（文章被引用 1 315 篇次），其他论文 32 篇，授权发明专利 2 项，参编专著 2 部。2014 年获第五届中国侨界贡献奖（创新人才奖）；2015 年获海南省科技进步奖三等奖（第二完成人）；2011—2014 年、2017 年被评为中国热带农业科学院椰子研究所先进工作者。

陈思婷　副研究员

陈思婷，女，1972 年出生，副研究员，海南省乐东县人。1995 年华南热带作物学院本科毕业，毕业后一直在中国热带农业科学院工作，期间于 2004—2007 年就读华南热带农业大学农推广硕士毕业，并获农业推广硕士研究生学位。作物栽培学与耕作学硕士生导师，现任椰子研究所科技服务"110"专家，中国热带作物学会棕榈作物专业委员会副秘书长，中共文昌市第九、十、十一届政治协商会委员。

20 多年来，主要从事椰子的栽培、营养诊断及其林下种养等研究工作。主持、参与的项目有 948 项目（子课题）、公益性行业（农业）专项、部农业结构调整项目、省基金项目、省重点项目等 10 余项，发表论文 20 余篇，副主编参编专著 7 部，参与发明国家专利 5 项，获省部科技进步奖及成果转化奖共 6 项。其中，"椰园种养生态模式构建研究、示范和推广应用"获 2011 年海南省成果转化二等奖（第二完成人）；"椰园种养高效模式研究"获 2009 年海南省科学技术进步奖三等奖（第三完成人）。

孙程旭　副研究员

孙程旭，男，1976 年 10 月 8 日出生，河南省确山县人。2000 年 6 月河南科技学院（河南职业技术师范学院）园艺系本科毕业，2007 年 6 月宁夏大学作物栽培学与耕作学专业研究生毕业，其中 2004 年 10 月至 2005 年 6 月作为访问学生在西北农林科技大学研究生院研修硕士课程，2005 年 7 月至 2007 年 6 月在北京市农业科学院蔬菜研究中心（国家蔬菜工程技术研究中心）做客座研究生。2008 年 7 月至今在中国热带农业科学院椰子研究所从事科研工作，其中 2014 年 7 月至 2015 年 7 月于海南省农业厅省发展南亚热带作物办公室挂职锻炼，担任主任助理职务。先后是海南省农业厅、省质量监督局等职能部门的入库专家和海南省"泛农业"智库全面品牌管理（战略）专家委员会委员。根据"琼府办〔2015〕15 号"规定，2018 年被认定为海南省"领军人才"称号。

科研工作 10 年来，主要从事植物（热带木本油料）生理生态、资源选育和质量管控研究。参与或主持国家、省部（市）级科研项目 20 多项，在国内外学术刊物上发表了学术论文 40 多篇，其中被 SCI 收录 3 篇；发明专利或实用新型专利 14 项；获农业部渔牧丰收成果转化一等奖等省部级成果（奖）10 多项；参与及主持椰子新品种审定或认定 3 个。主编或参编图书等 10 多部；主持或参与制订地方标准 5 项。与文昌市政府合作，于 2017 年 9 月获批"文昌椰子"地理标志。

董志国　副研究员

董志国，男，1981年1月5日出生，湖南省衡东县人。2003年华南农业大学农学系本科毕业，2006年6月华南农业大学作物栽培学与耕作学专业研究生毕业后，到中国热带农业科学院椰子研究所工作。

任职以来，主要从事椰子、槟榔等热带棕榈作物栽培技术研究。在全国和浙江省育种攻关中担任专题主持人。在全国和省级学术刊物上发表论文20余篇、主编出版专著2本。

李和帅　副研究员

李和帅，男，1978年10月出生，湖南省临武县人。2001年华南热带农业大学园艺系本科毕业后到中国热带农业科学院椰子研究所工作至今，主要从事椰子的种质资源与育种研究；期间于2005—2008年在海南大学生物化学与分子生物学专业就读。现任副研究员。

作为主要完成人获中华农业科技奖二等奖1项，海南省科技成果转化奖三等奖1项；获得2个椰子新品种、1个槟榔新品种的审定；制订椰子农业行业标准2项。

张　军　副研究员

张军，男，1967年2月14日出生，四川省巴中市人。1992年北京农业大学园艺系本科毕业，同年七月分配到中国热带农业科学院椰子研究所工作。曾先后赴泰国、菲律宾、新加坡、马来西亚、斯里兰卡等国考察、访问学习。

20多年来，主要从事椰子等热带油料作物种质资源收集、保存、评价与利用和遗传育种及科技成果转化等研究工作。先后参与育成"文椰2号""文椰3号""文椰4号"等文椰系列椰子新品种。作为推广负责人这些品种累计推广面积达1万亩以上，创经济效益1 000多万元，社会效益及生态效益显著。作为负责人筹建了我国唯一的椰子种质资源圃，作为主要参与人参研科研项目5项，迄今为止以第一作者在全国和省级学术刊物上发表论文5篇，以主要参与人获得省部级科技成果奖5项，参编专著2本，获批发明专利1项、实用新型专利1项。曾2次被评为中国热带农业科学院"科技开发先进个人"，3次被评为本单位"先进工作者"，1次被评为本单位"优秀共产党员"。

王　永　副研究员

王永，男，1980年2月出生，河南省驻马店人。2003年河南农业大学园艺系本科毕业，2003年9月至2005年6月河南省桐柏县林业局工作，2011年6月华中农业大学果树系博士研究生毕业，中国热带农业科学院椰子研究所工作至今，2014年1月晋升为副研究员。2012—2017年连续6年被评为"先进工作者"，现为中国热带农业科学院第十一届学术委员会热带油料作物专业委员会委员、热带油料产业技术创新团队骨干专家。

主要从事油棕种质资源鉴定评价与创新利用研究，先后赴马来西亚、印度尼西亚、尼日利亚、巴西、哥伦比亚、法国等十多个国家开展国际交流与合作，结合表型鉴定和分子标记评价为引种试种、品种改良等提供理论依据；重点开展组织培养调控机理与技术体系研究，结合转录组、蛋白组、代谢组等生物组学鉴定与分析，研究各关键环节的调控机理并构建相应的技术体系，为优良品种扩繁、基因功能验证以及分子育种等提供技术支撑；在服务产业发展方面，重点开展"一带一路"沿线国家油棕产业发展模式及商业种植园布局规划研究，为我国企业"走出去"提供信息咨询与技术服务。

近年来，主持国家自然科学基金、科技部国际杰青计划（TYSP）、海南省重点研发计划（科技合作）等省部级项目9项；参与农业部物种资源保护、农业部948、国家林业局948等省部级课题10多项；发表论文10余篇，获批发明专利2项，出版专著2部，制定海南省地方标准7项。

冯美利　副研究员

冯美利，女，1979年7月出生，海南省澄迈人。2002年毕业于华南热带农业大学园艺学专业，获农学学士学位。毕业后到中国热带农业科学院椰子研究所工作至今。工作期间在海南大学完成了园艺领域硕士专业学位培养计划，并于2009年7月获农业推广硕士学位。

工作以来，主要从事椰子、油棕和槟榔的耕作与栽培研究，先后开展了椰园和油棕园的土壤养分与叶片营养元素测定分析，林下种养技术研究及其模式构建示范研究等，为椰子、油棕的施肥管理与其高效种养提供了技术支撑。先后主持和参与的海南省基金项目、农业结构调整重大技术研究专项、948项目、海南省重点、科技人员服务企业等项目10多项，获省级以上科技进步奖8项；以第一作者发表论文19篇，参与发表论文20多篇，副主编出版专著1本，参与制定地方标准10项。

周焕起　副研究员

周焕起，男，1973年11月出生，海南澄迈人，大学本科学历硕士学位，中国热带农业科学院椰子研究所副研究员，硕士生导师。1998年毕业于华南热带农业大学观赏园艺本科专业，2008年获海南大学农学硕士学位。

主要从事热带经济棕榈及热带油料作物种质资源的收集、保存与评价研究工作，主持或参与了农业部公益性行业科技专项、农业部948项目、农业科技成果转化项目、海南省重点、海南省自然科学基金、中央级科研单位基础科研业务费等国家、省部级10余项研究工作。主持完成的项目通过海南省成果鉴定1项，分别获得海南省科技进步特等奖1项、一等奖1项，全国农牧渔业丰收二等奖1奖，中华农业科技奖科学研究成果二等奖1项，先后在国内中文核心期刊上发表论文20多篇。2010—2011年海南省科技特派员，获得2010年海南省琼中县科普工作先进个人。

黄丽云　副研究员

黄丽云，女，汉族，1980年8月17日出生于海南屯昌，广东潮阳市人。2003年7月本科毕业于华南热带农业大学农学专业；2006年7月硕士研究生毕业于华南热带农业大学作物遗传育种专业。2006年7月参加工作至今，专门从事槟榔、椰子、油棕等棕榈作物资源与育种研究工作。

工作期间，作为负责人筹建了我国唯一的槟榔种质资源圃；作为第二负责人选育"热研1号"槟榔品种并通过国家审定；主持省部级项目6项，参研项目20余项；获得学术奖励5项；第一作者或通讯作者发表科技论文24篇；主编或第一副主编编写专著3部；第一或第二发明人授权国家专利5项，制定行业标准2项，地方标准3项。

朱　辉　副研究员

朱辉，男，1983年4月15日出生，山东枣庄人。2004年7月莱阳农学院植物保护系植物保护专业本科毕业，2007年7月中国农业科学院研究生院植物病理学专业硕士毕业，2017年12月海南大学热带农林学院分子植物病理学专业博士毕业。2007年7月在中国热带农业科学院椰子研究所工作至今，主要从事槟榔、椰子等经济棕榈和热带油料作物病害病原学、发生规律及综合防控技术研究。先后参与了国家科技支撑计划、农业公益性行业科技专项、海南省重大科技计划、省重点研发计划、省自然科学基金、中央级公益性科研院所基本业务费专项等国家级、省部级科研项目的研究，发表相关论文26篇，其中SCI收录5篇，授权专利6项，出版专著2部。

唐敏敏　副研究员

唐敏敏，女，在读博士，1984年8月23日出生，山东省东平县人。2002年6月西北农林科技大学食品科学与工程专业本科毕业，2006年6月中国海洋大学食品科学专业硕士研究生毕业后，就职于中国热带农业科学院椰子研究所。2017年考取海南师范大学有机化学专业博士。

长期从事热带棕榈作物（槟榔、椰子、油棕等）的功能成分提取和功能产品研发。近5年来，主持槟榔相关项目2项，主要研究了槟榔中活性物质的提取、分离和活性评价工作，发现槟榔多糖和多酚具有良好的护肤作用和体内抗疲劳作用，为槟榔产业的健康发展提供了新的思路；以第二申请人完成省工程中心项目2项，主要研发了分别具有淡斑、保湿、美白和局部塑形功能的4款椰子油复方精油产品，并已成功上市销售；开发了椰枣果醋、椰枣巧克力、椰枣茉莉花茶、椰枣奶茶等产品，并对椰枣果醋的体外活性进行了初步评价，发现其具有优秀的体外抗氧化活性。近年来，作为主要完成人获1项国家发明专利，4项外观专利，参与编写专著2部，其中1部为副主编；以第一作者在核心期刊发表研究性论文6篇，其中SCI收录3篇，EI收录1篇。

陈 华 副研究员

陈华，男，1971年8月23日生，海南乐东人，1993年本科毕业于华南热带作物学院食品工程专业，2005年硕士毕业于华南热带农业大学农产品贮藏与加工专业。1993年本科毕业后在中国热带农业科学院椰子研究所工作，期间2012年9月至2014年12月在四川省攀枝花市盐边县挂职任副县长。

长期从事椰子、槟榔等食品加工及其标准制修订研究工作。2000年以来，先后主持和参与了国家科技支撑计划、国家重大科技成果转化项目、农业行业科技及海南省重点项目等23项科研项目，发表论文19篇，授权专利3项，作为主编参编专著1部，作为副主编参编教材和专著各1部，标准6项。获奖成果5项："椰子花序汁液的采集与利用研究"（2009年海南省科技进步奖三等奖，第一完成人）、"椰子生产全程质量控制技术研究与应用"（2013年海南省科技进步奖三等奖，第二完成人）、"椰衣栽培介质产品开发关键技术研究、示范与推广"（2013年全国农牧渔业丰收奖一等奖，第四完成人）、"天然椰子油湿法加工工艺改进及产品研发"（2013年中国粮油学会科学技术三等奖，第五完成人）、"椰衣栽培介质产品开发及推广利用"（2013年海南省成果转化二等奖，第九完成人）。

李 瑞 副研究员

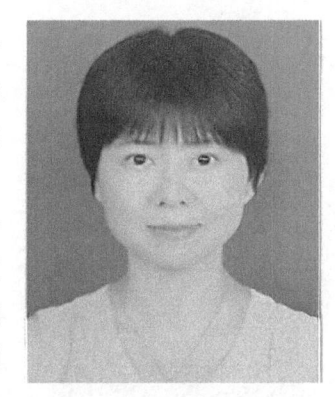

李瑞，女，1981年1月生，河南省滑县人，2003年河南农业大学食品科学与工程专业毕业，2006年江南大学食品科学专业硕士毕业后开始在中国热带农业科学院椰子研究所工作。2012年8月开始在澳大利亚迪肯大学攻读生物与化学专业博士学位，并于2016年12月顺利毕业。

长期从事科学研究工作，主要研究方向为油脂化工和生物材料。以第一作者或通讯作者发表论文24篇，其中SCI论文7篇，影响因子3.0以上论文5篇；参与发表SCI论文7篇；参与编写专著4部，其中2部为副主编；主持海南省自然科学基金1项并顺利结题，主持公益性行业（农业）科研专项三级课题1项，以第二负责人主持海南省社会发展专项1项并顺利结题。以前2名完成人获批国家发明专利5项，其中第一完成人1项。以第三完成人鉴定成果"天然椰子油湿法加工工艺改进及产品研发"1项，经鉴定为国际先进水平，并获2012年中国粮油学会科学技术进步奖三等奖和院科技成果二等奖，参与研发了天然椰子油系列产品并成功上市销售。

夏秋瑜 副研究员

夏秋瑜，男，1978年10月生，江西省赣州市人，2003年华南热带农业大学食品科学与工程专业毕业，2006年华南热带农业大学农产品加工及贮藏专业硕士毕业后开始在中国热带农业科学院椰子研究所工作，历任产品加工研究室副主任、主任。2013年8月开始在澳大利亚迪肯大学攻读生物与化学专业博士学位，并于2018年3月顺利毕业。

主要从事热带木本油料作物产品加工，及椰子油、棕榈油、Omega-3油脂等油脂化学研究工作。参与完成了国家科技支撑计划课题、公益性行业（农业）科研专项课题和国家重大成果转化项目等重大部级科技项目的申报、执行和验收工作，主持海南省及院级项目5项；以第一作者或通讯作者发表论文20余篇,其中SCI和EI收录5篇,参与编写专著5本,以主要完成人获国家发明专利6项;负责完成的成果"天然椰子油湿法工艺改进及产品研发"经鉴定为国际先进水平(第二完成人),并获2012年中国粮油学会科学技术奖三等奖,并于2011年推出了国产首家有QS证的初榨椰子油(VCO)产品,成功在各大商场和超市上架销售,取得了显著的社会效和经济效益,促进了国内VCO产业的萌芽和发展。

阎 伟 副研究员

阎伟,男,1983年1月16日出生,山西省太原市人。2009年7月北京林业大学森林保护学专业研究生毕业后,来中国热带农业科学院椰子研究所工作。

自工作以来,一直从事棕榈科有害生物综合防治技术研究和示范工作,主持省部级以上科研项目20多项,获海南省科技进步一等奖1项(排名第2),海南省科技进步三等奖1项(第四完成人),发表论文20多篇,授权专家2件,制定行业标准3项(第二完成人),出版专著1部。2014年被国家林业局授予"全国生态建设突出贡献奖先进个人"。

唐庆华 副研究员

唐庆华,男,1978年6月10日出生,河北景县人。2009年南京农业大学植保学院博士毕业,同年12月进入中国热带农业科学院椰子研究所工作。

近10年来,主要从事槟榔黄化病、槟榔细菌性叶斑病、槟榔炭疽病等研究工作。在国内外学术刊物上发表论文30余篇,其中在 *Molecular plant-microbe interactions*、*Plant Disease* 等期刊上发表SCI论文8篇,主编、参编出版专著5部,获软件著作权2项,实用新型专利3项。参与或主持海南省重大科技项目、海南省科技重点项目、海南省自然科学基金项目、科技支撑计划项目、农业行业科技项目等20余项,累计科研经费450多万元。近5年来,参与国际培训班授课9次,培训来自密克罗尼西亚、尼日利亚、萨摩亚、斯里兰卡、印度等国学员超过300人。

牛晓庆 副研究员

牛晓庆,女,1982年8月14日生,安徽阜阳人。2006年安徽科技学院植物科学学院农学专业本科毕业,2009年毕业于福建农林大学病毒研究所植物病理学专业。2009年7月在中国热带农业科学院椰子研究所工作,主要从事槟榔、椰子、油茶等热带植物病害及其防治方面的研究。

自工作以来先后参与省部级、国家级等科研项目10余项,主持椰子病害相关科研项目4项,发表论文20余篇,其中第一作者发表国家级期刊以上论文12篇,SCI论文2篇,授权国家发明专利2项,授权实用新型专利1件,获批软件著作权1件,主编《油茶主要病虫害及其防治》。

李朝绪　副研究员

李朝绪，男，1978年8月14日出生，河南省滑县人。2002年河南农业大学植物保护学院本科毕业，2005年6月华南热带农业大学农业昆虫与害虫防治专业毕业。2005年8月参加工作。

自工作以来，主要从事棕榈植物外来入侵害虫椰心叶甲、红棕象甲等害虫的防治研究与技术推广工作，在椰心叶甲寄生蜂规模化繁育、野外释放及防治效果评价有较深入的研究。先后主持和参与有关农业部948项目、科技支撑项目、行业科技专项、海南省重点项目、省基金项目10多项，以主要完成人获海南省科技进步特等奖1项，海南省科技进步一等奖1项，中国植物保护学会科学技术奖一等奖1项。参编专著4本，制定标准3项，获批专利8项，发表相关论文20多篇。

余凤玉　副研究员

余凤玉，女，1978年12月30日出生，广西壮族自治区博白县人。2005年毕业于华南热带农业大学植物病理学专业，2005年7月进入中国热带农业科学院椰子研究所工作，2014年1月获取副研究员职位。

长期从事椰子、油茶等热带油料作物病害及其防治方面的研究工作。发表论文50余篇，其中第一作者发表国家级期刊论文15篇，发表SCI论文"First Report of Stem Bleeding in Coconut Caused by Ceratocystis paradoxa in Hainan"和"First report of trunk rot caused by Ceratocystis paradoxa on triangle palm（Dypsis decaryi）in Hainan, China"2篇，以通讯作者发表国家级期刊论文2篇，翻译新闻类短文11篇；参编专著《棕榈科植物病虫鼠害的鉴定及防治》《油茶主要病虫害及防治》《中国农作物病虫害（第三版）》和《椰子主要病害防治技术手册》4部；先后参与省部级、国家级等科研项目20余项，主持科研项目"椰子茎干腐烂病防控关键技术研究与示范"（ZDX M2 0130004）、"椰子茎泻血病病原鉴定及药剂防治试验研究"（PDCTA1002）、"槟榔黄化病防控体系构建与示范"（2007BAD48B06-4-2）和"椰子重大病害预警监测与防控技术研究"（200903026-4-1）4项，以第二完成人完成已发布农业行业标准1项；以第四完成人鉴定成果1项；以主要完成人获海南省科技进步一等奖1项；以主要完成人获批发明专利2项，实用型专利2项；参与起草《2017—2025年海南省油茶产业发展规划》；2014年被选入热带农业科学院"千人计划"；海南省科技厅项目评审专家库成员，多次参与项目评审验收工作。

黄山春　副研究员

黄山春，男，1981年出生，海南省万宁市人，副研究员，毕业于华南热带农业大学。主要开展了昆虫生物生态学、生物防治和信息素的研究与示范推广工作。在红棕象甲关键防控技术方面，所研发无公害防治技术——红棕象甲信息素被国内30多家单位应用，同时该项技术已出口至阿联酋，获得阿方高度认可。主持省部级科研项目4项；发表论文20多篇；获批国家授权专利10项；副主编专著《红棕象甲监测与防治》和《棕榈科植物病虫鼠害的鉴定及防治》2部；获海南省2013年科技进步一等奖1项（第三完成人）。

钟宝珠　副研究员

钟宝珠，女，1981年2月20日出生，河北省丰润县人。2005年河北农业大学植物保护学系本科毕业，2008年6月从华南农业大学资环学院昆虫学系毕业，获农学硕士学位。自2008年7月开始在中国热带农业科学院椰子研究所工作至今，主要从事热带害虫综合防治技术研究。

近年来主要开展热带棕榈作物病虫害防控技术研究，重点针对红脉穗螟和二疣犀甲等害虫的天敌资源收集、评价及利用、趋避防控及药剂防治技术等方面取得良好的创新性成果。获海南省科技进步三等奖1项；主持和参与行业科研专项、省重大科技计划、省重点和省自然基金项目10余项；发表学术论文40多篇，其中SCI收录论文5篇；获得专利授权12项；作为主编或副主编编写病虫害专著2部；在国家科技成果网站登记科技成果5项；参与制定农业行业标准1项；获中国热带作物学会2013年度优秀论文作者和椰子研究所第二届青年学术论坛二等奖。

龙翊岚　副研究员

龙翊岚，女，1972年5月15日出生，贵州省独山市人。1994年毕业于华南热带作物学院热带作物学专业，1994年7月进入中国热带农业科学院椰子研究所，历任助理研究员、副研究员，椰子大观园外联部部长、椰子大观园总经理、综合办公室副主任、开发办副主任，文昌市第十一届政协委员。

长期从事生态农业与旅游，发表论文5篇。

获奖情况：2007年"五种国外椰子优良品种的引进及适应性研究"获海南省科学技术进步三等奖（第三完成人）。2005年"低产椰园改造技术的示范和推广"获海南省科技进步三等奖（第三完成人）。2004年"低产椰园改造技术的示范和推广"获农业部农牧渔业丰收三等奖（第三完成人）。

吕朝军　副研究员

吕朝军，男，1980年7月11日出生，山西省绛县人。2002年山西农业大学植物保护专业本科毕业，2005年山西农业大学农业昆虫与害虫防治专业硕士研究生毕业，2008年于华南农业大学农药学专业获博士学位后在中国热带农业科学院椰子研究所工作至今。曾先后赴泰国、阿联酋、巴基斯坦、印度、斯里兰卡考察、访问或参加国际学术会议。

工作10余年来，主要从事棕榈作物有害生物生态防控技术的研发与示范推广工作。先后主持海南省重点科技计划项目、海南省重点科技研发项目、"一带一路"种质资源收集项目等。获得省部级科技成果奖1个。在全国和省级学术刊物上发表论文60余篇，获批国家发明专利15项，主编出版专著2本。

第三节 人才培养

一、政府参政议政

1991年，王文壮当选为文昌市第十届人民代表大会代表；吴多扬当选为文昌市第六届政协委员。

1996年，吴多扬当选为文昌市第十一届人民代表大会代表、第七届政协委员。

2001年，黄宽猛当选为文昌市第十二届人民代表大会代表。

2006年，马子龙当选为文昌市第十三届人民代表大会代表；吴多扬当选为文昌市委第十一届党代会代表。

2007年，马子龙当选为文昌市第十三届人民代表大会常务委员会委员。

2013年，杨耀东当选为文昌市政协第十届委员会委员。

2016年，王富有当选为文昌市第十五届人民代表大会代表；赵松林当选为文昌市委第十三届党代会代表。

2017年，杨耀东当选为文昌市政协第十一届委员会常委。

2018年，杨耀东当选为海南省政协第七届委员会委员。

二、高层次人才培养

（一）海南省"515人才工程"

覃伟权，第三层次。

（二）海南省高层次人才

1. 领军人才

王富有、覃伟权、范海阔、孙程旭、冯美利、周焕起、阎伟。

2. 拔尖人才

唐龙祥、刘立云、刘蕊、陈思婷。

3. 其他类人才

杨耀东、曹红星、王永、肖勇、唐庆华、吕朝军、赵瀛华、陈刚、师雪茹、林浩、张木炎、黄丽云、朱辉、陈良秋、余凤玉、陈华、李瑞、孙晓东、夏秋瑜、牛晓庆、李朝绪、龙翊岚、张大鹏、金龙飞、齐兰、付登强、贾效成、宋薇薇、于少帅。

（三）海南省"南海系列"人才

1. "南海名家"

覃伟权、范海阔、曹红星。

2. "南海名家"青年人才

王永、肖勇、阎伟、孙程旭、吕朝军、李瑞、钟宝珠。

（四）中国热带农业科学院"十百千"之千人计划人才

肖勇、范海阔、王永、阎伟、李朝绪、曹红星、黄丽云、余凤玉、刘丽、吕朝军、钟宝珠、刘蕊、杨伟波。

三、博士培养

1. 博士学位以上人员

范海阔、杨耀东、刘蕊、肖勇、曹红星、王永、张大鹏、金龙飞、付登强、齐兰、贾效成、夏秋瑜、李瑞、宋薇薇、唐庆华、吕朝军、于少帅。

2. 在读博士人员

阎伟、牛晓庆、李静、唐敏敏、张玉锋。

四、国外学习进修

杨耀东，1995年10月至1997年7月在比利时国立根特大学水产养殖硕士班学习并获得硕士学位；1997年9月至1998年7月在比利时布鲁塞尔自由大学分子生物与生物技术硕士班学习获硕士学位；1998年9月至2000年4月在比利时布鲁塞尔自由大学任研究助理；2000年4月至2004年7月在德国海德堡大学植物细胞与分子生物专业攻读博士学位；2004年9月至2007年2月在美国丹佛士植物科学中心开展博士后研究工作；2007年2月至2009年9月在美国特拉华生物技术研究所工作。

许丽菁，1997年9月至1998年7月在比利时布鲁塞尔自由大学进行教育学研究硕士课程学习；2007年2月至2007年6月在美国特拉华大学英语语言学院进行英语学习；2007年9月至2009年7月在美国特拉华大学进行管理和英语教育专业的课程学习。

沈晓君，2010年9月至2012年8月在韩国公州大学食品工程学院进行食品工程硕士课程学习。

王媛媛，2010年9月至2012年8月在韩国公州大学食品工程学院进行食品工程硕士课程学习。

李瑞，2012年6月至2012年8月在澳大利亚迪肯大学英语语言学院进行英语学习；2012年8月至2016年12月在澳大利亚迪肯大学生命与环境科学学院进行博士课程学习。

夏秋瑜，2013年4月至2013年8月在澳大利亚迪肯大学英语语言学院进行英语学习；2013年8月至2017年11月在澳大利亚迪肯大学生命与环境科学学院进行博士课程学习。于2018年5月取得博士学位。

范海阔，2011年1—3月在马来西亚理科大学生物技术学院学习生物技术。

黄丽云，2011年1—3月在马来西亚理科大学生物技术学院学习生物技术。

陈仪茹，2013年6—9月在爱尔兰都柏林大学语言中心学习英语；2013年9月至2014年12月在爱尔兰都柏林大学生物工程学院学习食品工程硕士课程。

五、外派挂职锻炼

董志国，2011年10月至2012年11月，在中国热带农业科学院科技处挂职。

陈卫军，2011年10月至2012年10月，在中国热带农业科学院科技处挂职副处长。

孙晓东，2011年12月至2013年3月，在保亭县新政镇任职科技副镇长。

魏金鹏，2012年3月至2013年3月，在中国热带农业科学院驻北京联络处挂职

陈华，2012年9月至2014年12月，在四川省攀枝花市盐边县挂职副县长。

周大鹏，2012年9月至2015年10月，在中国热带农业科学院计划基建处挂职。

张君，2012年11月至2013年11月，在中国热带农业科学院财务处挂职。

徐中亮，2013年12月至2014年9月，在农业部办公厅文电处借调。

林浩，2014年1—12月，在海南省五指山市南圣镇挂职科技副镇长。

覃伟权，2014年1月至2015年3，在海南省昌江县挂职科技副县长。

孙程旭，2014年6月至2015年7月，在海南省农业厅发展南亚热带作物办公室（种植业管理处）

挂职。

曾　鹏，2014年11月至2015年10月，在中国热带农业科学院监察审计办公室挂职。

贾永立，2015年1—12月，在海南省白沙黎族自治县青松乡挂职。

弓淑芳，2015年9月至2016年8月，在农业部科技发展中心挂职。

桂　青，2016年1—6月，在中国热带农业科学院科技处挂职。

吴清新，2016年1月至2017年1月，在中国热带农业科学院人事处挂职。

王　挥，2016年2月至2017年6月，在农业部发展计划司综合处挂职副主任科员。

李和帅，2016年6月至2017年7月，在中国热带农业科学院试验场挂职。

付登强，2016年7月至2017年7月，在海南省东方市林业局挂职副局长。

刘艳菊，2016年8月至2017年8月，在海南省林业厅产业科技合作处挂职。

张大鹏，2017年1—12月，在海南省东方市天安乡挂职科技副乡长。

黎　剑，2017年2月至2018年2月，在中国热带农业科学院资产处挂职。

孙昌东，2017年2月至2018年3月，在中国热带农业科学院院计划基建处挂职。

钟宝珠，2017年6—12月，在海南省农业厅畜牧业处挂职。

易　命，2017年6月至2019年1月，在海南省农业农村厅科教处挂职。

刘立云，2017年7月至2018年7月，在中国热带农业科学院试验场挂职。

尹欣幸，2017年8月至2018年8月，在海南省农业厅种植业管理处挂职；2019年2月至今，在中国热带农业科学院国际合作处挂职。

黄慧雯，2018年5月至2019年1月，在中国热带农业科学院机关党委挂职。

邓福明，2018年5月至2019年1月，在中国热带农业科学院国家重要热带作物工程技术研究中心挂职。

朱　辉，2018年6月至2019年6月，在海南省科技厅农村处挂职。

赵志浩，2018年8月至2019年8月，在中国热带农业科学院科技处挂职。

金龙飞，2018年11月至2019年6月，在海南省科技厅科技成果转化与合作处挂职。

唐龙祥，2019年3月至今，在文昌市公坡镇公坡村挂职乡村振兴工作队队长。

第四节　人事人才管理

由于椰子研究所地处海南省文昌市，离省会海口市有60多千米的距离，引人留人一直是一个"老大难"的问题。为加强人事人才管理工作，较好地解决人才引培问题，堵住人才流失缺口。椰子研究所制定了系列管理制度，特别是2015年以来，制定了鼓励在职攻读学位、规范调出离所等管理制度10余项，人事人才管理水平朝着制度化、规范化、科学化迈出了坚实的一步。

《在职职工培训学习管理办法》主要规范管理在职职工培训学习；《高层次创新人才引进和培养管理办法》从住房、科研经费、子女就学等方面给予高层次创新人才支持；鼓励职工在职攻读博士，对按时毕业的博士给予奖励；《在编人员调出及其他人员离所暂行规定》规范了人员离所程序和条件，结合新进人员、职称评审人员、在职培训人员等签订服务期合同和知识产权保密承诺，尽可能降低人才离所带来的损失。

附：

在职职工培训学习管理办法（修订）
（椰子所办〔2017〕105号）

为规范在职职工培训管理工作，提高培训效率和质量，根据《中国热带农业科学院职工培训管理办法》（热带农业科学院〔2011〕511号）和《中国热带农业科学院本级培训费管理办法》（热带农业科学院〔2014〕32号）文件精神，结合所内实际，修订本办法。

第一条　基本条件

1. 坚持"根据需要、有计划培养"的原则。学历深造对象以40周岁以下的科研人员为主，具有高级专业技术职务者，年龄可以适当放宽。重点培养在科研工作中涌现出来的优秀人才，使之成为科研骨干和学科带头人。管理人员根据个人工作表现和管理工作需要，限制名额推荐报考。

2. 坚持"学以致用"的原则。职工学历深造和报考的专业方向要与从事的或将要从事的学科方向一致，论文研究内容要与我所研究方向一致。

3. 申请学历深造人员必须具有良好的职业道德和敬业精神，工作量饱满，能够较好履行现职岗位职责。在所在编在岗工作满五年，且近五年来年度考核均达称职以上并且有一次优秀者方可申报；近四年年度考核均达称职以上并且有两次优秀者，可破格申报。

4. 同一人员的同一层次学历深造，本所只安排一次。报考一次未通过的，可再申请一次（每次申请都需履行申请审批程序），连续2次报考未被录取的，需中止2年后再重新申请。

第二条　学习形式及内容

1. 在职攻读博士学位或硕士学位者（含推广硕士学位、以同等学力在职申请博士或硕士学位人员，下同），其他一个月以上培训学习人员。

2. 根据需要结合所承担的科研任务，可作为国内外访问学者参加培训学习、博士后合作研究或参加以学科前沿领域为内容的高级研讨班、短期培训学习或进修学习等。

3. 管理岗位人员根据所从事的业务工作的需要，轮流进行短期培训学习或进修学习。

第三条　考核与管理

1. 职工参加在职研究生考试，必须在报名前向单位提交书面申请《椰子研究所在职攻读学位计划书》（附件1），需阐明攻读目标、拟从事的研究方向及论文研究概况等内容；并且填写《椰子研究所在职攻读学位审批表》（附件2），需阐明申请理由。申请人需将附件1和附件2同时提交到部门负责人，部门负责人要根据部门人员的工作安排情况、科研方向、未来发展等综合因素，分析并作出是否同意的意见；经业务管理部门、分管所领导签署意见后，递交综合办汇总，提请所务会审定。

作为国内外访问学者参加培训学习、博士后合作研究或参加以学科前沿领域为内容的高级研讨班、短期培训学习或进修学习的，需提出书面申请报告，由所属部门负责人审核出具意见、业务管理部门签署意见后，按程序审批（详见第四条）。

2. 凡参加半年以上培训学习，且学习期满者，原则上要履行相应的服务期限后，方可再次申请培训学习。

3. 年度内，参加一年以上培训学习人员的数量，一般不超过在岗人员总数的5%。

4. 在职培训学习人员，必须努力达到计划规定的学习目标，按照《中华人民共和国高等教育法》和学校规定的时间（培训计划规定期限，需在相关协议书中注明）完成培训学习任务，并获得相应的证明或学位证书。无法在规定时间内完成培训学习任务者，需提前1个月由本人提出书面申请，写明申请理由，是否同意由所务会决定。在职攻读博士学位时间满 5 年的（无论毕业与否），必须回所全职工作，不再批准与攻读博士学位有关的出差（可请休假处理）。

5. 培训学习者，离开本所和返回所时，需以书面形式到综合办公室备案，若无该项手续，则视其为离岗学习时间。

第四条　审批程序

1. 申请与审核。培训人员按第三条第 1 款提交书面申请。

2. 审批。一个月以内的短期培训学习人员，提请分管所领导审批；申请在职从事博士后合作研究、攻读博士（硕士）学位人员及超过一个月以上培训学习人员，提请所务会审定。

3. 协议签订。凡经所务会审批同意参加在职培训的人员必须与所签订《在职培训协议书》（附件3），协议书明确双方的权力、义务和违约所承担的责任，同时明确最低服务期限。

第五条　福利待遇

1. 在国内攻读学位的。如果是在岗攻读学位，则待遇不变；如果是离岗攻读学位，离岗期间的绩效工资管理人员停发，科研人员的基础绩效停发，业绩奖励绩效和开发奖励绩效按实际贡献由所在部门确定；如果攻读学位期间有离岗时间也有在岗时间则分段计算；当月超过 15 天（含）按一个月计算，5 天至 15 天的按半个月计算，5 天以下的不计算。

2. 在国外攻读学位的。攻读学位期间享受基本工资，绩效工资和其他待遇停发；攻读学位期间只发个人缴交社保数额，住房公积金、住房补贴和职业年金停止缴交，取得学位回所工作后，补发攻读学位期间扣发的单位缴交社保数额、住房补贴、住房公积金和职业年金，按服务年限逐年补发。

3. 在职从事博士后合作研究的。研究期间基础绩效停发，业绩奖励绩效和开发奖励绩效根据其实际贡献由所在部门确定是否发放。

4. 参加国内外高级研讨班、短期培训学习或进修学习的，离岗培训时间在一个月以内的，则工资与福利待遇不变；管理人员超过一个月的，则超出部分绩效工资停发；科研人员的基础绩效停发，业绩奖励绩效和开发奖励绩效按实际贡献由所在部门确定。

第六条　经费开支办法

1. 根据院人事处 2014 年 9 月《关于规范我院社会化培训的通知》，在职培训费用自 2014 年 7 月 31 日起均由个人支付。

2. 短期进修、学术研讨、考察等类型的学习培训，以及培训期间的差旅费发生的费用，原则上由相应办公室或研究室从相关经费中统筹解决。

第七条　服务期与违约规定

1. 服务期

（1）在职攻读学位人员、从事在职博士后合作研究或外出进修学习半年以上的，服务期按进修学习时间乘以 2 计算，不足 1 年的按 1 年计算。

（2）在职培训服务期未满又在职从事博士后合作研究的，在职培训未服务完的年限自博士后研究结束回所工作的下个月起重新开始计算。

（3）职工服务期累加计算，但最高不超过 15 年。

2. 违约规定

在职攻读学位人员、从事在职博士后合作研究或外出进修学习半年以上的，培训和服务期内辞职、自费出国（境）和调出椰子研究所（院组织安排除外）的，按违约处理，需承担以下违约责任：（1）返还培训专项费用。主要包括因培训产生的用于培训学习人员的培训费、差旅费、其他直接费用；培训学习期间发放的绩效工资、离岗学习期间的全部薪酬待遇，开发绩效和重大科研业绩奖励除外。（2）支付服务期补偿费。攻读博士及从事博士后研究的3万元人民币/年，攻读硕士的2万元人民币/年；进修学习半年以上的，现有学位为博士的1万元人民币/年，现有学位为硕士及以下的0.5万元人民币/年。按服务期逐年递减的原则补偿。

第八条　其他

本办法自发文之日起生效，椰子研究所办〔2017〕27号文废止。《中国热带农业科学院椰子研究所在职职工培训学习管理办法（修订）》（2017年11月15日起实施）颁发后尚未签订协议的在职培训人员参照执行，本办法由所务会负责解释。未尽事宜，依据院、所有关规定执行。

附件：1. 椰子研究所在职攻读学位计划书（略）
　　　2. 椰子研究所在职攻读学位审批表（略）
　　　3. 椰子研究所在职培训协议书（略）

高层次创新人才引进和培养管理办法

（椰子所办〔2017〕98号）

第一条　为打造一支高水平、高素质的人才队伍，为椰子研究所又好又快发展提供强有力的智力保障，根据中国热带农业科学院"人才强院"的发展战略和全院人才工作的部署要求，结合我所实际，制定本办法。

第二条　人才引进及支持措施。根据我所学科专业建设与发展需要，我所高层次人才引进主要分为以下两类：一是符合院人才引进条件的高层次人才（按照《中国热带农业科学院高层次人才引进培养办法（试行）》执行）。二是引进人员达到博士学历或副高以上职称的人才。以上两类引进人才另享受我所提供的以下支持：

1. 优先分配经济适用房（如需购买按职工价支付）或居住周转房1套。
2. 安排10万元科研启动经费。
3. 优先解决子女城市中小学入学问题，如文昌市第三小学等。

第三条　在职人员培养与支持措施。在职人员培训按照我所《在职职工培训学习管理办法》《在编人员调出及其他人员离所暂行规定》等相关规定执行。为鼓励在职职工攻读博士及以上学位，所内给予以下支持：

1. 目前尚在职攻读博士学位，在3年内完成学业并拿到学位证的，给予3万元奖励，分三年发放；在4年内完成学业并拿到学位证的，给予2万元奖励，分四年发放。上述奖励自本办法生效之日起执行，按入学时间和博士学位证书所载授予时间计算。
2. 获得全国优秀博士论文的或在职攻读国外高等学府博士学位的，回所工作后给予三年滚动总经费50万元的项目经费支持。
3. 博士毕业后，在下一轮聘岗时，同等条件优先考虑。
4. 优先解决子女城市中小学入学问题，如文昌市第三小学等。

第四条　在职攻读博士学位时间满5年的（无论毕业与否），必须回所全职工作，不再批准与攻读博士学位有关的出差。

第五条　我所设立人才引进和培养基金，由所项目经费、自有资金和离职人员赔偿资金组成，离职人员赔偿资金专项用于人才引进和人才培养。

第六条　本办法自发布之日起施行，由综合办公室负责解释。

在编人员调出及其他人员离所管理规定（修订）

（椰子所办〔2017〕106号）

根据《中国热带农业科学院关于印发〈人事调配暂行办法〉的通知》（热科院人〔2011〕222号）、《中国热带农业科学院关于印发〈知识产权管理办法（试行）〉的通知》（热科院科〔2011〕524号）等文件精神，结合我所实际，修订本管理规定。

一、在编人员调出

（一）调出程序

1. 个人申请；
2. 部门签署意见；
3. 单位领导集体研究并签署意见，报院人事处审核；
4. 根据院人事处审核意见办理调出手续。

（二）调出工作要求

1. 在编人员申请调动，经所在部门签署意见后，应提前三个月向所综合办提出书面报告，报单位领导集体研究并签署同意调出意见，经院人事处审核同意后，一个月内应办理好调动手续。超过一个月本人如不能按时办好调离手续并将人事关系转出的，从第二个月起不安排工作，停发工资待遇；第三个月作自动离职处理。职工在办理调动手续期间不得擅自离岗，确有特殊情况需经批准并按有关规定办理。

2. 在编人员有下列情况之一者，原则上不同意调出。
（1）聘期未满，调出对工作产生较大影响的；
（2）承担重要科研项目或横向课题，尚未结题的；
（3）掌握重要科研成果关键技术和资料，仍在保密期内的；
（4）作为研究生导师或博士后合作导师，有博士后或学生尚未毕业的；
（5）被立案审查或因经济问题正在接受院所纪检部门调查的；
（6）法律、法规另有规定的。

3. 聘期未满，个人要求调出的，应按合同约定缴纳违约金。

4. 在职攻读学位人员、从事在职博士后合作研究的、外出进修学习半年以上的，在培训期间或服务期内辞职、自费出国（境）和调出我所的（院组织安排除外），按我所《在职职工培训学习管理办法（修订）》执行。

5. 参加我所职称评审并取得相应专业技术职务资格人员，均需履行相应服务年限（中级三年，副高五年，正高七年）。如在服务期内辞职、自费出国（境）和调出我所的（院组织安排的除外），需承担服务期补偿费：中级2万元人民币/年，副高3万元人民币/年，正高5万元人民币/年。按服务期递减的原则补偿。

6. 属于下列情况者，可以同意调出，不交违约金。
（1）确属超编分流或者聘余的；
（2）不适应现职且调岗后也不适应工作的；
（3）上级机关另有任用的。

7. 凡调出人员，其配偶或子女属于随调或照顾性调入者（新进人员《中国热带农业科学院椰子研究所新员工入职承诺书》中明确），须同时办理调出手续，组织调动的除外。

8. 凡已经同意调出，且调入单位已发调令者，无正当理由，被调人员不得撤回调出请求，否则作辞退处理。

9. 所原则上每年分别于3月份、8月份召开会议研究人事调配工作。

二、其他人员离所

（一）人员范围

特聘研究员、编外人员、博士后、研究生等。

（二）离所程序

1. 特聘研究员、编外人员。聘期满的，按聘用合同有关规定办理；聘期未满的，按以下程序办理：

（1）个人申请；

（2）部门签署意见；

（3）单位领导集体研究并签署意见；

（4）特聘研究员办理离所手续并报院人事处备案；编外人员办理离所手续。

2. 博士后出站或退站按《中国热带农业科学院博士后科研工作站管理办法》（热科院研〔2011〕6号）有关规定办理离所手续；研究生按我所研究生有关规定办理离所手续。

三、其他相关工作及知识产权保密要求

1. 聘期未满，同意调出或离所但对工作产生较大影响的，需与所在部门议定解决办法。

2. 承担科研项目或横向课题，尚未结题且同意调出或离所的，由分管领导、相关业务部门、所在部门负责人和调出或离所人员共同议定未结题项目或课题后续执行事宜，经所务会审核通过，由所科研办备案。

3. 调出或离所人员利用现有工作基础申报的科研项目或课题，如获批立项，原则上由所在部门继续负责完成。

4. 掌握重要科技成果及科研材料，仍在保密期内且同意调出或离所的，需签订椰子研究所调出或离所人员保密承诺书（见附件）。

5. 作为研究生导师或博士后合作导师，有博士后或研究生尚未毕业且同意调出或离所的，由分管领导、相关业务部门、所在部门负责人、调出或离所人员、博士后和研究生共同议定后续教育与管理相关事宜，经所务会审核通过，报院研究生处、博士后及研究生所在院校学籍管理部门备案。

6. 调出人员或离所人员调动工作后三年内完成与其在我所承担的工作或者我所分配的任务有关的论文、成果、专利、标准、发明创造等工作成果需以椰子研究所作为第一完成单位。

7. 以调出人员或离所人员为第一完成人但椰子研究所为第一完成单位的有关知识产权证书需上交档案馆。

四、本办法自公布之日起实施，由所务会负责解释。

附件：1. 中国热带农业科学院椰子研究所调出或离所人员知识产权保密承诺书（略）

2. 中国热带农业科学院椰子研究所新员工入职承诺书（略）

3. 中国热带农业科学院椰子研究所专业技术职务资格申报承诺书（略）

4. 事业单位聘用合同（略）

5. 中国热带农业科学院关于印发《知识产权管理办法（试行）》的通知（热科院科〔2011〕524号）（略）

6. 中国热带农业科学院关于印发《人事调配暂行办法》的通知（热科院人〔2011〕222号）（略）

7. 中国热带农业科学院博士后科研工作站管理办法（热科院研〔2011〕6号）（略）

第七章 条件保障

第一节 土地管理

椰子研究所的土地,是根据1970年广东省委员会革生发(70)第353号文件精神,1970年由海南地区革委会和广州军区生产建设兵团共同发文,经海南土地规划小组审查上报并经广东省革委会生产组批复同意新建冠南农场(由海南农垦局橡胶研究所领导和管理,后面没有正式成立)规划土地中划拨过来的。直到1979年,为了发展我国的椰子事业,农垦部批准建立椰子试验站。1979年经华南热作研究院同海南农垦局商定,并报农垦部批准,1980年将海南农垦局橡胶研究所下属的清澜片4个生产队移交给华南热带作物研究院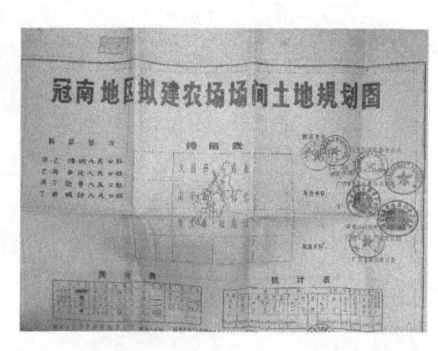筹建文昌椰子试验站,文昌椰子试验站接收海南农垦橡胶所所属原冠南、清澜的4个生产队的国有土地、人员及一切资产。1993年文昌县人民政府根据1992年6月9日海南省政府办公厅《关于文昌县清澜开发区与椰子试验站用地矛盾的调查报告》中的意见,召开了"确定椰子研究所国有土地"的会议,重新调整土地界线。文昌县人民政府于1993年至1994年对椰子研究所的土地全部进行确权发函,土地确权工作主要是依据当时的土地利用现状进行,也就是将已经种植作物的土地和作物周围必须保留的防护林带用地确权下来,将没有种植作物的土地以及一少部分比较靠近村庄的林地退给农村。在这次土地确权的基础上,于1998年经文昌市人民政府批文制发了椰子研究所土地使用证,2000年土地使用证年审后换发了目前正在使用的新的土地使用证。

一、历年土地统计情况

(一)椰子试验站刚建站时的土地资产情况

包括从海南农垦橡胶研究所接收的土地资产和向农村征收作为椰子试验站站部的土地资产共计54 253.126亩。

其一,1979年椰子试验站刚建站时,椰子试验站与海南农垦橡胶研究所双方就海南农垦橡胶研究所所属的冠南、清澜片区4个生产队移交给椰子试验站的交接事项进行了充分协商研究,取得一致意见,1979年12月31日,椰子试验站建站全部接收海南农垦橡胶研究所冠南、清澜片区土地54184亩。

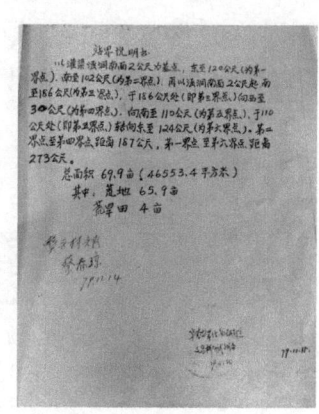

其二，刚建站时，为了建立椰子试验站站部的需要，经同文昌县清澜公社大园大队鳌头生产队领导、群众磋商和实地勘察，征用鳌头生产队土地69.9亩（土地证面积为69.126亩）作为椰子试验站站部建设用地。

（二）1993年土地确权至今的土地资产情况

1. 重新确权时土地情况

为了彻底解决椰子试验站土地使用权长期难以确定的问题，1993年在文昌县人民政府的组织安排下，对椰子试验站各试验队的农业科研生产用地（不含原所部土地）进行确权确界。据查询，各试验队首次发证的宗地，确权土地面积为7 513.76亩（见附表）。

2. 首次发证时土地情况

1998年前后，文昌市人民政府批文首次颁发给椰子研究所土地使用证，由于从1993年土地确权至首次颁发土地证期间，地方政府基础设施建设征收了一部分土地，所以首次发证土地面积调整为6 912.524亩（见附表）。

3. 目前土地资产情况

2000年，土地使用证年审后换发新证，2000年换证后由于有些宗地部分被征收或存在其他的处置问题，从而再次换发新的土地使用证。所以，现持有的土地使用证有2000年、2001年、2002年和2003年不同年度的类型。目前正在使用的新土地证面积为6 737.587亩（见附表），共分为11宗，全部获得文昌市政府颁发的国有土地使用证，土地权属清晰。

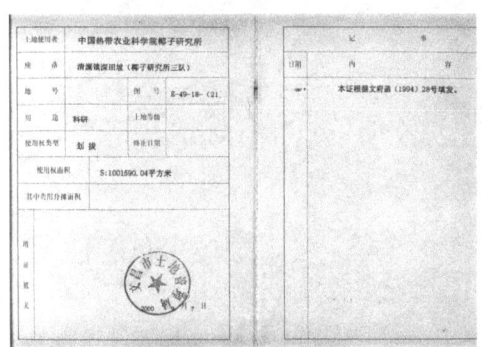

其中：

一队土地有2宗，面积共2 006.704亩，分别为乘琼坡宗地1 759.46亩（土地证号：文国用2000第W0301408号）和长亚坡宗地247.244亩（土地证号：文国用2000第W0301331号）。

二队土地有3宗，面积共602.744亩，分别为马村坡宗地472.426亩（土地证号：文国用2002第W0301632号、文国用2013第W03004314号），其中文国用2013第W03004314号当中的3亩土地是为了变更为建设用地而从文国用2002第W0301632号当中分割出来的，深田坡宗地130.318亩（土地证号：文国用2003第W0301725号）。

三队土地有5宗，面积共1 980.144亩，分别为三队深田坡宗地1 502.385亩（土地证号：文国用2000第W0301332号、文国用2013第W03004313号），其中文国用2013第W03004313号当中的13.817亩土地是为了变更为建设用地而从文国用2000第W0301332号当中分割出来的、名门坡宗地258.83亩（土地证号：文国用2001第W0200563号）、青头山坡（一）宗地211.294亩（土地证号：文国用2002第W0301407号）、青头山坡（二）宗地7.635亩（土地证号：文国用2002第W0301720号）。

四队土地1宗，面积为2147.995亩，（土地证号：文国用2000第W0200503号）。

附表

不同时期土地面积统计表

位置	1993年确权 面积（亩）	首次发证 面积（亩）	现持有土地证 面积（亩）	备注
一队 乘琼坡	1 908.40 （文府函〔1993〕247号）	1 759.461 （文国用（98）字第0301874号）	1 759.46 （文国用（2000）字第W0301408号）	

（续表）

位置	1993年确权面积（亩）	首次发证面积（亩）	现持有土地证面积（亩）	备注
一队 长亚坡	265.76 （文府函〔1993〕252号）	247.244 （文国用（96）字第0301322号）	247.244 （文国用（2000）字第W0301331号）	
二队 马村坡	631.24 （文府函〔1993〕249号）	470.426 （文国用（98）字第0301852号）	472.426 （文国用（2002）字第W0301632号）	
二队 深田坡	254.96 （文府函〔1994〕29号）	230.254 （文国用（98）字第0301853号）	130.318 （文国用（2003）字第W0301725号）	1998年被政府征收100亩，分别给海南富豪花园公司和绿晶公司各50亩。
三队 深田坡	1 712.73 （文府函〔1994〕28号）	1 503.43 （文国用（98）字第0301873号）	1 502.385 （文国用（2000）字第W0301332号）	
三队 名门坡	277.77 （文府函〔1993〕251号）	258.830 （文国用（98）字第0200571号）	258.830 （文国用（2001）字第W0200563号）	
三队 青头山1			211.294 （文国用（2002）字第W0301407号）	1. 在1993年土地确权和1998年首次颁发土地证时是一宗土地，换现有土地证时才分成两宗土地。 2. 2002年1月从青头山1宗地中赠与红庄村委会3 098.81平方米（4.648亩）作为村委会办公用地。
三队 青头山2	247.74 （文府函〔1993〕250号）	223.582 （文国用（98）字第0301854号）	7.635 （文国用（2002）字第W0301720号）	
四队	2 215.16 （文府函〔1994〕30号）	2148.171 （文国用（98）字第0200572号）	2 147.995 （文国用（2000）字第W0200503号）	
原所部		69.126 （文国用（2000）字第W0101277号）	0	2003年被政府以置换的方式征收，置换所得位于高隆湾宗地70亩土地使用证记在农业部名下。
合计	7 513.76	6 912.524	6 737.587	

二、土地利用和保护情况

（一）土地利用情况

本所土地利用情况大致分为三类。

第一类是科研试验基地和产业开发用地，共计4 084.331亩，占本所土地的60.62%，其中包括所内科研试验基地1 500亩，作物产业开发基地1 034亩，院内共建科研基地704亩，椰子大观园430亩，林地 240 亩，科研办公区 30 亩，合作开发 146.331 亩。

第二类是科研试验和产业开发辅助用地，共计 550 亩，占本所土地的 8.16%，包括职工居住用地 200 亩，科研生产基地道路用地 350 亩。

第三类是目前暂时无法利用的土地，共计 2 103.256 亩，占本所土地的 31.22%，包括超面积使用出租土地 460 亩，冲刷沟 30 亩，被他人占用 1 425.272 亩，以置换方式被征收 187.984 亩。

（二）土地保护情况

土地保护是椰子研究所面临的"老大难"问题，多年来，椰子研究所土地被侵占利用现象非常突出，目前被占用土地仍有 1 400 多亩，其中，所外人员占地 1 200 多亩，所内人员占地 190 多亩。存在被占土地面积大、涉及面广、对象多、占用时间长、解决难度大、管理经费不足等问题。但我所各届领导班子都非常重视土地保护和维权工作，通过各种办法，已解决多起土地被占问题，采取的办法总结主要有如下三种。

1. 沟通协商解决

沟通协商解决土地被占用问题是几年来采用的主要手段，虽然通过努力也解决了一些问题，但难度很大，未知数也很大，必须经过多次努力才有可能取得理想的结果。比如，建设生物所科研基地、原海口实验站科研基地、本所油棕科研基地、一队油料作物产业基地以及一些条件建设项目用地存在的纠纷问题，是通过沟通协商解决的。当然，协商不成功的可能性也是很大的。

2. 政府部门协助解决

几年来，有些重要事件我们也曾经向政府或有关部门发文请求帮助。比如，四队环植所科研基地被村民侵权占地种植苗木问题、三队靠近边防机动中队西边本所原有橡胶园被村民非法占地种植问题，是得到政府协助解决的，有些政府部门尤其是迈号办事处多年来也给予很大的支持和配合，但收效仍不理想。

3. 司法诉讼

由于通过前面两种办法维权存在很大的困难。因此，2016 年开始，我所加大司法维权力度。2016 年 12 月至 2018 年底，共处理土地纠纷诉讼案件 11 宗，我所全部胜诉。

诉讼案件包括：

（1）2016 年 12 月发生"文昌市政府及文昌市文城镇清群村民委员会上坑村民小组土地行政管理一案"向海南省第一中级人民法院提起诉讼；（原告）

（2）2016 年 12 月发生"文昌市政府及文昌市文城镇清群村民委员会下田村民小组土地行政管理一案"向海南省第一中级人民法院提起诉讼；（原告）

（3）2016 年 12 月发生"文昌市政府及文昌市文城镇罗厚仔村民小组土地行政管理一案"向海南省第一中级人民法院提起诉讼；（原告）

（4）2016 年 12 月发生"文昌市政府及文昌市文城镇凌村村民委员会大园七村民小组土地行政管理一案"向海南省第一中级人民法院提起诉讼；（原告）

（5）2016 年 12 月发生"文昌市政府及文昌市文城镇清群村民委员会罗厚下村民小组土地行政管理一案"向海南省第一中级人民法院提起诉讼；（原告）

（6）2017 年 3 月发生"文昌市文城镇清群村民委员会上坑村民小组因与中国热带农业科学院椰子研究所及文昌市人民政府土地行政登记一案，不服海南省第一中级人民法院（2017）琼 96 行初 7 号行政判决"向海南省高级人民法院提起诉讼；（被告）

（7）2017 年 3 月发生"文昌市文城镇清群村民委员会下田村民小组因与中国热带农业科学院椰子研究所及文昌市人民政府土地行政登记一案，不服海南省第一中级人民法院（2017）琼 96 行初 8 号行

政判决"向海南省高级人民法院提起诉讼；（被告）

（8）2017年3月发生"文昌市文城镇清群村民委员会罗厚下村民小组因与中国热带农业科学院椰子研究所及文昌市人民政府土地行政登记一案，不服海南省第一中级人民法院（2017）琼96行初11号行政判决"向海南省高级人民法院提起诉讼；（被告）

（9）2017年7月发生"文昌市文城镇清群村民委员会上坑村民小组、下田村民小组因不服文昌市人民政府及中国热带农业科学院椰子研究所土地行政管理一案"向海南省第一中级人民法院提起诉讼；（被告）

（10）2017年4月发生"文昌市文城镇凌村村民委员会大园村二队妨碍我所土地使用权"向文昌市人民法院提起诉讼；（原告）

（11）2017年10月发生"华运万妨碍我所土地使用权"向文昌市人民法院提起诉讼。（原告）

三、土地性质变更情况

我所土地用途基本上是农业科研用地，如果为了满足建设用地的需要，必须向政府申请办理农转用报批手续。至今为止，本所办理了两块土地的农转用。

（1）为了建设椰创园居住项目的需要，2013年本所申请从文国用（2000）第W0301332号宗地当中分割出13.817亩（9 211.10平方米）土地转为建设用地，这块建设用地的土地证号为文国用2013第W03004313号。

（2）为了建设科研实验大楼的需要，2013年本所申请从文国用2002第W0301632号宗地当中分割出3亩（2 001.85平方米）土地转为建设用地，这块建设用地的土地证号为文国用2013第W03004314号。

四、土地资产处置和变更情况

（一）2008年之前被征收和变更土地面积统计

1993年土地确权之后至2008年之前，政府为了道路建设和项目开发建设的需要，征收我所一部分土地，但因有些征地材料无从查找，所以统计不够全面。据不完全统计，1993—2008年被征收和变更的土地有如下5项。

（1）1993年5月，被政府征用115亩，用地单位为文昌县清澜开发总公司。

（2）1995年5月，被政府征用125.23亩，用于建设文昌县人民政府办公区。

（3）1998年，二队深田坡宗地被政府征收100亩，分别给海南富豪花园公司和绿晶公司各50亩。

（4）2002年1月，从三队青头山1宗地中赠与文昌市清澜镇红庄村委会3 098.81平方米作为红庄村委会办公用地。

（5）原所部宗地于2003年被政府以置换的方式征收，置换所得位于文昌高隆湾宗地70亩土地使用证登记在农业部名下。

（二）原所部土地资产处置情况

根据农业部办公厅《关于对中国热带农业科学院土地及房屋建筑物处置等有关问题请示的复函》（农办财〔2003〕8号）要求，2003年10月22日由海南省副省长江泽林主持，中国热带农业科学院和文昌市政府主要领导参加的省长办公会议，制定了土地置换和征用的方案。方案确定安排项目建设用地总面积为199.073亩（132 715.48平方米），其中70亩（46 666.67平方米）与椰子研究所原所部土地等价值置换（土地证面积46 083.787平方米，69.126亩），129.073亩（86 048.81平方米）为新征土地。

项目立项于2004年12月17日批复，农业部《关于中国热带农业科学院热带农业科技交流与推广基地征地项目立项的批复》（农计函〔2004〕589号）征地总面积为199.073亩，其中70亩为椰子研究所原所部用地置换所得，新征地129.073亩。

2005年3月，文昌市国土环境资源局（甲方）、中华人民共和国农业部（乙方）、中国热带农业科学院椰子研究所（丙方）三方签订《协议书》，该协议书中第一条："丙方同意将位于文城镇文中二里、土地证号为"文国用（2002）字第W0101277号"、面积为69.126亩（实测面积为69.029亩）的一宗国有土地使用权，与甲方置换清澜新市区高隆湾沿海地段、一环道与滨海路交叉口、面积为70亩（46 666.67平方米）的国有土地使用权进行置换"。该协议书中第二条："丙方同意将与甲方置换所得的宗地70亩（46 666.67平方米）归属到热带农业科技交流与推广基地项目所征199.073亩土地范围之内。丙方确认置换所得宗地70亩（46 666.67平方米）的土地使用权为乙方"。

后续工作纳入"（四）本所文国用（2002）第W0301407号宗地置换情况"介绍。

（三）2008年之后以置换方式被征收土地情况

1. 基本情况

随着管理制度的不断完善，在包括土地被征收等资产处置过程中，我所严格执行向上级报批手续。

2008年，文昌市人民政府为了重点基础设施项目建设的需要，数次向我所发函，要求我所配合做好协议收回国有划拨农用地有关工作。我所经过认真研究，认为此事事关国有资产的处置问题，及时向热科院和农业部汇报。2008年12月，农业部批复，原则同意我所316.793亩土地由文昌市政府征用，补偿方式优先采取以地易地（土地置换）的方式进行。收悉农业部的批复后，2009年1月，我所根据农业部的批复，向文昌市政府提交了《关于请求以土地等价置换方式解决回收我所国有划拨土地问题的函》，提出了"以土地等价置换方式解决我所国有划拨土地的问题"的请求，文昌市政府于2009年6月向我所复函《文昌市人民政府关于同意等价置换收回椰子研究所部分国有划拨土地使用权的复函》（文府函〔2009〕280号）批准同意了我所请求，之后成立了土地置换工作组，启动土地置换工作。为了配合文昌市土地置换工作组的工作，我所也相应成立了以分管领导为组长的土地置换工作小组。在刚开展工作的半年左右，由于种种原因，土地置换工作进展非常缓慢，为此，我所土地置换工作小组人员多次交涉，并于2010年向文昌市政府提出《关于请求加快做好我所土地置换工作的函》。经过我所多方努力，土地置换工作于2010年下半年才得到正常开展，但是在土地置换过程中，遇到诸多问题和困难，工作开展并不顺利，工作进展缓慢，前后经过几年时间才完成置换土地的征地工作。

2. 被征收土地情况

从2008年至今，文昌市政府已经同我所签订征地协议的土地有187.984亩，征用补偿费（含土地、青苗和附着物补偿费）共计1 002.424 149万元。其中：2008年征收91.884亩，用于建设智海混凝土搅拌站，被征土地证号为：文国用2001W0200563。

2009年征收75.792亩，分别为建设文冠路56.395亩，被征土地证号为：文国用2001W0200563；建设航天路19.397亩，被征土地证号为：文国用2000W0301408。

2010年征收20.308亩，分别为建设南三环路15.367亩，被征土地证号为：文国用2002W0301632和文国用2003W0301725；智海混凝土搅拌站3.882亩，被征土地证号为：文国用2001W0200563；名门村村委会1.059亩，被征土地证号为：文国用2001W0200563。

3. 置换给本所土地情况

置换给本所的土地位于马村水库周边，本所二队南北两宗土地之间，其目的主要有以下两点：

第一，由于本所二队（椰子大观园）的土地分为南北两宗，目前在这两宗土地之间以及在本所土地与南三环路之间有数块农村插花土地，进行土地置换工作有利于解决本所二队南北两宗土地之间的农村插花地问题，也有利于解决本所二队南北两宗土地与南三环路之间的农村插花地问题，实现本所二队土地的成片完整性，便于本所二队土地的开发、利用和管理。

第二，本所椰子大观园正在经营的鱼塘（置换土地之一）与本所土地交界一带周围投入了不少基本建设项目，但是由于该鱼塘的土地权属不属于我所，本所在经营的过程中，周边村民经常上门闹事，对我所椰子大观园的经营产生较大的影响。而鱼塘对我所椰子大观园的经营有着举足轻重的作用，进行土地置换，将这个鱼塘置换给我所，有利于平息土地纠纷，促进我所椰子大观园经营的合理性和连贯性。

置换给本所的土地一共128.831亩；由于置换给本所土地的征地费用超过了政府征用我所土地的补偿费，土地置换工作未最终完成，新土地使用证未办理。

（四）本所文国用（2002）第W0301407号宗地置换情况

根据2014年第九期所务办公会会议纪要：农业部机关服务局名下的文昌市清澜高隆湾地段用地，因所在片区的城市规划调整，用地的开发利用无法实施，需要置换另一块土地，2013年11月12日，农业部机关服务局党政主要领导及热科院党政主要领导召开了联席会议，专题讨论了上述两项土地置换问题，并达成了处理意见。拟订了如下的土地置换方案：

（1）将我所在海南省文昌市文城镇文清大道北侧地段211.294亩土地（土地证号为文国用（2002）第W0301407号）与农业部机关服务局位于文城镇清澜高隆湾地段的199.073亩科研用地（土地证号为文国用（2011）第W0302220号）进行置换。除了我所的211.294亩土地外，文昌市政府在周边新征26亩多土地，共237亩多土地置换给农业部机关服务局。

（2）把我所的211.294亩土地置换给农业部机关服务局的同时，文昌市政府在我所四队地块南侧地段新征一块面积238亩农用地置换给我所。

（3）在与文昌市政府签署土地置换合同前，农业部机关服务局与我院签署置换土地的会议纪要，明确置换给农业部机关服务局土地在开发建设前由我所使用和管理，如果开发建设该地块，须保证我所占份额的权益。

根据上级的批复，以及有关各方的讨论结果，2014年6月10日，文昌市国土环境资源局分别与农业部机关服务局签订《国有建设用地使用权置换协议书》和与本所签订《置换收回国有划拨土地使用权协议书》，同意采取置换方式收回农业部机关服务局位于文城镇清澜高隆湾地段的199.073亩科研用地（土地证号为文国用（2011）第W0302220号），与本所位于文城镇文清大道北侧地段的211.294亩用地（土地证号为文国用（2002）第W0301407号）进行等值置换，然后，再在本所位于文城镇迈号地段选取一块面积约238亩农用地与本所位于文城镇文清大道北侧地段的211.294亩用地进行等值置换，作为本所科研试验用地。

但是，由于拟置换给本所的238亩农用地中大部分已规划为基本农田和生态保护用地，已无法办理置换土地手续，需重新调整安排置换用地进行等值置换。为了调整置换用地，从2017—2018年，本所先后三次向政府发函：《中国热带农业科学院椰子研究所关于请求更换土地置换地块位置的函》（椰子研究所函〔2017〕77号）、《中国热带农业科学院椰子研究所关于请求协调办理土地置换事宜的函》（椰子研究所函〔2017〕110号）、《中国热带农业科学院椰子研究所关于请求协调落实加工产业园用地的函》（椰子研究所函〔2018〕8号），请求将置换给本所的土地调整到龙楼加工产业园区。

2018年6月23日，《文昌市人民政府关于同意置换椰子产品加工产业园项目建设用地的批复》（文府函〔2018〕402号）：中国热带农业科学院椰子研究所椰子加工产业园为椰子食品加工特色产业项目，符合龙楼航天征地农民就业产业园发展规划，为保障项目建设用地需求，同意在龙楼航天征地农民就业产业园区范围内先选取41.85亩用地重新安排作为该所置换用地，用于建设热带棕榈加工及综合利用技术集成科研基地项目，相关等值置换土地手续待土地征收和农转用报批工作完成后方可办理。

2019年4月29日，农业农村部机关服务局领导到文昌与文昌市政府沟通土地置换事宜，并说明了土地置换后拟建设的项目。文昌市政府及相关职能部门表示全力配合，加快推进土地置换工作进度。

2019年5月14日、5月15日，文昌市自然资源和规划局及我所分别委托土地评估单位对拟置换给我所的41.85亩土地及拟置换给农业农村部的211.294亩土地进行现场查看，进行土地评估工作。现各项工作进展顺利，我们将尽快完成龙楼用地的土地使用证办理，配合完成农业农村部相关土地的置换工作。

第二节　财务管理

1979—1986年，椰子研究所经费来源主要靠国家财政拨款，核算的形式是差额预算管理，实行事业费包干，结余留用，超支不补，对包干结余可按不同比例提取科研发展基金、集体福利基金和职工奖励基金；财务开支由单位主要负责人审批。1987—2000年，会计核算管理由事业经费管理扩大到了开发实体，并对开发实体进行了成本核算管理，财务开支由单位主要负责人审批。2001年根据《国务院办公厅转发科技部等部门关于深化科研机构管理体制改革实施意见的通知》，我所定为试点单位。2002年至今，根据农业部试点改革的方案，我所被农业部定为拟转企研究所，由此所财务管理进行了一系列的改革，自定位为拟转企研究所以来，由于政策的限制，我所财政拨款预算申请得不到财政的有利支持，为了确保所各项事业能正常运转，确保职工收入能平稳增长，我所进行了多次工资发放的改革，鼓励职工进行创收，事业收入、科技成果转化收入和资源开发收入等得到小幅增长，一定程度上解决了部分资金缺口问题；期间，财务开支由"所长一支笔"审批，向简政放权，按特定权限进行审批。

一、机构及人员的设置

1979—2010年，财务归口所行政办公室（综合办公室）管理，当时财务人员有3人，分别为财务主管1人，会计记账员1人，出纳员1人。2010年财务从综合办公室分离出来，成立了财务办公室，目前财务办公室设有6个岗，即主任1名、副主任1名、出纳管理员1名、会计员2名、资产管理员1名。

二、多渠道筹集资金

筹建初期，经费来源于单一的国家拨款。随着科技体制改革的深入，科技拨款制度发生了变化。因此，依靠拨款已经不能维持本所各项工作的正常运转和展开，所里开始重视经济效益，狠抓开发创收；同时，利用所的各项科研优势和土地优势，向国家和地方政府申请了基本建设项目经费、科技条件专项经费、科研设施运转费、国际合作项目经费、基本科研业务费、物种资源保护费、海南省自然科技基金、海南省重点研发计划项目经费及其他各类研究经费。通过多渠道筹集资金并加强计划管理，弥补了事业经费正常运转的需求。2000年以来，我所主要数据情况、各项收支情况见下表。

椰子研究所主要财务数据表　　　　　　　　　　　　　　　　　　　　　　单位：万元

年份	主要数据				
	资产	基本建设资金占用资产	负债	基本建设资金占用负债	净资产
2000	1 445.38		287.38		1 158.00
2001	1 408.35		248.62		1 159.73
2002	1 715.72		544.19		1 171.53
2003	1 753.26		421.36		1 331.90

(续表)

年份	主要数据					
	资产	基本建设资金占用资产	负债	基本建设资金占用负债	净资产
2004	2 155.56		409.27		1 746.29
2005	2 404.16		393.91		2 010.25
2006	2 974.50		455.25		2 519.25
2007	3 471.83	1 434.98	609.98	1 434.98	2 861.85
2008	3 936.78	1 400.00	671.74	1 400.00	3 265.04
2009	4 387.39	3 253.53	730.21	3 253.53	3 657.18
2010	6 028.60	3 115.72	731.93	3 115.72	5 296.67
2011	6 927.44	3 239.52	1 045.53	3 239.52	5 881.91
2012	10 258.89		1 146.74		9 112.15
2013	12 629.08		935.99		11 693.09
2014	11 847.33		1 243.85		10 603.48
2015	12 628.34		1 648.68		10 979.66
2016	14 114.69		1 740.39		12 374.30
2017	15 814.82		1 644.43		14 170.39
2018	16 477.00		2 164.63		14 312.37

椰子研究所收入支出情况表　　　　　　　　　　　　　　　　　　　　单位：万元

年份	总收入						总支出
	小计	财政拨款	上级补助	事业收入	经营收入	其他收入	
2001	608.99	428.18		112.31		68.50	618.21
2002	1 141.45	979.61		84.70		77.14	1 405.85
2003	745.66	570.88		117.57		57.21	776.71
2004	1 831.58	1 583.00		171.86		76.72	931.58
2005	1 209.12	1 065.50	8.00	102.22		33.40	1 053.06
2006	2 046.78	1 647.15		157.87		241.76	1 360.47
2007	1 803.46	1 257.32	1.03	312.66		232.45	1 698.93
2008	2 283.34	1 703.65	3.64	339.16		236.89	2 234.71
2009	4 024.26	3 214.36	63.84	392.38		353.68	3 437.95
2010	3 699.81	2 920.72	1.52	460.02		317.55	3 861.81
2011	4 089.90	3 019.63	13.36	558.23	23.99	474.69	4 806.15
2012	3 217.27	2 047.47	37.37	460.81	73.18	598.44	3 759.20
2013	5 626.94	1 983.79	6.43	790.40	39.46	2 806.86	5 372.05
2014	4 691.05	2 081.13	15.95	660.91	70.55	1 862.51	5 201.34
2015	4 182.20	2 350.75		1 153.34	31.86	646.25	4 208.01
2016	5 902.84	3 897.89		1 267.34	57.12	680.49	5 129.22
2017	6 341.74	4 901.64		1 091.85	93.62	254.63	6 357.51
2018	6 689.12	4 813.86		1 559.29	5.33	310.64	6 879.65

三、财务工作进展情况

随着市场经济以及体制改革的不断发展，我所财务管理工作由筹建初期的单一会计记账，逐步向参与所的各项经济事务管理发展，从当初的手工记账，在2000年向电算化管理转变；财务人员的业务素质不断提高，2018年底财务人员有中级2名，初级4名。为规范经费使用范围，提高资金使用效益，促进科研及开发工作的进一步发展，历年来我所根据上级的要求全面推进内部控制建设工作，严格控制公务用车购置和运行费用，严格控制会议费、差旅费支出，严格控制公务接待费，严格控制因公出国（境）经费，严格控制庆典、研讨会等活动，强化预算约束，加强控制日常性支出，包括宣传、印刷、用水用电、办公用品购置等开支，推进节约型单位建设，切实降低单位日常运行成本。在开支过程中还规定了相应的开支权限，从采购计划、实物验收、监督机制都做了相应的制约规定，通过不同的权限范围对各种采购的物品进行相互制约，尽量避免财务问题的出现；同时我所还成立了专门的监督小组，规定了小组成员的具体职责。目前我所已建立起了较完整的会计秩序和会计档案管理，会计管理运行规范、高效。

第三节　基本建设

1979—2000年，椰子研究所4个队除5 090平方米房屋外，没有其他基本建设。2000年由热农院校（中国热带农业科学院和华南热带农业大学的简称）批复立项建设了椰子研究所科研办公大楼；从2006年起，得到了中央级修缮购置专项的大力支持，获批了6个房屋修缮项目、16个基础设施改造项目；2008年，热带棕榈作物研究实验室获农业部批复立项；2009年，椰创园经济适用房获文昌市批复立项；2016—2018年，农业部批复立项农业基本建设项目4项，修购项目房屋修缮和基础设施改造项目22项投资5 275万元，农业基本建设项目5项投资8 856万元。椰子研究所基础设施条件建设发生了巨大的改变，从无到有，逐步完善，科研基地逐步向现代化方向发展，科研条件不断改善，科研基地辅助用房、道路、给排水、灌溉、供配电、围网围栏、安防等设施较好地满足了科研的需求。

一、修购项目立项与执行情况

椰子研究所自建所以来批复总投资5 275万元，截至2018年度，共下达投资5 275万元，具体情况如下。

1. 椰子种资圃基地用房修缮项目

批复文号：农财发〔2006〕111号。2006年下达投资50万元，共下达投资50万元。通过验收，全部完成批复内容，实施内容：维修改造椰子种质圃基地用房共有6幢，共1 020.94平方米，含门窗及室外散水坡及水电配套配件。

2. 椰子种资圃基础设施维修改造项目

批复文号：农财发〔2006〕111号。2006年下达投资195万元，共下达投资195万元。通过验收，基本完成批复内容，实施内容：改造围栏5 487米、浇灌面积600亩、水肥池20个、改造主道路775.94米、排水沟3 381.30米、挡水墙150米、过路预埋口径300高压砼管长68米、水井等。

3. 基地用房修缮项目

批复文号：农财发〔2007〕127号，农财预函〔2007〕47号。2007年下达投资50万元，共下达投资50万元。通过验收，按批复内容完成，实施内容：基地用房及房屋附属间修缮和改造，共计建筑面积1 442平方米。

4. 椰子、槟榔丰产试验示范基地房屋修缮项目

批复文号：农财发〔2007〕127号，农财预函〔2007〕47号。2007年下达投资65万元，共下达投资65万元。通过验收，按批复内容完成，实施内容：改造椰子、槟榔丰产试验示范基地房屋共有9幢，面积共计2 200平方米。

5. 高产椰园示范基地用房修缮项目

批复文号：农财发〔2007〕127号，农财预函〔2007〕47号。2007年下达投资45万元，共下达投资45万元。通过验收，按批复内容完成，实施内容：维修改造高产椰园示范基地用房925平方米。

6. 基地供水供电排水系统改造项目

批复文号：农财发〔2007〕127号，农财预函〔2007〕47号。2007年下达投资100万元，共下达投资100万元。通过验收，按批复内容完成，实施内容：灌溉系统的改造（包括一个水塔），水泵房、水井的维修改造，供水管道网的铺设，以及滴灌、自动喷灌设施的修建；水肥池维修16个；供电线路改造3 500米；片石砌筑、改造水沟1 900米。

7. 示范基地设施、道路与环境改造项目

批复文号：农财发〔2007〕127号，农财预函〔2007〕47号。2007年下达投资30万元，共下达投资30万元。通过验收，按批复内容完成，实施内容：① 增加人工挖土方296立方米、回填土和人工夯实91.4立方米、毛石基础65.2立方米、浇灌混凝土35.4立方米。② 减少碎石路垫层200立方米、排水沟抹灰14.3立方米。

8. 椰子、槟榔丰产示范试验基地基础设施改造项目

批复文号：农财发〔2007〕127号，农财预函〔2007〕47号。2007年下达投资150万元，共下达投资150万元。通过验收，按批复内容完成，实施内容：改造5米宽道路1 039.5平方米，水肥池8个，改造供电线路3 500米，片石砌筑水沟1 000米。

9. 高产椰园示范基地设施维修改造项目

批复文号：农财发〔2007〕127号，农财预函〔2007〕47号。2007年下达投资105万元，共下达投资105万元。通过验收，按批复内容完成，实施内容：维修与改宽5米造道路长1 200米，修整约800米排水沟，800米挡土墙；维修原有1 340米供电设施。

10. 椰子、槟榔制种园房屋修缮项目

批复文号：农财发〔2008〕23号。2008年下达投资30万元，共下达投资30万元。通过验收，按批复内容完成，实施内容：修缮门窗。安装木门20.9平方米、修补屋面防水层12.8平方米、改造隔热层299.7平方米、批荡墙体和天棚254平方米、装修仿瓷涂料169.5平方米；

11. 椰子、槟榔制种园基础设施改造项目

批复文号：农财发〔2008〕23号。2008年下达投资170万元，共下达投资170万元。通过验收，按批复内容完成，实施内容：改造主道路：浇灌砼路面积1 000平方米和修整片石砌筑配套的排水沟；围栏7 000平方米，供电线路改造4 000米；改造水井（直径8米宽，深15米的水井）；水塔改造：把原水池改造成一座60吨位的水塔。

12. 油棕试验基地基础设施改造项目

批复文号：农财发〔2008〕50号。2009年下达投资155万元，共下达投资155万元。通过验收，按批复内容完成，实施内容调整情况：① 围栏加固及改造工程：增加钢管铁丝网1 180米。② 种质保存大棚改造工程：增加毛石挡土墙118.79立方米。

13. 香蕉产业技术集成与创新基地基础设施改造项目

批复文号：农财发〔2008〕50号。2009年下达投资155万元，共下达投资155万元。通过验收，按批复内容完成，实施内容：围栏1 500米、滴灌系统100亩、科研大棚2 000平方米。

14. 试验一队基地基础设施改造项目

批复文号：农财预函〔2009〕66号、农办科〔2010〕3号。2010年下达投资275万元，共下达投资275万元。通过验收，已完成实施方案批复内容，实施内容：改造道路面积6 300平方米，排水沟

3 900 米,其中明沟片石砌筑 3 600 米,暗沟 DN300 预制水泥管 300 米,沉沙井 96 个;围栏 4 000 米、挡土墙 60 立方米;围墙 760 平方米。

15. 试验二队基地基础设施改造项目

批复文号:农财预函〔2010〕54 号、农办科〔2011〕010 号。2011 年下达投资 275 万元,共下达投资 275 万元。通过验收,已完成实施方案批复内容,实施内容:改造道路面积 5 213 平方米(C25 水泥砼路面 180 毫米厚)、围栏 950 米(8# 铁丝网,网高 1.6 米)、挡土墙 3 129 立方米、排水沟 1 965 米,其中明沟 1 666 米、暗管 299 米;围墙 924 平方米;护栏 403 米。增加生产路 1 923.3 平方米、场地硬化 598 平方米、水池 4 个共 16 立方米、预埋 PVC 管 160 米。

16. 椰子试验基地基础设施改造项目

批复文号:农财预函〔2010〕54 号、农办科〔2011〕010 号。2011 年下达投资 580 万元,共下达投资 580 万元。通过验收,已完成实施方案批复内容,实施内容:改造道路面积 15 882 平方米(C25 水泥砼路面 180 毫米厚)、围墙 3 034 平方米、围网 3 200 米(8# 铁丝网,网高 1.6 米),挡土墙 2 240 立方米(长 400 米,平均高 2.63 米,下底 3 米,上底 1 米),排水沟 2 561 米、涵洞(暗沟 DN600 预制水泥管 542 米),防护栏 400 米,变配电所改造 1 项、电缆 670 米,供水管 600 米。

17. 试验三队基地基础设施改造项目

批复文号:农财预函〔2011〕78 号、农办科函〔2012〕7 号。2012 年下达投资 295 万元,共下达投资 295 万元。通过验收,按实施方案内容完成,实施内容:改造道路面积 4 973.5 平方米、围栏 1 321 米、围墙 731 平方米、排水沟 2 470 米;挡土墙 1 833 立方米;苗圃喷灌设施改造 80 亩。

18. 试验四队基地基础设施改造项目

批复文号:农财预函〔2011〕78 号、农办科函〔2012〕7 号。2012 年下达投资 255 万元,共下达投资 255 万元。通过验收,按实施方案内容完成,实施内容:改造道路面积 2 597 平方米,围栏 2 606 米;围墙 729 平方米(长 331 米,高 2.2 米,厚 240 毫米);排水沟 5 194 米;供水灌溉 220 亩。增加田间道路 839.84 平方米;增加排水沟 410.9 米;水沟过路盖板 18 个;增加围墙 243.6 米。

19. 椰子种苗繁育试验与示范基地配套设施改造项目

批复文号:农财预函〔2012〕57 号、农办科〔2013〕8 号。2013 年下达投资 175 万元,共下达投资 175 万元。通过验收,已完成实施方案批复内容:道路改造面积 910 平方米,长 260 米、宽 3.5 米,路面 C30 砼厚 180 毫米;场地改造 20 亩,其中清杂平整土地 20 亩、场地硬化 300 平方米;种子处理室 80 平方米;智能大棚 1 100 平方米;排水沟 260 米:M5 砂浆毛石砌筑;水肥控制室 80 平方米;供水供电设施改造,其中改造供水 DN63 主管道长 320 米,各 DN50 支管道长 500 米及相关配套设施,供电主电缆 300 米主电缆。

20. 热带油料作物试验与示范基地基础设施改造项目

批复文号:农财预函〔2013〕67 号。2014 年下达 300 万元,2015 年下达 360 万元,共下达投资 660 万元。通过验收,按批复内容完成,实施内容:改造道路长 1 740 米,路面 C30 砼厚 180 毫米;围栏加固与改造:围网加固 2 950 米、铁门 6 个;排水沟 3 540 米、检查井 20 个、落水井 20 个;水肥池维修 10 个;水肥控制室 160 平方米;分析与处理室 80 平方米;供水供电及排污配套设施改造管长 DN63 改造 1 050 米;主电缆 780 米;灌溉系统的改造 300 亩;隔离检疫大棚 1 200 平方米;场地改造 20 亩;围墙 300 米;挡土墙 120 立方米;安全监控系统改造 1 套;大门改造 1 座。

21. 热带经济棕榈作物试验与示范基地基础设施改造项目

批复文号:农财预函〔2016〕1 号、农办科〔2016〕8 号;农财预函〔2016〕90 号、农办科〔2017〕15 号;农财预函〔2018〕1 号、农办科〔2018〕10 号。2016 年下达 375 万元,2017 年下达 270 万元,

2018年下达350万元，共下达投资995万元，实施内容：改造3.5宽路长4264米，排水沟1764米，围栏8050米，灌溉供水管道3496米，滴灌系统189亩，场地改造230亩，科研辅助用房600平方米，蓄水池1个，基地大门3座，挡土墙2088立方米，380 V低压输电线路1829米，更换变压器1台，监控布置线路1829米等基础设施。

22. 科研辅助用房修缮项目

批复文号：农财预函〔2018〕1号、农办科〔2018〕10号。2018年下达投资465万元，共下达投资465万元。修缮科研辅助用房2995平方米。其中，内外墙面装饰装修5030平方米；天花吊顶安装2300平方米、天花板涂料200平方米；室内外破损门窗更换共计234樘；室内外及走廊过道地面重新铺装2500平方米；走廊护栏修缮230米、屋顶隔热防水层改造1100平方米；内庭院顶部钢网架玻璃屋面安装400平方米；内庭院地面硬化380平方米；室内供电供水系统1项、通风系统安装1项；排污设施及其管网改造1项、室外路灯安装1项等。

二、基建项目立项与执行情况

建所以来批复总投资9756万元，截至2018年底，共下达投资6789万元，具体情况如下。

1. 中国热带农业科学院热带农业科技交流与推广基地征地项目

2004年下达投资900万元，共下达投资900万元。

2. 中国热带农业科学院热带棕榈种质资源圃项目

批复文号：农办计〔2008〕123号、农办计〔2009〕99号。2009年下达投资205万元，共下达投资205万元。通过验收，按批复内容完成。

3. 中国热带农业科学院椰子研究所热带棕榈作物研究实验室项目

批复文号：农办函〔2008〕81号、农办计〔2009〕107号。2009年下达投资1000万元，2010年下达投资300万元，2011年下达投资660万元，共下达投资1960万元。通过验收，按批复内容完成。

4. 中国热带农业科学院国家热带棕榈种质资源圃建设项目

批复文号：农办计〔2016〕133号。2016年下达投资400万元，2017年下达投资260万元，共下达投资660万元。项目已完成，待验收。

5. 中国热带农业科学院热带油料作物创新集成基地建设项目

2016年下达投资600万元，2017年下达投资900万元，2018年下达投资1158万元，共下达投资2658万元。项目已完成，待验收。

6. 中国热带农业科学院椰子研究所农业部热带油料科学观测实验站建设项目

批复文号：农办计〔2017〕4号。2017年下达投资406万元，共下达投资406万元。项目已完成，待验收。

7. 中国热带农业科学院椰子研究所热带棕榈加工及综合利用技术集成科研基地建设项目

2018年批复2967万元。

田间道路（施工前）

田间道路（施工后）

三、项目验收情况

2000年，中国热带农业科学院、华南热带农业大学以"热农基字〔2000〕241号"文件批复椰子研究所科研办公大楼项目立项，新建科研办公楼2450平方米（三层，框架结构），配套水电等场区工程，批复投资 270 万元（自筹），2012 年 6 月完成项目竣工验收，2013 年投入使用。

第四节　设备资产

椰子研究所国有资产管理工作由财务办公室负责，专人管理。国有资产管理工作主要包括固定资产、无形资产的登记、报增、报废、盘点、资产配置、国有资产保值增值、报送相关报表数据及协助其他部门完成与资产有关的工作；政府采购计划的收集、上报，集中采购目录内批量项目的采购。

椰子研究所拥有产权土地面积为 4 491 725.6 平方米，科研、辅助用房及用房 2 3481.51 平方米，科研设备 500 多台/套、4 600 多万元，无形资产 25.43 万元。2009—2018 年间，固定资产总额由 2 923.93 万元增长到 12 001.39 万元。自 2014 年度起根据财会〔2013〕29 号文件及财教〔2014〕10 号文件对固定资产折旧、无形资产进行摊销。根据《中国热带农业科学院行政事业单位国有资产保值增值考核暂行规定》计算办法计算，2009—2018 年实现了国有资产保值增值要求。具体情况见下表。

2009—2018 年椰子研究所固定资产情况　　　　　　　　　　　　　单位：万元

年份	固定资产原值	累计折旧	净值	当年资产新增	当年资产处置
2009	2 923.93	—	—	900.63	0
2010	3 796.00	—	—	872.07	0
2011	4 974.17	—	—	1 210.33	32.15
2012	5 642.25	—	—	714.91	46.83
2013	6 011.42	—	—	418.77	49.6
2014	7 128.87	3 661.07	3 467.80	1 484.02	22.15
2015	9 585.58	4 285.02	5 300.56	2 480.65	23.94
2016	10 215.82	5 178.90	5 036.92	635.26	0
2017	11 928.17	5 604.4	6 323.76	1 922.41	210.06
2018	12 001.39	6 403.53	5 597.86	203.11	127.01

2009—2018 年椰子研究所无形资产情况　　　　　　　　　　　　　单位：万元

年份	无形资产原值	累计摊销	净值	当年资产新增	当年资产处置
2009—2010	0.0 009	—	—	—	—
2011	2.89	—	—	2.88	—
2012—2013	2.89	—	—	—	—
2014	9	—	—	0	—
2015	7.32	1.25	6.07	7.32	—
2016	12.99	2.35	10.64	5.67	—
2017	20.97	10.14	10.83	7.98	—
2018	25.43	15.83	9.60	4.46	—

2009—2018年椰子研究所国有资产保值增值情况

年份	保值增值率（%）	年份	保值增值率（%）
2009	101.38	2014	100.19
2010	102.15	2015	103.04
2011	100.20	2016	100.61
2012	100.56	2017	101.89
2013	100.18	2018	100.31

截至2018年椰子研究所5万元以上仪器设备

财务入账日期	资产编号	资产名称	规格型号	价值（元）
2002-10-05	000015582	原子吸收分光光度计	TAS—986	88 000.00
2002-10-15	000015581	气相色谱仪	HP4890D 双通道	142 064.50
2006-10-18	000015605	凝胶成像分析系统	GBOX HR	96 721.00
2006-10-18	000015603	高级荧光体视微镜	MZ12.5 LECA CLS150X	248 598.00
2007-08-19	000015431	超低温冰箱	994(490L)	54 395.00
2007-08-19	000015613	切向流滤系统	vivaflow200/biop hotometer 6131	123 765.00
2007-08-19	000015220	快速有机物分离提纯体	美国TeledyneISCO combiflash companion	202 455.00
2007-08-19	000015347	全自动发酵罐	德国 BIST ATBPLOS	323 164.00
2007-08-20	000015343	多功能浓缩机组	CATAS2007-01(G)	172 749.00
2007-09-10	000015612	数码体视显微镜.生物显微镜	S8APO（数码体视）DM2500（生物显微镜）	133 697.00
2007-09-17	000015346	酶标仪/洗板机	ELX800/ELX500	89 004.00
2007-09-17	000015218	超临界CO_2萃取设备	SCO1(四川德阳)	183 000.00
2008-12-30	000015633	GPS地理定位测量系统（含摄像头）	集思宝（G738L）	59 000.00
2008-12-30	000015629	光照培养箱	mmm（FRIOCELL-1111）	59 600.00
2008-12-30	000015632	超纯水系统	AQUASOLUTIONS（RODI-C-12Al）	69 000.00
2008-12-30	000015438	超低温保存设备	REVCO（ult-1786-4-V）	69 500.00
2008-12-30	000015630	紫外可见分光光度计	Schott(Uvi Light)	99 000.00
2009-05-28	000015638	全自动索氏萃取脂肪测定仪	VELP(SER148/6)	188 000.00
2009-05-28	000015639	凯氏自动定氮仪	VELP(VDK152)	271 000.00
2009-06-15	000015351	温控摇床	Sartorius (CERTOMATIS)	68 000.00
2009-06-15	000015650	便携式光合测定系统	ADC(LCI)	184 800.00
2009-06-15	000015649	倒置生物显微镜	Leica(DMZL)	187 000.00
2009-06-15	000015349	实验室用喷雾干燥机	东京理化 (SD-1000)	200 000.00
2009-06-15	000015348	恒温冷冻切片机组	Leica(CM1900/RM2235)	202 000.00
2009-06-15	000015654	昆虫触角电位测量系统	SYNTE(EAG-4)	206 000.00
2009-06-15	000015642	全自动菌落分析仪	Spiral Biotech, Inc Q510	250 200.00
2009-06-15	000015645	伏安极谱仪	万通 797	256 000.00
2009-06-15	000015222	连续碟式离心分离机组	斯脱乐 (SEO3.0)	262 000.00
2009-06-15	000015221	高速冷冻离心机	Baxhbab avabtu J-26XP	298 000.00
2009-06-15	000015646	原子吸收分光光度计	SHIMADZU AA6300F	350 000.00

（续表）

财务入账日期	资产编号	资产名称	规格型号	价值（元）
2009-06-15	000015648	实时荧光定量PCR	Eppendorf/ast ercyclerepre alples 4	396 000.00
2009-06-15	000015647	气相色谱仪	SHIMADZU GC-2014	450 000.00
2009-09-29	000015661	PCR扩增仪	Eppendorf Mastercyder pro S	68 770.00
2009-09-29	000015651	昆虫抗寒测量系统	Loligo.systems(LAZ-2)	73 000.00
2009-09-29	000015227	低温高速离心机	Eppendorf 5810R	119 910.00
2009-09-29	000015678	包裹式植物茎流系统	DYNAMAX FLOW32A-1K	198 900.00
2009-09-29	000015652	昆虫行为记录分析系统	SYNTCH(Lcia)	296 000.00
2009-09-29	000015660	液相色谱仪	LC-20A	312 950.00
2009-10-19	000015663	自动电位滴定仪	梅特勒.托利多 DL28	99 780.00
2009-10-19	000015662	微波消解系统	安东帕 Multiwae	228 850.00
2009-10-28	000015664	智能人工气候室	杭州微松环境科技有限公司	177 558.00
2009-12-04	000015668	根系生长监测系统	CID CI-600	200 000.00
2009-12-04	000015666	叶绿素荧光测定系统	WALZ PAM-2500	290 000.00
2009-12-04	000015448	毛细管电泳仪	美国 beckan MDQ	620 000.00
2009-12-09	000015673	植物压力室、叶水势测定仪	SKTE skpm1400/80	85 560.00
2009-12-09	000015670	露点水势速测仪	Wescor Psypro	100 000.00
2009-12-09	000015672	根系活体数字分析系统	Delta-T SCAN	102 960.00
2009-12-09	000015671	植物生理生态监测系统	DT Eco-watch	158 480.00
2009-12-14	000015674	植物导水率高压测量仪	bronkhorst XYL'EM	239 800.00
2009-12-14	000015675	全自动连续流动化学分析仪	BRAN-LUEBBE AA3	738 000.00
2009-12-21	000015677	土壤呼吸测定仪	ADC SRS-2000	230 000.00
2009-12-21	000015676	土壤碳氮循环监测系统	UMS Baps	278 800.00
2010-12-16	000016026	冠层分析仪	CID CI-110	97 900.00
2010-12-21	000016027	叶面积仪	1242	50 000.00
2011-01-20	000016063	平行蒸发系统	瑞士 BUCHI Syncore	288 800.00
2011-01-21	000016062	全自动高温高压反应釜	美国 4547	588 000.00
2011-01-22	000016061	食品物性分析仪	FTC/ TMS-PRO	290 000.00
2011-01-22	000016064	短程（分子）蒸馏设备	Pope 4	432 000.00
2011-01-22	000016060	差示扫描量热仪	瑞士 梅特勒-托利多/DSC 1（至尊型）	590 000.00
2011-02-23	000016248	电子舌嗅觉分析系统	法国 ALPHA Astree II	778 600.00
2011-05-24	000016072	旋光仪	Anton paar /MCP 200 Sucromat	190 000.00
2011-05-24	000016066	全自动微需氧厌氧工作站	英国 DWS/MACS VA500	320 000.00
2011-05-24	000016071	傅立叶红外分析仪	PerkinElmer/ spectrum100	430 000.00
2011-07-06	000016092	液相氧电极	Hansatech OXYTHERM	60 000.00
2011-07-06	000016067	生物安全柜	hermo scientific Forma 1384	80 000.00
2011-07-06	000016068	生物安全柜	hermo scientific Forma 1384	80 000.00
2011-07-06	000016057	高速离心机	Thermo scientific heraeus Multifuge X1R	90 000.00
2011-07-06	000016070	冻干机	Thermo scientific Heto LL3000	140 000.00
2011-07-06	000016069	荧光测读仪	芬兰 Thermo scientific Fluoroskan Ascent FL	200 000.00
2011-09-19	000016120	染色体分析系统	cttiVision	250 000.00

（续表）

财务入账日期	资产编号	资产名称	规格型号	价值（元）
2011-09-19	000016119	荧光显微镜	DM6000B	350 000.00
2011-09-20	000016148	智能型恒温恒湿培养箱	SEEDTECH/SH1000	88 000.00
2011-09-20	000016151	层析仪	GE/ AKTA purifier 100	349 000.00
2011-09-20	000016150	便携式光谱仪	Avantes /AvaField-2	357 000.00
2011-09-20	000016123	全自动荧光免疫分析仪分析	Thermo Scientific Varioskan Flash	398 000.00
2011-09-21	000016126	昆虫飞行磨组		79 800.00
2011-09-21	000016127	昆虫风洞	XT5922-ZGSR-0	99 600.00
2011-09-27	000016129	全自动灭菌器	GR-85	50 400.00
2011-09-27	000016128	全自动灭菌器	GR-85	50 400.00
2011-10-13	000016146	PCR 仪	Biometra Tprofessional Standard Gradient	68 500.00
2011-10-13	000016145	超微量紫外可见光分光光度计	Quawell	98 500.00
2011-10-26	000016139	全气候箱	LGC-5201	79 000.00
2011-10-26	000016137	全气候箱	LGC-5201	79 000.00
2011-10-26	000016140	全气候箱	LGC-5201	79 000.00
2011-10-26	000016136	全气候箱	LGC-5201	79 000.00
2011-10-26	000016138	全气候箱	LGC-5201	79 000.00
2011-10-26	000016134	动物呼吸作用测量仪	OUBIT RP1LP	99 700.00
2011-10-26	000016135	荧光分光光度计	F-7000	198 000.00
2011-10-26	000016131	基础型中央供水系统	普力菲尔 FST-UV-10	243 500.00
2011-10-26	000016132	超大容量旋转蒸发仪	Laborota 20 compact	299 600.00
2011-10-31	000016147	高速冷冻离心机	Universal 320R	79 500.00
2012-09-17	000016458	脱水机	TP1020	119 900.00
2012-09-17	000016459	生物组织染色机	德国 LEICAST5020	248 800.00
2012-09-24	000016464	PCR 仪	eppendorf mastercycler gradient	50 000.00
2012-09-24	000016465	电穿孔仪	BTX ECM830	100 000.00
2012-09-24	000016468	染色仪	GE Processor PIUS	105 000.00
2012-09-24	000016467	等电聚焦电泳`	GE Ettan IPGPhor3	200 000.00
2012-09-24	000016466	电泳操作系统	GE Ettan DALT Six	200 000.00
2012-09-24	000016463	台式基因枪	POS-1000/HE	310 000.00
2012-09-26	000016469	电化学检测器	Decade	149 900.00
2013-09-25	000016683	台式冷冻离心机	centrifuge 5804R	96 000.00
2013-10-17	000016684	脉冲场电泳系统	CHEF Mapper XA	270 000.00
2013-10-24	000016687	全自动微芯片电泳系统	LabChip GX	500 000.00
2013-10-29	000016689	数码式超声波细胞破碎仪	SONICA TORS Q700	79 758.00
2013-10-29	000016688	核酸凝胶成像系统	GBOX F3	119 661.00
2013-10-29	000016690	超微量核算蛋白检测仪	NANODROP 2000	119 761.00
2013-10-29	000016691	多功能激光扫描分子成像系统	Typhoon FLA9500	1306 000.00
2013-11-11	000016692	三色光培养箱	LED-400	89 821.00
2013-12-18	000016699	DGGE 电泳仪	IngenyphorU	99 888.00
2013-12-18	000016700	全自动清洗消毒干燥机	Labcnco vantage	120 000.00
2013-12-18	000016697	超速离心机	HITACHI CP100WX	680 000.00

（续表）

财务入账日期	资产编号	资产名称	规格型号	价值（元）
2014-12-24	TY2014000042	树枝粉碎机	威猛 BC1000E	560 000.00
2015-08-18	ZY2015000008	农产品烘烤专用高温风机	GRF/G3S-2	106 000.00
2015-12-15	TY2015000089	固体脂肪含量检测仪	MQC23-SFC	390 000.00
2015-12-21	TY2015000093	多重基因表达遗传分析系统（测序仪）	PGM	1 097 000.00
2015-12-22	TY2015000092	多功能电转电融合仪	ECM2001	248 800.00
2015-12-22	TY2015000091	荧光实时定量PCR	Quantstudio6Flex	379 400.00
2015-12-22	TY2015000090	油脂氧化稳定性检测仪	892	390 000.00
2015-12-23	TY2015000096	植物响应气候变化模拟室	BM060T2	215 000.00
2015-12-30	TY2015000118	二氧化碳（细胞）培养箱	3111	50 000.00
2015-12-30	TY2015000119	二氧化碳（细胞）培养箱	3111	50 000.00
2015-12-30	TY2015000113	二氧化碳（细胞）培养箱	3111	50 000.00
2015-12-30	TY2015000098	手持式多功能PAR辐射仪	ULM-500	90 000.00
2015-12-30	TY2015000097	植物光谱分析仪	model 505	90 000.00
2015-12-30	TY2015000114	紫外分光光度计	Ultrospec9000	120 000.00
2015-12-30	TY2015000115	样本管理系统（超低温冰箱）	Thermo scientific Forma	196 000.00
2016-03-25	ZY2016000001	真空乳化均质机	JRX-5L	51 000.00
2016-05-24	ZY2016000008	恒温（冷冻）摇床	Thermo scientific MaxQ6000-80E	50 000.00
2016-05-24	ZY2016000009	恒温（冷冻）摇床	Thermo scientific MaxQ6000-80E	50 000.00
2016-05-24	ZY2016000010	低温植物培养箱	PERCIVAL E-30B	115 000.00
2016-05-24	ZY2016000011	低温植物培养箱	PERCIVAL E-30B	115 000.00
2016-11-28	ZY2016000019	真空冷冻干燥机（实验型冻干机）	DP-406DG	99 000.00
2016-11-28	ZY2016000031	真空冷冻干燥机（实验型冻干机）	DP-406DG	99 000.00
2016-11-28	ZY2016000021	超高温瞬时灭菌机	PT-200型	340 000.00
2016-11-29	ZY2016000020	食品膨化机	SIN070-II/30	80 000.00
2016-11-29	TY2016000044	冷冻离心机	德国 HERMLE-Z32HK	140 000.00
2016-11-29	TY2016000043	冷冻离心机	德国 HERMLE-Z32HK	140 000.00
2016-11-29	TY2016000042	冷冻离心机	德国 HERMLE-Z32HK	140 000.00
2016-11-29	ZY2016000022	快速粘度糊读测定仪	澳大利亚 RVA starch Mastee 2	360 000.00
2016-12-01	ZY2016000025	灭菌器	日本 HIRAYAMA HVA-85	70 000.00
2016-12-01	ZY2016000024	灭菌器	日本 HIRAYAMA HVA-85	70 000.00
2016-12-08	TY2016000047	流变仪	奥地利 Anton paar MCR102	430 000.00
2016-12-12	TY2016000045	紫外可见分光光度计	韩国 珀金埃尔默 Lambda265	90 000.00
2016-12-22	TY2016000056	色差计	日本柯尼卡美能达 CM-700d	100 000.00
2016-12-22	TY2016000055	流式细胞仪	美国 BD Accuri c5	360 000.00
2016-12-23	TY2016000053	全自动微孔吸附分析仪	美国 AUTOSORB IQ	390 000.00
2016-12-23	TY2016000054	粒度分析仪	英国 弥文 MS3000	450 000.00
2016-12-27	ZY2016000028	无菌填充室	国产 TF-AS	58 000.00
2016-12-28	TY2016000057	超滤膜过滤机	KJ-EUSF-500L	57 000.00
2016-12-28	ZY2016000029	真空离心浓缩仪	美国 ISS110-230	97 500.00

(续表)

财务入账日期	资产编号	资产名称	规格型号	价值（元）
2016-12-28	TY2016000058	精馏油扩散泵	美国	250 000.00
2016-12-29	ZY2016000032	台式真空干燥箱	DZF-6500	50 000.00
2016-12-29	ZY2016000030	台式真空干燥箱	DZF-6500	50 000.00
2017-06-30	TY2017000036	便携式光合仪	SY-1020	80 000.00
2017-06-30	TY2017000037	近红外农产品品质测定仪（便携式近红外光谱仪）	S400	130 000.00
2017-08-24	TY2017000018	超低温冰箱	中国海尔 DW86L626	73 000.00
2017-08-24	TY2017000017	小型冷冻离心机	中国 sigma 3k15	89 000.00
2017-09-30	TY2017000048	超高压细胞破碎机	宁波新芝 JG-IA	50 000.00
2017-09-30	TY2017000050	超纯水系统	上海和泰 Medium-Q300	62 000.00
2017-09-30	ZY2017000066	差分 GPS 定位系统	合众思壮 G10A	90 000.00
2017-09-30	TY2017000049	碟片式离心机	广州富一 DHC400+GQLB-105N	243 000.00
2017-11-10	TY2017000065	试验型超高压处理机（超高压设备）	天津华泰森淼 HPP.L1-600/5	435 000.00
2017-11-24	TY2017000063	荧光分光光度计	日本日立 F-7000	349 500.00
2017-11-24	TY2017000064	微流控反应系统	英国 Dolo mite Mitos	379 500.00
2017-11-28	TY2017000062	碟片式离心机	意大利 Seital SE03.OV	297 600.00
2017-11-28	TY2017000056	油品分析仪	瑞士 Buchi N-500	699 000.00
2017-11-30	TY2017000058	便携式光合仪（光合作用测定仪）	中国浙江托普 3051D	50 000.00
2017-11-30	TY2017000051	台式冷冻离心机	中国湖南湘仪 H205R	60 000.00
2017-11-30	ZY2017000071	便携式气象监测站	美国 SPECTRUM WatchDog2900ET	75 000.00
2017-11-30	ZY2017000077	冷冻干燥机	中国东京理化 FDU-1200	78 000.00
2017-11-30	ZY2017000074	观测无人机	中国大疆 DJI Inspire 1 Pro	99 800.00
2017-11-30	TY2017000057	近红外分光光度计	中国上海棱光 S410	110 000.00
2017-11-30	TY2017000067	便捷式土壤呼吸测量系统	芬兰 VAISALA soilBox-343	130 000.00
2017-11-30	TY2017000055	紫外分光光度计	日本岛津 UV-2600	174 000.00
2017-11-30	ZY2017000076	油脂精炼系统	北京中天金谷 SYJL3L	405 000.00
2017-12-19	TY2017000086	超微粉碎机	德国 RS200	248 000.00
2017-12-19	ZY2017000090	精馏塔	中国乙胜 YS-10	250 000.00
2017-12-26	ZY2017000095	高压均质机（高压真空均质机）	加拿大 AH-2010	299 500.00
2017-12-26	TY2017000096	高压水解系统（索氏抽提+酸水解系统）	瑞典福斯 soxtec8000+sc247	399 200.00
2017-12-31	TY2017000091	病虫害预测预报系统	定制	58 000.00
2017-12-31	TY2017000087	梯度 PCR 仪	德国 senso Quest Labcy cler	65 000.00
2017-12-31	ZY2017000087	自动气象站	英国 WS-GP2	80 000.00
2017-12-31	ZY2017000085	土壤养分测定仪	美国 PalintestSKW500	92 000.00
2017-12-31	ZY2017000092	生理生态监测系统	TPS T	150 000.00
2017-12-31	ZY2017000089	蒸发蒸腾测量（仪）系统	澳大利亚 Unidata6529	150 000.00
2017-12-31	TY2017000088	智能终端数据采集和管理平台	中国浙江托普云农定制	188 000.00
2017-12-31	TY2017000093	远程监控系统	定制	200 000.00

(续表)

财务入账日期	资产编号	资产名称	规格型号	价值（元）
2017-12-31	TY2017000090	环境监测与预警系统	定制	210 000.00
2017-12-31	TY2017000068	多通道 TDR 土壤湿度监测系统	美国 Campbell sciencificcs616	216 000.00
2017-12-31	TY2017000089	远程监控系统	中国海康 TPJK-I	260 000.00
2017-12-31	ZY2017000091	物联网/数据获取与处理系统	定制	300 000.00
2017-12-31	TY2017000092	物联网数据获取与处理系统	定制	300 000.00
2017-12-31	TY2017000069	植物生理生态监测系统	美国 CSICR1000	340 000.00
2017-12-31	TY2017000084	荧光定量 PCR 仪	新加坡 quant studio 3	380 000.00
2017-12-31	ZY2017000086	植物光合测定仪（便携式光合作用测定系统）	美国 PP SystemsTARGAS-1	380 000.00
2017-12-31	ZY2017000093	温度梯度种子孵育器	英国 GRANT GRDI	550 000.00
2018-04-30	TY2018000054	超低温冰箱	海尔 DW-86L828J	72 000.00
2018-04-30	TY2018000053	超低温冰箱	海尔 DW-86L828J	72 000.00
2018-04-30	TY2018000052	超低温冰箱	海尔 DW-86L828J	72 000.00
2018-04-30	TY2018000051	超低温冰箱	海尔 DW-86L828J	72 000.00
合计				41 723 119.5

第八章 党群工作

第一节 党的建设

1981年椰子研究所（原椰子试验站）设立党总支，1993年设立党委。到2019年椰子研究所党委下设党支部7个，有党员109名，其中在职党员75人，退休党员26人，其他党员8人。自设立党组织以来，椰子研究所党委（党支部）按照属地管理的要求，由文昌市委管理。

为强化科技创新、成果转化等科技工作发展，加强党建工作，经与文昌市委组织部、院机关党委协调，报院党建和党风廉政建设领导小组、文昌市委同意，中共海南省委直属机关工作委员会审核批准，所党委党组织关系将于2019年底划转院机关党委垂直管理。

一、历届党总支和党委成员

（一）椰子试验站党总支

1.1981—1983年

书　记：符文光

2.1984—1985年

书　记：符文光

副书记：陈木荣

3.1986年

书　记：符文光

副书记：陈木荣、于铭

4.1987年

副书记：陈木荣、于铭

5.1988—1990年

副书记：陈木荣、王文壮

6.1991—1993年

书　记：王文壮

（二）椰子研究所党委

1. 第一届党委（1993—1998年）

书　　记：王文壮

委　　员：邱小强、邢贻藏、毛祖舜、黄宽猛

2. 第二届党委（1998—2004年）

书　　记：马子龙

副书记：王永壮

委　　员：吴多扬、黄宽猛、符华

3. 第三届党委（2004年至2009年3月）

书　　记：王必尊

副书记：马子龙

委　　员：吴多扬、陈良秋、赵松林、黄宽猛、符华

4. 第四届党委（2009年3月至2014年3月）

书　　记：赵松林

副书记：马子龙

委　　员：吴多扬、陈良秋、覃伟权、韩明定、陈华

5. 第五届党委（2014年3月至2018年12月）

书　　记：雷新涛（2014.3—2015.3）、赵松林（2015.3—2017.5）、赵瀛华（2017.5—2018.12）

副书记：赵松林（2014.3—2015.3）、王富有（2015.3—2018.12）

委　　员：梁淑云（2014.3—2015.3）、覃伟权、韩明定、曾鹏（2014.3—2015.10）、范海阔、陈刚（2016.3—2018.12）

6. 第六届党委（2018年12月至今）

书　　记：赵瀛华

副书记：王富有、陈刚

委　　员：覃伟权、范海阔、师雪茹、李杰

二、党员及支部建设

椰子研究所自建所以来，由1979年的51名党员，不断发展壮大到2019年有党员109名，具体人员名单如下。

1. 1979年党员名单（51人）

一队（9人）：符永恒（支部书记）、周德武、许振茂、李泽国、陈家振、郑仕若、孙人群、陈世荣、李典轩

二队（9人）：符永南、周经武、李叶全、李胜发、符文英、符务信、符气新、李玉莲、陈明通

三队（10人）：黄宽猛（支部书记）、钟志明、梁定祥、史克琪、符基栋、云维英、陈川良、曾瑞荣、陈家森、陆玉香

四队（7人）：方奕招、卢德辉、孙人超、林尤群、林锦祥、

邓顺兴、林树岑

站部（16人）：符文光、张世祯、阮传荣、聂声扬、韩庆光、邢贻藏、陈木荣、韩舜定、谢自松（支部书记）、郭旭州、孟招生（支部书记）、钟开政、叶千祥、云逢雄、许振雄、符敦杰

2. 2019年党员名单（109人，截至2019年8月7日）

（1）第一党支部（综合—加工党支部）（13人）

支部书记：黄宇峰

组织委员、纪检委员：沈晓君

宣传委员：李裕钦

党　　员：陈刚、师雪茹、吴多扬、陈仪茹、陈华、李瑞、夏秋瑜、唐敏敏、陈焕斌、陈论文

（2）第二党支部（财务—椰子党支部）（14人）

支部书记：弓淑芳

组织委员、纪检委员：李和帅

宣传委员：王冰

党　　员：范海阔、张君、许小妹、孙程旭、张军、吴翼、李静、杨伟波、尹欣幸、陈卫霞、云永望

（3）第三党支部（基条—后勤—油茶党支部）（14人）

支部书记：符海泉

组织委员、纪检委员：阮民

宣传委员：张宁

党　　员：赵瀛华、李杰、周大鹏、张木炎、吴清新、肖周帆、黄文平、陈良秋、刘艳菊、李东霞、徐中亮

（4）第四党支部（科研—植保党支部）（16人）

支部书记：牛晓庆

组织委员、纪检委员：李朝绪

宣传委员：寇田田

党　　员：覃伟权、王挥、易命、张玉锋、王晔楠、阎伟、宋薇薇、钟宝珠、吕朝军、余凤玉、于少帅、杨德洁、陈泽西

（5）第五党支部（转化—油棕党支部）（12人）

支部书记：金龙飞

组织委员、纪检委员：韩轩

宣传委员：冯美利

党　　员：王富有、林浩、郑小蔚、云雷、曹红星、王永、周丽霞、韩少敏、郑伟涛

（6）第六党支部（土地—槟榔—资源党支部）（13人）

支部书记：贾永立

组织委员、纪检委员：刘小玉

宣传委员：陈君

党　　员：韩明定、牛启祥、刘立云、周焕起、黄丽云、朱辉、齐兰、付登强、符积育、朱海

（7）第七党支部（退休党支部）（27人）

支部书记：符华

组织委员、纪检委员：周经武

宣传委员：黄宽猛

党　　员：安贤书、符气新、云逢雄、阮传荣、李玉莲、陈世荣、韩庆光、符永恒、陆玉香、符务信、李叶全、徐月发、叶千祥、符敦杰、李胜发、钟志明、孙人超、钟开政、谢自松、许振雄、符永南、符文英、李典轩、符木兰

第二节　纪委工作

根据院里统一安排，自2011年开始，椰子研究所组建纪律检查委员会（以下简称纪委）。2011年7月1日第四次全体党员大会上选举产生了第四届纪律检查委员会。纪委在所党委和院纪检组双重领导下开展工作，实行纪委书记负责制。

所纪委是党内监督的专责机关。主要任务是：维护党的章程和其他党内法规，检查党的路线、方针、政策和决议的执行情况，协助所党委推进全面从严治党、加强党风建设和组织协调反腐败工作。职责是：监督、执纪、问责。历届纪委组成如下。

1. 第四届纪委（2011年7月1日至2014年5月21日）

纪委书记：梁淑云

纪委委员：韩明定、陈华、范海阔、阎伟

2. 第五届纪委（2014年5月21日至2018年12月20日）

纪委书记：韩明定

纪委委员：刘立云、张木炎、黄宇峰、杨伟波

3. 第六届纪委（2018年12月20日换届选举产生）

纪委书记：陈刚

纪委委员：黄宇峰、贾永立、王冰、郑小蔚

第三节　工会工作

一、近年工会组成

1. 第五届工会（2006年4月至2011年4月）

主　席：吴多扬

副主席：黄宽猛

委　员：文体委员韩明定、权益维护委员符华、女工委员陈卫霞

2. 第六届工会（2011年4月至2016年3月）

主　席：雷新涛

副主席：吴多扬

委　员：李专、文体宣传委员孙晓东、女工委员陈卫霞、牛启祥联系机关和大观园、符华联系试验队

3. 第七届工会（2016年3月至今）

主　席：牛启祥

副主席：邓福明

委　员：安全委员贾永立、女工委员陈君、组织及宣传委员郑小蔚、文体委员韩轩、青年及生活委员易命

二、工会主要工作

1. 维护好职工权益

一是组织开展职工和退休人员年度体检工作；二是与文昌市政府协调解决职工子女入学问题，为职工解决后顾之忧；三是完成试验队水井清理及井盖修复工作，让基地职工吃上放心水；四是加强生态文明队的建设，做好连队居民点环境整治，改善职工居住环境与条件；五是完成职工食堂建设，为职工提供安全营养餐；六是加强试验队信息公开栏建设，让队部职工及时了解我所建设和发展动态。

2. 举办好文体活动

一是组织开展了"三八妇女节""五一劳动节"等主题活动；二是举办好每年的迎新游园、中秋晚会等活动；三是举办篮球、排球赛、广播体操比赛等文体活动；四是启动"开心农场"建设，丰富了职工的生活。通过文体活动，丰富了广大职工的文体娱乐生活，增强了团队协作精神和凝聚力。

3. 开展好职工慰问

一是做好困难职工的关心和慰问工作，通过端午、中秋等节日慰问困难同志，帮助他们解决生活上的问题；二是做好离退休人员的慰问工作，每年召开退休老同志座谈会，慰问退休困难职工和烈属50多人次；三是做好离世职工家属慰问工作，做好遗属困难补助审核和申报工作。

第四节 先进集体和个人表彰情况

有统计以来，椰子研究所获党务方面表彰个人有145人次，获表彰集体有21个。

一、所级表彰

年份	先进基层党组织	优秀共产党员	优秀党务工作者
2007	未开展推荐表彰	覃伟权、赵松林、陈良秋	符华
2009	未开展推荐表彰	吴多扬、范海阔、曾鹏、朱辉	未开展推荐表彰
2010	第二党支部	韩明定、曾鹏、李瑞、朱辉、周经武	黄宇峰
2011	第五党支部	李杰、朱辉、赵松林、曹红星、韩明定、曾鹏	李专
2012	植保党支部	覃伟权、曾鹏、范海阔、阎伟、郑小蔚、许小妹、陈君	梁淑云、韩明定
2013	特色作物—椰子党支部	曹红星、范海阔、韩明定、黄丽云、阮民、王挥、许小妹、阎伟、余凤玉、郑小蔚、周经武	杨伟波、黄宇峰、符华
2014	行政第一党支部、椰子—特色作物研究党支部	韩明定、曾鹏、曹红星、王挥、符华、郑小蔚、郑伟涛	陈君、杨伟波
2015	椰子—特色作物研究党支部、王加工党支部	赵松林、覃伟权、陈刚、韩明定、范海阔、陈君、黄宇峰、李杰、曹红星、杨伟波、王挥、王冰、刘立云、李和帅、冯美利、朱辉、邓福明、牛晓庆、张玉锋	未开展推荐表彰

(续表)

年份	先进基层党组织	优秀共产党员	优秀党务工作者
2016	植保党支部、加工党支部	陈刚、王永、韩轩、牛启祥、付登强、刘立云、唐敏敏、冯美利、阎伟、徐中亮、张军、符华、李裕钦、阮民、周经武	贾永立、牛晓庆、张玉锋
2017	转化-加工党支部、土地-槟榔-资源党支部	黄慧雯、刘小玉、许小妹、郑小蔚、陈刚、刘立云、符华	牛晓庆、张玉锋、黄宇峰
2018	第三党支部（后勤-基条-油茶党支部）、第六党支部（土地-槟榔-资源党支部）	邓福明、贾永立、陈刚、宋薇薇、王永、刘立云、符华	韩明定、肖周帆、黄宇峰、黄慧雯
2019	第六党支部（土地-槟榔党支部）、第一党支部（综合-加工党支部）	陈刚、师雪茹、范海阔、弓淑芳、赵瀛华、阮民、覃伟权、王挥、曹红星、王永、刘立云、陈君、周经武	黄宇峰、周大鹏、牛晓庆、符华

二、院级及以上表彰

序号	单位	受表彰人	荣誉称号	获表彰日期	表彰级别	备注
1	椰子研究所	杨伟波	海南省机关党建工作课题研究论文三等奖	2015年10月	省部级	
2	椰子研究所	师雪茹、陈刚、黄慧雯	海南省机关党建工作课题研究论文三等奖	2017年12月	省部级	
3	椰子研究所	毛祖舜	文昌市优秀共产党员	1996年6月	地市级	
4	椰子研究所	椰子研究所机关党支部	文昌市先进基层党组织	2001年6月	地市级	
5	椰子研究所	赵松林	文昌市优秀共产党员	2001年6月	地市级	
6	椰子研究所	黄宽猛	文昌市优秀党务工作者	2001年6月	地市级	
7	椰子研究所	植保党支部	文昌市先进基层党组织	2012年6月	地市级	
8	椰子研究所	杨伟波	文昌市优秀党务工作者	2016年7月	地市级	
9	椰子研究所	曹红星	文昌市优秀共产党员	2016年7月	地市级	
10	椰子研究所	加工党支部	文昌市先进基层党组织	2016年7月	地市级	
11	椰子研究所	加工党支部	文昌市先进基层党组织	2017年7月	地市级	
12	椰子研究所	牛晓庆	文昌市优秀党务工作者	2017年7月	地市级	
13	椰子研究所	刘立云	文昌市优秀共产党员	2017年7月	地市级	
14	椰子研究所	范海阔	2012—2014年中国热带农业科学院优秀党员	2014年7月	院级	
15	椰子研究所	郑小蔚	2012—2014年中国热带农业科学院优秀党员	2014年7月	院级	
16	椰子研究所	陈君	中国热带农业科学院2012—2014年度"优秀党务工作者"称号	2014年7月	院级	
17	椰子研究所	刘艳菊	院2014年党建研究优秀论文	2014年6月	院级	

(续表)

序号	单位	受表彰人	荣誉称号	获表彰日期	表彰级别	备注
18	椰子研究所	曹红星	中国热带农业科学院优秀共产党员	2016年7月	院级	
19	椰子研究所	杨伟波	中国热带农业科学院优秀党务工作者	2016年7月	院级	
20	椰子研究所	椰子研究所党委	院党规党纪知识竞赛三等奖	2017年7月	院级	
21	椰子研究所	椰子研究所	院纪检业务知识测试团体一等奖	2019年9月	院级	

第九章 媒体报道

第一节 老一辈事迹采访

往来西沙群岛的"椰子大使"——毛祖舜

（一）往来西沙群岛的"椰子大使"

"它的外壳是个球形，青绿色的。对半剖开，就像个饭碗，它也的确是个饭碗——既有香甜可口的水分，又有汁多味甜的果肉，吃饱喝足了可别扔，还可以榨油呢！"这样全身是宝的椰子，怎么叫人不爱呢！一说起它，毛教授就难掩喜爱之情。

毛祖舜，研究员（大家常称他"毛教授"），共产党员，椰子研究所退休职工。毕业于福建林学院林学专业，20世纪70年代，作为椰子试验站（椰子研究所前身）筹建组成员来到文昌，从此便与椰子结下了不解之缘。而如今，作为一名退休干部，他仍积极为椰子产业发展建言献策，用自己的实际行动迎接党的十九大胜利召开。

感谢过去

初到文昌时，没有地方办公，更没有条件做科研。毛教授等一行人只能借宿在当地的土地庙里，一住就是好几年。就在这样的条件下，毛教授与筹建组成员共10余人克服重重困难，在文昌这片土地上，种下的是一棵棵椰子树，留下的是"椰乡"这片热土。直至今日，谈起这些往事，毛教授却说"感谢这段经历"。

大学毕业的毛教授，接到组织的委托，便不顾条件艰苦，毅然决定来到了文昌，将自己的青春年华贡献在这里。风华正茂的毛教授，为祖国在海疆种椰子树，绿化西南中沙群岛；出版了《椰子种质资源》《椰子发（催）芽育苗规律探讨》等重要椰子书籍，为椰子科研写下浓墨重彩的一笔。

珍惜当下

在2019年"畅谈""建言"活动中，椰子研究所退休党支部与毛教授进行了访谈。走进毛教授家，最引人注意的是客厅茶几上一叠厚厚的报纸和报纸上写满的手稿笔记。"足不出户，也能关心国家大事，一天不看，就觉得要和社会脱轨了"，毛教授微笑地说。原来，通过报纸、电视，毛教授仍在学习和关心国家都发生了哪些事。他的记忆慢慢在减弱，因此不时提起笔写下心情记录，也记录着祖国的发展与革新。

在海南坐上了高铁、院里还给老楼房装上了电梯，他说："人随着年龄的增长一天天变老，但生活却一天天在变好，这都是十八大以来国家发生的大变化"。2018年"七一"，毛教授受邀回到所里给全所党员上一堂特殊的党课,他不顾舟车劳顿,在课上依旧激情盎然,他勉励科研人员要"以身正职",不能眼高手低,要实在;不能心浮气躁,要坚持。要沉下心来做科研,他鼓励更多的年轻人员到基层去走走、看看,为祖国发展椰子科研事业多做贡献。

展望未来

6月中旬,院里召开离退休干部"畅谈十八大以来变化、展望十九大胜利召开"建言献策座谈会,毛教授作为椰子研究所的离退休代表在座谈会上畅所欲言。他还提出了"海南椰子发展生产建议",从椰子的品种、栽培技术、椰园管理、病虫害防控等方面对在海南发展椰子生产种植业提出了专业而全面的意见,为海南省文昌市"百万椰林工程"提供了理论支持。

此外,毛教授还积极参与"五个一"活动,他准备了13幅书画作品参加评选。书法,能以柔克刚,教授用毛笔书写下"宁静致远",让人感受文化魅力。除了书法之外,他经常将身边的一个小风景、小人物都作为他画中的主题,让人通过画面感受到身边的美好。

椰子,是海南的象征,对于毛教授而言,椰子是他的一生。生活在美好的时代,他依旧在椰子事业上贡献自己的力量,他的坚持几十年如一日,从未间断。

(通讯员:黄慧雯　师雪茹　陈刚)

(二)三沙椰林,一片乡情的延伸,一缕热带农业科学院人难解的情缘

一片海水,一座孤岛,一株高大的椰子树。

"蓦然在祖国的南海看见了,双眼莫名地被撞击得生疼,不觉流下泪来。这就是乡念与乡愁!"1982年,当毛祖舜研究员首次登上西沙群岛的金银岛时,岛上仅有一株椰子树。看到这株在海风中孤独飞舞的椰子树,他想,这是海南渔民对于乡情的记忆与延伸啊!

1982年至1992年,中国热带农业科学院文昌椰子研究所研究员毛祖舜,每年都会到西沙群岛种植椰子树,永兴岛、东岛、中建岛、琛航岛、金银岛、珊瑚岛等8个小岛,都留下了他的足迹,都生长着他种下的椰子树。

椰子树　南海开发的见证

海南渔民在南海各岛屿种植椰子树历史悠久。

"站峙",是海南渔民对长期居住在南海小岛上和沙洲上从事生产和生活的形象的比喻。海南渔民开发南海初期,岛上几乎空无一物,人在岛上生产生活,连坐的地方都没有,上去只能"站"着。

"站峙"久了,对于遥远的家乡和亲人,倍加思念起来,加上岛上淡水稀缺,于是,象征着海南风物人情的椰子树就成了最佳选择。海南渔民,从家乡迢迢地运了椰子树来岛上种植,一可聊解思乡之苦;二可饮椰子水解渴;三可作为开发南海的标志;四是高大的椰子树,在一望无垠的大海上,可以作为辨别方位的参照物。

海南渔民在南海岛屿上种植椰子树,有据可考的是19世纪中期开始的外国记载:19世纪60年代英国编著的《中国海指南》记载,"林康岛(东岛),岛之中央一椰树不甚大。"

根据调查,在清光绪年间,琼海县渔民在太平岛西北部建庙一座,打挖井一口,种植椰子树200余株。此外,西月岛、中业岛、双子礁、南威岛、南钥岛、鸿庥岛、太平岛等,都有海南渔民种植的椰子树。

椰子研究所毛祖舜研究员和同事
初到西沙合影

西南中沙群岛办事处编著《海洋的叙说》一书也记载：1951年，琼海潭门草塘村船主许开茂到南沙作业，遭遇风暴，便到南子岛避风，却因逆风无法回返，只好在南子岛上搭棚暂住。渔民们看到岛上掉落的椰果已经发芽，大家便把这些发芽的椰果移植到日本人曾窃挖鸟粪的空地上，每人至少种植10~20多株椰子树，待他们离开时，南子岛已遍地椰树。

应邀到西沙群岛种椰子树

最早开发南海的海南渔民，以琼海、文昌渔民居多，这两个地方既是海南的侨乡，又是椰乡。渔民在"站峙"的岛上种下椰子树，似乎能从海风中闻到家乡的味道。1982年，驻西沙永兴岛部队一位陈姓政委，找到中国热带农业科学院，请求该院派出专家到永兴岛，帮部队种植椰子树。

一直从事椰子树研究的毛祖舜等4人前往永兴岛。"当时去西沙的交通非常不便，由于船期的问题，我们四人在三亚榆林港整整等待了1个月。"7月16日上午，已经76岁的毛祖舜老人在家中向记者回忆这段往事，揭秘了热科院与西南中沙不解的椰树之缘。

毛祖舜研究员向《海南日报》记者展示在西沙捡拾的贝壳

事隔经年，毛祖舜仍然很激动，"能为祖国海疆种椰子树，绿化西南中沙群岛，是我一生中最骄傲的大事！"

当年，毛祖舜上岛调查后发现，部队种植的椰子树都是从文昌清澜港运过去的，是两年生的椰苗，种植时已经很高了。这些椰苗基本上是种一批死一批，头年种下，第二年就死了。

"两年生的椰苗，椰子母果的营养基本被消耗尽了。而西沙群岛日照强，淡水资源少，又是珊瑚沙，缺少土壤，大苗不容易成活。"毛祖舜告诉记者，找到椰子树成活率低的原因后，他们运来刚发芽的小椰苗种植，成活率竟然提高到80%以上。

"小椰苗的母果里，还有很多营养，种在珊瑚沙里，依靠母体原有的营养，容易成活扎根，而且南海降水量很大，可以供应椰树的生长。"毛祖舜告诉记者，1980年时，小椰苗很便宜，几角钱一株，热带农业科学院每年都会采购两三百株，运到西沙群岛去种植。

毛祖舜说，当时种椰子树，有几个原因，一是椰子树可以绿化美化海岛，二是椰子树可以解决部分饮水问题，还有一个当时需要保密的理由——战备的需要。

"琼崖纵队战士们曾用椰子水作葡萄糖疗伤治病。"毛祖舜说，驻西沙部队曾委托热科院分析椰子水的成分，看看是否真的能替代葡萄糖。检析的结果表明：生长了7月至9月的嫩椰子果汁可以作葡萄糖用，太老的则不行。

为了种椰子，毛祖舜几乎走遍了西沙群岛的各个小岛。在琛航岛，他和同事一起去拜祭了在1974年1月西沙海战中牺牲的18位烈士。"战士们为了保卫祖国边疆，连生命都可以牺牲，我们种点椰子树吃点苦，又算什么！"

此后，毛祖舜每年都要到西沙群岛去种椰子，一种就是十年。十年里，他受热科院派遣，在西沙群岛种下了上千株椰树，也目睹了西沙群岛发生的巨大变化。

"第一次上岛时，永兴岛还很荒凉，除了西南中沙群岛工委两层高的办公楼，部队的营房，一家老邮电局，其他建筑物很少。"到1992年，毛祖舜带着学生唐龙祥最后一次上岛时，永兴岛已经先后建起了银行、机场、医院，慢慢地繁华热闹起来。

（通讯员：热科院办公室）

扎根田间地头的植物医生——安贤书

虽不是第一次到安教授（安贤书，副研究员，但大家习惯叫他"安教授"）家，但我们还是再次被深深地震撼了：斑驳的外墙、窄小的过道，简陋而整洁的房间，青色条形地板已表明了它的历史（后来得知是"文化大革命"时期铺设）……如果不是房间入口书柜里摆放着满满的专业书籍和一叠厚重的获奖证书，你很难想象眼前这位行动缓慢、吐字不清但头脑清晰的老者竟是从事植保研究39载的老专家，通过缓缓交流与慢慢比划，安教授和我们一起回顾他过去的岁月。

与农业结缘

新中国成立之初，百废待兴、百业待举，各方面建设人才匮乏。1956年23岁的安贤书被华南农学院（现华南农业大学）植保专业录取，自此，他与农业结缘。1960年毕业后他被分配到华南热带林业科学研究所（中国热带农业科学院前身）湛江湖光岩旁的粤西试验站从事科研工作。"文化大革命"爆发后，1969年研究所进入兵团接管时期，安贤书划归广州军区生产建设兵团第一师第六团（国营东红农场）从事植物保护研究。1985年安贤书调入华南热带作物科学研究院椰子试验站（现椰子研究所）从事椰子、橡胶、胡椒、胶园防护、果树病虫害防治研究工作。不管是毕业初期的迷茫，还是"文革"期间的动荡，抑或是后面的组织调动，在那个"一切听从组织安排"的年代，安贤书淡泊而沉静，始终忘我地忙碌在农业病虫害防治科研一线，扎根在田间地头，潜心钻研，默默贡献。

上下而求索

初到椰子试验站时，全站科研人员仅几个人，从事植保研究的仅安贤书和吴多扬2人。仪器设备简单，仅有普通电子显微镜和背式喷药机，来往4个试验基地全靠简易自行车。

在如此艰苦的条件下，安贤书踏踏实实做科研，风风雨雨几十载，主要从事椰子、胡椒、橡胶等热带作物病虫害防治研究和低产椰园改造技术研究。

20世纪90年代初，海南椰子种植面积有34万亩（每亩15株），一种叶斑病大面积暴发，死苗率10%~20%，患病的成年树1~3外轮叶片受害较严重，导致单株年减产椰果4~6个，37万株成年树年减产椰果22万个左右，给广大椰子种植户造成了严重的经济损失。为此，安贤书不敢懈怠、马不停蹄地投入研究，对此病开展了病原鉴定（显微镜技术），确定了该病原是掌状拟盘多毛孢菌，并对其病害流行规律和防治进行研究，通过不断试验实践，找到了有效控制

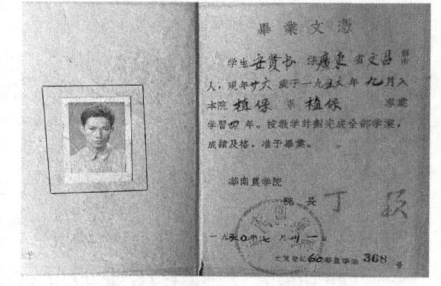

安贤书大学毕业证书

该病害的药剂和综合防治措施，预防和控制了椰子灰斑病的流行。鉴于其良好的防治效果，安贤书曾被邀请去西安做报告，其中采用波尔多液及多菌灵可湿性粉剂防治技术沿用至今。

在椰子红棕象甲防治方面，他采用油漆粘、必要时砍树和激素引诱的技术，取得很好的成效，此成果也被上海科教电影制片厂拍成记录片，得以推广应用，其中激素引诱技术至今仍在使用；另外，为了夜间集中捕杀害虫，安贤书首次设计了诱虫灯，广泛应用，效果显著。

为了改造低产椰子园，安贤书风雨无阻，奔走在椰子林间地头，多年来通过调查和深入研究，找出了椰子低产的主要因素并提出了相应的低产园改造技术。此成果于2001年获得了海南省科技进步四等奖。这让安老深刻体会到：成功离不开辛勤地耕耘和默默地付出。他语重心长地对来访的年轻植保博士牛晓庆重复着这句感悟。

春华秋实

"春发其华，秋收其实"，安贤书的辛勤付出也结出了丰硕的果实。"星天牛防治方法"20世纪60年代中期在广东省湛江专区木麻黄植区推广；"风害胶树处理与复壮措施"60年代中期在湛江垦区风害植胶农场、70年代初期在海南垦区风害植胶农场推广；1987年首次发现由尖孢镰刀菌引发的胡椒枯萎病，并探索出可根治该病的一些方法；1987年"第二代胶园防护林树种和结构的研究"获海南农垦局科技成果三等奖（第一完成人）；2001年"低产椰园改造提高产量和社会经济效益研究"获海南省科学进步奖四等奖、热农院校科学进步奖一等奖（均为第一完成人）。安贤书共发表论文60余篇。1979年获海南行政区农垦局在科学技术工作中作出贡献者三等奖；1986年由于他在科普工作中的突出表现，获农牧渔业部感谢并表彰；2002年获国营东红农场创建五十周年"十名功勋人物"荣誉称号。

采访组与安贤书（左二）合影

我们怀着满满的敬仰倾听着安教授的故事，简单质朴的语言感人至深。我们被老一辈科研工作者扎根基层、服务农村的奉献精神，忘我工作、不懈奋斗的战斗情怀而深深感染着。虽意犹未尽，但因安教授身体抱恙，不宜过多打扰。依依惜别时，安教授一定要撑起来为我们送行，就像慈祥的老父亲依靠在门框，望着我们的车渐渐远去。

（通讯员：师雪茹　牛晓庆）

轮椅上的青春咏者——张诒仙

（一）

"我的爬山坡精神"

一篇微信公众号的分享文章，让所里的群聊热闹了起来，一位满带笑容的老人走进了我的视野，而她在我的故乡—两院，留下了属于她的传奇故事，她就是张诒仙。

"Coconut"！张老用她那带着一点湖南乡音的口吻说起这个单词，瞬间把我逗笑了，笑声之余，才惊觉这是张老翻译的第一部著作——《椰子》。

你的笑容温暖我的心

笔者在国庆节时拜访了张老。

"张老师！""哎，来啦！"

在门外听着她铿锵有力的回答，根本想象不出来她是个坐在轮椅上、半身残疾的八旬老人。一开门，张老的笑容让我情不自禁地也笑了起来，好似透过阳台洒进来的阳光，那么灿烂，那么温暖。

人们总是说，爱笑的人运气不会太差。张老的笑容陪伴着她，激励着她，哪怕是瘫痪后她也始终笑对生活。

张老1958年毕业于湖南农学院，后被分配至两院。一开始她从事人事管理工作，"当时这里需要我做什么，我就去学着做什么",张老说道。即便她是农科大学出身,但条件限制下,她只好先从事着与专业不相符的工作。但很快,她接到了国家下达的椰子研究任务,张老受宠若惊,一方面自己对椰子没有充分的了解,另一方面国家当时的椰子研究只处于起步阶段,她对自己没有信心。她开始有点敬畏,试图推脱。为此还写信给何康院长请辞,但最后还是自己说服了自己,接下了重任。

在海南开启第二次新生活的她来到了文昌,开始了椰子研究。但是,上天似乎和她开了一个玩笑,为她打开一扇大门时却关上了一扇窗。有一天,为了观察得细致,她亲自爬上椰子树观察椰花的授粉过程,在观察过程中不慎从树上摔了下来,造成了三处胸椎压缩性骨折。由于当时医疗条件落后,没有及时得到有效的治疗,最终造成了高位截瘫,26岁的她,余生只能在轮椅上度过。

"我能活着一天,就是多一份幸运。"瘫痪并没有阻碍她活下去的勇气,反之,她开始在轮椅上开启了她的新生活。虽然行动不便,但依旧在家里进行办公,工作之余她开始自学英文和日语。"既然行动不便,何不与书为友,在轮椅上实现我的价值。"对工作的热爱丝毫不减,国内的椰子研究无处着手,处于空白,她就利用自学翻译了二十多万字的《椰子》一书,对海南甚至于国内的椰子研究产生了深刻影响。此外,她还出版了许多译著和编著,论文《叶片蛋白质的开发与利用》还被科教兴国系列丛书选中并编入其书中。

这一切,我想,可能笑一笑,对她来说是最大的鼓励吧。窗外正是热闹的国庆节日氛围,而房里却多一份恬适,她晒着太阳,面带微笑。

苦难是一种意志

我和老师表露了身份,我是一个土生土长的两院人,而她的来院时间,比我出生时早了整整35年。谈起两院的变化时,她开始给我讲起了她的故事。

1959年,刚大学毕业的张老只身来到海南。地处海南岛西部的两院,在当时交通尤为不便。一路来看着路旁越来越稀少的人群,张老有了些许畏惧。"刚到这里时,连洗澡都没有地方,宿舍里只有一张木板床。"条件艰苦,但她依旧充满着向往。"可以说是翻天覆地的变化,中国发展的真好。"虽是在电视机里,在阳台上,在轮椅上,她依旧能感受着这些变化。

她从小生活在大山里,一岁时父亲就去世了,从小由母亲抚养长大。母女俩相依相偎,她深知自己肩上的担子比同龄的孩子重的多。因为父亲是家中的长子,去世后,家里的大小事都落在了母亲的身上。一个寡妇带着一个孩子,难免闲言闲语。但是,都说在孩子的身上可以看到父母的影子。张老坚强无所畏惧的性格,正来自于她的母亲。

从小她就跟着母亲上山砍柴,下地干农活,农忙时都顾不上学习。走惯了崎岖山路的她,上学时常常要翻越一座又一座大山,走三四里山路,才能到达学校。日积月累,让她觉得,能克服的都不是困难。那时候毛主席提倡,教育要与生产实践相结合,这也促使了她面对困难迎难而上的勇气。

说起老师的名字,我特别好奇这个生僻的诒字。了解之后才发现这是她的字辈,有赠与、给予的意思。她的一生献给了国家、献给了椰子研究事业,这是她人生的重要一笔,也是椰子研究发展前进的一大步。

先斩后奏未必是坏事

"我决定要继续念书,就背着书包下了山。"因为家庭原因,张老初中时休学一年在家。后来决定要继续学业,就只身一人到县城里去参加了中考。

"我上了大学才往家里寄了信,我母亲也是通过我舅舅才知道我考上了。"顺利考上了高中的她,没想到得到了保送大学的名额。

"到了海南才托人寄了家书,告知我母亲我被分配到海南工作"。原来当时发榜的当天就要求张老收拾行李与大家伙一起出发,甚至来不及报个平安。

就这样,张老人生的重要决定,都掌握在自己手里。她笑着说,"我总是先斩后奏,但未必是坏事。"她知道与她一样好强的母亲,也会选择和她同样的道路,而她替自己做了选择,母亲也会全心全意地支持着她。

"我不后悔,从来不后悔。"听到张老斩钉截铁地回答,眼泪在我的眼眶里不停地打转。即便是现在生活不能自理,不能离开房门,她也没有后悔在两院奉献的青春,也没有后悔多年的背井离乡。好像这一切,在她翻越一座座大山时,已经得到了答案。因为她的坚强,让她的人生一直走着上坡路,虽然曲折,却始终向阳。

对椰子研究所的展望

长时间的交谈不仅没有让她疲惫,谈起对椰子研究所的展望时她愈发精神。

张老在对椰子的研究方面提到了两点。一是知己知彼,要知道国内研究与国外研究的差距,好的成果要汲取经验,为我所用,发现不足要及时总结,才能提升。二是遗传育种,依旧要作为研究里最重要的一个方面,要从高产、高质方面着手,让长时间的研究得到一个质的飞跃。

在谈及对椰子研究所新生代力量的寄语时,张老说:年轻人要以"德"为首,即便是高素质人才也要将"德"作为这辈子的必修课;要选择一条正确的道路,看清方向,一往直前,无悔便是成功。

(通讯员:黄慧雯　师雪茹　陈刚)

(二)

轮椅上的青春之歌

在 52 年前的一次椰子树传粉试验中,26 岁的张诒仙从椰子树高处跌落,胸椎挤压性骨折,从此高位截瘫。

青春意味着什么?每个人都有不同答案,张诒仙则用了近 50 年的时间来回答这个问题。

人生坎坷路

1960 年,周恩来总理到海南视察,针对当时全国人民缺衣少食的问题,周总理指示,作为大宗木本油料作物,海南的椰子研究要上马。刚到当时的热作两院工作一年时间的张诒仙接受任务,来到文昌开展椰子研究工作。

张诒仙 1958 年毕业于湖南农业大学,所学专业是软质纤维,譬如棉花等,但海南没有这些作物,而海南的热带作物研究几乎是一片空白,张诒仙和当时的科研人员一样,需要从最基础的地方开始研究椰子这样的热带作物。怀着巨大的工作热情,张诒仙穿梭在文昌东郊的椰林之间,攀爬在高高的椰子树上,观察椰子树的开花授粉。

因为研究已进行了好几天,张诒仙骑坐的椰叶岌岌可危,很快就断裂开来,猝不及防的张诒仙正好跌落在树下半个椰子壳上,造成四、五、七节胸椎挤压性骨折。又因为当时的医疗条件落后,耽误到第 4 天,张诒仙才被送往广东接受有效治疗,而诊断结果是高位截瘫。她的人生轨迹,由此在 26 岁的青春之时发生扭曲。

贵在慎独

因公负伤后，张诒仙没有怨天尤人，也没有消极颓废。治疗一结束，她便要求返回工作岗位。

上大学时，张诒仙所学外语为俄语，她成绩优秀，能用俄语写些小诗。伤势不允许她再从事以前的工作，她便考虑利用自己的外语特长和专业知识，把国际上关于椰子研究的先进成果引入海南。椰子研究都在热带地区进行，俄文知识没有用武之地，张诒仙便开始学习英语。

重新工作后，张诒仙坚持像个健全人一样，每个工作日都拄拐杖去上班，而且还比别人早半个小时到办公室。直到有一天，她重重摔倒在上班的路上，拐杖断成两截，她怎么都没办法自己站起来。为避免再出意外，张诒仙决定在家工作。"没有人要求我什么，但我自己觉得，既然要工作，就应该严格遵守各项纪律要求，这也许是知识分子慎独的传统在起作用吧。"她每天都早晨7点半开始工作，到中午12点才休息，下午也是和单位的正常工作时间一起作息。

就这样，直到1989年退休，她总计翻译热带作物资料文献500多万字。她翻译的文稿，被单位同事评价为"几乎不用再校对"。

因为张诒仙在特殊情况下奋斗不止、认真工作的精神，她多次被评为先进工作者、优秀党员等。1979年，她当选全国"三八"红旗标兵，并来到海口接受颁奖。这也是她受伤后，为数不多到海口的一次。

折射人间温暖

张诒仙说，有股力量在支撑我的生命，这里面包括社会的肯定和朋友的关心。

"学生们对我进行接力照顾，其中有位大学生，现在已经在热农大读研究生了，多年来一直不计报酬地照顾我。前年有天晚上两院突然停电，这个学生正在晚修，她赶紧跑到我家，急急拍我家的门，把我吓一跳，问她怎么了，学生说，怕我一个人在家摔倒。还有一个社会上的朋友，是2002年来帮我修空调时认识的，他也是个读书人，看到我家有很多书，觉得很亲近，这以后也一直很关心我。2002年底，我到海口做手术，他和妻子一连23天每天都来看望我，每次都陪我一两个小时。"张教授说起朋友们对她的关照，点点滴滴都记得很清楚。

青春的答案

身边的朋友感受到张教授的力量，常劝她把自己的经历写出来，但身体原因又不允许张诒仙借助电脑轻松写作。另外，1979年的一次出版经历也让张教授感到出书困难重重：那年为给国庆献礼，张教授倾注大量心血翻译了《椰子》一书，但因椰子在全国来说是小宗作物，出版社出于经济考虑不肯接受。后来在当时有关领导的支持下，《椰子》一书终于出版，但23万字的译作，几经争取最终也只能出版18万字。这让张教授对写书顾虑重重。

在张教授的客厅里，记者看到一幅经过装裱后的励志小文《青春》，里面说道，青春是种永恒的心态，是坚强的意志，是想象力的高品位，是情感的充沛饱满。看到记者在摘抄这篇小文，张教授说，很多到家里来的大学生都会摘抄这段小文，而这也正是她的心声。

（摘编于南海网）

椰子研究基业土专家——徐月发

早就听说中国热带农业科学院椰子研究所退休职工徐月发老人是我国椰子栽培的"无冕之王",怀着满满的敬意,我们一行人来到了徐老家中。初见老人,只见他衣着朴素、头发花白,布满皱纹的脸上堆满了笑容,刚做过心脏手术的身体还有些赢弱却依然精神矍铄,给我们留下了深刻的印象。

徐月发老人,今年76岁,马来西亚归侨,16岁参加工作,51岁加入中国共产党,长期工作在椰子栽培研究一线,退休后仍老骥伏枥、信仰不改,积极发挥土专家"传帮带"的作用。

开疆辟土创基业

1953年,11岁的徐月发随父母从马来西亚回到中国,他们的第一站被安排在华侨农场(后来调入热科院试验场),1958年在热作所(热科院品资所前身)椰子研究组从事技术工作。

当时我国椰子研究刚刚起步,没有可参考借鉴的资料,为拿到高种椰子生物学特性的第一手资料,由邓励教授、林鸿燕和徐月发组成木本油料研究组,自1959年起长期在文昌市东郊镇建华山蹲点,20世纪60年代张诒仙加入团队。从儋州两院到文昌东郊,坐班车需要2天。没有住的地方,研究组成员就住在建华山土地庙里,2年后才由地方政府协调住进了东郊热作场。条件的艰苦没有压垮大家,有条件要上,没有条件创造条件也要上,经过4年的蹲点研究,研究组弄清楚了椰子年抽叶数、年抽苞数、花苞败育率和果实成熟时间,为后续研究提供了宝贵的参考资料。研究组还在文昌东郊椰园开展椰子高产措施试验,在椰园灭荒的基础上加强椰园抚管和施肥,使东郊椰园低产树变为中产树或高产树,成效显著。

4人研究组中,张诒仙副研究员为了找到高种椰子的最佳杂交方法,人工授粉时从近10米高的椰子树上跌下,导致终身残疾;1978年,为创办我国第一个椰子试验站,热作所木本油料组组长邓励和办公室主任林鸿燕挑选站址时,在从三亚返回文昌的途中不幸遭遇车祸,我国当时最好的两位椰子研究专家永远留在了跋涉的路上;仅剩徐月发1人继续从事椰子栽培研究。

1979年,徐月发作为十人筹建组成员之一,从儋州两院举家搬迁到文昌,筹建文昌椰子试验站(热科院椰子研究所前身)。

兢兢业业为工作

作为技术人员,徐月发的任务就是配合后来被称为"椰子王"的毛祖舜研究员定标、定植、管理试验基地的椰子,观察、记录、整理椰子的生长情况,收集第一手科研资料。

徐月发不是科班出身,也没有参加过任何专业知识培训,为了做好工作,他勤思考、善比较、爱钻研,靠持之以恒和专注的精神,扎根一线,一边学习一边做,在生产实践中积累了丰富的经验。为了观察一株椰子的叶片数、产果数、落果数等生物学特性,他不顾个人安危,长期爬上一二十米高的椰树上观察、记录。当时没有电脑,他每天人工观察定植的不同种类椰子苗,年复一年日复一日,细心观察和认真记录下每一个数据。为了种好椰子,他自我摸索栽培技术,根据椰苗长势不断调整管理,成为椰子栽培的"土专家"。徐月发每月有20多天都在室外,无暇照顾家里老小,家中一切都交给了爱人。正是徐月发的忘我工作和无私奉献,为椰子研究所的椰子研究提供了宝贵的科研数据。

不忘初心传真技

早在20世纪70年代,徐月发就向党组织递交了入党申请书,因他是归侨,当时受1971年"林彪事件"影响,未能如愿以偿,但他一直没有放弃,他虽然不是共产党员,但处处向党员看齐,按照一个共产党员的标准严格要求自己。90年代徐月发再次递交了入党申请书,强烈表明自己的入党意愿,1993年,年届51岁的徐月发终于光荣地加入了中国共产党,实现了他的夙愿。

退休后徐老不忘初心,虽已高龄,但热情不减。2017年2月23日,徐老与椰子研究所专家一起赴儋州热科院试验场,对椰子研究所负责建设的20亩矮种椰子示范园与400亩槟榔种植园进行现场勘查与技术指导,帮助青年科技人员成长;亲赴昌江县为农户提供技术指导,对椰子的种植与管理提出了宝贵的意见,真是"倾囊相授传真经"。徐老表示,只要自己身体还行,就一定会为椰子产业贡献自己的"绵薄之力",全力支持椰子科技事业发展。

离开徐老家时,回望徐老不断挥手的身影,大家虽默不作声,但内心却被老人满腔热忱深深感染了……

(通讯员:师雪茹　陈刚)

传承父辈忠诚奉献精神的烈士后人——阮传荣

远远便看见门框上方醒目的"光荣之家"和"光荣烈属"牌匾,这便是阮传荣老人的家,轻轻推门一看,阮老已经笑盈盈地站在客厅中央等着我们了。虽已耄耋之年,阮老却仍是鹤发童颜、神采奕奕。客厅的一角整整齐齐的摆放着厚厚的一摞报纸和书籍,茶几上还有一份打开的当日报纸,书香氤氲。"人老了,但不能跟社会脱节。"83岁的阮老说,退休20多年来每天通过看报纸了解时政和民生新闻,"我们的祖国越来越好了,人民的生活也越来越幸福了!"阮老由衷地感慨。

红色基因永传承

阮传荣是革命烈士后代,其父1939年参加革命,1942年在抗日战争中战斗牺牲,时年34岁。阮传荣年仅7岁就没有了父爱,从小便与年幼的弟妹一起分担母亲养家糊口的重担,历经岁月磨砺。受父母的影响、组织的培养,阮传荣从小便坚定了永远跟党走的信念。20岁参军,多次获部队嘉奖;退伍后在海南农垦机务学校当学员,因表现优异,被评为"五好"学员、"五好"团干,1960年1月光荣地加入了中国共产党。

烈士后人更自强

"我的父亲是为革命献身,我的母亲一生也默默地用自己的一言一行教育着我们,不向国家提任何要求。在这一点上,我和我的儿女应该向我母亲学习。她一辈子很清贫,很坚韧。"阮老说,"虽然我们现在生活的时代和过去不一样了,物质生活更加丰富,但艰苦朴素的作风不能丢,革命先辈为了理想信念而不惜抛头颅、洒热血的执著精神更要学习和传承!"

阮传荣1961年9月被保送到原华南热带作物学院(历经演变,现已和海南大学合并)就读热作栽培专业,时任学生会主席,1965年1月代表学院出席中华全国学生第18届代表会议,受到毛泽东、刘少奇、周恩来等党和国家领导人接见。1965年7月本科毕业,积极响应学院的号召,报名到云南偏远山区工作,后来服从组织分配在当时的学院人事处工作。

1979年底华南热带作物科学研究院筹建椰子试验站(现热科院椰子研究所),阮传荣又主动请缨,离开安稳的工作与生活环境,与张世祯、聂声扬3人作为"先遣部队",前往文昌接收广东农垦文昌橡胶育种站(以下简称育种站)移交给椰子试验站的清澜片区连队,即后来的椰子研究所试验一队、二

1965年1月阮传荣代表出席中华全国学生第18届代表会议的照片

队、三队、四队。紧接着与后续加入的10人筹建小组成员一起，克服匮乏的物质条件、艰苦的工作条件和清苦的生活条件，艰难起步、从零开始，靠艰苦奋斗的精神和努力拼搏的毅力，迅速在4个连队建起了生活住房、兴建起科研大楼，在实验设施简陋、技术力量薄弱的基础上开始了艰苦的椰子科技事业研究。

平凡之中见大义

调入椰子试验站后，阮传荣服从组织安排放弃了科研事业，一直从事党政工作。笔者曾不解地问他："您是60年代的大学毕业生，天之骄子，放弃专业从事管理工作，后悔吗？和您一起当初毕业分配的大学生，退休后至少都是副研究员了，而您还是助理研究员，有没有一丝埋怨？"阮老不假思索地回答道："不后悔！不埋怨！是政府和党的关怀让我成长，我是党培养的，党需要我干什么，我就干什么！"

建站初期，含接管育种站的土地和人员，全站职工达300多人，但绝大部分是连队工人，管理部门仅有科研生产办和党政办，怎么管？曾任党政办主任的阮老面带笑容，果断地答道："抓住关键工作、重点工作就努力去干，不含糊。"一是抓组织纪律。针对人员松散现象，组织制定了工作纪律制度、不断加强职工思想教育；二是抓纪检监察。20世纪80年代改革开放初期，经济建设发展迅速，生产伴生利益，站里贪污腐败的苗头开始出现，通过加强反腐倡廉宣传教育和对基建、科研设备购买等重大事项和重点工作实时监督检查，构筑了拒腐防变的防线；三是抓党员发展，积极将生产科研的业务骨干，在群众中有号召力、有威信的先进分子引导到党的队伍中来，为党的肌体注入新的活力，牢固树立表率作用和先锋模范作用；四是抓好计划生育，落实好国家政策。

做党政办主任多年，工作纷繁冗杂，阮老舍小家为大家，将自己全身心投入到工作中去，儿女常嗔怪他对家庭关心不够，可他数十年如一日，一如既往。

"我父亲就是一根筋，认定的事情、违反原则的事情一律不行"阮老的儿子告诉我们，"对职工大事讲原则，对自己和我们子女更严格，父亲相当廉洁，从未从单位拿过一纸一笔。就是父亲的'轴'得罪了不少职工，也影响了他的提拔，可他还是老样子。"

"国家培养了我，我是烈士的儿子，更要传承父辈们忠诚、奉献的精神。"临别前，阮老告诉我们，"讲原则是对党忠诚、讲奉献就要服从组织，希望我的子女后代也能传承我家的家风，因为我们是烈士后代！"

（通讯员：师雪茹　陈刚）

奋战到最后一刻的建所功臣——聂声扬

生命不息　奋战不止

第一次听说聂声扬的名字还是"椰子王"毛祖舜教授提起的，毛教授饱含深情地对我们说起热科院椰子研究所"十大金刚"的故事，所谓"十大金刚"，就是华南热带作物科学研究院椰子试验站（热科院椰子研究所前身）筹建十人小组成员，可谓椰子研究所的开拓先锋，聂声扬便是其中一员。

一纸文件，让他与椰子试验站结缘

1958年聂声扬从广东省文昌农业学校毕业分配到热作所（热科院品资所前身）木本油料课题组从事油棕研究工作，为油棕试验基地负责人。当时恰逢中央决定开展以丰产为目标的农业样板田活动，时任华南热带林业科学研究所（热科院前身）所长何康主持编制椰子、油棕、剑麻、药用植物、香料饮料作物等专项计划任务书，要求各科研人员下楼出院，根据自己的专业到各个农场、公社蹲点建立专业样板，总结生产经验，进行试验和推广成果。作为油棕研究方面的专家，聂声扬积极响应领导的号召，常常早出晚归、出差蹲点实验更是家常便饭，一家人聚少离多，一回家还要忙着看书整理资料，家里的事务全靠爱人操持，3个年幼的子女也是爱人一手带大。爱人常常嗔怪他"只顾大家、不顾小家"。

1979年华南热带作物科学研究院（热科院前身）拟建文昌椰子试验站，聂声扬主动报名参加"先遣部队"，与张世祯、阮传荣2人一起，首批前往文昌接收广东省海南农垦局所属文昌橡胶研究所移交给椰子试验站的清澜片区连队，即后来的椰子研究所试验一队、二队、三队、四队。

1979年10月18日，华南热带作物科学研究院人事处印发了《关于成立文昌椰子试验站筹建小组的通知》，明确成立文昌椰子试验站筹建小组，小组成员10人（含先遣部队3人），负责和先遣部队3人一起完成交接后的试验站筹建工作。其中聂声扬、江式邦、陈新月等3人为临时调拨，也就是聂声扬完成筹建工作后可以继续回热作所从事科研工作。

然而聂声扬这个"临时"人员不仅没有回到科研条件相对较好、生活设施齐备的热作所，而是索性将3个孩子及爱人相继带到了椰子试验站，从此将自己的人生目标永远定格在我国的椰子科技事业上。

从零开始，苦抓生产和基建

椰子试验站建站初期，从原农垦橡胶研究所移交过来的几万亩土地，大部分种植的是橡胶，而根据试验站科研、生产发展的需要必须将大部分的橡胶林改造成椰子林，工程巨大；同时建站之初科研基础设施薄弱、设备欠缺，大量的基建工作急需要展开。当时，聂声扬主抓生产和基建，这两块"难啃的硬骨头"都落在了他的肩上。

为了安心在椰子试验站工作，1981年春聂声扬首先将3个孩子带到了椰子试验站，没有住房他就带着孩子们住工棚。夜间风一吹，呼呼地响，条件的艰苦可想而知。怕孩子们受委屈，1981年底，聂声扬当小学校长的爱人也改行调入椰子试验站当了一名会计。从此，聂声扬可以全身心地投入到热爱的工作中。

椰子试验站有4个试验基地（沿用兵团叫法称为"连队"），而所机关和4个基地相距较远，作为主抓生产的负责人，聂声扬经常要到各个连队指导基地改造和椰子种植，来往全靠简易自行车。1981年全站开始大量组织种植椰子，基地面积达五六千亩，工作量巨大。聂声扬经常陪时任站长张世祯下队检查，他本人更是经常深入基层一线，发现问题并及时整改，耐心指导工人开展工作。

由于聂声扬还负责椰子试验站的基建工作,当得知站里要建科研办公大楼时,老家搞工程的朋友提出,如果聂声扬把科研办公大楼项目给他做,他就在老家给聂声扬盖一套房子。聂声扬断然拒绝并好言相劝,告诉朋友必须通过正常渠道争取工程。不贪大不拿小,聂声扬甚至不准家人到工地捡拾废弃木材的边角料做柴火。

在聂声扬和同事们的共同努力下,椰子试验站4个试验基地的椰子种植和橡胶林改造进展顺利,科研办公大楼也如期竣工。

拼命工作,奋战到最后一刻

刚刚组建站本部时急需兴建科研办公大楼,虽然土地已经划拨给站里,但部分老百姓还是因不满和不理解而闹事,认为占用了他们的土地。这时聂声扬总是主动出面解释和沟通,从村民的角度思考他们的需求,积极和站领导协调帮村民解决困难,给村里打了第一口水井,协商地方政府给村民家家通了电……不少村民还和他成了好朋友,大楼筹建工作得以顺利进行。站里职工谁有事,他总是主动出手相助,提起他,从站部机关到试验连队的职工纷纷竖起大拇指。

拼命工作让他积劳成疾。即使身患重病站领导让他休息,他仍然坚持从床上爬起埋头工作,晚上虽经历病痛的折磨,可第二天他又骑着自行车准时出现在试验基地指导工作……然而,时光定格在1985年,年仅48岁的聂声扬永远离开了我们……

鞠躬尽瘁,死而后已。聂声扬用实干书写对椰子科技事业的使命担当,用生命诠释对共产主义事业的忠诚热爱。

(通讯员:师雪茹　唐龙祥)

永葆初心不忘根——陈木荣

驱车3个半小时从文昌市来到保亭县,在车上我们远远便看到一位精神矍铄、红颜满面的老人在路边不停张望,时不时抬手看看左腕的手表,他就是今天我们要写的主人翁——陈木荣老书记。陈老见到我们就主动伸手和我们一一轻轻握手,他的亲切热情和真诚的微笑,一下子拉近了彼此的心,让我们旅途的疲倦顿时消失得无影无踪。

"我没有做什么,我就是简单的一个退休老同志"陈老谦逊的摆摆手说。听听陈老讲故事,就知道其实这位老人并不简单。

十年扎根椰子研究所

陈老倒上一杯茶,润润喉,徐徐道来:"我是70年代的知青,18岁被安排在国营晨星农场工作,任排长。1976年加入了中国共产党,有幸被农场推荐到华南热带作物学院读大专,毕业后就分配到热作所(热科院品资所前身)工作。那时候文昌椰子试验站(热科院椰子研究所前身)刚刚筹建,条件非常艰苦,也不是我的觉悟有多高,就是那时候的人吧,组织要求干什么我们就干什么。筹建小组负责人张世祯说需要我们,我和你阿姨就从两院(华南热带作物科学研究院和华南热带作物学院简称"两院")到了文昌。"

"那时我们才刚刚新婚,到了文昌没地方住,就盖工棚住;没水喝,就打水井。晚上躺在屋里,那个呼呼的沙土声、风声……记忆犹新啊"陈老的爱人笑着埋怨陈老,陈老则侧身轻轻拍拍阿姨的肩膀,坚定而不悔。

陈老接着说:"那时候没有什么科研人员,我主要从事椰子、胡椒研究。受驻西沙永兴岛部队领导邀请,我和毛祖舜教授曾三次到西沙群岛调查岛上椰子种植情况,部队种植的椰子树都是两年生的椰苗,椰子母果的营养基本被消耗殆尽,而西沙群岛日照强,淡水资源少,又是珊瑚沙,缺少土壤,大苗不容易成活。找到椰子树成活率低的原因后,后来用站里运去的刚发芽的小椰苗种植,成活率提高到了80%以上。"

"任党总支书记后科研就干得少了,我才干了四年科研,舍不得啊。没办法,站机关没人,第一任书记调走了,组织上要求我负责党总支工作,那就服从吧。"

"干一行爱一行,没干过党务,那就边做边摸索呗。当时想做党务就是让大家伙心气都顺了,团结一致拧成一股绳。说到底还是凝聚人心的问题,要解决大家伙关注的实际问题。那时候站里党务的中心工作就三项:一是一切围绕科研工作开展,提高科研水平;二是努力提高职工收入水平;三是妥善解决与老百姓的土地纠纷问题。"

这党务工作,陈老一干就是七年。

二十载从政不忘根

1991年组织派陈老到保亭挂职科技副县长,由于表现优秀,3年后正式调到保亭县任副县长,主管农业、工业和交通,任满两届后在县人大常委会副主任(正处级)岗位上退休。聊到所里现状,陈老感慨地说:"在椰子研究所工作十年啊,早就有了深厚的感情,真是不舍。""我还知道咱们所里的基础设施越来越好,椰子大观园从无到有,科研项目越来越多,职工们也住上了好房子……"讲到椰子研究所的发展,陈老喜形于色:"我可一直在关注咱们所,毕竟那是我的根!"

寄语青年科技人员

陈老说,到地方工作后,最大的感触就是科研单位的研究成果一定要围绕地方建设,这很关键。

他讲了个真实的故事,他说:"村里农民种了瓜菜,平时不管理,上午八、九点钟太阳火辣辣的时候,他开始浇水了,结果自然不言而喻。"所以,农民需要技术,更需要科普,我们科研人员就是要通过典型来推广科普知识;另外,开展研究工作要先了解农民的需要,只有提高地方农民经济发展的项目、适应农民需求的项目,解决实际问题的项目,才是我们应该研究攻关的项目。

他最后语重心长地跟我们说:"科研工作,任重而道远!"

(通讯员:师雪茹　陈刚)

结缘"三农"喜农一生——王文壮

2018年12月25日,冬月的北京城寒风凛冽,中国科技会堂内却是一片喜悦祥和的气氛。衣着朴素却精神矍铄的老者胸前挂着金色奖牌,手捧荣誉证书,站定在2018年度中国老科学技术工作者协会表彰大会的领奖台上,鲜红的证书是党和人民对他毕生所作贡献的肯定,也映衬着一名老干部退休不褪色、为党和国家事业奉献一生的坚定。这位站在领奖台上的老者叫王文壮,荣获2018年度"中国老科协奖",为全国获此殊荣的168名老科技工作者之一。

王文壮,广东汕头澄海人,中共党员、研究员、享受政府特殊津贴专家,历任中国热带农业科学院椰子研究所所长,华南热带农大副校长,中国热带农业科学院副院长。2012年退休后担任中国老科协农业分会副会长。1977年,他自华南热带作物学院毕业留院工作,整整35个春秋都献给了祖国热作事业，退休后继续发扬"老黄牛"精神，为热区"三农"、实施乡村振兴战略发挥积极作用，为我国热带农业科技事业贡献余热。

笃耕热土数十载　聚焦农业著文章

日常中，王文壮是一名非常低调谦虚的学者型老者，起初并不愿接受采访，用他的话说，"我没什么建树，就是做了自己该做的事情，实在没什么要报道的。"在我们多次邀约后，他才勉强同意，并特地嘱咐我们要实事求是地写，避免夸大粉饰。

走进他古朴简约、充满书香的房间，王老拿出了一本纸张泛黄的书，轻轻拂拭一下递给我们，便打开了话匣子。"这本《海南与台湾：农业发展比较与合作竞争》出版整整十年了。台湾与海南分别是我国的第一、第二大岛，国人称之为姐妹岛。两岛地形地貌特征相同，地理位置、气候条件相近，物种相似，同属于岛屿性经济……"

"相比较两岛农业，海南仍处在农业现代化的起步阶段，但农业资源丰富、劳动力充裕，后发优势明显。"谈起研究领域，王老两眼充满神采，滔滔不绝地讲述着他的过往。

一直以来，老人家始终深爱着脚下这片红土地，关注着海南农业如何高效发展。春夏秋冬、炎热酷暑，他白天奔走于基层或田间地头，晚上伏案写作，有时专注研究竟未觉晓。他曾主持国家重点科技项目——橡胶树选育种及农业部948项目——国外优良椰子品种引进等研究课题，先后发表论文20余篇，科普作品1部，有多篇论文分别获得"全国优秀学术成果一等奖"等诸多奖项。

谈到写书的目的，老人家说："是为了农业更好的进步，找出差距，把稳优势，才能发展好脚下的这片土地"。他是这样说的，也是这样做的。短短的一句话，透露、折射出他长远的战略眼光、坚定执著的行事风格和尊重发展规律、对农业事业负责的情怀。

2018年4月13日，习近平总书记在庆祝海南建省办经济特区30周年大会上郑重宣布，党中央决定支持海南全岛建设自由贸易试验区、打造国家热带农业科学中心。海南是我国唯一的热带省份。要实施乡村振兴战略，发挥热带地区气候优势，做强做优热带特色高效农业，打造国家热带现代农业基地，进一步打响海南热带农产品品牌。

哪里是热点，哪里是焦点，哪里是祖国需要，老先生的目光就凝聚在哪里，行动就体现在哪里。已近古稀之年的王老始终将眼光和关注点聚焦在党中央的决策部署上，从海南在农业发展的战略地位，到可持续发展和农业供给侧改革，他始终走在热带农业科技发展最前沿，其系统研究成果为海南农业发展提供了很好的借鉴与经验。

退休不褪色，王文壮时刻以一名共产党员的标准严格要求自己，把政治理论学习贯穿科研和生活中，关心时事政治，关注社会热点，即使收看电视也以新闻为主，故连其小外孙在看到新闻节目时也说这是外公爱看的。王老常说，作为一名共产党员要不忘初心、牢记使命。当前中央赋予海南经济特区改革开放新的使命，作为一名共产党员、一名科技工作者更是义不容辞，我能做的，就是把自己多年来经验，经过凝练思考变为一篇篇著作，为后来人点燃科技开发的火种，垫好行路的基石。上下五千年岁月悠悠，正是因为王老先生这样一代代有担当、有家国天下情怀的人，才有伟大的祖国经久的蓬勃发展、基业长青。

深挖资源搞利用　绿色发展走新路

习近平总书记强调，山水林田湖草是一个生命共同体，而建设生态文明，只有打通"经脉"和"关节"，整个系统才能良好运转。近年来我国粮食和农业生产连年丰收，除了政策和技术的支撑，化肥和农药也功不可没。然而，受种植习惯等影响，部分地区化肥农药过量使用，给生态环境造成一定影响，这让老人家忧心忡忡。

实施乡村振兴战略要求加强农业面源污染防治，开展农业绿色发展行动。王文壮敏锐地将眼光瞄向自己多年来所关注的领域——利用蚯蚓来改善土壤土质，希望通过科研成果的推广，达到减肥减药增效，破解农业废弃物利用难题的目标。

古诗云："稻花香里说丰年，听取蛙声一片。"古有蛙声说丰年，今有地龙保农安。这"地龙"学名蚯蚓，是我国重要的中药材，除了具有药用价值外，在国土质量安全和农业"两减"领域的作用也不可小觑。

自2015年起，王文壮不顾年迈高龄，远赴广东汕头亲戚家，利用自己积攒下来的养老金租借土地，在原有研究的基础上，继续蚯蚓养殖及穴盘育苗的项目研究。白发苍苍的老者废寝忘食，忙碌在田间地头，亲自挑粪施肥，晚上挑灯伏案著作，总结出珍贵的第一手资料。这期间还因意想不到的高温天气等原因，造成养殖的蚯蚓几乎全军覆没，损失颇为惨重，但他不放弃不抱怨，凑钱重新开始研究。几年里，通过开展以畜禽粪便、残次腐烂水果及各类农业废弃物养殖蚯蚓的试验，他基本摸清各种不同蚯蚓饲料的优劣，利用蚯蚓体和蚯蚓粪开展养殖及种植试验，取得了初步成效。之后他多次到琼粤沪等省市，积极推广循环农业新技术、新方法，助推当地农业绿色生态发展，受到当地政府群众的高度评价和赞誉。

为宣传绿色发展理念，科普生态农业知识，他还先后在上海和广东创办两个蚯蚓养殖科普园地，以生动活泼、通俗易懂且受小朋友喜爱的形式设计了展版，以"蚯蚓自诉"的拟人化文字作为代序，辅以歌曲、猜谜语等小朋友喜爱的方式，将绿色发展的理念深深植根于祖国新一代未来建设者的心里。不久前老人带领团队专门制作了一组与人等身的稻草蚯蚓造型并加以配音进行展示，活泼可爱的蚯蚓形象不但给人们带来乐趣，更是对蚯蚓在农业生态循环中所起的作用有了充分的认识，大大增强大家的环保意识。

老人家的研究成果得到农业管理部门的重视，他应邀到广东省新型职业农民培育示范基地——汕头市澄海区协和生态园开展蚯蚓养殖，为当地的种养能手作蚯蚓养殖技术专题讲座及现场参观讲解，为当地老百姓带去了致富经。

蚯蚓养殖技术推广只是老人家退休后执着追求、默默奉献的一个缩影。老人家始终忙碌在农业技术研究推广第一线，先后将中国热带农业科学院培育的木薯、蔬菜、水果和花卉等优良品种及酸性土壤改良营养肥、生物菌肥等引到地方试种与推广应用，取得良好成效。这些年，王老一直奔波在农业技术研究推广的路上，从未停下脚步，累计行程几万千米，这一切他全是自愿自费，从未向组织提过任何要求。近期，老人了解到一个3 000亩的草莓种植基地因连作而导致土传病害，他立即联合院里2个科研单位的相关人员，准备实地开展防控，为农民兄弟和种植户排忧解难。就在我们采访的间隙，老人家已准备资料，再次踏上赴基层的路途！

心似万泉清见底　名利过眼看淡泊

"一路走来，虽不容易，但也活得痛快。60载时光匆匆而过，但我认为自己对得起党和国家给予我的待遇。退休后，更不愿意闲坐家中……"在即将退休离任之际，他曾深情地总结了他的人生之路及对未来的向往。

王文壮是这么说，也是这么做的。退休以来，老人家继续默默无闻奉献热区"三农"科技事业，就连他的微信名也叫"喜农"，简单质朴的字眼，透射出他对"三农"事业的痴迷和热爱。从小生长在农村的他，似乎与生俱来就注定了此生必然是与农结缘，他无怨无悔，而且那么执著地为热区"三农"奉献了大半辈子。历数退休后他的经历成就，我们无不感叹这位老者旺盛的精力，对事业的执着追求。

诸如：

承担《热带作物学报》执行主编，利用自己的领导优势和专业特长，培养了一大批年轻科技人员；

以"主要热带农业产业发展存在的关键问题"为题，组织相关专家赴"两广"、云南、福建等地开展调研，撰写多份考察报告，为各级部门决策提供翔实的科学依据；

在海南省热带作物学会2014年年会上作"农业科技园区发展策略"的专题报告，受到与会代表的一致好评；

应邀出席中华人民共和国国史研究会农垦史分会首次代表大会，被选为常务理事；

参与农业农村部开展的离退休干部纪念改革开放40周年优秀征文活动，撰写征文荣获三等奖；

在中国老科协主题年活动中所提的"关于为老科技工作者提供相应工作条件的建议"获评"优秀建议"。

……

然而，对于荣誉和名利，王老先生看得很轻，始终秉持超然物外、淡然处之的心态，他一再地对笔者说："搞科研只是我的一种爱好，谈不上精神追求，更不求回报。"自2010年起，因为工作关系，笔者有幸遇见王老先生，从相遇、相识到相知，转眼已有10个年头，他给人的感觉一直平易近人，说话幽默风趣，朴实无华。日常工作中，只要提到"王副院长"，无人不为他竖起大拇指，直说他是位好领导，这是大家对他最好的评价和礼赞。

诺贝尔奖获得者屠呦呦曾说："一花开不是春天，只有一花引来百花开才是春天，所以，做一名优秀的人，要善于用自己品行去影响别人……"王老先生正是这样一位优秀的人，"捧着一颗心来，不带半根草去"正是他品格的真实写照。"风物长宜放眼量"，万泉河水终年流淌，近看汹涌澎湃，远观缓缓流淌。任何伟大的梦想都不是一蹴而就，任何长远的目光都不是一日所及。脚踏热区这片红土地，他日以继夜地精耕细作和辛劳付出，心就如同清澈见底的万泉河水一样，始终淡泊名利，以一颗期盼农业发展的赤子之心，把目光紧紧地锁在国家战略的执行和运用上，以睿智的眼光、敬业的操守，对党和国家的民生充满关切。他精湛的业务知识、敬业的工作态度和战略的眼光无形中给身边年轻的科研人员树立榜样，同时激励年轻人奋发向上。

"老骥伏枥，志在千里。"这句话在王文壮研究员身上恰如其分。在他身上，我们看到一名老党员、老干部对热带农业科技事业理想信念的坚持和践行，同时也彰显了一位老干部、老专家对服务热区"三农"，助推乡村振兴的挚爱情怀。

重回椰所讲党课 激励青年攀高峰

2018年8月21日，为推进"两学一做"学习教育常态化，更好地传承老一辈建设者无私奉献的创业精神，所党委特邀退休老所长王文壮回所上党课，讲述院所创建与发展历史。

王老以《山野崛伟业——前进中的热科院与椰子研究所》为题，从打破帝国主义对重要工业原料橡胶的封锁到如今开展热带果树、蔬菜、粮食、植物保护等热带农业全方面研究；从老一辈革命家周恩来、朱德等的殷切嘱托到新一代国家领导人胡锦涛、习近平等的亲切关怀；从自力更生建立茅草院校到国家热带农业科技创新中心的兴建，沿着"缘起—发展历程—成就与贡献"三大板块，系统介绍了热科院的发展历程。

讲到椰子研究所建设和发展，王老更是感慨万分，特别是讲到为椰子试验站建立而牺牲的专家、同志，讲到将骨灰撒在文昌清澜大海的潘衍庆书记，王老几次哽咽。后面，王老与大家又详细讲述了椰子研究所的发展进程，分享了在所时的工作趣事，生动形象地给大家介绍了椰子研究所建设和发展中的苦与乐。王老希望广大青年科技职工，铭记历史、牢记使命，不忘初心，砥砺前行，为椰子研究所科技创新事业继续努力奋斗。

王老的报告，向我们展示了老一代科研工作者对党忠诚奉献、对事业孜孜求索的初心，激励着广大科技人员立足岗位、开拓创新，勇攀科技创新高峰。

（通讯员：曾亚琴　白菊仙）

一生追随党的事业——邱维美

初识邱维美老师是去她家拜访她的爱人——我所椰子研究领域的老专家毛祖舜研究员（大家都尊称他"毛教授"），一来二去就熟悉了起来。每次去邱老师总是细心地为我们倒上一杯水，并热情地拉我们入座。细细聊来，这才知道原来邱老师竟然是我所土壤及植物营养研究和分析方面的专家，高级实验师，当初就是她带头兴建了我所土壤农化分析实验室。听这位个子瘦小、朴素低调又开朗的四川阿姨娓娓道来，我们开始进一步了解她坚持而富有内涵的思想。

艰难选择

邱维美老师1965年毕业于北京农业大学土壤农化专业，毕业后她主动报名来到了祖国边疆海南岛，在热作所（热科院品资所前身）从事土壤农化分析的科学研究。20世纪70年代邱老师的爱人作为椰子试验站（热科院椰子研究所前身）筹建组成员来到文昌，这一来就再也没有离开过。为了夫妻团圆，也为了百业待兴的椰子科研事业，1984年底邱老师调往到椰子试验站。

彼时的椰子试验站条件艰苦，科研条件远不如热作所好，开展科研工作所需的进口仪器也还未到，加上两个孩子还需要照顾……真是困难重重，怎么办？"我是农村的孩子，是党培养了我，是政府把我送到了四川农校学习，又是校方选派我到北京农业大学继续深造，没有党就没有我的今天"邱老师深情地说，"我是在学校加入的中国共产党的。"没有过多的犹豫，邱老师毅然离别2个幼子，来到了成立之初的文昌椰子试验站，和爱人一道投入到椰子的研究和发展事业中。后来又把孩子们转学到文昌，一家四口就住在试验站的一间大办公室里，条件虽艰苦，但其乐融融。

扎实推进

进口仪器一到，邱老师就着手兴建土壤农化分析实验室，从无到有，很快开始开展工作，主要从事氮磷钾镁肥料实验和椰子叶片、果实、土壤营养诊断，为科研育种做好强大的技术支撑。为了尽可能多地取样，每年的4月、9月和10月，邱老师都要带领团队成员前往全岛主要椰子种植区进行为期至少一星期的采样。每到这时，照顾孩子们的任务就交给了工作更加繁忙的毛教授。舍小家顾大家，邱老师夫妇无怨无悔，不计个人得失，不向组织提出任何要求，将青春年华都献给了我们的椰子科研事业。

"科学来不得半点马虎"邱老师回忆起为兴隆华侨农场16个椰园做黄矮采样分析的故事，严肃地说，"当时有三个单位同时为这个椰园做样品分析，我们的数据是最准确的。那时候还没有电脑，我们就一点点细致记录，尽量多取数，按统计方法除去异常情况，再取平均数来降低误差。"正是凭着这种精益求精的科研精神，邱老师带领的土壤农化分析实验室在当时小有名气，承担了不少对外服务业务。

手绘海南岛种质资源分布图

丰硕成果

一分付出一分收获，邱维美老师长期从事土壤和作物营养研究，其主持或参与的项目"橡胶热带作物种质资源主要性状鉴定评价"获农业部二等奖、国家科技进步三等奖；"海南岛作物种质资源考察"获农业部三等奖；"椰子杂交新品种——文椰78F_1"获热科院一等奖，海南省四等奖；"浓缩椰奶分层研究和保存试验""及海南主要椰区椰树营养水平与产量关系研究"获热科院二等奖。"海南岛马哇幼龄椰树氮磷钾镁肥用量试验"通过农业部鉴定。

一生跟党走

退休后，邱老师返聘，继续负责农业部课题"椰子选育和丰产技术栽培研究"子课题椰子营养指标研究，同时将自己工作多年积累的大量试验资料进行整理和总结。1998年，邱老师离开了工作岗位，回到海口安享晚年。邱老师离岗不离党、退休不"褪色"，积极参加热科院海口离退休党支部活动，在"两学一做"学习教育"我为什么加入中国共产党"主题教育活动中，她再一次深情地讲述了自己的入党动机，并以《党培养了我，一生追随党的事业》为题演讲，回顾了自己求学、工作的点点滴滴，没有华丽的辞藻，却感人至深。作为一名共产党员，邱老师始终将"党培养了我，一生追随党的事业"作为人生的座右铭。老一辈党员对党、对组织、对事业的无私奉献和真诚付出，令我们为之感动，也值得我们年轻党员深思和学习。

（通讯员：师雪茹　陈刚　彭娇洋）

党员好榜样——周经武

2016年7月1日下午，庆祝中国共产党成立九十五周年暨表彰大会在椰子研究所第二会议室隆重举行。当一位满头银发、身材较为瘦长的老党员健步走到台前接受优秀党员表彰时，全场响起了热烈的掌声，他就是周经武。

周老今年已78岁高龄。1961年入党的他，党龄已超过50年。1958年入伍，1961年复员后他被分配到海南农垦橡胶研究所工作。1979年华南热带作物研究院椰子试验站（热科院椰子研究所前身）组建时，周老随所在连队划归椰子试验站二队。参加工作以来，他先后担任连队支部书记（指导员）、队长（连长）多年，期间见证了椰子试验站向椰子研究所的转变，见证了一批批新老党员的交替，更见证了我所科研队伍的逐渐壮大，而他依然是所内不可或缺的一分子。2000年退休后，15年来，他始终如一地兢兢业业为单位的发展出力，全心全意为职工服务，并时常与周边农村、村民进行沟通走访，密切了场社、职工与村民间的关系，保证了连队、所内的稳定团结，促进了科研生产、职工生活的有序进行。周老也时刻不忘自己是一名共产党员，以共产党员的标准严格要求自己，积极参与组织生活，履行党员义务；关心所的科研生产，经常保持与所内职工的联系。"人退心不退"，在定位好自己退休干部的身份上发挥自己的余热，尽自己所能为所的科研生产、民生工程服务。

丰富经验促所发展

有一段时间，随着开发热的不断升温，地处文昌市清澜开发区的椰子研究所的土地，受到了周边农村集体地大肆侵占。有几个村庄一方面递交诉状给政府，要求将划拨给椰子研究所的国有土地归还农村；一方面组织村民在椰子研究所的国有土地上大量抢种苗木，严重影响了所科研生产的正常开展。面对这种情况，所领导一方面依法保地，积极准备相关材料应诉，维护所国有土地的安全；一方面不忘与村民进行沟通，尤其注重通过老干部、老职工做村民的工作。这些老干部、老职工在此工作多年，与当地村民关系好、感情深，由他们出面或经由他们引导的所领导与村民的接触交谈气氛就更为融洽。在这种情况下，周老充分发挥他在所工作时间长、与周边村民熟悉且深得村民敬重、对当地情况了解的优势，多次走村串户，耐心地向村民做解释说服。他的诚意和执着也深深打动着村民们，让他们意识到这样的侵权行为是不合法的且阻碍了科研的发展。这样一来，正因为有了周老，才使得我所后来较好地解决了与村民之间存在的土地矛盾问题，为后续开展土地建设和科研生产活动等奠定了一定基础。

2013年，当所启动第一批经济适用房时，周边农村又有部分群众前来进行阻挠。所在派出有关人员进行解释说服工作的同时，周老同样也发挥着其不可或缺的作用，主动采取行动，或是亲自到村里找村民谈，或是约村民到附近的茶店边饮茶边聊，一边耐心倾听他们的意见，一边进行解释说明，得到村民们的谅解和支持，使我所的经济适用房顺利破土动工。作为所经济适用房的业主代表，周老在讨论有关问题时总是认真倾听来自群众的不同声音，一一记录并积极寻求解决办法；遇到不会的问题就虚心向其他同志请教，本着为职工负责的态度对待每一个问题，成为了所与职工之间沟通的桥梁，为所的经济适用房建设献出了自己的一份力。

所里发展的每一步脚印、每一寸土地，都有周老的积极参与；每一次发展、每一次突破，都少不了周老的付出。周老用他丰富的经验和身体力行，给我们诠释了"为何我的眼里常含泪水，是因为我对这片土地爱得深沉。"

所内党员的榜样模范

身为党员干部的周老深知"村看村，户看户，群众看干部"。在工作乃至日常生活中，领导干部的模范带头作用是最有号召力的无声命令。打铁先得自身硬，要求职工做到的，干部首先要做到。因此，每当所内安排任务时，他都一马当先，走在最前面。2001年，当所最初开始启动大观园建设时，需要椰子研究所原二队的所有职工住户进行搬迁，以腾出相应的空间。当时，队里多数人在此居住多年，既有感情上的不舍，也有不愿牺牲个人一些小利益，不情愿搬离。针对这种情况，所内一方面派出专门人员进行多次动员解释，一方面通过住队新老干部的带头作用为大家树立榜样。周老一听此事，对自己的所种所建涉及的损失概不谈及，立马带头响应，在自己住房尚未建设之前就主动搬离。他借用他人房子居住，这一住就是一年多时间，直至自己的房屋建好后又一次搬家。正是有这样的老干部的带头作用，全队职工很快统一认识，服从所大局需要，舍小家为全局，纷纷响应，接受了所的搬迁方案。在短短的几个月时间内就完成了搬迁，保证了大观园的顺利建设。

在所许多修缮项目需要进行砍伐职工苗木或拆除他们的临时建筑时，也正是得益于周老这样的老干部主动带头，与所进行沟通商谈，让职工们能够全力配合，使得许多修缮项目得以顺利开展。周老常说，"身为共产党员，心里时时刻刻要装党的事业，始终把集体利益放在第一位，处处以全局为重。"话说得出口，就要做得到。周老用行动践行了他身为党员的承诺。

2002—2003年，当所部分原被除名的人员集中到所办公楼上访时，个别人甚至出现情绪激动并有可能发展成为群体冲突事件。周老的出面，再一次让事情以和平解决。这些上访人员中不少是他在连队任职时队里的职工，那时因为清澜开发区的建设而收回了这个队的大多数国有土地，且当时没有相配套的安置政策，造成他们失去岗位。再加上所里没有相应的工作可安排，导致部分失岗职工后来因长期无岗而被除名。周老理解这些人的激动情绪，也将心比心地与他们进行交谈、说服，有力配合了所平和地化解这次矛盾。

他不仅用所见所闻给大家现身说法，更是耐心教育这些同志珍惜椰子研究所今天来之不易的局面，体谅所的难处，有问题要坐下来心平气和地商量解决。但是，没有工作，没有业绩，生活上的艰辛周老又何曾体会不到呢？周老夫妇有3个孩子，其中2个就是因所内没有岗位而被除名。至今，他没有一个孩子被安排在所里工作，唯一在所里天敌工厂工作的儿媳妇也只是个临时工。他家也有困难，但他从没向组织诉过苦、伸过手；他体谅所的难处，他非但不开口要所照顾，更不让子女参与到上访的人员队伍中。他深知自己作为一名党员干部的责任与义务，用自己的行动践行责任，用自己的承诺履行义务。周老这些年积累下的小事，逐渐成为所内发展重要的大事。优秀共产党员的称号和所内职工献上敬仰的掌声，都是对他最好的褒奖。

文化水平不碍余热释放

椰子研究所是一个科研事业单位，知识分子人数较多。近十多年来，所在重视发挥高学历人才作用的同时，不忘调动退休人员的积极性，挖掘他们的潜能，发挥他们的余热。每当有老同志到来，相关人员都热情接待，对他们提出的问题能坦承面对，耐心给予解释说明，并尽可能地帮助他们解决实际问题，从而激发他们为所的科研生产贡献智慧和经验的热情，触发他们释放出对党的事业的深厚感情。

周老的文化程度不高，但凭借着在部队及日后工作之余的努力，他的文化水平有了很大的提高，对一些问题的分析也较为深刻，且能很好地应用于老干部工作当中。文化水平已然不能成为他对所务关心的阻碍。相反，在所多次召开的老同志座谈会上，他都能畅所欲言，发表自己的看法。即便是在平时，一旦有什么想法或建议，他也毫无保留地找所领导反映，为所的科研生产发展及职工的生活改善奉献自己的绵薄之力，是所领导及职工一致公认的好干部。

人人都有余热，但并不是人人都能发挥出余热，退休后愿发挥自己余热的方式也因人拥有的聪明才智的不同及对社会、对与其相处的人群的态度的不同而异。周老虽然没有较高的文化水平，也不能直接投身于所的科研事业，但他老骥知枥，找准自己的定位，在平凡的事务上默默地释放自己的余热，发挥自己的作用。他赢得了大家的尊重，赢得了肯定，无愧于优秀共产党员的称号。

（通讯员：吴多扬　黄慧雯）

缘定党务 缘定终生——黄宽猛

"一度暑出处暑时，秋风送爽已觉迟"，海南的处暑依然阳光洒满城市的每一个角落，却没有酷暑时火辣辣的炎热，颇有"春暖"的感觉。当我们前往中国热带农业科学院椰子研究所原党办主任黄宽猛老同志家中拜访他时，更有"如沐春风"的体会。一见面黄主任急忙让座，热情地为我们沏上工夫茶。"我们是同行"，黄主任笑呵呵地主动打开话题，让气氛一下子轻松起来，"我是1949年新中国成立出生的，冥冥之中好像就是注定要从事党务工作，哈哈！"

知青时期的黄宽猛（第三排右一）

结缘党务工作

1967年国庆，黄宽猛作为老三届（1966届初中毕业生）到广东农垦文昌橡胶育种站（以下简称育种站）当农工；1969年育种站改为广州军区生产建设兵团1师7团，1971年6月黄宽猛被分到15连成为了兵团的一名战士；1974年兵团番号取消，改称为广东省海南农垦橡胶研究所；1977年黄宽猛加入中国共产党，并调到原兵团1师7团10连任政治指导员（番号取消，但大家仍习惯沿用兵团时期的称谓，此时的"连"为"连队"）。自此，与党务工作结缘，这一结便"缘定终生"。

育种站分为清澜片区连队和美文片区连队。1980年1月，清澜片区连队，即原兵团时期第10至15连全部移交给椰子试验站（现热科院椰子研究所），成为后来的椰子研究所试验一队、二队、三队、四队，黄宽猛也随之转入了椰子试验站，继续从事党务工作。

围绕中心抓党建

椰子试验站成立初期，中心工作就是一手抓科研、一手抓生产。椰子试验站建站有三大任务：一是椰子在滨海台阶地带的种植研究，二是椰子的加工综合利用，三是充分利用椰子改变食物结构。椰垫厂和椰奶厂由此应运而生，后由个人承包。

1984年由第一任站长张世祯任组长，黄宽猛、符务信为组员的经营管理调查小组成立，前往屯昌、保亭等农场调查研究定额劳动岗位责任制事宜，为起草椰子试验站各连队岗位承包责任制做好充分准备。

黄宽猛在椰子试验站大楼前留影

1985年椰子试验站党群办成立，黄宽猛和符永南同时任副主任，黄宽猛负责党务工作，符永南负责安全保卫工作。这时候的党务工作主要就是做好思想政治工作，让连队工人转变思路，从习惯吃大锅饭到履行岗位承包责任制，定额完成任务（按天定额，月底检查，根据完成情况发放工资）。

1987年党的第十三次全国代表大会提出"一个中心、两个基本点"的基本路线，椰子试验站的岗位承包责任制也变为林段岗位承包制（椰子和胡椒林段），超产部分承包人可提成，大大提高了职工的工作积极性。生产工作步入正轨后，党总支及时调整党建思路，党务重点工作转变为服从服务于"一个中心、两个基本点"。党总支规定每个连队每个月必须有半天专门集中学习时间，一是对生产检查的阶段性总结情况进行公布，二是紧跟中央精神学习党的有关方针政策。

1992年3月开始，黄宽猛任党委办主任兼工会副主席，党务工作与时俱进趋向于文化建设和解决民生问题。在坚持抓好思想政治工作的基础上，党委办积极组织体育比赛和文娱活动，丰富职工的业余生活；逢年过节为职工发放慰问品，增强职工荣誉感；慰问帮扶困难职工，着力解决困难职工急需解决的问题，确保帮扶精准有效……通过强化职工思想引领，凝聚职工奋进力量。

以身作则带头干

黄宽猛在多年的党建工作中，总结了一套自己的做法，并持之以恒，常抓不懈。首先，抓系统学习。从实际出发创新学习制度，坚持与实践问题结合起来，在干中学，学中干，实地研究解决党务工作中的热点难点问题，在实践中增长知识，增强本领；建立领导干部带头学习制度，促使领导干部先学一步，做学习的表率。同时，认真抓好椰子研究所党风廉政建设责任制的落实和加强行政效能建设。其次，当带头表率。以身作则带头干，要求职工做到的事情，自己首先做到；别人不愿意做的，党员干部带头做。

黄宽猛时时处处发挥党员干部模范带头作用，曾多次被评为所优秀党务工作者，多次被评为热科院和文昌市优秀党务工作者、优秀共产党员；他还被推选为文昌市十二届人大代表，是恢复人大代表选举制度后椰子研究所第一位当选为地方政府人大代表的职工。

采访组一行与黄宽猛（中）合影

2009年黄宽猛退休后曾任椰子研究所离退休党支部书记，现任离退休党支部宣传委员。他表示，作为一名从事基层党务工作30多年的老党员，倍感骄傲和自豪，他将不忘初心、牢记使命，主动担当，带头示范，引导退休干部发挥经验优势，为党和人民事业增添正能量，为实现"两个一百年"奋斗目标贡献余热。

（通讯员：师雪茹　陈刚）

平凡岗位的坚守和奉献者——谢自松

"我就是一个普通的办事员，也没创造什么惊天动地的业绩，平平淡淡的，没啥故事。"知道我们要采访他，谢自松老人谦逊的摆摆手，并热情地邀请我们入座。倾听谢老讲述过去的岁月，让我们深深感慨什么才是真正为科研事业艰苦奋斗、百折不挠的奉献精神，真是满满的正能量。是的，"惊天动地"那是历史伟人的使命，而正是像谢自松一样"平平淡淡"的老一辈，为椰子科技事业发展打下了坚实的基础。

克服困难迎难而上

谢自松来椰子试验站（热科院椰子研究所前身）以前，在广东农垦文昌橡胶育种站（以下简称育种站）第11连队工作，1980年1月根据国家部署，育种站清澜片区连队移交椰子试验站，谢老所在连队整体划归椰子试验站试验四队。

"椰子试验站的建设几乎是跟国家改革开放同期开始的。"谢老回忆说，"那个时候条件艰苦，各方面资源都紧缺，办公楼、宿舍、实验基地……什么都没有，我到站里后任工会干事，第一个工作就是筹建办公大楼。"

千百年来，土地就是农民的命根子，所以要在农民的"地盘"上建楼房那可不是一件容易的事儿。虽然土地已经划拨给站里，但无论是村领导还是老百姓都不同意施工，多次的集体阻扰让工程建设陷入困境。一边是老百姓的思想工作没做通，一边是科技事业发展需要尽快建起科研办公大楼，怎么办？硬碰硬肯定不能解决问题，几经走访之后，谢自松决定换种方式，站在村民的角度看一下问题：村民为什么不同意我们过来？我们建起办公楼后对他们有什么好处？

了解到村里人用水困难，谢自松组织职工帮忙筹钱、联系政府、出人出力，给村里打了第一口水井；村里穷，拉不起电线，站里承诺办公大楼通电的时候给他们一并弄好，后来经多方协商，实实在在做到了家家通电，老百姓别提有多高兴了！站里还帮村民买了碾米机等，想老百姓之所想，急老百姓之所急，心与心的距离就近了，工作开展也就顺利了，科研办公大楼最后如期竣工了。

竭尽全力争取利益

行政楼、生活区、科研基地慢慢建好了，全站的工作重心向科研方向逐步转移。科研工作需要一定的知识储备，而育种站划拨来的大多数是工人，做不了研究工作；再加上人多任务少，所以当时好多工人都闲晃着没有具体事干。

为解决职工及其家属就业问题，经院里批准，站里决定自建椰垫加工厂，以椰子壳为原材料生产床垫半成品。谢自松服从组织安排，任椰垫加工厂办事员。当时全站只有一台椰壳粉碎机，晾晒、铺平、加胶、压垫等工序全靠人工，大家齐心协力，每人每天能生产40多张床垫半成品，很好地解决了就业问题，也带来了年产值300万元的经济效益。椰垫生产出来了，如何打开销路？作为厂里的主要骨干，谢自松最关心的还是销售问题。"同事们辛辛苦苦把垫子生产出来了，不能砸在手里啊！"谢自松朴实地咧嘴一笑，"当时也不觉得苦，我全国各地到处跑，四川、山东、上海、宁夏都有客户，最北边去过吉林。"

最难的还是催款。有一次上海一个客户打来电话，说椰垫加工厂的产品出了问题，垫子开胶了，不肯付款。站里派谢自松去沟通要款。肩负着整个厂的利益，谢自松倍感压力。经调查，垫子开胶的原因是客户存储不当，且产品积压，半成品放置时间过长导致。原因查明了，可客户还是不肯付款。如何把双方损失都降到最低，取得双赢？谢自松只身一人在上海蹲点，天天去找客户沟通，既要从客户角度出发，又要保证厂的利益，动之以情、晓之于理，经过半个月的"周旋"，客户终于被谢老的真诚所打动，同意按成本价支付货款，与椰垫加工厂签订协议成为长期合作伙伴。

退而不休服务社区

采访结束离开的时候，偶遇谢老的爱人带着一个孩子在与邻居聊天，"您这孙子多大了？"我们随口问了一句。还没等谢老开口，邻居大姐抢着给我们介绍老两口的先进事迹"他家小孙子都上初中了，这是我们邻居的孩子，谢老两口子心肠好，经常义务帮我们带孩子，街坊邻里谁有事走不开的，都跑来拜托他们，从不推辞。"

谢老笑着从老伴手里接过孩子，"邻里之间能帮就帮一下。有人想给我们钱，让我们专职帮带孩子，我没同意。别人能把孩子托付给你就是信任你，咱不图啥。"

邻居大姐骄傲地抢着说："你看我们小区卫生搞得好吧？我们小区没有物业，不用交物业费，这都是谢老的功劳。水管管道坏了、楼道灯不亮了，只要告诉他，一准帮你解决，比物业公司好多了。"原来自谢老退休后，就兼职做起了小区的"区长"。

"原来的物业不负责任，东西坏了没人管，大家生活都不方便，我就组织了几次维修，大家出钱，我帮忙跑跑腿，联系一下维修公司，也没干啥。"谢老不好意思地说，"趁着自己还能动，就多干点。而且都是家门口的事儿，也是给自家干事，谈不上奉献。"

说起谢老，小区里的人都赞不绝口。但谢老总是平淡的回答"这都是一个共产党员该干的，不值得提，不值得提。"

（通讯员：寇田田 师雪茹）

保护国有土地的"土地工"——符敦杰

老"椰子研究所人"告诉我，"热科院椰子研究所的重心工作，除了科研，就是土地维护。没有土地，建设项目就不能落地；没有土地，科研试验和生产也无法开展。要了解椰子研究所的土地状况，一定要去拜访国有土地保护者，人称'土地工'（大家给他的专有称号，不是一个工种，但所里就他一个人一直负责土地管理，所以就这么叫上了）的符敦杰。"怀着满满的敬仰之情，我们来到符老家中，认真聆听他回忆过去的岁月。

主动申请，从本部到分站

1963年符敦杰从海口农业学校毕业分配到华南亚热带作物科学研究所（1965年更名为华南热带作物科学研究院热科院前身）橡胶系分析室工作，为实验员。文革时期，1969年底下放到定安县中瑞农场劳动，1972年初调回华南热带作物学院热作栽培系任教学秘书。

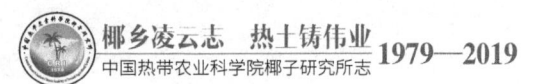

1979年华南热带作物科学研究院文昌椰子试验站成立，1982年38岁的符敦杰主动写报告申请调入椰子试验站工作。

初入椰子试验站，符敦杰主要负责科研管理工作，工作内容是农化分析室前期建设到投入使用的安装和测试工作。1985年，由于分管土地的符文光书记调回院里工作，符敦杰开始接手土地管理工作，椰子试验站从此多了"土地工"这个特殊的称号。

面对困境，毫无畏惧退缩

建站初期，椰子试验站党总支书记符文光亲自主抓土地管理，当时划拨土地5万多亩，且大部分已种植橡胶，而根据椰子试验站科研、生产发展的需要必须将大部分的橡胶林改造成椰子林，工作量巨大。虽说土地由符文光书记主抓，但由于没有专人具体管理，需要干活时都是临时安排人手，土地被农民侵占的情况非常严重，农民还破坏科研试验和基建，砍伐林木，严重影响了椰子科研和生产工作。

1985年符敦杰开始负责基建、土地管理和器械调度工作，从此管理土地工作一直到退休，"土地工"渐渐成了他的专有称号，一提起他，大家无不点赞。

所里砍掉橡胶犁好地，还没来得及种上椰子苗，周围农民已经抢种上好种、易活、便宜的木麻黄树苗；所里就算种上了椰子苗，农民也硬是密密麻麻地间种上木麻黄树苗；种下的椰苗多次被拔被偷，椰果更是从幼果偷到成熟，有的农民甚至明目张胆拿着箩筐装。由于土地划拨时没有确权，当地公安武警也只能帮忙维护秩序，尽量去说服农民，努力做他们思想工作，但效果甚微。

为了和农民抢回本属于椰子试验站的土地，站里职工多次天还未亮就组织到基地抢种椰子苗。土地维护举步维艰，符敦杰却毫无畏惧，从未退缩，一直工作在土地维权的第一线。

紧盯不放，土地确权获得突破

只有确权，才能通过法律途径来维护合法利益。1992年4月23日，华南热带作物科学研究院向海南省人民政府提交了《关于解决我院文昌椰子试验站土地问题的请示》，希望尊重历史和现实，采取实事求是的态度重新划定椰子试验站的土地。省政府高度重视，要求文昌县人民政府妥善处理。

为推动彻底解决椰子试验站土地使用权属问题，促进文昌县县长办公会议尽早召开，符敦杰和司机林强开始打持久战，白天到分管县领导办公室蹲点、晚上到其家中拜访，不断反映站里的土地情况和急需解决确权问题的紧迫性。1992年7月15日，有关椰子试验站土地使用问题的专题会议终于召开。

为推进确权工作尽快落实，1993年3月19日，文昌再次召开县长办公会议，成立土地确权确界工作组，要求工作组于3月24日起集中办公，直至任务完成。

1993年椰子试验站土地确权时尚无坐标系，由文昌县国土局按万分之一航测图进行土地面积估算并确权，出示确权书。1998年按千分之一坐标系测量图，重新发放国有土地使用证。这里还有一个小故事，办理国土土地使用证需要千分之一坐标系测量图做依据，当得知清澜开发区出资请云南测绘学院为整个开发区已做测量图，而椰子研究所又在其中时，为了替所里省下不菲的测量费用，符敦杰磨破嘴皮得以复印所里所需的千分之一坐标系测量图，并顺利为所里办理好国有土地使用证。

创新办事，土地维权得到加强

1993年土地确权后，"土地工"符敦杰积极通过法律诉讼进行维权，认真准备相关材料，所里的土地纠纷无一例败诉；通过法制宣传和走访的形式，让农民主动放弃土地侵权；与地方相关部门加强沟通，及时进行执法清理……通过一系列措施，很好地保护了国有土地的安全。

土地确权前，试验一队和四队被侵占现象尤为严重。周边农村生产队组织村民大规模非法种植木麻黄树，试验一队被侵占面积约80多亩，试验四队约10多亩。由于被侵占时间过长，树径甚至有碗口粗。土地确权后，所里主动上诉，胜诉后通过法院执行庭强制执行，武警、法警、派出所等相关部门用电锯割掉非法种植的树木，通过这种大规模的维权活动，周边农民发现花钱、花时间去抢种却什么好处都没捞到，从此侵权行为明显减少。此外，农民违规在试验二队盖私人住宅的，也被执行庭强制拆掉。

符敦杰在椰子研究所和土地打交道将近20年，正是他心无旁骛、竭尽全力地干好这一件事，才成为椰子研究所独一无二、响当当的"土地工"，为椰子研究所科技事业发展和建设项目落地提供强有力的土地保障。

（通讯员：师雪茹）

第二节　媒体报道

一、院内媒体报道

我院椰子研究所党委换届结束
作者：组织部　　来源：组织部　日期：2004-09-13

9月11日上午，椰子研究所党委在文昌市所机关二楼报告厅召开了第三次党员大会，主要议题是党委换届。院校党委组织部副部长童跃武同志到会指导并讲了话。椰子研究所47名党员参加了大会，对8名候选人进行了投票选举，最后王必尊等7名同志当选为新一届椰子研究所党委委员。

会上，椰子研究所党委书记王必尊同志代表第二届椰子研究所党委向大会做了工作报告，并被大会通过，形成了决议。

院校党委组织部副部长童跃武同志在讲话中充分肯定了椰子研究所党政工作的成绩，并对今后的工作提出了希望和建议，指出要进一步加强椰子研究所党组织建设，发挥好党员先锋模范作用，认清目前所面临的形势，以"转企"为契机，走出一条以科研为主，以项目为龙头的科研开发适应性路子。

椰子研究所2005年工作会议大力发扬"主人翁"精神
作者：龙翊岚　　来源：红椰新闻网　日期：2005-03-13

3月9日，椰子研究所召开全体职工代表工作会议，对2004年工作进行总结，并对2005年工作计划进行布置。

在所领导的倡议下，会议一改过去的所长、党委书记统一汇报全所各部门工作进展情况的单一模式，变为由各部门主管对各自的工作进行汇报和规划，台下职工代表对工作计划的可操作性进行提问置疑，各部门主管详细解释拟操作的过程及细节的互动形式，大大提高了职工参与全所建设管理的热情。

会上没有旁观者，只有"主人翁"。会议讨论期间，每位"主人翁"都表现得十分踊跃积极，很多人都大胆提出了一些问题和建议。科研办公室主任覃伟权提议将全所科技人员及科研基地由目前的现状改为研究中心责任管理，把原来科研办公室一揽子包办、课题共享、具体工作难以落实的模糊责任状况明确地落实到每个科技工作者身上，并把科研人员的工作量化，以申请课题数、课题经费、课题进展考核、论文等指标进行衡量考核，实行工作量及完成指标与岗位工资挂钩。此项提议从根本上解决了科技人员缺乏研究热情的病灶，受到全所干部职工的好评。

职工代表也表达了对所目前在建的重点支柱产业"椰子大观园"建设发展的极大期望。针对椰子大观园管理上存在的漏洞，代表们提出了加快建设、注重细节、提高市场反应能力等合理建议。

会后，许多职工代表称赞此次会议形式的改变体现了所领导对加强所管理改革的决定，也让职工真正有了"参政议政"主人翁的感觉，并希望各部门能真正切实有效地执行各项计划。

王庆煌考察椰子研究所工作：发挥优势，突出特色

作者：龙翊岚　　来源：椰子研究所　　日期：2005-03-14

2月28日，院校长王庆煌一行来到椰子研究所考察工作，并与椰子研究所的工作人员进行座谈，听取椰子研究所所长马子龙汇报2004年行政工作情况和2005年行政工作计划、副书记吴多扬汇报开展党务工作的进展情况。

王庆煌对椰子研究所2004年工作中取得的成绩和2005年工作计划表示肯定，认为2004年工作成绩显著，2005年工作计划定位准确。针对椰子研究所2005年的工作，王庆煌作了重要的指示：一是，发挥优势，突出特色。二是，加强队伍建设，提高员工素质。一方面要发挥现有人才作用，另一方面要适当引进智力。三是，加强项目平台的建设。四是，加强合作与交流，其中包括与院校内各部门和外面单位的合作与交流。五是，加强科技推广工作，做好科技下乡，服务"三农"。六是，加强管理，实行规范管理，特别要注意利用有效的激励机制，调动员工的积极性。七是，加速科技成果转化。八是，领导班子成员要有宽广的胸怀，求同存异，在大局为重，共同谋求所的发展。

王庆煌指出，椰子研究所发展具有区域优势、特色优势以及海口院校区的技术依托优势和中央部委对椰子研究所的关注等优势，他鼓励全所员工要对未来的工作充满信心，按照所里的工作计划，借助这些优势，共同努力，全面推进椰子研究所的各项工作，加快椰子研究所的发展步伐。

王庆煌到椰子研究所等单位调研

作者：胡盛红　　来源：红椰网　　日期：2005-10-18

10月11—12日，院校长王庆煌分别到椰子研究所、生物所、分析测试中心和海口实验站（办事处）开展调研工作。

在椰子研究所，王庆煌先后到风灾最为严重的橡胶林和椰子大观园了解情况。在与椰子研究所干部职工和领导班子成员座谈时，王庆煌指出，在强台风造成的重大损失面前，椰子研究所一定要树立起信心，团结一致，采取一切有效措施开展救灾工作，重建家园。风灾过后，椰子研究所要重新思考发展定位问题，在做好规划的基础上，抓住重点，突出特色，要在以椰子为主要研究对象的基础上，进行高产示范、深度开发、综合利用，再将研究领域扩大到其他的棕榈科作物；要以椰子大观园为主要科技示范基地，建造高标准、高规格的示范基地和观光农业基地；椰子研究所领导班子成员要更加团结互助，形成有机统一的整体，形成有较强的战斗力的团队。

院校办、宣传部等部门有关人员陪同调研。

密克罗尼西亚联邦总统访问我院椰子研究所
热情邀请我院专家赴密指导椰子生产

作者：田婉莹　　　来源：党委宣传部　　日期：2006-04-24

4月23日，密克罗尼西亚联邦总统约瑟夫·乌鲁塞马尔（H. E. Joseph J. Urusemal）与州长伦斯利·西格拉等一行9人，利用访华机会专程访问我院椰子研究所，热情邀请椰子研究所所长马子龙等专家赴密克罗尼西亚指导当地椰子生产。

密克罗尼西亚联邦总统一行认真听取了副院校长陈秋波关于我院科研、教学概况及椰子研究所的科研动态、科技成果、椰子产业开发、国际合作与交流等情况的介绍，对椰子研究所取得的成绩给予高度的评价。

约瑟夫·乌鲁塞马尔总统表示，听了陈秋波副院校长的介绍后，为椰子研究所取得的成绩感到高兴。特别是听到椰子研究所能够把一百种低产量的椰子树变成高产量的时候，感到很震撼。他希望我院椰子研究所有关专家能亲自到密克罗尼西亚指导当地的椰子生产。密克罗尼西亚州长伦斯利·西格拉等就如何提高椰子产量和利用率提问，均得到满意答复。

马子龙所长代表椰子研究所向约瑟夫总统赠送了椰子产品。随后，约瑟夫总统一行参观了加工实验室、椰心椰甲养虫室、椰心椰甲天敌培养室和椰子大观园，并在椰子研究所前合影留念。

据了解，密克罗尼西亚是北太平洋加罗林群岛上的一个小岛国，国内农民大部分以种植椰子为生。该国历届领导人对发展椰子产业都很重视。自2000年3月密克罗尼西亚前总统访问以来，2005年10月，密议长再次造访，这次是该国领导人第三次访问椰子研究所。

椰子研究所第四届职代会和第五届工代会隆重召开

作者：椰子研究所　　　来源：党委宣传部　　日期：2006-04-30

4月11—12日，椰子研究所召开了第四届职工代表大会和第五届工会代表大会。会议审议通过了所长马子龙所作的《振奋精神，团结协作，扎实工作，再创辉煌》工作报告和《2005年财务结算和2006年财务预算》报告，改选成立了第五届工会委员会。

代表们认为，在过去的几年中，在院校党委和文昌市委的正确领导下，椰子研究所全体干部职工团结奋进，所的改革与发展上了新台阶，科研创新能力进一步增强，产业开发特别是椰子大观园建设已具规模并对外营业，顺利地完成了所部搬迁和职工的安置，科技示范基地建设成效显著，干部职工的生活水平有了明显的提高，科技体制改革有新的突破。此次"双代会"的召开，对进一步完善椰子研究所职代会和工代会的制度，充分发挥"双代会"的民主管理和民主监督作用，维护职工合法权益和民主权利，进一步动员和组织全体职工积极参加该所改革与发展的各项工作，实现椰子研究所制定的科技创新产业开发和深化内部改革等方面的战略发展目标，具有十分重要的意义。

会议强调，今后几年是椰子研究所生存与发展的关键时期，全体职工要以本次"双代会"为契机，以邓小平理论和"三个代表"重要思想为指导，坚持和落实科学发展观，从全面建设小康社会和社会主义新农村的全局出发，认真贯彻落实院校第八次党代会精神，紧紧围绕"一个中心，三个基地"的发展战略目标，牢固树立社会主义的荣辱观，以"团结、敬业、创新、发展"的椰子精神为动力，把增强椰子研究所的自主创新能力和椰子大观园等产业开发作为发展的战略基点，全面落实椰子研究所制定的

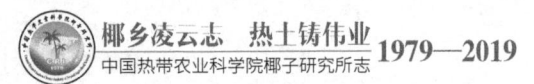

"十一五"规划和今年的工作任务,共创椰子研究所的美好明天。

会议审议通过了该所机构设置、岗位编制、办事程序等多项制度,并改选成立了该所第五届工会委员会。

椰子研究所送科技下乡 为百姓答惑解疑
作者:椰子研究所　　来源:椰子研究所　　日期:2006-05-26

5月23—24日,在海南省第二届科技活动月中,椰子研究所在文昌市文城镇南阳办事处和会文镇举行了大型科技下乡活动。

活动内容包括三大部分,第一部分是现场发放技术资料,并进行技术咨询服务;第二部分是进行集中技术培训,并就疑难问题进行解答;第三部分是上门技术服务,根据农民需要,解决生产中的实际问题。在活动中,椰子研究所紧密结合"依靠科技,服务'三农',提升椰子和槟榔产业,造福海南"的主题,组织了13名位科技专家,在马子龙所长的带领下,亲临活动现场,就农民提出有关椰子、槟榔、胡椒、香蕉等作物的病虫害防治、丰产栽培、产品加工与保鲜、优良品种等问题进行一一解答,得到了广大农民朋友的一致好评,并希望此类活动能经常举行。

此次活动,椰子研究所共派出专家13名,发放技术资料2 000多册,举行椰心叶甲防治技术培训班2期,培训农民400多人,上门技术服务10多次,受益农民大约5 000多人,取得了良好的效果。

椰子研究所党委系列活动庆祝建党八十五周年
作者:黄宇峰　　来源:椰子研究所　　日期:2006-07-04

为了庆祝建党八十五周年,椰子研究所党委通过组织全体党员和入党积极分子到试验队参加文明生态队建设活动、上党课、学习《中国共产党章程》和《树立社会主义荣辱观》、组织全体党员参加党章知识考试,又在"七一"前夕组织一次全所的排球和篮球友谊赛,召开庆祝中国共产党诞辰八十五周年暨表彰大会等,将庆祝活动开展得有声有色,深入人心。

在6月30日上午该所召开的庆祝中国共产党成立八十五周年暨表彰大会上,所党委书记王必尊简要回顾了中国共产党的诞生到新中国的成立以及今天祖国繁荣稳定的光辉历程,同时,对所党委几年来的工作进行了小结,让全体党员和入党积极分子了解到该所党建工作上取得的成绩,看到了该所党组织凝聚力、向心力和战斗力的不断增强。

该所党委委员、所长马子龙宣读了文昌市委表彰和所党委表彰的决定:所第一党支部被评为"文昌市先进基层党组织",马子龙同志被评为文昌市优秀党员,吴多扬同志被评为文昌市优秀党务工作者;所党委赵松林、曾鹏、黄宽猛3位同志获优秀共产党员称号。会上对获得先进的组织和个人进行了表彰。

椰子研究所参加2006年国际合作项目年会
作者:范海阔　唐龙祥　　来源:红椰网　　日期:2006-07-14

应国际植物遗传资源研究所(IPGRI)、国际椰子遗传资源(COGENT)、国际马铃薯中心(CIP)和印度尼西亚不动产作物研究与发展中心（ICECRD）联合邀请，椰子研究所唐龙祥研究员和范海阔助理研究员于2006年6月11—26日参加了在印度尼西亚茂物（Bogor）举行的国际农业发展基金（IFAD）资助"Overcoming Poverty in Coconut-Growing Communities：Coconut Genetic Resources for Sustainable Livelihoods"项目年会及相关项目报告撰写及经济学培训。与会人员还有印度、泰国、印度尼西亚、斯里兰卡、菲律宾、越南、坦桑尼亚、加纳、牙买加、墨西哥等东南亚、非洲及拉美国家的代表。

会议期间，唐龙祥和范海阔除参与并完成规定会议议程外，还积极同其他国家代表就项目合作、产品开发、种质交换、椰心叶甲防控及椰子产业发展前景等进行了广泛而深入的交流，探讨解决问题的方法和途径，并就有可能合作的领域进行意向性的洽谈。同时，我方代表表达了愿意承办下届年会的意向，并在会上介绍了椰子研究所的概况以及举办下次年会所具备的条件和优势，得到大部分与会代表的支持和赞同。最后，会议主要牵头——国际组织"COGENT"协调员表示，有关下届年会的举办权将提交项目资助方"IFAD"审核，约在今年9月给我方明确答复。

会后，唐龙祥和范海阔还访问了亚太椰子共同体（APCC）总部，与"APCC"总理事Dr P. Rethinam先生就有关我国加入该国际组织事宜进行了深入的交流。他们随后还考察了印度尼西亚当地的椰子产品市场、高产椰子品种园、椰园间作示范园及相关作物等。两人于6月26日顺利回国。

省科技厅厅长肖杰到椰子研究所进行工作检查
作者：龙翊岚　　　来源：红椰网　　日期：2006-10-26

10月25日，省科技厅肖杰厅长在文昌市市委谢明中书记的陪同下对我院椰子研究所进行工作检查，听取了马子龙所长、王必尊书记、赵松林副所长对椰子研究所在科研、科技推广、科技开发等方面的工作汇报。

近年来，椰子研究所在全省共同防治椰心叶甲的科技推广工作中取得了令人瞩目的成绩，多次与文昌市政府、文昌市科技局联合举办椰心叶甲防治技术培训班，及时将病虫防治技术传授给椰乡农民，有效控制了椰心叶甲在椰乡——文昌的传播速度。听取汇报后，肖杰对椰子研究所在椰心叶甲防治上所做的工作给予了肯定和赞扬。

在椰子大观园里，肖杰看到园区内结着累累果实的椰子树时，欣然邀请谢明中在园中合影留念。在大观园新建的椰林广场休息时，肖杰厅长赞叹地说："这里真是人间胜境"。

密克罗尼西亚联邦国会外事委员会主席代表团访问椰子研究所
作者：龙翊岚　　　来源：红椰网　　日期：2006-10-26

10月25日上午，密克罗尼西亚联邦国会外事委员会主席Mr. Alik带领访问团一行11人到我院椰子研究所参观考察。

近年来，椰子研究所已多次作为我国椰子科研前沿代表接待该国使团的来访。此次访华期间，Mr. Alik主席再次指定要求访问参观椰子研究所。

椰子研究所所长马子龙为Mr. Alik主席一行介绍了椰子研究所的概况及我国椰子研究与生产、开发情况，并详细介绍了我国椰子产品综合开发及利用情况。相关科技人员还与来宾们进行了病虫防治技术、低产椰园改造技术、椰子杂交育种技术、产品加工与综合利用技术等方面的交流。Mr.Alik主席再次邀请椰子研究所科研人员到该国进行技术指导。

访问期间，Mr.Alik 主席参观了椰子研究所新开发的国家 AAA 级旅游景区——椰子大观园，品尝着甘饴可口的椰子糖果，Alik 主席赞叹："在这么美丽的风景之中，真不愿意走了。"

密克罗尼西亚国会副议长克劳德·菲利普一行到访椰子研究所
作者：龙翊岚　　　来源：红椰网　　日期：2006-11-27

应全国政协的邀请，密克罗尼西亚国会副议长克劳德·菲利普（Hon. Claude H. Philip）一行6人于11月24—26日到我省进行访问。访问行程第一站，克劳德·菲利普选择了椰子研究所。

2006年，密克罗尼西亚总统、国会议长、国会主席等曾数度访问椰子研究所，对该所在椰心叶甲防治和低产椰园改造技术上取得的成功表示出浓厚的兴趣。在听取了该所副所长赵松林的简单介绍后，克劳德·菲利普向椰子研究所发出邀请，希望该所技术人员到密克罗尼西亚开展技术推广。

椰子研究所隆重举办 2007 年春节晚会
作者：黄宇峰　　　来源：椰子研究所　　日期：2007-02-07

2月2日晚，椰子研究所在文昌市清澜经纬花园隆重举办了"2007年迎春晚会"，这是椰子研究所在岁末年初为感谢全体员工一年来的辛勤劳动而举办的一次集体活动，也是椰子研究所献给全体员工一份精彩的新年礼物，100多名员工及家属参加了晚会。

晚会在该所王必尊书记简短而生动的新年祝辞后拉开序幕。王必尊简要总结了 2006 年的工作，并对 2007 年该所的发展进行了展望，勉励职工正视成绩，不断进取，再创佳绩。他代表所领导班子成员向全体职工、离退休老同志和职工家属致以了节日的问候和良好的祝愿。

晚会上，马子龙所长一首《把根留住》率先登场，随后，20 多个节目陆续登台，既有以部门为阵容的合唱，又有独唱、男女对唱、舞蹈、说唱表演、滑稽表演、游戏等。晚会在一首《明天会更好》的歌唱声中落下帷幕。

据悉，这次晚会是该所有史以来参与人数最多、质量最高的一次晚会。整台晚会处处展现着椰子研究所人团结敬业的精神风貌以及对所未来发展的信心。广大职工热情登台表演，他们声情并茂，用语言和动作充分表达了他们热爱椰子研究所，扎根椰子研究所，齐心协力为椰子研究所的改革发展而努力的决心。

农业部副部长危朝安到椰子研究所检查部级项目进展情况
作者：龙翊岚　　　来源：红椰网　　日期：2007-03-15

3月14日，农业部副部长危朝安带领工作组到文昌椰子研究所检查该所承担的各类部级项目。

在椰子研究所所长马子龙的介绍下，危朝安副部长饶有兴致地询问了椰子研究所在 948 项目支持下开展的"引进椰子优良新品种"中所引进的各类椰子新品种的习性、适应性及生长情况。危副部长对椰子研究所开展的"椰心叶甲生物防治"科普下乡工作给予了高度的评价。

椰子研究所两项地方标准通过审定

作者：黄宇峰　　　来源：椰子研究所　　日期：2007-03-27

3月23日，由中国热带农业科学院椰子研究所负责制定的海南省地方标准《椰子产品 椰子糖果》和《椰子产品 糖渍椰肉》标准审查会在海口召开。海南省质量技术监督局主持了审查会。

专家组成员一致同意通过这两项标准的审定，并给予了高度评价，认为标准编制充分考虑到标准的完整性、先进性和实用性。

这两项标准颁布实施后，将有利于提升海南椰子特色产品椰子糖果和糖渍椰肉的市场竞争力，为海南椰子产业的健康发展提供一定的技术保障。

国际椰子遗传资源网协调官 Dr. George Maria Luz 到访椰子研究所

作者：范海阔　　　来源：椰子研究所　　日期：2007-04-20

4月19日，国际椰子遗传资源网（COGENT）协调官 Dr. George Maria Luz 到椰子研究所检查指导工作，受到了国际合作交流处处长周建南、椰子研究所所长马子龙，以及"Overcoming Poverty in Coconut-Growing Communities：Coconut Genetic Resources for Sustainable Livelihoods"项目组成员的热情接待。

Dr. George Maria Luz 详细检查了项目的进展情况，对项目取得的成果给予了肯定和认可，并就项目下一步的运作提出了建议。她还就今年7月份将在椰子研究所举行的项目结题大会和培训事宜，同项目组成员进行了详细协商和布置。

据悉，4月20日，Dr. George Maria Luz 还到我院香饮所和生物所参观指导。

椰子研究所在全岛开展椰心叶甲寄生蜂防治效果调查活动

作者：田婉莹　　　来源：党委宣传部　　日期：2007-04-27

椰心叶甲寄生蜂已放飞两年多，防治效果如何？这是大家都在关心的问题。受省林业局的委托，我院椰子研究所于3月24日起在全省17个市县开展了椰心叶甲寄生蜂防治效果调查活动。调研人员历时一个多月，于4月26日完成调研任务。

椰子研究所派出两支调研队伍，制定了详细的调研方案。调研人员随机抽取各市县放蜂点，然后去现场取样，通过数树叶上椰心叶甲成虫、幼虫、僵虫、僵蛹的多少和测算树叶被椰心叶甲的取食的程度等方式衡量当地的椰心叶甲寄生蜂防治效果。据第一调研小组的组长李朝绪介绍，调研结束后，要经过近20天的整理分析才能形成最终的调研报告。据目前形势分析，大部分放蜂点的疫情已得到基本控制。

在调研中，记者采访了儋州市森林植物检疫站的副站长唐真正。据介绍，自2004年放蜂以来，儋州市的疫情已基本得到控制，街道旁的树木长势良好，一些没有放蜂的点，如新州中学，已发现寄生蜂的踪迹。在海文高速公路演丰路口，记者看到，路两旁的椰子树郁郁青青。据海口市林业局森林病虫害防治检疫站的工作人员介绍，这片椰子树没有放蜂前，叶子干枯严重，现在新叶都长出来了，很绿，说明疫情已得到了控制。海口市灵山镇于友村村民李必幸很高兴地对记者说，村里有70多户人，家家都种了50~100多棵椰子树，前几年虫害很严重，树叶干枯得厉害，去年6月份和10月份防疫站来放蜂后,情况好转起来,树慢慢变绿了。

纳米比亚西南非洲人民组织总书记到访椰子研究所

作者:龙翊岚　　　来源:椰子研究所　　日期:2007-04-29

4月28日下午,纳米比亚西南非洲人民组织总书记、政府退伍军人事务部部长恩加里库图克·奇里安吉率领访问团到访椰子研究所,参观了该所椰心叶甲生物防治实验室、文椰78F_1种质圃和椰子大观园。

在椰子研究所副所长赵松林的介绍下,奇里安吉总书记对椰子研究所开展的低产椰园改造、病虫害防治和椰子杂交育种技术表现出了浓厚的兴趣。

纳比米亚共和国位于南部非洲,有着丰富的椰子资源,但受科技水平的局限,椰子产业发展较为落后。此次访华行程中,纳米比亚客人特别要求到访我院椰子研究所。

省人大常委会副主任吴昌元到椰子研究所调研

作者:龙翊岚　　　来源:椰子研究所　　日期:2007-05-16

5月14日,海南省人大常委会副主任吴昌元带领工作组到文昌开展调研。调研期间,吴昌元一行在椰子研究所所长马子龙的陪同下参观了椰子大观园和椰心叶甲生物防治实验室。

在椰子大观园里,看到园区里收集的世界各地的椰子品种,吴昌元叹为观止。他对椰子大观园在园内设计的椰子生长过程展示苗圃、椰林多层种植模式也表现出了浓厚的兴趣。曾在西北工作过的他指着椰子大观园里的椰林间种牧草模式示范园对同行的人说道:"海南如此好的阳光、水分条件,长出如此优势的牧草,一定会让西北的牧民羡慕不已。"

在参观过程中,马子龙通过具体的示范植株,详细地向吴昌元介绍了寄生蜂防治椰心叶甲的工作情况。听完介绍,吴昌元对椰子研究所在椰心叶甲防治技术研究上取得的成绩给予了肯定,同时鼓励椰子研究所将此项工作持续开展下去。

椰子研究所科研人员赴琼海市调查槟榔黄化病

作者:黄宇峰　王萍　　来源:椰子研究所　　日期:2007-05-25

5月16—17日,应琼海市政府邀请,椰子研究所王必尊书记带领科技人员一行人到琼海市各乡镇调查槟榔黄化病疫情。

调研期间,科技人员与该市领导及各乡镇技术人员、生物公司有关负责人广泛交换意见,探索槟榔黄化病的防控对策,并向农民朋友讲解了槟榔黄化病的为害性和正确的农事操作知识。

该市领导对此次调研活动寄予厚望,专门召开了槟榔黄化病综合防控的会议,邀请了农业厅领导、省植保总站专家、椰子研究所科研人员和市农业部门的负责人参加,他们对椰子研究所科技人员积极参与的精神和提出的相关建议表示赞赏,并希望与椰子研究所联合攻关,尽快制定一个综合防控方案,控制疫情,尽最大可能减少槟榔种植户的损失。

槟榔是海南第二大热带经济作物，槟榔黄化病的大面积为害严重影响到千家万户的增收。此次调研结果引起了椰子研究所领导和科技人员的高度重视。目前，椰子研究所已成立了槟榔黄化病综合防控的科技攻关协作组，集中人力物力，从病虫害防治、选育种和耕作与栽培三个方向开展科研工作，力争尽快取得科研进展。

椰子研究所举行大型科技下乡活动

作者：黄宇峰　冯美利　　来源：椰子研究所　　日期：2007-05-25

5月21—22日，在海南省第三届科技活动月中，椰子研究所赵松林副所长带领15名科技人员在文昌市东郊镇和潭牛镇举行了大型科技下乡活动。

活动中，椰子研究所在进行技术咨询服务的同时，展出了大量图片，并现场发放了技术资料。其间，科技人员就农民朋友提出的有关椰子、槟榔等热带作物的栽培技术、病虫害防治技术、优良品种等问题进行了解答。此外，科技人员还采用多媒体专题讲座进行技术培训，并开展了上门技术服务，帮助农民朋友解决生产中的实际问题。

此次活动，发放技术资料2 500多册，举办椰心叶甲防治技术培训班2期，培训农民500多人，上门技术服务10多次，受益农民5 000多人。

椰子研究所两项科研成果通过鉴定

作者：龙翊岚　　来源：椰子研究所　　日期：2007-06-11

6月9日，受农业部委托，我院在海南文昌组织召开了由椰子研究所完成的"五种国外椰子优良品种的引进及适应性研究"和"椰子杂交制种技术研究"两项科研成果鉴定会。

验收专家组认为"五种国外椰子优良品种的引进及适应性研究"成果已经达到国内领先水平，"椰子杂交制种技术研究"成果达到国际先进水平，同意成果通过鉴定。

专家们认为，"五种国外椰子优良品种的引进及适应性研究"成果成功引进了马哇椰子、香水椰子、小黄椰子、马来亚黄矮和马来亚红矮5个椰子品种，并经过近两代人的努力，在椰子生物学观察、品种驯化等方面取得了喜人的成绩，丰富了我国椰子种质资源。

专家组还高度评价了"椰子杂交制种技术研究"项目成果，认为这是我国首次开展的椰子人工杂交技术培育研究，建立的高效椰子杂交制种技术体系对改良我国椰子栽培品种、推动椰子产业良性发展有着重大的意义。

椰子研究所积极筹备"消除椰子种植区贫困"项目年会

作者：龙翊岚　　来源：红椰网　　日期：2007-06-26

国际农业发展基金（IFAD）资助项目Overcoming Poverty in Coconut-Growing Communities（消除椰子种植区贫困）第3届年会将于7月2—7日在我省文昌市举行。我院椰子研究所承办了本次年会。

该项目由国际生物多样性协会（BIOVERSITY）发起，目前已有11个国家参与项目实施。

该协会旗下的国际椰子基因网络（COGENT）组织相关成员国共同参与、关注椰子种植区人口生活情况、劳动生产力水平等贫困问题，旨在通过项目的开展，由承担任务的科研机构对椰农进行种植、加工或其他相关技术培训，帮助椰农增加产品种类，提高产品质量，使用新的栽培、种植技术，获得更高的椰子产品附加值和产量，解决椰农贫困现状，增加椰农收入。

据悉，前两届年会分别在泰国和印度尼西亚举行。

椰子研究所举行运动会促进新老职工交流

作者：龙翊岚　　　来源：椰子研究所　　　日期：2007-07-17

7月16日，椰子大观园运动场热闹非凡，椰子研究所在此举行职工运动会。全所上下总动员、齐参与男子排球、男子篮球、女子篮球等活动项目。

据了解，这次运动会是该所特意举办的，目的是为了让新入职员工更好地了解所里的工作和生活情况，帮助他们更快地融入团队中去，同时也促进同事间的交流，丰富职工文化生活。

椰子研究所承办海南省森林植物检疫员培训班

作者：黄宇峰　　　来源：椰子研究所　　　日期：2007-07-30

7月27日，由海南省森林资源监测中心主办、中国热带农业科学院椰子研究所承办的全省森林植物检疫员培训班结束，培训共10天，来自全省18个市县的60名森林植物检疫学员参加了培训。

本次培训的主要内容包括《植物检疫条例》《植物检疫条例实施细则》《林业植物检疫技术规程》、森林昆虫基础知识、林木病理知识、杂草基础知识、海南主要森林病虫害及其防治、农药安全使用、海南省外来有害生物检疫与防控技术、实验操作与应用技术等。

学员们通过理论学习与现场实验操作，提高了执法水平和业务能力，培训结束时，全部顺利通过考试，获得了由省林业局森林资源监测中心核发的专职检疫员证。

王庆煌到椰子研究所检查指导工作　鼓励新到所的青年科技人员

作者：刘湘洪　　　来源：党委宣传部　　　日期：2007-08-20

8月17日上午，王庆煌院长到椰子研究所检查指导工作并与该所中层以上干部、青年科技人员座谈，就热科院发展战略及椰子研究所目标定位与大家进行了沟通、交流。

王庆煌指出，目前两院处在新的历史转折点，热带农业科学院将与热农大分离，作为国家科研团队，成为农业部直属三院之一；热农大将与海大合并，争取进入211行列，建设高水平的大学。

他分析了新形势下国家农业科技发展战略，指出，未来15年国家建设社会主义新农村，核心是发展现代农业，国家对农业科研支持力度将不断加大。作为国家公益类科研团队，热科院将以重大项目为核心，以成果转化为平台，以服务"三农"为目标，继续推进"八项工程"，创建世界一流的热带农业科技创新中心。

他认为当前要把每个研究所的优势和整个热科院的定位链接起来。14个研究所分布在两省5地，从区域发展看，儋州将构建成为种质资源保存基地、良种良苗产业化基地；海口将构建成为热带农业科技创新体系、成果转化体系、科技推广体系；湛江将利用资源优势，走综合发展道路；兴隆、文昌成为热科院两个对外窗口，兴隆以创建生态农业示范基地为主，文昌成为热带农业科普培训中心，成为新型农民实用技术培训基地。每个研究所都将站在一个新的高度，明确定位，明确所承担的任务，构建一个创新的团队，共同实现热科院的发展目标。

座谈中，王庆煌与椰子研究所科研人员探讨了该所的定位。他说，椰子研究所作为椰子科技中心，要实施走出去战略，与东盟、非洲、太平洋岛国广泛合作，融入到国际椰子研究世界中；要抓住海南建设生物质能源基地契机，充分利用7 000亩土地建成热带木本油料科技中心，为海南可再生能源植物发展提供科技支撑；要成为棕榈科植物种质资源收集、保存库，并充分挖掘利用；要成为椰子加工基地，加速科技成果转化；同时，成为新型农民实用技术培训中心，为社会服务。

最后，王庆煌鼓励青年科技人员尤其是新进所的科技人员，在热带农业科研领域施展才华，服务国家，回报社会。

椰子研究所"文椰2号""文椰3号"椰子品种通过认定

作者：龙翊岚　　　来源：椰子研究所　　日期：2007-11-26

11月23日，椰子研究所培育的"文椰2号"和"文椰3号"椰子品种通过了由海南省作物品种审定委员会组成的品种审定小组的认定。

评审专家对椰子研究所几十年锲而不舍支持和坚持椰子选育种工作给予了高度的评价，同时也对能获得如此高纯度和一致性的椰子品种表示欣慰。评审过程中，专家们通过听取报告、答疑、实地勘察后一致通过了两个品种的认定，并希望能尽快将这种优质的椰子品种进行大面积的推广。

据悉，"文椰2号"和"文椰3号"椰子品种是从1982年起，椰子研究所的工作人员从马来西亚引入种果，经过一代又一代的努力，通过定向筛选，历经20多年的不懈坚持最终获得的纯系椰子品种。这两个新的椰子品种既保存了原有马来西亚矮种椰子高产、早产的特性，同时也通过定向筛选获得了椰肉更细腻松软、椰水更鲜美清甜的新品种，满足了我国日新月异的旅游产品市场需求变化。

非洲国家外交官代表团访问椰子研究所

作者：龙翊岚　　　来源：椰子研究所　　日期：2007-12-17

12月15日，来自马达加斯加、乍得、卢旺达等18个非洲国家36名成员组成的非洲国家外交官代表团访问椰子研究所。此次造访是由外交部根据椰子研究所近年来做出的科研成绩和非洲国家具体情况指定安排。

椰子研究所所长马子龙向远道而来的客人详细介绍了该所的基本情况。代表团参观了椰子研究所品种实验基地和产品展销中心，他们对琳琅满目的椰子工艺品很感兴趣。各国外交官表示，在非洲国家有大量的椰子食用后即丢弃，他们希望引进中国的椰子生产与加工技术以帮助本国人民有效利用椰子资源脱离贫困。

访问团到访期间，椰子研究所唐龙祥研究员为他们作了一场我国椰子生产与发展情况的专题讲座，受到好评。

椰子研究所"椰子丰产栽培技术研究"顺利通过验收

作者：龙翊岚　王萍　　来源：椰子研究所　日期：2007-12-21

12月20日，受农业部委托，由我院组织专家对椰子研究所承担的农业结构调整重大技术研究专项"椰子丰产栽培技术研究"进行验收。专家组一致同意该项目通过验收。

该项目于2004年启动，经过三年多的实验室摸索、大田试验和监测，已形成一套较为成熟的椰树营养诊断指导施肥和微肥调控技术体系，能够显著提高椰子成活率，加快椰子生长，缩短椰子非生产期，提高椰子产量。据试验数据统计，项目实施前后，同一椰园的椰子亩产量增长了4.18倍，由原来的204个果/亩增加到852个果/亩。项目实施过程中还形成了一套椰园间种栽培技术，有效解决了椰园空闲土地的利用问题，摸索出一套"种—养"结合的生态模式，促使椰园营养循环利用，提高椰园经济效益。

目前，该项目已在海南文昌、万宁和陵水等市县建立了椰园间种、椰园养殖、低产椰园改造等椰子丰产栽培技术示范基地8个，约2 300亩，采用科研＋公司＋农户模式，积极推行新技术，已培训地区技术人员1 300多人次，获得良好的生态效益和社会效益。

椰子研究所两项科研成果通过鉴定

作者：椰子研究所　　来源：椰子研究所　日期：2008-05-26

5月23—24日，椰子研究所两项科研项目"马来亚矮种椰子产业化种植示范推广"和"椰园种养高效模式研究"分别通过了鉴定。

5月23日，海南省科技厅组织有关专家对椰子研究所承担的海南省重点科技项目进行验收，并对该项目形成的科技成果"马来亚黄、红矮椰子种植示范推广"进行了鉴定。专家组一致同意项目通过验收，并认为该成果达到了同类研究的国际先进水平。

该项目完成了合同要求的所有技术指标，分别在文昌、万宁、琼海、三亚等市县建立6个示范基地，推广黄、红矮椰子19.76万株，推广面积11 279亩；采用特殊的育苗技术可以提高种果出芽率8%，畸形苗率下降6%，出芽时间提早20天，成苗率提高14%；项目执行期间4年获得椰果总产值5 400多万元，经济效益显著。

5月24日，受农业部委托，我院组织有关专家对椰子研究所完成的农业结构调整重大技术研究专项形成的科技成果"椰园种养高效模式研究"进行了鉴定。专家组一致认为该成果在同类研究中达到国际先进水平，同意通过鉴定。

专家组认为，该项目选题符合椰子产业发展方向，技术路线正确，试验数据完整、可靠，结果可信。椰园间种牧草、瓜菜、可可等高效栽培技术，椰园养鸡生态模式成功解决了椰子因非生产期长导致的幼龄椰园无效益和成龄椰园土地利用效率低的问题；在文昌、万宁和陵水建立了椰园间种、椰园养鸡示范基地7个，约2 100多亩，取得了良好的经济效益、生态效益及社会效益。

王院长与张书记到椰子研究所调研
作者：范武波　　　来源：院办　　日期：2008-06-29

6月12日，王庆煌院长、张凤桐书记率领科技处、院办公室领导到椰子研究所进行科技工作调研。

王庆煌院长与张凤桐书记在与椰子研究所班子研讨和与业务骨干座谈中，表扬了椰子研究所与院内各相关所联合进行科技合作与攻关的做法。他们指出，单靠一个所的力量很难申报到国家大项目，必须在全院范围内整合科技资源，联合攻关，才能提高我院的科研能力和水平。他们强调，椰子研究所土地资源丰富，区域优势突出，发展潜力大，椰子研究所要做好规划，利用有利时机加速发展，特别是要做好农业部200亩地规划，尽快启动建设；加强椰子大观园开发，理清办事处内涵，充分发挥其窗口作用。另外，椰子研究所要服务于院大局，成为我院在海口科研机构的试验示范基地。

就椰子研究所人才紧缺问题，王院长、张书记强调，我院解决人才紧缺问题的关键是培养和充分发挥现有人才的作用，以培养和发挥现有人才作用为主，以引进高级人才为辅。

张凤桐书记到椰子研究所检查指导工作并出席庆祝晚会
作者：椰子研究所　　　来源：椰子研究所　　日期：2009-09-22

9月18日，党组书记张凤桐到椰子研究所检查指导工作，深入了解维护安全稳定和预算执行等方面的工作情况，并与该所领导及有关人员进行座谈。

晚上，张书记出席了椰子研究所举办的庆祝中华人民共和国诞辰60周年、中国热带农业科学院成立55周年联欢晚会，并发表了重要讲话。张书记充分肯定了椰子研究所在院的领导下取得的成绩，希望椰子研究所承前启后，再接再厉，为热作事业做出新的更大贡献。

科学发展创先争优：椰子研究所召开理论学习中心组扩大会议
作者：椰子研究所　　　来源：椰子研究所　　日期：2010-07-30

7月29日，椰子研究所召开了新班子成立后的第一次理论学习中心组扩大会议。党委委员、所务委员、副科级以上领导干部、各党支部书记、重点岗位人员和各研究室负责人参加了大会。会议由雷新涛书记主持。

会上，雷新涛书记传达了院党组欧阳顺林副书记在"创先争优活动"动员大会上的讲话精神，详细阐述了开展这两项活动的重大意义及具体要求。并就《中国热带农业科学院椰子研究所深入开展创先争优活动的实施方案》中各个支部开展活动的不同主题内容和重点，设立"创先争优"岗位等工作方法进行了分析和部署；副书记、所长赵松林就《椰子研究所开展违规违纪收送款物问题专项治理工作方案》进行了部署和安排；纪检委员韩明定主任对《中国共产党党员领导干部廉洁从政若干准则》和《椰子研究所2010年党风廉政建设和反腐败工作方案》进行了说明和宣读；组织委员覃伟权副所长对《中国共产党纪律处分条例》做了重点解读；妇女委员、青年委员梁淑云副所长对《关于各级领导干部接受和赠送现金、有价证券和支付凭证的处分规定》《中共中央纪委关于严格禁止利用职务上的便利谋取不正当利益的若干规定》《中共中央纪律检查委员会、中共中央组织部、监察部关于维护党的纪律严肃处理党风方面若干突出问题的意见》等文件要求进行了解说。

椰子研究所党委经过充分准备,通过召开中心组扩大会议专门贯彻落实"创先争优活动"和"反腐倡廉工作"相关文件精神,并按照党委委员分工对有关要求、规定进行解读、研究和部署。

雷新涛书记和赵松林所长一致要求,一要加大宣传力度;二要设置意见箱和专门电话;三要把"创先争优"和"反腐倡廉"工作贯穿到所里中心工作的各个环节;四要推动中心组学习制度建设,并形成学习与工作相结合的良好机制;五是在"创先争优"系列活动中体现出椰子研究所党员和党组织的先锋模范作用。

我院椰子研究所援非专家圆满完成援外任务

作者:椰子研究所　　　来源:椰子研究所　　　日期:2010-09-08

近日,我院椰子研究所刘立云副研究员圆满地完成了农业部和商务部联合委派的为期一年的在科摩罗的援非任务,科摩罗分管农业的副总统 Idi Nadhoim 先生对刘立云的工作表示充分肯定,在中国援科农业工作的总结欢送会上亲自为他颁发了荣誉证书。

在科摩罗期间,刘立云副研究员主要负责椰子等热带作物方面的农业工作。他同科摩罗农业部的工作人员一起深入各生产区,对当地的椰子等热带作物的生产状况进行了详细地调查,制订了新的热带作物可行性发展规划;经过充分的调查研究,结合当地的农业生产状况,编写了简单实用的培训教材,对当地的农业技术人员、农民进行热带作物的育苗、嫁接、扦插、高空压条、修枝整型、病虫害防治等方面的技术培训。

院党组书记雷茂良一行到椰子研究所检查指导工作

作者:椰子研究所　　　来源:院网　　　日期:2010-09-25

9月25日,院党组书记雷茂良、党组副书记欧阳顺林和院办副主任方艳玲一行到椰子研究所检查指导工作,并与椰子研究所的领导班子成员和科技人员进行了座谈。

座谈会上,椰子研究所所长赵松林汇报了椰子研究所的人员、科研、土地和开发等基本情况以及今后的发展思路和存在的问题,所党委书记雷新涛汇报了椰子研究所党委的工作。

雷茂良书记对椰子研究所发展所取得的成果表示肯定,要求椰子研究所充分发挥自身的优势,积极探索,在有条件的情况下抓好土地的开发工作,提高土地的利用效力;雷书记还要求椰子研究所党委要围绕全所的中心工作加强组织建设、思想建设和作风建设,带领广大科研人员取得更多的科研成果。

科技救灾:椰子研究所积极开展抗洪救灾和科技服务工作

作者:椰子研究所　　　来源:中国热带农业科学院　　　日期:2010-10-09

连日来的暴雨让椰子研究所的作物受灾、道路毁坏、水利设施损毁,所的科研生产受创,职工生活困难。

灾情发生后,椰子研究所领导高度重视,紧急部署职工全力抗击灾害。一是在国庆期间,赵松林所长带领值班人员深夜巡逻、排查安全隐患,启动重大灾害防治预案;二是形成"有灾情要及时报告"制度,做到信息畅通;三是节后上班第一天召开紧急会议,部署抗洪救灾工作,把责任落实到人,实行24小时值班、领导巡查值班制度;四是专车接送职工上下班,并多次通过手机短信和电话方式通知职工保护好老人和小孩,确保职工和家人的安全。

在抗灾自救的同时,按照院里的工作部署,椰子研究所成立了由陈卫军副所长负责的农业科技抗灾专家小组,8日至9日,专家小组深入受灾一线调研,先后到文昌市文城镇、迈号镇、会文镇、东郊镇、文教镇、昌洒镇等的各村,查看农田、菜地受灾情况。由于连续的强降雨,农作物如水稻等大面积倒伏、根系裸露,特别是刚种下的瓜菜小苗受灾情况更严重。水稻、胡椒、花生等农作物水淹情况严重。大面积的稻田正值收获季节,来不及收获稻谷已经发芽,而花生还未到收获时间,长时间淹水可能造成严重减产。许多菜地被淹,蔬菜已经开始烂叶。通过实地调查为下一步开展农业科技抗灾服务工作打基础。

目前,所内灾后恢复工作和科技服务工作均在进行中。

王庆煌院长到椰子研究所看望慰问干部职工
作者:椰子研究所　　来源:中国热带农业科学院　　日期:2010-10-22

椰子研究所在国庆期间受到强降雨影响,受灾严重。10月20日,王庆煌院长带着院相关职能部门负责人到椰子研究所看望慰问干部职工,了解受灾和灾后恢复生产等情况,对椰子研究所领导班子的抗洪救灾工作成绩给予了充分的肯定。

王院长一行在椰子研究所赵松林所长、雷新涛书记等的陪同下,先后到椰子大观园、马村水库、椰子研究所机关办公楼等地进行了实地查看,边走边向所领导了解和询问受灾的详细情况,并听取所领导的工作汇报,详细了解椰子研究所受灾后在项目、条件建设等方面的情况和需要解决的问题等。

在椰子大观园,当看到园内道路和排水管道损毁严重且有安全隐患时,王庆煌院长特别嘱咐椰子研究所的领导要采用多种渠道想办法从根本上解决在所内资金不足的前提下做好灾后重建。一方面院里将单独或通过农业部给予大力的支持,另一方面要椰子研究所与地方政府加强沟通,争取支持。

王院长一行现场亲切慰问了正在组织灾后恢复重建和为预防台风"鲇鱼"而开展集体劳动的干部职工。他首先代表院领导班子对全体干部职工表示亲切的问候,并感谢所领导班子应对国庆期间在强降雨为害严重情况下的防范工作措施得力,组织有方,避免了可能出现的重大损失。接着,王庆煌院长代表热科院表态将从项目和条件建设方面支持椰子研究所加快重建和发展。最后,王院长对全体在场的所领导和正在劳动的干部职工提出了5点要求:一是要椰子研究所的全体干部职工充满信心,振奋精神,做好工作;二是要新一届的领导班子在传承创新上发扬光大;三是要扩大椰子大观园的内涵;四是要加快产品开发,特别是要加快技术储备,技术成熟的产品要走向市场;五是在体制机制方面要创新,要继续发扬全所组织集体劳动的这种"团结奋进、自力更生、艰苦奋斗"的好传统。

随后,王院长一行和在家的所领导班子成员进行了座谈,对椰子研究所的领导班子建设、强降雨的灾后重建和严密防范强台风"鲇鱼"等工作进行了部署和安排。

院务委员、机关党委书记马子龙,院务委员、计划基建处处长赵瀛华,院办公室副主任方艳玲处长,院房改办专职副主任张溯源处长;椰子研究所所长赵松林、党委书记雷新涛、副所长刘劲松、陈卫军、梁淑云,椰子研究所综合办公室李专全程参加了本次看望慰问活动。

中央电视台科教频道《科技之光》栏目组来椰子研究所拍摄专题片《外来入侵大害虫——红棕象甲》

作者：椰子研究所　　　来源：中国热带农业科学院　　日期：2010-12-15

12月6日至13日，中央电视台科教频道《科技之光》栏目组一行3人，在制片人袁方长的带领下，来我院椰子研究所拍摄专题片《外来入侵大害虫——红棕象甲》。

红棕象甲自20世纪末在我国首次发现以来，迅速蔓延。目前已扩散至包括海南、广东、上海、西藏（墨脱）在内的13个省市自治区。

2003年，国家林业局即把红棕象甲列为19种检疫性有害生物之一。红棕象甲在发生之初，椰子研究所植保研究室在第一时间就组织课题组成员对这个外来大害虫进行攻关，经过近10年的研究，目前已基本形成一套针对红棕象甲的监测、预警及防治措施相结合的综合防治技术体系。

所站巡礼：椰子研究所——科研成果产出丰硕

作者：院办公室　　　来源：中国热带农业科学院　　日期：2011-04-11

2010年，椰子研究所以科学发展观为统领，进一步解放思想，开拓创新，扎实工作，以科技为中心，以发展为主题，各项工作都取得较大的提高，平台建设等方面取得突破，为实现"十二五"发展目标迈出了坚实的一步。

以科技发展为中心　成绩显著

科研成果产出丰硕。科技论文结构进一步优化、获奖层次进一步提升，实现科技产出和科技奖励实现新的转型。2010年共发表科技论文76篇，其中SCI 6篇；申请专利9项，获批5项；认定椰子新品种"文椰4号"和槟榔新品种"热研1号"；鉴定科技成果4项，获奖励4项，其中国家科技进步二等奖1项，海南省科技进步一等奖1项，全国农牧渔业丰收奖二等奖1项，中国热带农业科学院科技进步奖一等奖1项；审定通过并发布实施农业行业标准《椰子种质资源描述规范》。

扎实做好项目申报和执行工作。2010年，共申报科研项目47项，获批15项，在研项目41项，获批经费724万，较上年增长78%。积极申报项目的同时抓好科研项目的执行，通过项目的实施，选育了并认定了"文椰4号"和槟榔"热研1号"，成功申报并获得2010年海南省科技进步一等奖等奖项。

科技平台建设实现突破。两个省级平台海南省棕榈植物研究重点实验室和海南省椰子深加工工程技术研究中心通过海南省科技厅的验收，结束了椰子研究所没有省级平台的历史。作为理事长单位牵头成立了椰子产业技术创新战略联盟，进一步奠定了椰子研究所在椰子产业领域的龙头地位。海南省科技"110"椰子专业服务站的设立，有效提升了椰子研究所的科技服务能力，扩大了影响力。

产业体系建设进一步完善。依托优势产业创新领域，建立了椰子、油棕、油茶、槟榔4个产业技术体系，针对制约产业健康快速发展的关键技术和瓶颈问题进行技术攻关，集成配套技术体系，并通过示范与辐射逐步推广应用新成果、新技术，提高产业科技水平。

积极开展科技下乡服务工作。2010年科技下乡200多人次，发放技术资料5 000多册，举办"槟榔黄化病防控技术""椰子丰产栽培技术"等技术培训班3期，培训农民4 000多人，受益农民约6 000多人。

持之以恒开展科技合作与交流工作。椰子研究所一直十分重视科技合作与交流工作。刘立云副研究员顺利完成科摩罗援非任务，受到表彰；同时积极参与由院举办的"发展中国家援外技术培训"等活动；并先后派出科技人员 25 批 100 多人次参加了国内外多个级别的学术交流会及业务培训。

以发展为主题　加大开发工作力度

椰子大观园经营收入稳步增长。以椰子大观园作为产业开发重点，通过加大营销力度，经营收入稳步增长，2010 年达 34 多万元，较上年增长 64.45%。

加快科技产品开发步伐。进一步加强科技成果转化和科技产品开发工作力度，2010 年椰子种苗销售收入为 17 多万元；中试天敌工厂生产椰心叶甲寄生蜂共 8 100 万头；完成了椰花汁酒的研发工作，现已形成商品进入市场流通。

抓好基地生产管理工作。加强基地椰子的生产管理，全年半岛试验基地椰子果产量为 42 725 个。加强橡胶的生产管理，2010 年生产干胶 23.66 吨，产值 54.8 万元。完成四队 100 亩油棕基地定标、定植及管理工作；配合油茶课题组完成四队 20 亩油茶种质圃、半岛 11 亩椰园间种油茶的定植与日常管理工作；加强槟榔、蛇皮果及海棠果试验基地的管理；确保科研项目顺利开展和示范基地顺利建设。

椰子研究所召开两个科技创新平台建设专家咨询会
作者：椰子研究所　　　来源：中国热带农业科学院　　　日期：2011-05-27

5 月 25 日，依托我院椰子研究所建设的两个院级平台，油棕研究中心与油茶研究中心在海口召开了平台建设专家咨询会和建设思路与进展汇报会。邱小强副院长、郭安平副院长、两中心相关人员出席了会议，会议由科技处王家保处长主持。

会议邀请西北农林科技大学食品科学与工程学院刘学波副院长、中国农业科学院蔬菜研究所李宝聚研究员、海南省粮油研究所郑联合所长、我院生物所彭明所长等 6 位专家对中心构建方案进行评审。

专家们对于两个平台的现有工作给予了充分的肯定，对平台建设方案存在的问题提出了指导性的意见和建议。专家们针对两中心建设过程中的人才结构，目标设定等方面指出了存在的问题和建议。

与会领导和专家强调，国家各部委先后发文强调重视热带油料作物的发展。油棕和油茶是我国的食用油源植物，具有战略储备作用，由于研究起步晚，底子薄，目前最主要的重点任务是，做好优质资源筛选和新品种选育工作。同时，当前研究要采用开放式研究，要高起点、高速度解决问题，要联合国外高水平的专家共同攻关，引进原种，培育适合我国生产的优良品种，加大引种试种范围，加快推进我国油棕产业的发展。

专家们认为油茶是我国特色的油用资源，品质优，具有巨大的发展潜力，主要分布在长江中下游地区，我们热区应该抓住重点，重点发展耐热资源的选择，以及区域性推广试种工作，针对当前油茶油加工过程中存在的问题开展科研攻关，生产健康优质的油茶油，形成热带油茶研究的特色。

科技救灾：椰子研究所专家赴海口、定安指导农民灾后处理技术
作者：椰子研究所　　　来源：中国热带农业科学院　　　日期：2011-10-03

10 月 3 日，椰子研究所专家在陈卫军副所长带领下深入海口市和定安县，了解椰子、槟榔、油棕

受灾情况并积极展开救灾指导。

海口、定安等地的椰子、槟榔、油棕树在这次台风的影响下都有不同程度的受害；椰子树主要是一些叶片断落，果实脱落，有些城市的行道树甚至连根倒下；油棕主要是一些叶片折断、心叶受损；槟榔树有些叶片被折断、有些被吹倾斜、有些被连根拔起。专家组根据各种作物不同的受害情况，在现场为受灾农民及地方有关部门提出了灾后的恢复措施，有针对性地现场讲解了灾后恢复措施的技术要点，并进行了现场指导，帮助当地尽快恢复生产。

科技救灾：椰子研究所专家到琼海进行科技救灾活动

作者：椰子研究所　　　来源：中国热带农业科学院　　日期：2011-10-04

10月4日上午，在琼海市农业局科技人员的陪同下，椰子研究所陈卫军副所长带领槟榔方面的专家在琼海市官塘进行科技救灾活动。

专家仔细查看了官塘附近槟榔园的受灾情况，对于部分槟榔倒伏现象，专家现场建议农户及时扶植，同时加施农家肥；对于部分根部裸露的槟榔植株，建议尽快进行根部培土处理，以减小后续台风的影响。

众志成城抗台风：王庆煌院长到椰子研究所指导救灾慰问职工

作者：品资所刘倩　椰子研究所　　来源：中国热带农业科学院　　日期：2011-10-05

今年第17号强台风"纳沙"正面登陆文昌，对椰子研究所造成了严重的损失。9月30日上午，肆虐的台风还没有停歇，天上风雨交加，王庆煌院长、王文壮副院长率院相关职能部门负责人一行第一时间赶赴椰子研究所，看望慰问干部职工，了解灾情，指导灾后重建，王庆煌院长对椰子研究所领导班子对台风预防和灾后重建工作部署给予了充分的肯定，并对下一步工作做出了明确的要求。

在召开的椰子研究所全体干部职工大会上，王庆煌院长首先代表院领导班子对干部职工表示慰问，并肯定了所领导班子在防范台风方面的工作措施得力，组织有方，避免了可能出现的重大损失。他强调要"两手抓"：一手抓所内的灾后重建安排，一手抓牵头做好对文昌地区的科技救灾工作，并特别指出要采用多种渠道筹措资金从根本上解决好灾后重建的问题。王文壮副院长强调要认真落实好王院长的指示精神，提出了安排好过国庆节和灾后重建的关系等五项具体意见，并要求全所干部职工充满信心，以良好精神面貌迎接国庆。

院务委员、人事处处长方骥贤，财务处副处长赵朝飞，计划基建处副处长黄俊雄，院办公室黄得林等以及椰子研究所全体干部职工参加了慰问会议。会后，王庆煌院长一行深入受灾较严重地区察看。

王庆煌院长到椰子研究所检查指导灾后重建工作

作者：椰子研究所　　　来源：中国热带农业科学院　　日期：2011-10-07

10月6日上午，王庆煌院长在院务委员方骥贤的陪同下到椰子研究所检查指导灾后重建工作。

在听取赵松林所长关于椰子研究所受灾及抗灾情况的汇报后，王院长对椰子研究所受灾情况表示慰问，并就下一步重建工作做出指导性意见。王院长指出，灾后重建工作要结合单位的发展规划，紧紧围绕"一个中心，两个基地"的功能定位，明确目标，理顺思路，做好规划。

王庆煌院长要求椰子研究所构建科研创新文化 建设复合型综合性研究所
作者：院办　　来源：中国热带农业科学院　　日期：2012-01-05

12月27日，王庆煌院长到椰子研究所召开座谈会，王文壮副院长主持会议，椰子研究所领导班子成员、内设机构负责人、科研人员代表和机关有关部门人员参加座谈会。

会上椰子研究所汇报了本单位2011年主要工作情况和2012年的工作重点思路。王庆煌院长充分肯定了椰子研究所2011年所取得的成绩及2012年工作思路。

王庆煌院长要求椰子研究所以油料研究所挂牌为契机，努力实现科技内涵的提升，围绕热带大农业，拓展研究领域，建设复合型综合性研究所。要着力构建热带油料科技体系，科学规划科研任务和目标，合理布局研究力量，加强人才队伍建设，争取重大科研项目。要进一步解放思想，创新思路，构建科研创新文化。

王庆煌院长强调，椰子研究所要以资源和区位优势为基础，以大项目进入为龙头，以椰子大观园为特色，坚持互利共赢，利益最大化原则，科学规划合理利用土地资源。借鉴成功经验，探索可持续发展的开发模式，增强单位实力，着力保障和改善民生。围绕院的战略目标和发展方向，建立开放创新平台，建设中国农业海南文昌科技创新基地，加强与农业部系统等单位的联合协作，促进合作研究和成果共享。争取政策支持，创新发展思路，开放办院、开放办所，通过引进高层次创新人才，特聘研究员、高级专家等方式，凝聚和延揽高端智慧，建设创新创业人才基地和国际合作交流基地。

王庆煌院长要求椰子研究所领导班子进一步增强凝聚力和战斗力，健全所务会、党委会决策议事机制，坚持科学民主决策，引领研究所的科学发展。发挥职代会广开言路的作用，围绕椰子研究所的发展问题和方向，凝聚广大干部职工的智慧和力量。要求计划基建处、房改办等机关部门要围绕椰子研究所土地规划，职工保障性住房建设等问题开展调查研究，着力破解椰子研究所发展中遇到的困难和问题。

接地气　解难题　谋发展：王庆煌院长到香饮所、椰子研究所现场办公
作者：院办　　来源：中国热带农业科学院　　日期：2012-03-10

为研究解决院属单位在发展中遇到的实际困难和问题，3月5日，王庆煌院长紧锣密鼓地在香饮所、椰子研究所开展现场办公。会议由各所所长主持。围绕研究所提出的议题，院领导和院机关相关处室负责人从过程管理和业务角度提出意见和建议，王庆煌院长最后明确思路并部署工作。

在椰子研究所，王庆煌院长与干部职工开展了一次别开生面的现场办公会，通过交流互动方式，探讨解决椰子研究所面临的实际问题。王庆煌院长再次强调要充分利用椰子研究所的土地和区位优势，瞄准我国热带农业发展重大科技需求，切实推进热带农业科技大联合大协作，规划建设中国农业科技创新海南（文昌）基地、农业科技高层次创新创业人才基地，打造我院重要"窗口"；针对沿路黄金地段开发问题，王庆煌院长要求抓住机遇，通过增强实力来支撑椰子研究所的发展，要按照充分论证、依法规范、最大效益的原则，基建处、资产处、法律事务室等部门加强管理、协调和服务，做好规划论证、依法审批等工作，椰子研究所要成立工作组，制订工作计划，快

速推进，争取形成亮点；针对"百名专家兴百村"行动存在的经费及专家问题，要求院科技处、基地管理处等部门要从组织体系、经费体系予以保障，确保"百名专家兴百村"行动取得实效；针对生物所、环植所、海口实验站在椰子研究所共建基地的安全、水电、用工等管理问题，明确各有关研究所为责任主体。在项目验收前，基建处要做好有关协调。基地处要抓好试验基地的运行管理。

刘国道副院长及院办公室、科技处、人事处、财务处、基建处、资产处、开发处相关负责人、香饮所、椰子研究所领导班子成员、内设机构及平台负责人及职工代表参加了会议。

椰子研究所两项科技成果通过鉴定

作者：椰子研究所　　　来源：中国热带农业科学院　　日期：2012-04-29

4月27日，由我院椰子研究所等单位完成的"槟榔提取物抗疲劳作用评价及产品研发"和"椰子蛋白质提取分析及功能性产品开发"两项成果顺利通过了由海南省科技厅组织的会议鉴定。

"槟榔提取物抗疲劳作用评价及产品研发"系统研究了槟榔多酚的提取工艺、组分、抗氧化活性、抗运动疲劳作用，槟榔碱的抗精神疲劳作用以及槟榔次碱引起DNA损伤的机理，得到了槟榔多酚的最佳提取工艺，分析出了槟榔多酚的6个主要成分，并且发现槟榔多酚和槟榔碱分别具有抗运动疲劳和精神疲劳的作用，槟榔次碱只有在碱性条件和二价铜离子共同存在的前提下才会导致DNA的断裂，并且在诱导DNA损伤过程中有活性氧和一价铜离子产生。以此为研究基础，该成果开发了槟榔含片产品1个，申报国家发明专利1项，发表论文6篇，2篇被SCI收录，其中1篇获海南省自然科学优秀学术论文二等奖。

"椰子蛋白质提取分析及功能性产品开发"研究了椰子蛋白质的提取分离、结构组成、功能特性与功能活性，并针对功能活性进行了新型产品的开发。其中重点研究了酶法提取椰子蛋白工艺以及酶对蛋白亚基的影响，并对海南省现有主要椰子品种果实蛋白质的结构，包括亚基组成与评价、含量、分类、命名及品种间差异进行了系统分析，确定了酶提取椰子蛋白的方法；研究了椰子醇溶蛋白、清蛋白和球蛋白的功能特性和生物活性；研发了椰子抗氧化多肽和椰子球蛋白铁强化剂两个产品。项目共发表论文11篇，申请专利1项。

院领导到分析测试中心和椰子研究所开展科技工作检查

作者：科技处　　　来源：中国热带农业科学院　　日期：2012-06-05

为落实我院2012年科技工作目标，做好科技项目申报及科技成果策划，推进我院科技创新平台建设，5月31日，郭安平副院长率领科技处全体工作人员到分析测试中心和椰子研究所开展科技工作检查。

分析测试中心和椰子研究所相关领导分别对本单位科技工作的总体情况进行了介绍，各单位平台负责人、重大项目主持人和课题组组长分别对平台运行、项目执行和课题组发展等情况进行了汇报。会议由科技处王家保处长主持。

郭安平副院长认真听取了椰子研究所的汇报，并对椰子研究所的科技工作提出了5点建议。一是凝练研究方向，集中人力、集中精力创造亮点；二是做好平台等机构的顶层设计；三是集中智慧，加强重大项目的策划；四是集成已有成果，策划国家奖项；五是根据发展的需要在体制和机构改革方面做好设计与定位。

郭安平副院长还带队考察了椰子研究所油棕示范基地。

依托和发挥椰子研究所优势 规划发展"五个基地一园一区"
作者：院办　　来源：中国热带农业科学院　　日期：2012-08-14

7月24日，王庆煌院长一行到椰子研究所召开现场办公会，研究部署椰子研究所土地功能规划。

会议听取了椰子研究所关于现有土地使用、初步规划布局及有关问题的汇报。经深入探讨，理清思路，会议认为，椰子研究所土地功能规划对我院发展布局具有重要的战略意义。依托椰子研究所的区位及资源优势，将椰子研究所土地功能规划发展定位为"五个基地，一园一区"，即"热带油料作物科研基地、中国热带农业科学院文昌综合科研基地、农业部中国农业科技文昌基地、中国热带农业科学院文昌人才创新基地、中国热带农业科学院国际合作交流基地，文昌椰子大观园、项目开发区"。经研究，会议明确部署了椰子研究所土地功能规划、开发，以及保护利用、使用管理的责任体系。

会后，王院长带队实地考察了椰子研究所土地使用情况，深入了解土地实际功能作用。经现场研究，会议要求各相关单位、部门放大视野、创新思路，按照土地效益最大化的原则及"五个基地，一园一区"的功能规划布局，做好比较论证，制定工作方案，借鉴成功管理模式，强化土地保护利用，充分发挥土地功能效用，实现良好的经济社会效益，支撑院所长远发展。

张万桢副院长、张以山副院长，计划基建处、资产处、基地管理处、生物所、环植所、海口实验站相关负责人，以及椰子研究所班子成员、内设机构负责人、高级职称人员参加了现场办公会。

椰子研究所"海南椰子高新农业科技集成示范园"获批
作者：椰子研究所　孙程旭　　来源：中国热带农业科学院　　日期：2012-11-08

11月6日，椰子研究所申报的"海南椰子高新农业科技集成示范园"获批。该示范园占地面积2780亩，主要集中示范椰子新品种及配套的丰产栽培技术。

该示范园是海南省科技厅为加强农业科技成果转化，促进新技术、新品种的示范推广，推进热带特色现代农业发展积极部署和规划筹建的示范园之一。该示范园将紧紧围绕椰子产业发展对农业科技的需求，有针对性地开展椰子相关技术集成研究与示范，充分发挥对产业支撑和引领作用，同时将示范园建设成为与农业科技"110"和科技特派员示范基地相结合的椰子新技术和新品种的聚集区及科技推广的示范点。

椰子研究所两项科研成果通过省科技厅成果鉴定
作者：椰子研究所　　来源：中国热带农业科学院　　日期：2012-11-23

11月21日，由椰子研究所完成的"椰衣栽培介质产品研发和综合利用研究"和"油棕杂交制种及其种子育苗技术研究"两项成果通过了海南省科技厅组织的会议鉴定。我院郭安平副院长、院科技处李琼处长参加会议，鉴定会由省科技厅蒙巍副处长主持。

"椰衣栽培介质产品研发和综合利用研究"项目对椰衣（椰糠）进行了理化特性测定，利用椰衣介质进行香蕉育苗、瓜菜栽培、花卉栽培等应用研究，研制了其脱酸技术工艺，并研发出相应系列产品，为椰衣介质的合理利用提供了技术支撑。"油棕杂交制种及其种子育苗技术研究"项目掌握了适合我国推广的油棕杂交制种技术和种子育苗技术，提高了油棕杂交制种效率，缩短了育苗周期，提高了种子发芽率。

萨摩亚农渔业部部长一行到椰子研究所考察交流
作者：椰子研究所　　来源：中国热带农业科学院　　日期：2012-12-05

11月28日，在农业部国际合作司美大处官员蒋将、省农业厅吴晓玲副厅长的陪同下，萨摩亚农渔业部勒马梅亚罗帕蒂部长一行到我院椰子研究所考察交流。赵松林所长组织椰子研究所专家与勒马梅亚罗帕蒂部长一行进行了交流。

在椰子大观园，赵松林所长介绍了椰子研究所椰子实用栽培技术研究、国际间的引种交流、品种培育等方面取得的成果，对椰子研究所重点种植的油棕等油料作物的栽培适应性也进行了详细介绍，引起了外国友人的关注。

临行前，勒马梅亚罗帕蒂部长对利用寄生蜂防治椰心叶甲表现出浓厚兴趣，并饶有兴致地参观了椰心叶甲寄生蜂繁殖场。

椰子研究所"重要入侵害虫红棕象甲防控基础与关键技术研究及应用"通过鉴定
作者：椰子研究所　　来源：中国热带农业科学院　　日期：2013-06-08

5月31日，由椰子研究所牵头完成的"重要入侵害虫红棕象甲防控基础与关键技术研究及应用"通过了海南省科技厅组织的成果鉴定。郭安平副院长出席鉴定会。

该成果系统开展了红棕象甲生物学、生态学研究，在红棕象甲人工饲养取得了主要突破，大大提高了饲养效率。建立了红棕象甲早期监测实用技术，明确测试位点与虫口密度及幼虫发育期的关系。形成了信息素诱集防治技术、化学防控应急技术和生物防治技术3种关键防控技术，为红棕象甲防控提供了理论和技术支撑，并大规模推广应用，经济和社会生态效益显著。

院机关与椰子研究所开展庆"七一"主题党日活动
作者：机关党委　　来源：中国热带农业科学院　　日期：2013-07-01

为推进广大党员干部进一步学习好、领会好、贯彻好习近平总书记系列重要讲话精神，不断把贯彻落实十八大精神引向深入，以实际行动向建党92周年献礼，6月29—30日，院机关党委、椰子研究所党委组织开展了主题党日活动。

活动中，张以山副院长在椰子研究所会议室做了题为《十八大报告的学习体会与思考》主题党日活动专题报告会。张万桢副院长、郭安平副院长出席报告会并讲话。报告会由椰子研究所所长赵松林主持，院机关党委、纪委委员、院机关和椰子研究所党员100多人参加报告会。张以山副院长围绕十八大精神，从中国特色社会主义的认识、科学发展观、对外改革开放新要求、全面建成小康社会奋斗目标、中国特色社会主义的总体布局、治国理政部署、党的建设、反腐败工作、社会主义的核心价值体系建设、民生问题等十个方面展开了深刻的论述。同时，对我院如何发展提出了思考。他要求全体共产党员认真学习贯彻党的十八大精神，积极参加即将开展的党的群众路线教育实践活动，以良好的工作作风和精神风貌，努力工作，开拓创新，为中国梦的实现贡献智慧和力量，把热科事业推向新的高潮。

张万桢副院长对党员干部提出三点要求。一要注重党史的学习，坚定理想信念；二要加强业务学习，提高工作能力；三要学以致用，以用促学。

郭安平副院长就"什么是世界一流热带农业科技中心""如何建成世界一流热带农业科技中心""什么时候建成世界一流热带农业科技中心"做了讲话。

活动中，机关党员参观了琼海红色娘子军革命教育基地，并同椰子研究所党员进行了乒乓球、羽毛球、篮球等球类交流活动。

此次党日活动形式新颖、气氛热烈、生动活泼，广大党员纷纷表示，在今后的工作中，一定要牢记革命先烈，继承党的革命优良传统，在自己的工作岗位上充分发挥共产党员的先锋模范作用，为早日实现我院世界一流热带农业科技中心的热科梦而努力奋斗。

椰子研究所专家荣获"全国生态建设突出贡献奖先进个人"称号

作者：椰子研究所　　来源：中国热带农业科学院　　日期：2015-01-07

近日，国家林业局下发《关于表彰全国生态建设突出贡献奖先进集体和先进个人的决定》，对林业有害生物防治领域的50个单位和200名个人进行表彰，分别授予"全国生态建设突出贡献奖先进集体"和"全国生态建设突出贡献奖先进个人"称号。我院椰子研究所阎伟助理研究员荣获"全国生态建设突出贡献奖先进个人"荣誉称号。

据了解，"全国生态建设突出贡献奖"从2010年开始，每两年评选1次，表彰在贯彻执行党中央、国务院生态建设路线、方针、政策过程中，爱岗敬业、求真务实、成绩显著、贡献突出的先进集体和先进个人。

我院椰子研究所与斯里兰卡种植业部椰子研究所签署科技合作协议

作者：椰子研究所　　来源：中国热带农业科学院　　日期：2015-03-30

3月27日，我院椰子研究所与斯里兰卡种植业部椰子研究所签约仪式在北京举行。我院刘国道副院长和斯里兰卡种植业部Jagath Pushpakumara副部长分别代表双方签字。椰子研究所王富有所长、国际合作处蒋昌顺处长等参加了签约仪式。

根据协议，双方将成立联合合作委员会，共同开展椰子育种、栽培与产品加工研究，加强专家和专业人员之间的交流与培训，促进企业和组织间的接触。

斯里兰卡是"21世纪海上丝绸之路"的重要国家，以种植业为主，椰子是农业经济收入的3大支柱之一。自2006年以来，我院与斯里兰卡的科研和教育机构开展了大量的合作交流，特别是我院椰子研究所，与斯里兰卡椰子研究所在椰子种植、生物技术、病虫害防控和产品加工方面合作交流频繁，双方多次互派人员交流访问。

刘国道副院长希望以此次科技合作为契机,深化双方在椰子科研与产业方面的合作,并拓展到其他热作领域。

海南省刘赐贵省长到椰子研究所调研

作者:椰子研究所　　　来源:中国热带农业科学院　　日期:2015-05-05

4月22日,海南省委副书记、省长刘赐贵一行,到椰子研究所调研椰子产品加工产业发展。

刘赐贵省长在赵松林书记的陪同下,来到椰子研究所合作企业——海南美椰食品科技有限公司,参观椰子产品生产情况,与科技职工和企业骨干亲切交谈,深入了解椰子产业发展现状和存在的困难。赵松林书记向刘赐贵省长详细介绍了椰子油生产及科企合作情况,刘赐贵省长看到椰子油产品标签和食品安全认证时,笑着说:"产业发展很重要,食品安全也很重要,你们要加大科技含量,把好产品质量关,做大做强椰子油等产业。"

赵松林书记说,王庆煌院长、李尚兰书记等院领导高度重视科企合作,特别是《中共中央国务院关于深化体制机制改革加快实施创新驱动发展战略的若干意见》出台后,椰子研究所正积极探索科研骨干参与企业建设和管理的机制,努力为椰子加工产业发展提供强有力的技术支持。

当听说赵松林书记周末要前往斯里兰卡考察时,刘赐贵省长说:"斯里兰卡我去过,那里的椰子很多,我们要充分利用国际国内两个市场,特别是要发挥你们的技术优势,结合他们的产量优势,做大我国椰子加工产业,服务国家'一带一路'战略,服务海南经济社会发展。"

临走时,刘赐贵省长说:"今天摸黑来到你们所参观,主要是对你们研究所寄予厚望,希望你们为文昌乃至整个海南椰子产业发展提供有力的技术支撑。"他还特意嘱咐文昌市委书记陈笑波、市长何琼妹说:"一定要支持椰子研究所的建设和发展,要为椰子研究所探索实施科企合作,支撑椰子产业发展,提供一切便利。"

海南省发改、建设、农业、科技等厅局领导,文昌市委书记陈笑波、市长何琼妹,椰子研究所副所长陈刚等陪同调研。

农业部人事劳动司潘学峰副司长一行到我院椰子研究所调研

作者:椰子研究所　　　来源:中国热带农业科学院　　日期:2015-05-15

5月13日,农业部人事劳动司潘学峰副司长一行在院党组书记李尚兰的陪同下,到我院椰子研究所调研、指导工作。

椰子研究所王富有所长向潘副司长介绍了椰子研究所的发展现状、工作亮点,特别是椰子研究所红棕象甲防治技术走出国门、技术支撑阿拉伯国家椰枣产业发展等情况。赵松林书记重点介绍了椰子加工及产品开发情况。

潘学峰副司长对椰子研究所发挥技术优势、服务国家"一带一路"战略等表示充分肯定,希望椰子研究所继续努力,做大做强椰子油等科技产品。

潘学峰副司长参观了椰子研究所病虫害综合防控、产品加工实验室,对椰子研究所选拔青年科技人员到重要科研岗位的做法表示充分肯定并亲切慰问了忙碌在一线的科研职工。

农业部科教司综合处张国良、椰子研究所陈刚等陪同调研。

王庆煌院长召开现场办公会　部署椰子研究所土地利用和基地建设
作者：椰子研究所　　　来源：中国热带农业科学院　　　日期：2015-06-23

6月18日，王庆煌院长带领机关部门、生物所、环植所等负责人到椰子研究所召开现场办公会，专题研究椰子研究所土地利用和基地建设等工作。椰子研究所王富有、赵松林、雷新涛、陈刚等参加了现场办公会。

在椰子研究所一队，王庆煌院长要求椰子研究所规划好、建设好该队土地，重点建设热带油料作物创新集成与示范基地，优先纳入院修缮购置和基本建设项目。在椰子研究所四队，针对四队基地建设和管理存在的问题，会议决定，成立院文昌基地管理委员会，由椰子研究所王富有任主任，基地管理处、计划基建处、开发处、生物所、环植所等部门（单位）负责人参与，代表院负责椰子研究所四队基地的规划、布局和协调工作，并根据项目成效调整该队土地使用规模。在椰子研究所油棕基地，王院长强调了做好油棕等棕榈油植物的研究与开发的重要意义，进一步明确全院油棕等油料作物的项目由椰子研究所牵头。查看了椰子研究所第一批经济适用房后，王院长对院文昌人才创新基地进行了部署，要求椰子研究所、计划基建处加快推进院文昌人才创新基地建设，尽快发挥延揽、凝聚院内外高端智慧的作用，促进中国热带农业科学院椰子研究所科技事业跨越发展。

为做好热带油料产品加工基地建设，会议明确，热带油料产品加工基地要与国家热带作物工程技术研究中心实行双挂牌，通过提供平台、引进企业、椰子研究所主导的形式，做实做大做强热带油料产品加工产业，要争取优惠政策，提高产品品位，提升院所地位，从而最终提高热带农业科学院、椰子研究所对外的影响力。

在椰子研究所海南美椰公司生产车间，王院长要求椰子研究所要加强科技创新，加快成果转化，利用国家热带作物工程技术中心这个平台与企业合作，加强与椰树、椰国、春光等省内知名企业的合作，加快推进椰子等热带油料作物产业发展。

会议还对生物所建设健康养殖饲料研发基地等事宜进行了部署。

椰子研究所理论中心组举行专题学习研讨会　李尚兰等院领导出席
作者：椰子研究所　　　来源：中国热带农业科学院　　　日期：2015-07-07

7月3日下午，椰子研究所在第三会议室举行"严于律己，自觉践行'三严三实'，推动椰子研究所创新发展"为主题的理论中心组学习研讨会。李尚兰书记、刘国道副院长、孙好勤副院长出席会议并作重要讲话。会议由赵松林书记主持。

会上，赵松林书记介绍了学习情况，陈刚副所长结合习近平总书记系列讲话精神和刘云山、赵乐际同志在"三严三实"专题教育工作座谈会上的讲话材料进行了导读。所领导班子成员王富有、赵松林、雷新涛、覃伟权、陈刚及六级职员韩明定、陈良秋就践行"三严三实"、推动椰子研究所创新发展分别做了发言。

李尚兰书记说，院里高度重视椰子研究所的建设和发展，特别是调整配强了领导班子，目的就是要加快推进椰子研究所的改革与发展。他说，椰子研究所的建设和发展有很多优势，一是职工有期盼，二是领导有决心，三是区位有优势，四是发展有基础，五是院里很重视。因此，现在关键的是广大职工要有信心，要有干劲，俗话说"人心齐、泰山移"，希望所领导班子带领大家发扬"一天不耽误"的精神，抓好规划、加快落实，要做到全盘规划，从"实"入手，要一件一件抓落实、一天一天有变化。他要求，一是要加强班子建设。践行"严于律己"就是要从严从实抓好领导班子建设，要严格执行民主集中制，处理好民主和集中的关系，班子之间要做到"说话要实、做事要实、做人要实"，工作中要增强主动性，做到主动思考、各司其职、敢于担当，要相互尊重、相互支持、相互补台。要充分认识到团结的重要性，要知道"团结出战斗力"；要有团结意识，做到"影响团结的话不说，不利于团结的事不做"；要讲究团结的方法，出现矛盾不能积累、要及时解决。二是要加强人才队伍建设。重点是加强思想建设，要让全所职工树立正确的价值观；要加强作风建设，培养大家的责任感；要加强专业能力建设，让科技职工走在科技发展前沿。最后，他要求椰子研究所全所职工要统一思想、凝聚力量，增强归属感和责任感，做到心往一处想、劲往一处使，为椰子研究所创新发展努力奋斗。

孙好勤副院长指出，椰子研究所的发展跟每个职工息息相关，他希望大家把所的命运与自己的命运结合起来，相互支持，互相理解。他要求椰子研究所领导班子，一是要从严从实抓好班子建设。二是要正确定位、处理好主角和配角的关系。三是要严守政治纪律、严守政治规矩，严守组织纪律、严守组织规矩。四是要敢于担当，要有"不敢担当、不负责任就是失职"认识。五是要以上率下，做到"从严从实管好干部、从严从实转变作风、从严从实做好本职"，要在思想和行动上发挥引领、带头作用。

刘国道副院长要求大家在理解中学，要用心去贯彻，要做到"有知识、懂文化、讲原则"，特别是要在知识、文化上做好表率。

上午，李尚兰书记一行在椰子研究所领导的陪同下到一队、四队等基地调研，希望椰子研究所做好土地利用规划、发展休闲农业，并对加强科研基地建设提出了要求。

椰子研究所领导班子成员、六级职员及各部门负责人、各支部书记参加了理论中心组学习研讨会。

院领导到椰子研究所调研建设规划事宜

作者：椰子研究所　　　来源：中国热带农业科学院　　日期：2015-07-27

7月24日，张以山副院长带队到椰子研究所，开展土地与基地规划、基建项目需求等工作调研。

座谈会上，赵松林书记汇报了椰子研究所土地、条件建设等规划进展情况。王富有所长汇报了椰子研究所今后一段时期土地利用规划及条件建设的工作思路。计划基建处和基地管理处负责同志对椰子研究所基本建设、基地管理等提出了宝贵的意见和建议。

张副院长强调，椰子研究所领导班子要想办法做全做细规划，做实做精项目。具体到实处，一是要做好土地总体规划，与文昌市的控规做到"无缝对接"；二是要从国家需求、地方政府需求，乃至世界需求出发，充分挖掘自身的资源，做好项目策划；三是要做好椰子大观园的建设，一园多牌，做成椰子研究所、热科院对外展示的窗口和平台；四是各所用地要相对集中，既要有共建共享的胸怀，也要有自身的主张和想法，要强化主体责任。

王富有所长表示，将认真研究落实，通过几年努力，争取实现椰子研究所大变样。

院计划基建处、基地管理处，椰子研究所领导班子及相关部门负责人参加了座谈会。

阿联酋迪拜园林农业局局长 Haider 一行访问椰子研究所　双方将成立联合实验室
作者：椰子研究所　　来源：中国热带农业科学院　　日期：2015-08-07

8月5日，阿联酋迪拜园林农业局局长 Haider 和中阿产业投资基金总裁马学忠一行4人到我院椰子研究所访问，并举行座谈会。我院刘国道副院长、文昌市郝书文副市长、海南省科技厅科技成果转化与合作处吴松处长出席座谈。座谈由椰子研究所王富有所长主持。

刘国道副院长代表我院对 Haider 局长一行来访表示热烈欢迎，他介绍了我院与亚非国家的合作情况及合作潜力，希望加强与阿联酋的农业合作研究，加快推进我国热作产业"走出去"。郝书文副市长介绍了文昌市的基本情况以及文昌市与椰子研究所的合作情况，希望文昌市政府与迪拜市政府进一步加强合作。吴松处长介绍了海南省科技厅在国际合作方面的基本情况，认为椰子研究所与阿联酋的合作开拓了海南省在国际合作方面的区域范围，充分展示了海南省的农业技术水平，省科技厅将大力支持椰子研究所与阿联酋迪拜的科技合作。

阿联酋迪拜园林农业局局长 Haider 对我院椰子研究所的热情接待和在迪拜红棕象甲防控示范园建设方面做出的贡献表示感谢，并对我院提出的合作建议做出了积极反馈，希望在椰枣病虫害、丰产栽培、林下种养、人才培养等方面加深合作。

会后，Haider 局长一行考察了椰子研究所试验室、试验基地、天敌工厂和椰子大观园，并与椰子研究所科研人员进行了深入交流，双方达成了多项合作意向：迪拜园林局将向椰子研究所订购100万元的红棕象甲诱捕信息素；双方成立联合实验室，将互派专家，迪拜园林局将出资开展驻干害虫无损检测技术、二疣犀甲防治技术、椰枣深加工技术等项目的研究；拟从中国引进王草、柱花草等进行林下种养试验。

据介绍，椰枣是阿联酋重要的战略农作物和园林绿化树种，近年来由于红棕象甲的为害严重影响了阿椰枣产业的稳定发展。我院椰子研究所于2015年2月派相关科研人员赴阿联酋迪拜进行红棕象甲综合防控试验示范，在取得阿方高度认可的基础上在阿联酋迪拜建设椰枣农业科技示范园区。

中阿椰枣研究中心成立　椰子研究所向阿联酋提供技术
作者：院办　　来源：中国热带农业科学院　　日期：2015-09-16

9月11日，中国—阿拉伯国家技术转移暨创新合作大会在银川举行。全国政协副主席、科技部部长万钢，阿盟助理秘书长巴德尔·丁·阿拉里出席会议并作主旨演讲。宁夏回族自治区党委书记李建华致辞。科技部副部长张来武主持会议。

会上，我院椰子研究所与宁夏中阿技术转移开发有限公司、中阿（迪拜）技术转移中心签署合作协议，共同建设中阿椰枣研究中心，为阿拉伯国家防治红棕象甲、发展椰枣产业提供强有力的技术支撑。

该中心的成立是贯彻落实习近平主席在中阿合作论坛第六届部长级会议开幕式上提出的重要倡议，是落实中阿科技伙伴计划、推进中阿科技合作的重要举措之一。

据悉，中阿技术转移暨创新合作大会是中阿博览会科技板块的主要活动之一，本届中阿博览会以"弘扬丝路精神，深化中阿合作"为主题，我院王庆煌院长、刘国道副院长率团参加活动。

阿拉伯国家和地区位于"一带一路"交汇处，是"一带一路"国家战略重要合作伙伴。椰枣树是阿拉伯国家的重要木本粮食作物，被誉为"阿拉伯民族之树"，在中东阿拉伯国家的生态和经济建设中发挥着重要作用。然而，由于产前、产中、产后各个环节掌握的关键技术比较薄弱，导致椰枣产量低、病虫害破坏严重、产品综合利用较低。特别是近年来红棕象甲的大面积发生，对阿拉伯国家椰枣产业安全生产及其生态环境造成严重威胁。

据了解，红棕象甲是棕榈科植物的克星，原产于印度，20世纪80年代，随着国际贸易的发展，红棕象甲也开始大举扩散，范围波及东南亚、中东、地中海沿岸等国家，直接为害椰子、油棕、加那利海枣等棕榈科植物达28种之多。我院椰子研究所已经在棕榈科植物方面开展了35年的研究，并在棕榈植物病虫害防控方面取得了重大技术突破，使我国有效地控制了椰心叶甲和红棕象甲的为害。同时，椰子研究所在棕榈植物栽培管理、选育种、产品加工等方面也积累了一批重要成果。

为落实习近平总书记在第六届中阿部长级合作论坛开幕式上提出的"双方可以探讨设立中阿技术转移中心"重要倡议，科技部积极响应，启动了建立中阿技术转移中心和科技伙伴计划工作，并于2015年1月正式批复同意宁夏牵头建设中阿技术转移中心。2月和4月，在宁夏科技厅和宁夏中阿技术转移开发有限公司的支持下，我院椰子研究所两次派出植保、栽培专家赴阿联酋迪拜进行红棕象甲监测和防治试验示范，工作得到阿方认可。5月，阿方再次发函希望在椰枣病虫害等方面展开进一步合作。8月，阿联酋迪拜园林农业局局长、宁夏中阿技术转移开发有限公司总经理一行对椰子研究所进行回访，进一步探讨在椰枣产业方面的合作。三方同意整合资源优势，开展联合科技攻关与技术集成，成立"中阿椰枣研究中心"，共同推动椰枣产业发展。

根据协议，三方将在科技创新、项目申报、人才培养三个方面加强合作。特别是针对三方共同关注的内容展开合作研究，主要包括棕榈作物组织培养、专用肥研发、林下种养模式、病虫害综合防治技术、椰枣综合加工利用等。下一步将先启动红棕象甲无损检测技术、二疣犀甲引诱剂研发和椰枣深加工技术合作研究；建立"一个窗口、两个基地"，即宁夏银川为中阿椰枣技术展示、培训窗口，海南作为椰枣产业关键技术示范基地，迪拜 Mushrif Park "中国—阿联酋椰枣农业科技园区"作为中方椰枣技术集中展示基地，以阿联酋作为窗口，逐步向中东地区23个阿拉伯国家和地区转移示范。

椰子研究所加入全国油茶产业技术创新战略联盟

作者：椰子研究所　　来源：中国热带农业科学院　　日期：2015-11-13

10月14—16日，全国油茶产业技术创新战略联盟会议在浙江青田召开，经过会议评审，椰子研究所顺利加入全国油茶产业技术创新战略联盟。院油茶研究中心陈良秋主任参加会议，椰子研究所雷新涛副所长在大会上作报告。

我院油茶研究始于20世纪50年代，2009年开始开展油茶系统研究，在油茶种质资源收集、优树筛选、热区油茶生态适应性及低产林改造技术等方面具有较为扎实的研究基础；并针对海南省油茶品种老化、产量不稳等问题，积极与国家油茶科学中心、油茶工程中心及广西林业科学院等单位开展学术交流和业务合作，在定向选育高产、抗病、抗风、抗旱新品种方面做了大量调查研究工作。目前，椰子研究所正加强与中国林业科学院亚林所及相关油茶企业的合作，促进我国热带地区油茶产业发展。

全国油茶产业技术创新联盟聚集了全国各地一大批油茶专家，该联盟成立两年多来，紧紧抓住油茶发展的机遇，坚持以企业为中心、以利益为纽带、以人才为关键，深入企业开展调研与研发，掌握了多项科研技术，在创新驱动发展、带动林农致富、培育龙头企业等方面成果丰硕。

椰子研究所召开"两学一做"学习教育动员部署会

作者：椰子研究所　　来源：中国热带农业科学院　　日期：2016-05-06

5月3日，椰子研究所召开"学党章党规、学系列讲话，做合格党员"（简称"两学一做"）学习教育动员部署会。椰子研究所领导班子、全体党员参加了本次动员会，会议由雷新涛副所长主持。

会议传达了院党组关于"两学一做"学习教育方案总体部署的精神。结合椰子研究所党务实际，对开展本次学习教育活动做出了总体部署。会议指出，要准确把握学习教育的重大意义，"两学一做"学习教育是贯彻全面从严治党的重要部署，是管党治党向基层延伸的重要举措，也是唤醒党员党的意识、严肃党内政治生活、营造风清气正良好政治生态的有力抓手；要用严的作风、实的方法有效开展学习教育活动，"两学一做"，关键在"做"，要以学促做、以知促行，在学习过程中达到知行合一；要精心组织、扎实有效开展学习教育，各党支部要在深入了解学习教育实施方案的基础上，结合党支部实际，针对性开展学习教育活动，确保"两学一做"学习教育扎实推进。

会议强调，椰子研究所全体党员要树立全局意识，将椰子研究所"十三五"规划和发展实际相结合，全面开展各项工作，并就次"两学一做"活动提出了三点要求。一是及时传达，认真领会。各支部要组织本支部党员认真学习、领会"两学一做"学习教育实施方案。二是制定方案，严格落实。党支部要制定支部学习教育方案，创新活动形式，认真落实。三是以上率下，务求实效。所领导班子要以上率下，在学习教育中作出表率，紧密联系工作实际，学得更多一些、更深一些，要求更严一些、更好一些。

椰子研究所加入国家天敌昆虫科技创新联盟

作者：椰子研究所　　来源：中国热带农业科学院　　日期：2016-09-02

8月28日，在农业部科技教育司和种植业管理司的大力支持下，国家天敌昆虫科技创新联盟启动大会暨天敌昆虫产业化高层论坛在山东省济南市召开，椰子研究所作为理事单位加入联盟。

据悉，椰子研究所近年来在椰心叶甲天敌寄生蜂规模化生产和防治技术推广应用方面做了大量的工作，生产的寄生蜂广泛应用于海南东部各市县和广东深圳、珠海、广州、茂名及湛江地区，防治效果显著，受到了社会各界和群众的广泛认可。

联盟以天敌昆虫扩繁与应用企业为龙头，以科研院所、大学等优势科研单位为支撑，针对国内天敌昆虫产业发展的重大技术创新问题，充分发挥科企合作优势，探索长效稳定的政、产、学、研、用"一条龙"合作机制。联盟将整合科技创新资源，引导创新要素向企业集聚，促进天敌昆虫扩繁与应用核心技术集成创新，提升我国天敌昆虫产业的核心竞争力，为我国农作物病虫害绿色防控提供科技支撑。

椰子研究所积极应对台风"莎莉嘉"

作者：椰子研究所　　来源：中国热带农业科学院　　日期：2016-10-20

10月19日，"莎莉嘉"过境的第一天，椰子研究所全所职工就积极投入灾后重建的工作当中。

受"莎莉嘉"影响，椰子研究所办公大楼、椰子大观园及科研试验基地等受灾严重，椰子研究所地处文昌，常年受台风影响严重，椰子研究所积极应对本次台风，灾前部署，灾后重建，各项工作都在井然有序开展中。

19日一早，椰子研究所全所职工清理了办公大楼周边倾斜倒伏的树木，对椰子大观园各项设施紧急抢修，确保尽快恢复正常观光运转；各研究室人员对实验室器材进行检修，采集样品，保证完整率，对科研试验基地受损情况及时处理及统计，避免造成更多的间接损失。

据悉，10月17日上午，椰子研究所紧急召开防范台风部署动员会，会议对加强防御工作做了周密部署，保障台风期间椰子研究所辖区范围内的人员财产安全。会议强调，领导干部要做好灾情应急处理工作，台风期间进行二十四小时轮班制，紧急灾情紧急处理，同时确保灾后各项工作有序开展。

及时启动应急预案，及时开展灾后重建，是确保本次台风过境后各项生产活动有序开展的前提。

王庆煌院长慰问香饮所、椰子研究所一线职工 部署科技救灾工作
作者：香饮所、椰子研究所　　来源：中国热带农业科学院　　日期：2016-10-21

10月20—21日，王庆煌院长一行前往香饮所、椰子研究所慰问战斗在抗风救灾一线的干部职工，部署灾后恢复生产和开展科技救灾工作，强调要形成合力做好重建工作，筹谋好未来发展布局，并亲自参加到科技救灾队伍中。朱恩林副院长陪同考察。

王庆煌院长一行现场考察了香饮所兴隆热带植物园、国家种质资源圃以及椰子研究所半岛基地、椰子大观园等地的受灾情况，指出我院高度重视"莎莉嘉"灾后重建工作，此次香饮所、椰子研究所各部门形成合力积极抗击强台风，迅速恢复了生活和科研工作，成效显著值得肯定。他要求，在做好灾后恢复重建的同时，要发挥我院"一手抓抗灾自救、一手抓科技救灾"的优良传统。尽快开展对地方的科技救灾，发挥热带农业"国家队"的优势与担当，帮助地方尽快恢复生产。

对椰子研究所下一步发展，王庆煌要求椰子研究所自上而下要齐心协力、凝聚力量，将本次受灾作为椰子研究所发展的转折点，重新完善布局，谋划研究好下一步发展规划。所领导班子要共同谋划，将工作做稳、做实。

院办、科技处、财务处、计划基建处和香饮所、椰子研究所相关负责人陪同调研。

韩长赋部长到椰子研究所调研
强调加快"走出去"步伐　努力建设世界一流热带油料科技创新中心
作者：院办、机关党委　　来源：中国热带农业科学院　　日期：2017-03-26

3月26日，韩长赋部长到椰子研究所，调研热带油料产业发展问题和热带农业"走出去"等情况。他对椰子研究所近年来的创新发展、研究布局、服务地方经济社会发展以及"走出去"等给予充分肯定，希望椰子研究所要进一步聚焦方向、凝聚力量，大力发展我国椰子、油棕等热带油料作物，科技支撑提升我国食用油自给率，努力建设世界一流的热带油料科技创新中心。

韩长赋部长深入我院国家热带棕榈种质资源圃，调研热带油料作物种质资源收集保存及创新利用相关工作。在调研现场，韩部长听取了我院服务国家"一带一路"倡议和科技支撑农业"走出去"情况。对近日密克罗尼西亚总统在会见我院领导专家时，要我院派遣专家解决该国椰子种植难题等事宜，韩部长要求我院要为热带油料作物技术"走出去"战略扛起责任担当。

韩部长看望了奋战在科研一线的科技人员，与椰子研究所科技人员亲切交谈，勉励广大科技职工要牢固树立"爱农业、爱科研"的理念，要有科技支撑发展的责任感和使命感；要努力完善我国椰子栽培技术体系和加工技术体系，引领我国椰子科研技术走向世界前列。

韩部长指出，要加快农业科技制度创新，激发科技人员创新活力解决科研和推广"两张皮"问题，一是要改革科研体制，调动科技人员研究和推广的积极性。在争取国家和各方面支持的基础上，通过改革制度，让科技人员在推广过程中"腰包鼓起来"。二是要加大对市场需求的调研，农业科研要与市场紧密结合，通过技术降低成本，让农业科研成果能够真正的打入市场。三是要与当地政府的产业发展相结合，通过科技切切实实的帮助当地政府解决产业问题。

王庆煌院长表示，我院科技人员要切实贯彻落实好韩部长的指示精神，为国家创新驱动发展战略和深化农业供给侧结构性改革作出贡献。

农业部党组成员、人事劳动司司长毕美家，农业部党组成员、办公厅主任叶贞琴，农业部科教司司长廖西元，海南省副省长何西庆，海南省农业厅厅长符宣朝，文昌市市委书记陈笑波，我院王庆煌院长、李尚兰书记和在家的其他院领导陪同调研。

椰子研究所深化与密克罗尼西亚在椰子产业等领域的科技合作

作者：椰子研究所 黄慧雯　　　来源：中国热带农业科学院　　日期：2017-03-28

3月25日，密克罗尼西亚总统彼得·克里斯琴（Peter M. Christian）在博鳌与我院领导专家会面，双方就椰子产业升级的问题进行了深入交流，希望我院派遣专家解决该国椰子产业发展中面临的难题。中国驻密克罗尼西亚特命全权大使李杰、密克罗尼西亚驻中国大使卡尔·阿皮斯，我院李开绵副院长、椰子研究所王富有所长出席见面会。

克里斯琴总统介绍了密克罗尼西亚椰子产业的发展情况，他表示密克罗尼西亚现面临着椰子病虫害严重、椰子产量低、产品开发程度低等问题。他希望与我院建立合作机制，一是派遣专家赴密克罗尼西亚深入调研，在椰子良种良苗、栽培技术、种植管理等方面提供技术支撑；二是帮助该国培训椰子种植农户，提高椰子种植栽培和病虫害防治水平。

李开绵副院长介绍了我院在热带水果、木薯等方面的科技成就，表示愿技术支持密克罗尼西亚发展农业经济。为更有针对性地提出该国椰子产业发展的解决方案，我院还将尽快成立专家工作组赴密国进行实地考察。

椰子研究所王富有所长介绍了椰子研究所在椰子资源、栽培管理、病虫害防治、产品加工方面的科技成果，尤其是椰子新品种、椰心叶甲和红棕象甲等方面的技术成果，现已技术支援输出到阿联酋和沙特，有效解决了当地病虫害防治问题。

双方就开展合作达成了共识，即建立短期和长期相结合的长效合作机制，椰子研究所将在未来提供技术支持，长期合作着眼于未来密方椰子和槟榔产业的健康发展。

椰子研究所加快推进热带油料加工基地建设

作者：椰子研究所　　　来源：中国热带农业科学院　　日期：2017-04-10

近日，王庆煌院长带队到椰子研究所实地调研，要求椰子研究所按照"政府+科技+企业"三位

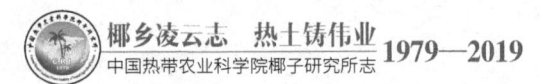

一体模式,加快推进热带油料加工产业基地建设,进一步推动热带油料加工产业的发展。3月26日,韩长赋部长到椰子研究所调研,要求椰子研究所完善我国椰子栽培技术体系和加工技术体系,建设世界一流热带油料科技创新中心,科技支撑我国食用油自给率提升8个百分点。

为深入贯彻落实好韩长赋部长的指示精神和王庆煌院长的部署要求,椰子研究所按照"政府+科技+企业"三位一体模式,将进一步强化所地合作、所企合作。通过与文昌市政府"双挂牌"形式,纳入文昌市规划,积极争取地方优惠政策支持;其次,通过加强与国家重要热带作物工程技术研究中心合作,积极引进社会资本,聚集技术、产业、资金和管理等资源,通过争取国家投资,改善基础设施条件,着力将热带油料加工基地打造成为热带油料科技硅谷和六次产业高层级的示范基地。

据悉,一直以来,椰子研究所高度重视热带棕榈作物油脂提取与加工技术研究,2015年以来投入了大量的人力和物力,取得专利3项,开发科技产品6个,推广应用经济效益达到1.5亿元以上。2016年年底,第二届椰子产业技术创新战略联盟年会暨全球椰子产业发展研讨会的顺利召开,标志着椰子研究所牢固树立了油料加工产业的科技引领地位。2017年,椰子研究所将进一步做好热带油料功能性产品研发,重点突破热带油料作物油脂制备技术与功能性油脂开发利用,力争把小作物做成大产业,科技支撑产业做大做强。

油棕、椰子、油茶、油橄榄是世界四大木本油料树种,其中油棕、椰子都是热区特有的作物。椰子油品质优异,月桂酸含量高于45%,同时也是日常食物中中链脂肪酸含量最高的油脂。油棕果实的单位面积的产油量很高,是花生亩产油量的7~8倍、大豆亩产的9~10倍,被人们誉为"世界油王",因此,组合先进的加工技术,形成整套热带亚热带棕榈加工技术体系,通过技术示范和辐射带动,可有效提升整体产业技术水平,推动产业的革新升级。

海南省第十三届科技活动月在我院椰子研究所开幕

作者:机关党委、院基地处　　来源:中国热带农业科学院　　日期:2017-05-09

5月8日,由海南省科技厅、文昌市政府和我院共同承办的第十三届科技活动月开幕式暨科普大集活动在文昌椰子大观园举行,本届科技活动月主题为"科技强国 创新圆梦"。省政协副主席、科技厅厅长史贻云,我院王庆煌院长、文昌市副市长符勇忠出席开幕式并做讲话,开幕式由省科技厅副厅长王利生主持。

在开幕式上,史贻云指出,科技是国之利器,是推动人类文明进步的巨大力量。他说,习近平总书记在全国科技创新大会上指出:"科技创新和科学普及是实现创新发展的两翼,要把科学普及放在与科技创新同等重要的位置。"这深刻阐述了科学普及工作的重要作用,充分体现了中央对科普工作的高度重视。他希望各市县、各单位加强组织领导,抓好落实,把本届科技活动月办得更有特色、更有成效。

王庆煌指出,长期以来,我院扎根海南、服务海南、奉献海南,紧紧瞄准海南经济社会发展需求,不断提升科技自主创新能力,为海南加快打造热带特色农业"王牌",全面打赢脱贫攻坚战提供了强有力的科技支撑。他表示,特别是近年来,我院以推进农业供给侧结构性改革为主线,以产业需求为导向,进一步加强科技创新引领,取得了一批重要的科技成果,推广了一批绿色增产增效技术,建立了一批带动能力强的试验示范基地,培训了一批新型职业农民和农业技术骨干,为全面促进海南"农业增效、农民增收、农村增绿"插上了科技的翅膀。

烈日炎炎阻挡不住人们对农业科技的渴望,"一个椰子可以卖20元?"来自椰子新品种培训班的学员发出惊叹,该学员表示希望能尽快种上椰子研究所的香水椰子脱贫致富。在科普大集上,我院的科技产品吸引了众多群众的围观,人们争相了解橡胶、香草兰、油茶等热带作物的最新品种和栽培技术,围观第一代电动胶刀、海蜜速溶茶等最新科技成果。

我院携制作的展板和100余种科技产品,集中展示了我院近几年在创新平台、精准扶贫、农产品精深加工、热带作物新品种以及配套技术等领域取得的重大科技成果,并组织专家现场向农民讲解农业生产实用技术,解答农民生产中遇到的技术难题。同时组织开展了椰子新品种推广培训班和"我和昆虫有个约会"主题科普活动。

据悉,近年来我院大力支持海南农业发展,一是培育的橡胶、香蕉、芒果、木薯、牧草等新品种成为海南种植区的当家品种;二是对咖啡、可可等香辛饮料,油棕、油茶、椰子等热带木本油料以及艾纳香、槟榔、益智、沉香等特色药材进行了深度研发,开发出了一系列深受百姓欢迎的新产品;三是大力推广绿色综合防控技术、土壤改良等修复技术、检验检疫技术等新技术;四是在文昌、儋州、琼中、屯昌等市县建设了一批优质种苗繁育基地和标准化生产示范基地,发挥了科技引领示范作用;五是组建了"新型职业农民培训中心",开展海南新型职业农民"阳光工程"培训行动,派出专家团队深入乡镇和生产一线培训学员,有效解决了农户在农作物生产中遇到的技术难题,提高了农业生产效率。

科技活动月已拉开序幕,接下来我院将组织橡胶、椰子、牧草、病虫害防治等领域的专家,通过派驻"驻村代表"推进海口科技指导、共建"热带农业科技博览园"支撑儋州农业发展等多种形式,围绕与院合作的八市县,实施科技支撑行动,一如既往地为海南省脱贫攻坚和国际旅游岛的建设提供科技服务支撑。

海南省科普工作领导小组成员单位领导,政府机关、科研人员、企业、群众及学生代表,我院各院属单位和机关各处室代表1 000余人参加开幕式。

椰子研究所与企业联合打造中国椰子鲜果第一品牌

作者:椰子研究所　黄慧雯、吴翼　　来源:中国热带农业科学院　　日期:2017-05-24

5月22日,椰子研究所、海南一品大华营销策划有限公司、海南航冠电子科技有限公司三方签署合作协议,将共同成立海南一品椰科农业科技有限公司,打造中国椰子第一品牌。

椰子研究所已将"文昌椰子"申请为国家地理标志性产品,以椰科农业科技有限公司为平台,椰子研究所将致力扩大文昌椰子乃至海南椰子在全国的影响力,以打造中国椰子第一品牌为目标。

该公司主营椰子鲜果加工及销售,通过椰子众筹、标准化种植园建设、"互联网+"等模式将"椰科"牌椰子打造成中国椰子鲜果第一品牌。公司建成后将落户椰子研究所,近期将启动相关鲜果业务和"互联网+"椰子产业创业孵化基地的建设。

本次协议的签署也是椰子研究所开启所企合作的重要标志,是对技术研发、产品开发、成果转化的有效转化模式,将为今后椰子研究所加快产学研一体化奠定良好的基础。

椰子研究所所长王富有、副所长雷新涛,院开发处处长欧阳欢及合作公司有关负责人出席了签字仪式。

省农业厅厅长许云到椰子研究所新品种示范基地调研

作者:椰子研究所　黄慧雯　　来源:中国热带农业科学院　　日期:2018-03-23

椰子研究所"文椰"系列椰子新品种面世以来,受到了各方的高度关注。3月18日,省农业厅厅长许云一行到椰子新品种示范园调研，充分肯定了椰子研究所椰子新品种研究成效。

许云听取了椰子研究室科技人员对新品种椰子的介绍，并品尝了"文椰3号"椰子。"文椰3号"椰子，市面俗称金椰，有果实颜色鲜艳、椰肉细腻、椰水清甜、具有怡人香气等特点，适合鲜食。"文椰3号"以其外貌、味道都深得大众喜爱，同时也是农户脱贫致富的好帮手。其根系完整、成活率高，定植后投产早，3~4年即可挂果，产量高，投产均在100个以上。

目前，椰子研究所已在种苗培育、种植技术指导、椰园管理等方面形成一套成熟的技术体系，一方面为市场提供良种椰子，不断改良"水果型椰子"的口感；另一方面为农户提供技术服务，提升新品种椰子在海南的示范推广面积。

下一步，椰子研究所将在农业厅的大力支持下，继续推出符合市场需求、具有海南特色的新品种椰子。

中国热带农业科学院椰子研究所与西藏农牧科学院签署协议推动文昌科研试验基地建设

作者：机关党委　　　　来源：中国热带农业科学院　　　　日期：2018-09-26

9月25日，西藏自治区农牧科学院院长尼玛扎西一行前来中国热带农业科学院调研。双方举行座谈会，中国热带农业科学院副院长谢江辉出席。椰子研究所王富有所长与尼玛扎西院长代表双方签署《科研实验基地使用管理协议》，进一步加快文昌科研试验基地建设步伐。

为深入贯彻落实农业农村部关于扶贫开发及援疆援藏工作部署要求，大力支持西藏农业科研工作，提升西藏蔬菜育种繁育工作水平，中国热带农业科学院在海南文昌无偿向西藏自治区农牧科学院提供蔬菜育种繁育地块50亩，建设科研实验基地。

根据协议，该基地将用于开展蔬菜、萝卜、辣椒等资源纯化及亲本繁殖，开展青藏高原特色园艺作物及西藏特异亚热带植物发掘与利用。双方将通过共同申报项目、联合攻关等方式，共同推进基地建设。

据悉，中国热带农业科学院与西藏农牧科学院分别于2011年3月31日和2013年7月10日签署了《科技战略合作框架协议》和《共建中国农业科技创新海南（文昌）基地框架协议》。协议签署以来，双方在科技创新、人才培养等方面开展了富有成效的合作。2016年8月，谢江辉副院长带队前往西藏对澳洲坚果适宜种植地区进行了深入调研，确定了澳洲坚果适宜种植的范围，目前第一批澳洲坚果在当地适应良好，已挂果。

中国热带农业科学院椰子研究所与谢联辉院士签署柔性引进人才协议

作者：椰子研究所　牛晓庆　　　　来源：中国热带农业科学院　　　　日期：2018-12-05

12月3日，中国热带农业科学院椰子研究所所长王富有一行3人赴福建农林大学植保学院与谢联辉院士签署柔性引进人才协议书，谢院士将指导椰子研究所槟榔黄化病研究。

谢院士在病毒研究方面经验丰富，在谈到海南省槟榔黄化病防治重大项目时，他提出"追本求源"的研究思路，建议先从槟榔根部、土壤查找原因，一一排除；他不赞成"见黄就砍"的武断行为，提出要进行营养调理，增强树势，提高抗病能力，建议"两手抓"，一手抓生态栽培管理，一手抓基础研究。

谢院士还指出，槟榔植原体黄化病防治确实是当今世界性难题，但我们不能望而却步，应该迎难而上。他强调，做项目首先要掌握"两个点"：一是落脚点，即我们为什么要做槟榔黄化病，研究的目的是什么，要将最终目标落实到生产实践应用上，把论文写在大地上，为民造福；二是出发点，即我们从哪里入手、怎么做，在传播媒介确定和病原鉴定过程中，要遵循科赫氏法则。

谢院士表示将带领团队参与到海南省槟榔黄化病防治重大项目中来，计划于2019年1月底再次到海南调研槟榔黄化现象，与椰子研究所密切合作，助力攻坚槟榔黄化病，为海南槟榔产业健康、稳定发展保驾护航。

椰子研究所派员参加全国热区油茶产业发展论坛
作者：陈良秋　　　来源：中国热带农业科学院　　　日期：2018-12-13

12月5—8日，由国家油茶科学中心、油茶产业国家创新联盟、中国林业科学研究院和海南省林业局等单位共同主办的全国热区油茶产业发展论坛在海南省琼海市举办。椰子研究所王富有所长、陈良秋副研究员、贾效成博士作为油茶产业国家创新联盟成员单位代表参加会议。

会上，王富有所长站在国家食用油安全的角度，提出要把低产绿化林改造为高产经济作物林，提高油茶单产和总产量，重视发展油茶产业。而要做到这一国家战略高度，就必须发挥联盟的作用，组织联合攻关，凝聚产业重大需求，争取进入国家林业主管部门规划，发挥科技创新作用提升油茶的科技含量。贾效成博士代表院油茶研究中心做了"利用籽粒转录组分析揭示海南油茶三个物种的基因表达差异"的学术交流报告，得到首席科学家姚小华研究员的高度评价。

此次论坛的召开，有利于更好地发挥油茶产业国家创新联盟的作用，提高琼海油茶产业科技创新能力，全面提升油茶产业发展水平。

中国热带农业科学院椰子研究所与海胶集团加强合作
作者：椰子研究所　许丽菁　　　来源：中国热带农业科学院　　　日期：2019-01-23

1月20日，海胶集团王任飞董事长一行到中国热带农业科学院椰子研究所调研特色热带作物产业发展，戴萍副院长陪同调研。

王任飞董事长一行参观了国家种质资源圃椰子、槟榔分区及育苗基地和热带棕榈作物种质资源圃，并听取了科技人员有关椰子和槟榔基地的资源引进、丰产栽培、林下间作和混养等内容的介绍。双方举行座谈会，椰子研究所王富有所长详细介绍了椰子、槟榔及油茶科研、成果转化以及椰子产业发展规划建议。王任飞董事长简要介绍了海胶集团，指出海胶集团正在进行产业调整，希望采取"三对接""三院""两基地"的模式与椰子研究所进行深入合作："三对接"是指人力和人才资源对接、技术对接和资本对接，以资本市场力量撬动科技和产业的发展；"三院"是指设立国际椰子研究院和国际槟榔研究院，探索成立"一带一路"棕榈研究院，从种质资源、基因测序、病虫害防治等方面加大技术研发，为产业发展和产业升级提供技术支撑；"两基地"是指建设乐东槟榔种质资源与种苗基地，利用海胶集团的土地资源，打造10万亩槟榔示范园，充分发挥引领作用，服务海南的槟榔农户和用户；二是对椰子大观园进行升级，定位为世界椰子大观园，收集世界所有椰子品种、资源在大观园进行展示，以科研为基础，发展科研、旅游、商业产品开发为一体的4A级景区，筹划设立世界椰子联盟、世界椰子论坛的永久会址。

海胶集团将调整产业布局，对部分低产胶园、风害橡胶园进行产业布局调整，目前正在论证，计划进行3个10万亩改造，分别是10万亩椰子、10万亩槟榔和10万亩芒果。海胶集团计划与椰子研究所合作种植椰子，共同建设椰子标准化示范基地，下一步将联合开发瓶装椰子水等产品。

戴萍副院长强调通过双方的交流，获取信息，开阔视野、开拓思路，是很好的合作开端。椰子研究所与海胶集团携手合作，在中国热带农业科学院的支持下，将共创共赢局面，迈上新台阶。

中国热带农业科学院进军元江干热河谷　发展高效特色农业
椰子研究所与元江县签署《共建元江干热河谷热带作物试验站合作协议》

作者：未名　　　来源：中国热带农业科学院　　　日期：2019-03-05

3月1—4日，中国热带农业科学院刘国道副院长一行前往云南元江县干热河谷地区开展了实地调研，并与玉溪市、元江县政府充分交流，就进一步推进院地合作，共建干热河谷地区试验站达成共识并签署协议，为积极推动干热河谷地区农业产业提质增效提供科技支撑。

中国热带农业科学院科技人员实地调研了河谷型萨王纳（savanna）稀树草原生态结构及植被类型，并决定与中科院西双版纳植物园在干热河谷基础研究方面进行科技合作，为干热河谷地区农业经济发展共谋科技支持。干热河谷地区地理环境特殊，气候炎热而干旱，年平均温度高达23.8℃，年降水量小于800毫米，集中于雨季，而旱季较长，与非洲稀树草原很相近，是非常典型的干热河谷气候，属于河谷型萨王纳气候。椰子、槟榔、牧草、芒果、椰枣等典型热带农作物的引种栽培，可以培植该地区新兴产业和新的经济增长点，通过一二三产业融合，有力促进干热河谷地区农业经济社会发展，也是我国热带农业科技向东南亚和非洲"走出去"的重要支点。

随后，椰子研究所王富有所长与元江县封志荣县长共同签署了《共建元江干热河谷热带作物试验站合作协议》。签字仪式上，玉溪市贺彬副市长表示，在海南考察时对海南槟榔产业很有感触，云南要发展特色农业，发掘元江特有作物，引进加工企业，发展元江特色产业。封志荣县长表示，元江哈尼族、彝族、傣族自治县共有27万亩低产田，13万亩待开发土地，中国热带农业科学院和地方应聚集双方优势资源，依靠科技创新，共谋发展干热河谷热带特色经济作物产业。刘国道副院长表示，将充分发挥中国热带农业科学院的科技优势，打造元江热带高效农业，让热作科技创新在干热河谷地区落地，培育元江农业经济新增长点，加快干热河谷热带农业经济提质增效，科技助推乡村振兴、繁荣少数民族地区社会发展。

刘平治副省长在中国热带农业科学院椰子研究所调研时强调，
大力推进实施"百万亩椰林工程"

作者：院办　　　来源：中国热带农业科学院　　　日期：2019-04-01

3月29日，刘平治副省长到中国热带农业科学院椰子研究所调研，实地考察了国家热带棕榈种质资源圃，并以加快海南椰子产业发展为主题召开座谈会。王庆煌院长、谢江辉副院长全程陪同。

刘平治先后听取了椰子研究所王富有所长关于海南椰子产业发展规划的报告和相关企业负责人关于海南发展椰子产业的建议。刘平治指出，椰子树是海南非常有特色的经济作物，是海南省的省树，代表海南精神；椰子产业是海南农民增收致富的重要产业，省委省政府历来高度重视椰子产业发展。刘平治强调，椰子研究所作为我国唯一以热带油料作物为主要研究对象的科研机构，要充分发挥人才优势和创新优势，紧紧围绕海南椰子产业发展需求，强化科技创新，加快成果转化，不断提升椰子产业发展的服务能力和水平。刘平治要求，椰子研究所要积极配合省林业局进一步完善《海南省椰子产业发展规划》，细化实化保障措施，大力推进实施"百万亩椰林工程"，为促进海南椰子产业转型升级和椰农增收致富提供重要科技支撑。

王庆煌院长表示，中国热带农业科学院将按照海南省委省政府和刘平治副省长的要求，立足海南椰子产业升级发展需求，通过加大科研投入、整合科研力量、完善推广体系，打造椰子科技创新硅谷、构建椰子种植高效示范基地等一系列措施，助推海南"百万亩椰林工程"的实施，为海南乡村振兴和打赢脱贫攻坚战做出应有的贡献。

省政府副秘书长李劲松、省林业局局长夏斐、省自然资源和规划厅副厅长程春满、省农业农村厅总农艺师黄正恩、省财政厅总会计师洪日南；文昌市委常委、常务副市长郑有雷，副市长邓海闻；文昌市相关部门负责人、海南椰子企业界代表和椰子研究所科研人员代表等参加调研座谈。

密克罗尼西亚联邦波纳佩州州长一行　到椰子研究所考察交流

作者：椰子研究所 许丽菁　　　　来源：中国热带农业科学院　　　日期：2019-05-05

4月28日，密克罗尼西亚联邦波纳佩州州长马塞洛·彼得森一行两人到椰子研究所考察交流，双方就中密椰子标准种植示范园建设以及加强科技合作事宜进行深入交流，椰子研究所所长王富有以及相关科技人员参加交流活动，国际合作处处长黄贵修陪同考察。

会上，王富有所长重点介绍了高产椰子新品种、种苗繁育及栽培技术，中密椰子标准种植示范园建设的远景规划等。

马塞洛·彼得森州长对椰子研究所在椰子新品种培育技术、椰子优良种苗的规模化繁育技术、林下种养技术、椰心叶甲综合防治技术、红棕象甲综合防治技术、椰子枯叶为基料的灵芝栽培技术以及天然椰子油制备和深加工技术等印象深刻，他希望中国热带农业科学院专家把这些先进技术带到密克罗尼西亚，促进密克罗尼西亚椰子产业发展。

马塞洛·彼得森州长一行还参观了椰子研究所国家热带棕榈种质资源圃——椰子和槟榔种质资源圃、椰子大观园和海南春光食品有限公司等。

据悉，为落实第二届"一带一路"国际合作高峰论坛会议精神，椰子研究所专家将于5月赴密克罗尼西亚，推进中密椰子标准种植示范园建设。

椰子研究所首批热带作物新品种在云南元江县定植试种

作者：椰子研究所 冯美利　　　　来源：中国热带农业科学院　　　日期：2019-05-14

为落实与云南省元江县联合共建干热河谷热带作物试验站，5月8—9日，椰子研究所范海阔研究员一行四人，带着椰子、槟榔、油棕、椰枣等新品种种苗近3 000株远赴云南省元江县。开展首批试验试种工作，元江县县委书记杨光旭、县长封志荣等县委县政府领导出席了新品种定植仪式，并亲自种植文椰系列新品种椰子。

目前,在元江县人民政府及农业局、林业局等相关单位大力配合下,已经完成了椰子、槟榔、油棕、椰枣等14个新品种8个试验点的试种试验定植工作。

据介绍,该批苗木在元江县干热河谷地带不同区域、不同海拔及不同土壤类型的样地开展试种,目的是观测新育成和引进新品种在云南干热河谷地区的适应性、抗逆性、产量和品质等情况,为云南省3万平方千米干热河谷发展热带经济作物提供科学依据,为我国干热河谷地区的农业产业结构调整、农业丰产及农民增收奠定坚实的理论基础,同时也将为支持国家"一带一路"倡议、支持龙头企业"走出去",在东南亚和西亚干热地区、非洲稀树草原地区发展热带经济作物提供技术储备。

云南元江县委书记一行到椰子研究所调研

作者:椰子研究所　　来源:中国热带农业科学院　　日期:2019-07-10

7月4日,云南元江县委书记杨光旭一行9人到椰子研究所调研,椰子研究所所长王富有、党委书记赵瀛华及有关人员参加相关活动。

杨光旭书记一行调研了椰子研究所椰子、槟榔、椰枣种质资源圃、椰子大观园和美椰椰子产品体验馆,详细了解了椰子、槟榔和椰枣生长习性和产业发展情况,以及椰子大观园的运行情况,体验了椰子产品。调研组对椰子、槟榔、椰枣等热带棕榈作物种植、产品和产业发展等十分感兴趣。

调研过程中,双方就椰子、槟榔、椰枣丰产栽培、立体种养及产品开发等方面进行了交流。调研组对椰子、槟榔、椰枣等热带棕榈作物引入元江县种植和发展相关产业充分信心,对椰子研究所在元江县建立实验站将给予大力支持,并希望加强相关领域交流与合作。

椰子研究所开展椰子产业发展现状调研

作者:椰子研究所　　来源:中国热带农业科学院　　日期:2019-08-21

8月13—16日,为更好地落实海南省省长沈晓明关于加强椰子产业发展的指示,寻找和发现椰子产业发展中存在的问题,椰子研究所会同椰子产业技术创新战略联盟深入椰子企业一线调研,椰子产业技术创新战略联盟理事长、椰子研究所所长王富有一行先后会同琼海、定安、洋浦、文昌地方政府组织企业开展座谈,围绕全省椰子产业发展规划、产业发展中存在的问题、产品标准执行中存在的问题和建议、如何保护我省椰子产业发展等方面深入调研。整个调研过程得到包括春光食品、椰国食品、南国食品、品香园、雨林椰创等知名企业在内的34家企业参与。

根据调研,大家达成六点共识。一是我省椰子产业原材料供应不足,未来解决的根本是大力发展高产、早结、矮化的鲜食椰子,提高农户种植积极性。二是海南椰子产业应该提前做好入侵性病虫害的预防预警,加强外来种苗的检疫监管,防止有害物种进入。三是制订、修订和完善椰子全产业链标准,形成产业合力,提高本省椰子产业竞争力,形成有别于东南亚的特色椰子产业。四是政府规划和引导本土企业进入产业园区,完善服务条件,降低椰子加工成本,提高本省椰子产品的溢价能力及市场竞争力。五是积极申报椰子重要农业文化遗产及非物质文化遗产,鼓励发展椰子综合体验、农场订制、文化旅游、健康产业、影视动漫基地等新经济模式。六是发挥椰子产业技术创新战略联盟,组织省内外具有研发实力的科研单位,围绕椰子产业存在的瓶颈问题,开展联合攻关,研发供应不同市场需要的新品种、新技术,促进椰子产业的升级换代。

王富有所长表示，下一步，椰子研究所将与各企业共同研讨椰子相关行业的发展瓶颈，及时研究和协调解决做大做强椰子产业的重大问题，着力抓好全省椰子产业发展项目的统筹协调、整体推进、督促落实等工作。

椰子研究所深入贯彻沈晓明省长槟榔专题会议精神，积极谋划槟榔产业转型发展
作者：椰子研究所　　　来源：中国热带农业科学院　　日期：2019-08-26

8月22日，椰子研究所王富有所长组织召开槟榔创新团队会议，深入贯彻落实沈晓明省长槟榔专题会议精神。槟榔创新团队全体成员、科研办相关人员参加了会议。

王富有所长传达了8月20日沈晓明省长主持的省政府槟榔专题会议精神。沈晓明省长认为椰子研究所槟榔黄化病研究技术路线正确。沈省长要求，要积极谋划，促进槟榔产业转型发展。一是编制中长期发展规划，科学确定种植规模；二是着力提高组织化程度，增加海南对槟榔价格市场话语权；三是坚持科学防治槟榔黄化病；四是瞄准高端消费市场，加强招商引资，加快槟榔深加工研究；五是进一步强化加工环节环保工作，严守生态环保底线。六是强化技术支撑，组织技术攻关，推动引领槟榔产业技术的创新。

会议积极谋划，强调椰子研究所下一步举措。一是要坚持现有槟榔黄化灾害防控研究路线不动摇，集中力量持续深入开展科研攻关，出实招、谋实策，争取早日在槟榔黄化灾害防控上取得重大突破；二是要加快槟榔深加工研究，启动槟榔药用价值研究工作，推动槟榔产业向绿色转型升级和制药产业发展；三是加强与省厅相关单位的沟通协调，积极筹建海南省槟榔产业技术体系。

中国热带农业科学院海外基地——密克罗尼西亚椰子种植示范园建设取得进展
作者：椰子研究所　　　来源：中国热带农业科学院　　日期：2019-09-02

为了响应习近平总书记"一带一路"倡议，落实海南省政府同密克罗尼西亚联邦波纳佩州签订的MOU，中国热带农业科学院组建精兵强将，远赴重洋建设"中国—密克罗尼西亚联邦椰子标准化种植示范园。

第一批建设人员椰子研究所科技人员从5月11日抵达波纳佩州后，克服生活、心理、语言的种种不适，立即拜访州政府各部门，沟通基地建设事宜。在当前复杂多变的国际形势下，基地建设工作一度推进缓慢。在椰子研究所科技人员锲而不舍的坚持下，终于用两个月的时间拿下了园区建设的各项许可，并在短时间内完成了椰园种植工程。

目前已完成宽窄行模式种植矮种椰子20亩，其中宽行间种中国热带农业科学院牧草品种"热研4号王草"，窄行铺农膜控草。同时在当地农业局协助下，举行了椰子宽窄行种植技术培训班，受训人员为马德兰宁市高中的30名学生。

密克罗尼西亚联邦椰子标准化种植示范园是海南省和波纳佩州共建，本批椰苗的种植表明本项目取得了阶段性成果。同时举办的椰子标准化种植培训，普及了椰子的科学种植技术。本次活动也得到了当地群众的认可和赞赏。

二、院外媒体报道

专家忙捉椰子虫给姬小蜂充饥

作者：海南日报　　来源：海南日报　　日期：2004-02-28

本报海口2月25日电（记者陈超 林红生 覃伟权）"天敌引进后第一个要解决的是食物供应问题，仅靠实验室饲养椰心叶甲是远远不够的。"这两天，热农院校植保所和椰子研究所的专家转战文昌、琼海、陵水等椰心叶甲疫情重灾区，一路商讨着如何利用现有虫源，保证椰心叶甲天敌繁殖初期的食物供应。

下月初，中国热带农业科学院、华南热带农业大学专家将赴越南，引进已获国家审批的外来物种姬小蜂，以彻底防治为害我省12个市县棕榈科植物的虫害椰心叶甲。主持此项研究工作的中国热带农业科学院环境与植物保护研究所研究员彭正强介绍说，由于姬小蜂是通过在椰心叶甲幼虫上产卵，利用幼虫提供营养使姬小蜂孵化成虫，从而消灭害虫。此次初步拟订从越南引进200头带有姬小蜂虫卵的椰心叶甲幼虫，每头幼虫上会有50个左右姬小蜂的虫卵。姬小蜂成虫只能存活四五天，每头姬小蜂只能作用于一头椰心叶甲。通过外来物种的检疫隔离、物种生物学特性观察、形成评估报告并最后得到国家审批。彭正强表示，一切顺利的话，姬小蜂最快7月份可以正式投放。

据了解，今年我省预计投放300万头姬小蜂，目前正在中国热带农业科学院环境与植物保护研究所椰心叶甲隔离实验室饲养着的椰心叶甲只有5万多头。植保所正准备将20平方米的实验室再扩展100平方米，椰子研究所首期投入近8万元筹建的椰心叶甲天敌生产工厂，已建成面积60平方米、现代化自动控温控湿控光、高度密封的隔离网室，实验室设备和设施全部配齐。生产工厂第二期工程预计建设200平方米。但即使这样，生产出的椰心叶甲数目仍不足以供应即将开展的姬小蜂饲养项目。

去年下半年，热农院校研究人员已在三亚进行捕捉椰心叶甲工作，现已开始在高大棕榈科植物上作业，非常不便。研究人员表示，在对农户家的椰子树进行椰心叶甲捕捉时，还出现了农户不理解的情况，认为自家的椰子树被破坏了。彭正强解释说，椰子树只要不破坏其生长点，叶子被砍掉几片是不会影响树的生长。

（http://www.hndaily.com.cn/200402/ca333660.htm）

海南椰子产业开了眼界

作者：陈超　　来源：海南日报　　日期：2007-07-06

7月5日在文昌举行的椰子国际项目年会上，泰国的椰子加工产品尤其引人注目，该国的椰子油产品，代表了目前世界上该类产品的先进水平。

近5年来，我省的椰子加工产品在结构上有了些变化，形成了传统椰子食品、椰雕椰木工艺品、椰衣纤维产品3大类系列产品，其中附加值比较高的椰衣纤维加工发展较快。以椰衣纤维为原料进行粗碳生产的企业数量翻了一倍。而传统椰子食品和工艺品两大类产品，也发展到了加工企业规模大、产品种类丰富、技术成熟的阶段，代表了该类产品在国际上的先进水平。

我省以椰衣纤维为原料加工的产品，主要有粗碳、椰棕及椰糠栽培基质等，其中椰棕主要应用于高档席梦思床垫的组成部分，目前国内有广东、广西和海南均有生产，但海南产品占全国床垫椰棕市场的70%。而国内椰糠栽培基质，几乎全部产自海南。

今天参会的各国代表达成一个共识：当前国际上附加值最高的椰子加工产品非原生态椰子油

（VCO）莫属。

原生态椰子油是我国椰子专家给该类产品取的中文名，另一种称谓是"处女椰子油"，意为该种椰子油不添加任何溶解剂，椰肉本身也未经过高温处理，这样得到的椰子油，月桂酸等有效成分获得较多的保留。

在今天的各国椰子产品展台上，标注着"VCO"字样的原生态椰子油成为不少国家的主推产品。目前国际上椰子油工艺水平最高的是泰国，他们从椰子油中提取出护肤成分，将之制成类似初榨橄榄油一样的昂贵化妆品。

椰子油产品也成为我省椰子产业正全力突破的方向。据了解，海南春光椰子制品有限公司正与中国热带农业科学院椰子研究所联合，首个目标即是原生态椰子油。而椰子研究所正在开展的科研项目，还包括以椰子油配制生物柴油，这也是国际生物质能源问题的一个研究方向。

去年，我国椰子种植面积达70万亩，其中90%以上分布在我省。我省是全国唯一能大面积商业化生产椰子的地区。我省目前椰子年产量为2.43亿个，约占全国总产量的99%，椰子加工企业数量占全国同类企业总数的70%。

我省的椰子加工企业中，有近一半的企业，年加工椰子总量不足亿个，椰子产品加工企业的整体实力不高。

据了解，椰子研究所至今形成的最大科研成果，是确定适宜我省种植的高产椰树品种。现在，海南椰农也在逐步改良椰树品种，陵水、文昌、万宁等地都开始出现面积达数千亩的良种椰树基地，这将促使我省椰子产业形成良性循环。

我省新添两个椰子新品种
作者：海南日报　　来源：海南日报　　日期：2007-11-27

本报讯（通讯员龙翊岚 田婉莹 记者陈超）经过中国热带农业科学院椰子研究所20多年的不懈努力，该所培育的"文椰2号"和"文椰3号"椰子新品种，于本月23日通过了省作物品种审定委员会认定。

据悉，"文椰2号"和"文椰3号"椰子品种是1982年由椰子研究所工作人员从马来西亚引入种果，通过定向筛选，最终获得了纯系椰子品种。这两个新的椰子品种既保存了原有马来西亚矮种椰子高产、早产的特性，同时也通过定向筛选获得了椰肉更细腻松软、椰水更鲜美清甜的新特质。评审专家希望能尽快将这两个优质椰子新品种进行大面积推广。

海南培育出椰子新品种
作者：农民日报　　来源：农民日报　　日期：2007-12-11

经过中国热带农业科学院椰子研究所20多年的不懈努力，该所培育的"文椰2号"和"文椰3号"椰子新品种于11月23日通过了省作物品种审定委员会认定。据悉，"文椰2号"和"文椰3号"椰子品种是1982年由椰子研究所工作人员从马来西亚引入种果，通过定向筛选，最终获得了纯系椰子品种。这两个新的椰子品种既保存了原有马来西亚矮种椰子高产、早产的特性，同时也通过定向筛选获得了椰肉更细腻松软、椰水更鲜美清甜的新特质。评审专家希望能尽快将这两个优质椰子新品种进行大面积推广。

中国热带农业信息网：中国热带农业科学院与斯里兰卡椰子研究所合作开展育种加工技术研究
作者：中国热带农业信息网　　来源：中国热带农业科学院　　日期：2015-04-01

3月27日，中国热带农业科学院椰子研究所与斯里兰卡种植业部椰子研究所签约仪式在北京举行。中国热带农业科学院刘国道副院长和斯里兰卡种植业部 Jagath Pushpakumara 副部长分别代表双方签字。根据协议，双方将成立合作委员会，加强专家和专业人员之间的交流与培训，共同开展椰子育种、栽培与产品加工等方面的研究。

斯里兰卡是"21世纪海上丝绸之路"的重要国家，是世界上主要的椰子生产、消费、加工国家，椰子产业是该国的支柱产业，种植面积与产量分别占全世界的第3与第4位。此次签约，对促进两国椰子产业快速发展具有重要意义。

中国热带农业科学院多年来对椰子综合利用技术进行了深入研究，先后承担国家级、国际合作、省部级等项目60余项，从品种、栽培技术、植物保护和产品加工各环节为椰子产业良性发展提供了技术保障。自2006年以来，中国热带农业科学院与斯里兰卡的科研和教育机构之间开展了大量的合作交流，特别是中国热带农业科学院椰子研究所，与斯里兰卡椰子研究所在椰子种植、生物技术、病虫害防控和产品加工方面合作交流频繁，双方多次互派人员交流访问。

（http：//www.troagri.com.cn/Articles.php?url=BTwOYVQ7VTxQbVJnA25WZg%3D%3D）

海南省科技厅：海南红棕象甲综合防控技术造福阿拉伯国家
作者：未名　　来源：中国热带农业科学院　　日期：2015-05-05

今年2月，应中阿产业投资基金的邀请，中国热带农业科学院椰子研究所（以下简称椰子研究所）陈卫军研究员和阎伟助理研究员赴阿联酋迪拜，开展了以声音早期诊断和信息素诱捕为主的红棕象甲无公害防治技术的布点试验。经阿联酋迪拜园林农业局数据检测分析和技术对比，证明该技术监测与防治红棕象甲的综合效果显著，迪拜市政府对该技术进行了验收认可，为该技术在阿联酋推广应用铺平了道路。随后，中国热带农业科学院又先后两次派遣植保、栽培、加工等方面的专家前往迪拜，在迪拜园林农业局下属的椰枣种植园和迪拜公主的椰枣园全面实施红棕象甲监测与防治综合治理实验；同时也开始布置椰枣栽培方面的试验，与迪拜园林农业局 Haider 局长洽谈深化合作，进行椰枣病虫害防控与栽培技术试验示范，建立椰枣红棕象甲综合防控示范园等。

4月22日，科技部国际合作司陈霖豪副司长一行在迪拜林农业局 Haider 局长和椰子研究所王富有所长的陪同下，实地考察了椰枣红棕象甲综合防控示范园。Haider 局长详细介绍了椰枣红棕象甲综合防治技术需求和示范园进展情况，王富有所长汇报了与阿联酋的科技合作情况和工作设想，提出筹建"中国—阿拉伯椰枣技术转移中心"。陈霖豪副司长充分肯定了椰子研究所在红棕象甲综合防控方面取得成果，支持"中国—阿拉伯椰枣技术转移中心"筹建，为阿拉伯国家防治红棕象甲，推动椰枣产业发展提供技术服务，并希望以此为契机，深化中阿双方在科技方面的合作，服务国家"一路一带"和外交战略部署。

据悉，红棕象甲原产于印度，属于鞘翅目蛀干甲虫，长着坚硬的红褐色外壳，身长30~35毫米，是棕榈科植物的克星，20世纪80年代，随着国际贸易的繁荣发展，红棕象甲也开始大举扩散，范围波及到东南亚、中东、地中海沿岸等国家，还有法国及赤道两边的国家，目前还在四处蔓延，直接为害椰子、油棕、加那利海枣等棕榈科植物达 28 种之多。椰子研究所经过多年攻关，在棕榈植物病虫害防控方面取得重大突破，有效控制了我国红棕象甲等害虫的为害。椰枣树是阿拉伯国家的重要木本粮食作物，被誉为"阿拉伯民族之树"，在中东阿拉伯国家的生态和经济建设中发挥着重要作用。然而，近年来，随着国际性检疫大害虫红棕象甲在该区域的大面积发生，对阿拉伯国家椰枣产业安全生产及其生态环境造成严重威胁。

（http://hnkjonline.net/gzdt/3611.jhtml）

海南日报：海南椰枣技术出口阿联酋

作者：海南日报　　来源：中国热带农业科学院　　日期：2015-05-14

本报海口 5 月 13 日讯 （记者况昌勋　范南虹　通讯员林红生　田婉莹）海南参与"一带一路"战略再获佳绩。近日，中国热带农业科学院椰子研究所向阿联酋输出红棕象甲综合防控技术，并筹建"中国—阿拉伯椰枣技术转移中心""中阿椰枣研究中心"，为阿拉伯国家防治红棕象甲、发展椰枣产业提供技术支撑。

椰枣树是阿拉伯国家的重要木本粮食作物，被誉为"阿拉伯民族之树"，在中东阿拉伯国家的生态和经济建设中发挥着重要作用。然而，近年来随着红棕象甲在该区域的大面积发生，对阿拉伯国家椰枣产业安全生产及其生态环境造成严重威胁。

据介绍，红棕象甲是棕榈科植物的克星，原产于印度，20 世纪 80 年代，随着国际贸易的发展，红棕象甲也开始大举扩散，范围波及东南亚、中东、地中海沿岸等国家，直接为害椰子、油棕、加那利海枣等棕榈科植物达 28 种之多。中国热带农业科学院椰子研究所已经在棕榈科植物方面开展了 35 年的研究，并在棕榈植物病虫害防控方面取得了重大技术突破，使我国有效地控制了椰心叶甲和红棕象甲的为害。

今年上半年，根据"一带一路"国家战略总体部署，在中国科技部、宁夏回族自治区科技厅和中阿产业投资基金的支持下，中国热带农业科学院椰子研究所派出两位专家赴阿联酋迪拜，重点开展了以声音早期诊断和信息素诱捕为主的红棕象甲无公害防治技术的布点试验。

中国热带农业科学院椰子研究所研究员陈卫军介绍，阿联酋迪拜园林农业局通过数据分析，并与阿方现有防治技术比较，认定热带农业科学院椰子研究所的技术在监测和防治红棕象甲方面效果更好，并出具了试验检测报告，通过了阿联酋迪拜市政府的验收和认可。

（http://hnrb.hinews.cn/html/2015-05/14/content_4_7.htm）

中国科学报：油棕产业如何把握最好发展机遇

作者：中国科学报　　来源：中国热带农业科学院　　日期：2015-12-30

中国油棕产业若要抓住当下发展的契机，亟须不同层次、不同方面的联合攻关，培育优良的种质资源，破解产业发展的关键技术，完善油棕产业的全产业链。

油棕是世界上产油率最高的热带木本油料作物之一，含油率高达 50%，平均每公顷年产油量 4.27 吨，高产品种可达到 8~9 吨，是花生的 5~6 倍、大豆的 9~10 倍，享有"世界油王"之称。目

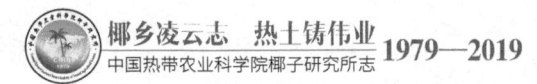

前全球棕榈油产量达7 000万吨,是全球第一大植物油,约占全球九种主要植物油产量的40%。我国则是全球棕榈油最大的消费国和进口国之一,近年来,我国每年进口棕榈油约600万吨,几乎全部依靠进口。

"目前,我国油棕的生产还未规模化,仅在部分地区零星种植,没有形成产量。"中国热带农业科学院椰子研究所油棕研究室主任曹红星博士在接受《中国科学报》记者采访时表示。

棕榈油不仅可缓解我国食用油紧缺现状,而且其产量大、成本低廉,是极具竞争力的生物柴油原料,具有重大的战略意义和广阔的发展前景。同时,作为热区的经济作物,其在提高农民收入,促进区域发展方面意义重大。

事实上,20世纪60年代和80年代,海南曾有两次大规模种植油棕的热潮,但最终偃旗息鼓。目前,在我国大力促进木本油料发展的背景下,油棕产业的发展迎来了前所未有的机遇。同时,油棕产业的中国企业也积极地"走出去",在东南亚、非洲等地区寻求突破。

在曹红星看来,中国油棕产业若要抓住当下发展的契机,亟须不同层次、不同方面的联合攻关,培育优良的种质资源,破解产业发展的关键技术,完善油棕产业的全产业链。

新品种成油棕产业发展的关键

《中国科学报》:从自然环境来说,中国热区具有发展油棕的条件,但为何棕榈油仍几乎全靠进口?

曹红星:首先,缺乏适宜栽培的优良品种。我国栽培的油棕品种主要是早期从国外引进的杜拉、日里杜拉等杂交的厚壳型品种,种植后代容易分离、出油率不高、不能很好适应我国气候环境。因此,加快培育具有自主产权的、能够适应我国气候的油棕新品种是我国油棕产业发展的关键。

其次,区域布局不佳。油棕原产西非等热带地区,对自然条件要求较严,我国热区大部分地区属于亚热带气候,引进油棕前期缺乏相应的规划,对引进品种的生长习性了解不够,没有掌握油棕生产与气候环境条件的关系,大量引进的油棕种植在不适宜的地方。同时,由于资金、人才、技术等匮乏,没有实现对油棕进行优良品种更新,成为导致引进油棕种植失败的主要因素。

再次,重种轻管,栽培措施不当。有些地区油棕长期荒芜,普遍生长不良而被淘汰,缺乏科学知识,管理措施不当,砍叶过多,施肥较少,增产不显著。

《中国科学报》:您的团队近年来一直致力于油棕种子种苗繁育技术体系的研究和标准化的科研示范基地的建设,目前取得了什么进展?

曹红星:我们团队致力于油棕种质资源及高产栽培研究,获海南省进步奖1项、成果鉴定1项、获批专利7个、专著2部。尤其在种子种苗繁育技术体系研究方面,我们团队开展了油棕杂交制种、种子催芽、种苗培育以及种苗标准等重要环节的关键技术示范与推广,提高了油棕杂交制种效率和种果纯度,形成了适合我国的油棕杂交制种技术体系,构建了油棕种苗规模化繁育技术体系,使油棕发芽率可达82%,发芽周期缩短了30天左右。

在科研示范基地建设上,我们建立了占地80亩的油棕种质资源圃,主要种植由国内外收集来的油棕种质。目前保存国内外油棕种质资源74份,这些种质资源可为我国油棕产业在育种工作中提供丰富的资源条件,对选育具有自主产权的、能够适应我国气候的油棕高产和抗寒新品种具有重要意义。我们建立了占地60亩的油棕丰产栽培示范园,集成了油棕种植、水肥管理、树体管理、果穗收获及林下种养等技术,这些技术可为我国油棕今后扩大种植面积和增加单位面积效益提供科学的技术支撑。目前还建立了占地120亩的油棕引种试种基地,主要用于初步筛选品种的区域适应性试种,目前试种品种8个。此外建立了占地10亩的油棕种苗繁育基地,主要承担国内外收集的油棕种质、引种试种表现良好的品种以及其他油棕种质的苗木繁育工作。该育苗基地每年可繁育5万~7万株油棕苗,可为我国油棕扩大种植面积提供优良的种苗。建立了占地200平方米的油棕温室大棚，主要用于油棕种子催芽、冬季育苗以及耐旱、水肥调控实验等。

中国企业"走出去"谋发展

《中国科学报》：您提到种植油棕的国家主要分布在东南亚、非洲和南美洲，这些地区是我国农业"走出去"战略的重要目的地，那么，油棕种植"走出去"的状况如何？

曹红星：我国热带、亚热带地区适宜种植油棕的面积有限，劳动力成本高，若在非洲、东南亚和南美洲发展油棕，则气候适宜，土地成本低，劳动力廉价，同时，这些地区在生活中食用的几乎都是棕榈油，认可程度高。

天津聚龙集团是我国较早"走出去"发展油棕种植业的企业，自2006年在印度尼西亚中加里曼丹省投资建设第一个棕榈种植园以来，聚龙集团在印度尼西亚拥有20万公顷农业种植用地，其中已种植油棕7万公顷，已建成投产3个棕榈压榨厂，年产棕榈毛油超过10万吨。

从2013年起，聚龙集团大力推进中国—印度尼西亚聚龙农业产业合作区建设，目前已经形成了基础设施完备、主导产业明确、具有集聚和辐射效应的农业产业型园区，促进了企业种植园产业发展模式由体量到质量、由单一到多元、由区域性到全球化的转型。

此外，辽宁三和矿业投资有限公司在刚果金一期油棕园的建设达3万公顷，拟在2016年定植完成1.8万公顷。该公司在赞比亚、坦桑尼亚等国家都拥有土地，通过刚果金油棕种植园的示范推广，可在非洲发展10万公顷的油棕种植园。

另外，广东农垦和江苏双马化工等企业在国外都拥有油棕种植园。

《中国科学报》：您所带领的团队在"走出去"中提供了哪些支持？

曹红星：可以说，随着我国龙头企业在东南亚、非洲等国家和地区对油棕种植业的推进，中国热带农业科学院椰子研究所油棕中心也通过"走出去"方式进行技术推广与服务。

我们完成了《国家开发银行非洲油棕产业发展规划》；完成了中国对外建设总公司缅甸90万亩油棕种植项目前期调研工作；为中地国际工程有限公司在塞拉利昂的油棕种植加工园、山西德御农贸有限责任公司瓦努阿图油棕生产项目提供咨询和可行性报告；为天津聚龙集团和江苏双马化工在印度尼西亚油棕种植园提供林下种养技术、田间管理技术等；对辽宁三和矿业投资有限公司在刚果金的油棕园提供了全方位的规划设计、咨询服务、种苗繁育技术和高产栽培技术及后续的产品加工技术。

此外，我们还不断加强对外合作和交流，提升产业发展的技术水平。我们团队的成员分赴油棕原产地或生产国进行考察学习，同时也邀请国际知名油棕专家到所里进行交流，椰子研究所和世界上从事油棕研究的著名科研单位也建立了长期的合作关系。

油棕产业发展须多方面联合攻关

《中国科学报》：您认为油棕产业的未来要想有大发展还需要加强哪些工作？

曹红星：第一，要进行大规模的油棕种植与推广，亟须进一步加大国家政策和资金支持的力度。如加大对良种良苗补贴和种植补贴政策的补贴力度，扶持建设优良的种苗基地，建立配套的棕榈油加工厂等，积极引导企业和农民种植油棕，充分调动各方发展油棕的积极性。同时，还要加大对油棕相关科研项目的经费支持和人才引进与培养力度，为我国油棕产业发展关键技术的早日突破奠定基础。

第二，推动油棕引种试种工作，扩大中试试种。建议将我国的热带种植区域划分为适宜区、次适宜区与非适宜区；在加大油棕新品种引进选育力度的基础上，继续开展多点试种，确定不同种植区域的适宜品种，扩大中试试种；建立棕榈油加工厂，完善油棕产业发展的全产业链。

第三，引进国外优良的种质资源及配套产业化关键技术。目前我国油棕产业的现状是种质资源匮乏、研究基础薄弱、产业技术体系不健全，缺乏适合在我国大面积栽培推广的品种。建议引进国外优良的种质资源及配套产业化关键技术，并在此基础上，培育适合我国栽培的优良新品种及配套的高产高效栽培技术，为我国大面积发展油棕提供品种和技术支撑。

第四，加强不同部门和单位之间合作，联合攻关。发展油棕产业需要各方面的支持才能形成技术合力。建议采取"相关科研单位"+"有实力企业"，在农村，可通过"龙头企业+基地+农户"的发展模式，引导农民扩大油棕种植面积，从不同层次、不同方面促进油棕产业发展。

第五，加强油棕产业发展关键技术研究和推广应用，包括油棕优良新品种培育技术、油棕种苗规模化繁育技术、高产高效种植模式研究、油棕病虫害防控技术研究、棕油加工工艺和产品综合利用研究。

第六，重视油棕研究专业相关人才的引进和培养。通过从国外引进、联合培养、出国学习、专职培训等形式，加快油棕科研相关人才的培养，包括油棕种苗繁育、高产栽培水肥管理、杂交授粉、种果采摘等技术工人的培养，不断壮大油棕研究的队伍。

（http://news.sciencenet.cn/sbhtmlnews/2015/12/307917.shtm）

海南日报：南方5省区推广椰心叶甲防控新技术两只"小蜂"3年挽回51亿多元损失
作者：海南日报　　来源：中国热带农业科学院　　日期：2016-04-07

本报文城4月6日电（记者况昌勋）昨天，20万头只有蚊子1/8体长的"小蜂"在文昌市东郊镇东郊村椰林中放飞，它们将帮助村民"守护"椰子树，防控椰心叶甲虫害。"别看他们个头很小，但是作用却很大，短短3年时间，已经为全国挽回了51.57亿元的经济损失。"中国热带农业科学院环境与植物保护研究所研究员彭正强说。

椰心叶甲是重大入侵虫害。2002年6月，首次在海口和三亚发现椰心叶甲严重为害椰子等棕榈科植物，后迅速蔓延至广东、广西、云南和福建等省区。

"我们村也发生了椰心叶甲虫害，很多椰子树被严重侵害，导致死亡或不结果。"东郊村委会主任符史亨说，刚开始村民用农药来杀虫，但效果不好，又污染环境。

"今天放飞的小蜂有两种，分别名为姬小蜂和啮小蜂，它们属于寄生蜂，以椰心叶甲为唯一寄主和食物。也就是'以虫治虫'，让天敌来防控椰心叶甲，达到生态平衡。"彭正强说，这两种小蜂是从国外引进的，经过科研人员多年的努力，驯化培育出了适宜国内大面积应用的耐寒品系专性寄生蜂。

据悉，椰心叶甲绿色防控技术已经在我国南方5省区推广应用，累计应用1700万亩次，防效85%以上，近三年累计挽回经济损失51.57亿元，其中在海南推广212.5万亩，近三年累计挽回经济损失47.5亿元。

据悉，椰心叶甲绿色防控技术由热带农业科学院环植所、华南农业大学、中国热带农业科学院椰子研究所、海南省森林病虫害防治检疫站、广东林业科学院、佛山南海区绿宝生化技术研究所等单位共同研究而成。

（http://hnrb.hinews.cn/html/2016-04-07/content_8_5.htm）

海南日报：我省红棕象甲防治技术在四国竞技中胜出，首次实现向国外转移 治虫技术出国记

作者：海南日报　　来源：中国热带农业科学院　　日期：2016-05-16

记者　周晓梦　王玉洁

这是我国红棕象甲综合防治技术首次实现向国外转移，也是我省林业病虫害防治技术首次"出海"。

从历经层层考验到签下订单，从阿联酋到沙特和阿曼，我省推广应用成熟的红棕象甲综合治理技术跨越重洋、转移国外，与阿拉伯国家开启系列合作。

治虫技术推广应用成熟

在阿联酋迪拜的一处椰枣林里，一个个挂在木桩上、离地约有1米的诱捕器，让中国热带农业科学院椰子研究所（以下简称"椰子研究所"）红棕象甲防治课题组的专家们满是自豪，这形状略奇特的诱捕器，正是他们千里迢迢带到迪拜，专门用于"围剿"红棕象甲的"神器"。

"我们对红棕象甲防治技术有着多年的研究攻克，2013年获过省科技进步一等奖，防治经验在国内本身就有着很好的效果。"课题组研究员覃伟权说，红棕象甲是一种国际检疫性害虫，对棕榈科植物为害极大，早些年，我省在国内率先扛起向红棕象甲宣战的大旗，研究综合治理技术。

多年来，这种不起眼的害虫，横行多个国家和地区，为害作物生长。阿联酋、沙特等阿拉伯国家也深受其害，当地的椰枣产业受到严重威胁，椰枣树成片死亡，产量减少。

在2014年的中阿合作论坛第六届部长级论坛上，阿拉伯国家多次向我国政府提出技术需求，希望与我国加强科技合作，共同解决椰枣产业健康发展难题，尤其是红棕象甲问题。

去年年初，科技部选派椰子研究所的专家团队，赴阿联酋迪拜进行红棕象甲监测和防治试验示范。

四国技术"同台竞技"

虽然由科技部"点名"，但真正叩开与阿联酋合作大门，靠的是过硬的红棕象甲综合防治技术和丰富的推广经验。

去年2月，椰子研究所团队成员第一次前往迪拜，在那里开展前期的布点试验。随后，中国热带农业科学院又先后两次派遣植保、栽培、加工等方面的专家前往迪拜，进行监测与防治综合治理实验。实验的进展，迪拜园林农业局都会一一跟踪，进行检测分析和技术对比，监测与防治综合效果。

"后来迪拜园林农业局提出要进行技术比较，他们将中国、美国、法国和哥斯达黎加四国的红棕象甲防治技术都列为'候选'，经试验后，再选择防治效果最佳的。"课题组副研究员阎伟说。

于是，中国的红棕象甲防治技术和美国、法国、哥斯达黎加展开了为期一个多月的"同台竞技"：迪拜园林农业局将一片160亩的椰枣林划分为四个区域，中国、美国、法国、哥斯达黎加分别在四个区域内进行轮换实验，独立收集数据信息，用于比较防治效果。

成功签下海外订单

一个多月后，数据见证"比赛"的最后结果，迪拜对一个诱捕器一周平均捕获红棕象甲的数量进行统计对比，发现中国可捕获14只，美国12只，法国1只，哥斯达黎加8只。在这场比赛中，中国的红棕象甲综合防治技术胜出。

"这标志着双方的科技合作已由小规模试验示范转向大面积示范和商业化推广的新阶段。"省林业

厅总工程师周亚东说，红棕象甲综合防治技术是我省实施中央财政林业科技推广示范资金项目的一个典范。

前期的严格谨慎，也为该技术在阿联酋迪拜推广应用、延伸拓展双方合作领域铺平了道路：根据签订的合作协议，中方围绕椰枣产业的产前、产中、产后各环节为阿方提供所需的关键技术；同时，中国"治"虫的好名声也传到了周边沙特和阿曼等国家，目前中方与阿拉伯国家已达成了扩大红棕象甲综合防治试验示范的意向。今年6月，椰子研究所的专家团队将再次前往阿拉伯国家，与阿方对接细化后续的合作事宜。

（http：//hnrb.hinews.cn/html/2016-05/13/content_3_1.htm）

农民日报：中国热带农业科学院加强椰子研发国际合作

作者：农民日报　　　来源：中国热带农业科学院　　日期：2016-11-01

记者　邓卫哲

为进一步推动我国与斯里兰卡在椰子研发领域的双边合作，日前，中国热带农业科学院椰子研究所邀请斯里兰卡种植产业部椰子研究所相关专家来琼进行学术交流。这也是斯里兰卡首次派椰子产业专家来华交流，双方将加强科技信息交换、专家交流、研究所培育、项目共建等椰子产业方面的科研合作。国家椰子产业首席科学家、中国热带农业科学院椰子研究所党委书记赵松林介绍，斯里兰卡是我国"一带一路"走出去战略的重要国家，也是世界上主要的椰子生产、消费和加工国家。椰子产业是斯里兰卡的支柱产业，种植面积与产量分别占全世界的第3与第4位，其国立椰子研究所已有近百年历史，具有雄厚的研究实力和完善的研究队伍，加强学术交流合作对促进两国椰子产业快速发展具有重要意义。

赵松林称，自2006年以来，中国热带农业科学院与斯里兰卡的科研教育机构开展了大量合作交流，特别是热科院椰子研究所，与斯里兰卡椰子研究所在椰子育种栽培、生物技术、病虫害防控和产品加工方面合作交流频繁，双方多次互派人员交流访问。去年热科院椰子研究所与斯里兰卡种植业部签订合作协议，双方成立了合作委员会，加强专家和专业人员之间的交流与培训，加大在椰子产业研发合作。一年来，先后派出两批专家到斯里兰卡进行考察和技术交流。

据了解，热科院椰子研究所多年来对椰子综合利用技术进行了深入研究，先后承担国家级、国际合作、省部级等项目60余项，从品种、栽培技术、植物保护和产品加工各环节为椰子产业良性发展提供了技术保障。

（http：//www.farmer.com.cn/xwpd/jsbd/201609/t20160926_1242775.htm）

新华社：中阿寻求技术转移合作"结合点"

作者：新华社、椰子研究所　　　来源：中国热带农业科学院　　日期：2017-09-12

新华社银川9月9日电　（记者邹欣媛、夏晨）正在此间举行的2017中阿技术转移与创新合作大会多场技术成果推介会上，来自中国、埃及、苏丹、摩洛哥等中阿多国科研机构、大学、企业代表，积极对话寻找能满足本国需求的各项技术。

"我这次来，就是想和阿联酋有关人员进一步商议，尝试采取一些新模式，加快在当地推广我们的技术。"中国热带农业科学院椰子研究所所长王富有说。

王富有所说的是红棕象甲综合治理技术。阿拉伯国家大面积种植椰枣树，树木可绿化，椰枣可食用，但红棕象甲虫害会掏空多年长成的椰枣树茎干直至枯死，他们一直在寻找质优、价廉、易操作的先进技术。

两年前，王富有所在的椰子研究所，借助中阿技术转移中心这个平台，与需求方阿联酋建立起了联系。他说："当时我们就觉得机会来了，因为海南的椰子树同样面临虫害威胁，下了很大工夫研究治理技术，早就有'出口'技术的想法。阿联酋人员也很热情，我们很快签订了协议，开始了实验、示范。"

"更多阿拉伯人已认识到技术合作的重要性，想通过更多渠道找到好技术。"中阿技术转移中心埃及科技海运学院分中心主任纳什瓦说，分中心就是找到遇到问题的人和解决问题的人，帮助他们对接，跟踪、监督项目进度。

通过对接洽谈，中国一些企业的技术在阿拉伯国家的知名度迅速上升。汉能控股集团副总裁王俊娟说："在我拿着公司的各种轻便的太阳能电池片展示后，有很多阿拉伯国家政府官员、企业人员找到我，想了解这项技术，埃及参会人员已经和我们开始洽谈了。"

"很多企业在中阿技术转移中心的信息平台上发布信息，这几天，他们的点击率猛增。"宁夏回族自治区科技厅副厅长张新君说。

记者看到，中阿不仅在农业科技领域有所交流合作，更多的人开始关注半导体公共照明、3D打印、智能机器人、卫星导航等高新技术，期待在这些领域打开合作之门。

（http://news.sina.cn/2017-09-09/detail-ifyktzim9079289.d.html）

海南日报："文昌椰子"获农业部农产品地理标志认证

作者：海南日报、椰子研究所　　来源：中国热带农业科学院　　日期：2017-09-12

9月8日，记者从中国热带农业科学院椰子研究所获悉，近日，国家农业部发布公告，"文昌椰子"（编号：AGI2017-03-2136）农产品地理标志信息通过审批认证，从此"文昌椰子"有了自己的地域品牌。

据了解，椰子树是海南省的"省树"，在全省各地均有大量种植。相比其他市县的椰子，文昌椰子以口感甜、肉厚、品相等方面略胜一筹。在文昌当地，又以龙楼、会文、东郊三镇所产品质最好。文昌市有"椰乡"之称，"文昌椰子"是海南省乃至全国独有的地域名片。

农产品地理标志是受国际保护的知识产权，是地域特色农产品的代表。开展农产品地理标志登记保护和管理，对保护农业优势资源、推动区域经济发展意义重大，也是椰子研究所开展品牌农业的初衷。

中国热带农业科学院椰子研究所相关负责人介绍，农产品地理标志是公共品牌，今后该所还将积极联合文昌市共同用好、发展好"文昌椰子"这个品牌，形成文昌市的真正"名片"。

（https://api.hndaily.cn/api_hn/res/html/2017/09/08/cid_106_112775.html?from=singlemessage）

海口日报：热科院全球首次完成并公布椰子全基因组测序
多国研究单位希望深度合作

作者：海口日报、椰子研究所　　来源：中国热带农业科学院　　日期：2017-11-08

本报11月1日讯（记者龙易强，通讯员邬慧彧）近日，记者从中国热带农业科学院了解到，由中国热带农业科学院椰子研究所、热带生物技术研究所、华大基因和法国农业国际合作研究中心（CIRAD）等单位共同完成了椰子（Cocos nucifera L.）的基因组测序拼接及序列分析工作，海南高种椰子全基因组测序的完成及公布尚属全球首次。

据了解，该项研究是在省科技厅国际合作专项、科技重大专项和热科院基本业务费的支持下，由热科院椰子研究所主导完成，并于10月5日在线发表在《大数据科学》（Giga Science）杂志上。该研究完成了对椰子的基因组序列拼接，生成了大小为2.20Gb的椰子基因组草图，基因组覆盖度90.91%（2.42Gb）。作为椰子的蓝图，整个基因组存在28039蛋白质编码基因，归属于14411个基因家族，其中有282个家族是椰子特有的，这些信息为椰子功能基因组的研究提供了很好的基础。目前围绕基因组序列数据基础，一个高密度的遗传图谱及更精细的椰子基因组图谱正在构建中，棕榈染色体的演化及椰子耐盐的特性的组学分析工作也将于近期完成。

椰子全基因组公布的同时也开启了椰子的后基因组时代，海南高种椰子作为一个参考基因组，将为椰子个体的重测序、功能基因的挖掘（高抗，优质相关）及抗逆分子机理（低温、高盐、干旱等）和重要品种形成机理的研究（香味、颜色等）、DNA分子标记的开发、椰子重要农艺性状的解析和关联分析、全基因组关联分析等提供参考体系，同时也为国内外椰子科技的合作提供纽带，抗寒、耐旱、耐盐、高油基因组的挖掘与利用有可能推动椰子产业取得飞跃性进展。

"这是椰子研究所占据全球椰子研究制高点的关键一步，是全球椰子科技里程碑性的事件，对于扩大中国在全球的科技影响意义巨大，同时将极大地促进椰子遗传育种的研究与应用。"热科院一位专家介绍道，目前该信息已经引起椰子科技界的轰动，法国、澳大利亚、斯里兰卡、印度等国家的研究单位已向热科院提出进一步深度合作的希望。

（http：//szb.hkwb.net/szb/html/2017-11/02/content_254346.htm）

南国都市报：椰囧！近九成椰子靠进口　海南椰子产业破局之路如何走？

作者：南国都市报　吴岳文　　　　来源：中国热带农业科学院　　　日期：2018-03-18

全岛椰子年产量不到3亿个，而需求量却是10倍之多……

海南椰子半文昌，文昌椰子加工企业供给大多靠进口，新鲜椰果供不应求，价格10多年只涨不降却鲜见规模种植。

椰囧——海南椰子产业破局之路如何走？

椰子全身是宝，除了椰子水能喝、椰肉能吃外，还能加工椰奶、椰子糖、椰子油，椰子壳能做椰雕饰品，椰衣可做椰棕床垫或栽培基质，椰壳还可制成活性炭，深受消费者喜爱。都说海南椰子半文昌，年产值超过400亿元，椰子加工企业大多集中在文昌。然而，原料短缺、种植跟不上加工如今成为了制约当地椰子产业做大做强的绊脚石，加上椰子加工企业同质化严重，岛外企业大规模抢占市场，产业发展面临瓶颈。

几个月前，"文昌椰子"正式成为国家地理标志产品。那么，如何破局，擦亮"文昌椰子"品牌呢？

瓶颈——加工强种植弱　近九成椰子靠进口

"根据我们调查，文昌县城（人们）一晚就要喝掉4 000多个椰子，海南一年要喝掉1亿多个。"

3月15日，文昌市农业局办公室主任郭勇告诉记者，海南岛椰子每年产量不到3亿个，需求量却是10倍左右，其中近九成靠进口。

文昌市政府有关负责人介绍，海南椰子产业年产值超过400亿元，椰子加工企业大多集中在文昌，该市工商登记的椰子加工企业198家，加上大小作坊，约400多家。目前文昌全市椰子种植面积达23.8万亩，椰果年产量约1.7亿个，已形成种植、科研、加工、销售一体化的产业链。

春光食品在海南广为人知，已发展成为农业产业化国家重点龙头企业，它将浓郁的椰香融入糖果、薄饼，其研发的海南风味食品远销50多个国家和地区。

陈毅鸿是一名"85后"青年，地道的文昌人，从2013年底创业至今，他在海南已拥有2家椰子加工厂，带动了众多乡亲致富。但椰子原材料缺乏是限制企业发展的瓶颈。

文昌腾达生物科技有限公司主要将看起来是"废品"的椰棕椰糠加工成椰棕床垫、有机肥等。即使是这样，有关负责人林明存也难免尴尬：因为他们连加工的椰棕椰糠也依赖于岛外进口。

据了解，在文昌，小到家庭作坊、大到龙头企业，原材料都非常依赖进口。

"加工强，种植弱，一直困扰着文昌椰子产业。"文昌市农业局局长吴敏说。

寻因——本地椰生育期过长，短期采摘多，规模种植少

"据统计，海南每年出产的椰子2亿多个，但都是嫩果。"海南椰果产业协会有关负责人表示，作为水果销售、出口以及餐饮业加工，是海南椰子的主要出路，较高的利润也让农户习惯短期采摘，椰果的确未达到批量加工标准。因为椰子数量无法填补需求，岛内加工企业纷纷选择从东南亚国家进口。

"近年来，东南亚国家逐步限制新鲜椰果出口，改为出口初加工原料，这将进一步制约椰子加工企业发展，有计划扩大椰子种植面积迫在眉睫。"郭勇不无忧虑地说。

"椰子产业要发展，规模化种植少不了，必须因势利导，引导农民主动种植。"吴敏也认为，种植椰子可带动当地农民增收，"10多年来，椰子鲜果的市场价格只涨不降。"

2014年超强台风"威马逊"肆虐，文昌东北部9个镇（场）60多万亩海防林、防风林、公路林、经济适用林几乎被全部摧毁，可抗风能力极强的椰子树却很少倒下。但是，本地传统高种椰子要七八年才能结果，使得很少有人愿意大规模商品化种植。

中国热带农业科学院椰子研究所是我国唯一从事椰子研究的科研机构。该所副研究员范海阔告诉记者，海南种植椰子有几个优势——能有效缓解加工原料供需不平衡，增加老百姓收入，起到防风固岸的生态效果，还可以形成生态景观带，增强海南椰风海韵的旅游特色。

对策——文昌"3年计划"增种椰树30万亩

去年9月，"文昌椰子"正式成为国家地理标志产品。为加快椰子品牌建设，文昌市已启动椰林工程大行动，用3年时间，力争到2019年底前在该市新增种植椰子树30万亩，并优化椰子产业结构、产品品质，擦亮"文昌椰子"品牌。

"为了杜绝只种不管，此次椰林工程采取'政府+企业'认种，按成活率每株给予农户相应补助。"文昌市副市长符策万表示。据了解，文昌采取灵活多样的措施推动。比如在中央防护林（含海防林）、未造林宜林地、旅游景点景区和残次林等集中成片区域引进企业集约开发，大力发展高效椰子林；同时推进椰林景观绿色长廊的建设；将椰子树种植与助农扶贫工作相结合，由企业投资，农户提供土地和管理，合作种植；还将鼓励海外华侨、外出人士和社会各界名人积极认捐、认种；通过互联网等电子平台，发起众筹等方式的认种认养。今年，文昌计划种植100万株椰子树。

据介绍，文昌30万亩椰林工程以本地高种为主，对海防林进行补充，同时配套一部分矮种椰子，

兼顾经济和生态效益。对于文昌市新一轮椰林工程，范海阔建议沿海地带主要种植海南传统高种椰子，防风效果好但生育期长，需要政府给予一定扶持。而市场化种植主要选择开花结果快的矮种椰子新品种，用于加工，解决椰子原料严重紧缺的窘境。

提升——擦亮"文昌椰子"品牌　用技术革新形成竞争力

只有种植标准化，才能保障产品质量统一，下游加工品产值和品牌才能相应提升。椰子研究所副研究员孙程旭告诉记者，近年来，椰子研究所先后制定了一系列种植管理技术规程和地方标准，并用于实际生产。

"传统高种椰子生育期过长，是造成海南缺少大规模商品化椰子种植的主因。"孙程旭介绍，近年来，椰子研究所自主选育的"文椰2号""文椰3号""文椰4号"等矮种椰子新品种，经济效益显著。矮种椰子不仅产量大幅增加，3年半就可结果，丰产期平均每株可产120~140个椰子；高种椰子则要7年多才能结果，产量每株只有60~80个。

种植了200多亩"文椰3号"矮种金椰的抱罗镇村民吴多君说："随着海南游客越来越多，本地椰子根本不够喝，更不用说加工了。"他称，选择种植椰子除了抗台风，更重要的是管理成本低、市场行情好。椰子种植不挑地，矮种椰子开花结果时间跟其他水果差不多，但不用修枝剪型、套袋打药，只要水肥到位就行。吴多君告诉记者，按5年正常结果算，一亩地种植18株椰子，苗钱2 000元，人工费500元，水肥500元。每株平均产果120个，每个卖5元，纯收入轻松达到7 800元。"矮种椰子完全有条件进行规模化市场种植。"

椰子研究所副研究员孙程旭说，目前，文昌乃至海南的椰子综合深加工的利用程度还不够。"我们的椰子加工企业需转变思维，通过产业集聚提升加工水准，改变过去技术含量较低的加工模式，用技术革新形成竞争力。"

文昌市副市长符策万称，为改善上游弱、下游强的现状，文昌市政府将牵头成立椰子种植协会，在椰子研究所科技支撑下，建设椰子集散地，制定全产业链种植管理地方标准，建立产品追溯体系，加快"文昌椰子"品牌建设。

（http：//news.hainan.net/hainan/minsheng/minshengliebiao/2018/03/18/3625816.shtml）

海口日报：水椰移栽试验成功　助红树林生态修复
作者：未名　　　来源：中国热带农业科学院　　日期：2018-04-19

本报4月18日讯（记者龙易强　通讯员田婉莹摄影报道）近日，国家三级保护植物水椰由中国热带农业科学院椰子研究所椰子研究室移栽成功，并落户于椰子研究所国家热带棕榈种质圃热带经济棕榈圃。水椰的移栽成功对于珍稀棕榈的迁地保存意义重大，也为我国沿海红树林生态修复提供了重要试验数据。

椰子研究所椰子研究室主任范海阔博士告诉记者，水椰属于一种真红树植物，濒危种，被列为国家三级保护植物。水椰用途多样，其佛焰花序上的汁液含蔗糖15%左右，种仁可食用，叶子可盖屋及编织席、蓑衣等工艺品。作为典型的热带海岸植物，水椰还有防风浪、固海堤、绿化海岸、净化空气等作用。

据悉，水椰对研究棕榈科的系统发育及起源，热带植物区、古生物学等都很有价值。目前，我国仅在海口、万宁及文昌等自然保护区有小面积水椰分布。2007年，椰子研究所的椰子研究室团队意识到保护水椰的重要性，先后多次从万宁等地移栽水椰，开展移栽试验。经多年不懈努力，终于在椰子研究所国家热带棕榈种质圃热带经济棕榈圃移栽成功。

（http://szb.hkwb.net/szb/html/2018-04-19/content_295567.htm）

人民网：国家三级保护植物水椰在文昌引种成功

作者：符婧、王先伟、刘焱　　来源：中国热带农业科学院　　日期：2018-05-03

人民网讯　近日，国家三级保护植物水椰在文昌引种成功，落户在中国热带农业科学院椰子研究所国家热带棕榈种质圃热带经济棕榈圃。

据介绍，水椰属于一种真红树植物，是一种"胎生"的热带海岸植物，濒危种。水椰佛焰花序上的汁液含蔗糖15%左右，种仁可食，有防风浪、固海堤、绿化海岸、净化空气的作用，被列为国家三级保护植物。水椰对研究棕榈科的系统发育及起源，热带植物区、古生物学等都很有价值。早在2007年，中国热带农业科学院椰子研究所的椰子研究室团队就意识到保护水椰的重要性，先后多次从万宁石梅湾青皮林保护区引种，开展移栽试验。经多年的不懈努力，于近日移栽成功。中国热带农业科学院椰子研究所副研究员李和帅："在2013年下半年，我们移植到大观园以后，浇了一段时间海水，才引种成功，我们引种成功对于引种水椰，适应不同的生长环境提供了一定的经验，在今后的研究过程中，可以尝试拓展它的生态环境，为以后濒危植物的引种，提供一部分的经验。"

水椰的移栽成功对于珍稀棕榈的迁地保存意义重大，也对我国沿海红树林生态修复提供了重要试验数据。椰子研究所将对引种资源进行保护和收集，继续开展深入研究。（符婧、王先伟、刘焱）

（http://hi.people.com.cn/n2/2018/0503/c231190-31534672.html）

海南日报客户端：文昌公坡镇"矮椰间种"，向瘦地荒地要效益

作者：记者　傅人意　　来源：中国热带农业科学院　　日期：2018-08-19

荒地瘦地能否种出农作物产生经济效益？一年时间里，一片面积75亩的荒弃坡地竟种出椰子树，且间种红薯和牧草。将荒地变良田的"魔术师"究竟是谁？8月19日，记者在文昌市公坡镇锦东村龙虎村民小组找到了答案。

台风刚过，文昌市公坡农联农民专业合作社理事长韩颖轩就赶忙来到地里"补苗"。这片地，正是中国热带农业科学院椰子研究所和该合作社合作的"文椰新品种示范和科技帮扶基地"。

"这些苗是给我们饲养的黑山羊食用的王草苗，一个多月可收割一茬。"韩颖轩指着旁边约1米高的矮椰说，矮椰自去年11月开始种植，椰子苗和王草苗均由椰子研究所提供，合作社负责管理。

韩颖轩口中的矮椰，是中国热带农业科学院椰子研究所新研发出的"文椰2号""文椰3号"。

"相比于海南本地高椰品种，这两种矮椰年产量可达180个/株，挂果时间也从七八年缩短至三四年，年产值每亩1万元以上。"中国热带农业科学院椰子研究所研究员范海阔介绍，文昌当地有不少瘦地坡地造成撂荒，经济效益不高。椰子研究所借力这块"试验田"，希望通过指导农户种植矮椰，间种红薯、牧草等短期农作物，实现农田效益最大化。

范海阔介绍，牧草是短期作物，矮椰的收获期是三年左右，通过长短结合的模式，降低了农户的种植风险，也有效提高了土地利用率和收益。"目前看来矮椰和其他间种的农作物长势都不错。"范海阔说。

事实上，在不少当地村民的传统观念里，椰子树一般都要种在房前屋后，村里人对种在坡地上的矮椰心存疑惑。

"这种矮椰，我早前跟着研究所也做过市场考察，椰子水很甜，而且有一种香味，挂果后市场前景应该很不错。"韩颖轩说，专家在管理技术上进行帮扶，"只要一个电话，专家就会来到现场指导。"

对于韩颖轩来说，这片"试验田"是一片宝地。原本，他养殖100头黑山羊，但是由于散养不易管理，且缺乏牧草喂养，无法形成规模养殖。在和椰子研究所的专家沟通后，他决定在村里以150元/亩的价格租下75亩地。

"去年我在矮椰间间种了10亩番薯，加上羊粪施肥，番薯收成很好。而收获的番薯、草，我们再做成羊饲料，形成循环养殖。"韩颖轩说，采取矮椰间种的模式后，山羊的"食堂"就在离羊圈800多米的地方，养羊心里不慌了。今年，韩颖轩山羊养殖规模已扩至200多头。

锦东村党支部书记韩光说，龙虎村土地比较贫瘠，村民多外出打工谋生，村里经济效益低的集体林地达1 000亩。"种植椰子是绿色农业，抗台风，效益高。如果'试验田'成功，可以带动村民复制推广这个模式。即便是靠出租土地，瘦地荒地能种出东西了，也能租出好价钱。"

（https://hndaily.cn/api_hn/res/html/2018/08/19/cid_100_141446.html?from=singlemessage & isappinstalled=0）

农民日报：小椰子串起"一带一路"科技大合作

作者：农民日报 操戈 邓卫哲　　　来源：中国热带农业科学院　　日期：2019-01-15

椰子在"一带一路"沿线主要热区国家都有种植，更是东南亚各国和太平洋岛国的主要经济作物。近年来，中国热带农业科学院椰子研究所（以下简称"椰子研究所"）以椰子为媒，积极加强国际科技交流合作，支持国内农业企业走出去。

用实力助力他国椰子产业

2018年，椰子研究所研究员范海阔几乎每个月都要出趟国，先后去了越南、柬埔寨、泰国、密克罗尼西亚等八九个国家。出去的目的只有一个，加强两国椰子产业合作交流。

"没想到密克罗尼西亚联邦总统克里斯琴专门花了半天时间接见专家团，讨论培训及资源普查情况。"范海阔说，让他印象最深的是密克总统高度赞扬热科院专家带来了实实在在、农民所需的技术，并提出能不能帮助他们建设热带作物科技示范园，愿意免费提供土地。

密克罗尼西亚联邦是重要的太平洋岛国，也是我国"一带一路"建设的重要伙伴国家。为迎接中密两国建交30周年，2018年受农业农村部委派，热科院专家团在当地开展了为期1个月的培训，主要培训当地农业官员和种植大户。

热科院专家在当地官员和技术人员带领下，每到一处先对当地椰子生产、病虫害以及作物资源等基本情况进行深入考察，并针对性地根据每个州的不同情况进行备课，围绕椰子品种识别、丰产栽培、综合加工和椰园间作、病虫害综合防控等实用技术开展培训。

范海阔说，由于当地办公设施有限，为了让学员更直观地了解现代椰子生产种植和加工工业发展现状，引导学员从事简单的椰子加工制作，热科院专家团队专门从国内托运了培训课所需的打印机、投影仪等教学设备。手把手教当地种植户如何杂交制种、繁育椰苗、识别病虫害。

椰子研究所参与"一带一路"沿线各主要椰子生产国科技交流的步伐，就像范海阔等椰子产业专家忙碌的身影一样，越来越频繁和紧密。

去年，在椰子研究所牵线搭桥下，海南省政府与斯里兰卡科技部签订科技合作协议，推动了海胶集团与斯里兰卡西方省合作建立橡胶示范基地。这得益于，椰子研究所早在2003年就与斯里兰卡椰子研究所、椰子产业局等科技部门建立起的密切科技合作。

2016年，椰子研究所培育的椰子新品种"文椰3号""文椰4号"在老挝试种成功。老挝方力邀该所继续提供椰子新品种，并派专家帮助发展鲜食椰子产业。

在马尔代夫，70%以上的树木是椰子树。近年来，该国椰树遭受椰心叶甲入侵，造成极大为害。马政府向中国政府申请技术援助后，椰子研究所即派出专家帮助马尔代夫建设椰心叶甲天敌工厂和椰子害虫联合试验室，为这个以景色闻名的岛国留住了最美的景致。

"小椰子，发挥科技外交大作用。"在椰子研究所所长王富有看来，椰子研究所能够服务科技外交，一方面得益于自身的研究实力，该所在椰子品种培育、病虫害防治和海南高种椰子基因测序等科研领域均处于世界领先水平；另一方面是与国际研究机构建立起的长久合作关系，有了"一带一路"倡议支持后走出去的机会更多，获取的信息更丰富。

用科技护航农企走出去

小椰子大产业，受国内热区面积所限，近年来越来越多的农业企业尝试走出去。气候、品种、土壤等资源条件以及市场状况等都不熟悉，企业走出去亟须科研机构保驾护航。

佛山市雨林进出口贸易有限公司董事长陈大泉是国内较早从事椰糠进口的客商之一，他每年从东南亚进口2万多吨椰糠到国内。这两年，在椰子研究所支持下，公司在柬埔寨种植了1万多亩文椰4号矮种椰子。

之所以敢高成本从国内拉椰子苗过去种，陈大泉直言，正因为有椰子研究所从前期项目土地考察、可行性研究，到落地后的种苗繁育、种植管理和产品深加工等全程科技支撑。柬埔寨没有矮种椰子，椰子研究所的新品种，品种纯、产量高、抗性强，既能当鲜食果卖，也能做油料加工果。

"文椰4号"是椰子研究所自主选育的矮种椰子优良品种。作为国际椰子资源网组织成员国之一，椰子研究所一直同世界椰子主产国保持着紧密联系和高度合作，致力于椰子种质资源和新品种培育研究，建有我国唯一的椰子种质资源圃，保存了来自世界各地的100多份椰子种质资源。

在椰子研究所帮助下，雨林公司还与柬埔寨皇家农业大学签订了合作协议，有效解决了企业在国外发展所需的人才和科研场地保障问题。

为了让国内企业更直观地了解国际椰子产业发展状况，椰子研究所每年都会组团去国外考察。范海阔称，2015年泰国椰子油大会，共组织了十几家国内椰子企业去泰国参会，提供全程翻译和导游，还组织大家考察泰国主要的椰子油加工企业，了解当地椰子油生产工艺和产品、市场。同时，还组织国内企业去越南考察交流，帮助中资企业考察越南的生产现状，为其去越南建椰浆厂提供技术支持。

用平台促进国际交流研讨

除了服务企业走出去，2016年椰子研究所还发起成立了海南椰子产业创新联盟，并连续举办三届产业联盟大会，邀请国外椰子协会及企业来华交流。2018年年会吸引了来自印度尼西亚、越南、斯里兰卡、柬埔寨、孟加拉国等"一带一路"沿线椰子主产区国家的行业专家、政府代表、企业代表参加。大家围绕椰子种植和加工的国际合作、全球椰子产业现状与投资分析、全球油脂发展趋势和椰子油产业展望等议题展开深入讨论。会议期间，印度尼西亚椰子技术协会与联盟签订谅解备忘录，从技术信息共享、提供服务、共同开展活动方面进行合作。

担任海南椰子产业创新联盟秘书长的范海阔介绍，为了提高国内椰子产业的国际竞争力，椰子研究所还通过自身科研交流渠道搜集国际国内的椰子产业信息，每个月定期以信息动态简报的方式，免费提供国际主流椰子产品价格动态信息、重大科技创新信息等给国内企业参考。

随着中—马椰子害虫联合研究中心、中-阿椰枣研究中心、中国—柬埔寨农业试验站等一批国际合作平台先后建成。椰子研究所将依托这些平台和基地,更好地服务国家科技外交,帮助农业企业走出去。

(http://szb.farmer.com.cn/nmrb/html/2019-01/15/nw.D110000nmrb_20190115_3-04.htm?div=-1&from=singlemessage&isappinstalled=0)

海南日报:中国热带农业科学院椰子研究所与我省企业签约 院企合作 做强椰业
作者:海南日报　　来源:中国热带农业科学院　　日期:2019-02-01

本报海口1月31日讯(记者王玉洁 实习生林承婷)近日,中国热带农业科学院椰子研究所与海南鑫石投资有限公司签署椰子生产技术服务合作协议,为后者种植椰子提供为期15年的技术跟踪服务,为椰子产业发展注入科技力量。

海南日报记者了解到,中国热带农业科学院椰子研究所长期开展椰子优良品种的选育和推广工作,培育了"文椰2号""文椰3号""文椰4号"等一系列优良品种,同时形成了包括育苗、标准化栽培种植等在内的核心技术。

根据合作协议,中国热带农业科学院椰子研究所将为海南鑫石投资有限公司提供芽苗育苗、栽培管理、采后保鲜加工等椰子生产集成技术,助推海南鲜食椰子新品种推广。双方将合作在海南西部地区打造20万亩椰子种植园,顺应国内市场对鲜食椰子的需求,为百姓餐桌提供高品质的鲜食椰子,推动海南椰子产业发展。

(http://hnrb.hinews.cn/html/2019-02/01/content_5_5.htm)

科学网:海南岛的"椰子经"
作者:中国科学报记者 张晴丹　　来源:中国热带农业科学院　　日期:2019-02-26

"文椰"系列品种具有高产、早结、矮化、优质的特质,填补了国内矮种椰子的空白。

一到冬天,许多北方游客便如候鸟南飞般"迁徙"至海南,面朝大海,手捧椰子,何其惬意。近年来,水果型椰子不断受宠,加上国家对热带木本油料作物日益重视,椰子这一古老作物又涌现出新的活力。

为了契合海南气候条件、生长环境和市场需求,30多年来,中国热带农业科学院椰子研究所(以下简称椰子研究所)开展椰子品种研究,持续筛选和更新,培育出"文椰2号""文椰3号""文椰4号"三个新品种,一经推广就迸发出惊人的实力,并在"一带一路"建设中发挥重要作用。

品种创新,填补国内空白

作为全国唯一可以大面积种植椰子的地区,海南岛的自然环境和气候条件得天独厚,椰子是海南人民的"生命树"和"摇钱树"。

"海南省传统的椰子栽培品种投产期较长,需要七八年才能结果,而且产量不高,在种植密度很高的情况下,每亩的经济效益也较低,老百姓缺乏种植积极性。"椰子研究所椰子研究室主任范海阔在接受《中国科学报》采访时介绍。

从20世纪80年代开始，椰子研究所就开始了新品种的培育和研究。这是一个非常漫长的过程，历经三代科研人员的努力。

"我们在前辈们积累的经验和成果上，培育出了'文椰2号''文椰3号''文椰4号'，'文椰'系列品种具有高产、早结、矮化、优质的特质，填补了国内矮种椰子的空白。"范海阔说。

记者了解到，"文椰"系列品种通过海南省农作物品种委员会认定和原农业部国家热带作物品种审定委员会审定，是目前国内唯一的国审椰子新品种，可谓一枝独秀。

"文椰"系列都是3~4年开花结果，椰汁糖度高、椰肉细腻、口感好，但外观上各有千秋。"文椰2号"果皮颜色金黄、清新亮丽；"文椰3号"果皮颜色橙红、明快喜庆；"文椰4号"果皮绿色、果型圆而小巧。

为了提高椰子加入水果市场速度，椰子研究所近年来不断攻克技术难关，将新品种椰子种果发芽率提高到80%~90%，椰苗出圃时间缩短3到4个月，种苗具有根茎粗壮、健康、移栽成活率高等优点。这一专利技术还获得了2015年海南省科研转化奖二等奖，并获得国家专利证书。

每年，我国椰子产量约2.14亿个，尚无法满足近25亿个椰果的巨大需求，大部分仍然依赖进口。在范海阔看来，新品种椰子具有广阔的发展前景，必将成为我国椰子产业的中流砥柱。

事实证明，椰子研究所的成果逐步受到企业青睐，正在绽放光彩。近日，椰子研究所与海南鑫石投资有限公司签订900万元的椰子生产技术服务合同。

范海阔团队将为该公司在西部地区投资建设的20万亩新品种椰子园提供芽苗育苗、栽培管理、采后保鲜加工等一整套椰子生产集成技术，为该公司在海南发展椰子产业保驾护航，助推海南鲜食椰子新品种推广。

椰子为媒，促进国际合作

椰子在"一带一路"沿线主要热区国家皆有种植，更是东南亚各国和太平洋岛国的主要经济作物。

"文椰"系列不仅在国内"受宠"，在国外也同样"吃香"。2016年，"文椰3号""文椰4号"在老挝试种成功。老挝方力邀椰子研究所继续提供椰子新品种，并派专家帮助发展鲜食椰子产业。

随着"一带一路"的推进，国内越来越多的企业想要走出去另开辟一片天地。

柬埔寨没有矮种椰子，柬埔寨雨航国际椰子产业发展有限公司董事长陈大泉发现了这个商机。椰子研究所的新品种，产量高、抗性强，既能当鲜食果卖，也能做油料加工果。公司近两年已在柬埔寨种植了1万多亩"文椰4号"矮种椰子。

陈大泉介绍，椰子研究所为公司走出去提供了强有力的科技支撑，无论是从土壤考察、苗种繁育、田间管理到精深加工，椰子研究所全程保驾护航。

作为国际椰子资源网组织成员国之一，椰子研究所一直同世界椰子主产国保持合作关系，致力于椰子种质资源和新品种培育研究，目前建有我国唯一的椰子种质资源圃，保存了来自世界各地的200多份椰子种质资源。

为了更好地加深国际交流与合作，2016年椰子研究所还发起成立了椰子产业创新联盟，并连续举办三届全球椰子产业联盟大会。2018年年会吸引了来自印度尼西亚、越南、斯里兰卡、柬埔寨、孟加拉国等"一带一路"沿线椰子主产区国家的行业专家、政府代表、企业代表参加，促成多方面合作。

"未来，我们还要加大椰子的科研力度，继续推广椰子新品种种植，研发椰子的高附加值产品，提高海南椰子的市场竞争力，将海南建设成世界椰子产品集散地。"范海阔表示。

（《中国科学报》，2019-02-19 第6版 农业科技）

南海网：中国热带农业科学院培育出高产矮种椰子　株年结果达200多颗

作者：南海网、南海网客户端　　　来源：中国热带农业科学院　　日期：2019-06-21

中国热带农业科学院椰子研究专家"矮化"椰子树的高度，可以让椰子树早开花，早结果，椰子产量提升近5倍。之前一株"高个头"椰子树年产果40多颗，"变"矮后竟高达200多颗。近日，南海网记者走进位于文昌的中国热带农业科学院椰子研究所，探访这些优质的椰子种苗。

椰子研究所研究员范海阔博士介绍，目前海南培育并主栽的椰子树新品种苗共有6个，其中"文椰2号""文椰3号""文椰4号"，是我国第一批矮化、高产、早结果的椰子新品种，它们填补了国内矮种椰子的空白，也改变了过去海南栽培品种单一、繁殖系数低的状况。

矮种新品椰子树较传统高种椰子树最大的优势在于椰子产量，矮种椰子树除了方便采摘和管理外，定植后3~4年就能开花结果，比高种椰子早结果4~5年；矮种椰树单株每年最高可结200个多椰子，而高种椰子年产量约为40多颗。

"文椰四号"椰子呈翠青色，个头不大。剖开一个，其间椰肉极细嫩，颜色也非常鲜亮，椰水清甜，糖含量达到8%，高出普通品种近一倍。范海阔说，这样的产品极受海南旅游市场的欢迎，经常供不应求。现在，矮种椰子的鲜果批发价高于高种椰子，每亩的经济价格在1万元以上。

椰子研究所现保存200多份种质资源，该园区也是我国唯一椰子资源保存圃。科研人员不断筛选出适合海南气候的新品种，助力椰子产业的发展。

范海阔告诉南海网记者，种苗一直是限制椰子产业发展的瓶颈，此前经矮化的种苗产品，需要3个椰果才能培育出一棵苗，且发芽率只有30%，繁殖系数极低。椰子研究所团队经过技术攻关，筛选出健康的种果进行科学的外皮处理，并采取不同的育苗机制培育出了新品种苗，现在，最新品种的种苗发芽率已提高到了50%~60%。

在这些珍贵种苗培育之前，椰子研究所椰子种苗年产量仅2万株，现如今已经提升到了年产40万株。为了保证椰农的利益，这些"科班"出身的种苗出园前，每株都有一个二维码"身份证"。只需扫码就能溯源，查询到椰子研究所的品牌种苗。

（http://www.catas.cn/contents/8/137347.html）

海南日报整版报道：海南椰子如何"长大长壮"

作者：李佳飞 实习生 梁小奕　　　来源：中国热带农业科学院　　日期：2019-08-27

99%的种植面积，10%的综合产值，这是海南椰子产业在全国的尴尬地位。

这种状况已经延续了多年，问题究竟在哪？如何破解困局？业界的心一直揪着。

连日来，海南日报记者走访多家椰子产品企业和中国热带农业科学院椰子研究所等科研单位，聆听各界学者、专家和业内人士的声音。

我省椰子种植推广难 进口椰子也解不了"渴"

海南椰子种植总面积仅60余万亩，年产椰子约2.4亿个，而我国每年需从东南亚进口椰子约25亿个，椰子产品加工原料基本靠进口，却仍然供不应求。

8月18日清晨，万宁市礼纪镇莲花村老罗村民小组，54岁的椰子种植大户罗世杰领着收购商在他的椰子园采收椰子。与海南岛上传统种植的椰子不同，他种的椰子树个头矮，椰果金黄，采摘人员不需要爬树，踩着半人高的梯子，便能轻松地将一串串金黄的椰子摘下来。

"这是文椰 3 号，是从马来西亚引进后经筛选改良培育出的新品种，我们管它叫'金椰子'。"罗世杰告诉海南日报记者，新品种的椰子树不仅个头矮，容易采摘，而且产量高，价格比较稳定，平均每个果的地头收购价可达 6 元，一亩地的年收益在 1.5 万元左右。

以前，罗世杰并不种椰子，他延续父亲的老路子，在万宁老家种植水稻和槟榔。2002 年，听说中国热带农业科学院椰子研究所培育出新品种，他决定用 20 亩地进行试种。种植 3 年后，他的椰子树就开始挂果。此后，他又逐步将种植面积扩大到 100 亩，并成立了合作社，带动周边农户一起种植。如今，正进入稳定产果期的椰子园就像一座"绿色银行"，每隔 10 天半个月，就可采收一批椰果，他一年卖椰子的收益可达近百万元。

"农民都是靠地吃饭的，当然是什么赚钱就种什么！"罗世杰说，海南传统的高种椰子不像金椰，一般要七八年才挂果，且产量低，一株传统高种椰子一年的产量只有 40 个果左右，而一株金椰一年可以结果 120 个，传统高种椰子的价格也远远低于金椰，经济效益低，所以农户都不愿意种，"鲜食椰子远远满足不了市场需求"。

截至目前，全国 99% 的椰子树分布在海南，海南椰子种植总面积有 60 余万亩，年产椰子约 2.4 亿个，而我国每年需要从东南亚进口椰子约 25 亿个，椰子产品加工原料基本依靠进口。

推广种植椰子为何不顺畅？中国热带农业科学院椰子研究所所长王富有认为，一方面，一些地方管理不善，导致椰子低产；另一方面，未选用高产高效的椰苗，传统椰子经济效益不高。

对此，中国热带农业科学院椰子研究所专家团队提出，要加快培育椰子良种良苗，引导企业、农户种植良种椰子，建立高产高效良种椰子示范基地，推动椰子种植业发展。同时，要扶持发展椰子精深加工，延长产业链，提高产品附加值，培育椰子产业龙头企业。

椰子产业是块大蛋糕，海南加大挖掘椰子品牌价值

海南产值过亿的椰子加工企业不超过 7 家，中小企业居多，年加工椰子产品综合产值仅 200 亿元，不到全国总量的 10%。但海南椰子品牌的价值却无可限量，多家大企业布局、深挖椰子产业潜力。

尽管椰子产量有限，但海南岛椰子品牌的价值却无可限量。

今年 37 岁的邢少恋是海南本地人，从小在椰风海韵的文昌市长大。近年来，在海口做外贸生意的她偶然注意到，随着健康生活的理念渐入人心，外地许多打着"海南岛"旗号售卖的椰子油产品销路非常好。于是，2016 年，她返乡创业，注册"三禾椰娘"商标，开始专注海南本土高品质椰子油产品的生产。短短两年多时间，椰子油年销售额达 300 余万元。

"海南岛品牌是我们最大的优势，我们格外珍惜，因此特别重视产品的质量。"邢少恋告诉海南日报记者，"三禾椰娘"在不走商超渠道、不做铺天盖地宣传的情况下，短时间内取得这么好的销售成绩，出乎她的预料。

不过，面对激烈的市场竞争，内地同类企业强大的营销攻势，让邢少恋感觉压力不小，有时，她也不得不为内地企业品牌代加工产品。

海南大学经济与管理学院教授柯佑鹏认为，由于缺少大财团的支持和大企业的带动、缺乏创新意识，我省椰子产品加工企业与岛外企业相比，整体规模较小，市场竞争力不强，部分厂家甚至仍停留在家庭小作坊的阶段，同质化现象严重。

数据显示，2018 年全国注册的椰子加工企业共 1 280 家，其中海南省仅有 359 家，占全国总数的 28.1%；且海南省产值过亿的椰子加工企业不超过 7 家，中小企业居多，年加工椰子产品综合产值仅有 200 亿元，不到全国总量的 10%。相比而言，广东的 60 多家生产椰子汁的企业，年产值就超过 200 亿元，超过我省所有椰子加工企业年产值的总和！

"海南物流成本高，人力成本高，科技人才匮乏，椰子加工产品单一，产品附加值低，这些因素很大程度上制约了椰子产业的良性发展，亟须政府加快出台相关的扶持政策，让品牌价值拉动市场规模，从而提高经济效益。"柯佑鹏说。

由于看好发展前景，2018年以来，海胶集团开始布局椰子产业，计划在2018—2025年种植椰子10万亩，同时发展精细化的高端产品加工业，海胶集团总经理魏忠东接受海南日报记者采访时透露。

作为一家年产值近40亿元的中国饮料民族品牌——椰树集团对海南椰子产业的发展起到举足轻重的作用，因此格外受到关注。日前，椰树集团总经理赵波接受海南日报记者采访时坦言，虽然获得过多项荣誉，但是一直以来，椰树集团都受困于原材料供应不足的问题，"由于本岛椰果产量不足，椰子价格10年间上涨了3倍以上，企业加工成本快速上涨。为降低成本，企业不得不从国外大量进口椰子，这一方面较大程度地受出口国政策及价格的影响，另一方面，生产原料自给难以保障，很大程度上为企业的发展壮大埋下隐患"。

当然，除了"老生常谈"的原料供应问题，市场上鱼龙混杂的仿冒品牌也让椰树人哭笑不得。

"仿真到什么程度？外包装几乎一模一样！不仔细看，有时候连我们自己都认不出来。"赵波说，椰树集团曾经做过市场调查，据不完全统计，岛内外仿冒"椰树"品牌的椰子汁企业有100多家，雷同的外包装、相似的营销模式，对椰树集团的市场产生了很大的冲击。

此外，中国热带农业科学院椰子研究所产品加工研究室主任夏秋瑜介绍，我省传统椰子汁生产工艺是"椰肉鲜榨"，质量更高，但不可避免的是成本也相应地增加。而国内现行的椰汁生产行业标准，由于制定时间已久，部分指标定得不严格，未对原料用量及原料含量制定具体的规范。因此，有外省部分企业往往执行更低的标准，用椰浆制成椰汁，却宣传是"椰肉鲜榨"，对我省企业造成一定影响。夏秋瑜说，2018年，中国饮料工业协会对《植物蛋白饮料椰子汁及复原椰子汁》行业标准公开征求意见，但至今尚未颁布实施。

"这些年来，各级政府越来越重视知识产权的保护，对保护椰树品牌也付出不少努力，但我们还是希望，能从法制的层面，制定行业标准，维护市场秩序，推动行业公平竞争。"赵波表示。

据悉，目前，有关厅局根据省政府的统一部署，正在对此展开调研。调研结束后，将列出需要制定和修订的系列椰子标准清单，就完善椰子系列标准征求意见。

"椰子+"，还能加什么？

最具海南地域特色的椰子产业不光要涉及种植、加工业，也要与休闲旅游产业结合。

中国椰子看海南，海南椰子半文昌。文昌市东郊镇的海南春光集团从20多年前的家庭式小作坊一路走来，现如今已实现年营业额近8亿元。

"海南岛的椰子产量是有限的，随着企业的发展壮大，原料供应不足是大家面临的共性问题，估计短时间内也难以解决，不妨先学习借鉴内地椰子企业发展的经验，另辟蹊径。"春光集团创始人黄春光告诉海南日报记者，2016年，春光集团在印度尼西亚建设椰子供应基地，解决了原料供应问题。此后，他开始探索春光的转型发展之路——在离东郊椰林不远处的龙楼镇，春光打造的全国首个椰子文化主题观光工厂——椰子王国去年正式建成运营。"海南要建设国际旅游消费中心，那么最具地域特色的椰子产业就不光要涉及种植、加工业，也可以与休闲旅游产业结合，促进一二三产业融合发展。"黄春光说。

如何推动椰子产业做大做强？黄春光认为，海南岛有得天独厚的地理区位优势，应抢抓机遇，加大对椰子产业的扶持，争取减免椰子产品进出口关税和增值税等，以此吸引更多的椰子企业落户海南，带来人流、资金流和就业岗位，鼓励行业公平竞争，促进产业良性循环。

对此，中国热带农业科学院椰子研究所博士范海阔表示赞同，他建议，一方面，政府要鼓励有实力有条件的龙头加工企业"走出去",到东南亚国家建设椰子种植园,确保椰子原料的供应;另一方面,也要在海南省及附近能种植椰子的省份加大对高效、矮种椰子的种植推广,例如可进一步打造以东郊椰林、椰子大观园等为代表的具有椰风海韵的特色旅游观光园区,分别在中部地区、东南部地区扶持新建或改建椰子主题旅游景区;结合条件好、特色强的生产基地、休闲农庄建设椰子生态休闲农庄等。

此外,学界建议,还应深入挖掘椰雕、椰子传说、民间故事等椰子文化,可在文昌市建设椰子文化博物馆、在琼海市建设椰文化影视动漫基地等;培育壮大"文昌椰子""陵水香椰""万宁金椰"等现有品牌,扶持培育新的全国知名椰子品牌。

(http://hnrb.hinews.cn/html/2019-08/27/content_4_1.htm)

附 录

经过40年的努力,椰子研究所从一个试验站(科研辅助机构)发展到中国特色、世界一流的科研机构。椰子研究所取得的成绩得益于党和国家的政策支持,得益于农业农村部和热科院的正确领导,得益于所领导班子和广大职工的共同努力。为此,我们统计罗列了近15年的工作总结和计划,具体如下。

2004年工作总结与2005年工作计划

2004年工作总结

一年来,在院校党委和领导的关怀和支持下,在我所广大干部职工的共同努力下,按照年初制定的今年工作计划,锐意进取,与时俱进,不断探索内部改革,积极适应转制要求,各项工作效率都有了较大提高,取得了较好的工作业绩。

一、科研方面

(一)稳步推进,成绩显著

1. 开展科研项目申报工作

今年在项目申报方面,科技人员积极性较高,前后共撰写上报科研项目29项,其中农业部产业结构调整项目2项、农业部948项目1项、南亚热作专项6项、农业行业标准5项、省科技基金1项、省重点项目1项、院校指令性重点项目3项、院校科技基金项目9项、引进外国椰子加专家1项。

今年获得立项并资助的科研项目共14项,其中到位经费的项目10项,经费未到位的项目4项,到位经费款额共56.0万元。

2. 获得的科研成果

(1)结题并鉴定的科研成果。2004年度结题课题有6项,分别为农业部农牧渔业丰收计划项目"低产椰园改造技术的示范和推广"、农业部科成果转化资金项目"改造低产椰园提高产量与经济效益研究"、农业部跨越计划项目"椰子高产高效产业化示范项目"、院科技基金项目"分子标记椰子种质资源鉴定"、院科技基金项目"椰子杂交制种新技术研究"、院科技基金项目"椰花序汁液的综合加工研究",其中鉴定成果的有2项,分别为农业部农牧渔业丰收计划项目"低产椰园改造技术的示范和推广"和农业部科成果转化资金项目"改造低产椰园提高产量与经济效益研究",农业部农牧渔业丰收计划项目"低产椰园改造技术的示范和推广"获2004年度全国农牧渔业丰收奖三等奖,海南省科学技术进步奖三等奖。

(2)发表和交流的论文。今年共发表5篇国家一级学术刊物研究性论文;在"热带作物学会"论文研讨会上交流的论文有5篇，其中3篇被热带作物学会评为"优秀论文"。

3. 在科研项目的执行情况

按年初的研究计划和工作安排，各项科研工作顺利进行，各科研课题全部按课题计划完成了预定的研究任务。

（1）国家农业部跨越计划项目"椰子高产高效产业化示范项目"完成了4 000亩高产高效椰子示范项目的建设，并把技术灌输入农村，帮助农民提高椰子生产效益，提高农民收入。此项已完成课题任务，顺利通过农业部的验收与成果鉴定。

（2）农业部948项目"引进椰子杂交良种和繁育技术"课题已对引进的优良椰子进行大量的适应性栽培种植研究试种，并进行小区生产试种与驯化。

（3）农业部科技产品技术项目"椰子杂交品种——78F_1"，已完成大量人工杂交与自然杂交生产种苗技术改造工程，并逐步向海南主要椰子种植区推广应用。

（4）农业行业标准"椰子油""椰青""椰纤果"3个标准制定项目，已经按行业标准完成所有标准的初步制定工作，这3个标准的审定工作还需进一步完成。

（5）热带种质资源系统平台项目，已按项目要求完成椰子种质资源各类指标与数据的整理、归类与数据库的录入工作。

（6）海南省优势农产品区域规划——椰子部分，已全部按规划的编写要求完成规划的起草与修订工作，该规划已通过专家的初步评审。

（7）椰心叶甲啮小蜂的引进与利用项目，取得了较大进展，具体工作如下。

1）建立椰心叶甲生物防治实验室，为引进与利用椰心叶甲啮小蜂打好基础。

2）外聘黄光斗教授为椰心叶甲生物防治技术负责人。

3）派人于2004年9月23日至10月2日赴台湾考察，并学习培训啮小蜂的人工培育技术、田间释放技术，并于10月2日将1 000头啮小蜂成功引入椰子研究所啮小蜂检疫与培育实验室。

4）开展对啮小蜂的相关试验与研究。从台湾引进的啮小蜂F_0代、F_1代在海南成功被培育出，经观察研究，没有发现携带有害病原微生物和重寄生现象；在补充营养条件下啮小蜂各个世代寿命比较试验；啮小蜂的性比观察试验；啮小蜂的适应性繁殖试验；啮小蜂各世代寄生功能试验；啮小蜂分类地位及形态特征的鉴定；椰心叶甲成灾为害化学机制研究。

5）到目前为止，椰子研究所自筹经费投入椰心叶甲防治研究的实际花费共38.16万元，其主要建设项目有实验室的改造、试验设备的配备、椰心叶甲的预防、啮小蜂的引进与人员的技术培训、技术人员的聘用及养虫工人劳务费用等。

（二）积极参与学术交流与合作

（1）派唐龙祥副研究员代表我所，参加亚洲开发银行（ADB）资助的国际合作项目越南会议，研讨今后椰子项目的合作事宜；会上要求我所编制国际椰子食谱项目。

（2）邀请菲律宾椰子育种专家Gerardo A Santos先生亲临我所进行学术交流，指导我所进行椰子选育种科研工作。

（3）派人前往台湾省参观与考察，学习啮小蜂人工培育技术、田间释放技术，并引进啮小蜂。

（4）邀请台湾省昆虫专家赖博永教授、陈昭仁教授亲临我所进行学术交流，指导和培训椰心叶甲啮小蜂生物防治技术，使我所椰心叶甲生物防治技术有了进一步提高。

二、大观园建设

经过一年的不懈努力，大观园的建设成绩显著，并成功地于10月1日开园试业。主要完成以下几个方面工作。

（一）基础建设全面铺开、成效显著

为了使大观园在 2004 年 10 月 1 日对外试业，我所加快了大观园的建设步伐，并取得了显著的成效，使我所面貌得到很大的改观，在基础建设方面我们做了如下的工作：园内道路建设 977.45 米，其中一级路 411.5 米，二级园路 30.3 米，三级路 279.67 米，生态园路 256.28 米；大观园广场区域的建设面积为 1 759.7 平方米，其中广场前道 609.7 平方米、大门后广场 1 150 平方米；各种排水道 410 米；购物中心及二楼办公室装修；购物中心后花架底下及前道铺设水泥砖 487.55 平方米；科研办公大楼停车库 332 平方米；园内厕所两间共 110.8 平方；小木亭（小卖点）两个；另外还有园内音响系统、草坪护栏、摩托车棚、垃圾箱、交通指示牌等项目以及椰创园边防供电线路的迁移。

（二）加强园林绿化，大观园旅游环境不断完善

为了迎接十月一日的开园试业，所加大了大观园的绿化力度，铺设杂交结缕草草皮约 58 000 平方米，园内主道边种植了美丽的色块，对大门广场、停车场园、园内卫生间进行了绿化美化，还移栽了 200 余株红黄矮椰子，这使大观园的旅游环境得到很大的改善。

（三）深入市场调查，确定大观园经营项目

对海南旅游产品的市场进行了深入的调查，在调查的基础上，结合文昌本地及椰子大观园的实际情况，提出了椰子大观园旅游产品的经营项目，旅游产品，确定价格，完成了大观园的商标注册和科普基地的挂牌工作。

（四）精心准备，顺利试业，初见成效

经过我所的精心准备，椰子大观园十月一日顺利试业，在经过一段时间的试业，取得了一定的成绩，同时也暴露出不少的问题。十月份试业情况如下售票处共接待客人 911 人次，门票收入 3 579.00 元，产品销售额 7 127.00 元。

（五）结合实际，开展产品研发

进行了椰子鲜榨奶的工艺及配方试验，完成其试验，并转化为生产销售；开展椰花酒，椰花醋产品的前期开发工作，进行了椰花酒，椰花醋专利咨询（包括生产工艺，外包装等专利咨询）完成椰花酒、椰花醋的下一步工作计划。

三、生产管理方面

（一）橡胶、椰子生产成绩喜人

完成橡胶冬春施肥管理；做好胶工割胶技术复训工作；割胶物资配购；2004 年少雨干旱，橡胶的追肥工作一度延迟，到 9 月上旬才完成，共施复合肥 9.35 吨；有效地控制了杂胶超标现象。今年的杂胶率占干胶的 15% 左右，比往年降低了 5%~7%，挽回损失 4 万余元；今年 4 月 20 日橡胶开割，至 10 月底完成干胶 50 吨，预计全年产干胶 63 吨，比原计划超产 10 吨，收入 76 万余元，杂胶 13 吨，收入 5 万余元。截至 2004 年 10 月份，我所椰子生产收入为 148 570.80 元，其中椰子果 138 198.80 元，椰子苗 10 372.00 元，超过了去年全年收入。

（二）加强了土地管理

我所有土地 6 800 多亩，除大部分已种上林作物，大部分实行承包管理，对部分没利用的荒地所里组织有关人员走访各队了解土地范围和作物情况，对地界桩的实际位置进行了了解和确认。

四、行政管理与后勤

（一）完善了部分管理制度

《椰子研究所机关人员考勤制度》等 14 项草案已经过讨论修改并分步实施，组织实施了上下班打卡和严格的考勤登记制度，每月公布考勤情况。草拟《综合办公室职责》和《综合办公室主任岗位职责》等 21 个岗位职责。经过多方征求意见和多次修改，这些岗位职责基本上已定稿。

（二）进行了机构设置的调整

把原来的行政办公室、党委办公室和保卫科合并为综合办公室。

（三）及时做好职工退休材料的整理和申报工作

为九名到龄退休职工办理退休手续；认真做好了全所在职职工工资和退休人员退休金的核定和发放工作；按时完成去年 10 月工资正常晋升和增加退休金申报材料的填报任务；按时完成了五位职工解决住院医疗费的报销问题；按时填报社会保障、住房公积金以及各种劳动报表。

（四）继续补充和完善员工信息库工作

其中包括《农业人事管理信息系统》《在职人员工资管理系统》和《退休（退职）人员退休金管理系统》。

（五）实行所务公开，接受群众监督

按时公开职工关心的问题，让职工了解我所的有关情况，关心我所的发展，积极参与我所的民主管理和民主监督工作。

（六）顺利完成了机关职工搬迁的后续工作

给 43 位职工办理了住房公积金的提取手续；办理了所购 12 套住房的房产证，同时也为职工购买的 20 套住房办理了房产证；为职工在"安居工程"购房办理了结算。

（七）完成了部分二队职工的搬迁工作

二队职工搬迁工作涉及职工多方面的利益，问题比较多，困难比较大。为了做好这项工作，所多次召开所务会议，研究二队搬迁中遇到的问题，出台了《椰子研究所关于二队职工安置和新住宅区建设的暂行办法》，制定了《二队职工搬迁的有关规定》，明确了搬迁中遇到的各种问题的处理意见；成立了"二队职工私建建设物评估工作小组"和"二队职工私种苗木评估工作小组"，完成了二队职工私建建设物和私种苗木的评估工作；多次召开二队职工大会和职工座谈会，认真听取职工的意见，同时也对职工进行细致的宣传教育工作；所领导也经常深入群众，了解群众关心的问题，解决职工的困难。在所领导和有关部门的共同努力下，在搬迁户人员的密切配合下，完成了 16 户二队职工的搬迁工作，为椰子大观园的按时开园试业创造了有利的条件。

五、存在的问题

2004 年的工作虽然取得了一定的成绩，但也存在一些问题。如下的工作需要在今后的工作中下进一步加强。

（1）科研项目的贯彻落实。

（2）科研成果的及时总结。

（3）加快椰子大观园的建设步伐。

（4）提高椰子大观园的知名度，推出椰子大观园的产品品牌。

（5）三队住宅区的建设。

（6）土地管理及利用工作。

（7）继续完善规章制度，尽快使本单位管理规范化。

（8）环境的整治。

2005年工作计划

2005年我所将高举邓小平理论伟大旗帜，以"三个代表"重要思想为指导，认真学习党的十六届四中全会的精神，坚持以经济建设为中心，全面贯彻落实科技体制改革的精神，积极稳妥推行各项改革，规范管理，加快建设速度，促进我所产业的健康发展，产生较好的经济效益和社会效益。具体的工作要求制订计划如下：

一、加快椰子大观园的建设步伐，适应科技体制改革的要求

（一）进一步完善园内的基础设施建设

椰子大观园的建设经全所干部职工的共同努力，已基本建成，并于2004年10月1日成功开园试业。由于大观园是按照4A级景区的要求规划的，现在的建设情况离4A级的景区建设目标还有很大的差距，景区的景点少。因此我们要加大建设力度，尽快完善园内的基础设施，增加活动项目和内容，丰富园内的点，吸引游客。2005年计划建设的基础设施和活动项目。

（1）水塘堤坝和垂钓鱼台的建设。要求在3月20日前完成。

（2）停车场的二期工程的建设。要求在3月20日前完成汽车主道的建设，并与现有的停车场的主道联结。

（3）园内一、二级路的建设。要求在4月20日前完成。

（4）旅游工艺产品品制作园区的建设。主要包括手工艺纪念品的制作坊，椰子食品包装车间的建设等。要求在6月30日前完成。

（5）其他。设立安全防雷设备、园内配电机房、职工篮球场的建设，收购造景材料和修补修边工作等。

（二）营造园内的椰子文化氛围，提高大观园的品位

（1）要充分利用椰子的各种各样的材料塑造出各式各样的景物，丰富园区的景点。要求在3月20日前建好3~5个景物。

（2）做好园内的植物配置工作，使园内的植物花色丰富多彩。

（3）搞好园内的环境卫生，保持园内的清洁。

（4）做好园内花圃的整体规划。要求在1月30日前提交方案，在3月1日开始实施。

（三）完善园区经营管理措施

（1）建立健全经营管理机构。旅游接待、旅游质量、旅游安全、旅游统计等项工作，每项工作落实到人。

（2）加强员工素质培训。要求上岗人员培训合格率达100%。

（3）经营管理市场化运作。从上到下要求做到责权利相一致，充分调动各方面的积极性、创造性、争取经营取得最大的经济效益、社会效益和环境效益。

（4）注重市场调研，不断改进经营管理。要定期或不定期地用各种方式了解游客对园区景观、设施、产品、服务水平和服务价格的满意度，并用以改进和完善各项建设和经营管理工作，创出一条有独自特色的经营路子。

（5）根据市场变化和游客求新、求特的需要，加强对旅游产品的研究和开发，不断推出更新、替代或后续产品，增加园区的生命力。

（6）按照国家颁发的旅游区（点）质量等级的划分与评定标准，努力创造条件，争取建成国家4A旅游区（点）。

（四）举行椰子大观园正式开张营业典礼活动

通过举行椰子大观园庆典活动，邀请各方面的嘉宾来参加，以此大力宣传椰子大观园，提高大观园的知名度和社会影响。时间拟定在3月底。

二、加大科研工作的改革力度，强化课题项目的执行完成，鼓励申报科研项目和科技成果

（1）要树立新的科研思想观念，以适应科技体制改革和体制创新的需要。根据科技体制改革的要求，我所将保留有10个创新编制，我们既要完成非营利所要求的科研任务，同时也要积极做好我们所的项目申报工作。

（2）要认真做好在研课题及项目的执行，要求每个课题及项目都要按时完成，提交结题报告和论文或申请成果鉴定。具体要完成的工作任务有以下几点。

1）椰子杂交新品种与技术的引进与利用948项目验收与鉴定。

2）椰花酒和椰花醋专利的申报。

3）依托948项目，进行红矮、黄矮、香水等椰子品种的引种试种技术成果鉴定。

4）椰心叶甲啮小蜂引进与利用技术的成果鉴定。

5）年计划发表论文论著6~9篇，其中国家一级核心刊物3~4篇。

（3）要修改原有的《科研管理办法》，使其更有利于鼓励班干部职工积极申报课题项目和参与支持科研工作。

（4）做好项目的申报工作，2005年计划申报的项目主要有以下几点。

1）椰园种养，提高农民经济收入（国家科技扶贫专项）。

2）椰心叶甲啮小蜂引进与利用（农业部948项目、南亚热作专项等）。

3）椰子产品系列行业标准的制订（农业部）。

4）计划申报院校科技基金项目3~4项。

5）计划设立3~5个所立课题，支持应用前景较好的研究课题，主要支持方向是旅游产品开发研究、观赏园艺与花卉开发研究、组织培养及危险性病虫害防治等研究项目。

（5）加强半岛基地的建设工作有以下几点。

1）不断完善半岛科研基地的建设，对半岛基地进行高标准规划高质量建设，使基地建设逐步规范化。

2）加强对半岛基地椰子（特别是结果椰子）的水肥管理和病虫害的防治工作。

3）充分利用半岛基地椰园，以承包方式发展其他种养业，达到既可护林保果又可以作为科研示范项目的目的。

三、加强横向联系交流合作，扩展我所的发展领域

（1）国际合作交流。争取引进国外专家1~2人进行学术指导，同时计划派送3~4名专职科研人员（加工、育种、植保）出国短期学习与培训，以提高专业技能和学术思维。

（2）积极主动与省教育厅及省团委的联系和合作，将椰子大观园确定为海南省中小学生课外学习活动实训基地，省内外青少年冬夏令营活动基地。

（3）开展与院所多方面的合作。一是合作申报研究课题项目，开展课题研究；二是合作招收硕士研究生，指导本科生的毕业论文；三是合作建立科研基地。

四、落实生产管理方案，抓好现有作物的生产管理，确保橡胶、椰子增产增收

（1）采取加强对橡胶的冬春施肥管理，做好白粉病防治工作，抓好胶工的割胶技术复训等，争取干

胶增产10%，产量达到64吨，杂胶15吨。

（2）继续落实各试验队和半岛椰子的承包方案，椰子产值18万元。

五、继续深化所内体制改革

积极推进劳动人事关系和工资分配制度的改革如下。

（1）完善用人聘任制度。将按照所制定的《中国热带农业科学院椰子研究所岗位聘用制实施办法》实施聘用，建立新的人事劳动关系。

（2）实行薪资分配制度的改革。由于种种原因，我所职工之间的实际工资待遇存在着一定的差异，内部工资待遇的规定不够规范，不利于所事业的发展。所将规范工资分配的管理，同时结合当前科技体制改革发展的要求，实行"老人老办法，新人新办法"的基本原则。明确岗位职责，实施合理的激励机制，充分发挥每位员工的积极性与能动性。

（3）要逐步提高职工的工资待遇。目前我所差额职工的工资比较低，尤其是大观园职工的工资相对更低，我所将在明确岗位职责的前提下适当提高工资待遇。

（4）进行工作时间的调整。椰子大观园的开张营业，是我所转企前的重要举措。为了适应企业发展的要求，降低经营成本，在大观园内和半岛基地的职工实行每周6个工作日。

（5）建立健全各项规章制度，实行规范管理。要按照院校的要求和我所的实际，制定出相关的规章制度。

（6）发挥职代会和工代会的作用。将我所的各项重要改革举措通过职代会和工会的形式贯彻贯彻执行。

六、后勤服务工作

（1）做好椰创园的建设工作。椰创园住宅区的建设直接影响到我所主导产业椰子大观园的发展建设，直接影响到我所转企改制发展的问题。因此要加快建设，尽快将园内的职工顺利稳妥的搬迁到椰创园居住，保证椰子大观园的建设。

（2）建立职工餐厅。随着我所各项事业的发展壮大，职工队伍不断扩大，尤其是青年职工逐渐增加，职工上下班和作息时间也发生了很大的变化，建立职工餐厅，方便职工就餐势在必行。

2005年度工作总结与2006年度工作计划

2005年工作总结

一年来，在院校党委和上级领导的关怀和支持下，在我所广大干部职工的共同努力下，按照年初制定的年度工作计划，锐意进取，与时俱进，不断探索并进行内部改革，积极适应改革发展的需要，各项工作取得了较好的成绩。

一、科研方面

（一）科研申报工作

今年共撰写上报科研项目22项，获资助的科研项目共15项，计划经费共208.2万元，到位经费共170.2万元，未到位经费38万元。其中国际合作项目1项、省部级以上项目7项、横向合作项目2项、院基金项目5项。

（二）取得的科研成果

1. 结题的课题共6项

（1）农业部优势农产品项目：优良椰子杂交品种——78F_1示范推广计划。

（2）农业部专项资金项目：农业行业标准《椰子油》制定。

（3）椰心叶甲成灾为害的化学机制研究。

（4）椰子产品的深加工工艺研究。

（5）椰衣介质在园艺栽培中的应用研究。

（6）椰花酒、椰花醋生产工艺研究。

2. 发表及交流论文共9篇

3. 完成了农业部专项资金项目农业行业标准《椰子油》的制定

（三）主要科研项目执行情况

1. 病虫害综合防治研究方面

农业部948项目和院基金项目——椰心叶甲天敌和应用技术引进及其推广。

（1）开展大量田间释放椰心叶甲啮小蜂防治椰心叶甲试验，如释放量、释放密度、释放方法、释放高度等试验。

（2）开展椰心叶甲啮小蜂田间放蜂后的防治效果调查与评价研究，如防治范围大小、迁飞的高度和距离、释放的生态环境对啮小蜂种群形成的影响等。

（3）开展了椰心叶甲田间消长规律的研究工作。

（4）已在海南、广东深圳等地区培育成椰心叶甲啮小蜂自然种群，并开展天敌生态环境适应性技术研究工作。

（5）开展大量繁殖椰心叶甲啮小蜂技术研究，目前能日生产啮小蜂5万~6万头，已在田间放蜂量750万头，取得良好的防治效果。现已开始试养椰心叶甲姬小蜂。

2. 椰子育种与组织培养方面

（1）院基金项目——红矮椰子完全自交系的培育研究基金项目已在进行。

（2）省基金项目——抗寒高产椰子完全自交系培育研究，用海南高种椰子做了一些套袋隔离自交的预备试验。

（3）海南省重点科技推广项目——马来亚矮种椰子产业化种植示范推广，派出科技人员到兴隆、海口等地进行技术服务，进行土壤的有机质、pH值、氮、磷、钾、钙、镁及多种微量元素的分析，进行叶片的氮、磷、钾、钙、镁及多种微量元素的分析，因地制宜提出了施肥管理方案，并且指导农民进行病虫害的防治。在海南范围内推广了多批马来亚矮种椰子种苗和种果，由于矮种椰子市场看好，且经过我们的努力宣传，目前我所培育的马来亚矮种椰子苗已处于供不应求状态。

（4）开展了椰子离体胚的培养研究工作。从采摘存放时间不同椰果中采集椰子胚进行分类处理，取得一定的成效，已在室内培养有近200株试管苗，计划明年3月份开始陆续进行室外移栽。同时，已开展油棕组培技术的研究。

3. 椰子种质资源研究方面

（1）完成国家科技基础条件平台重点项目"热带作物种质资源标准化整理、整合及共享"子课题"椰子种质资源标准化整理、整合"（课题编号：2004DKA30420）。制定椰子种质资源数据质量控制规范，并采用《椰子种质资源描述规范》对30种椰子种质资源的个性性状进行数据化表达，编写椰子种质资源数据质量控制规范专著。

（2）农业部948项目——引进椰子杂交良种和繁育技术：对引种的椰子进行适应性及相关栽培技术研究，并对引进椰子品种进行生物学性状的观测。

4. 椰子加工方面

（1）深化椰子产品的综合加工利用研究，提高椰子经济效益。完成海南省重点科技项目"新型椰衣栽培基质加工"、院重点项目"椰子综合深加工研究"、院科技基金项目"椰花酒、椰花醋生产工艺研究"和"椰子产品的深加工工艺研究"的研究与结题工作。目前已完成的工作有：开发出大颗粒、中颗粒及小颗粒三种规格的椰衣栽培基质，对椰衣栽培基质的理化指标进行测定，对小颗粒产品肥效的对比试验；优化椰花酒及椰花醋加工工艺，并对产品的理化指标进行测定；进行了鲜榨工艺及其副产品加工利用、椰子水的利用、椰子酒的开发、膳食椰纤维等研究；进行数据资料的整理及论文撰写。

（2）开展椰子食品标准的制修订等工作。完成农业部专项"农业行业标准《椰子油》制定""农业行业标准《椰纤果》制定"和"农业行业标准《椰青》制定"。目前已完成的工作有：收集和整理国内外相关椰子油、椰纤果和椰青标准；收集样品进行指标试验和验证，确定标准指标和试验方法；《椰纤果》和《椰青》已形成标准征求意见稿并进行标准征求意见。

5. 槟榔与油棕方面

为了扩展槟榔与油棕方面的研究领域，已初步对海南槟榔和油棕的主产区进行种质、栽培、种植性状、风害等情况的调查。

（四）加强合作与交流

（1）选派科研人员参加国际椰子遗传资源网（COGENT）在泰国举行的国际会议，共同研究国际农业发展基金（IFAD）资助项目的问题。

（2）选派4位科研人员赴印度尼西亚、新加坡、马来西亚考察椰子等棕榈植物的种质资源、育种、组培、加工、病虫害防治等科研情况，加强了交流，增加了沟通与友谊。

（3）选派5位科技人员赴越南和印度进行专业技术考察与培训。

（4）与生物所合作，共同建设高科技生物技术示范基地。该基地建设已经启动，基地总体规划正在进行中。

（5）与海南兰地高新科技有限公司合作在椰园内间种长寿芹，该项目已全面启动，已经在椰园内间种了约50多亩的长寿芹，现已有收获。

（6）与深圳城市绿化管理处达成协议，开启"椰心叶甲啮小蜂田间释放与防治试验"的研究，并获得10万元的资助。

（7）派多名科技人员参加中国热带作物学会举办的三次学术研讨会。

（8）2005年9月11日至9月14日 Mr Pons Batugal、Mr Jeffrey Oliver、Mr menno keizer 来到椰子研究所进行椰子扶贫项目交流，同时考察国际合作项目前期准备情况，并签订项目合同。

（9）2005年10月31日至11月11日由国际植物遗传资源研究所（IPGRI）和国际椰子遗传资源网（COGENT）派遣菲律宾工程师 Carlos dela Cruz 到我所讲学，同时针对我所正承担国际合作"在椰子种植区消除贫困"项目开展技术培训，主要培训内容有：椰衣纤维加工和天然椰子油提取与利用等。

（五）加强科研基地的管理

（1）不断加强半岛科研基地椰子的水肥管理和护林保果管理。完成了基地大门与基地围栏的建设。

（2）通过基地管理人员的努力，半岛基地加强椰子的水肥管理和护林保果管理，截至11月份生产嫩果12 766个，其中直接销售9 545个，收入11 448元，提供大观园3 221个；生产种果12 790个，其中销售种果6 900个，收入16 800元，用于育苗的种果5 890个。

二、大观园建设

(一) 加强基础建设,不断完善旅游环境

重建了鱼塘水坝,加宽加深了鱼塘,砌筑鱼塘周边护坡,建设了水中小岛;完成了二期停车场和园内一级道路约 2 800 平方米;建设了百棕旅游线路上的花架;完成了原二队道路西侧区域和办公楼周边的清杂和平整工作;完成了基础设施建设项目的配套绿化。

(二) 深入市场调查,广泛开展促销活动

(1) 积极参与并接洽了由文昌市旅游局举办的文昌地区旅游新产品新线路推介会活动,接待了海南旅游同兴联盟会员共 33 家旅行社,以及海口市旅游协会 8 家旅行社;登门拜访海口地区各旅行社,在深入了解市场信息的同时,向各旅行社投放了园区相关资料,宣传大观园。在中新社海南网上发布新闻头条 1 篇、院校新闻版发表标题新闻 1 篇,图片新闻 2 篇。完成了椰子大观园网站建设,并与多家旅游网站、摄影网站及院校相关网站之间互相进行了链接,以提高椰子大观园网站点击率,起到推广的效果。

(2) 初见成效:今年共与 120 家旅行社签订合作协议,接待 18 家旅行社安排 50 个旅游团,共接待游客人数 6 580 人,收入 61 734 元。

三、生产管理方面

(一) 橡胶、椰子冬春施肥管理

(1) 今年完成施肥橡胶 396.8 吨,椰子 54.2 吨。其中职工积肥 332.5 吨;购买化肥和各种有机肥 118.5 吨;顺利完成橡胶、椰子冬春施肥管理。基本完成橡胶白粉病防治。按照生产管理计划,完成了割胶技术复训;每月对胶工割胶技术进行检查,并根据检查结果进行奖惩,其奖罚当月兑现。

(2) 今年生产干胶 18.75 吨,收入 24 万多元;杂胶 5.01 吨,收入 2 万多元;除承包给职工管理外,生产椰果 6 280 个,收入 3 400 元。

(二) 加强了土地管理

我所有土地 6 800 多亩,除大部分已种上林作物外,还有部分荒地没有利用。为了以后更好地利用这部分土地,组织有关人员走访各队了解土地范围和作物情况,对地界桩的实际位置进行了解和确认。

四、行政管理与后勤方面

(一) 行政管理

(1) 完成了《工作检查实施办法》等 5 篇管理规章制度的初稿;编制了 25 个办事程序;修订了各部门制订的岗位职责,并把机构设置、岗位编制、办事程序、管理制度和岗位职责汇编成册。这些规章制度仍需进一步的完善。

(2) 制定《工资报酬和福利待遇实施办法》,完成分配制度改革工作。

(3) 着手建设生态文明队。组织有关人员到地方参观学习建设生态文明村的经验,完成了实验三队生态文明队建设规划,并按规划开始了主道路的建设。

(4) 根据我所各项工作的需要,分批安排职工家属就业。今年共安排 30 多名职工家属就业。

(二) 后勤工作

(1) 投资 3 万多元,组织实施了三队居民点供水设施改造,解决了职工用水问题。

(2) 投资 30 万多元,完成了基地供电设施的维修和改造,保证了职工的用水用电。

(3) 投资 10 多万元,完成了基地各居民点门窗的全面维修。

五、灾后自救工作

今年 18 号台风"达维"对我所造成重大经济损失。对进行的科研项目、科研设施、试验基地、试验材料、防风系统等形成严重破坏。遭到影响或被迫终止的科研究项目 23 个；台风断倒橡胶 13 537 株，椰子 473 株；职工生活基础也受到严重的损坏。这次风灾经济损失 3 464.40 万元，（直接经济损失 1 065.87 万元、间接经济损失 2 398.53 万元），其中科研项目损失 1 471.29 万元（直接经济损失 647.58 万元、间接经济损失 823.71 万元），橡胶生产损失 1 944.65 万元（直接经济损失 369.83 万元、间接经济损失 1 574.82 万元），职工生活基础建设损失 48.46 万元（直接经济损失）。灾后，我所及时组织全所职工进行抗灾自救工作，连续奋战了近一个月的时间，把受破坏的椰子种质圃、椰子试验基地、科学试验设施等进行全面的清理；处理风害林木；清理道路；抢收试验基地供水供电线路；清理椰子大观园环境，恢复其中的苗木等，将台风的损失降低到最低程度，也尽快恢复科研、生产等方面的工作。虽然我所在这次台风中受损严重，但由于防风工作布置周密，落实到位，没有造成人员伤亡。

六、存在的问题

2005 年的工作虽然取得了一定的成绩，但也存在一些不足。比如科研论文较少，有些科研项目没有完全落实到位；二队职工未能按时搬迁；规章制度不够完善，有些管理规定执行不到位，办事程序不够规范。基地居民点的危房未能及时改造等。存在的这些不足和问题有待在今后的工作中加以改进和解决。

2006 年工作计划

2006 年我所将高举邓小平理论伟大旗帜，以"三个代表"重要思想为指导，认真学习党的十六届五中全会的精神，坚持以经济建设为中心，全面贯彻落实科技体制改革的精神，积极稳妥推进各项改革，规范管理，加快建设速度，促进我所产业的健康发展，产生较好的经济效益和社会效益。具体的工作计划制定如下：

一、围绕"六室两基地"扎实有效地开展各项科研工作

2006 年，科研工作将围绕"六室两基地"开展，将推行科研岗位责任制，实行工作任务量化管理，责任到人。"六室"分别是中心实验研究室、产品综合加工研究室、植物保护研究室、组织培养研究室、育种研究室、槟榔与油棕研究室。"两基地"分别是半岛科研试验基地、对面坡合作试验基地。2006 年计划申报科研项目 15 项以上，计划到位科研经费 60 万元以上，组织学术交流不少于 3 次，鉴定成果不少于 1 项，申报专利 4 项，发表论文 10 篇以上，其中核心刊物不少于 2 篇。其具体工作计划如下：

（1）设立所自立课题 5 项（计划每项 2 万元）：要求立项时用多媒体公开答辩、结题时至少公开发表论文 1 篇。

（2）进行棕榈专业委员会成立挂牌及学术研讨会。

（3）完善科研管理办法，以有利于多渠道申报科研项目和科研项目的执行与落实。

（4）加强科研队伍建设，计划引进研究生 3~5 名，其中食品加工 1~2 名、作物栽培 1~2 名、遗传育种 1 名；拟聘请若干名客座专家和学术顾问。

（5）完成椰子研究所论文集（1980—2005 年）汇编。

（6）深化椰心叶甲生物防治技术研究工作，扩大椰心叶甲天敌的生产规模，完成 948 项目验收工作。

(7)继续开展国内外椰子种质资源的收集、评价与鉴定等和完善椰子种质圃设施建设,全面收集椰子各种质的生长、特性资料,并完成各种质的挂牌工作。

(8)建立槟榔、油棕种质基地,申报槟榔、油棕有关课题,建立种质资源圃100亩。

(9)申报有关椰子、槟榔和油棕组培方面的科研项目,扩大组培方面的研究领域,争取能有较大研究突破。

(10)继续深化椰子的综合加工利用水平研究,收集有关槟榔和油棕等棕榈作物在综合加工利用方面的资料,并深化和拓展至槟榔和油棕等加工技术研究。争取椰花醋产品能成果化或专利化,并投放市场。

(11)开展椰子工艺品研究与开发工作。

(12)收集棕榈病害资料归类存档,开展槟榔黄化病和芽腐病方面研究。

(13)加强两个基地的建设与管理。

1)完成科研基地与合作基地的整体规划。

2)加强基地椰子的肥水管理和鲜果销售管理。

3)完成基地道路建设与沿路绿化。

4)完成基地周边围栏建设。

(14)加强横向联系交流合作,扩展我所的发展领域。

1)加强国际、国内相关领域机构交流与合作。争取聘请国内外专家进行学术或生产技术指导,同时计划派送一定数量的专职科研人员(加工、育种、植保)外出短期学习与培训,以提高专业技能和拓宽学术思路。

2)开展与各院所多方面的合作。合作申报研究课题项目,开展课题研究,招收硕士研究生,建立科研基地。

二、加快椰子大观园的建设步伐,适应科技体制改革的要求

(一)进一步完善园内的基础设施建设

椰子大观园的建设开园试业一年有余,由于大观园是按照4A级景区的要求规划的,现在的建设情况离4A级的景区建设目标还有很大的差距,景区的景点还不够丰富。因此我们要加大建设力度,尽快完善园内的基础设施,增加活动项目和内容,丰富园内的景点,更好地吸引游客。2006年计划建设项目有:

(1)二、三级园路及生态园路的建设。

(2)鱼塘水边的建设(水上钓鱼台、水边小路和泊岸等)。

(3)购物长廊和小加工厂的建设。

(4)对铺面房的改造。

(5)停车场的二期余下部分工程。

(6)水坝护栏的建设。

(7)其他建设项目:园内设立安全设备、园内配电机房、广告牌、雕塑、收购造景材料和修补修边等工作。

(二)不断完善园区经营管理,树立大观园品牌

(1)建立健全经营管理机构、合理配置人员。

(2)加强员工素质培训,提高员工服务质量。树立"游客至上"的服务宗旨、"细微服务"的服务理念和"零投诉、零埋怨"的工作目标,并且把之贯穿到服务工作中的每一个环节。

（3）深入挖掘体现椰子文化内涵，以文字、图片、实物等多种方式展示给客人。

（4）着力开展市场调研工作，不断改进经营管理。做好旅游接待、旅游质量、旅游安全、旅游统计等项工作，每项工作落实到人。定期或不定期地用各种方式了解游客对园区景观、设施、产品、服务水平和服务价格的满意度，收集游客的意见与建设，以改进和完善各项建设和经营管理工作。

（5）根据市场变化和游客求新、求特的需要，加强对旅游产品的研究和开发，不断推出更新、替代或后续产品，增加园区的生命力。特别虽特色产品，如椰花酒、椰花醋及其他高级椰子工艺品等。

（6）加大旅游市场开发工作力度，采用各种媒介进行广告宣传和形成定期登门或直接联络的推广方式相结合，不断地提高椰子大观园的知名度。

（7）按照国家颁发的旅游区（点）质量等级的划分与评定标准，努力创造条件，争取建成国家4A旅游区（点）。

（三）国庆节前举行椰子大观园正式开园庆典活动（略）

三、落实生产管理方案，进行产业结构调整

（1）抓好现有橡胶生产管理。采取加强对橡胶的冬春施肥管理，做好白粉病防治工作，抓好胶工的割胶技术复训等，争取干胶产量达到16.5吨，杂胶2.2吨，产值25万元。

（2）继续落实各试验队和半岛椰子的承包方案，计划椰子产值12万元。

（3）重新确定胶工和椰子承包工人的工作量，调整剩余人员岗位。

（4）对台风损坏较严重的胶树林段，进行补种或产业结构调整。

四、继续深化体制改革

（1）建立健全各项规章制度，实行规范管理。要按照院校的要求和我所的实际，制定出相关的规章制度。

（2）积极推进劳动人事关系和工资分配制度的改革。

（3）发展其他产业，增加收入渠道。目前我所将椰子大观园作为主导产业进行培育，但是由于资金、人才、市场等各种因素的制约，虽然经过几年的建设与发展，还无法取得理想的收入，因此需要培育更行之有效产业。

（4）要逐步改善职工的生活条件，提高职工的生活水平。

（5）上半年完成职代会和工代会的换届选举，并召开职代会和工代会。充分发挥"双代会"在重大事务决策与监督管理的作用。

五、后勤服务工作

（1）做好周转房建设工作。周转房的建设直接影响到我所主导产业—椰子大观园的发展建设。因此要加快建设，争取在上半年完成，尽快地将园内的职工顺利稳妥的安置，保证椰子大观园的建设。

（2）完成一次职工体检。

（3）建立职工餐厅，方便职工就餐。

（4）做好各队生态文明居住区建设工作，美化职工居住环境。

（5）建设职工篮球、排球场，丰富职工业余生活，促进职工的相互交流，增强职工的凝聚力。

（6）做好危房的改造工作，确保职工居住安全。

2006年工作总结与2017年工作计划

2006年，在院校党委和院校领导的正确领导下，我所领导班子带领全所干部职工励精图治，奋发图强，通过强化制度管理，提高科研水平，增强发展后劲等一系列措施的实施，各方面工作取得了实实在在的成绩，为我所实现"十一五"发展规划奠定了坚实的基础。

一、放眼未来，制定并组织落实"十一五"发展规划

认真贯彻落实党的十六届五中全会精神，总结回顾我所的发展历程，认清形势与任务，准确把握院校的总体思路，对"十一五"时期（2006—2010年）我所科研、生产、科技开发等方面的发展作出全面规划，主要包括发展方向、发展目标、研究领域、学科建设、基础条件建设、科技条件建设、重大项目建设、人才队伍建设、产业发展规划等方面。2006年是"十一五"规划的第一年，我所按照"十一五"规划的要求，认真组织落实，基本上达到了规划的发展目标。

二、立足科研工作，科研水平不断提高

一年来，我所紧紧围绕"增强科研能力、提高科研水平"这一中心，始终把科研工作作为我所工作的重心，使科研水平得到不断的提高。

（一）强化科研管理，营造良好的科研氛围

作为专业性科研机构，营造一个良好的科研氛围，为科研人员创造能出成果、出好成果的科研环境是非常重要的。为此，我们进行了大量的调研工作，认真酝酿、反复探讨，出台了新的《科研管理办法》，强调对科技人员量化指标的考核与考评，把科研人员的待遇同承担的科研课题级别和科研成果结合起来，对有突出贡献的科研人员实行奖励。建立研究室管理模式，成立资源与育种研究室、耕作与栽培研究室、产品加工研究室和植物保护研究室，使各研究室相互竞争，相互提高。这两方面措施大大提高了科研人员的积极性和创造性，科研工作卓有成效。

1. 科研项目申报数量和质量明显提高

2006年在项目申报方面，科技人员前后共撰写上报科研项目60多项，其中国际合作项目5项、南亚热作专项4项、农业部行业标准项目8项、修购专项资金项目8项、省重点项目3项、省自然科学基金项目3项、院重点学科建设1项、院校科技基金项目8项、所自立课题15项、其他项目5项。在申报的这些项目中，获得2007年资助的项目有9项，分别是农业行业标准项目1项、省重点项目2项、省自然科学基金项目1项、院重点学科建设项目1项、院校科技基金项目4项；修购专项资金项目3项（385万元）已通过了有关部门的评审。另外，我所自立课题立项13项。

2006年获得资助项目共15项，总经费额为119.7万元。其中：国际合作项目1项、平台项目2项、科技成果转化项目1项、科技攻关1项、农业部农业行业标准项目1项、省农业行业标准2项、院基金3项、省林业局项目1项、横向项目2项。

2. 撰写与发表科技论文的数量和质量有所提高

2006年我所共发表论文20篇，其中国际刊物1篇、核心刊物8篇、省级刊物9篇、学术交流论文2篇。

3. 研究生培养工作不断加强

2006年，我所已有硕士研究生导师6名，并且首年开展招收硕士研究生，目前在校硕士研究生3

名，取得历史上零的突破。

（二）加强在研项目执行力度，项目进展顺利

（1）省科技重点项目"马来西亚矮种椰子示范推广计划"。

加强对椰子种质园的管理；收集了多个国家椰子嫩果的生产及销售情况；选好了马来亚矮种种植示范基地，并与种植公司及农户协调好了有关合作事宜；销售了几批马来亚矮种椰子种苗，并且为种植户提供了技术服务，如种植方法、管理方法、病虫害防治和土壤叶片测试等。

（2）依托农业部948项目。

"椰心叶甲天敌和应用技术引进及其推广"项目，大力开展椰心叶甲生物防治研究工作，主要工作为以下几个方面。

1）开展大量田间释放椰心叶甲啮小蜂、姬小蜂防治椰心叶甲试验，如释放量、释放密度、释放方法、释放高度等试验。

2）开展椰心叶甲啮小蜂田间放蜂后的防治效果调查与评价研究，如防治范围大小、迁飞的高度和距离、释放的生态环境对啮小蜂种群形成的影响等。

3）开展椰心叶甲人工饲料配方的研究工作，取得了一定的进展。

4）不断熟化椰心叶甲寄生蜂工厂化生产技术，目前能日产椰心叶甲寄生蜂40万~50万头，到今年10月份为止提前完成省林业局下达的7 000万头寄生蜂的生产任务，全年寄生蜂生产量超过去10 000万头。

5）加大椰心叶甲生物防治的宣传和技术推广的力度，在全省4家寄生蜂天敌工厂中，无论是生产质量、数量和管理等均得到了省林业局的充分肯定与高度评价。省林业局椰心叶甲生物防治现场会两次、文昌市林业局椰心叶甲生物防治现场会1次，都把我所作为主要的参观和示范点。

（3）农业产业结构调整项目。

"椰子丰产栽培技术研究"已完成示范椰子园的选点，对示范椰子园的生态环境、品种结构和种植密度进行调查，完成示范椰子园的土壤、叶片营养成分测试与分析，已制定低产椰园改造、施肥与调控方案，初步建立100亩低产椰园改造示范园。

（4）完成国际合作项目。

"在椰子种植区消除贫困"的技术培训、项目任务与项目验收等工作、更好地为贫困椰农服务。

（5）完成948项目。

"引进椰子杂交良种和繁育技术"项目验收工作。

（6）严格按原计划开展在研的院校科技基金项目，并取得较好进展。

（7）拓宽了科研领域，开展了槟榔种质资源的调查与收集、丰产栽培、组织培养、病虫害防治、产品综合加工与利用方面的研究工作，初步建立槟榔试验基地30多亩，种植槟榔3 800株。

（三）努力改善科研与办公条件

全年配备科研设备10多套件，经费款额60多万元；新增科研办公电脑15台（台式10台、手提5台），价值12万元；改善科研办公场所60平方米。

（四）积极开展科技下乡、科技服务工作，树立了良好形象

配合全省科技活动月，积极开展科技下乡、科技服务工作。全年科技下乡100多人次，发放技术资料3 000多册，举行"椰心叶甲防治技术"培训班和现场会5期，培训农民400多人，受益农民大约5 000多人，取得了良好的效果，得到了农民的好评，为我所树立了良好的形象。

（五）加强合作与交流，拓宽科研人员视野

组织科技人员参加国际学术研讨与交流6批30多人次，接待外宾30多人，出国访问2人。全年组织科技人员参加国内学术研讨与交流 10 多批 60 多人次，拓宽了科技人员视野，增强了同行之间的合作与交流。

（六）强化科研基地建设，突出科普与实习基地内涵，增强了发展后劲

（1）椰子科研示范基地，集科学研究、科技示范、科普教育、学生实习为一体。2006 年总共接待、接收高校实习生约 500 多人，其中短期实习 480 人，长期实习生 20 多人，成为热作院校名副其实的大学生科普教育与实习基地。

（2）对科研基地重新规划，改善基地道路、围栏等基础设施条件，不断加强半岛科研基地椰子的水肥管理和护林保果管理。全年新修基地道路 6 000 平方米，加修基地围栏 3 000 米，新建基地排水沟 2 000 米，新建成了槟榔种试验园 30 多亩。目前科研基地初具规模，为今后的科研工作打好了基础，同时也取得良好的社会效益。

（3）根据院校总体规划，配合完成院校科研示范基地"棕榈区"的建设工作，按时按质按量完成园区的规划、定标、种苗定植等工作。

（4）加强与生物所、海口试验站的合建基地工作。目前，与生物所合建基地已初具规模，已种上木瓜、橡胶、花木等转基因作物；与海口试验站初步达成合建园林绿化苗木基地的协议。

三、倾心打造椰子大观园品牌，为创新发展提供平台

（一）精心准备，顺利通过景区质量等级评定

为以最佳状态迎接评定，椰子大观园各部门在其他部门的配合下，从年初就开始筹备、整理、制作迎评材料等工作，将各项工作具体细化并划分到有关部门，落实到个人，使景区从园林绿化、导游接待、产品组织、对外宣传等方面都达到上佳表现。2006 年 3 月 18 日，海南省旅游局组织的景区质量等级评定小组对椰子大观园进行质量评定，他们对椰子大观园景区规划、景区建设、景区服务、景区管理等方面都很满意，评出了 830 分，使之以全岛 AAA 国家级景区参评单位的最高分顺利通过评定。

（二）加强对外宣传和促销工作，进一步提高景区的知名度

针对游客层次分析，适时采用大量优美的图片和文字，在国内一些知名的旅游论坛、旅游同业交易平台发布景区建设、景区活动等消息，将各类消息迅速传播。目前，通过网络搜索，以椰子大观园为关键词可搜索出 11 200 篇相关网页。同时，在中新海南网、院校新闻网将景区评级、总统来访、园区建设、台湾记者访问等事件以新闻形式发布。这些新闻也被海南当地各网络媒体积极转载，取得较好的宣传效果。

（三）改善景区的设施和环境，为游客提供满意的旅游环境

1. 基础设施不断完善

大观园的建设规划得到省市旅游专家的指点。根据专家的意见，完成了二期停车场及道路、游客中心、购物中心三个大木亭、两个休闲木亭、职工食堂、生态园路、购物中心、湖滨休闲区、周边围栏建设；完成了园内三间卫生间改造；完成了园内各类标识牌、服务介绍牌、广告牌和指路牌制作，这些项目的建设和改造为游客提供了优良、人性化的旅游环境，也为 11 月在大观园举行的海南第七届欢乐节文昌分会和大观园 AAA 国家级景区的挂牌顺利进行创造了条件。

2. 文化氛围逐渐形成

在文化内涵方面，深度挖掘大观园的椰子文化，充分利用椰子的各部分为材料，制作园内的导览图、桌子、椅子，具体表现椰乡人文。并深入乡镇、农村收集椰子为材料做成的日常用品、用具及古老的椰子食品加工工具等，用于为打造椰子大观椰子文化产品提供硬件基础。

3. 园内的美化绿化工作持续加强

依照年初的工作计划，持续有效地开展园内绿化美化工作，为了利于解说及观赏，将部分珍贵且有观赏价值的苗木移植到游览线路的重要区域，如飓风椰子、鳞皮金棕、各类蒲葵；在游览线路上种植冠幅宽大的乔木树种几百株，如印度紫檀、胭脂木、大叶榄仁、凤凰木等；结合留芳园区及办公大楼周边种植椰子苗的规划，对原有花圃进行改造，把有价值的苗木全部移植到园区定植。

（四）加大旅游产品的开发、采购和销售管理力度，完善销售管理

2006年的海南旅游市场整顿情况变化较大，旅游线路转变较快。针对这一情况，我们及时调整销售策略，并根据情况保持适度的宣传。针对即将到来的暑假，积极筹划、组织、推广椰子大观园2006年夏令营活动项目方案，提出椰子大观园的夏令营活动方式，以椰子文化为基础，通过讲座、观察、游戏等手段让孩子们了解我国的椰子研究发展和传统椰子文化。这类活动投放市场后，得到多家旅行社的关注，并有多家旅行社针对此活动提出一些意见及建议。目前，根据不同旅行社的需求调整夏令营活动产品，以期达到多方满意，友好合作的效果。

（五）完善园内的管理，提高服务质量

为完善内部管理，对原有的各项相关管理程序和作业指导书进行重新修订，新增导游员工作制度、游客中心工作制度、投诉处理机制、服务承诺、顾客满意度测评管理程序等，并根据工作进展制定各种工作表格和补充相关工作记录内容，根据游客的反馈意见，不断改进。今年我们顺利接待了游客10783人次，无一例投诉。密克罗尼西亚总统、议长、副议长代表团、华盛顿州代表团、GOGENT项目检查员游览椰子大观园后，对园区的管理和服务质量给予较好的评价。今年大观园收入6万元，其中门票收入2.1万元，产品收入1.7万元，椰子果收入2.2万元。

四、切实抓好生产工作，夯实增收创效基础

（一）及时采取有效措施，竭力恢复生产

1. 组织力量进行清理橡胶林段清杂

2005年9月的"达维"台风，造成我所正常开割橡胶由2005年的17 582株减少至2006年5 117株，椰子树损失也很惨重。我所及时组织大量人力清理台风损坏的树木，并顺利完成胶园和椰园的清理工作。

2. 加强橡胶和椰子的管理

由于台风的影响，原有的橡胶和椰子树受到严重的损坏，产量大幅度下降。为了早日恢复生产，我所投入一定的资金，强化对作物的管理。目前，橡胶树和椰子的长势良好，并收到一定的效益。今年生产总收入为57.3万元，其中橡胶45万元，椰子8.5万元，林木3.8万元。

3. 建立橡胶高杆苗圃

由于损坏的橡胶树太多，且有些橡胶树过于老化，且产量比较低，因此需要进行橡胶林段的更新。年初从橡胶所定购4 000株橡胶热研7-33-97芽接苗，在一队建立了橡胶高杆苗培育苗圃。

（二）调整产业结构，培育新的经济增长点

因台风影响，我所今年生产能力大大减弱，为了改变这种现状，我所除了加强现有作物的管理外，还对现在的种植结构进行了调整。扩大椰子种植面积，在试验四队2 100余株，220亩。

（三）加强土地管理，解决土地纠纷

1. 配合文昌市国土局做好我所土地修编工作

该项工作与文昌市和我所的长远发展有很大的关系，工作涉及面广、工作量大，需要调查连续10年有关人口、户数和土地利用等情况，并制定近期和远期发展规划，尤其是做好各项建设用地的规划。

2. 解决土地的纠纷问题

为解决我所土地长期被占问题，我们对所被占土地进行一次调查摸底，并将调查结果以书面形式向文昌市信访局反映，配合文昌市土地局认真做好与我所有关的地界的核对和审查等事宜，通过多种方式解决存在纠纷的土地问题。

五、扎实抓好行政后勤强化服务，为科研提供有力的保障

（一）进一步完善规章制度，各项日常工作逐渐规范

制定和修订各项规章制度，汇编成册，职工人手一册，并组织全体职工学习。规章制度的不断完善，各项管理工作也逐步规范化，效果明显。文秘工作较好地完成了文件的上传下达和文稿的撰写工作；财务管理制度进一步健全，保证了各项工作的正常运转；车辆管理进一步加强，在保证运行的情况下，节约了成本支出；档案管理逐步规范；安全保卫工作和环境卫生工作也有新的起色等。

（二）坚持以人为本，做好人才引进和职工福利工作

1. 做好人才引进和社保工作

多年来，人才缺乏严重地制约了我所科研工作的开展，造成了我所科研发展步伐缓慢。为解决人才短缺问题，我所制定了"十一五"人才战略规划。根据年初计划，今年我所引进了 1 名在加工方面具有多年工作经验的高级技术职称人才，7 名加工、育种、栽培等方面的硕士毕业生，2 名专科生，招聘了 7 名临时工，这大大地加强了我所科研队伍力量。完成了 24 名临时工补办参加社会保障工作和离开单位未参加社会保障人员补办参加社会保障的前期工作。

2. 改善职工的工作和生活环境

①完成了各队的生态文明队建设规划，按照建设规划，投资 22 万元，对试验三队的 500 多米长的道路及环境进行了改造，改善基地职工的生活环境；②完成了建设基地用房的前期准备工作；③投资近 5 000 多元，完成了半岛基地供水设施改造，解决了 7 户基地居民生活用水问题；④投资 14 万元，建设篮球和排球场各一个、配电机房一间，改造了办公楼周围近 300 多米长的道路，既美化办公环境，又给职工开展各种文体活动提供活动场所；⑤组织全所 270 多名在职与退休职工进行一次身体检查。

（三）完善"双代会"制度，充分发挥职工的参政议政作用

为了充分发挥职工代表的参政议政作用，以及职工代表大会在重大事务决策与监督管理的作用，充分调动以科技人员为主的广大职工的积极性，维护职工合法权益，我所修改《代表选举办法》《工会委员的基本任务》《工会委员选举办法》《椰子研究所职工代表大会制度》和《职工代表的权利和义务》等，完善了职工代表大会制度，并于 4 月 11—12 日召开我所第四届职工代表大会和第五届工代会，以后将定期召开。

（四）顺利完成出席文昌第十三届"人大"代表的选举工作

我所十分重视出席文昌第十三届"人大"代表的选举工作，严格按照文昌市人大常委会的有关文件精神，成立工作领导小组和办公室，专门负责这项，精心准备，按时完成了我所出席文昌市十三届"人大"会代表的选举工作，选出了值得信任的代表。

六、认真做好农业部项目建设前期工作，为项目的开展奠定基础

农业部"热带农业科技与交流基地"建设项目经过一年多的前期征地、搬迁、补偿、清杂、平整等工作之后，从去年年底开始进入种植围篱、填埋虾塘、改土、界桩明晰等保护性工作。目前，已完成围篱种植区红土改良和三角梅围篱定植工作。项目的总体规划工作经过多次征求意见和修改完善，现已基本完成，等待上报农业部批准后实施。

七、存在的主要问题

回顾这一年,尽管各项工作取得了一定的成绩,但离目标还有一定的距离。作为一个研究所,我们的工作中心应该是科技工作,但由于历史、人员、条件、领域等多方面因素的限制,要改变目前我所科技力量薄弱,科技队伍年轻化,产业发展缓慢,创收收入少,职工住房困难等现状,要使我所的科技工作更上一个新台阶,我们还需要做许多工作。这些问题的解决既要依靠上级的支持,更主要的是自身要克服等、靠、要的旧习,解放思想,拓宽思路,提高自身造血功能。

2007年工作计划

2007年我所将高举邓小平理论伟大旗帜,以"三个代表"重要思想为指导,认真学习党的十六届六中全会的精神,坚持科学发展观,以科研工作为中心,产业发展为目标,按照"十一五"规划的总体要求,积极稳妥推进各项改革,规范管理,加快建设步伐,不断提高科研水平,增加产业发展实力,实现和谐发展。具体的工作计划制定如下:

一、狠下工夫抓好科研工作,不断提高学术研究水平

2007年,按照"十一五"总体规划和科技管理条例的要求,计划申报科研项目30项以上,到位科研经费100万元以上,组织学术交流5次以上,鉴定成果4项,出版专著1~2本,发表论文35篇以上,其中核心刊物不少于10篇,申请2~4项目发明专利。具体工作计划如下。

(1)正式实施科研管理办法,以有利于多渠道申报科研项目和科研项目的执行与落实。

(2)扩大椰心叶甲天敌生产规模,力争每日生产椰心叶甲啮小蜂、姬小蜂达100万头。完成天敌工厂的搬迁扩建工作。开展槟榔黄化、芽腐病、红棕象甲等方面的研究。

(3)继续开展国内外椰子、槟榔等棕榈植物种质资源的收集、评价与鉴定等,并完善种质圃设施建设,全面收集种质的生长特性资料,并完成主要种质的挂牌工作。深化快繁技术研究工作。

(4)继续深化椰子的综合加工利用研究,开展椰子工艺品研究与开发和槟榔的综合加工利用研究,筹建椰子产品精深加工中试平台,争取开发5~8种产品并投放市场。

(5)开展低产槟榔园改造研究。

(6)完成948项目"椰心叶甲寄生蜂的引进与利用"的验收与成果鉴定工作。

(7)结合《修购专项资金》项目的实施,进一步加强半岛试验基地、三队种质圃和对面坡合作基地现有作物的水、肥及病虫害管理,完善基地的水、电、路、房屋、水肥池、围栏等基础设施建设,在现有的空地上新种植矮种椰子100亩,使试验基地真正成为我所科学研究、对外示范和创收的重要基地。

(8)在国际合作和交流方面,协助椰子遗传资源网在文昌举办"椰子扶贫项目"年会。选派部分从事产品加工的科技人员到马来西亚、泰国等国家学习和考察国外先进的椰子产品加工技术。

(9)举行棕榈专业委员会成立挂牌仪式,并举办一次学术研讨会。

(10)做好科技入户,技术推广服务工作,使科研工作能够更好地服务于"三农"。

(11)加强组织大项目申报与落实,争取修购项目655万元。

二、加大力度建设椰子大观园,逐渐提高知名度

2007年,椰子大观园将以提高景区知名度,增加游客量作为工作重点,逐步完善配套的基础设施,加大管理力度,力争全年游客将达到3万人以上,旅游总收入达到20万元以上,主要工作计划如下:

（1）以旅行社、学校和企事业单位为重点，加大宣传力度。不定期参加旅游交易会；制作景区的宣传品和宣传册；不定期在文昌电视台、侨乡报等媒体上进行宣传；充分利用网络平台进行宣传；与周边景区酒店进行捆绑销售；在高速路口、三队路边及停车场等地段建立固定式宣传广告牌；充实营销队伍。

（2）深入挖掘体现椰子文化内涵，以文字、图片、实物等多种方式，逐步完成椰子文化产品的设计和建设；完成鲜榨点附近洗手间的建设；完成中试工厂的规划和建设；完成饭堂附属设施的建设；完成烧烤区的建设；完善游客中心配套设施的改造工作。

（3）进一步完善内部管理，提高效益；加强对旅游产品的研究和开发，不断推出更新、替代或后续产品，增加园区的生命力，开发5种以上特色产品投入市场；完善并实施内部接待用餐；完善并实施批量游客用餐。

（4）完善绿化、卫生、椰子果的承包管理办法；加强增殖扩繁苗圃的建设和管理，培育市场急需的绿化苗木，并对大观园内的珍稀树种进行扩繁。

（5）建立健全经营管理机构、合理配置人员，加强员工素质培训，提高员工服务质量和讲解水平，着力开展市场调研工作，不断改进经营管理，做好旅游接待工作。

三、下大力气搞生产，夯实基础创效益

（1）加强对橡胶的冬春施肥管理，做好白粉病防治工作，抓好胶工的割胶技术复训等，争取干胶产量达到32吨，杂胶5吨，产值55万元。在一队新种橡胶32亩。

（2）强化椰子的水肥管理，采取有效措施做好椰心叶甲和红棕象甲对椰子为害的防治工作。做好四队新种植椰子的缺苗补植工作。在四队新种椰子250亩。

（3）完成一队三班至良坑路15个橡胶林带约70亩更新种植浆纸林工作。

（4）进一步加强土地管理工作，完成全所土地用地现状普查，逐步解决农民占地的问题，力争年内处理2~3宗农民占用土地。

（5）进一步加强一、三、四队的管理工作。

四、切实提高后勤服务质量，为科研工作保驾护航

（1）进一步完善各项规章制度，积极推进劳动人事制度和工资分配制度的改革。

（2）根据实际情况，强化人才队伍建设，引进人才，组织人才培训，提高人员素质。

（3）组织实施基地用房建设，做好二队职工搬迁工作，从而确保大观园建设工作的顺利开展。

（4）继续做好2007年度"修购专项资金项目"的申报工作，结合"修购专项资金项目"的实施，按照文明队的建设规划，完成一队和四队部分道路建设，并结合道路建设完成各队的环境治理。做好危房的改造工作和3个队的改厕工作。

（5）多方筹措资金，力争通过多种途径和方式解决椰创园的建设问题。

（6）根据规划和要求，做好高隆湾农业部项目基地建设的有关工作。

2007年工作总结与2008年工作计划

2007年在院党委和院领导的正确领导下，我们椰子研究所党委认真组织干部职工学习党的十七大精神，深入贯彻落实科学发展观和"三个代表"的重要思想。坚持以科学发展观为指导，并将其转化为椰子研究所的发展思路，推进椰子研究所各项工作的改革与发展，不断提高工作决策的科学性，增强管

理措施的协调性,把发展创新精神贯彻到工作的各个环节,取得较辉煌的业绩,开创了椰子研究所工作的新局面。

一、以新的科技管理理念和创新机制促进科技工作的成效

2007年1月1日我所正式实施新的《科技管理办法》,该办法强调对科技人员量化指标的考核与考评,把科研人员的待遇同承担的科研课题级别和科研成果结合起来,对有突出贡献的科研人员实行奖励。该办法实施以来,无论是科研气氛还是成果数量、质量和档次都有明显提高。

(1) 2007年共获得资助科研项目29项,总经费396.73万元。其中,国际合作项目2.5万元、农业行业标准项目7.0万元、国家科技支撑项目18.0万元、平台项目7.6万元、省重点项目16.0万元、省基金1.9万元、院重点学科建设15.0万元、院基金18.0万元、院本级科研业务费95万元、椰心叶甲专项生物防治(横向)192.03万元、外来有害生物预警8.5万元、热带作物科学数据中心项目2.0万元、海南省森林检疫培训经费6.8万元、国际培训经费6.4万元。

(2) 2007年共发表论文103篇,其中学报级核心论文6篇、一般核心期刊47篇、省级期刊50篇。

(3) 主编出版专著2本,参编专著2本、教材1本,获批专利2项,申报专利4项。

(4) 鉴定成果两项,均获得中国热带农业科学院科技进步奖一等奖,其中有一项获得海南省科技进步奖三等奖。

(5) 认定文椰2号、文椰3号两个椰子品种。

(6) 通过验收了"椰心叶甲天敌和应用技术引进及其推广"和"椰子丰产栽培技术研究"两项项目。

(7) 招收硕士研究生7名。

二、积极开展科技下乡和科技服务工作

积极主动配合全省开展的科技活动服务月的活动,组织科技工作者下乡开展科技服务工作。全年科技下乡100多人次,发放技术资料3 000多册,举行椰心叶甲防治技术、槟榔丰产栽培技术培训班,主办全省森林检疫员培训班和开展现场会培训7期,培训农民2 400多人,受益农民大约5 000多人,取得了良好的效果。

生产释放寄生蜂1.6亿头,为防治椰心叶甲对棕榈植物的为害,做出极大的贡献。

三、加强合作与交流

今年是我所参加学术交流活动最频繁的一年,全年组织科技人员参加国内学术研讨与交流10多批60多人次,参加国际学术研讨与交流3批10多人次,接待外宾120多人次,出国访问2人次,主办会议4次,其中国际学术研讨会一次。和中国热带农业科学院环境与植物保护研究所共同承办关于热带农林重大病虫草害防控技术研究专题研讨会,通过这些合作与交流活动,大大提高了科技人员的素质,开阔了他们的视野,拓宽了他们的研究思路。

四、行政后勤工作有条不紊的进行

1. 做好今年的人才引进

根据院批准的计划,我们严格按照院的有关规定,有计划、有组织、有程序,公开公正进行两次面试,从近20名面试者中,择优录取了4名植保、加工、栽培等方面的硕士研究生,加强了我们科研队伍的力量。

2. 做好仍然居住在椰子大观园内职工的搬迁工作

我们通过多种途径和办法解决职工的住房，从而使职工顺利搬迁。解决了椰子大观园的下一步发展和建设的问题，同时也确保2006年修缮购置项目的顺利进行。

3. 抓紧和落实修缮购置项目的工作

2006年修缮购置项目的时间紧、任务重，为按时、规范、安全完成2006年修缮购置项目的工作，我们抓紧有序组织精干人员完成了3个项目（共385万元资金）的实施工作。购置科研仪器设备10多套件，并新增一些科研办公设备。新修基地道路6 000平方米，加修围栏3 500米，新建水肥池20个，新建水塔1座，大水井一口。修缮房屋7幢，共1 020.94多平方米。大大改善我们的科研条件，改变了我们的基础设施，面貌焕然一新。

4. 继续做好2007年修缮购置项目的申报工作

我们认真总结2006年修缮购置项目的申报工作和执行过程中所存在的困难和问题，更加积极努力的完成2007年度10个修缮购置项目的申报和实施方案的制订工作，共申报项目资金820万元；完成2008年度3个修缮购置项目的申报工作，共申报资金427万元。

五、积极推进椰子大观园的工作

为提升椰子大观园的人气及关注率，做好椰子大观园的销售工作，2007年我们对省内外各媒体发布新闻20多条，其中覆盖海南本岛的一些重要媒体，如海南日报、南国都市报、海南电视台等，许多新闻还被新浪、搜狐、光明日报等国内外知名媒体转载；为夯实客源基础，还实施了与文昌市团委共同策划了"爱椰子爱海南"的科技推广年活动；针对酒店、出租车司机和各类游客制定了详细的销售方案和不同的政策；制作相关平面媒体材料，参加海南省国际旅游营销展销会等营销方案，这对提升椰子大观园的关注率，起到一定的推广效果，客流量和收入均有明显提高。全年共接待游客8 629人次，比去年增加22.3%；其中，旅行社放团数由原来的187个增长到218个，增长12.3%。门票收入达到31 257元，比上年增长44.9%。产品等销售51 547元。

六、改进生产管理和销售方式，提高经济效益

（1）积极采取措施，抓紧抓好橡胶的施肥管理，使得今年橡胶获得好收成。全年产干胶31吨，杂胶9吨。

（2）抓好作物产品的销售环节。今年我们组织有关人员对市场作了一定的调研工作，使我们的产品销售取得较好的效果，既保证了产品的销售，又保证资金按时安全回笼。全年收入82万元，其中：干胶收入62.57万元，椰子果收入4.44万元，椰子苗收入10万元，林木收入4.5万元。

（3）为更好地利用土地和保证土地的安全，种植3 780株椰子苗，约60苗地。

（4）加强科研基地管理，培育椰子优质种果4.2万个。

今年是我们椰子研究所取得成绩较辉煌的一年，这是在院党委和院领导正确领导和关怀下，我们全体员工锐意进取，顽强拼搏，奋发工作所取得的。

七、存在问题

回顾这一年，尽管各项工作取得了较好的业绩，但离我们制定的发展目标还有相当大的距离。作为一个国家级的科研机构，我们仍然存在诸多方面的突出问题，具体表现如下。

（1）科技人员的比例仍然比较低，高层次的人才严重缺乏，如尚未有一个博士，作为国家级科研单位是极为不相称的。

（2）研究工作做得不够深入和扎实，研究性的论文较少且质量不高，在国外刊物发表论文没有。

（3）产品的开发和利用的步伐缓慢，创收收入少。

（4）管理制度尚不够完善，执行也不到位。

（5）职工住房困难的问题，长期未得到解决。

以上这些问题的解决，我们既要依靠上级的大力支持，更主要的是依靠我们全体员工奋发努力，克服困难，拓宽思路，解放思想，勇往直前。

八、2008年的工作设想

2008年是我们深入学习党的十七大精神，以邓小平理论和"三个代表"重要思想为指导，以科学发展观统领全局，以科研工作为中心，产业发展为目标，根据"十一五"规划的总体要求，按照院的统一布置，积极稳妥推进各项改革，规范管理，求真务实，扎实工作，加快建设步伐，不断提高科研水平，增加产业发展实力，实现和谐发展。

具体的工作计划制定如下：

（一）狠下工夫抓好科研，不断提高科研水平

按照"十一五"总体规划的定位、发展目标和要求，进一步拓宽研究领域，加强与国内外的科研机构的合作与交流，尤其是国外的研究机构，深入开展科学研究和产品开发，全面推进椰子研究所的科研水平和研发能力，使椰子研究所成为在椰子等棕榈植物研究领域方面知名研究机构。具体工作计划要求如下。

（1）抓好科研项目的申报。计划申报科研项目30项以上，到位科研经费150万元以上。

（2）要提高论文的质量要求。我们要抓论文的数量，更要把握论文的质量。要大力鼓励科技人员充分利用先进的仪器设备，开展科学研究，多在国家一级核心刊物上发表论文，特别是在国外刊物上发表研究性的论文。计划全年发表论文70篇以上，国家一级核心刊物不少于10篇，其中研究性论文不少于30篇，SCI\EI等收录2~3篇。申请2~4项目发明专利。组织学术交流5次以上。

（3）抓紧成果的鉴定工作。要严格落实和检查科研项目的执行情况，及时做好科研项目的结题、验收和鉴定。完成948项目"椰心叶甲天敌和应用技术引进及其推广"、农业结构调整项目"椰子丰产栽培技术"、省重点项目"马来亚矮种椰子产业化推广"等成果鉴定工作。要鉴定成果2~3项，并做好申报奖励工作。完成两个椰子或槟榔品种的认定工作。

（4）落实在研项目的执行情况。各在研项目要抓紧按照项目计划内容的要求执行，充分使用好项目资金，确保科研项目按时按质的完成。

（5）继续开展国内外椰子、槟榔种质资源的收集、评价与鉴定等，并完善种质圃设施建设。拓宽科研领域，全面开展对油棕的研究与利用，成立专门研究小组，制定研究计划的开展研究工作，对油棕的种质资源进行调查与收集，开展生理生化、组织培养、病虫害防治等方面的研究工作，并建立油棕试验基地40亩。

（6）抓好椰子产品加工技术研发专业中心的组建工作，建立椰子产品精深加工中试平台。要依托科技支撑项目，积极主动的与企业沟通，开展合作开发研究，科技人员要主动深入到企业进行实践考察，针对企业的技术和产品存在的问题进行分析和研究，为企业排忧解难，树立良好的社会形象，提高我所的社会地位，并为所带来不少于10万元的经济效益。同时要做好科技成果的转化，争取开发3~4种产品投放市场，并申请3个以上的专利。

（7）要抓好椰心叶甲、红棕象甲和槟榔黄化病的防治研究工作。要稳定椰心叶甲天敌寄生蜂的生产规模，全年生产椰心叶甲啮小蜂、姬小蜂达2亿头，把椰心叶甲生物防治工作推广到广东、广西、云南

等地。

（8）结合《修缮购置专项资金》项目的实施，进一步改善全所科研试验条件和加强科研试验基地、种质圃的水、肥及病虫害管理，完善基地的水、电、路、房屋、水肥池、围栏等基础设施建设。

（二）抓住时机，完善椰子大观园各项工作

（1）要完善大观园日常管理制度的修订，加强内部管理。

（2）要采取多种形式多种方法的销售模式，提高大观园的经济效益。增加和丰富园区户外广告牌和园内标识牌的建设。

（3）要做好自制产品的生产和销售工作。要确保产品的销售质量，特别是自产的新鲜椰子果的质量。完成椰子综合加工厂和园区厕所建设。

（4）进一步完善园内的基础设施建设，不断完善园区绿化、景点改造和色彩搭配，丰富园区园林景观。

（5）不断加强对外宣传和促销工作。

（6）不断加强员工业务水平和服务技巧的学习和培训。

（7）计划接待游客15 000人次，门票收入5万元，产品销售10万元，总计15万元。

（三）理顺生产的管理，夯实基础创效益

完善《橡胶生产管理办法》《椰子生产管理办法》和《生产用工管理规定》，并通过执行。计划开展如下具体工作：

（1）按生产管理方案，对1 000株橡胶小苗施鸡粪227包，化肥1吨；对16 500株橡胶开割树施鸡粪1 800包，化肥11.55吨；对1 275株椰子小苗施鸡粪232包，化肥0.76吨；对1 300株椰子结果树施鸡粪296包，化肥1吨。

（2）加强橡胶椰子冬管工作，并按生产规定的要求施基肥和化肥。在橡胶白粉病发生高危期，做好田间预报、防治等工作。

（3）做好橡胶产品和椰子苗的销售工作。年产干胶25吨，杂胶7吨，预计50万元；椰子果4万个，收入3万元；椰子苗10 000株，收入15万元。共计68万元。

（4）计划种植椰子苗6 000株，约100亩地；种植油棕500株，约40亩地。

（5）对所的土地进行一次全面的规划和利用。进一步加大土地保护力度，明确相关人员责任，建立健全土地占用事件的通报和处理机制，保护所土地安全。加强土地承包合同的管理，督促承包人履行合同条款，按时缴纳承包租金。

（四）行政后勤工作要成为和谐发展的保障

（1）进一步完善各项规章制度。要修改和补充原制定的规章制度，尤其是财务管理方面的制度要进一步完善。同时要加强制度的执行力度，确保新的管理制度得到贯彻执行。

（2）按照院的统一布置要求，积极推进劳动人事制度和工资分配制度的改革，完成岗位设置和岗位聘任以及相应的工资调整工作。

（3）根据引进人才计划安排，4月份要对计划引进加工、植保、分子生物学、栽培等人员，进行公开招聘。

（4）安排好"修购专项资金项目"各项工作。完成2006年度项目的结算验收；组织实施2007年度和2008年度的各个项目。结合"修购专项资金项目"的实施，按照文明队的建设规划，完成一队和四队部分道路建设，并结合道路建设完成各队的环境治理。做好危房的改造工作，确保职工的居住安全。

（5）抓紧抓好职工集资建房的工作。把该项工作作为所职工办实事的一项重要工作来办。

2008年度工作总结与2009年工作计划

2008年度工作总结

一年来，在科学院领导的正确领导和关心下，全所干部职工以邓小平理论、"三个代表"重要思想和十大精神为指导，认真学习实践科学发展观，积极贯彻院新时期办院方针，扎实落实所年初制定的工作计划，以科研工作为中心，以科技推广与产业开发为辅助，以行政后勤服务为基础，团结协作，扎实工作，积极进取，不断地把我所的各项事业推向新的高度，现就本年度的工作总结如下：

一、以科研工作为中心，扎实推进显成效

我所始终抓住以科研工作为中心这条生命线，积极开展项目申报，加大项目执行力度，多方面开展对外交流与合作，各项科研工作取得了可喜的成绩。

（一）积极开展科研项目申报，争取更多科研成果

2008年撰写上报科研项目44项，其中，国际合作项目3项、公益性行业科技项目2项、国家科技支撑项目3项、成果转化1项、948项目1项、南亚热作专项4项、农业行业标准9项、省重点1项、省基金4项、科研业务费13项、申报专利2项。2008年共获得资助项目21项，获批经费633.99万元，其中到位经费392.25万元。其中，公益性行业科技专项135.00万元、物种资源保护专项20.00万元、国家科技支撑项目187.93万元、平台项目11.5万元、院本级科研业务费109.1万元、椰心叶甲专项生物防治142.4万元、948项目9.16万元。2009年我所共获批部级项目3项，省级项目4项。

2008年共发表76篇，其中SIC收录1篇、学报级核心论文10篇、一般核心期刊51篇、省级期刊13篇、参编专著1本，这也使我所实现SCI零突破。获批专利1项、申报专利2项。鉴定成果2项，其中《马来亚黄、红矮椰子种植示范推广》获得海南省成果转化二等奖、《椰园种养高效种养模式研究》获得海南省科技进步三等奖。通过农业行业标准《椰子产品 椰青》和《椰子产品 椰纤果》，现已颁布实施；并已完成行业农业标准《椰纤果良好操作规范》的专家审定，待颁布实施；完成《椰子种质资源描述规范》标准的送审稿。

（二）认真抓好项目执行，努力拓展研究领域

（1）依托国家科技支撑、省重点等项目，大力开展椰心叶甲生物防治研究及推广工作，主要工作为以下几个方面。①深入开展大量田间释放椰心叶甲啮小蜂、姬小蜂防治椰心叶甲试验，如释放量、释放密度、释放方法、释放高度等试验；②不断深入研究椰心叶甲人工饲料配方的有关工作，并取得了一定的进展；③熟化椰心叶甲寄生蜂工厂化生产技术，目前能日产椰心叶甲寄生蜂80万~100万头，全年寄生蜂生产量达1.64亿头（啮小蜂6 680万头、姬小蜂9 700万头）；④年初长期的寒害影响，科技人员对海南及广东的湛江地区、茂名、深圳等地区进行深入椰心叶甲功能反应、寄生率、种群消长动态影响和越冬越夏情况的调查；⑤加大椰心叶甲生物防治的宣传和技术推广的力度，在全省多家寄生蜂天敌工厂中，无论是生产质量、数量和管理等均得到了省林业局的充分肯定与高度评价；⑥椰心叶甲防治课题组配合中央电视台《百科探秘》栏目组录制"椰林保卫战"科教片，并在中央十套连续三次播出，大力宣传了我所椰心叶甲生物防治的科研成果，引起了极大的社会反响。

（2）依托国家支撑项目"红棕象甲防控技术研究与示范"及"红棕象甲的监测和预警关键技术研究"完成了红棕象甲形态特征及生殖器官观察，并对海南、广东、广西、福建的棕榈植物种植区调查红棕象甲发生为害情况，发现红棕象甲的寄主有13种，收集各地区的红棕象甲标本30份，实用图片100

张。同时正在进行红棕象甲生物学研究（发育历期、食性、交配、产卵等习性）及红棕象甲田间监测观测。

（3）南亚办物种资源保护项目"椰子种质资源收集保存及其新品种开发利用"：已对我国椰子主要种植区海南、广东、广西和云南等地椰子种质资源开展专项调查，并经过形态学及现代分子生物学等方法进行鉴定分析，初步筛选出各个地区综合性状优良的椰子种资源。并收集不同生态区（海南、广东、广西和云南）的椰子种质 30~50 份，并进行早期抗性鉴定，找出 3~4 个抗病、抗风种质资源，筛选优良品种，为进一步培育椰子新品种提供材料基础。

（4）省重点项目"低产槟榔园改造技术研究"：在万宁建立槟榔示范点 2 个，并在示范点开展了有机肥、肥化、微肥、水分等方面的试验研究，采集了 213 份植物与土壤样品进行测试。

（5）成立"槟榔黄化病防治小组"，同时依托国家科技支撑项目"槟榔黄化病防控体系构建与示范"先后对海南省主要槟榔种植区琼海长坡镇、龙江镇，万宁南林农场，陵水吊罗山农场，三亚南岛农场等地进行了槟榔黄化病发生为害调查，发现槟榔黄化病为害相当严重，发病率达 10%~30%，部分地区发病率高达 50%；在不同地区共采集槟榔病株病叶、病果、花序、病根及附近土壤样品 60 份。并针对目前国内外研究的现状，采用分子生物学技术开展了槟榔黄化病病原的鉴定技术研究。首先通过摸索多种实验方法，成功地建立了适合槟榔组织 DNA 提取的 SDS 提取法；采用巢氏 PCR 技术，目前正在进行槟榔黄化病植原体病原的鉴定及检测工作。

（6）严格按原计划开展在研的院本级科研业务专项，并取得较好进展。

（7）拓宽了科研领域，开展了槟榔种质资源的调查与收集、丰产栽培、组织培养、病虫害防治、产品综合加工与利用方面的研究工作。

（三）积极开展科技下乡，做好科技服务工作

今年年初，我国部分地区发生了严重的雨雪冰冻灾害，我所高度重视科技抗寒救灾活动，把科技抗灾救灾作为当前最紧迫的任务，心系农业，情系农民，集中力量，合力发挥科技支撑作用。派出三个工作组对重灾区深入田间地头，专家分别从栽培措施、灾后补救、病虫害防治等方面深入细致地对农户进行了技术指导，帮助农民早日恢复生产。

配合全省科技活动月，积极开展科技下乡、科技服务工作。全年科技下乡 100 多人次，发放技术资料 3 000 多册，举行椰心叶甲防治技术、槟榔丰产栽培技术培训班 3 期，培训农民 2 400 多人，受益农民 5 000 多人，取得了良好的效果。

（四）加强合作与交流，开拓科研视野

全年组织科技人员参加国内学术研讨与交流 10 多批 70 多人次，参加国际学术研讨与交流 1 批 10 多人次，出国访问 1 人次。通过这些合作与交流活动，大大提高了科技人员的素质，开阔了他们的视野，拓宽了他们的研究思路。

二、以科技推广与产业开发为辅助，夯实科研根基

在科技推广与产业开发方面，主要从挖掘椰子文化，提高科普基地的知名度，加强科研基地的管理与建设，研发新的科研新产品着手，不断夯实科研根基。

（一）深度挖掘椰子文化，提高科普基地知名度

椰子大观园是我所重要科普基地，为深度挖掘园内景观的椰子文化，进一步丰富园区建设。开展了"头脑风暴"训练等一系列项目，促进大家对椰子知识和文化的新认识。根据不同的市场主体，营销人员进行分工，并在各自领域开展各类型活动的策划。经过有关部门和人员的不懈努力，取得了良好的效果，今年参观人数与去年相比有了新的突破，预计明年参观人数将再次刷新，目前与通达旅行社签定

2009年学生团队约5 000多人次。这大大地提高了椰子大观园这个科普基地的知名度，使更多的人了解椰子科研知识和椰子文化，同时也增加了收入，为科研工作提供了很好辅助作用。截至11月30日，全年共接待游客13 929人次，比去年增加61.4%；其中，旅行社放团数由原来的218个增长到364个，增长67%。门票收入达到35 164元，比上年增长24%，产品收入50 633元。

（二）抓好基地作物的生产与管理，提高经济收益

（1）积极采取措施，抓紧抓好橡胶的施肥、割胶技术等方面的管理，虽然今年自然条件不尽如人意，但通过有关人员的努力，仍取得了接近上年的收成，即全年生产干胶30.5吨，杂胶8.8吨。

（2）做好椰子的除草、施肥、病虫害防治和小苗的移植工作。对基地所有椰子树进行全面施肥，对中小苗进行全面打药，移植椰子小苗9 000多株。

（3）抓好作物产品的销售环节。由于下半年市场波动，产品价格走低，我们组织有关人员对市场作了深入的调研工作，确保我们的产品销售取得较好的收益。全年作物产品收入70多万元，其中：干胶收入52.5万元，椰子果收入4.45万元，林木收入16.4万元。

（4）积极采取各种措施保护和利用我所的土地，想方设法解决土地纠纷，更新防护林带，制定我所土地五年规划，以便更有效地利用好我所的土地。

（三）致力科研产品研发，创造新增长点

为创造新的增长点，推进我所的产业发展和科技推广工作，我所致力于科研产品的研发，主要有椰子花汁酒、椰子花汁醋等产品的研发和椰子糖等新产品的包装设计，并取得了一定的成绩。

三、以行政后勤服务为基础，提供科研保障

在行政后勤服务方面，除了做好日常事务外，主要抓好人才队伍建设，管理制度建设、基础条件建设和民生工程，为科研工作的可持续发展打下坚实的基础和提供重要的保障。

（一）做好人才队伍建设，提高管理水平

1. 做好管理人员调整配备工作，加强管理队伍建设

根据《中国热带农业科学院椰子研究所科级机构设置方案》和《椰子研究所科级人员调整配备方案》，今年对我所科办、综合办、基地办和财务办的主任、副主任岗位进行竞岗调整，让一些年轻的科技人员进入所中层管理阶层。通过公开报名、资格审查、民主测评、考察、公示程序，重新调整配备资源与育种研究、耕作与栽培、植物保护和产品加工等4个研究室的主任。使研究员、新进的博士、硕士进入研究室主任行列。此次调整配备使我所科技管理队伍向年轻化和知识化转型。

2. 继续加大人才引进力度，充实科研队伍力量

近年来，我所充分认识到科研人才的重要性，不断加强科技人才队伍建设，引进了一批批的科技人才，不断充实我所科研力量。根据年初计划，先后进行两次大型面试，从近20名面试者中，择优录取了10名植保、加工、栽培等方面人员，其中博士3人、硕士7人，这也是我所首次引进博士。这些人才的引进进一步加强了科研队伍力量。

（二）制定和完善规章制度，提高管理效能

为了更有利于科研管理，提高管理效能和科研人员的积极性、主动性和创造性，在实施《科技管理办法》的基础上，修订《椰子研究所科技奖励办法》，新制定了《椰子研究所低职高聘管理办法》《椰子研究所实验室管理办法》《椰子研究所研究生培养方案》等10项科研管理制度，修订了《差旅费、会议费及其他开支的暂行规定》《财务内部控制制度》和《椰子研究所政府采购工作管理办法》等8项行政后勤管理制度，修订了《橡胶生产管理制度》和《椰子生产管理制度》等。这些制度的制定与实施，使我所科研管理制度得到进一步完善，管理水平和效能不断提高。

（三）抓紧落实修购项目，改善科研条件

今年修缮购置项目的时间紧、任务重，为按时、规范、安全完成修缮购置项目的工作，我们抓紧有序组织精干人员完成房屋修缮和基础设改造项目施工共9个项目，其中2007年7个，2008年2个，项目资金共545万元。购置仪器设备20多套件，并新增电脑20多台及一些其他办公设备。修购项目的实施极大地改善了我所的科研条件。

（四）继续做好修购和条件建设项目申报工作，争取获得更大支持

完成2009—2012年条件建设和房屋修缮及基础设施改造项目的申报工作，其中2009年获批155万元。完成热带棕榈作物研究实验室及辅助设施建设项目、棕榈种质圃项目、农业部高隆湾项目建议书和可行性研究报告的编写、申报工作，获批2 305万元，其中2009年1 205万元，2010年1 100万元。

（五）做文昌办事处的接待工作

文昌办事处协助院办接待各级领导及相关业务单位来访人员16批次，约180人次。在接待工作中，采用口头介绍、实物展示、参观等方式，向来访客人展示了椰子研究所的科研成果、科研项目以及未来发展规划和展望，各级领导及来访者对我所规范化的科研基地、活跃的科研氛围就留下了美好的印象，也为热科院树立了的良好形象。

（六）抓好民生工程建设

加强试验基地职工居住区建设，改善职工居住环境和条件。招聘所职工家属11人进入科研辅助等岗位，解决职工家属的就业问题。组织了全所288名职工进行一次全面身体检查。帮助办理139名职工家属的城镇居民基本医疗保险，解决了这些职工家属因病住院的后顾之忧等。

回顾过去的一年，尽管各项工作取得了一定的成绩，且某些方面取了一定的突破，但离目标还有一定的距离，还需要不懈的努力。作为一个研究所，但由于历史、人员、条件、领域等多方面因素的限制，要改变目前我所科技力量相对薄弱，科技队伍年轻化，产业发展缓慢，创收收入少，职工住房困难等现状，要使我所的科技工作更上一个新台阶，我们还有许多的工作要做。这些问题的解决既要依靠上级的支持，更主要的是自身要克服"等、靠、要"的旧习，解放思想，拓宽思路，提高自身造血功能。

2009年度工作计划

2009年，我们继续深入学习实践科学发展观，以邓小平理论和"三个代表"重要思想和党的十七大精神为指导，以科研工作为中心，产业发展为目标，根据"十一五"规划的总体要求，按照院的统一布置，积极稳妥推进各项改革，规范管理，求真务实，扎实工作，加快建设步伐，不断提高科研水平，增加产业发展实力，实现和谐发展。现将2009年工作计划制定如下：

一、狠下工夫抓好科研，不断提高科研水平

按照"十一五"总体规划的定位、发展目标和要求，进一步拓宽研究领域，加强与国内外的科研机构的合作与交流，尤其是国外的研究机构，深入开展科学研究和产品开发，全面推进椰子研究所的科研水平和研发能力，使椰子研究所成为在椰子等棕榈植物研究领域方面知名研究机构。

（一）抓好科研项目申报工作，强化在研项目的执行力度和成果的验收与鉴定

2009年计划申报科研项目30项以上，其中1项公益性行业科技、2项国家自然科学基金、2项成果转化、2项省重点项目，8项省基金项目，到位科研经费200万元以上。完成椰子离体培养课题及椰花汁课题的结题验收工作，鉴定成果2~3项。发表论文70篇以上，核心刊物30篇以上，其中研究性论文40篇以上，申请4~5项目发明专利。

（二）力抓椰心叶甲、红棕象甲和槟榔黄化病防治研究工作

抓好椰心叶甲、红棕象甲和槟榔黄化病的防治研究工作。稳定椰心叶甲天敌寄生蜂的生产规模，全年生产椰心叶甲啮小蜂、姬小蜂2亿头，把椰心叶甲生物防治工作推广到广东、广西、云南等地。组织由育种、栽培、植保研究室骨干力量组成的槟榔黄化病综合防控工作小组，深入一线调查调研深入开展槟榔黄化病综合防控工作。

（三）继续做好种质资源研究工作

继续开展国内外椰子、槟榔、热带经济棕榈种质资源的收集、评价与鉴定等，对基因库现有种质资源采用自交保果方式繁殖种苗。完善种质圃设施建设，并拓宽科研领域，开展油棕种质资源的调查与收集、生理生化、组织培养和病虫害防治等方面的研究工作。

（四）抓好椰子产品加工技术研发专业中心的组建工作，建立椰子产品精深加工中试平台

深化椰子的综合加工利用、椰子工艺品研究与开发和槟榔的综合加工利用研究，依托科技支撑项目，积极主动的与企业沟通，开展合作开发研究，促使科技人员深入到企业进行实践考察，针对企业的技术和产品存在的问题进行分析和研究，为企业排忧解难，树立良好的社会形象，提高我所的社会地位。同时要做好科技成果的转化，开发3~4种产品投放市场。

（五）落实在研项目的执行情况

严格按照项目计划内容的要求，认真抓好在研项目的执行，充分使用好项目资金，确保科研项目按时按质的完成。

（六）做好科技交流与合作工作

对外通过"请进来，走出去"思路，积极开展科技交流与合作，聘请知名的专家来讲学，传授前沿科技知识，组织科技人员参加学术交流与学习培训，提高科技人员的专业知识和业务水平。对内组织2期全所SCI论文交流活动，敦促每科研室举办12期以上科研室学术交流活动，承办1~2次大型学术交流活动，增强内部的沟通与交流，提高学术氛围。

二、扎实做好基地建设与产业开发工作，提高经济效益

（一）深化大观园的建设与管理，增加收入

进一步完善园内的基础设施建设，不断完善园区绿化、景点改造和色彩搭配，丰富园区园林景观，挖掘椰子文化，开发新产品和旅游线路，调整营销策略，加大宣传力度，提高园区的知名度，加强内部管理，提高员工业务水平和服务技巧和质量，从而提高园区的参观游客，深化科技推广，增加收入。计划接待游客15 000人次，门票收入5万元，产品销售10万元，总计15万元。

（二）抓好土地与基地作物管理，更大程度上增加收益

1. 加强土地管理

认真进行我所土地利用现状分析和土地中长期发展规划和2009年土地利用规划，行之有效地保护和利用好我所的土地资源。

2. 抓好基地作物管理，增加创收

抓好橡胶、椰子、槟榔等作物的除草、施肥和病虫害防治以及橡胶割胶技术等管理工作，抓好橡胶、椰子果、椰子苗等产品的销售工作。2009年计划产干胶30吨，杂胶6吨，实现产值63万元，椰子产值3万元，全年总产值66万元。

（三）继续做好科技新产品的研发工作

除了对现有科研产品的进一步改进与完善，还要开发出新的特色新产品，配合大观园科研基地产品销售和科技下乡活动加以推广，以推进我所的产业发展和科技推广工作。

三、力抓行政后勤服务工作，提供和谐发展保障

（一）进一步完善各项规章制度，加强执行力度

修改和补充原制定的规章制度，尤其是财务管理方面的制度，将完善的制度人手一本，并适时组织职工学习，提高职工对规章制度的程度，同时加强制度的执行力度，确保新的管理制度得到贯彻执行。

（二）继续做好人才队伍建设

按照所人才引进计划引进加工、植保、育种、栽培等硕士学历以上人员8人、本科生若干。同时通过参加培训学习、会议交流等方式加强现有人才的培养，提高现有人才的专业技术水平和工作能力。

（三）抓好条件建设和修缮购置项目实施工作

按照项目的要求，认真执行好条件建设和修缮购置项目的实施，其中包括3个2009年度条件建设项目和2007年、2008年未完成的13个修缮购置项目，以及完成热带棕榈作物研究实验室及辅助设施建设项目和农业部高隆湾项目等。

（四）继续抓好民生工程建设

继续改善试验基地居民区环境与条件建设；做好职工经济适用房建设的相关工作，争取此工作计划能够得到落实；创造更多就业岗位，以解决职工家属和子弟的就业问题；组织一次全所在职与退休人员的身体检查。

（五）协助院办做好文昌办事处的接待工作

制定文昌办事处接待管理方案，以更好地协助院办做好上级领导及有关人员来访的接待工作，展示了椰子研究所的科研成果，树立热科院的良好形象。

（六）做好其他行政后勤服务工作。

2009年工作总结与2010年工作计划

一、2009年主要工作与成绩

2009年，在热科院党组和领导的正确领导下，全所干部职工以邓小平理论、"三个代表"重要思想和十七大精神为指导，认真学习实践科学发展观，积极贯彻院新时期的办院方针，站在新的发展起点上，按照"团结、敬业、发展、创新"的理念，锐意进取，励精图治，各方面工作取得了较大的成绩，为我所实现"十一五"发展规划目标迈进了坚实的一步。

（一）真抓实干搞科研，成绩显著

1. 扎扎实实地做好科研项目申报工作

2009年撰写上报科研项目51项，其中国家基金项目2项、成果转化项目2项、公益性行业科技1项、科技人员服务企业项目2项、南亚专项1项、省重点项目9项、省自然科学基金项目6项、农业行业标准3项、引智项目2项、院各所科研业务专项23项。2009年获得资助项目30项，获批经费405.37万元，其中，公益性行业科技专项51.00万元、物种资源保护专项15.00万元、国家科技支撑项目80.95万元、农业行业标准项目13.00万元、省重点项目20.00万元、省基金项目4.00万元、948项目4.00万元、椰心叶甲专项生物防治（横向）125.86万元、省农业厅项目16.00万元、院本级科研业务费59.00万元、中外援建项目10.00万元、热林所合作项目6.00万元、中科院合作项目1.50万元。2010年共获批部级以上项目7项，其中公益性行业科技1项864.00万元、成果转化1项70.00万元、

物种保护1项20.00万元、科技人员服务企业项目1项30.00万元、农业行业标准项目2项11.00万元、948项目11.00万元。

2. 认认真真地抓好科研项目的执行

（1）依托公益性行业科技项目"螺旋粉虱植物源杀虫活性物质提取、评价及创新利用研究"，对海南省内具有杀虫活性的植物资源进行一次系统的调查和筛选，筛选20~30种植物进行活性物质粗提；在室内分别采用索氏提取法、直接浸提法和超声波萃取等三种方法对植物的次生活性物质进行提取，共得到植物粗提物26种；以螺旋粉虱成虫为试虫，测定了11种植物提取物对螺旋粉虱的室内生物活性，结果表明，飞机草和青葙提取物毒力水平最高；采用青葙为供试材料，研究了不同溶剂对其提取率的影响，结果表明，极性不同的溶剂对青葙的提取率存在较大差异，对螺旋粉虱的杀虫活性表明在青葙的不同溶剂提取物中，以乙醇的提取物活性最高；以印楝素、苦参碱、烟碱为供试植物源杀虫剂，测定了对螺旋粉虱的室内毒力效果，其中，烟碱对螺旋粉虱成虫的活性最高；进行了功夫菊酯与烟碱混配增效研究，结果表明，烟碱和氯氟氰菊酯以7∶1、3∶1和1∶2混配后，均表现为增效作用。

（2）依托国家科技支撑、省重点等项目，大力开展椰心叶甲生物防治研究工作。目前开展了影响椰心叶甲啮小蜂寄主接受行为因子的研究，对椰心叶甲啮小蜂复眼和触角感觉器进行了扫描电镜观察，研究了椰心叶甲啮小蜂的复眼和触角在交配中的作用；椰心叶甲人工饲料进展明显，通过正交设计改变饲料主要成分间的比例，明确了饲料成分间的配比；完成椰心叶甲对椰子品种的寄主选择性研究。截至11月份，我所共生产椰心叶甲寄生蜂共1.77亿头，其中啮小蜂8 400万头、姬小蜂9 300万头。

（3）依托国家支撑项目"红棕象甲防控技术研究与示范"及"红棕象甲的监测和预警关键技术研究"，对海南、广东的棕榈植物种植区红棕象甲发生为害情况进行了调查，初步发现了13种红棕象甲的寄主，收集各地区的红棕象甲标本30份，实用图片100张；开展了红棕象甲发生与为害调查及其诱捕器的研究工作，在海南多个市县进行成虫期诱集防效试验，各诱集点均能诱到红棕象甲且诱集效果很好；开展了红棕象甲的生物学特性研究，掌握了成虫的交配行为、产卵行为、幼虫及蛹的行为特性和温度对红棕象甲发育的影响；开展了红棕象甲生防菌的筛选及利用技术研究，目前已鉴定出两株红棕象甲的寄生真菌为金龟子绿僵菌。

（4）依托国家支撑项目"椰子加工技术改造与产业化升级"优化原生态椰子油的生产技术及其产品精深加工工艺，椰油产率提高至70%以上；进行了椰子花序汁液性质分析、保鲜研究和新产品开发研究；进行了椰子花序汁液采集时的保鲜研究，摸索出适宜的椰花汁采集保鲜方法。

（5）南亚办物种资源保护项目"椰子种质资源收集保存及其新品种开发利用"及"热带棕榈种质资源收集保存及种质圃维护"，主要工作有：①对我国椰子主要种植区海南、广东、广西和云南等地椰子种质资源进行调查，现已收集椰子种质资源数据174份；②收集不同生态区（海南、广东、广西和云南）的棕榈种质41份；③对原有棕榈种质资源圃进行了规范整理，重新规划了资源圃布局，并建立了1个椰子离体保存库，采用胚培养方法保存收集了2份椰子种质，分别是海南高种和马哇杂交种；④已完成椰子种质资源描述规范的制定，在椰子种质的植物学性状、农艺性状、品质性状、抗逆性状、分子标记及细胞学性状等方面进行规范。

（6）成立"槟榔黄化病科研攻关小组"，同时依托国家科技支撑项目"槟榔黄化病防控体系构建与示范"和农业厅项目"槟榔黄化病病害流行及防控技术研究"，主要开展了以下几个方面的工作：①在海南省主要槟榔种植区琼海长坡镇、龙江镇、嘉积镇，万宁兴隆镇、南桥镇，屯昌乌坡镇等地建立槟榔黄化病观测试验点15个，用于跟踪调查及病害防控实验；②结合抗生素辅助诊断与治疗实验，采用分子生物学技术开展了槟榔黄化病病原鉴定研究；③开展了槟榔黄化病病害传播途径研究，研究了土壤、种子传播病害的可能性并对发病槟榔园中刺吸式口器的昆虫种类进行了调查；④开展了槟榔黄化病抗耐病品种（系）的筛选工作，追踪调查不同病区的抗耐病品种（系），为将来进行抗耐病品种的选育奠定基础；⑤采用胚培养技术开展了槟榔种苗脱毒技术研究；⑥通过改进栽培技术，开展了槟榔黄化病病株的肥料实验，尤其是对束顶型黄化型黄化病的治疗实验，目前取得了良好效果。

（7）依托省基金和省重点项目，开展椰子、槟榔品种的培育工作：①在椰子种质资源圃开展优异种质资源的选育工作，围绕高产、鲜食、颜色亮丽等育种目标性状开展筛选现有种质资源；②室内开展不同品种的花粉形态学研究，研究不同品种花粉的萌发力、保存时间等参数；③利用香水椰子、黄矮、红矮为母本，本地高种、高产椰等为复本开展杂交组合的配置工作；④开展香水椰子、本地槟榔、台湾槟榔优良单株、新品系的培育工作。

（8）严格按原计划开展在研的院本级业务专项，并取得较好进展。

（9）作为项目牵头单位，组织召开了农业行业科研专项"椰子产业提升技术研究与集成示范"项目的启动会，具体安排了协作单位的工作任务和资金。

3. 有的放矢地开展科技下乡与科技服务工作

配合全省科技活动月和热科院海南省中部六市县科技合作，积极开展科技下乡、科技服务工作。组织实施由我所牵头的"30万亩槟榔提升行动"，在海南中部市县开展槟榔病虫害防治的科技服务工作，在万宁东兴农场参加了由省侨办举办的难民农业技术培训班并在培训班上讲授了槟榔病虫害防治技术，并配合开发办公室积极组织科技下乡活动。今年科技下乡共40多人次，发放技术资料1 500多册，举行椰心叶甲防治技术、槟榔丰产栽培技术培训班6期，培训农民2 400多人，受益农民大约2 000多人，取得了良好的效果。

4. 持之以恒地开展科技合作与交流工作

多年来，我所一直都十分重视科技合作与交流工作，一直把它当成提高我所科研水平与实力的重要途径，并持之以恒地开展这项工作。今年组织科技人员参加国内学术研讨与交流15批40多人次，多次派出科研人员到国外考察、引种、学习，如派人赴缅甸进行油棕科研与基地建设相关工作考察与种质引进、赴越南、泰国考察与椰子、槟榔、油棕等种质与技术引进、赴科摩罗执行援非任务等。通过这些合作与交流活动，大大提高了科技人员的素质，开阔了他们的视野，拓宽了他们的研究思路。

5. 坚持不懈地强化科研条件建设

（1）加强人才引进及培养力度。根据年初计划，先后进行三次大型面试，从近30多名面试者中，择优录取了8名植保、加工、栽培、育种等方面人员，其中博士2人；同时派出科研人员外出参加不同形式学习培训与交流。通过人才引进和在职人科研人员的学习培训不断壮大我所的科研队伍力量和提高科技人员素质，为我所科技人才建设和科研发展夯实基础。

（2）不断完善科研设备建设。按照院里的相关规定，完成了2009年修缮购置项目进口设备的论证工作；完成了2009年仪器设备招投标工作，采购配套仪器设备共40台/套，共440万元；完成2010年修缮购置（设备购置460万元）项目实施方案的上报工作。

6. 行之有效地落实科研成果产出

（1）发表论文78篇，其中SIC收录3篇、学报级核心论文37篇、一般核心期刊29篇、省级期刊9篇、主编专著《槟榔》1本，参编专著《中国生物入侵研究》1本。

（2）申报专利7项，获批专利2项《从椰麸中提取椰子油的方法》《二疣犀甲立式诱捕器》。

（3）鉴定成果3项，《椰子花序汁液的采集与利用研究》《抗寒高产完全自交系培育研究》《重大入侵生物——椰心叶甲寄生蜂引进与利用研究》。其中，《椰子花序汁液的采集与利用研究》获得海南省科技进步三等奖。《低产槟榔园改造技术研究》获得万宁市科技进步一等奖。

（4）通过海南省科技重点项目验收2项，分别为《低产槟榔园改造技术研究》《椰心叶甲寄生性天敌工厂化生产和田间释放技术研究》。

（5）完成行业农业标准《椰子种质资源描述规范》的专家审定，待颁布实施，并完成标准《农产品等级规格 椰子》及《油棕种苗》的送审稿，以及海南省地方标准《椰子种苗繁育技术规程》的修订工作。

（二）脚踏实地搞开发，稳步发展

1. 加强大观园内部团队建设，调整销售策略

加强大观园内部管理团队的建设，优化管理模式，让员工在工作中获得归属感和成就感，提升团队凝聚力。在坚持保持原有客户的基础上，加大营销力度，拓展合作旅行社和学生市场，吸收更多学生团队，与周边房地产企业形成企业营销同盟。通过团队的共同努力，大观园收入有了新突破，截至12月6日，接待游客15541人次，收入比去年增长了64%。

2. 一如既往地抓好基地作物的生产与土地管理工作

（1）按时完成橡胶冬春抚管工作。严格执行《椰子研究所橡胶生产管理办法》，在做好橡胶林段控高草和施有机肥管理的同时，按施好肥，施足肥的原则，根据市场动态，增加了有机肥投资，为橡胶稳产增产打下了良好的基础。

（2）抓好橡胶产品的销售工作。为确保所的利益，我所广泛进行了市场调查，及时掌握市场信息，经多次与买方协商，签定了2009年鲜胶乳、杂胶销售合同，按合同销售橡胶产品。年产干胶38.6吨，比去年增加24.6%，年产值55万元。

（3）做好苗木的培育工作。培育了椰子种27 960株（黄矮15 067株，红矮32 83株，香水椰子5 038株，本地椰子4 572株）、三角梅8 000多株、福建茶3 000多株、金梅3 000多株、变色木2 000多株、扶桑1 000株、炮仗花200株、富士藤50株（包括剪枝、装袋育苗、苗期管理）、油棕1 000株（育苗）、蛇皮果20 000株、定植橡胶高杆苗830株、更新一队林带281.79亩。

（4）做好土地保护与利用工作。①积极配合院各所（站）在我所四队的科研试验基地建设，已完成土地分割、初步规划方案、地上附着物清点统计等前期工作；②做好文昌"两桥一路"工程征用我所土地的相关工作。文昌两桥一路工程征用我所一、三、四队土地203.656亩，已完成地上附着物清点、相关文书、报告、图纸等的起草绘制及报送工作；③协助文昌市政府和市国土局完成我所国有土地重新登记。

（三）合理有序地做好行政后勤工作，为科研工作保驾护航

1. 切合实际修订完善规章制度

根据我所发展需要，结合上级的有关规定，修订完善了一些科研、后勤、生产与开发等方面的规章制度，主要有《科研管理办法》《车辆管理办法》《仓库管理办法》《低值易耗品管理办法》《水电管理办法》《固定资产管理办法》《物资采购管理办法》和《土地管理办法》等。

2. 合理规范地开展好各项财务工作

严格按照财务管理规定积极落实2009年预算执行，完成了我所2009年度预算执行进度自查报告工作；制定并编制了2010年单位"一上""二上"财务预算；根据要求对固定资产和流动资产清进了清理，并查找了部分呆账的起因情况，根据院的要求对国有资产保值增值情况进行了自查和整改；完成"小金库"自查自纠工作，并根据存在的问题进行了整改；配合上级部门做好专项资金使用的检查及申报工作。

3. 全力以赴地落实修缮项目和条件建设项目

今年，修缮项目和条件建设项目建设任务十分繁重，所领导高度重视这项工作，精心组织，有关部门抓紧落实，各项目进展顺利。

（1）完成2006年度修购专项的验收工作，包括房屋修缮和基础设施改造两个项目，总金额245万元。

（2）完成2007年和2008年度修购专项的实施工作，包括房屋修缮和基础设施改造项目共9个项目，总金额745万元。

（3）完成2010年度修购专项的申报工作，试验一队基地基础设施改造项目批复总金额275万元；棕榈植物园改扩建项目的可行性论证工作。

（4）多个建设建项目正在紧张实施过程中，其中包括2009年度修缮项目两个310万元，预计年底竣工；热带作物研究实验室项目1 960万元，预计年底开工预算支出500万元；热带棕榈种质资源圃项目205万元，预计年底开工预算支出65万元；热带作物品种及栽培技术推广示范园项目500万元，椰子精深加工中试实验室项目（自筹资金）58万元，预计年底完成；椰子加工中试实验室改造项目30万元，预计年底完成；基地厕所建设20万元，预计年底开工预算支出5万元。

（5）正在落实经济适用房用地修规、热科院四队试验基地的总体规划和热带农业科技交流与推广基地修建性详细规划等。

4. 优质高效地做好文昌办事处接待服务工作

认真完成科技服务与接待工作，是文昌办事处的主要目标之一。为实现这个目标做了充足的准备：第一，制定文昌办事处科技服务接待流程及标准；第二，制定各项管理费用的管理办法；第三，收集和了解院及其他各所的发展情况，适时地通过不同形式展示热科院发展风貌；第四，努力整合各方资源使科技服务接待工作得到了有效的开展。目前已完成各项科技服务与接待任务二十多批次，较好地将热科院的发展及研究进展等信息传递给到访嘉宾。

5. 积极主动地做好其他行政后勤服务工作

根据工作的需要，积极主动做好车辆使用与管理，以及水电、物资和维修管理工作，为科研和产业开发工作提供服务保障。

二、存在的问题

回顾过去的一年，尽管各项工作取得了一定的成绩，且某些方面取得了一定的突破，但离目标还有一定的距离，还需要不懈的努力。要实现理想的目标，就必须解决存在的各种问题，目前存在的问题比较多，主要有：

（1）整体综合科研能力还比较低，科研基础还比较薄弱，科技队伍的整体水平还不高，高层次的专业人才还十分匮乏。

（2）由于各种原因，财务预算执行进度比较慢，未能达到预定的进度指标。

（3）职工住房较为困难，居住条件有待改善。

（4）土地保护和开发利用的措施有待加强。

三、2010年工作思路

2010年，我所的各项工作任务都十分繁重，我们要以邓小平理论、"三个代表"重要思想和党的十七大精神为指导，深入学习实践科学发展观，以科研工作为中心，产业发展为目标，根据"十一五"规划的总体要求，按照院的统一部署，快速有效推进各项工作，规范管理，求真务实，扎实工作，不断提高科研水平和创新能力，增强产业发展实力，实现和谐发展。2010年工作计划安排如下：

（一）突出重点抓好科研工作，不断提高科研水平和创新能力

1. 主抓重大项目的策划和申报

围绕国家产业发展政策和院科技发展重点，围绕热带油料作物产业发展重点策划重大项目，申报科技部、农业部和省重点科研项目。

2. 重点抓好项目的落实工作

（1）做好公益性行业科技项目的协调和落实工作，力争完成2010年的任务指标。

（2）做好槟榔黄化病综合防控工作。年初从育种、栽培、植保研究室选调骨干力量成立槟榔黄化病综合防控工作小组，深入一线调查调研深入开展槟榔黄化病综合防控工作。

（3）椰心叶甲、红棕象甲防治研究工作。抓好椰心叶甲、红棕象甲和槟榔黄化病的防治研究工作。稳定椰心叶甲天敌寄生蜂的生产规模，争取全年生产椰心叶甲啮小蜂、姬小蜂达2亿头，把椰心叶甲生物防治工作推广到广东、广西、云南等地。

（4）种质资源研究工作。依托农业部物种保护项目，争取在明年完成对我所椰子种质圃基地挂牌工作。继续开展国内外椰子、槟榔、热带经济棕榈种质资源的收集、评价与鉴定等，对基因库现有种质资源采用自交保果方式繁殖种苗。完善种质圃设施建设，并拓宽科研领域，开展油棕种质资源的调查与收集、生理生化、组织培养、病虫害防治等方面的研究工作。

（5）进一步开展优异种质资源的筛选和新品种培育工作，认定1~2个椰子新品种。

（6）开展油棕、油茶作物研究工作。根据院里的总体部署，扩宽我所研究领域，继续深入研究油棕、油茶等油料作物。

3. 加强科研平台建设

（1）产业体系构建和学科建设。根据院的要求完成椰子、油棕产业技术体系构建以及耕作栽培学科点建设。重点围绕椰子、油棕构建产业技术体系建设工作，力争椰子能尽快纳入国家产业技术体系。

（2）省重点试验室和工程中心建设。重点落实省重点实验室和工程中心的筹备期建设，力争筹备期顺利通过验收；积极申报1~2个省重点实验室和工程中心；加强现有实验室的管理和配套工作，带动科研的快速发展。

（3）椰子中试工厂建设。积极配合落实椰子产品加工技术研发中试工厂的建设工作，继续深化椰子的综合加工利用研究，开展椰子工艺品研究与开发和槟榔的综合加工利用研究，筹建椰子产品精深加工中试平台，开发3~4种产品并投放市场。

4. 以成果带动转化

加快科研成果的产出力度，完成《低产槟榔园改造技术研究》《椰心叶甲寄生蜂引进与利用》《椰子种质资源收集保存与利用》的成果鉴定与评奖工作争取报奖2~3项。力争申请2~3项专利技术。

5. 人才引进与培养工作

按照所人才引进计划引进加工、植保、育种、栽培等硕士学历以上人员8人、本科生若干，做好拔尖人才的引进工作。选送科研骨干参加学术会议，培养年轻研究骨干。组织2期全所SCI论文交流活动，承办1~2次大型学术交流活动。

（二）积极做好科研推广与开发工作

为贯彻落实海南省政府《关于促进中部市县农民三年增收的意见》会议精神和院领导对海南中部六市县调研的指示精神，发挥科技在现代农业发展中的支撑作用，将农业科技送进千家万户，提高广大农民学科技、用科技的积极性，努力提高农民科技素质和科技应用水平，实现农业增产、农民增收，为当地农民插上科技致富翅膀，缩小中部市县与其他市县的差距，构建院-市（县）科技合作的长效机制，更好地为"三农"服务。抓好槟榔丰产栽培技术、低产田改造技术、病虫害防治技术等，推广椰子优质种苗10 000株。初步解决影响和制约海南中部地区油茶产业科学发展的突出问题，主要包括油茶主要品种及适应性、现有油茶栽培技术、病虫害防治及油茶产业状况。

（三）抓好土地的规划与基地作物管理，确保土地的安全和收入

1. 做好土地的置换工作

利用文昌市政府回收我所土地搞基础建设的有利时机，做好土地的置换工作。

2. 做好各试验队科研用地的规划工作

做好一队、三队、四队科研基地的规划和利用，确保科研项目的顺利进行，为院内有关所提供科研用地。同时对所土地利用现状和发展前景进行认真分析，根据院的有关要求配合做好土地开发与利用规划。

3. 加大土地保护力度，确保土地安全

对我所土地界桩进行普查，制定缺失界桩补测补种预算；加大边角地、边界地巡视力度，出现占地事件及时解决处理；对已被占土地积极与市国土部门沟通，争取支持帮助，逐步收回被占土地。

4. 抓好基地作物管理，增加创收

做好橡胶的施肥管理，产胶管理和产品销售工作，力争全年生产干胶37吨，实现产值52万元。

（四）完善椰子大观园的规划与建设

根据发展需要，重新对椰子大观园内的分区及特征景区进行规划和建设，在年内塑造1~2个典型性特征的景观。根据园区内的景观情况，增加植被种类和密度，并适当增加互动项目。整体设计园内VI系统，寻找有实力的广告及营销公司重新策划椰子大观园的营销方案。

（五）抓好所的修缮项目和条件建设项目

（1）抓紧抓好条件建设项目的建设。做好热带作物研究实验室项目、热带棕榈种质资源圃项目和热带作物品种及栽培技术推广示范园项目三个条件建设项目的实施工作。

（2）做好2个2010年度修缮购置项目的实施工作。

（3）继续完成三队椰创园的修建性详细规划及经济适用房有关工作。

（六）继续做好规章制度的修订和完善工作

修订和完善不适合形势发展的各项规章制度，包括科研管理制度、行政与后勤管理制度、科研开发管理制度、生产管理制度以及财务制度等，加大各项制度的执行和监督力度，做到有章可循，行之有效。

（七）做好文昌办事处接待服务工作

优化文昌办事处接待管理方案，以更高标准做好上级领导及有关人员来访的接待工作，展示了椰子研究所的科研成果，树立热科院的良好形象。

2010年的工作任务和要求已经很明确，工作任务非常繁重与艰巨，我们相信在农业部和院的大力支持下，有广大干部职工的同心同德，齐心协力，我们的任务目标一定能够实现。

2010年工作总结与2011年工作计划

2010年，我所以科学发展观为统领，进一步解放思想，开拓创新，扎实工作，各项工作都取得了新的成绩。为分析新形势，明确新任务，研究新举措，推动各项工作再上新台阶，现将2010年工作总结及2011年工作计划汇报如下：

一、2010年工作总结

在热科院的正确领导下，在全所干部职工的共同努力下，我所认真落实农业部和热科院的各项工作部署，以科技为中心，以发展为主题，以稳定为基础，各项工作都取得良好进展，为我所实现

"十二五"发展目标迈出了坚实的一步。

（一）以科技发展为中心，扎实地做好每一项工作

1. 认真做好项目申报和执行工作

我所以椰子、槟榔、油棕和油茶等热带棕榈作物和油料作物为研究重点，积极推动项目申报工作，2010年共申报科研项目47项，已获批15项，其中948项目1项、优势农产品重大技术推广项目1项、"十二五"国家科技计划农村领域首批预备项目1项、南亚热作专项2项、海南省社会发展科技专项1项、省基金4项、科研业务费5项。

2010年在研项目共41项，其中公益性行业科技2项、农业科技成果转化项目2项、物种资源保护项目1项、国家科技支撑项目（子课题）5项、948项目（子课题）2项、农业行业标准4项、科技人员服务企业项目1项、省基金6项、省重点5项、海南省社会发展科技专项1项、科研业务费8项、横向项目4项，获批经费724万，较上年增长78%。

2. 科技平台建设实现突破

建立了农业部热带棕榈种质资源圃、海南省热带棕榈植物研究重点实验室、海南省椰子深加工工程技术研究中心、中国热带农业科学院油料作物研究所、中国热带农业科学院油茶研究中心和中国热带农业科学院油棕研究中心。其中海南省棕榈植物研究重点实验室和海南省椰子深加工工程技术研究中心两个省级平台顺利通过海南省科技厅的验收，结束了我所没有省级平台的历史。

同时我所作为理事长单位牵头成立了海南省椰子产业技术创新战略联盟，进一步奠定了我所在椰子产业领域的龙头地位。

成立了海南省农业科技"110"椰子专业服务站（龙头站），有效提升了我所的科技服务能力，扩大了我所的影响力。

3. 体系建设进一步完善

依托学科体系，建立了遗传育种、耕作栽培、植物保护和产品加工四个研究室，依托作物产业体系，建立了椰子、油棕、油茶和槟榔4个研究中心，针对制约产业健康快速发展的关键技术和瓶颈问题进行技术攻关，集成配套技术体系，并通过示范与辐射逐步推广应用新成果、新技术，提高产业科技水平。

4. 积极开展科技下乡服务工作

结合海南省中部六市县科技提升行动、抗洪救灾及科技人员下企业等科技推广和服务三农活动，全年科技下乡300多人次，发放技术资料5 000多册，举办槟榔黄化病防控技术、椰子丰产栽培技术等技术培训班3期，培训农民4 000多人，受益农民约6 000多人。

5. 持之以恒开展科技合作与交流工作

我所一直十分重视科技合作与交流工作。2010年刘立云副研究员顺利完成科摩罗援非任务，受到表彰；同时积极参与由院举办的"发展中国家援外技术培训"等活动；并先后派出科技人员25批100多人次参加了国内外多个级别的学术交流会及业务培训。

同时，与企业和地方政府的科技合作也得到了进一步的加强，与五指山市政府开展了油茶等方面的科技合作，与印度尼西亚力宝集团开展了椰子油方面的科技合作，与一批企业在种植、加工、植保等方面开展了广泛的合作，取得了良好的社会效益和经济效益。

6. 加强科技人才引进与培养工作

2010年择优录取了博士1名和硕士2名，首次从国外引进高层次人才1名，增强了科研队伍。2010年与海南大学等大学联合，共培养了硕士研究生22名，其中本年度毕业9名，在读13名。

7. 科研成果产出丰硕

科技产出和科技奖励实现新的转型，主要表现在科技论文结构进一步优化、获奖层次进一步提升。全年共发表科技论文 76 篇，其中 SCI 收录论文 6 篇；申请专利 9 项，获批 5 项；认定椰子新品种"文椰 4 号"和槟榔新品种"热研 1 号"；鉴定科技成果 4 项，获奖励 4 项，其中作为主要完成人之一获批国家科技进步二等奖 1 项，第一完成单位获海南省科技进步一等奖 1 项，全国农牧渔业丰收奖二等奖 1 项，中国热带农业科学院科技进步奖一等奖 1 项；审定通过并发布实施农业行业标准 1 项。

（二）以发展为主题，加大开发工作力度

全年开发收入 271.4 万元，其中椰子大观园经营收入约 35.1 万元，基地橡胶、椰果、种子种苗收入 129.6 万元，成果转化技术性收入 106.7 万元，同比去年增长 16.1%。

1. 椰子大观园经营收入稳步增长

以椰子大观园作为产业开发重点，通过加大营销力度，经营收入稳步增长，2010 年约达 35.1 万元，较上年增长 65%。

2. 加快科技产品开发步伐

进一步加强科技成果转化和科技产品开发工作力度，2010 年完成椰子种苗繁育 2.8 万株，椰子种苗销售收入 30.5 万元。2010 年，我所椰心叶甲生物防治技术、椰子产品加工技术、油茶和槟榔高效栽培技术等一大批科技成果进一步走进海南产区，继续发挥科技推广与示范带动作用，全年技术性收入共 106.7 万元。其中，中试天敌工厂承担横向联合项目 2 个，经费 42 万元，目前已为海南省林业局、广东茂名中石化公司提供椰心叶甲寄生蜂共 8 100 万头。完成椰花汁酒的研发工作，现已形成商品进入市场流通。

3. 抓好基地生产管理工作

加强基地椰子的生产管理，全年半岛试验基地椰子果产量为 42 725 个，椰子果销售收入为 15.1 万元。加强橡胶的生产管理，2010 年生产干胶 23.66 吨，产值 84 万元。

完成四队 100 亩油棕基地定标、定植及管理工作；完成四队 20 亩油茶种质圃、半岛 11 亩椰园间种油茶的定植与日常管理工作；加强槟榔、蛇皮果及海棠果试验基地的管理；确保科研项目顺利开展和示范基地顺利建设。

4. 加强土地开发管理

积极做好土地巡查工作；通过采取先易后难等措施，先后解决了伍秀健长期占用我所土地等土地纠纷；采用各种有效手段，努力化解与乌鸡池村等周边农村新的土地矛盾；认真做好地界点的重新测量和界桩埋设工作，做好土地合同起草签订工作，加强土地合同管理，确保土地安全。

积极开展土地置换和征用土地所涉及的各项工作，力争动用各方面的力量为我所的土地置换工作服务。

做好热科院科研条件建设和椰子研究所科研项目所需的用地规划。编制椰子研究所土地利用规划并通过院组织的专家评审。

（三）合理有序做好行政后勤保障工作

1. 继续修订完善规章制度

根据发展需要，结合有关规定，继续修订完善了一些科研与开发等方面的规章制度，主要有《科技奖励办法》《物资采购管理办法》和《土地管理办法》等。

2. 积极推动各项人事工作顺利开展

完成了我所三类岗位的岗位设置和岗位聘用工作。建立考核评价体系，制定了《椰子研究所工作人员考核评价办法》以及各类人员的定量考核办法。

规范分配制度，制定了《椰子研究所工作人员收入分配办法》等一系列分配管理制度。制定了《椰子研究所退休人员管理办法》等，规范了退休管理体制。按期圆满完成全所住房补贴登记和发放工作。

3. 合理规范地开展好各项财务工作

严格按照财务管理规定积极落实 2010 年预算执行。制定并编制了 2011 年"一上""二上"预算。制定了椰子研究所强农惠农资金专项清理和检查工作方案，并进行了自查自纠总结。完成了"小金库"专项治理"回头看"自查自纠工作和"小金库"治理摸底排查工作，并根据存在的问题进行了整改。配合上级部门做好专项资金使用的检查及申报工作。

4. 全力以赴落实条件建设项目

2010 年是我所条件建设任务繁重的一年，已顺利完成热带棕榈种质资源圃项目的竣工验收。完成热带农业科技交流与推广基地征地项目的竣工初验；完成了热带棕榈作物研究实验室主体工程建设。

修购专项基础设施维修改造类项目进展顺利；仪器设备类项目已完成全部招标工作，部分采购设备陆续到位。

完成 2011 年修购专项的申报，获批总金额 1 235 万元，其中试验二队基地基础设施改造项目 275 万、三队椰子试验基地基础设施改造项目 580 万、棕榈重大病虫害流行规律与防控技术研究中心建设 380 万。

5. 优质高效地做好文昌办事处接待工作

通过整合各方资源，使文昌办事处接待服务工作得到了有效的开展，2010 年共接待 1 000 多人，高品质地完成了接待工作。

6. 深入学习实践科学发展观，加强党建工作

不断扩大科学发展观学习与实践成果，着力解决我所发展问题。积极加强党建工作，一是健全中心组学习制度，增强了领导班子的战斗力和凝聚力；二是重视在青年科技工作者中发展党员，3 名同志加入党组织，5 名同志列入入党积极分子；三是切实抓好党风廉政建设，促进领导干部廉洁自律。

7. 重视民生工作，切实加强精神文明建设

关心职工生活，不断改善职工居住环境与条件，提高职工福利待遇。经过不懈努力，我所经济适用房建设的前期工作取得了突破性进展，完成了修建性详细规划并通过专家评审，通过文昌市国土部门调整了土地利用总体规划，为下一步的工作奠定了基础。

重视信访工作，切实维护稳定，沟通民意。做好职工家属的城镇居民基本医疗保险的办理等工作，切实解决职工生活中的实际问题。

加强文化建设宣传工作，及时宣传党的方针、政策，宣传新进事迹，形成良好的学习氛围，提高了我所知名度和社会影响力。

二、存在的问题

2010 年，尽管各项工作都取得了一定的成绩，但仍存在不少问题，还需要不懈的努力。目前存在的问题主要有：整体科研能力和科研基础还较薄弱，科技队伍的整体水平还不高，高层次专业人才十分匮乏；科研开展的广度和深度还不够，学科体系建设还不够健全，研究领域需不断拓展；规章制度待进一步完善和强化落实；财务预算执行进度滞后；科技成果转化与开发工作滞后，科技创收能力薄弱；职工住房较为困难，居住条件有待改善；土地保护和开发利用的措施有待加强，这些问题都需要在以后的工作中完善和解决。

三、2011年工作计划

2011年，我所将继续以科技工作为中心，产业开发为重点，安全稳定为基础，不断深化管理体制和运行机制的改革，实现科技、开发、民生等工作的飞跃发展。2011年重点抓好如下工作：

（一）积极稳妥地开展管理体制和运行机制的改革

2011我所将积极稳妥地推进管理体制和运行机制的改革，引入竞争机制，调动广大科技人员和开发人员的积极性，完善激励机制，不断提高我所科研水平和科技开发创收能力。

对育种研究室、栽培研究室、植保研究室、加工研究室和大观园（包括园林中心）实行财务独立核算，各独立核算部门完成年度上缴款后，产生的利润与所进行分成。

在工作人员管理上，在编人员实行满工作量岗位调整，完善量化考核体系，对编制外人员严格按照岗位需求设岗。

在扩大开发创收的同时，减少不必要的经费支出，达到节支增效的目的。

（二）抓科技，保根本

努力争取重大项目：围绕国家产业发展政策、热带油料作物产业发展重点策划重大项目。重点做好国家科技支撑计划、农业科技成果转化、南亚热作财政专项、省重点等项目的申报工作，努力争取实现国家自然科学基金项目零的突破。

积极落实现有项目：认真开展公益性行业科技项目，按时完成2011年的任务指标；做好椰心叶甲、红棕象甲防治，槟榔黄化病综合防控等工作；继续开展油棕、油茶、槟榔等作物的种质收集与保护、适应性栽培、加工和产品开发等研究工作。

加强科研平台建设：加快产业体系构建和学科建设，力求完成椰子、油棕产业技术体系构建以及耕作栽培学科点建设，力争油棕能尽快纳入国家产业技术体系；加快椰子中试工厂的启动，开发3~4种产品并投放市场；争取文昌海口椰子加工产业带的认证工作，进一步确立在椰子产业领域的龙头地位。

提高成果产出力度：完成物种保护、省基金等项目的结题验收工作，计划申报科研项目40项以上，到位科研经费200万元以上，鉴定成果3~5项，报奖2~3项，发表论文50篇以上，出版专著1本，审定农业行业标准2项，申请发明专利4~6项。

积极做好科技服务工作：开展科技服务10次以上，举办技术培训班5期以上，发挥科技在现代农业发展中的重要支撑作用，服务"三农"。

（三）抓收入，拓发展

加快科技产品开发步伐：进一步开拓椰子新品种（包括黄矮、红矮及香水椰子）种苗的市场；稳定中试天敌工厂椰心叶甲天敌寄生蜂的生产规模；加快中试工厂的启动，推动椰花酒、椰花醋及椰子油等科技产品尽早投放市场。加快新产品研发和进入市场的步伐，力争新开发10个新产品投入市场。

抓好基地作物的生产管理：通过加强椰子和橡胶的生产管理，力争年产黄矮、红矮和香水椰子达5万个，力争年产干胶32吨。

开拓思路多举措创收：进一步解放思想，开拓思路，抓住国际旅游岛和文昌航天城建设的机遇，加强大观园的建设和承包管理，力争多出效益、快出效益。同时利用我所丰富的土地资源优势，在政策允许的范围内，将我所沿路优势地段进行合作开发，实现多渠道创收的目的。利用我所的土地资源，加快园林绿化苗木的生产步伐，力争在近几年内使园林绿化产业得到快速发展。

（四）抓民生、促稳定

在民生工程方面，2011年重点抓保障性住房建设，完成三队椰创园的修建性详细规划及经济适用房的施工图纸设计，争取三队经济适用房早日开工建设，满足广大职工最迫切的需求。同时，通过完善激励机制，拓宽创收渠道，进一步提高广大职工的福利待遇。此外，在发展的同时积极促进职工子女和家属的就业，重点解决困难职工的生活问题，以发展促稳定，以稳定保发展。

（五）抓管理、出效益

根据形势发展，不断修订和完善各项规章制度，同时加大各项规章制度的执行力度。通过完善规章制度，加强内部管理，节约开支。通过健全考核评价体系，加快推进收入分配制度改革，完善竞争激励机制，调动广大干部职工的工作积极性。

（六）抓土地规划与管理，保安全

在土地管理方面，完成椰子研究所土地利用规划正式文本的编制工作；利用文昌市政府回收我所土地开展基础设施建设的有利时机，做好土地置换工作；积极做好土地农转用的相关工作，为院、所民生工程建设奠定基础；努力解决土地纠纷，加强土地合同管理，加大土地保护力度，确保土地安全。

（七）抓建设，促发展

重点抓好条件建设项目和修缮项目，一方面继续完成2010年度没有完成的热带作物研究实验室项目和试验一队基地基础设施改造项目，另一方面是认真完成2011年修缮项目试验二队基地基础设施改造项目和椰子试验基地基础设施改造项目，为所的发展奠定坚实的基础。

（八）抓落实，保进度

严格按照财务管理规定积极落实2011年预算执行，重点狠抓项目预算执行力度，落实责任，执行负责人督办制度，坚持"月计划、月总结"，确保预算执行达到预定的进度指标。

2011年的工作任务非常繁重与艰巨，我们相信在农业部和院的大力支持下，有广大干部职工的同心同德，齐心协力，我们的目标一定能够实现。

2011年工作总结与2012年工作计划

2011年工作总结

2011年，我所以科学发展观为统领，进一步解放思想，开拓创新，扎实工作，各项工作都取得了新的成绩。为分析新形势，明确新任务，研究新举措，推动各项工作再上新台阶，现将2011年工作总结如下：

一、职责和职能履行情况

根据院的中长期发展规划和今年的工作计划，围绕建设世界一流的热带油料科技中心的目标，逐步实现了研究对象的转变，从以椰子为主的热带棕榈作物研究转变为以椰子、油棕和油茶为主的热带油料作物的研究，瞄准世界农业科技前沿，开展重大应用基础研究、应用研究和高新技术研究，取得了多项成果，为解决我国热带油料作物发展全局性、前瞻性和关键性的问题做出了积极的贡献，为我国热带油料作物产业发展提供了技术支撑。

同时，加强安全生产工作，成立工作小组，全年无安全生产事故发生。加强人口和计划生育宣传教育工作，全年无违反计生政策、法规事件发生。2011年资产保值增值率达到100%，较好完成了年度国有资产的保值增值任务。致力提高职工福利，多途径创收增加职工收入，今年职工人均收入较上年增加了23%。

二、涉及科技方面情况

（一）科研项目

积极推动项目申报工作，2011年共申报科研项目80项，其中省部级以上项目51项，获批12项、获批经费345万元，其中国家自然科学基金项目为我所首次获得该项目的立项，实现了零的突破。建立了"十二五"重大科技项目库和所级项目库，储备项目199项，其中重大科研项目15项。

2011年在研项目共44项，经费560万元。其中公益性行业科技2项、农业科技成果转化项目2项、物种资源保护项目2项、948项目2项、农技推广与体系建设专项项目1项、示范园建设项目1项、热带棕榈种质资源圃运行费项目1项、农业行业标准2项、科技人员服务企业项目1项、省基金6项、省重点6项、海南省社会发展科技专项1项、科研业务费5项、横向项目2项。

（二）科研成果

2011年鉴定科研成果2项，分别是"天然椰子油湿法加工工艺改进及产品研发"和"椰子生产全程质量控制技术研究与应用"；"椰园种养生态模式构建研究、示范和推广应用"获得2011年度海南省科技成果转化二等奖；送审农业行业标准3项，分别是"椰子 种果和种苗""椰子主要病虫害防治技术规程"和"农产品等级规格 椰子"；申请专利3项，获批10项；完成了三项海南省地方标准的修订任务工作。发表及接收论文74篇，其中SCI 6篇、EI 2篇，出版专著1本。

（三）科技平台建设

2011年申报建设热带油料作物研究所和油茶研究中心两个科技平台，其中，热带油料研究所筹建方案通过专家论证，获批了"农业部热带油料科学观测实验站"。同时，已有的海南省棕榈植物研究重点实验室、海南省椰子深加工工程技术研究中心、海南省椰子产业技术联盟、海南省科技"110"椰子专业服务站、椰子研究中心以及油棕研究中心等科技平台按照各项规章制度平稳运行，为我国发展热带油料产业提供技术支撑，促进相关学科体系建设，为热作事业的发展贡献力量。

（四）科技服务三农

积极开展科技下乡、科技服务工作，全年科技下乡200多人次，发放技术资料5 000多册，举办槟榔黄化病防控技术、椰子丰产栽培技术等技术培训班3期，培训农民4 000多人，受益农民大约6 000多人，取得了良好的效果。

利用海南省农业科技"110"椰子服务站信息化平台，提升信息服务质量，更好为农民服务。2011年解决电话求助180多件，利用户外电子显示屏，向椰子种植户发布市场需求、椰子新品种、丰产栽培和病虫害防治等信息，指导农民生产。信息每周更新2次。

由中国热带农业科学院与万宁市政府联合主办，由我所承办的首届万宁槟榔文化与产业发展论坛，取得圆满成功，为提高中国热带农业科学院在海南的形象，特别是在槟榔研究方面，为海南槟榔产业的发展做出了较大的贡献。

（五）对外科技合作与交流

2011年是我所学术交流较为频繁的一年，先后派出国9人次，协办会议2次，科技人员参加了国内外多个级别的学术交流会及业务培训100多人次。

（六）人才培养

与海南大学、华中农业大学等院校联合，2011年共培养了硕士研究生23名，其中本年度毕业4名，在读19名。另外，为了加大我所人才培养力度，2011年选派1人参加英语培训学习，选派2名研究生学历的科技人员分别在四川农业大学、海南大学攻读在职博士。

（七）试验基地建设

高质量完成试验基地椰子、油棕、油茶及槟榔等作物的田间灭草、抗旱浇水、施肥和病虫害防治等大田管理工作。高质量完成灾后生产恢复重建工作。完成四队生物所、环植所试验基地地上林木的处理工作。

三、开发工作情况

（一）开发性收入

2011年我所科技成果转化及开发性收入共计494.86万元，比去年全年271.4万的开发性收入增长82.34%。其中椰子大观园经营收入38.36万元；种子种苗及作物收入111.8万元；科技产品收入11.9万元；科技推广与合作收入155万元；土地及房屋转化收入177.8万元。

（二）开发项目申报

2011年参与申报获批两项院开发启动金项目，其中《海南特色产品椰花汁酒的中试生产》《高档天然椰子油旅游产品的开发和市场推广》获批支持额度分别为25万元、20万元。

（三）科企合作

利用我所科研技术优势，为企业提供产品研发支持，与海南椰谷食品饮料有限公司签定"浓缩椰浆"研发合同，合同金额40万元；与力宝集团签定"原生态椰子油小规模中试研究及产品试销合同"，合同金额15万元。

同时，为完善椰花汁酒、天然椰子油的的商品化进程，扩大其生产力，与临高椰昌酒业有限公司、琼海康联食品有限公司签定委托加工合同。

四、条件建设情况

完成热带棕榈种质资源圃项目竣工初步验收工作，建设资金205万元。在建重大基本建设项目热带作物研究实验室现已完成主体工程和二次装修的主要工作，计划2012年春节前全部完工。基础设施维修改造类项目试验二队基地基础设施改造项目275万元，预计年底竣工。基础设施维修改造类项目椰子试验基地基础设施改造项目580万元，预计年底完成主体工程。仪器设备类项目棕榈重大病虫害流行规律与防控技术研究中心建设项目380万元，预计年底完成。完成灾后恢复重建工作：修复棕榈种质圃大门、科研用房门窗、水电设施、大棚和荫棚等科研基础条件设施。同时，调整了三队椰创园（职工保障性住房）的规划设计。

五、土地管理工作情况

针对我所土地被周边农民占用等纠纷比较突出的实际情况，根据我所发展需要，通过走访、调解、劝告、商讨等一系列有效措施和必要手段，解决了一些土地纠纷问题，化解土地矛盾。积极做好土地实地巡查工作，每周在全所各实验队巡查1~2次，及时发现问题并解决问题，使大部分问题被扼杀在萌芽状态。逐步解决历史遗留的土地纠纷问题，化解土地矛盾，今年来已解决被占用纠纷的土地包括位于本所二队和四队共5块土地，涉及土地面积约190亩。加强土地合同管理工作，认真起草签署涉及解决土地纠纷和土地合作经营的土地合同。积极开展土地置换所涉及的各项工作，现已签订征地协议63.523亩，其他的置换征地工作也正在紧张进行当中。积极做好土地农转用的相关工作。积极配合院内各所做好科研基地的建设工作。完成了《椰子研究所土地利用规划》的编制工作。积极配合农业部开展高隆湾土地建设的各项工作。

六、行政后勤工作情况

（一）人才队伍建设及人事管理

完成了包括引进人才指标的申报、引进人才信息的公告、组织3次面试和笔试等具体工作。全年共引进硕士及以上人员7名，编外2名。其中，博士4名，硕士2名，本科1名。

根据院里人事制度改革的要求，在去年岗位设置的基础上，对121名干部职工按照新的人事单位改革办法聘用到相关岗位，在年内完全实现"分段设岗"32人，并全部签订了相关岗位聘用合同。

解决了所里多年遗留下来的100多名情况特殊人员的社会保险交缴领取等问题。完成了约70位退休人员医保不到年限补缴费的组织工作，其中包括办理了海南省社保局记录有误信息的更正手续、档案材料以及缴费情况的核对等工作。

（二）财务管理

做好预算执行的管理工作。根据部和院的统一要求，把预算执行管理工作作为2011年财务管理的重点工作来抓。2011年财政拨款预算指标总额为3 930.59万元，其中上年结余数为910.96万元，当年预算批复数为2 743.67万元，追加预算275.96万元；根据2011年预算情况制定了加快预算执行进度的具体措施和思路，2011年我所预算执行进度达90%左右。

做好会计核算管理工作。会计核算工作是财务部门工作量比较大的基础工作，也是财务管理工作的一个重要环节。为了做好这项工作，财务部门人员从资金的管理、会计核算、财务报告、固定资产管理、税收、预算编制、会计资料的保管等方面做好每个环节的工作并参与了院部署的2011年会计基础工作检查，通过会计基础工作的检查，进一步提高了我所各项财务管理工作。

做好"小金库"专项治理的管理工作。成立了"小金库"工作小组，将防治"小金库"与领导干部廉洁从政和财经纪律教育有机结合，强化领导干部遵纪守法观念，提高廉洁意识和财经业务素养，通过加强教育，使"小金库"现象杜绝于萌芽阶段。2011年通过自查未发现"小金库"的现象。

做好国有资产管理工作。2011年新增设备购置812万元，其中20万元以上的设备购置16台。全部完成了2010年和2011年的设备修缮购置工作。完成了2011年度国有资产的保值增值任务。

（三）规章制度建设

我所把"加强基础工作，规范内部管理"作为一项战略任务常抓不懈，把建立健全各项规章制度作为做好基础工作的"切入点"，通过制定科学、完善的规章制度，实施精细化管理，促进各项工作健康开展。从年初开始，根据上级出台的各方面管理规定，对原有的规章制度进行修订。对原来《财务报账程序》《科技工作管理办法》等8个办事程序和10个规章制度内容进行修改；重新修订《项目、成果申报流程》《椰子研究所工资报酬和福利待遇实施办法（暂行）》等30个办事程序和50个规章制度。为确保各项规章制度的科学性与完善性，这些修订的办事程序和管理制度已经过多层次方面的征求修改意见和多次的修改，已在职工代表大会上表决通过，目前已经编印成册。这些规章制度涵盖了科研、行政后勤、财务、人事等各个方面管理，形成了一个符合我所管理需要的制度体系，为我所管理制度化和规范化奠定了坚实的基础。

七、党的建设和文化建设

我所2011年党的建设工作紧紧围绕所的中心工作，认真贯彻落实党的十七届五中、六中全会精神，以科学发展观为指导，以廉政文化建设为载体，以"创先争优"活动为抓手，继续创建学习型党组织，大力推进党的班子建设、干部队伍建设、组织建设、党风廉政和工青妇建设，充分发挥党组织的核心作用和广大党员的先锋模范作用，为有效推进院党组和文昌市委各项工作安排的有效实施和所内各项事业的科学发展提供坚实的组织保障。

今年主要的工作有八项：一是对原来的三个支部进行重新设置，新设7个党支部，并配齐支委；二是开展迎接建党90周年系列活动，积极参加院里组织的红歌大赛，获得优秀组织奖；三是深入开展"创先争优"活动，不断提高工作实效。四是继续推进学习型党组织建设，各支部开展理论学习和组织生活的次数和质量普遍增多和提高；五是组织乒乓球、"植保杯"摄影大赛、"植保杯"男女混合篮球比赛等丰富多彩的文体活动；六是持续深入开展廉政文化建设，设立了纪委，深入开展理想信念和廉洁从政教育，树立正确的权力观、地位观、利益观，提高党员干部拒腐防变能力；七是完善监督体系，对监督小组成员各自负责的区域分工明确；进行党务工作全面公开，并成立监督小组在监督所中心工作执行的同时，接受广大干部职工的监督；八是更加关注民生，推动我所的保障性住房建设工作。

所党委高度重视科研人员的思想政治工作，弘扬科学精神，倡导追求真理、宽容失败的科学思想，发扬学术民主，造就开放的科研环境，培养合作与竞争互动的科研群体，真正建立以"团结、协作、竞争、公开"为核心的科学发展、和谐进步的创新文化。

八、安全稳定与民生工程

关心困难职工的生活问题，在春节和"七一"期间，慰问困难职工和困难老党员共31人，妥善处理内部的各种矛盾，确保所的稳定和发展。民生工程方面重点抓保障性住房建设，争取这个项目早日开工建设，满足广大职工最迫切的需求。在院领导和相关部门领导的支持下，积极与文昌市政府及有关部门沟通，争取了他们对我所经济适用房建设项目规划的认可，现已完成三队"椰创园"用地修建性详细规划的重新修订，预计可在年内得到审批。

2012年工作计划

在中国热带农业科学院的正确领导下，在全所干部职工的共同努力下，我所认真落实农业部和中国热带农业科学院的各项工作部署，继续以科技为中心，以发展为主题，以稳定为基础，稳步推进各项工作。

一、构建热带农业科技创新体系

针对热带油料作物生产中存在的重大科技问题，系统地开展相关应用基础研究，构建热带油料作物科技创新体系，积极开展热带油料作物资源保护、遗传育种、栽培原理与技术、病虫草害综合防控、产品综合加工利用技术等研究，争取取得一定突破，并逐一解决热带油料作物生产中存在的重大科技问题，开拓新市场或满足热区农民需求，同时通过技术培训、科技下乡、产品推广、技术示范和技术信息咨询等手段，将新成果新技术推广到生产上。

二、人才强所，建立人才创新基地

在2012年，我们将在完成院里安排14名人才引进指标计划的同时，进一步围绕院里建立热带农业人才和高层次人才创新创业基地的建设，依托院里和农业部的有关平台，争取特殊引才用才相关政策落户我所，形成特别的创新创业机制，营造特优的宜居宜业环境，建立"政产学研"资深度融合的区域创新体系，建设人才链、技术链、资金链、市场链"四链互动"，人才、技术、项目、产业"四位一体"，机制体制灵活、高端人才聚集、自主创新活跃、成果转化高效、新兴产业发展、经济效益显著"六大特色"的人才特色基地。通过人才基地建设，着力引进和培养一批热带油料创新科研团队和优秀拔尖人才，带动一批高新技术项目，形成具有自主创新能力和相当影响力的研究团队和产业集群。

三、发挥优势、转化成果、增强实力

1. 立足市场，突出特色，进一步加大科技产品研发力度

构建产品研发平台，形成市场需求和产品开发的对接，为市场提供成熟、配套、高技术含量的科技产品。争取"十二五"期间，开发形成一系列具有自主知识产权、特色鲜明的"椰科"牌科技产品，实现品牌经营。

2. 科企联合，推动"椰科"品牌系列产品上市

借助企业设备、资金、管理、销售渠道等良好条件，寻求市场化运作合作模式，为椰子油、槟榔口香糖、槟榔花茶等系列科技产品打开市场通道，条件成熟时，集成多项成果成立股份制科技企业，壮大发展能力。

3. 加强大观园景区建设，树立品牌形象

建立和完善景区经营管理制度，完善配套的旅游服务设施，向外引进旅游合作项目，以酒店业带动旅游业，配套椰子文化、特色餐饮、休闲娱乐、科技产品展示，努力打造具有浓郁椰子文化风情主题和科技内涵的旅游品牌。

4. 加大技术合作、成果转让、技术推广和技术服务咨询等技术产业，全面推进科技成果转化

鼓励各研究中心、研究室充分发挥主观能动性，依靠学科优势、人才优势，面向市场，不断进行技术创新，将具有高技术含量的大批科技成果进一步推向热区，继续发挥科技推广与示范带动作用，争取形成一研究中心（研究室）一成果转化支撑的格局，突出优势，加速成果转化，推动学科发展。

5. 加大土地资源规划和开发利用

从长远、科学角度认真分析和梳理我所现有土地利用情况，规划先行，制定我所土地利用规划。在保证科研试验用地、民生工程和院"两个基地"建设的前提下，对可以作为经营性开发利用的土地采取租赁、合作开发、承包、入股等形式，多渠道的探索"沿路经济"开发。2012年在确保产权不变的原则下，解放思想、创新思路，重点努力促成高尔夫练球场合作项目和大观园沿街商铺合作项目的建设。

四、深入改革，完善收入分配激励机制

2012年对科研内设机构进行调整，共设3个研究中心和3个研究室，分别是椰子研究中心、油棕研究中心、特色作物研究中心、生物技术研究室、植物保护研究室、产品加工研究室。在内设科研机构进行调整的同时，各研究中心、研究室从2012年开始实行财务独立核算管理。同时全面实施量化考核，考核结果与绩效工资挂钩，完善收入分配激励机制，进一步调动广大职工的工作积极性。

五、拓展国际合作，走向世界热区

积极进行国际合作交流，引领世界热区油料作物的发展，推动热带油料作物国际合作与交流向深度和广度发展，把握热带油料作物国际合作与交流的主动权，在农业"走出去"战略实施中，在服务国家整体外交中发挥积极重要的作用。继续开展与印度尼西亚力宝集团、菲律宾椰子署、泰国农业大学、澳大利亚迪肯大学、印度尼西亚茂物大学，油棕研究所等的科技合作，人员互访和学习，学习国外先进的技术和研究经验。

六、开放办所、服务热区"三农"

坚持开放办所、服务热区"三农"，依托海南省科技服务"110"椰子服务站、椰子产业技术创新

战略联盟、科技活动月开展技术培训、示范、科技进村入户和信息及服务等活动。坚持以服务农业为工作重心，心系农业，情系农民，发挥科技支撑作用，深入细致地做好科技服务与技术推广工作。2012年计划开展科技服务10次以上，举办技术培训班5期以上，发放椰子、槟榔技术栽培小册子2 000册左右。

七、努力推动中国农业海南文昌科技创新基地建设

根据农业部和中国热带农业科学院的工作部署，努力推动中国农业海南文昌科技创新基地建设。计划从我所的土地中规划800亩地用于农业部部属单位创新基地建设，拟定中国农科院300亩、中国水科院100亩、农业部规划设计研究院50亩、农业部系统其他单位100亩、西藏农科院50亩、热科院200亩。通过争取农业部支持，开放办院办所，从深层次、广领域拓展农业部系统合作发展空间，建设科技创新平台，深化大联合、大协作内涵，不断提升热带大农业的显示度。

八、科学决策、规范管理、强化执行

在原有的决策和管理制度的基础上，认真梳理和总结有效做法和经验，继续修订完善各方面的管理制度，提高决策的科学性、合理性，并加强规章制度和决策的执行力度，营造自觉遵守和执行的良好氛围，加强执行力跟踪，确保决策的科学性、管理的规范化。

九、以人为本、全面推进民生工程

为了提高干部职工对单位和领导班子的信任度，增强他们的责任感和凝聚力，确保我所的稳定发展，计划推进如下民生工程：按照生态文明队建设规划，加大力气对各试验队职工居民点进行水、电、道路和住房以及周边环境改造，改善试验队职工的居住环境；积极推进全所职工关注的经济适用房建设项目，争取明年上半年能开工建设，2013年底能交付使用；尽可能创造就业岗位，在解决引进人才配偶工作问题的同时，尽可能吸收职工家属的富余劳动力就业；开拓创收渠道，增加收入，争取职工工资福利待遇有较大幅度的提高。

十、加强党建、依法监督、和谐发展

党建工作将立足服务院里和全所的工作大局，紧紧围绕"加快发展、确保增资"这条主线，充分发挥党员先锋模范作用和党组织的战斗堡垒作用，扭住所的工作重点，推动行政重大决策部署落实，促进所内外和谐发展。2012年党建工作的重点之一就是围绕事关全局的重大事项，特别是科研团队重组、保障和改善民生等重点工作，不断完善监督方式，认真履行监督职责，不断强化对计划和预算执行的监督。

2012年工作总结与2013年工作计划

2012年工作总结

2012年，椰子研究所深入贯彻落实中央一号文件精神、全国农业工作会议精神和院工作会议精神，在农业部、中国热带农业科学院的正确领导下，以科学发展观为统领，围绕建设世界一流的热带油料科技中心的目标，进一步解放思想，开拓创新，扎实工作，各项工作都取得了新的成绩。为分析新形势，

明确新任务，研究新举措，推动各项工作再上新台阶，现将2012年工作总结如下：

一、科技工作

（一）科研项目管理

1. 项目申报

以椰子、槟榔、油棕和油茶等热带油料和棕榈作物为研究重点，积极推动项目申报工作。2012年共申报科研项目95项，其中省部级以上项目71项。

2. 获批情况

2012年在研项目共51项，其中国家级和部级项目18项，省级科研项目17项，基本科研业务费10项，横向课题6项，获批经费878万元，比上年度增加了57%。已获批2013年科研经费468万元。

（二）科研成果产出

1. 论文情况

2012年共发表论文55篇，其中SCI收录5篇；出版《椰子种质资源的收集、保存、鉴定评价及创新利用》专著1本。

2. 专利情况

2012年申报专利12项，获批专利12项。

3. 鉴定及获奖情况

2012年鉴定成果4项、成果评价1项；报送海南省科技进步奖3项、成果转化奖1项、神农奖3项，其中获得海南省成果转化二等奖1项、科技进步三等奖1项。

4. 标准审定

2012年发布实施农业行业标准2项，分别为《椰子主要病虫害防治技术规程》《椰子 种果和种苗》；并完成农业行业标准《椰子种苗繁育技术规程》的送审稿材料；完成海南省地方标准《椰子栽培技术规程》等3项的修订工作，并发布实施。

5. 品种审定

通过农业部初审品种审定3个，分别为"文椰2号""文椰3号""热研1号"槟榔。

6. 项目验收情况

2012年验收项目8项，其中948项目1项、科技人员服务企业1项、成果转化2项、省重点1项、省基金2项、社发专项1项。

7. 示范基地

2012年获批农业部热作标准化生产示范园2项，该示范园并获得2013年度农技推广项目支持20万元。

（三）科技创新平台申报、建设与运行管理

为我国发展热带油料产业提供技术支撑，促进相关学科体系建设，我所积极组织申报国家林业局热带油料工程技术研究中心，相关材料已报送到院科技处，待院科技处组织有关专家进行论证。另外，院级平台中国热带农业科学院热带油料研究中心正式挂牌成立。

同时，已有的农业部热带油料科学观测实验站、海南省热带油料作物生物学重点实验室、海南省椰子深加工工程技术研究中心、海南省椰子产业技术联盟、海南省科技"110"椰子专业服务站、椰子研究中心以及油棕研究中心等科技平台，按照各项规章制度平稳运行。

（四）科技服务三农

利用海南省农业科技"110"椰子服务站信息化平台，向椰子种植户发布市场需求、椰子新品种、

丰产栽培和病虫害防治等信息，指导农民生产，信息每周更新2次。2012年解决电话求助150多件。

全面配合海南省科技活动，积极开展科技下乡、科技服务工作。2012年科技下乡100多人次，发放技术资料3 000多册，举办槟榔黄化病防控技术、椰子丰产栽培技术等技术培训班16期，培训农民5 900多人，受益农民大约8 000多人，取得了良好的效果。同时，积极参与"绿化宝岛"行动，向文昌市文城镇坎美村赠送5 000多株椰子苗。

（五）对外科技合作与交流

2012年邀请3位专家到我所作学术报告，召开学术研讨会1次，科技人员参加了国内外多个级别的学术交流会及业务培训50多人次。

（六）人才培养及学生管理

2012年与海南大学等学府联合，共培养了硕士研究生27名，其中本年度毕业7名，在读17名。另外，为了加大我所人才培养力度，2012年在职攻读博士3名，其中1名研究生已到澳大利亚迪肯大学攻读在职博士，还有1名正在办理相关手续计划年底到澳大利亚迪肯大学攻读在职博士。另外，我所曹红星博士入选热科院首批热带农业青年拔尖人才。

为了加强与规范在所学生管理，完善了我所的学生管理制度，出台了《中国热带农业科学院椰子研究所在所学生管理办法》，对学生安全、请假制度、考勤、考核、离所手续等作了明确要求。同时，努力改善了学生的生活和学习环境。

（七）实验室管理

按照热科院大型仪器共享中心管理委员会的要求，指定了大型仪器共享单位联络员并对所内20万元以上的大型设备集中放置，指定相关机组管理员及操作人员，有效地保障了设备的共享预约等对内和对外服务。同时积极配合组织科技人员参与了大型仪器共享管理委员会组织的5期大型仪器技术培训，增进了科研人员对设备的了解，强化了操作技能，明确了注意事项，加强了同行之间的互动交流。

（八）试验基地建设

贯彻落实院"一个中心，五个基地"战略，推进试验示范基地"标准化、规范化、现代化、园林化"建设和科学化管理水平，充分发挥试验示范基地在科技创新、成果推广、服务"三农"中的作用。

2012年在文昌、万宁等市县建有7个示范点，主要有农业部兴隆500亩椰子标准化生产示范园，农业部万泉镇300亩槟榔标准化生产示范园。另外，在文昌宝芳、琼海、万宁、儋州等市镇建有1 200多亩椰子丰产示范园。

完成了100亩油棕区域性试种基地的开荒备耕、定标、施基肥和定植等工作，共定植油棕品种4个，油棕苗1 120株。该基地的建成，为后续开展不同油棕品种的生态适应性比较等研究的开展奠定了良好的基础。

近年，我所科研项目、经费及成果等逐年增加，在数量增加的同时质量档次不断提升。我所在"十一五"期间科研院所评估中，由300多名成功进入129名，科研综合实力大幅度提升。

二、开发工作

（一）开发性收入

2012年度完成开发总收入380万元，其中技术收入88万元，试制产品收入110万元，科普活动收入55万元，经营性收入72万元，利息收入19万元，其他收入36万元。

（二）科技产品研发推广

为加快科研成果向社会化产品转化的进程，进一步加大科技产品研发力度，天然椰子油产品完成了包装设计、企业标准备案等产品上市的必备条件，并且确定了产品在海南省重点城市的代理商，天然椰子油产品已经在海口、三亚近百家店铺上市销售，包括海口家乐福超市。顺利生产了 3 批次天然椰子油产品，下半年已经实现销售收入近 10 万元。同时，椰花汁酒升级换代产品的研发亦在开展当中。

（三）科技开发和成果推广转化项目

2012 年，科研部门在我所执行的开发激励政策的引导下积极开展各项科技开发工作，其中申报各类成果转化课题 7 项，获批 2 项。

依托槟榔产业研究基础，承担万宁市林业局技术服务项目 1 项（25 万），联合万宁市林业局开展的"万宁市富硒槟榔试点建设"项目在万宁举办多次专题讲座，覆盖农民约 2 万人次，不仅传递了实用的科技知识，同时也为热科院树立了良好社会形象。

以"姬小蜂生物防治椰心叶甲"优势项目为基础，获得 4 个横向项目支持，分别是《海南省林业局椰心叶甲防治项目》（40 万）、《三亚市椰心叶甲防治项目》（25 万）、《文昌市椰心叶甲防治项目》（25 万）以及《深圳园林局椰心叶甲防治项目》（9.8 万）。全年生产并释放"姬小蜂"9 000 万头。

（四）大观园运营

椰子大观园全年入园人数 28 700 人次（其中接待科普学生人数 3 000 人左右；旅行社 260 批次，人数 10 340 人；散客 11 040 人；中外领导 7 320 人），门票收入 15 万元。

（五）科企合作

通过调研、公开招商，议价及合同谈判、审批等过程，最终与文昌倡和文化有限公司签署乌鸡池地块林下立体农业合作项目，目前该项目正在进行土地清理相关工作。

利用我所科研技术优势，为企业提供产品研发支持，与海南椰谷食品饮料有限公司签订"浓缩椰浆"研发合同正常执行中；与力宝集团签订"原生态椰子油小规模中试研究及产品试销合同"，已完成销售额约 10 万元；与海南泰谷生物科技有限公司签署《槟榔专用肥的开发研究》合作协议，共享槟榔专用肥销售利益。

（六）重点开发项目：椰子大观园沿街土地的开发与利用

椰子大观园沿街土地的开发与利用是我所 2012 年度的开发工作重点，经过院相关部门多次讨论和酝酿，完成了《中国热带农业科学院椰子研究所椰子大观园沿路开发招商及运行管理方案》，在《方案》指导下启动招商程序，成立"椰子大观园沿街商铺项目"工作小组，对前期有意向的企业发出《椰子大观园沿街商铺建设项目合作伙伴初选邀请函》，同期在《海南日报》上刊登公开招商信息，拟定出《椰子大观园沿路商铺项目合作伙伴初选运行方案》及《项目评选评分标准》，目前已完成投资商报名登记及资料派发工作，在 12 月底前可完成投资商筛选工作，确定开发商，并签订项目合作协议。

三、条件建设工作

（一）竣工验收的项目

（1）2012 年 5 月 20 日完成热带棕榈种质资源圃项目竣工验收工作，建设资金 205 万元；

（2）2012 年 9 月 12 日完成 2010 年修购专项试验一队基地基础设施改造项目竣工初验工作，建设资金 275 万元；

（3）完成了椰子产品加工技术研究中心建设（仪器设备购置类）竣工验收工作，建设资金 460 万元。

（二）重大基本建设项目完成情况

2012 年 9 月 23 日完成热带作物研究实验室项目的工程竣工验收，建筑面积 7 205.2 平方米，总投资 1 960 万元，预算已支出 1 537.00 万元，完成下达资金 78.42%，2012 年 11 月 19 日完成工程竣工备案并已获得工程备案证，正在办理工程结算，该工程已经投入使用，使用良好。

(三) 2011年修购项目完成情况

在建2011年修购专项项目3项，共1 235万元。其中，基础设施维修改造类项目试验二队基地基础设施改造项目275万元，已完成工程竣工结算，预算执行100%；椰子试验基地基础设施改造项目580万元，2012年11月21日完成工程竣工验收，预算支出424.22万元，已完成下达资金的85%；仪器设备类项目棕榈重大病虫害流行规律与防控技术研究中心建设项目380万元，已完成下达资金的100%。

(四) 2012年修购项目完成情况

2012年新建修购项目3个，共735万元，已全部竣工验收，已完成下达资金的100%。其中试验三队基地基础设施改造（基础设施改造类）295万元；试验四队基地基础设施改造（基础设施改造类）255万元；热带能源棕榈遗传改良研究中心建设（仪器设备购置）185万元。

(五) 项目规划与新项目获批情况

(1) 组织完成2013—2017年修缮购置规划工作。调整完善"十二五"科研条件建设规划。完成农业基本建设类项目热带棕榈植物园扩建与改造项目可行性研究报告的编制工作，总投资估算2 421.64万元。

(2) 新获批2013年修购专项项目2个，总投资555万元，其中基础设施维修改造类项目椰子种苗繁育试验与示范基地配套设施改造项目175万元；仪器设备类项目热带油料作物生物技术研究中心建设项目380万元。

四、土地管理工作

(一) 积极做好土地利用总体规划修订工作

在去年完成土地利用规划初稿的基础上，今年组织的我所领导干部对规划初稿进行初评，对规划初稿存在的问题，尤其是在科研用地和商业开发建设用地规划两个方面进行了充分合理的调整。然而由于中国农业科技创新基地的位置和面积还没有最终确定，导致我所不能顺利编制土地利用总体规划的正式文本。

(二) 逐步解决土地纠纷问题，化解土地矛盾

针对我所土地被占用等纠纷问题比较突出的实际情况，通过采取有效措施和必要手断，陆续解决了我所四队包括生物所、环植所、油棕中心在内的各科研基地以及三队边防中队旁边开发用地所涉及的一些土地纠纷问题，化解了一部分土地矛盾。同时，对已经解决了存在纠纷问题的土地及时进行树桩杂物清理。

(三) 积极做好土地实地巡查工作

土地实地巡查是土地管理过程中经常性的一项工作，坚持每周在全所各试验队巡查1~2次，发现问题及时解决，尽最大的努力防止他人侵占我所土地行为的发生，使大部分问题被扼杀在萌芽状态。

(四) 加强土地合同管理工作

一方面对土地出租合同进行统计、归类、分析，对土地出租合同中的未尽条款，主动找承租人协商解决，通过协商，有两宗出租土地的未尽条款已经签订了补充协议。另一方面，按照双方在合同中的约定，按时催缴土地租金或土地合作经营收益金。

(五) 积极开展土地置换所涉及的各项工作

我所的土地置换工作已经开展了几年，我所全力协助市土地置换工作组的工作，同时努力主动解决土地置换工作中存在的种种问题，帮助北二村解决了"村留地"的问题，确保土地置换工作顺利开展，在一共128.831亩拟置换土地当中，已经签订土地征收协议并发放征地款的土地一共有79.895亩，其

他土地的置换工作也正在进行当中。

（六）积极做好土地转用相关工作

针对我所"热带棕榈作物研究实验室"项目和"椰创园经济适用房（一期）"项目用地不符合文昌市建设用地性质的问题，通过多次积极同文昌市国土局和市政府有关领导协调沟通，上述两宗土地的转用报批工作已经得到了文昌市审批。

五、行政后勤工作

（一）人才队伍建设及人事管理

2012年组织了两次人才面试会，同时安排所领导到华中农业大学、华南农业大学和江南大学等高校开展现场面试，引进了2名博士、4名硕士和1名本科。此外，还根据工作需要招聘了1名保安（编外，专科）。

做好符合条件岗位晋升人员的聘岗申报工作，在今年的2月份和8月份分别进行了2次岗位聘用工作：2月份完成18位专技人员的聘岗工作，8月份完成9位专技人员和6名技工的聘岗工作。

同时，积极落实有关其他人事及工资方面的工作。协助做好4位离职到龄同志的保险补缴工作，以及3人的退休手续，确保了所的安定与和谐；根据院有关会议要求及相关文件规定，完成了全年在编在岗职工购房补贴的核算和发放工作。

（二）新办公楼搬迁

按照所的统一安排部署，组织落实新楼启用筹备工作，包括各种办公家具购置、空调的采购及安装、标志牌制作与安装、外围电话和网络线路安装等。积极组织完成了新办公楼的搬迁工作，新办公楼于2012年10月正式启用。

（三）规章制度建设

加强规章制度的执行力度，继续修订完善规章制度，起草和修订了《量化考核与绩效工资发放暂行办法》《专项奖励办法》和《种子种苗管理办法》等多个管理制度。

（四）宣传工作

紧紧围绕"内聚人心、外树形象"的要求，进一步加强宣传工作。完善了所的3个网页平台，不断推出我所科研亮点和服务"三农"成效，确保有亮点及时总结宣传，不断提升我所的影响力，树立我所的良好形象。

（五）安全保卫工作

加强大观园、基地和办公区的安全防范工作，进行定期或不定期的巡逻制度，及时化解不安全因素。按照"谁主管谁负责，谁检查谁负责，谁签字谁负责"的原则，加强对易燃易爆物品、剧毒化学品、放射性物品储存、使用情况的检查清理，及时发现并消除安全隐患。同时，加强与地方派出所和相关职能部门的联系，多方面设法改善与周边农村的关系，为科研安全生产创造平安祥和的环境。

六、财务资产管理情况

（一）做好预算执行的管理工作

把预算执行工作作为2012年重点工作来抓；根据2012年预算情况，做好年度预算执行计划；为加快预算执行进度，每月及时做好预算执行进度的上报工作，并分析预算执行进度慢的原因，提出解决对策。

（二）做好会计核算管理工作

为了做好会计核算工作，财务部门人员从资金的管理、会计核算、财务报告、固定资产管理、税收、预算编制、会计资料的保管等方面做好每个环节的工作。同时，选派2名会计管理人员到外地进行短期学习，提高了会计基础工作的规范化。

（三）稳步推进公务卡制度改革工作

为了进一步深化国库集中支付制度改革，减少现金支付结算，提高支付透明度，加强财务监督，财务部门制订了公务卡管理办法和公务卡实施方案，并于11月1日开始全面执行公务卡支付工作。

（四）做好资产清查管理工作

2012年对我所办公室搬迁后的固定资产进行了一次大清查，已核对完成搬迁后资产的存放地点、使用人及管理人的确认工作，并对已确认的资产进行分类汇总，分出正常使用资产、待报废资产。预计2013年2月份完成资产清查的全部工作。

七、党建工作

2012年，椰子研究所党委紧紧围绕所的中心工作，以深入学习贯彻党的十七届五中、六中全会精神和党的十八大会议精神为主题，以科学发展观为指导，以廉政文化建设为载体，以"创先争优"活动为抓手，继续推进学习型党组织建设，充分发挥党组织的核心作用和广大党员的先锋模范作用，为所内各项工作的推动和落实提供了有力的组织保障。

推进学习型党组织建设，要求各支部平时在抓好每月支部学习的同时，组织党员集体收看了党的十八大召开现场直播实况，并就学习贯彻会议精神做了详细的部署和安排。一年来，所党委组织召开党员大会3次，支委会20多次，党委书记到各支部指导召开支部大会3次，组织召开组织生活会3次，理论中心组学习2次。

加强基层党组织建设，按照"政治坚定、求真务实、开拓创新、勤政廉政、团结协作"的要求，配齐配强支委12人。同时，继续抓好党员发展工作，严格按照发展党员工作程序的要求进行，把理论素质好的优秀积极分子及时吸收到党员队伍中，不断为党组织补充新鲜血液，今年转正党员3名，发展预备党员3名。

深入开展创先争优活动，在服务"三农"工作中争做表率。党员干部为农民办实事5件，党员科研人员组织农业科技培训4次，参训人数365人，韩明定副所长获得院创先争优"优秀共产党员"荣誉称号。

加强党风廉政建设，深入开展廉政文化建设，进一步建立和完善党风廉政建设监督机制，继续深化和规范了监督小组的工作职责，制定与财务管理相配套的监督制度和办法各1个。

积极组织开展形式多样的文体活动，丰富了职工的精神文化生活。加强所内活动基础设施建设，对篮球场和排球场进行了改造、并新建羽毛球场一个。组织举办了所第一届羽毛球比赛。同时组织参加了院举办的篮球比赛，取得了女子总决赛第二，男子总决赛第五的好成绩。同时，积极开展献爱心活动，为西藏贫困地区捐赠衣物，为我院患病困难职工积极募捐。

八、民生工程

自2008年启动的保障性住房建设项目始终是我所的一项重点民生工程工作，项目运作过程中遇到诸多困难，但经过所领导班子的共同努力，最终在2012年取得实质性进展。目前，椰创园经济适用房（一期）项目已完成规划报建、施工图纸设计和审查、工程预算并已完成施工和监理招标代理的选定，已完成职工报名工作并已产生住户代表。目前已发布招标公告，预计2013年1月份能完成招标工作和选定施工单位，并顺利开工建设。

九、存在的问题

2012年,尽管各项工作都取得了一定的成绩,但仍存在不少问题,还需要不懈的努力。目前存在的问题主要有:整体科研能力和科研基础还较薄弱,科技队伍的整体水平还不高,高层次专业人才十分匮乏;科研开展的广度和深度还不够,学科体系建设还不够健全,研究领域需不断拓展;规章制度待进一步完善和强化落实;财务预算执行进度滞后;科技成果转化与开发工作滞后,科技创收能力薄弱;职工住房较为困难,居住条件有待改善;土地保护和开发利用的措施有待加强,这些问题都需要在今后的工作中完善和解决。

2013年工作计划

在热科院的正确领导下,在全所干部职工的共同努力下,2013年我所将继续以科技为中心,以发展为主题,以稳定为基础,稳步推进各项工作。

一、以科技发展为中心,扎实地做好每一项工作

(一)重大项目申报

计划组织申报国家自然科学基金1~2项、农业科技成果转化1~2项、南亚热作财政专项6~8项、省重点1~2项、省基金4~5项。

(二)成果鉴定和报奖

完成物种保护、省基金、省重点等项目的结题验收工作,争取鉴定成果3项以上,报奖2~3项。

(三)平台建设

完善现有平台管理与建设,敦促平台负责人员成立学术委员会。逐步从务虚走向务实,并不断完善我所学科建设。完成国家林业局热带油料工程技术研究中心论证工作。争取"中国—东盟热带作物技术培训中心"获批并实施。

(四)对外交流与合作

争取组织科技人员与其他单位开展学术交流3~5次。争取与印度尼西亚力宝集团、菲律宾椰子署、泰国农业大学、澳大利亚迪肯大学等开展科技合作,人员互访和学习,学习国外先进的技术和研究经验。

(五)服务"三农"

依托海南省科技服务"110"椰子服务站、椰子产业技术创新战略联盟等,深入细致地做好科技服务与技术推广工作,开展科技服务4~5次,举办技术培训班4~5期以上,发放技术资料1 000册左右。

二、以发展为主题,加大科技成果转化及开发工作

(一)建设良种良苗基地

建设规范化油料、棕榈作物良种良苗繁育基地,加大种苗的生产和销售力度,争取种苗年收入达到50万元以上。

(二)加快科技产品开发步伐

进一步加大科技产品研发力度,开发新产品2个以上。进一步开拓椰子油、椰花汁酒产品市场,争取在年内实现岛内重点城市的市场铺设,扩大销售,争取良性运转。

(三)加快资源优势转化

(1)提升"椰子大观园"的品位和内涵,按市政府规划意图,完成椰子大观园配套旅游休闲项目规

划，完成大观园开发建设招商方案策划，争取成为文昌市重点项目对外招商。

（2）完成沿街商铺项目建设招商工作，确定开发商，完成项目合作谈判并签订合同，争取项目立项和规划报批。

（3）完成与文昌倡和文化有限公司合作的林下立体农业合作项目的用地清理工作，尽快规划报建，争取年内建设动工。

（四）加快科企合作步伐

进一步加快科企合作步伐，与印度尼西亚力宝集团成立合作公司，推进科企合作深度。

三、深入改革，完善收入分配激励机制

继续修订完善一些人事与开发等方面的规章管理制度，全面实施量化考核，考核结果与绩效工资挂钩，完善收入分配激励机制，进一步调动广大职工的工作积极性。

四、加快推进民生工程保障性住房建设

将以较快节奏推进保障性住房建设，力争2013年底完成椰创园经济适用房（一期）项目3#和4#楼主体工程的70%，预算支出合同价的50%。

五、加强党建、依法监督、和谐发展

在抓好党内各项日常工作的同时，所党委将进一步深入学习贯彻落实党的十八大会议精神，在立足和服务全所工作大局的基础上，顺应"绿色崛起"的号召，营造"改作风谋科学发展，党员带头先行先试"的浓厚氛围，学习先进、超越先进。保持高压态势狠抓党风廉政建设，科学、依法运用监督小组的各项监督结果，以人为本，尽到"党要管党、保驾护航"的科研单位党组织职责。加强民生工程建设，努力提高广大职工的福利待遇，促进所内外各项事业的和谐发展。

2013年工作总结与2014年工作计划

一、2013年主要工作

2013年，我所认真贯彻落实党的十八大精神，深入开展党的群众路线教育实践活动，积极贯彻院新时期办院和办所方针，积极落实年初工作计划，稳步推进各项工作，主要工作总结如下：

（一）强化科技产出，科技工作成效显著

全所申报科研项目65项，获资助科研项目46项，到位经费1 161万元，比上年度增长32.2%，其中公益性行业科研专项等省部级以上项目30项，其他项目16项。发表论文51篇，其中SCI收录5篇；出版专著3本；申报专利10项，获批专利11项，其中国家发明专利5项、实用新型专利6项；鉴定科技成果1项；获海南省科技进步一等奖1项，全国渔业丰收二等奖1项，海南省科技成果转化二等奖1项；完成1项农业行业标准送审，完成海南省地方标准5项；审定椰子新品种一个。新增省部级科研平台1个，5个省部级科研平台建设顺利，平稳运行，椰子产业技术创新战略联盟获评2013年"国家产业技术创新战略重点培育联盟"，依托所平台申报项目3项。

（二）加强人才队伍建设，人才结构日趋合理

引进硕士7名，聘任特聘专家8名，选派在职攻读博士学位4人，1人攻读硕士学位，3人次参加

为期3个月的技能培训。现有在职人员147人，其中博士13人，硕士51人，本科15人，人才队伍结构进一步合理。

（三）加强合作与交流，不断拓展合作领域

先后与海南岛屿食品有限公司、海南椰谷食品饮料有限公司、海南康源农林科技有限公司、天津聚龙集团、西南大学家蚕基因组生物学国家重点实验室、菲律宾椰子署、马来西亚理科大学园艺学院等企业、科研单位签订科技合作协议，与海南大学等学府联合培养硕士研究生13名，组织学术交流12期，承办了"中国热带作物学会棕榈作物专业委员年会"和"中国作物学会油料作物专业委员会第七次会员代表大会暨学术年会"，先后派出6人次到国外交流学习，邀请26名专家到我所开展学术交流，成功举办了萨摩亚热带作物种植技术培训班。

（四）履行社会责任，服务热区"三农"

以文昌市及海南中部六市县为主要服务区域，为文昌市人民政府编制了《文昌市椰子产业规划（2014—2024）》，落实海南省政府《关于促进中部六市县农民增收的意见》文件精神，成立了"30万亩槟榔提升行动执行小组"和中部地区椰子、油茶产业发展调研小组，帮农户解决椰子、槟榔、油茶的生产技术问题。派出科技人员90余人次开展科技服务，举办培训班10期，发放技术资料5 000余册，培训2 000余人次，利用海南省农业科技"110"椰子服务站信息化平台提供科技咨询近1 000人次。

（五）稳步推进开发工作，开发渠道逐步拓宽

稳步推进一批重要开发项目，完成椰子大观园沿街商铺项目合作签约，与倡和文化有限公司合作的林下立体农业合作项目用地清理和规划报建，与海南康源农林科技发展有限公司签订油茶生产与种植的科技合作协议，与深圳中环油新能源有限公司达成油棕种苗、种植及后期深加工合作意向。截至12月11日，全年开发性总收入351万元，与上年基本持平。

（六）重视民生工程，改善生活环境

稳步推进经济适用房的建设工作，截至12月11日，椰创园经济适用房（一期）项目完成3#楼主体16层浇筑，4#楼主体15层浇筑，超额完成年初设定年底完成9层主体工程的工作目标。积极组织全所机关工作人员对我所各居民点的环境进行整治，队容队貌焕然一新。

（七）抓好条件建设，优化科研基础条件

完成了7个修购项目的竣工验收工作，建设资金4 173.72万元；完成2013年3项修购项目的建设任务，建设资金1 070万元。完成2014年度5项修缮购置项目的申报工作、资金1 771万元，完成热带棕榈种质资源圃改扩建项目的申报工作、资金1 888.94万元。

（八）认真抓好各项管理工作，成效显著

完善管理制度，落实实施土地巡查制度，处理土地占地纠纷事件6宗，处理并收回被占用的土地191.5亩。加强财务管理，强化预算执行，2013年预算执行总体进度达到99%，完成院下达的总体目标；国有资产保值增值达到100%的既定目标，针对审计提出的意见，认真自查并完成了整改任务，完成了事业单位分类改革材料的上报工作。强化安全生产和治安综合治理，实现安全生产责任"零事故"。

（九）认真落实八项规定和党风廉政建设，深入开展党的群众路线教育实践活动

进一步改进了文风会风，印发文件和召开会议数量比上年明显减少，公务接待经费支出比上年减少21.4%。进一步加强廉洁文化宣传教育，完善廉政风险防控体系和党风廉政建设监督机制，规范了监督小组的工作职责，加强监督检查工作，深入推进党风廉政建设工作。深入开展党的群众路线教育实践活动，高标准严要求做好规定动作和自选动作，取得了阶段性成果，提高了党员领导干部的群众工作能力和服务水平，解决一些群众反映突出的问题。

二、新形势下突出的问题

一年来，我所科技创新能力取得了一定的成绩，但也存在一些突出的问题亟待解决。主要体现在分配激励机制不完善，职工工作积极性不高；科技人员定位不明确，研究不系统，科技产出率有待提升；科技成果转化与开发创收能力需有新突破；土地资源利用需要新思路，将优势转化为收益，土地权益保护措施有待加强。

三、2014年重点工作

2014年，我所将继续以科技工作为中心，产业开发为重点，安全稳定为基础，不断深化管理体制和运行机制的改革，实现科技、开发、民生等工作的飞跃发展。

（一）做好项目申报，确保科技成果产出

重点跟踪公益性行业科技项目申报进展，全年申报省部级以上科研项目不少于35项，拓宽经费来源渠道，经费力争在2013年的基础上增加10%。发表论文60篇，其中SCI不少于5篇，出版专著3本，申报专利8项，争取鉴定成果2~3项，获取省部级奖励2~3项。完成海南省地方标准审定工作，抓好"文椰4号"品种国审工作，完成现有公益性行业科技等项目的结题验收工作。

（二）加强人才队伍建设，进一步凝练部门和个人的研究方向

计划引进博士4名、硕士5名，选送3人攻读在职博士学位、2人攻读硕士学位。梳理科技人员研究定位，完善研究团队建设，凝练重大科研方向，使我所科研工作系统化。

（三）加大开发力度，扎实推进重点开发项目建设

规范优良种苗的生产销售管理，完善椰子油系列产品的研发，力争推出天然椰子油升级产品和复合椰子精油系列产品，争取生产和销售的良性运转；推进椰子大观园合作开发招商工作，争取成为文昌市重点对外招商项目；寻找与市场接轨的科技成果转化形式，使科技成果优势能转化为经济优势；推进与文昌倡和文化有限公司合作的林下立体农业合作项目和椰子大观园沿街商铺面项目尽快立项报建，争取年内建设动工。稳步推进开发工作企业化管理，合作或独立成立公司，力争完成开发收入比上年度增长15%。

（四）加强管理工作，提高管理效能

重点落实事业单位分类改革工作，力争向公益一类研究所转型。加强财务预算管理，完善预算编制，强化预算执行，确保预算执行进度达95%以上，资产保值增值100%。强化土地管理，确保土地安全。全面实施量化考核，完善收入分配激励机制，充分调动广大职工的工作积极性。

（五）抓好条件建设，稳步推进经济适用房项目

做好2014年修购专项的执行和2015年修购项目申报。保质保量稳步推进椰创园经济适用房一期项目建设工作，争取年底前基本完成主体及配套工程建设。

（六）抓好党建工作，促进单位稳步发展

进一步深入贯彻党的十八届三中全会精神，加强作风建设，贯彻落实中央"八项规定"，继续深入开展党的群众路线教育实践活动，加强反腐倡廉和精神文明建设，完善预防和惩治腐败体系建设；加强所文化建设，组织文体活动，改善职工精神风貌，推进各项工作协调发展。

2014年工作总结与2015年工作计划

一、2014年主要工作

2014年，我所以党的十八大、十八届三中全会及习近平总书记系列重要讲话精神为指导，贯彻落实中央、农业部和院重大决策，严格执行中央"八项规定"，纠正"四风"，敦促党的群众路线教育实践活动整改落实；以科技创新为中心，以科技开发为重点，以安全稳定为基础，以民生为责任，以党建为保障，全面落实年度工作计划，各项工作取得一定的业绩，总结如下：

（一）强化创新，科技产出稳中有升

全所在研项目50项，申报科研项目69项，获资助科研项目36项，到位经费900.95万元，其中省部级以上项目23项，其他项目13项；公益性行业科研专项等8个省部级项目顺利通过验收；发表论文85篇，其中SCI收录9篇，EI收录2篇；出版专著2部；申报专利15项，获批专利10项，其中国家发明专利3项、实用新型专利7项；申报各类成果奖6项，获批中国植物保护学会科学技术一等奖1项（第四完成单位），已公示海南省科技进步二等奖1项、海南省科技成果转化二等奖1项；发布实施农业行业标准2项、完成2项农业行业标准的送审稿工作；完成10项海南省地方标准报批工作，待发布实施；通过农业部品种审定委员会终审椰子品种"文椰4号"1个；槟榔品种"热研1号"1个。新增省部级科研平台1个，现有8个省部级科研平台建设顺利，平稳运行。

（二）加强国际合作，增强对外交流

加强与行业内有重要影响力的科研机构、大学及企业的交流与合作，通过双边互访，交流学习，促进双边合作。尼日利亚油棕研究所、坦桑尼亚农业研究所（NARI）、法国农业研究国际合作中心及澳大利亚Queensland大学等行业内高级专家到我所交流并磋商合作；2014年我所对外签订科技合作协议3份，邀请相关专家作学术报告10期，邀请国外专家来访12人次，出国访问5人次，参加国内外学术交流20多次，120多人次，在大会上作学术报告5次。为中国企业"走出去"发展油棕种植业提供了技术服务，与海南省林业主管部门建立了长期稳定的合作关系，与海南大学等学府联合培养硕士研究生6名，组织学术交流12期。

（三）转变发展思路，多方拓展开发渠道

经过多方努力，与倡和文化有限公司合作的林下立体农业合作项目顺利运行；与海南美椰食品科技有限公司共同成立合作公司，共同营运椰子油系列产品，目前项目运行正常；椰子大观园转变发展思路，经营收入比上一年度增长60%。另外，我所与海南东环铁路、泰谷生物技术有限公司分别达成合作意向，将在建立绿化苗圃、生物肥生产等方向进行合作，目前与两家公司仍在就合作细节进行谈判，预计将于2015年初签订合作合同，并推进项目进展。2014年开发性总收入554.02万元，比上年度的507.28万元增长9.21%。

（四）加强培养，人才团队不断完善

引进博士后1名，硕士1名，培养在职攻读博士学位5人；通过人员优化调整，组成椰子、油棕、油茶、特色作物4个作物类研究室和植保、加工、生物技术3个学科类研究室；结合院重点学科建设，在作物学、农业资源学、植物保护、林学与林业工程、农业生物工程、农业工程、食品科学与工程等学科领域推荐了10名学术带头人；5人被聘为中国热带农业科学院作物科学、林学与林业工程等专业委员会的学术委员。入选海南省"515人才工程"1人，获得第五届中国侨界贡献奖（创新人才奖）1人，推荐申报科技部青年拔尖人才1人。一批青年学术骨干逐步成长为行业领军人才，人才团队不断完善。

（五）夯实基础，提升科研平台质量

完成了5个项目的竣工验收，建设资金1 270万元，完成热带棕榈作物研究实验室（总投资1 960万元）项目终验收工作，验收合格。完成基础设施改造项目热带油料试验与示范基地项目2014年度的建设任务，预算支出300万元，执行率达100%。2015年度修缮购置专项项目共4项总金额1 096万元，其中基础设施改造2项339万元、仪器设备购置2项757万元；根据我所的重大设施现状及未来发展需求，申报重大设施运行费项目7项，总运行费714万元。通过基础设施的实施，科研基地试验条件不断完善，科研平台质量大幅度提升。

（六）履行职责，服务热区"三农"

以我所的科技服务重点区域文昌、万宁、昌江和海南中部山区为主战场，围绕椰子、槟榔和油茶等开展新品种推广、栽培技术及病虫害防治等方面，提供良种良苗及其配套栽培、病虫综合防治特别是槟榔黄化病综合防控技术的科技服务，为地方产业发展谋划献策，共派出科技服务人员120余人次，到地方市县开展培训授课、到田间指导。以我所科研试验基地为课堂，全年共举办各类培训班19期，培训和现场接受咨询近500余人次，发放各类技术资料近5 000余册。利用海南省农业科技"110"平台，全年共接受电话和网上科技咨询近560余次。生产供应椰心叶甲天敌（啮小蜂和姬小蜂）1.02亿多头，发往文昌、海口、三亚林业局和深圳、茂名等地林业部门，防治效果显著。

（七）重视民生工程，改善生活环境

稳步推进经济适用房的建设工作，椰创园经济适用房（一期）项目主体工程已经完成，现在准备项目验收相关工作，预计交付使用时间可以提前3个月。拟启动椰创园经济适用房（二期）项目，正在开展前期准备工作。组织了全所职工的体检工作，努力做好关系退休职工的社会福利申报工作；加强生态文明队的建设，不断加入投入力度，做好各个连队队部居民点的环境整治工作，改善了职工居住环境与条件。继续努力推动职工子女就业等重点民生工作的开展，提高职工的安全感和幸福感。

（八）加强监督管理，营造安全稳定的发展环境

修订完善管理制度，新出台管理制度23项，不断完善制度的实施监督工作；落实实施土地巡查制度，做到每周在全所各实验队巡查1~2次，及时处理土地占地纠纷事件3宗，处理并收回被占用的土地80亩。加强财务管理，强化预算执行，2014年预算执行总体进度达到99%，完成院下达的总体目标；国有资产保值增值达到100%的既定目标，针对审计提出的意见；认真自查并完成了整改任务。强化安全生产和治安综合治理，实现安全生产责任"零事故"。

（九）严"八规"、反"四风"，抓教育实践活动整改落实

进一步改进了文风会风，启用公文处理办公系统，印发文件和召开会议数量比上年明显减少，公务接待经费支出比上年减少81.8%。进一步加强廉洁文化宣传教育，完善廉政风险防控体系和党风廉政建设监督机制，规范了监督小组的工作职责，加强监督检查工作，深入推进党风廉政建设工作。重点抓好党的群众路线教育实践活动整改落实环节的工作，目前已经全部完成了12项整改任务和18项制度建设计划。持之以恒抓好作风建设，切实改进作风，建立长效机制，大力培育优良作风，促进各项工作有效落实，提高了党员领导干部的群众工作能力和服务水平。

二、新形势下突出的问题

一年来，我所各项工作虽然取得了一定的成绩，但也存在一些突出的问题亟待解决。主要体现在面对新的发展形势，思路转变不够快，开发创收办法不多，科技发展战略高度不足，影响大的科研产出偏少，土地维护和利用方面面临重大的挑战，缺乏有力措施和经费保障。

三、2015 年重点工作

2015 年，我所将继续以科技工作为中心，产业开发为重点，安全稳定为基础，不断深化管理体制和运行机制的改革，实现科技、开发、民生等工作的飞跃发展。

1. 认真做好顶层设计

认清发展新形势，转变旧的思想观念，提前谋划，认真做好顶层设计；加强班子建设，增进沟通，充分发挥每个班子成员的智慧，增强班子的凝聚力和创造力。

2. 扎实做好科技工作

以油棕、油茶、椰子、花生和槟榔为主要研究对象，以种质资源、耕作栽培、植物保护和产品加工为主要学科，重点开展油棕品种选育技术和适应性种植、油茶高产品种的选育和丰产栽培示范、椰子优良品种推广和林下经济模式研究、花生耐热耐荫资源收集和品种选育、槟榔黄化病综合防控和丰产栽培技术、椰子蛾综合防控技术及产品研发和综合加工等研究工作；建立丰产高效示范基地；争取椰衣纤维、花生和芝麻进入国家产业体系科学家岗位或试验站。与农业、林业等行业主管部门、地方政府和相关企业加强沟通和联系，多渠道申报项目，争取申报热带油料行业科技项目一项，力争全年到账经费比上一年度增加20%以上，竞争性科研经费1 000万元以上；重视科技产出的组织策划工作，确保全年获省部级以上科研奖励2项以上，争取新申请专利20项以上，SCI收录论文15篇以上。

3. 加强国际合作

进一步加强与尼日利亚、印度尼西亚、斯里兰卡等国家油料研究机构和国际椰子基因网络、亚太地区椰子共同体等国际组织在油棕和椰子等领域的合作，新签订两个以上科技合作协议，争取立项国际合作项目1~2项，经费100万元以上；策划主办一期援外培训班；进一步为天津聚龙集团等企业在油棕、椰子等热带油料相关领域"走出去"提供技术支撑。

4. 加速成果转化，促进开发创收工作

一是完成椰子大观园沿街商业招商工作，尽快产生经济效益；二是启动椰子大观园整体托管工作，争取年内完成开始正式托管经营；三是进一步加大椰子、槟榔等良种良苗标准化繁育及推广力度，使种子种苗产业的收入比上年增幅达到50%以上；四是进一步加大椰心叶甲生物防治天敌寄生蜂的生产及供应；五是与企业联合，加速产品加工研究技术成果的物化及成果转让进程，推进椰子、油茶、油棕、槟榔在优良种苗、种植、加工、生产、销售等方面与企业的全面合作；六是建设椰子新品种标准化生产基地和林下种养示范基地，培育新的经济增长点；另外我们还要进一步加强优质土地和其他资源的规划利用，使这些资源发挥更大的作用，产生更大的效益。通过这些重点工作的推进，力争成果转化收入比上年增长30%以上，基本能够满足全所人员经费和正常支出的不足，为人才队伍的稳定和全所各项事业发展奠定基础。

5. 加强人才队伍建设

一是通过引进、培养和机制创新，进一步加大人才队伍的建设力度，全年计划引进10名各类技术人才，充实资源育种和产品加工科技研发队伍；二是选派2~3人攻读在职博士，通过挂职锻炼、参加各类培训班和学术交流活动，提高人才队伍的综合素质；三是进一步加大人才激励和用人机制的创新，做好量化考核和绩效评价工作，提高全体工作人员的积极性和创造性。

6. 扎实推进条件建设工作

主要抓好四项工作，一是确保第一期经济适用房4月份前完成验收，10月份前全部入住；二是争取第二期经济适用房在年底前进入实质性操作阶段；三是加大科研试验示范基地的建设力度，初步建成油棕、油茶、椰子、花生和槟榔五大作物基础设施基本完善、管理规范化、环境优美的种质资源圃和相

关的丰产高效示范基地；四是基本完成产品加工中试工厂的建设。

7. 强化推广服务

重点抓好我所科技服务区域文昌市的科技服务工作，向万宁、昌江和海南中部山区提供良种良苗及其配套栽培、病虫综合防治特别是槟榔黄化病的综合防控技术；对广西、湖南和江西等地开展油茶和花生相关技术的培训与技术服务，其中在广西的百色地区建立低产油茶园改造示范基地。通过技术服务和推广工作的开展，真正展示并体现我们的价值。

8. 加强财务资产管理

加强财务预算管理，完善预算编制，强化预算执行，确保预算执行进度达95%以上，资产保值增值100%；加强财务监督管理，财经秩序规范化；加强无形资产的管理，将无形资产列入资产账户；强化土地管理，确保土地安全。

9. 切实抓好党建工作

进一步深入贯彻党的十八大会议精神，加强作风建设，严格执行中央"八项规定"，巩固党的群众路线教育实践活动所取得的成效；加强反腐倡廉和精神文明建设，完善预防和惩治腐败体系建设，凸显纪委的作用；改善职工精神风貌，加强社会治安综合治理工作，确保各项事业和谐发展。

2015年工作总结与2016年工作计划

主要任务：贯彻落实十八届五中全会、全国农业工作会议和院2016年工作会议精神，总结我所2015年工作，部署2016年主要任务，谋划"十三五"发展。主题：抓改革谋发展，抓开发增实力，加快推进热带油料科技事业发展。

一、2015年工作总结

2015年，椰子研究所全所职工紧紧围绕院工作部署，制定了《椰子研究所发展与改革纲要》，通过抓改革谋发展、抓科研树地位、抓开发增实力、抓管理促服务、抓激励增活力、抓民生促和谐，较好地完成了各项任务。

（一）科技创新能力大幅提升

一是项目经费大幅度增加。全所在研科研项目68项，其中新增51项，总经费1 293.94万元，比2014年度增加了33.9%。二是科技产出稳步提升。椰子基因组测序工作取得重要进展；海南省重点科技计划等9个省级项目顺利通过验收，发表论文84篇，其中SCI收录14篇、EI收录1篇；出版专著4部、获批专利15项、制定地方标准11项；申报各类成果3项，获海南省科技进步三等奖1项、中华农业进步科学奖三等奖1项。三是科技平台布局优化。与宁夏中阿技术转移开发有限公司、中阿（迪拜）技术转移中心共同建设"中阿椰枣研究中心"，为阿拉伯国家防治红棕象甲、发展椰枣产业提供技术支撑，国家花生工程中心海南花生工作站挂牌成立。

（二）成果转化能力明显增强

一是我所成果转化净收入达到593.56万元，基本完成600万元的创收目标，我所当年收支实现净盈余。二是与龙头企业、投资公司和儋州市地方政府签订联合开发协议，再次启动油棕在海南的产业化种植。三是积极向阿拉伯地区、非洲、东南亚10多个国家推介病虫害、油棕相关成果技术，意向开发合同100多万元。四是向广东湛江、茂名等政府机构以及国内企业提供技术扶持和技术服务工作，技术合同300多万元。五是担当社会责任推出优质种苗，培育和销售优质种苗，销售合同达209万元。六是加快资源和平台开发,在梳理土地资源的基础上洽谈10多家土地开发意向。2015年的成果转化工作,得到院里的充分肯定,我所因此也获得开发"先进集体"称号。

(三) 科技服务能力持续提高

一是为中国龙头企业"走出去"到非洲国家种植油棕、椰子等作物提供了强有力的技术支撑。二是围绕椰子、油棕、槟榔和油茶等开展新品种推广、栽培技术及病虫害防治等工作,特别是槟榔保果专业肥在万宁等地投入使用,为槟榔保果增效提供了技术保障。三是以我所科研试验基地、椰子大观园为课堂,举办各类培训班19期,培训和现场接受咨询800余人次,发放各类技术资料4 000余册。四是派出科技人员150余人次到农村开展培训授课、田间指导,利用海南省农业科技"110"平台,接受电话和网上科技咨询560余次。五是生产供应椰心叶甲天敌(啮小蜂和姬小蜂)0.75亿多头,发往文昌、海口、三亚林业局和深圳、茂名徐闻等地林业部门,防治效果显著。六是支持试验场改革发展,签署共建椰子和槟榔示范园协议。

(四) 国际合作交流成绩显著

一是承办2015年太平洋岛国热带作物种植技术培训班1期,获批国际合作项目4个、签订合作协议2份。二是与法国农业研究国际合作中心(CIRAD)和斯里兰卡椰子研究所签订《谅解备忘录》。三是在迪拜建设红棕象甲综合防控示范园,获阿联酋等阿拉伯国家充分肯定。四是斐济农业部部长、阿联酋迪拜园林农业局局长、太平洋岛国贸易与投资专员署副署长、泰国特使衔农业参赞等国外政要专家来访洽谈合作。

(五) 队伍建设切实加强

一是引进硕士2名,培养在职攻读博士学位6人,荣获院青年五四个人奖章荣誉1人;拥有硕士生导师12名,招收硕士研究生2名,在读研究生13名。二是通过公开遴选,选拔聘任新一届研究室主任和开发部门负责人;通过公开竞岗,选拔配齐配强了管理部门中层干部。三是聘请国家油茶科学中心首席科学家姚小华、天津聚龙集团廖少华、南方棕榈股份公司吴桂昌3位专家为我所特聘研究员,为下一步协同攻关奠定人才基础。

(六) 条件建设不断加强

一是完成"十三五"条件建设发展规划、修购专项规划、基本条件建设规划及第四期修购专项规划的编制工作,并与院规划衔接。二是热带油料作物创新集成基地建设项目获农业部批复,总投资达2 591万元;已列入计划司2016年投资项目3项,1 400万元。共4 000万元。三是完成2个修购项目的终验收工作,投资总额550万元;完成加工中试厂房改造,投资额51.32万元。四是申报2016年修购项目2项,申报金额1 586万元;申报基本条件建设项目3项,申报金额5 108万元;申报项目已通过中介机构专家评审。五是与生物所、环植所和西藏农科院深入沟通协调,四队基地建设实现统一管理,展示了我院科研实力,实现了科研示范展示功能。

(七) 管理水平全面提升

一是全面推进OA系统运用,公文流转效率及公共事务办理能力显著提高。二是加大宣传力度,在新华网、中国农业信息网、国际商报、海南日报等媒体发布新闻稿件80多篇,对外显示度大幅提升。三是积极推进各项改革,特别是新的绩效工资方案的实施,激发全所职工科技创新和开发创收的活力,为顺利完成任务提供了保障。四是加强制度建设,全年制修订所《工作规则》《差旅费管理办法》等规章制度11项。在院绩效考评中,我所在行政与宣传考核指标中排名全院第一。

(八) 民生工程切实加强

一是职工收入稳步增长,2015年全所发放工资总额较去年提高了19.2%左右。二是一期经适房将于近期交付使用。三是启动了"开心农场"建设，丰富了职工生活。四是加强生态文明队的建设，做好连队居民点环境整治，改善了职工居住环境与条件。

（九）党建工作卓有成效

围绕所改革与发展中心工作，不断加强党的思想建设、组织建设、作风建设和反腐倡廉工作。一是深入开展了"三严三实"专题学习实践活动，组织理论中心组集中学习8次、领导干部上党课4次。二是加强党组织工作，转正党员2名，推荐党建论文11篇，其中《基层党建工作理念的创新与实践》获省三等奖。三是稳步推进单位标识文化建设，完成所徽征集和审定工作，增强了团队意识，凝聚了人心。

2015年，在全所职工的团结协作、努力工作下，我所通过改革、发展，科技创新能力显著增强，职工待遇有了较大的提高，特别是在全院综合绩效考评中我所获得排名第四的好成绩。

我们在看到成绩的同时，也要清醒地认识到，取得的成绩只是初步的，实现的突破也只是局部的，对照院党组对我所科学发展要求，对照我所新形势下跨越发展的需要，对照广大干部职工对所发展的期望，我们的工作还有较大的差距。主要有：一是综合实力还不强、发展速度还不快，尚处于设施落后、人才缺乏、科技创新和支撑服务能力较弱的阶段。尤其是自主创新能力还不强，大项目、大成果和高水平论文较少，科技成果转化率较低，开发创收能力较差。二是人才问题已经上升为制约我所发展的重大瓶颈，主要表现在高层次人才缺乏，人才结构不合理，团队协作攻关机制还未从根本上建立。三是体制机制创新能力不够强，科学管理水平和执行能力还有待进一步加强，各项工作局面和水平还有待进一步拓展和提高。

二、2016年工作重点

2016年，我所将紧紧围绕"科技创新"和"开发创收"两大中心任务，以转变观念、完善机制为基础，以挖掘潜力、激发动力为主线，强化责任意识，推进科学管理，以国家需要、产业需求为导，提升科技创新和科技服务能力，争取创新成果不断涌现、开发创收取得新突破，各项事业得到全面发展，提高我所的综合实力，扩大我所的影响力，牢固树立我所的国家队地位，为我国热带油料作物产业发展提供科技支撑。

（一）战略管理

重点开展四项工作：一是组织专家起草《热带油料作物发展规划》，针对我国热区和世界可利用热区提出建议性发展规划，供农业部等部委制订规划时参考。二是根据我院"十三五"发展规划，制订我所"十三五"发展规划和土地利用总体规划，并与文昌市"三规合一"办做好沟通，争取把我所规划纳入文昌市政规划；三是做好更名为"中国热带农业科学院热带油料作物研究所"的前期准备工作，并积极向农业部、科技部和中央编办汇报，并争取海南省科技厅支持，与文昌市政府联系共建海南椰子研究所，保留住椰子研究所的机构名称和品牌价值。四是积极推进现代研究所管理体系建设，试点理事会制度，让政府机构、龙头企业参与我所科技发展计划的制订，发挥学术委员会、特聘专家的作用，促进科学民主决策，促进科研与产业发展的融合，让科研方向更加符合国家政策和发展战略。

（二）科技创新

协调全所力量加快推进热带油料"科技工程"建设，重点开展八项工作：一是抓好重点学科建设，围绕林木遗传育种学科建设需求，加大人才引进和人才培养力度，重点打造热带油料作物种质资源利用与遗传改良创新团队。二是抓好重要科技平台建设，积极筹建农业部热带油料作物生物学重点实验室、热带油脂质量安全分析测试中心等部级科技平台。三是做好重大专项培育。积极参与2016年可能启动的国家重点专项，在油棕脂肪酸合成调控等领域培育国家基金面上项目3~5项。四是抓好椰子基因组研究成果总结和利用,完成椰子遗传图谱构建和基因组染色体定位,为下一步培育新品种以及进行品种鉴定打下基础。五是加强红棕象甲、槟榔黄化病的生物学与病理学基础研究,为综合治理红棕象甲和槟榔黄化病奠定理论基础。六是高度重视功能性新产品研发,重点突破热带油料作物油脂制备与功能性油脂开发利用,把小作物做成大产业,科技支撑产业做大做强。七是加强西谷椰子、椰枣等热带粮食作物种质资源的收集、保存与挖掘利用,为相关产业发展做好技术储备。八是培育重大科技成果,积极参与策划申报国家科技进步奖"热区重大入侵害虫椰心叶甲立体生态防控体系创新与应用",并在热带木本油料、林下经济、病虫害防控等方面培育和策划国家级科技成果。

(三)科技成果与优势资源转化

深入挖掘有转化潜力的科技成果和优势资源,重点开展八项工作:一是开拓病虫害综合防治市场,拓展国内椰心叶甲天敌防治市场,进一步打开阿拉伯国家和地中海周边国家的红棕象甲诱捕信息素防治市场。二是推进油棕推广试种工作,与龙头企业、金融资本合作建设油棕试种基地与加工基地,开启中国自己的油棕种植与加工产业。三是加大椰子、槟榔、油茶等良种良苗标准化繁育及推广力度,大幅度增加种苗培育数量,严格控制种苗质量,扩大市场占有率,提高我所种苗市场话语权,使种子种苗产业的收入增幅30%以上。四是开拓棕榈专用肥市场,尤其是槟榔专用肥及椰子肥料伴侣,逐步占领专用肥市场;五是推进文昌加工园区建设,加大产品研发与技术转移力度,通过设立科技开发企业,并引资入园,引领做大做强热带油料加工产业。六是实施椰子大观园拓展行动,建立椰子文化博物馆,开发沿湖区域餐饮住宿业、对面坡休闲农业,全员参与椰子大观园建设,挖掘椰子文化价值,把大观园建成展示我所科技实力与科技成果的窗口。七是推进资源利用开发,启动沿街一线土地及椰子大观园临街、沿湖招商工作,建设各作物新品种标准化丰产基地和林下种养示范基地,培育新的经济增长点。八是探索筹建具有独立法人资质的"新型研发机构"或科技型企业,如"中国热带油脂研究院""海南椰子油研究所"等市场化运作、自负盈亏的研究机构,加速推进产品加工研发技术成果的物化及成果转让进程。力争2016年成果转化净收入比上年增长35%以上,达到800万元。

(四)科技服务

为扎实推进特色产业精准脱贫提供技术支撑,促进地方农业产业结构调整,重点开展八项工作:一是抓好我所驻所地文昌市的科技服务工作,联合共建椰子种植示范村、加工示范厂,科技支撑美丽乡村建设。二是向万宁、昌江和海南中部山区提供良种良苗及其配套栽培、病虫综合防治技术,做出精品、树立典型;在广西、江西等地合作建设油茶、花生实验站,为相关技术培训与技术服务打好基础。三是与万宁市槟榔局联合建立海南槟榔研究所(或中心),与澄迈市科技局联合建立海南油茶研究中心,促使科研力量入驻热带作物主产区。四是与云南农科院、云南新兴公司、云投集团等合作在云南干热河谷试种椰枣,共同探索培育我国椰枣产业。五是积极推进油棕产业联盟筹建工作,联合油棕科研单位、加工与机械公司促进我国油棕产业升级。六是做好刚果(金)、瓦努阿图、斯里兰卡、老挝等国油棕、椰子、油茶种植加工园相关前期工作,为国内企业落实国家"一带一路"战略"走出去"投资项目提供技术支撑。七是为我院试验场改革提供技术支撑,共建椰子和槟榔高标准示范园,从而向海南西部拓展我所科技服务范围。八是推进科普示范工作,建设科普基地,与文昌市科协合作推进科普进中小学,并建设标准化示范园。

(五)国际合作与交流

重点做好四项工作:一是结合"中阿椰枣研究中心"平台建设,在椰枣资源引进、种植示范和产品加工领域,与阿联酋迪拜园林局联合开展科技攻关与技术集成示范。二是与Bioversity合作,争取FAO支持,与阿拉伯和地中海地区国家开展红棕象甲综合防治合作,落实国家"一带一路"战略。三是在已签订合作备忘录的基础上,与法国农业研究国际合作中心(CIRAD)深入开展椰子基因组信息挖掘与利用相关合作研究。四是加强与加纳油棕研究所、泰国园艺作物研究所等国外知名研究机构的联系，争取签订科技合作备忘录1~2项，为推动后续实质性科技合作以及国际合作项目申报做好准备。

（六）人才队伍建设

重点做好六项工作：一是科学设岗，推行岗位聘任制，落实评聘分开、能上能下，为肯干事、干实事的职工提供发展平台，打造过硬的科技创新、科技管理和技能保障团队。二是坚持团队、平台和项目的有机结合，培育我所科技发展重点领域、重点方向的团队带头人、首席科学家，重点打造热带油料作物、中阿椰枣国际合作创新团队，并打造一支有我所特色的成果转化团队。三是加强现有人员培养力度。进一步加强人才培养制度建设，为现有人员提供技术培训、攻读博士、出国留学、下企业进车间及挂职锻炼的机会和制度保障。四是设立博士后基金，招收博士后，为引进高端人才奠定基础。五是设立青年科研人员培养基金，为青年科研人员发展创造条件。六是加强与贵州大学、宁夏大学、仲恺农学院、华中农业大学等大学合作，并与国外大学合作，争取联合招收更多研究生或留学生，补充我所科研力量不足。

（七）条件建设

重点做好六项工作：一是抓好"热带油料作物创新集成基地"基建项目的设计和建设，争取"热带棕榈种质资源圃改扩建项目"立项批复。二是抓好"热带经济棕榈作物试验与示范基地基础设施改造项目（375万元）和国家工程中心（椰子分中心）仪器设备购置项目（400万元）两个修购项目的实施工作，完成2015年修购项目的扫尾、验收和结算工作。三是积极推进国家重要热带作物工程技术研究中心加工园区（基地）建设，协调市政府争取实现加工基地"双挂牌"。四是加强农业基本建设项目策划，争取2017年批复立项继续有突破。五是加强全所条件建设和管理，特别是要将四队基地打造成我院高水平的试验示范基地，设立大型仪器设备维修基金，促进大型仪器设备利用与共享。六是做好"椰创园"经适房的验收，并加强与文昌市相关部门的沟通，争取尽快启动二期经济适用房（高层次人才激励住房）的建设。

（八）土地管理工作

重点做好四项工作：一是加强土地信息统计，建立健全全所土地信息档案。二是抓好土地置换工作，督促市相关部门，尽快完成土地置换并办理相关手续。三是加强土地维权，逐步解决并收回被占土地，妥善解决被重复发证问题。四是做好土地规划工作，争取将我所土地利用规划纳入文昌市规划。

（九）民生工作

重点做好四项工作：一是提升职工待遇，争取职工薪酬绩效比2015年提高20%。二是办好职工食堂，确保职工吃上放心菜、营养饭。三是进一步整治办公环境，给职工一个绿化、净化、美化的办公环境。四是丰富工会活动，凝练和弘扬椰子研究所文化和精神，进一步增强凝聚力。五是每年做好职工体检，提供体育活动场地和条件，关心职工生活，促进职工身心健康。

（十）管理工作

重点做好四项工作：一是进一步推行目标管理，逐级分解指标，逐级下放权力，实施科学量化考核，加大执行和督办力度，并将部门和个人的考核与绩效激励挂钩。二是强化工作纪律约束，打造坚决执行的创新、管理和科辅队伍，创造严谨有序的发展环境，大幅度提高工作效率。三是强化依法执行，切实落实预算执行责任到部门、到岗位的工作要求，加快预算执行，同时严格落实财经管理制度，强化内部控制，规范资金使用，不断提高资金使用效果。四是全面落实"两个责任"，加强监督管理，实行监督关口前移，对违法违规行为"零容忍"，确保各项经济活动规范有序，确保我所健康发展。

我们团结一致，走过了艰难的2015年，取得了令全院瞩目的成绩。我们要集全所之智慧，通过本次会议明确2016年的目标任务、重点工作。希望在新的一年里，我们进一步凝心聚力，不言难、不畏难，不等不靠，坚持自力更生，勇抓机遇，励精图治，开拓创新，积极打造热带油料作物种质资源收集保存及创新利用基地、热带油料作物良种良苗产业化基地、热带油料作物试验示范基地、热带油料产品加工基地、院科技创新文昌基地、院人才创新基地等六个基地，为将我所建设成世界一流的热带油料研究中心而努力奋斗！

2016 年工作总结与 2017 年工作计划

主要任务：全面贯彻落实院 2017 年工作会议精神，总结我所 2016 年工作成效，部署 2017 年重点工作。主题：众志成城，攻坚克难，全面推进热带油料和槟榔科技工程建设。

一、2016 年主要工作成效

（一）科技创新能力大幅提升

一是项目经费有所突破。全所在研科研项目 74 项，其中新增 50 项，总经费 1 335.21 万元，比上一年度增加了 32.72%。二是科技产出稳步提升。海南省重点科技计划等 12 个省级项目顺利通过验收，发表论文 64 篇，其中 SCI 收录 13 篇、EI 收录 1 篇；出版专著 4 部、获批专利 18 项、制定地方标准 1 项、企业标准 1 项；申报各类成果 3 项，包括以第三完成单位申报国家科技进步奖"热区重大入侵害虫椰心叶甲立体生态防控体系创新与应用"及 2 个省级奖励，"高产早结矮化椰子新品种文椰 3 号的推广利用"获得海南省成果转化三等奖；三是科技平台运行效率提高，明确了现有 16 个平台负责人及工作职责，科技平台平稳运行，其中椰子产业技术创新战略联盟通过海南省科技厅验收并获得运行费 20 万元；新建中国—阿联酋椰枣联合研究中心和院级平台槟榔研究中心。

（二）成果转化能力明显增强

研究制定了《2016 年开发创收奖励办法》等 4 项制度，狠抓工作落实，极大地调动了全所科研人员及其它开发人员成果转化的积极性，2016 年我所实现开发性收入为 731.47 万元（未含非财性科研项目收入 390 万元），其中技术收入 243.45 万元；试制产品收入 222.5 万元；科普活动收入 57.51 万元；资源收入 179.17 万元；经营收入 13.62 万元；其他收入 9.23 万元；比 2015 年开发性收入 593.56 万元增加了 137.91 万元，增长 23.2%。逐步构建完善的成果转化体系，促进和实现科技成果及资源转化的可持续发展。一是梳理全所可开发土地资源、成果和专利技术，构建我所成果转化资源库，现已同辽宁、上海、深圳、海南等省市 24 家企事业达成科技开发合作协议共 30 份。二是通过"政府 + 科研单位 + 企业 + 农户"模式积极参与地方政府购买社会化服务公开招标采购，全年在海南各市县中标金额达 356 万元，其中在槟榔黄化病防治方面中标 146 万元，在椰心叶甲综合防治方面中标 100 万元，在林业有害生物普查方面中标 60 万元。三是积极向阿拉伯地区、非洲、东南亚 10 多个国家推介椰子、油棕、病虫害相关成果技术，支持企业"走出去"，签订开发合同 200 多万元；四是担当社会责任，培育和销售优质种苗，销售合同达 359 万元。五是加快资源开发，在梳理土地资源的基础上洽谈 6 家土地开发意向。六是落实院关于"椰子大观园实施拓展行动"部署，按照"一套人马，两块牌子"的形式，参照公司化运行，与多家企业合作开展灯光展、夏令营、稻草人等活动。

（三）科技服务能力持续提高

一是加强科技"110"自身建设。出台了我所《服务三农管理办法》和《2016 年服务三农工作要点》，明确了我所科技服务的重点工作。2016 年解决电话求助 280 多次，科技活动月向农户提供技术咨询达 700 多人次，发放科技资料 24 000 多份；向海南农业部门提供椰心叶甲寄生蜂 9 000 万头。二是保证农业技术培训力度，提高农民生产技术水平。在三亚、琼中、文昌等地开展 12 期椰子与槟榔等作物培训班，参加培训授课30人次，直接培训农业技术骨干402人次，间接受益农民数约6 600多人次；举办科普活动3次，主题分别是植物王国大探密、椰子学堂、我和虫子有个约会等。三是瞄准精准扶贫，建设3个科技扶助示范点。我所在2016年度的帮扶工作主要集中在我院试验场马宿队、昌江县十月田镇标准水果椰子生产示范基地和大致坡良坡村。种植和管理示范点300多亩，6 000多株椰子、槟榔与油棕等作物，受益的农户达1 000多户。其中，建设昌江十月田镇标准水果椰子生产示范基地，政府把扶贫资金拨给我所，由我所代为管理至结果有收益，再移交给农民，是我所和当地政府精准扶贫新模式的新探索。

（四）国际合作交流成绩显著

一是参与"一带一路"建设，推动热带油料等产业"走出去"。我所向阿联酋提供红棕象甲无公害防治技术，9月底农业部韩长赋部长到我所迪拜示范基地视察并给予充分的肯定；为辽宁三和矿业投资有限公司在刚果（金）发展油棕种植业提供技术服务，技术服务费每年60万元，共5年；为海南丰益隆农业科技发展有限公司在老挝发展油茶产业提供全程技术指导；我所培育的椰子新品种"文椰3号""文椰4号"在老挝试种成功。二是获批国际合作项目6个，2位巴基斯坦青年科学家执行项目到我所工作1年，与加纳油棕研究所等签订科技合作协议2份。三是学术交流频繁。派出科研专家前往法国发展研究所等单位引进种质资源和技术8人次；接待联合国粮农组织罗马总部林业局森林健康及保护处Shiroma Sathyapala博士等国外专家来访14人次，国外专家作学术报告4期。

（五）队伍建设切实加强

一是全年引进硕士4名、学士2名，培养在职攻读博士学位7人；招收硕士研究生3名，博士研究生1名，在读研究生13名。二是新聘任马来西亚棕榈油总署（MPOB）前总监、国际油脂研究协会（ISF）主席Choo Yun May博士和广东璠龙公司董事长王璠龙为我所特聘研究员，为进一步加强油棕、油茶的对外合作与交流，紧跟油棕、油茶的科研前沿提供很好的机会和基础。三是调整科研机构、优化人员布局，完成了三类人员共计130人的岗位聘用工作。

（六）条件建设不断加强

一是完成"十三五"基础建设规划并纳入计划司"十三五"基础建设规划。二是积极争取项目，实现"热带油料作物创新集成基地建设项目"初设批复（2658万元）、"国家热带棕榈种质资源圃建设项目"初设批复（660万元）、"农业部热带油料科学观测实验站项目"立项批复（406万元）。三是完成2个结转修购项目的投资、验收工作；本年度2个修购项目进展顺利，完成田间道路修缮3797米、采购设备22台套。四是申报2017年修购项目2项，获批资金650万元。申报科研设施专项运行维护费2项，获批资金165万元，申报热作标准化生产示范园项目4项。五是中国热带农业科技创新文昌亮点基地建设进展顺利，得到农业部和院领导的充分肯定。六是完成外国访问学者宿舍改造、办公楼修补、停车位扩建等修缮工作，基建保障坚强有力。

（七）管理水平稳步提升

一是行政管理水平不断提高，制定了《量化考核管理暂行办法》等制度，完善了我所人员考核体系和绩效分配制度；组织实施了《严肃工作纪律方案》，全所工作纪律全面好转。二是财务保障有力，2016年获批财政经费3 897.89万元，较2015年提高了65.81%；狠抓内控管理和预算督导，2016年年底预算执行达83.66%，较好地完成了院里下达的任务目标。三是土地管理有成效，2016年处理土地纠纷16起，其中已经解决9起，收回土地50亩，为所科技事业发展和条件项目建设提供了土地保障。四是安全生产管理到位，制（修）订了《椰子研究所2016安全生产计划》《安全治理工作方案》《椰子研究所实验室安全管理制度》等多项制度，组织多次全所范围大检查、查遗补漏及时消除隐患，全年无安全事故发生。

（八）民生工程切实加强

一是椰创园经济适用房交付使用，目前有70%已装修，50%以上已入住。二是职工收入稳步增长，2016年全所在职人员发放工资总额1 231.36万元（不含社保、购房补贴、住房公积金等其他费用），比2015年全年工资支出1 101.6万元增加了219.76万元，增长20%。三是硬化三队道路150米，修缮一队市区连接道路800米，进一步方便了队部居民的出行。四是组织清理队部道路杂草，加强队部居民点生态环境建设，居民点环境得到较大的改善。

（九）党建工作进一步加强

严格落实党风廉政建设"两个责任"，积极推进"两学一做"学习教育，为所创新发展提供思想和组织保障。一是通过理论中心组学习，邀请文昌市委党校老师及所领导上党课，支部结合科研业务开展科技服务，抄党章、答题测试等方式开展"两学一做"学习教育，增强党员意识、发挥模范作用。二是加强党组织工作，以支部为单位开展党员组织关系排查工作，健全了党员档案材料；10月份进行了党组织换届，以职能部门加研究室的形式组建党支部，并配强了党务干部队伍；完成了党费补缴工作，全所党员补缴自2008年4月以来党费共16.1万元；全年转正党员1名，列为发展对象1名，入党积极分子1名。所加工党支部被评为文昌市2016年度先进基层党组织。三是稳步推进单位文化建设，改版更新了网站，组建了椰子研究所羽毛球队、自行车骑行队等，开展了拔河、钓鱼等活动，丰富了职工生活，培养和增强团队精神。四是完善了纪检队伍，明确了纪委责任与人员分工，强化了问责机制。五是创新离退休工作机制，严格落实离退休人员生活和政治待遇。《创新科研单位离退休人员服务与管理工作的思考》获2014—2015年度农业部直属单位离退休干部工作课题调研报告三等奖。

二、存在不足及努力方向

科技创新能力不够强，研究方向不够明晰，研究深度不够深，重大原始性创新成果和产业发展关键技术成果少；成果转化服务能力不够高，部分科技成果与产业需求衔接不强，科技成果转化率低，科技开发创收能力低；人才队伍建设还待加强，由于收入低、远离中心城市，难于引进高端人才，同时缺乏高层次领军人才和学科带头人。

今后将明确科研方向，深化研究深度，努力培育重大原始性创新成果和产业发展关键技术，为产业发展服务；从研究源头上加强与产业需求的对接，以产业需求为导向编制科研计划，提高科技成果转化率，增强科技创收能力；筹集资金、筑巢引凤，引进高端人才，培育高层次领军人才和学科带头人。

三、2017年重点工作计划

2017年，我所仍将紧紧围绕"科技创新"和"开发创收"两大中心任务，以转变观念、完善机制为基础，以挖掘潜力、激发动力为主线，强化责任意识，推进科学管理，以国家需要、产业需求为导向，提升科技创新和科技服务能力，集中精力推动功能性产品研发、大观园拓展行动、土地资源规划和利用、一队椰子和槟榔种植、职工食堂建设等五大重点工作，争取科技开发收入突破一千万元，提高我所的综合实力，扩大我所的影响力，牢固树立我所的国家队地位，为我国热带油料作物和槟榔产业发展提供科技支撑。

（一）战略管理

加强顶层设计，建立科学管理机制，促进可持续发展。一是组织各研究室制订三年滚动科研计划，明确研究室定位和科研方向，让科研有计划性、连续性，让科研服务国家战略、产业需求，培育国家级科技成果。二是组织编制土地利用总体规划，并与文昌市做好沟通，争取把我所规划纳入文昌市政规划；三是做好更名与升格的准备工作，处处以大所的标准严格要求，积极向农业部、科技部和中编办汇报，并争取海南省科技厅支持，与文昌市政府、万宁市政府及龙头企业联合共建海南椰子研究所，保留椰子研究所的机构名称和品牌价值。四是积极推进现代研究所管理体系建设，试点理事会制度，让政府机构、龙头企业参与我所科技发展计划的制订，促进科研与产业发展的融合，让科研方向更加符合国家发展战略。

（二）科技创新

以国家战略和地方产业需求为导向，协调全所力量加快推进热带油料和槟榔"科技工程"建设。一是推进椰子、油棕、油茶、花生等热带油料作物创新工程，挖掘椰子基因组功能基因，培育椰子、油棕、油茶、花生新品种。二是启动槟榔黄化病攻关工程，拟订研究计划，集中科研力量，摸清病原，研究防治方法；培育槟榔新品种，研发和改进槟榔专用肥。三是以产业需求为导向加强功能性产品研发，重点突破热带油料作物油脂制备与功能性油脂、槟榔功能性产品开发利用，把小作物做成大产业，科技支撑产业做大做强。四是开展椰枣等热带粮食作物试种、病虫害综合防控技术研究与开发，抢占世界领先地位。五是统筹协调科研力量，申报国家和省部级项目，与龙头企业合作向海南、广东市县地方政府申请项目；策划省部级奖项，协调人力物力进行重点培育。

（三）成果转化与资源开发

以科技支撑做大做强产业为目标，深入挖掘有转化潜力的科技成果和优势资源，力争全年开发收入1 000万元以上。一是探索椰子、槟榔和油茶种苗合作生产与营销新模式，占据海南椰子、槟榔和油茶种苗市场主要份额，争取我所在上述种苗市场的话语权，力争收入200万元以上。二是加快栽培与加工方面科技成果转化，如椰子专用肥、槟榔专用肥、椰子油精油、油茶精油等技术，为企业发展提供技术支撑，力争收入200万元以上。三是开拓病虫害综合防治市场，扩大椰心叶甲天敌生产，增加槟榔黄化病防控示范面积，向沙特和阿曼等阿拉伯国家和地中海周边国家推广红棕象甲综合防治技术，力争收入200万元。四是加快推进椰子大观园拓展行动，成立公司独立运行，开发沿湖沿街项目、对面坡休闲农业，开放引进植物资源、科技产品，把大观园建成我院各单位科技成果展示的平台，力争收入150万元。五是全面规划土地、房产资源，分块开发，增加资源性收入，力争资源性开发收入200万元以上。六是加大一队开发力度，年初种植椰子100亩，下半年再种植椰子、槟榔、油茶各100亩，并以新的模式运行该项目。

（四）科技服务

扎实推进特色产业精准扶贫，做出品牌，树立典型，促进地方农业产业结构调整。一是推进精准扶贫，继续做好文昌大致坡良村椰子与油茶示范点、白沙青松乡拥处村槟榔示范点、昌江县十月田镇水果椰子示范基地，协助建好文昌冯坡镇椰子种植示范园、东方八所椰子与槟榔示范园。二是加强与地方合作，服务万宁槟榔产业、文昌椰子产业、儋州油棕产业、澄迈油茶产业发展。三是做好椰心叶甲和槟榔黄化病的综合防治工作，为海南、广东、福建等地方政府和大企业提供服务，并积极与香港和澳门园林局沟通洽谈提供防治技术服务。四是响应院"推进热带农业科技博览园建设"战略，继续支持我院试验场椰子和槟榔高标准示范园建设，发展热带特色经济。五是推进科普教育工作，与文昌市科协合作推进科普进中小学，并积极申报国家级科普教育基地。

（五）国际合作与交流

积极落实国家"一带一路"战略。一是继续推进中—阿椰枣示范基地建设，扩大在阿联酋的红棕象甲综合防治示范面积，并向沙特和阿曼等国家推广，并与国际生物多样性组织、法国农业研究国际合作中心、巴基斯坦科研单位合作引进适宜我国种植的椰枣品种，建设我国的椰枣种质资源圃，并在云南进行试种试验。二是为辽宁三和矿业、广州雨林公司、海南丰益隆公司等"走出去"提供技术支撑，支持企业开拓巴西油棕种植市场。三是与法国农业研究国际合作中心等国际组织开展椰子基因组合作研究，联合争取纳入自然科学基金指南，共同申报国际合作项目，并联合国内外科研力量推动中国和法国政府启动中—法—非政府间合作项目。

（六）人才队伍

落实院"十百千人才工程"，凝聚力量，打造科技创新团队和高效管理团队。一是坚持团队、平台和项目的有机结合，继续培育创新团队与团队带头人，抓好热带油料和槟榔创新团队建设，筹建产品加工创新团队、中阿椰枣国际合作创新团队。二是加强科技和管理人才引进工作，尤其是加大高层次人才引进力度，创新人才引进方式。三是加强人才培养、培训及继续教育工作，制订科研和管理人才发展规划，鼓励科研人员入驻主产区、下企业、进车间及挂职锻炼等，鼓励管理人员交流任职。四是设立博士后基金，招收博士后，为引进高端人才奠定基础；设立青年科研与管理人员培养基金，为青年科研与管理人员发展创造条件。五是加强与贵州大学、宁夏大学、湖南农业大学等大学合作，并与国外大学合作，争取联合招收更多研究生或留学生，补充我所科研力量。

（七）条件平台

一是抓好"热带油料作物创新集成基地建设项目"（2 658万元）、"国家热带棕榈种质资源圃建设项目"（660万元）、"农业部热带油料科学观测实验站项目"（406万元）和2017年2个修购项目（650万元）建设，实现全所条件平台大改观。二是积极做好与院、部的沟通，争取"热带棕榈产品加工技术集成示范试验基地"获批立项，推进文昌加工园区建设，并争取与文昌市地方政府"双挂牌"；三是建设仪器设备需求库，以建设功能实验室为目标，力争"十三五"末达到设备成模块、成生产线。四是以功能化模块为目标调整、改造实验室，推行实验室标准化管理。五是推行试验基地标准化管理，着力打造四队、一队"亮点基地"，建成椰子、槟榔和油茶标准化示范基地。

（八）土地管理

一是做好土地利用规划、土地详规和加工基地建设规划工作，并与文昌市政府部门沟通，争取纳入文昌市规划。二是推进我所的土地置换工作，完成对面坡土地与迈号路边土地的置换。三是依法做好土地维权与土地利用工作，促进项目建设和土地开发利用工作的顺利开展，通过用地促进保地。

（九）民生工程

一是提升职工待遇，争取职工薪酬绩效比2016年提高20%。二是办好职工食堂、开心农场，确保职工吃上营养饭、有机菜。三是妥善解决椰创园房间漏水、渗水等质量问题，建设配套工程，如商店、健身场地等；亮化绿化美化三队居民点，为职工提供优美的居住环境。四是启动我院高级人才周转房工程，协调解决子女入学问题，为引进高级人才和青年科研、管理人员提供住房。五是支持开展丰富多彩的工会、党员活动，加强群团妇工作及离退休人员管理工作，凝练椰子研究所文化，弘扬椰子研究所精神，团结全所职工，进一步增强凝聚力、战斗力。

（十）党政管理

一是全面推进党建与党风廉政建设，严格落实"两个责任"，加强监督管理，对违法违规行为"零容忍"，确保各项经济活动规范有序，确保我所健康发展。二是推进依规治所、实干兴所，强化制度的严肃性，进一步简政放权，实施目标管理、科学量化考核，加大执行和督办力度，并将部门和个人的考核与基础绩效、科研绩效和开发绩效挂钩，让实干者体现其价值。三是强化工作纪律约束，打造坚决执行的创新、管理和科辅队伍，创造严谨有序的发展环境，大幅度提高工作效率。四是强化依法执行，经费预算到部门，设立无形资产专项维护费，实行预算控制，严格落实财经与内控管理制度，规范资金使用，提高资金使用效率。五是重视宣传工作，强化各利用类媒体宣传，内聚人心，外树形象；六是做好社会管理综合治理，构建和谐椰子研究所。

2016年，我们团结一致，携手并肩，创造了令人满意的成绩。我们要集全所之智慧，通过本次会议明确2017年的目标任务、重点工作。希望在新的一年里，我们进一步凝心聚力、众志成城，开拓创新，在科研上勇于攻坚克难，在开发上着力突破千万，全面推进热带油料科技工程和槟榔科技工程，为将我所建设成世界一流的热带油料和槟榔研究中心而努力奋斗！

2017年工作总结与2018年工作计划

主要任务：用习近平新时代中国特色社会主义思想武装头脑，深入贯彻落实党的十九大精神和院工作会议精神，总结我所2017年工作成绩，部署2018年重点工作。主题：担当笃行，富民强所，加快推进世界一流热带油料科技创新中心建设。

一、2017年工作成绩

2017年，是我所不平凡的一年，3月26日韩长赋部长视察我所，作出"建设世界一流热带油料科技创新中心，科技支撑我国食用油供给率提升8%"的指示精神；12月13日沈晓明省长在冬交会上点赞我所"文椰3号"新品种，充分肯定我所科技创新和服务地方经济发展能力；6月23日，文昌市委刘登山书记带队到我所签署战略合作协议，指出椰子研究所为文昌椰子产业发展做出了不可替代的贡献，文昌市将为各位专家学者在文昌开展科研活动营造优良的环境、提供优质的服务。部省市主要领导的讲话和政策支持，激励着我们奋发图强、开拓创新。一年来，我所各项工作取得了喜人的成绩。

（一）创新能力大幅提升

1. 项目经费取得历史性突破

一是积极申报各类项目，累计申报各类科研项目117项，相比2016年增长34.5%；二是新增立项项目数与项目经费取得新突破，新增立项项目68项、到账经费1 128.2万元，较2016年分别增长了36.0%和17.6%，创历史新高。

2. 科研方向进一步凝练

一是围绕"建设世界一流热带油料科技创新中心"战略目标，凝练了各研究室的研究方向，对各学科人员结构、资源配置、研究方向进行优化调整，制定了三年科研滚动计划，签署目标责任书，压严压实科技创新责任；二是按照"一个中心、十一个基地"战略部署，制定落实工作方案，画出了路线图，列出了时间表，明确了责任人，制定了保障措施，建立了督察督办机制，各项工作全面启动；三是制定《重大科研业绩奖励办法》，对重大科研业绩进行专项奖励，有JCR一区和二区论文各1篇获得大奖，激发了科研人员开展科研工作的积极性、主动性、创新性。

3. 重点领域取得新成效

热带油料科技创新工程方面，围绕适应性优良种质缺乏、综合经济效益不高等热带油料产业瓶颈问题，一是分子辅助育种工作取得重大突破，全球首次完成并公布椰子全基因组测序，为椰子优势性状精准鉴定和分子标记辅助育种技术体系建立打下坚实的基础；二是经过多年的种质资源引进与筛选，选育出椰子、油茶新品种各2个，在热区4省（区）引种试种油棕新品种9个，效果良好；三是突破水酶法制备功能性油脂、蛋白质提取与创新利用、椰子系列饮料品质改良等多项关键技术，开发出红棕油、椰子多肽、椰子水饮料等多个功能性新产品。经济棕榈科技创新工程方面，围绕配套栽培技术落后、单产不高、槟榔黄化病危害严重的瓶颈问题，一是组织召开了以院士为首的槟榔产业可持续发展调研和研讨会，形成《科技支撑海南省槟榔产业可持续发展建议书》并呈报省主管领导及农业厅、科技厅等部门，从宏观上策划槟榔产业政策与科技支撑措施；二是研发出槟榔不同生长期的专用肥、配套水肥一体化、病虫害防控技术，将槟榔单产提升 30% 以上；三是初步摸清槟榔黄化病发生规律，找到疑似传播媒介昆虫；四是建立集农业防控、化学防控、生物防控、诱导抗病"四位一体"的槟榔黄化病综合防控技术，在万宁、屯昌等地建立 800 余亩示范区，区内槟榔黄化病得到有效控制，黄化率降低 30% 以上，新发病率控制在 3% 以内。

4. 科技平台不断加强

一是获批"文昌椰子现代农业产业园"省级科技平台 1 项；二是完成国家热带棕榈种质资源圃、热带油料作物创新集成基地、农业部热带油料科学观测实验站等 4 个平台仪器设备采购的招标工作，新增设备 59 台套，总金额 853.61 万元；三是科技博览园建设取得阶段进展，完成 10 万株"热研 1 号"槟榔苗和 400 株"文椰 3 号"椰子苗的培育与供应，正在准备定植种苗。

5. 科研产出质量显著提高

策划申报包括国家奖在内的重大科研成果 4 项，获海南省科技进步和科技成果转化三等奖共 2 项；发表高水平论文 64 篇，其中 SCI 收录 15 篇（一区、二区各 1 篇）；出版专著 4 部；获授权专利 12 项，其中发明专利 7 项、外观设计专利 5 项；发布海南省地方标准 4 项；椰子和油茶各 2 个新品种认定已经通过专家评审并公示。

（二）服务水平持续提高

1. 服务地方经济发展，努力践行"科技助农"

一是促成我院与文昌市签订《战略合作框架协议》，加深院市之间合作关系；二是椰子大观园免费向社会开放，支持文昌市政府为全民提供健身娱乐场所；三是技术支持文昌市开展椰林工程大行动，派出技术人员挂职、组织技术培训；四是在文昌市支持下申报"文昌椰子"国家农产品地理标志并获得认证，被评为 2017 年海南农产品十佳区域公用品牌；五是承办省第十三届科技活动月开幕式，参加海南省科技活动周、海南科普博览会等大型科技活动，开展大量的科技培训与科普宣传，得到主办方和参与方的一致好评；六是积极与万宁市政府沟通发展金椰产业、策划申报"万宁金椰"地理标志；七是动员陵水县发展香水椰子产业，帮助做好调研和规划编制；八是协助文昌、万宁、陵水、屯昌和琼中等市县开展病虫害防控；九是在东方、文昌开展鲜食花生标准化、机械化示范。

2. 瞄准精准扶贫，扎实做好科技帮扶工作

派出专家 12 人次前往我院试验场队、昌江县十月田镇标准水果椰子生产示范基地、大致坡镇良坡村等帮扶点进行科技帮扶，指导椰园、槟榔园施肥管理和病虫害防治，为帮扶点标准化种植基地建设和试验场改革发展提供技术支撑，得到了一致好评。

3. 强化服务意识，不断加大服务"三农"力度

科技下乡人次、科技咨询量、培训学员数量较 2016 年分别提升 5%、11% 与 12%。新品种椰苗、热研 1 号槟榔苗及椰心叶甲寄生蜂的生产能力均提高 20% 以上。

（三）成果转化明显增强

全年我所开发总收入共 915.76 万元，比上年度 731.47 万元增长 25%。一是培育新企业，摸索创建"科技开发公司"，通过专利、商标等知识产权作价入股与企业联合成立"海南雨林椰创科技开发有限公司""海南一品椰科农业科技有限公司"两家公司，从事种苗、鲜果的培育及销售工作，做大了种苗和椰青果产业规模；二是搭建新平台，通过海南省椰子产业创新联盟等软平台和商誉对接各类椰子相关企业 25 家，通过科技合作或挂牌等形式扩大联盟在椰子产业中的影响力。

（四）国际合作成绩显著

1. 热带农业科技"走出去"工作取得新成效

一是配合做好密克罗尼西亚总统来访接待工作，应该国总统邀请，刘国道副院长带领我所专家赴密

国进行椰子品种选育、高效栽培、病虫害防控等方面的专项调研和技术指导，就科技合作达成共识；二是为辽宁三和矿业投资有限公司在刚果（金）发展油棕种植业提供技术服务，指导完成10万株油棕苗培育和1万亩油棕园种植；三是继续做好阿联酋迪拜椰枣示范园建设。

2. 国际合作研究有新突破

与法国农业研究国际合作中心（CIRAD）等单位合作，共同完成了椰子（*Cocos nucifera* L.）的基因组测序拼接及序列分析工作，在 *Giga Science* 杂志上首次公开发表了海南高种椰子的全基因组测序，受到国际椰子研究界广泛关注。

3. 学术交流频繁、引进资源

承办2017年椰枣生产技术培训班，对来自埃及等国31名学员进修培训；邀请法国农业国际合作研究发展中心（CIRAD）主席、加纳油棕研究所所长等16位外国专家到我所考察交流；3位亚非青年科学家到我所工作1年。我所科研人员出国学术交流11人次，引进斯里兰卡椰子水变色影响因素技术1项，收集巴西油棕种质资源2份，巴基斯坦椰枣种质资源7份。

（五）团队建设不断加强

积极策划组建创新团队，团队建设得到加强。一是热带木本油料和槟榔两个创新团队获得院的持续支持，并策划六支创新团队争取财政部支持；二是人才队伍结构更加优化，2017年引进博士2人、硕士10人，特聘研究员1人，晋升研究员1人、副研究员6人、转正定级9人，全所共有高级职称人员34人，博士15人；三是人才队伍建设有新举措，出台了《高层次创新人才引进和培养管理办法》，给予高层次人才项目、经费、住房、子女就学，及职工在职读博等方面的激励政策，2名留学澳大利亚博士回所工作；四是干部培养多种形式，选派挂职（借调）干部5名，其中1名研究员到试验场挂职为科技博览园建设提供强有力的科技支撑，所内实行新进博士、硕士到管理部门或附属机构挂职锻炼制度；五是开展团队文化建设。创新团队骨干参加院的培训，并在所内开展创新团队建设研讨会。

（六）机构改革有新进展

谋划科研机构改革，精简管理机构、增设开发服务机构。一是与院、农业部沟通，顺利完成公益二类单位的申报；二是向韩长赋部长面陈更名理由，向部里提出升格申请；三是大刀阔斧精简机构，所管理岗位由74个精简到29个；新设置3个开发机构，推进部门精简化、后勤服务社会化和作物种植产业化工作，为我所下一步发展奠定基础。

（七）条件保障稳步增强

一是土地利用规划思路已通过所领导班子会、北京农业专家咨询会、院机关处长咨询会、文昌市分管副市长与相关局负责人研讨会等多次会议研究，已基本确定；二是在建项目稳步推进，实施在建项目5项，完成建设内容2项，建设资金2 631万元；完成修购项目部级终验2项，建设资金840万元；三是申报2018年度修购项目2项，获批项目经费683万元，申报基本建设项目"热带棕榈加工及综合利用技术集成科研基地建设"2 989万元；四是完成一队200亩椰子、100亩槟榔、100亩油茶标准化示范基地建设，四队200亩花生基地、100亩椰枣基地初具规模；五是通过法律途径，稳步推进了纠纷土地的回收工作，解决土地纠纷14起，回收土地约60亩。

（八）民生工程凝聚人心

一是以工会为抓手，组织开展了"三八妇女节""五一劳动节"主题活动，全年举办1次迎新游园、1台中秋晚会；二是完成所歌的谱写和演唱推广工作，完成了所展示厅和部分VIS系统建设，文化建设成效显著；三是完成职工食堂建设，为职工提供安全营养餐；四是与文昌市政府协调解决职工子女入学问题，为职工解决后顾之忧；五是完成椰创园"开心农场"建设，让职工接触土地、珍爱土地，吃上自己种的有机菜；六是完成三队居民点美化绿化工程，新植苗木120株、铺设草坪1 300平方米、安装照明路灯13盏,三队居民点焕然一新;七是完成试验一队、四队水井清理及井盖修复工作,让基地职工吃上放心水;八是每位所领导分别对接一名困难群众,通过端午、中秋等节日慰问老同志15人次,得到帮扶老同志的肯定。2017年,全所用于民生工程资金达110万元。

(九)党政管理稳步提升

一是优化考核评价体系。修改完善了《绩效工资实施办法》《量化考核管理办法》等制度,简化科研人员考核指标,规范管理人员、科辅人员和外派人员考核。建立目标考核评价体系,将院任务目标,按照"所领导—分管部门—部门个人"进行细化、分解,建立了"年初建账、年中查账、年底核账"的考核评价体系;二是强化重点工作督办。设立专职督办员,全年编制重点工作督办通报7期,重点工作完成率达95%;三是加强内控制度建设。从制度入手,以制度管人管事,全年共制修订人事、科研、财务、基建、土地、后勤等方面制度28项。通过劳务派遣和同工同酬机制,进一步规范了编外人员的管理。开展差旅费和产品销售专项检查,强化纪委监督责任。四是党建工作进一步加强,完成党员活动室建设,深化推进"两学一做"学习教育常态化、制度化。与科研工作紧密结合,开展红火蚁防治"科普小讲堂";与行政工作紧密结合,积极配合开展土地清理和土地规划工作;与文昌市发展紧密结合,配合"双创·双修"大行动;与"十九大精神"紧密结合,开展"不忘初心 牢记使命"主题党日活动。五是党建工作显示度不断提高,组织党员参加院"党规党纪知识竞赛"并获得团体三等奖,推选的"党建工作与行政效能建设的实践与思考"论文获海南省机关党建理论研究成果三等奖。另外,有1个党支部获文昌市基层党组织、1名党员获文昌市优秀共产党员、1名党员获文昌市优秀党务干部、2名党员获得农业部中青年干部交流和全国品牌故事大赛优秀奖。大大提高了所党委、党支部、党员在院、市、省的影响力和显示度。

(十)综合治理成果显著

认真落实安全生产目标管理责任制,强化领导、明确责任、严格措施、消除隐患。召开安全生产专题会议4次,安全生产检查10次,消防安全知识培训2次,森林防火宣传1次,建立易燃易爆有毒化学品管理系统,强化实验室管理,发现问题及时整改,实验室管理水平显著提高。全年安全生产零事故。

二、存在的不足

1. 创新人才不足

尤其是高层次人才引进方面受地理位置、科研实力等影响无法满足科研需要。

2. 科研经费不足

由于作物影响力在全国范围内较小,国家科研项目体制改革后,我所没有承担或参与过国家的重大科研项目;部分研究方向竞争性经费严重不足,油茶、花生等研究方向基本上没有竞争性经费支持。

3. 开发创收不足

资源性开发缓慢,缺乏资源开发长远规划及部署。

三、2018年工作计划

2018年,将继续贯彻执行《椰子研究所发展与改革纲要》,深化改革,谋划发展,抓科研树地位,抓开发增实力。树立开发反哺科研观念,艰苦奋斗,自力更生,争取科研和开发更上一层楼。要坚持"强实力、扩影响"的主基调,坚持服务乡村振兴和"一带一路"国家战略,坚持产业发展需求导向,进一步突出中心、凝练重点,实现业务工作与党建监督、安全稳定齐头并进,树立我所的国家战略地位和产业经济地位。

(一)加强战略研究

一是拟订"科技支撑我国食用油自给率提升8%路线图",查找产业发展瓶颈问题,研究对策和努力方向,向国家建言献策;二是进一步研究槟榔产业发展政策,推动海南省设立槟榔产业技术体系,发起成立槟榔产业技术创新联盟,协同攻关,促进槟榔产业健康可持续发展;三是进一步深入研究土地利用规划,与文昌市相关部门沟通,争取获得院、农业部和文昌市批准,纳入文昌市规划和农业部项目建设规划,为基地建设和资源开发奠定基础。四是拟订热带油料种质资源收集保存与创新利用基地5年建设规划方案,重点打造"热带油料种质资源收集保存与创新利用基地",按照"完整规划,逐年推进"的思路分步骤、有计划地实施。

(二)抓实科技创新

围绕"科技支撑我国食用油自给率提升8%"的战略目标和科技助推椰子、槟榔、油棕三大作物产业升级的重点任务,以"三棵树""二只虫""一种病""一系列产品"为主要对象,针对行业存在的适应性优良品种缺乏、种植区域受限、综合经济效益不高、产品市场接受度较低等瓶颈问题,在科学研究方面,椰子研究室主要开展5项重点工作,一是开展椰子种质农艺性状鉴定和精准评价,在椰子品质快速鉴定技术有所突破,筛选1~2个耐寒或者高含油特色资源,完成椰子种质资源三类编目;二是开展椰子生长和产果的花果营养需求规律和精准施肥技术研究;三是在椰子全基因组测序基础上,开展6个椰子品系的基因组重测序研究,争取在香水椰子分子辅助育种技术方面有所突破;四是开展椰子组培技术研究,争取在胚性愈伤诱导率方面取得突破;五是策划海南省科技厅椰子重大项目,争取2019年获得立项支持。槟榔研究室主要开展4项重点工作,一是进行槟榔种质资源的收集保存与评价利用,重点筛选获得具有高产、抗耐黄化病等特性的优良种质,培育并推广优质槟榔种苗;二是开展槟榔营养代谢差异研究,初步探明促进槟榔增产作用机制,改进专用肥配方,进一步推广应用;三是开展良种分拣、装袋、起苗等槟榔机械化生产技术研究,争取取得阶段性突破;四是分析槟榔生理性黄化主因,研发生理性黄化防控技术,开发配套产品。油棕研究室重点开展3项工作,一是重点开展油棕组织培养研究,突破花序胚状体诱导技术,得到一定数量的胚状体;二是开展林下间作混养互作机制研究,发展生态循环农业;三是启动油棕果穗机械化智能采收装备联合研发项目。油茶花生研究室重点开展4项重点工作,一是建立油茶新品种示范园区、采穗圃、种苗繁育基地各1个;二是突破油茶扦插快繁关键技术,推广热研系列油茶新品种;三是建立油茶林下复合经营模式,探讨互作机理;四是培育海南花生新品种,建立花生机械化生产示范区。种质资源研究室方面,重点开展4项重点工作,一是开展椰枣新品种系统引进研究,进行经济棕榈及特色产油植物种植资源收集,探索经济棕榈立体种植模式;二是开展椰枣组织培养技术联合研究,初步诱导形成愈伤组织;三是开展适应性栽培相关研究,制订椰枣种子繁育规程1项;四是完善国家热带棕榈种质资源圃的建设与田间管理。加工研究室重点开展4项重点工作,一是开展热带油料精深加工技术研究,进一步优化红棕油、微胶囊制备技术,探明椰子油的美白、保湿、防晒护肤特性,开发并推广功能性新产品2~3个;二是创新槟榔加工工艺,争取在槟榔果保鲜、槟榔纤维软化、槟榔卤水高效吸附和风味调节、槟榔脆片制备等方面取得技术突破,开发相关产品2~3个。三是创新椰子水杀菌和天然风味保持工艺,突破椰子水饮料制备关键技术,开发系列产品1~2个;四是开展椰子、槟榔副产物综合利用研究,开展功能活性评价,开发功能性产品2~3个。植保研究室重点开展4项重点工作,一是推进槟榔黄化科技攻关工程,初步探明槟榔黄化关键因子,研究其为害特性、传播途径与发生规律,争取在槟榔黄化的监测和防治方面取得阶段性突破;二是初步完成红棕象甲的全基因组测序,找出1~2个化学感受相关特异基因,探明与寄主的互作关系,构建集理化诱控、化学应急防治及精准施药为一体的综合防控技术;三是开展椰子织蛾天敌寄生蜂繁育和控害效能评价,建立椰子织蛾化学防治技术、理化诱控技术,初步研发出引诱剂配方1~2个。四是完成昆虫标本馆的建设，开展相关专题活动。在科研管理方面，一是充分发挥学术委员会的作用，把学术问题交给学术委员会决策；二是加强重大科研项目的组织与策划，争取我所作为牵头单位承担槟榔省重大科技项目；三是加强科研经费使用、实验室、基地运行和科研平台的管理，继续实施目标管理、考核评价制度，促进科研经费有明显绩效，推动实验室和基地向标准化迈进；四是加强大型仪器设备管理，把设备使用、维护、管理纳入绩效考核，完善奖惩机制，推动大型仪器设备发挥应有作用；五是加强科研原始记录管理，分阶段、不定期对原始记录进行检查考核。

（三）做强成果转化

我所2018年紧紧围绕"三株苗""两袋肥""一只虫""一片地"做好成果转化工作，激发成果转化活力，争取转化收入突破1 200万元。一是各研究室按照计划路线图逐步开展成果转化。椰子研究室要做好种苗、种果及专用肥销售，进一步拓宽林下种养面积，争取全年收入达250万元；槟榔研究室要做好槟榔苗及专用肥销售，提升林下种养收益，争取全年收入达250万元；油棕研究室要从油棕苗、林下种养、科技服务三个方面加快推进成果转化，争取全年收入达80万元；油茶研究室要加快推进油茶苗及产品销售，推进技术服务及其他成果转化工作，争取全年收入达20万元；种质资源研究室要做好棕榈苗木销售和技术服务工作，争取全年收入达10万元；植保研究室要熟化槟榔园椰心叶甲生防技术，集中力量做好椰心叶甲天敌生产销售和病虫害防治技术服务，争取全年收入达130万元；加工研究室要积极拓宽合作渠道，强化所企合作，加快推进产品转化，争取全年收入达54万元。二是各附属机构按照资源开发任务进行开发创收。后勤服务中心要加强房屋资源开发、农机具开发和物业管理工作，争取全年收入达15万元；油料作物产业开发中心要加强林下综合利用开发，争取全年收入达10万元；科技"110"服务站要加强有偿科技服务管理，争取全年收入达2万元。三是成果转化办（椰子大观园管理中心）要继续做好椰子大观园景区招商开发和公益开放工作，加速成果和专利产业孵化，加强椰子研究所商誉、商标、专利等无形资产的开发与利用，做好土地合作、房屋出租、基地服务的创收工作，争取椰子大观园全年收入达200万元、其他资源性收入达到179万元以上。

（四）做亮科技服务

一是落实乡村振兴战略。加大对海南各市县农业农村经济发展的科技帮扶和精准扶贫力度，全年组织科技下乡150人次以上，举办各类培训班7次以上，培训农业技术人员400人次以上，提供椰子、槟榔、油茶等优良种苗不低于25万株，示范推广面积4 000亩以上，科技助推产业扶贫。二是服务地方经济发展。落实院市合作框架协议，推进"文昌椰林大行动"等重要工程取得重大突破；技术支持各市（县）政府推进万宁金椰、陵水香椰、五指山油茶、东方花生品牌与标准化示范种植基地建设；响应院"推进热带农业科技博览园建设"战略，继续支持我院试验场椰子和槟榔高标准示范园建设。三是创建科普教育品牌。加大与北京、文昌等各地（市）科协合作力度，联合文昌中学、华侨中学等各中小学校开展科普教育进课堂活动，申报国家级科普教育基地、中小学生研学基地，打造科普教育品牌。

（五）夯实国际合作

一是农业科技"走出去"要有新突破。落实国家重要部署，椰子研究室牵头，深入开展密克罗尼西亚椰子产业技术援助工作，进行椰子种植技术与病虫害防治技术培训，协助建立高产椰子示范基地；科技服务"南南合作"，油棕研究室牵头，支持龙头企业在东南亚发展油棕产业。二是国际合作研究要有新成绩。在椰子全基因组测序基础上，椰子研究室牵头，进一步加大与法国农业研究国际合作中心等国外知名科研机构合作，争取在椰子重要农艺性状鉴定、功能基因挖掘、分子辅助育种体系建立等合作研究上取得阶段性突破，同时启动中国-斯里兰卡椰子联合实验室建设；植保研究室牵头开展西亚地区红棕象甲等椰枣重要病虫害调查，在西亚地区研发并示范综合防控技术；三是种质资源"引进来"要有新成果。椰子研究室要完成椰子种质资源收集、鉴定3份，筛选优异种质资源1~2份；油棕研究室要完成油棕种质资源收集5份，筛选优异种质1~2份；种质资源研究室要完成椰枣种质资源收集、鉴定5份，筛选优异种质资源1份以上。

（六）加快队伍建设

一是加强人才引进培养。加强在职攻读博士学位人员培养；围绕我院院士培育工程，加大"固定+流动"高层次人才引进和培养力度，热带木本油料科技创新团队计划柔性引进高层次人才（B类）2名；二是积极申报院士工作站。柔性引进遗传育种、油料或药理方面的院士1名，积极提供实验室、研究团队等配套条件；三是联合招收研究生。加强与武汉轻工大学、北京林业大学、贵州大学、湖南农业大学等大学合作，并与国外大学合作，争取联合招收更多研究生或留学生，补充我所科研力量。四是做好人才保障工作。结合所内两支院级创新团队3年人才引进规划，做好高层次人才引进的工作条件、科研经费、住房保障等措施，为引进人才提供最优化的科研环境，激发人才的科研创新。

（七）抓好条件保障

一是启动做好三队沿路修建性详细规划的编制工作；二是争取"热带棕榈加工及综合利用技术集成科研基地建设"获得农业部批复，完成文昌所部区域公共设施改造建设项目可研编制并上报，启动琼雷及南海诸岛农区文昌综合试验基地（种植业）建设项目前期工作；三是完善一队、四队基础设施建设，基本建成中国热带农业科学院文昌基地（热带油料和经济棕榈试验示范基地和热带油料作物标准化示范基地）；四是启动院国家创新人才培养示范基地建设前期准备工作，完成基地指标申报和修建性详细规划，启动高层次人才用房和周转房规划设计，争取纳入文昌市统一规划布局，争取实现与海南省委组织部、文昌市委市政府"双挂牌"。

（八）强化土地管理

一是加强土地维权工作。采取多种灵活方式，包括协商处理、司法诉讼、政府协调等手段，及时解决被占问题，为项目建设和土地开发利用工作创造良好的基础条件；二是推进部、市、所三方土地置换工作。积极同文昌市政府和有关部门协调沟通，调整土地置换方案，争取在10月份之前将在部、市、所三方土地置换当中拟置换给我所的土地调整到龙楼产业园区；三是清理各队土地，严格履行合同条款，丈量土地面积，按面积收费，并在合同到期后收回土地、去除鸡舍等临时建筑。

（九）落实民生工程

一是提升职工待遇，争取职工工资收入比2017年提高5%以上；二是力争完成椰创园小区决算工作；三是继续抓好职工食堂、开心农场，提升饮食质量，让开心农场更漂亮；四是完善椰创园生活小区配套设施，如运动场地面与灯光等，为居民提供便利的生活条件和完善的健身场所；五是完善工会俱乐部运行机制，多种形式开展活动，让全所职工拥有丰富的文体活动；六是加强群团妇工作及离退休人员管理工作，落实工会登记事宜，提供经费保障，开展相关工会活动；七是继续做好职工子女就学问题的协调，完善椰创园健身与娱乐设施。

（十）严抓党政管理

一是开展高效团队建设年活动。组织"高效团队"读书、心得演讲活动，邀请院内外高效团队带头人传经送宝，科研、开发、管理和科辅人员互相理解、互相支持，切实提高各个团队的效率、效能；二是实施目标管理、科学量化考核，并将部门和个人的考核与基础绩效、科研绩效和开发绩效挂钩，让实干者、能干者体现其价值；三是建立层层授权的层级管理体制，不得越级上报，也不得越级指挥，要强化工作纪律约束，推行规范化管理和标准化管理，打造坚决执行的创新、管理和科辅队伍，创造严谨有序的发展环境，大幅度提高工作效率；四是强化依法执行，经费预算到部门，实行预算控制，严格落实财经与内控管理制度，规范资金使用，提高资金使用效率；五是重视宣传工作，内聚人心，外树形象。制作一部所的宣传短片，全面做好所VIS体系的建设推广，挖掘老一代椰子研究所人的创业经历，形成文字史料；六是做好社会管理综合治理，强化安全生产和安全检查，严格落实防火、高危化学品管理，构建和谐椰子研究所；七是加强党风廉政建设，通过完善制度加强预警、强化问责从严责任追究、完善监督防范体系，建立起廉政风险防范管理的长效机制，把权力关进制度的笼子。

2017年，我们团结一致，携手并肩，创造了令人满意的成绩。2018年的号角再次吹响，让我们紧紧抓住分类改革的机遇，牢记国家战略和使命，振奋精神、乘势而上、开拓创新，全面推进热带油料科技创新工程和槟榔科技创新工程实施，为建设世界一流的热带油料科技创新中心而努力奋斗，以优异的成绩向建所40周年献礼！

2018年工作总结与2019年工作计划

主要任务：深入学习贯彻党的十九大和十九届二中、三中全会精神、习近平总书记在海南建省40周年讲话精神，全面落实中央农村工作会议、全国农业农村厅局长会议和院工作会议重要部署，总结我所2018年工作，部署2019年工作计划。主题：紧紧围绕"科技创新"和"开发创收"两大中心任务，改革创新，励精图治，全力推进世界一流热带油料科技创新中心建设。

一、2018年工作回顾

2018年是我所"高效团队建设年"，在热科院的正确领导下，我所以团队建设为抓手，紧紧围绕科技创新和成果转化两条主线，深化改革，创新发展，在全所职工共同努力下，较好地完成了全年的任务目标，在院年终考评中取得优异的成绩，被评为院"先进集体"称号。这是院领导对我所四年坚持改革的认可，也是对大家四年不断奋斗、洒下辛勤汗水的认可！

（一）战略管理创新取得突破

一是向省部领导提出产业发展建议。我所组织专家提出《科技支撑海南槟榔产业提升的建议》，得到沈晓明省长等省领导肯定性批示："科研经费要用在刀刃上，我认为这就是'刀刃'"，为海南省设立槟榔病虫害重大科技计划项目并由我所主持奠定了基础。二是影响力不断提升。我所在各种媒体上发出声音，引起了海南省刘赐贵书记、沈晓明省长对椰子产业发展的重视，沈省长多次批示发展椰子产业，海南省林业厅委托我所做《海南省椰子产业发展指导意见》，海南省农业农村厅委托我所起草《海南椰子产业发展规划》。三是进一步凝聚科研方向。按照"海南的椰子槟榔、中国的油茶、世界的油棕，中国的市场"模式，调整科研布局，强化椰子、槟榔科研力量，做强立所之本；启动棕榈科组培与遗传转化体系建设，有力提升基础研究及分子辅助育种科研水平，谋求科研传统育种向分子育种转型、从零散无序向系统化转型。

（二）科技创新能力大幅提升

一是科研项目数量和到账经费再创新高。新增立项科研项目70项，到账经费1 517.08万元，比2017和2016年分别增长了34.46%和58.13%。二是重大科研项目立项获得重要突破。"槟榔黄化灾害防控及生态高效栽培关键技术研究与示范"获海南省重大科技计划立项支持，财政总经费2 993万元，是近年来海南省农业领域最大的科技项目，也是我所建所以来获批最大的科研项目；首次获批国家自然科学基金面上项目，实现面上项目"零"突破。三是热带油料科技创新工程取得新进展。完成4个椰子新品种的重测序，筛选出油棕2个控制油酸和亚油酸的关键基因，在分子育种上取得阶段突破；收集保存椰子、油棕等种质资源15份，筛选椰子高油高产资源10份；认定椰子新品种2个、油茶新品种2个，建立热带油料高效栽培、种苗繁育等新技术7项，开发椰子油凝胶糖果等新产品8个。四是经济棕桐科技创新工程取得新突破。收集保存槟榔、椰枣等种质资源18份，筛选槟榔耐病资源3份、椰枣高糖资源1份；初步构建槟榔黄化病综合防控技术体系，中轻病园示范区新增发病率控制在1%以内，平均亩产提高20%以上；建立黄化病检测监测示范基地6个、槟榔黄化灾害防控基地14个，基本实现了槟榔种植区域全覆盖。五是科研智力引进质量大幅提升。邀请谢联辉院士、宋宝安院士、康振生院士等15位国内外专家到所交流或作专题报告，研学高水平智力成果，提升创新能力。六是科研产出质量明显提高。获海南省科技进步三等奖1项；发表高水平论文80篇，其中SCI收录14篇；获授权发明专利6项、软件著作权3项；发布海南省地方标准2项。

（三）成果转化能力明显增强

通过自主开拓市场和引资扩大生产规模，我所成果转化收入突破1 000万元，达到1 235万元，比上一年度增长34%。一是加强成果转化制度建设。制发《2018年成果转化奖励管理办法》等6项制度，构建起完善的成果转化体系，调动了科研人员做好科技成果转化的积极性，有力地促进了成果及资源转化。二是科技成果转化模式探索取得成功。椰子新品种引资合作，由每年不超过2万株扩大生产规模到40万株，企业规模化做产业，研究所提供技术支持并逐步退出生产，让科研人员专心于科研，通过不断研发技术支持产业升级。三是开拓开发创收新渠道。通过"文昌椰子"国家地理标志品牌建设，获得海南省农业厅100万元品牌资金补助和20万元奖励，发展林下种植花卉等获得文昌市林业局补贴70万元。四是搭建成果转化平台。通过海南省椰子产业创新联盟等平台，对接各椰子相关企业达50家以上。五是扎实推进土地资源开发工作。与中青旅签订《合作开发运营椰子产品研发体验基地的框架协议》，共同起草一队规划方案，椰子大观园对外招商对接洽谈38家企业，形成了椰子大观园对外合作框架条款。六是加大闲置土地的开发利用。种植椰子160亩，槟榔100亩。

（四）国际合作交流成绩显著

一是国际合作创新不断加强。获批国际合作项目8个（340万元），派出因公出国团组11个、出国执行任务44人次，引进油棕、椰子等种质资源40份。二是热带农业科技"走出去"工作有新成效。促成中密签署《椰子种植示范园备忘录》，启动了标准化示范园建设；启动了印度尼西亚农业试验站、中国—斯里兰卡联合实验室建设；技术支持中资企业在刚果（金）、柬埔寨、印度尼西亚发展椰子、油棕产业；深化与国际椰子共同体（ICC）、巴基斯坦费萨拉巴德农业大学的合作。三是国际培训亮点突出。成功举办椰枣培训班，培训了来自巴勒斯坦、阿曼等20名学员，扩大了椰枣生产技术在阿拉伯国家的影响力。首次成功举办密联邦椰子病防治技术海外培训班，得到密联邦总统克里斯琴的接见和肯定，赢得部省领导的表扬。

（五）科技服务能力持续提高

一是抓好技术培训。举办新型职业农民培训、新品种新技术培训班共9期，培训农户700余人次，发放技术资料3 000余册。二是加强科技服务。建设文昌龙虎村新品种椰子高效种植示范园，采用宽窄行间种红薯、牧草、花生等方式，示范效果良好，《海南日报》报道称赞为"荒地变良田的魔术师！"组织科技服务小分队下乡服务170多人次，生产椰心叶甲寄生蜂9 000万头，接受科技"110"平台电话和网上科技咨询600余次。三是做好科普教育。与文昌中学合作，指导学生获海南省中学生科技创新大赛一等奖；接待研学学生1 200多人，科普工作者300多人。四是积极参与农博园建设。开展试验场椰子示范园调研3次，起草椰子、槟榔园灌溉系统建造方案2份，开展槟榔栽培技术培训班1期。五是加强企业技术服务。依托椰子产业创新联盟等平台，开办椰子产业发展论坛，出版《世界椰子信息》，为150多家企业提供了椰子产业技术和咨询服务。

（六）人才工作切实加强

一是加强人才引培工作。新招人才8名，其中博士后1人；引入劳务派遣用工28人；柔性引进谢联辉院士等高层次人才3名；完成海南省高层次人才推荐认定39人。二是加强机构和团队建设。精简了椰子大观园管理中心，新设国际合作与科技服务中心，顺利完成人员分流选聘工作。三是加强人力资源管理。制发职工手册，规范办事流程；落实"职业能力素质提升行动"，开展工勤技能队伍建设培训5次、公文写作等业务培训3次；对3名青年管理干部进行跟踪培养。四是稳步推进人才创新培养示范基地。成立工作领导小组并制定《人才创新培养示范基地建设方案》。五是完成专技岗位动态调整工作，新聘岗位4人。

（七）条件保障不断完善

一是积极开展项目申报。热带棕榈产品加工基地项目获得农业农村部立项批复（2 967万元），完成所部公共设施改造项目、热带油料作物生物学重点实验室、椰子种质圃等项目可研报告的编制并上报，申报经费5 352万元。完成琼雷及南海诸岛农区文昌基地等2项可研报告。二是精心组织编写第五期修购规划。申报项目7项，申请经费4 640万元，其中2019年3个，已核准投资1 565万元。三是抓好在建项目实施。实施在建项目9项，总投资2 713万元，已完成8项、基本完成1项，预算执行总进度80%以上。四是做好项目验收工作。完成项目验收3项，投资1 420万元。五是落实土地规划工作。完成土地利用总体规划编制工作，一队土地开发利用方案已报文昌市规划委。六是扎实推进高层次用房和周转房项目。初步完成高层次人才用房和周转房设计方案和指标申报。七是加强高产示范基地建设。新建椰子、油茶、椰枣、槟榔、花生等高产示范基地700亩，基本建成热带油料和经济棕榈试验示范基地、槟榔标准化种植示范基地。

（八）管理水平稳步提升

一是完善制度管理。修订了《量化考核管理办法》《党支部量化考核办法》《附属机构考核实施办法》等制度，目标考核评价体系进一步优化。二是加强财经管理。实现经济收入总量7 061万元，较2017年增长了11.33%，预算执行达到91.47%，实现国有资产保值增值100.32%，财务管理规范高效。三是抓好经费控制管理。建立《管理部门及附属机构2018年培训费和差旅费控制数》，下达附属机构服务奖励性绩效工资控制数，严格管理部门和附属机构经费管理。四是依法加强土地维权。处理纠纷土地11宗，成功收回土地60亩。其中，市政法委协调清理阻碍施工案1起；市人民法院强制执行土地侵权案1宗。五是加强遗属生活困难补助管理。完善规章制度，将所里有限的经费补助到确实困难的遗属；制定《职工慰问管理办法》，规范了职工慰问服务与管理。六是推行后勤服务标准化管理。制定实施了《后勤保障服务标准化体系》。七是强化重点工作督办。设立专职督办员，编制重点工作督办通报7期，重点工作完成率达95%。八是加强社会治安综合治理。积极开展安全知识教育培训和安全生产检查与督促整改，全年无重大安全事故。

（九）民生工程切实加强

一是举办了篮球、排球赛、广播体操比赛。丰富了广大职工文体娱乐生活，增强了团队协作精神和凝聚力。二是妥善解决了职工子女入学问题。7名子弟顺利进入文昌中学、文昌三小和清华附中文昌学校就读。三是积极推动离退休管理工作。召开退休老同志座谈会，慰问退休困难职工和烈属52人次。四是加强试验队信息公开栏工作。在三个试验队居民点建起信息公开栏，试验队职工及时了解我所建设和发展动态。五是组织完成职工和退休人员年度体检工作。

（十）党的工作坚强有力

一是加强政治理论学习。召开理论中心组学习会议8次，邀请专家领导开展专题党课7次，在工作中运用"八抓"方法，促进工作开展，工作效果明显。二是强化组织建设。发展党员1名、入党积极分子2名，表彰优秀共产党员7名、优秀党务工作者4名、优秀党支部2个。三是抓好干部队伍建设。选拔任用科级干部3人，研究室和附属机构主任、副主任8人。四是加强党风廉政建设。开展廉政专题课

1次、观看警示教育片1次、学习违纪典型案例3次，开展专项检查2次，完善规章制度4项。五是加强党建活动。开展缅怀先烈、"不忘初心 牢记使命"等主题党日活动7次，开展"高绩效团队建设年"征文和演讲比赛、趣味运动会等活动3次。六是抓好文化宣传。深入贯彻落实"九个起来"，组织制定VIS系统1套、宣传短片1部；制发工作简报5期、宣传栏8期，在院网部网、《海南日报》等媒体上发布宣传报道100多篇，特别是退休老同志系列专访报道，大大提高了我所在院、部系统的影响力；毛祖舜研究员的书画作品获得农业农村部离退休干部"纪念改革开放40周年"优秀书画作品称号。七是狠抓改革创新，制定了改革创新实施方案，明确了十项改革事项，其中车改工作已经完成。

二、存在的不足

1．创新人才不足

缺乏高层次人才培养计划；人才引进难，尤其是高层次人才引进方面受地理位置、科研实力、创收水平等影响无法满足科研需要。

2．成果产出不多、转化率低

2018年到账科研经费1 517.08万元，但科技奖励、高水平论文等科研成果还低于全院平均水平；科技成果与生产实际结合不紧密，很多知识产权因无用而被放弃，科技成果转化率低，企业直接购买转化的知识产权还没有。

3．资源开发创收不足

资源性开发创收增长较缓慢，对外招商对接洽谈多，达成合作的较少。

4．科研基地建设管理水平低

科研基地内涵不突出，外在不美观，不足以体现国家级科研单位的科研水平。

5．科研仪器利用与管理有待加强

存在三"低"，即科研仪器完好率低、使用率低、共享程度低。

6．土地被侵占问题有待解决

由于土地被侵占，致使有些基建和科研项目难以落地，严重影响我所发展。

7．民生工程有待进一步加强

经济适用房验收工作还没有完成，房款还没有最后结算；物业管理服务质量也有待提高。

三、2019年工作计划

2019年，是决胜全面建成小康社会第一个百年奋斗目标的关键之年，也是我所建所40周年。我所要以习近平新时代中国特色社会主义思想为指导，紧紧围绕"科技创新"和"开发创收"两大中心任务，继续深化改革，重点启动实施"基地建设管理年"，集中力量抓实槟榔黄化病省重大科技项目落实，支持打造国家热带农业科学中心，深入实施乡村振兴科技支撑行动，切实加强"一带一路"热带农业交流合作，推动各项事业发展迈上新台阶。

（一）部署战略管理，进一步明确发展方向

一是深化国家食用油战略研究。在"科技支撑我国食用油自给率提升方案"初稿的基础上，完成方案制定，明确我所在国家食用油战略中的目标定位。二是构筑愿景明确使命。通过构筑所愿景、明确所使命来加强所的创新文化建设，在全所范围内达成共识、凝聚力量。三是部署国家奖工程。集中力量做好"椰子新品种创制及产业化关键技术研究与利用"国家奖的申报、跟踪工作。启动国家奖培育工程，按照个人组建团队申报、所内学术委员会评审、组织专家评审的程序严格筛选、谋划和提炼，确定未来

10年内2~3项国家奖培育计划，整体谋划，系统设计，集中攻关，力争我所尽早在国家奖上实现新突破。四是启动"十四五"发展规划草拟工作。做好与农业农村部各司局和热科院规划的对接，把我所的重大项目、重大平台纳入相应的规划中去。

（二）抓实科技创新，为产业发展提供技术支撑

一是抓实槟榔黄化病省重大科技项目执行。完成屯昌、万宁槟榔园摸底调查，明确致黄关键病害种类2~3种，初步掌握关键病害的为害特性，制订槟榔种植户看得懂、简单易行的防治措施。在文昌、琼海、万宁等市县设置流行规律监测点3~4个。进一步优化黄化病植原体检测方法。二是加快热带油料科技工程实施。进一步构建椰子、槟榔、油茶、油棕等产业体系。三是抓实国家自然科学基金的申报。围绕研究室或团队研究方向，做好三年申报规划，强化引导、加大奖励，设立国家基金、国家奖及重大项目培育基金，邀请专家"一对一"对项目文本进行把关，争取在三年内实现我所国家基金"量"和"质"的双突破。四是抓海南省椰子重大科技项目策划。在起草《海南省椰子产业发展规划》的基础上，进一步梳理科技助推海南椰子产业发展的新思路、新方法、新举措，积极争取海南省椰子重大科技项目。五是抓省部级重点实验室建设谋划。积极谋划"农业农村部热带油料作物生物学与遗传育种重点实验室"和"海南省槟榔有害生物综合治理重点实验室"建设，争取打造"1部级+2省级"的椰子研究所重点实验室新格局，为科研工作提供长期稳定的支撑保障。六是启动云南干热河谷开拓工程。推动与元江县政府达成合作协议，提供技术支撑，共同筹建"一站两园"（热带农业"走出去"实验站、热带特色高效农业示范园、热带特色高效农业观光园）。

（三）加强成果转化，稳步提升经济实力

进一步挖掘潜能，力争全年开发收入达到1 500万元以上。一是规范制度建设和成果管理。加强和规范所办企业经营管理及成果转化收入分配管理，制定《2019年度成果转化分配管理办法》《所办企业管理办法》等管理制度；进一步宣贯科技成果确权管理办法，完成2018年获批成果的确权工作。二是加速各研究室成果转化。做大做强"三株苗、两袋肥、两只蜂"，争取全年成果转化收入达到860万元以上。举办实用技术路演会，协助研究室对接企业，实现直接转让知识产权零的突破。协助研究室与合作企业，通过技术合同登记、创新券、创新引导类项目补贴等方式获得政府相关资助。开拓阿拉伯地区椰枣红棕象甲综合防控市场。三是打造品牌服务产业。启动品牌推广招商工作，依托椰子研究所名称、徽记、商标、联合实验室等品牌作为合作方产品宣传技术支持，积极参与全国知名招商会展，以"椰科""文昌椰子"品牌联合企业共同开发科技产品。四是加快成果转化平台建设。梳理现有成果转化创收平台，联合有关科室对该类平台盈利情况进行评估。完成椰子产业技术创新联盟的论坛、椰子资讯等工作，推进注册"椰子协会"事宜。五是加强资源利用与开发。确定资源开发方向及重点项目，建立资源开发流程制度。推动一队椰子产品研发体验基地项目进程，做好项目的政府和投资企业的对接工作。完成椰子大观园招商、整体规划工作，配合企业启动园内配套项目三个以上。启动三队热带农业高效种植示范基地项目招商工作，做好整体项目规划并进行社会资源摸底调研，形成合作模式框架结构。启动四队现代热带休闲农业基地项目招商工作，做好项目整体规划，形成合作模式框架结构。全年资源创收达到640万元以上。

（四）拓展国际合作，服务外交支撑企业

一是建设国际联合研发平台。以中国—斯里兰卡椰子联合实验室为平台开展合作研究，推动椰子组培联合攻关。推动我国加入国际椰子共同体（ICC）。二是服务国家外交。在海南省友城科技合作项目的支持下，重点推进中国（海南）—密克罗尼西亚联邦椰子—菌草种植示范园建设、中国—斯里兰卡科技园区规划。在巴基斯坦费萨拉巴德农业大学建立巴基斯坦热带经济棕榈生产技术集成示范园，重点展示红棕象甲诱集技术。三是技术支撑龙头企业"走出去"。继续推进中国热带农业科学院（印度尼

西亚）农业试验站建设，开展相关技术试验与示范，支持天津聚龙在印度尼西亚、辽宁三和矿业在刚果（金）发展油棕产业。继续完成柬埔寨矮种椰子大规模育种关键技术的研发工作。四是推进"走出去"人才队伍建设。积极参与国际交流合作与人才培训，协调组织来访外国专家、亚非杰青、副研以上人员作学术报告，鼓励科研人员提升英语学术交流水平。五是加强所网站建设。开发椰子研究所英文网页，扩大在国际上的影响力。

（五）抓好科技服务，支持乡村振兴战略

一是做好示范园建设。服务好所外新品种高效种植示范园，尤其是文昌翁田、公坡和屯昌加乐潭的椰子新品种高效种植示范园，协助院试验场农业科技博览园和院科技兴农示范点白沙县青松乡拥处村建设。二是推进品牌建设。着力推进与地方政府共建特色农业品牌，如万宁金椰、陵水香椰等地理标志。三是强化技术培训。加强与中国热带农业科学院培训中心合作，承办新型职业农民培训班和国际培训班。组织科研专家上"扶贫夜校"授课，与海南广播电视大学合作，拍摄相关技术的专题片。四是加强科普工作。创新研学模式，开拓国内研学游市场，使研学游收入保持20%的速度增长，开展"博士、研究员进课堂"科普讲座，指导文昌的中学生在海南省科技创新大赛上再创佳绩。

（六）抓好人才引培，实施人才强所战略

一是实施青年英才培养工程。分析基础，摸清差距，规划支持，打造团队，集全所之力，成就大师级人才。二是做好人才招聘与引进工作。探索实施灵活的招考模式，激励博士应聘面试，在住房、住宿补贴等方面给予奖励和保障，争取2019年完成博士招聘2~4人。三是申报院士工作站。做好与谢院士的沟通和协调，抓好组织申报工作，争取获批院士工作站。四是拓展管理人员发展空间。按照院关于改革创新"先行先试"的原则，参照专业技术岗位细化管理岗位层级，给管理人员留足发展空间。五是创新人才基地建设。充分利用我所土地优势，继续推进与海南省委组织部共建创新人才基地建设。六是以项目合作联合招收研究生。加强与海南大学等高校合作，积极争取研究生或留学生名额增加。

（七）抓好条件保障，支持科技创新发展

一是开展基地建设管理年活动。各基地要按照丰富内涵、提升条件、突出特色、做出亮点的原则，做好展示宣传、景观设计、形象标识等建设，做成国家级、高水平试验示范基地。二是抓实热带棕榈加工基地项目前期准备工作。加快招投标工作，争取项目早日开工，为热带油料科技硅谷建设奠定基础。三是做好土地规划项目落实工作。完善所的土地规划并完成规划报告，争取院部审批和相关项目落实。四是做好基建修购项目申报与执行。完成所区基础设施、琼雷项目可研上报工作。完成修购项目验收2项、基建项目验收2项，完成2019年修购项目，预算执行95%以上，完成热带油料创新集成基地项目竣工验收及结算工作。五是完成第一批经济适用房结算工作，理清开支明细，启动房产证办证程序。六是二批房建设工作取得实质性进展，完成建房指标申报、设计方案等报名前准备工作。七是抓好财经管理。做好预算前经费争取、预算批复后执行工作，指导科研人员申报、执行项目，力争完成院里下达的经费总量、预算执行等指标，加强财经管理，确保不出现"一票否决"的事项。八是加强服务保障。提升后勤服务质量和水平，为广大职工提供一个优美的工作环境；加强椰子、槟榔、油茶等作物种植与管理，为科技创新提供良好的基地保障。

（八）加强土地维权，保障科研用地需要

一是开展土地利用情况清查工作。对全所未利用土地进行一次全面清查，为各部门充分利用土地提供信息，提高我所土地利用率。二是继续加强土地维权工作。通过请政法委支持、向法院诉讼、与对方谈判等方式，逐步收回被侵占土地，为项目建设、土地开发利用、科研实验开展等工作创造良好的基础条件；结合"基地建设管理年"活动，重点做好试验三队土地被侵占情况清查，加快推进纠纷处理、土地清理等工作，为建设高标准的示范园提供用地保障。三是推进部、市、所三方土地置换工作。加强与文昌市政府职能部门协调沟通，做好土地使用证办理工作，尤其是要全力办理龙楼棕榈加工园区土地使用权证。四是做好界桩加密及土地巡查工作。明确土地边界，加密界桩，及时处理土地纠纷，确保我所土地的安全。五是做好2019年土地维护费项目申报及实施工作。根据院资产管理部门要求，及时申报2019年土地维护费项目并按照时间节点做好具体实施工作。

（九）落实民生工程，建设平安和谐研究所

一是落实收入分配制度改革，提升职工待遇。制定符合我所发展的收入分配改革系列制度，激发科技创新、开发创收的活力，争取职工薪酬绩效比2018年提高20%。二是继续抓好职工食堂和开心农场工作。加强职工食堂和开心农场的管理和服务，确保职工吃上营养饭、有机菜。三是完善文体设施建设。修缮羽毛球馆、乒乓球室，为职工锻炼提供良好的环境。四是做好椰创园的相关工作。做好经济适用房结算验收和物业管理工作，争取年内完成第一批经济适用房的结算验收，理顺物业管理；完善椰创园配套工程建设，建设椰创园生活小区配套工程，如便利商店等，方便职工生活。五是处理好社保历史遗留问题。清理并妥善处理1984年以来工勤人员因保险缴费个别（年）月份空缺、影响退休工资待遇的问题。六是加强群团妇工作及离退休人员管理工作。开展丰富多彩的工会、党群活动，凝练椰子研究所文化，弘扬椰子研究所精神，团结全所职工，进一步增强凝聚力、战斗力。七是加强社会治安综合治理工作。完善管理制度，健全安保体系，配备必要设施，定期实施安全检查和宣传教育，提高防范意识，落实整改责任，确保全年没有重大安全事故，确保安全的工作生活环境。

（十）抓实抓好党建，提供强有力政治保障

一是强化思想政治引领。深入学习贯彻习近平新时代中国特色社会主义思想和十九大精神，以及习近平总书记系列讲话精神，邀请专家学者讲主题党课，组织开展"不忘初心、牢记使命"系列主题教育活动，持续推进"两学一做"学习教育常态化制度化。二是加强组织建设。根据人员变动及时调整支部党员和支委班子；与文昌市清群村委会大园村党支部进行共建；加强与万宁六连岭村委会沟通，继续推进科技帮扶。三是加强文化宣传工作。做好所庆40周年活动。完成《所志》的编写及出版工作，与椰子产业联盟会议、椰子大观园系列活动结合，办好建所40周年庆祝系列活动；强化内外宣传工作，充分利用好院所网页和所微信公众号，加大科技成果、人才等宣传力度，策划推出3~4个科技宣传亮点和1~2位专家的专题报道。四是加强纪委工作。建立健全纪委工作制度，规范纪委接访、案件查办等程序，建立完善的纪委工作体制机制。充分发挥纪委监督职责，加强干部监督、财务监督、纪律监督，力争全年不发生违规违纪事件。

新形势提出新要求，新时代更要有新作为，2018年全所上下团结一致，创造了令人满意的成绩；2019年我们更要团结一心、锐意进取，鼓足干劲、扎实工作，加快推进世界一流热带油料科技创新中心建设，让我们以更加努力的工作、更加优异的成绩为建所40周年献礼！